U0312201

　　中国老一代科学家的为人和治学一直都是本书作者学习的榜样。2000年北京大学曾为作者的先父黄子卿院士举办百年诞辰纪念会，上图为作者在入口处留影。2005年作者曾参观中国科学院高能物理研究所，下图为在老所长张文裕院士铜像旁留影。

本书作者(右)与原电子工业部副部长孙俊人院士(中)的合影,左为第二炮兵(现火箭军)某所研究员吴崇善先生。

本书作者在中国科学院高能物理研究所的控制室中留影。

　　本书作者长期在高校做研究生教育工作,对学生要求严格、鼓励创新。上图为学生赵爱军出色地完成硕士研究论文、经答辩通过被授予学位后,与导师(本书作者)合影。另外,博士生姜荣经4年艰苦努力完成了优秀的研究论文,下图为在博士论文答辩通过后,她与答辩委员会全体成员及导师的合影。左起:车晴教授(中国传媒大学)、张钟华院士(答辩委员会主席、中国计量科学院)、姜荣、本书作者、沈乃澂研究员(中国计量科学院)、冯正和教授(清华大学)、逯贵祯教授(中国传媒大学)。

本书作者同研究生兰友国参观中国气象卫星地面站时在接收天线前的留影。

本书作者在主持一次电磁兼容全国学术会议时致词。

本书作者（右）与总参通信部原副部长、中国卫星应用大会主席杨千里交谈；读大学时杨先生是比作者高两级的学长。

2014年9月21日在北京召开了"《波科学与超光速物理》新书出版座谈暨学术讨论会"，来自北京、西安、河南等地的专家学者与会。全国人大常委会教科文卫委员会副主任、原科技部副部长程津培院士，半导体物理学家夏建白院士，计量学家张钟华院士参加了会议并发言。此为本书作者与程津培院士（左）在会前合影。

上图为"《波科学与超光速物理》新书出版暨学术讨论会"参加者全体合影。下图为会前本书作者(右一)与几位专家的合影,左起:国防工业出版社原总编辑邢海鹰、夏建白院士、张钟华院士、本书作者。

本书作者在 2014 年北京国际书展现场留影,所持之书为作者所著《波科学与超光速物理》(2014 年 7 月出版)。

2016 年 5 月 28 日是本书作者 80 岁生日,在北京举行了小型活动(座谈与聚餐),有 20 余人参加,包括北京、西安、广州、无锡、河南的专家学者,以及本书作者过去的学生、中国传媒大学有关老同事及领导。此为座谈会后全体合影,前排左起:冯正和教授(清华大学)、杨文麟研究员(国家气象局卫星中心)、曹盛林教授(北京师范大学)、沈乃澂研究员(中国计量科学院)、本书作者及夫人李英、陈安顺教授(中国传媒大学)、郭衍莹研究员(中国航天集团二院 203 所)。

　　本书作者非常景仰的一位西方科学家是欧洲核子研究中心（CERN）的 John Bell，因为其科学思想卓越超群（参见书中"以量子非局域性为基础的超光速通信"一文）。此为 Bell 在作学术报告。

本书作者与女儿晓薇在意大利旅行时的留影。

超光速物理问题研究

Study on the Superluminal Light Physics

黄志洵 著　　HUANG Zhi – Xun

国防工业出版社

·北京·

图书在版编目(CIP)数据

超光速物理问题研究／黄志洵著. —北京：国防
工业出版社，2017.3
ISBN 978 - 7 - 118 - 11372 - 3

Ⅰ. ①超… Ⅱ. ①黄… Ⅲ. ①量子电子学 - 研究
Ⅳ. ①TN201

中国版本图书馆 CIP 数据核字(2017)第 145142 号

※

国防工业出版社出版发行
（北京市海淀区紫竹院南路 23 号　邮政编码 100048）
北京龙世杰印刷有限公司印刷
新华书店经售

*

开本 787×1092　1/16　印张 31¾　字数 710 千字
2017 年 3 月第 1 版第 1 次印刷　印数 1—2200 册　定价 188.00 元

（本书如有印装错误，我社负责调换）

国防书店：(010)88540777　　　发行邮购：(010)88540776
发行传真：(010)88540755　　　发行业务：(010)88540717

作者题记

Author's Inscription

　　我们提出的供讨论的观点是:国内基础科学发展相对落后(缺乏全新的重大的科学思想,缺少一流的世界级的原创性研究成果);是时候了,中国应该在经济发展的基础上进行有中国特色的基础科学研究。这意味着过去的做法必须改变,不要总是跟着西方人亦步亦趋,也不要过份迷信和崇拜权威。不能西方科学界搞什么我们就搞什么。要认识到西方科学界也会出错,名人和大师也会犯错误。中国科学家要增强自信心,勇于创新,敢于对现存知识的某些方面提出质疑。

　　我们反对某些科学家不断诱导政府领导人拨巨款上"大项目",我们主张"建设具有中国特色的基础科学"。而且,我们旁征博引地说明,创新成果的有无和多少并不与金钱投入成正比,这种例子比比皆是。发展基础科学需要政府投入资金,这并不错;但对纳税人的钱该怎么使用? 在中国和欧美国家,都是身为科学家的人们要慎重对待的。对中国人来讲,要走自己的路,不能总是"用别人的昨天装扮自己的明天"。

Author's Inscription ▪ ▪ ▪ ▪ ▪ ▪ ▪ ▪ ▪ ▪ ▪ ▪ ▪

Recently, The viewpoints we have proposed for discussion are as follows. The development of the fundamental scientific falls behind correspondingly, which especially is lacking in brand new significant scientific ideology and the original world – class achievements on science study. It's time that China conduct fundamental science research with Chinese characteristics based on the blossom of economy. In other words, The past practices in scientific research need to be changed instead of blindly following western or worshiping academic authority excessively. We can't always follow close the steps of western scientists. Meanwhile, We need to be obliged to realize that Western scientists will make mistakes, the celebrities and great masters are fallible as well. Chinese scientists must enhance self – confidence, blazing new trails, and dare to question extant knowledge in some extent.

On the other hand, we have consistently objected to the behavior of some scientists on inducing the government to put a huge sum of inappropriate money onto these "gigantic projects" and we strongly favor the establishment of the fundamental and foundational science subjects with Chinese characteristics. Besides, we have cited many and widespread evidences to demonstrate that the return form creative scientific results is not necessarily proportional to the pay of money, and examples of this are not in short supply. Frankly speaking, there is no blame for the truth that the development of fundamental sciences does indeed need the government put money into them. Nevertheless, the way to appropriately spend these money is definitely a problem. It is extraordinarily important that we walk our own way to make our country scientifically thriving, and it is apparently not appropriate to decorate our future with what others had created in their past.

序

我和黄志洵老师从相识到相知，已有 30 多年。记得第一次我认识他是 1987 年在江西南昌的"全国微波会议"上，我带领几位研究生聆听他的报告。他讲述如何敢于推翻前人的一些名著的论点，在截止波导方面提出新的求解方法；并指出椭圆波导并非像苏联院士等人所说只能是一种"科学兴趣"，而是有广泛的应用前景。他的报告给我和与会代表以深刻印象，觉得他是属于敢于标新立异那类型的科学家。他在微波方面的早期成就后来都发表在他的名著《微波传输线理论和实用技术》一书中。当时我在航天部从事微波技术工作，他的这本著作就成了我和我的同事们的"老师"。后来我经常为技术问题去学校请教，或为研究生答辩事和他联系，接触中我深深为他的严谨治学作风，尤其是不迷信经典、不迷信名人的精神所感动。到了 21 世纪，我了解到晚年的黄老师还在孜孜不倦探索前沿科学，专攻超光速物理问题，此事听说曾引起一些老同志不解，因为那是个科研的深水区，从来就被一些世界级的科学家如爱因斯坦、霍金等人的经典理论，以及"光速不可超越""宇宙大爆炸"等学说所"把持"，容不得半点怀疑。一些年轻人进入这个领域，能做的也就是"人云亦云"。但不曾想短短十几年，黄老师却能做出很多出色成绩。

黄老师晚年成就集中反映在他的《波科学与超光速物理》等几本著作中。这几本著作我曾把它们介绍给航天部几位老专家，包括院士、型号总师等。尽管我们是搞工程技术的，并不太懂得书中说述的理论，但大家都佩服黄老师近 80 高龄还孜孜不倦探索前沿科学，还著书立说，传授后人。他从事科研半个多世纪，的确为国家做出卓越的贡献。当然最可贵的是他在科研中一贯坚持的创新思想。他对国内外一些名人、权威、院士等都非常敬佩，尊重，但绝不迷信。他的创新精神，我和我的同事们归纳了一下，认为他有三个敢于：敢于孤军作战，敢于质疑权威，敢于逆向思维。创新这个词汇现在成了个时尚名词，其实能做到是很难的。

黄老师自己一生淡薄名利，但特别关心国家的发展。他多次著文，满腔热情揭露和探讨中国科研领域的弊病，如拉拢关系、抄袭论文，以及为争经费而弄虚作假，用外国名人过时的结论来压制不同意见，等等。他还多次著文，探讨如何把中国的基础科学搞上去。

最后我引用我国古代哲学家庄子的一句话："吾生有涯而知无涯。"人的生命有限，而学问研究、知识增长是没有尽头的。我祝愿黄老师健康长寿，永葆青春！并在身体允许的前提下继续为国家做些有益的工作。我还愿与已退休的老同事、老专家、老学者们共勉，大家要注意身体健康,并以黄老师为榜样,多做些造福人民的事情……至于读者手中这本新书,其深刻与成熟均超过了过去,值得高等院校的师生参考,尤其对物理学家、航天专家、电子学家有参考价值,是应该推荐的。

郭衍莹

Prof. Y. Y. Guo, Senior Member of IEEE

2017 年 2 月 28 日

郭衍莹,中国航天科工集团二院 203 所研究员。电子学家,相控阵雷达和地空导弹专家。1952 年毕业于北京大学电信专业。1957 年参加航天部创业。曾先后在航天部研究所担任总设计师、技术顾问,航天二院武器保障工程研究中心顾问,科工委银河公司总工,海空军大修厂技术顾问等职,同济大学等高校客座教授。曾获国防科工委科技进步一等奖一次,二等奖两次。曾被评为航空航天部有突出贡献专家、国务院特殊贡献津贴专家。著有专著 3 本,发表学术论文 50 余篇。中国电子学会会士,美国 IEEE 高级会员。

前　言

Preface

一

和过去笔者的某些著作一样,本书的书名并未充分体现出它的内容。虽然关于超光速物理问题研究的多篇文章构成全书的核心,但它还包含许多其他方面的论文;后者是对若干重要科学问题的深入论述,涉及波科学理论、光子理论、光速理论、量子理论及应用、引力理论与引力波,以及对基础科学研究的评论。本书选材完整、文献丰富、观点独到,叙事风格认真严谨,因而富有启发性,对科学工作者深具参考价值。现在奉献给大家的书,代表了我尽可能追求真知的努力。探求真理一直都是我们的终极向往,难道科学家的工作还有别的目标吗? 或许可以说,我的书让自然界表达出神秘,而大自然让我的书显得更悬疑。

在这里,我想谈一下中国科学界和欧美科学界的关系。虽然近代自然科学诞生于欧洲、发达于北美;但目前中国人正在赶上来,在多个领域达到前列。这就给中国科学家以自信心,他们中的许多人不再"只知仰视、不敢平视",逐步克服了对西方亦步亦趋的心态和做法,认识到我们的最大问题在于需要增强科学思想方面的创新能力。我在这几年提出并呼吁"建设具有中国特色的基础科学",并不是要把自然科学分为"东方的""西方的"(或者"中国的""外国的"),而是强调指出西方科学界日益显露出许多矛盾和问题。《参考消息》日印刷量超过300万份,是中国第一、世界第五大报,笔者已订阅多年。我们随意举出2016年下半年出现的几个新闻标题——8月:"错把统计波动当新粒子,欧洲大型强子对撞机闹乌龙。"11月上旬:"暗能量或迫使宇宙解体。"11月下旬:"挑战爱因斯坦,光速可变理论将接受检验。"……这几个例子中,第一个说明在物理学中重大发现越来越难的情况下,急于拿出成绩的西方科学家竟会乱来(过去美国的 GP – B 项目和最近的美国 LIGO 引力波项目似乎也有弄虚作假的味道)。第二个例子纯为胡说,极其明显不必多讲。第三个例子表示,长期以来神化 Einstein 的做法总有一天会结束。

现在让我们来看这样的一些话:"现代化不等于西方化,它既不会形成任何意义上的普世文明,也不会导致非西方社会西方化。当前西方文明在衰落,而非西方文明在重新肯定他们自身的文化价值。人类将经历非西方权力与文化的复兴。"……这些话是谁说的? 不是我,而是美国教授 Samuel Huntington,写在他的名著 *The Clash of Civilizations* 里面。他的话虽非针对但应包括自然科学,因为这也是文明发展的一个极其重要的方面。"当前西方文明在衰落",敢于承认这一点是很不容易的。的确,曾经做出过伟大贡献的历史事实并不赋予西方科学界垄断对自然做理论解释的权利;中国科学家应当再大胆一些。我坚信,我们在国家经济发展的基础上必将迎来一个人才辈出、不断做出重大创新的光辉时代。

二

多年来我为什么如此执着地坚持做超光速研究？这个问题并非三言两语能说清楚。时常有人问我，既然日常生活中和一般条件下都看不到超光速运动，研究的意义是什么？其实我也时常这样问自己——付出的时间、精力和汗水是值得的吗？经过这种内心的自我审视后，我并未因多年来从事了这个课题而懊悔；甚至可以略带骄傲地说，由于自己的执着和努力，我已做了大量科学工作，为后人留下了若干创新思想和许多参考材料可供思索。……下面仅通俗、扼要地谈几点，至少这些情况是应该弄清楚的：

（1）在地球上没有发现过某种物质做超光速运动的自然现象；那么在宇宙中呢？20 世纪70 年代以来发现类星体 3c345 的两部分分离速度为光速的 8 倍（$v = 8c$）；类星体 3c273 的观测则证明，分离速度达 9.6c；其他还有 3c279、3c120 等。这对天文学家而言非常出乎意料，但在排除一些可能解释后，许多人承认这些天体可能确实运动得比光速快。1978 年射电天文学家K. Kellermann 用 Feinberg 快子理论解释射电天文学界发现的这种惊人现象；但有中国学者（如北师大曹盛林教授）认为，不用 Feinberg 理论也能解释……这说明有关类星体超光速运动的现象还远未弄清楚。

（2）认为中微子（neutrinos）就是一种超光速粒子，这种观点在美国物理界提出有几十年了。2011 年欧洲核子研究中心（CERN）的科学家宣布"已用实验证明了中微子以超光速飞行"；但后来又说实验有错误，故该结论不正确。……尽管如此，仍有一些物理学家至今坚持认为中微子是超光速粒子，例如，原美国 Alabama 大学教授张操，中国科学院上海原子核所（现称应用物理所）研究员艾小白。又如，美国的 R. Ehrlich 也一直这么说（见：Ai X B, Phys. Scripta, 2012, 85: 045005; Ehrlich, Astroparticle Phys. 2013, 41）。中微子飞行速度究竟是哪种情况，目前尚缺少可靠的实验证明。

（3）必须指出，"现在还没有×××"与"是否可能用一定方法造成×××"是不同的概念。例如，世界上本来没有人造的超声速运动体，但经过持续努力美国人于 1947 年制造了超声速飞机并试飞成功；对人造超光速运动体的有无也应如此看待。一个突出例子是：1993 年美国 Berkeley 加州大学的科学家做成了使光子比原速加快 70%（获得 $v = 1.7c$ 的光子）的实验，（见 Phys Rev Lett, 1993, 71(5): 708 ~ 711）；因此，说"不可能有比一般光子更快的光子"并不正确。

（4）近年来，波动形态（包括短波、微波、光频、太赫脉冲）的超光速实验遍地开花。我们在中国传媒大学于 2003 年也做成了一个实验，获得的记录是 $v = (1.5 \sim 2.4)c$；对此，中国工程院刊物（《中国工程科学》）曾作报道。……还应指出，波动力学与描写有形有质的物体运动的经典力学并不等同，例如后者认为"负速度"就是"运动方向反了过来"，而前者的观念却不同。Born & Wolf 的名著 *Principles of Optics* 曾指出波速是标量，而 Brillouin 的名著 *Wave Propagation and Group Velocity* 中指出负群速（NGV）是"比无限大速度还'快'的速度"。如今多国都做成功 NGV 实验，成为超光速研究的一道独特风景。几年前我的一位博士生也创造性地用左手传输线原理设计、制造出芯片，观测到 NGV，为（-0.13 ~ -1.85）c。

（5）物理作用中一些超光速实例非常重要，例如近年来发现了 Coulomb 静电场以超光速传播的现象（见 R. Sagro 2014 年论文）。由于 Coulomb 定律与万有引力定律相似，人们更深刻地认识了过去早就发现的"引力以超光速传播的现象"（见 Laplace、Eddington、Flandern 等人的著作）。……最近湖北学者朱寅计算银河系的情况,得到引力传播速度 $v_G \geqslant 25 \mathrm{l. y. /s}$（1l. y. $= 9.5 \times 10^{12} \mathrm{km}$）,故笔者可算出 $v_G \geqslant 7.9 \times 10^8 c$。另外,笔者也曾著文论述天线近区场发现的超光速现象的"类消失态特性"（见中国传媒大学学报（自然科学版）,2013,20（2）:7~18）。

（6）超光速研究不仅探索物质以超光速运动的可能性,还研究信息以超光速传送的可实现性。现时有观点认为后者是有希望的,甚或在现实中已经存在了。例如量子纠缠态（entangled states）是以超光速传播的,这点早已由瑞士日内瓦大学 N. Gisin 教授领导的团队以实验证明:量子信息传播速度 $v > 10^4 c$（见 Nature,2008,454:861~864）。

（7）在地球实验室中做超光速实验常用两种方法——反常色散和消失态。后者是一种普遍存在的电磁状态,德国 Cologne 大学教授 G. Nimtz 是利用这种方法的高手:或为截止波导中的消失态,或为 Bose 双三棱镜结构中的消失态,都得了超光速数据。英国学者 J. Carey 也利用双三棱镜实验而发现了超光速现象。

（8）最近两年来,张操教授与复旦大学核科学系的研究生合作做了关于交流电速度的实验,发现交流电场速度可以远超光速;已有几个实验室重复了这个实验,结果很稳定。……这使人联想到已发现的电磁源近场超光速现象。

（9）有的加速器技术书籍说:"电子直线加速器利用射频场加速电子;而按照相对论,电子速度不可能超过光速。"这是典型的逻辑循环——用"相对论正确"说明"电子不可能被加速到光速以上",又用"电子在加速器中只做亚光速运动"证明"相对论正确"。……实际上,迄今为止全世界的加速器本来就是"亚光速加速器",这是因为对中性粒子（如中子）缺乏加速方法,只能用带电粒子（电子、质子）作为工作物质,并用电磁力为加速手段。然而电磁场的本征速度即光速 c,这样的加速器当然不可能使电子速度达到 c 以上。假如未来人们用改装过的加速器发现作超光速运动的奇异电子（meta - electrons）,上述逻辑互证立即破产。显然"不能用现有设备做成某事"与"永远不可能做成某事"不是一个概念。

可喜的是,著名加速器专家裴元吉教授已制订了超光速实验方案（见本书附录 A）。

（10）量子场论（QFT）指出,"真空"并非一无所有,存在基态时量子场各模式的振荡,也有虚粒子的产生、消失和转化。这就可能造成"真空中光速"的微小起伏。此外,多年来国内外一直有人从理论上或实验上对狭义相对论（SR）的光速不变原理提出质疑。

（11）2014 年 12 月有报道说,西班牙科学家观测到 IC310 星系的黑洞中喷射出的 γ 射线粒子,速度达到 $5.2c$。

以上各点只是信手拈来,其他还有许多例证和问题需要研究。探索上述这些事情要有许多知识,又要有高超理论素养和洞察事物的能力。正是由于这些原因,使超光速研究方向具有很大的吸引力! 1997 年美国物理学家 P. Gibbs 指出:"there is no guarantee that light speed will be meaningful as a speed limit in a more complete theory of the future."我完全同意他的看法。

三

过去我曾出版过 6 部与超光速研究有关的书,它们是《超光速研究——相对论、量子力学、电子学与信息理论的交汇点》（科学出版社,1999）、《超光速研究新进展》（国防工业出版社,2002）、《超光速研究的理论与实验》（科学出版社,2005）、《超光速研究及电子学探索》（国防工业出版社,2008）、《现代物理学研究新进展》（国防工业出版社,2011）和《波科学与超光速物理》（国防工业出版社,2014）。这些书均为论文集,共收入 131 篇文章,有 270 万字。其中超光速研究论文 48 篇,占 37%;其余涉及现代物理学若干问题、负物理参数研究、光子与虚光子、消失态、Goos – Hänchen 位移、电磁理论与导波理论、波科学基础理论、微波理论与技术、电子测量技术等领域。

尽管在科学思想方面有所创新很难,我仍然取得了一些成绩。例如在《超光速研究的理论与实验》中把速度问题的研究分为物质运动的速度、能量输送的速度、广义的信息速度三类。其中物质运动的速度又分为宏观物体速度、微观粒子速度和非实体物质(如波动)的速度。至于物理作用(如引力、核力、电磁力、量子纠缠态)的速度,既可看成非实体物质速度,也可当作广义信息速度的一种。我们的分类方法为整个研究理出了头绪,为过去的文献所未见。又如,在同一书中有两篇英文论文,报道了我们在中国传媒大学完成的一项超光速实验,所用方法是设计出一种模拟光子晶体的同轴线结构,最早在国内测到了超光速群速,接近于测出 NGV。《超光速研究的理论与实验》中有一篇文章"截止波导内消失波状态的波速研究",在国内外最先提出了"在截止波导(WBCO)中可能存在 NGV 状态"的理论分析。再如,《现代物理学研究新进展》中提出,既然"超光速群速"实验已普遍成功,从波粒二象性考虑,预示可能在一定条件下有超光速电子(奇异电子)存在,建议改造现有加速器以寻找这种特殊的奇异电子。

《波科学与超光速物理》于 2014 年出版,思考更深刻,有较多的创新点。该书的主要创新工作为:阐述了虚光子的消失态解释;提出和论证了量子超光速性(quantum superluminality)这一概念;用类消失态原理和超前波理论解释了近年来发现的天线近区场中的超光速现象;对"突破光障"和"突破声障"进行理论上的比较研究;明确提出和建议了超光速物理(Superluminal Physics)作为一门新学科;提出了在波科学和光学中开展"三负"研究(study on three negative parameters)的前沿科学研究建议;提出和论述了电磁波负性运动(negative characteristic electromagnetic wave motion)的概念和理论;在光频进行了 NGV 实验研究,等等。

总之,这 6 部书包含了大量的科学工作,远远超出了"超光速研究"的范畴。写作这些书不仅要对科学史有深刻的了解,在探讨许多科学概念时也要有清晰的思路。

四

本书也是论文集,它记录和反映了我近几年(2014—2017)的研究和思考,我诚挚地把它献给读者。与过去的情形相似,书名与内容不尽相符——后者比前者涵盖的范围更宽阔。其实本书反映了我长期学习、研究和思考的成果,并不限于最近几年。可以说,它在学术思想上达到了一个新的高度,26 篇论文组成一个有机的整体。

本书的特点是:重视西方科学家的思想和贡献,但不囿于西方。全书充分展现作者的心智和理念,客观、科学地认识各种现象。严谨治学,绝不做无根据的猜想和违反逻辑的论断。

需要说明,本书中有少数文章是与别人的合著作品,他们是福建学者物理学家梅晓春先生、巴西科学家 P. Ulianov、美籍华人科学家俞平以及我过去的博士生姜荣讲师,他们的贡献为本书增色。本书还引用了德国 Max Planck 研究院等离子物理研究所 W. Engelhardt 教授致 Nobel 物理学奖委员会主席的公开信;德国科隆大学(Univ. zu Köln)教授 Günter Nimtz 多年来一直热情地与我讨论学术问题并供给资料。在此一并致谢。

著名加速器专家、中国科学技术大学裴元吉教授,允许我把他在 2011 年 11 月提交科技日报座谈会的短文(该文论述了在加速器上寻找可能的超光速粒子的方法),收入到本书的附录之中。这不仅使读者能了解到他的设想,而且为今后的研究提供了新的起点;我要在这里谢谢他!

当然,我要向更多的国内人士表示谢意:首先,中国传媒大学一贯支持我的研究工作,科研处原处长车晴教授、理工学部部长刘剑波教授、通信工程系主任逯贵祯教授,以及其他领导、教师、同学,都曾给予我宝贵的支持帮助;其次,我还得到专家学者们的宝贵支持——宋健院士、程津培院士、张钟华院士、夏建白院士,以及郭衍莹研究员、沈乃澂研究员、杨新铁教授、吴养曹副总工程师等。均此一并致谢。国防工业出版社的领导和多位工作人员(特别是陈洁编审和王九贤编辑)为本书的完善和出版尽心尽力,作为作者的我十分感谢。最后,我感谢夫人李英女士和女儿晓薇的关怀与支持,没有她们的帮助,我不可能完成本书的写作。

黄志洵

2017 年 3 月

对本书的说明及导读

本书是一本研究型学术著作，全书 26 篇论文，分为 5 部分，各部分之间互有联系。现将各部分各篇的核心内容、学术思想和创新点简述如下，作为"说明"及"导读"。

第 I 部分为"波科学理论、光子和光速理论"，有 6 篇论文：

第 1 篇论文是"波科学理论的改进"。它指出波是物质存在的一种形态，是物质运动的独特形式。经典力学和相对论力学主要是针对实物（而非波动）的，对波动需要许多独特的思考。波科学理论本身包含进一步深刻化的需要，例如用现代数学方法改进电磁波理论，而量子理论对波科学发展具有重要意义。文章指出波速研究是波科学研究的一个重点和突破口；对群速与折射率关系公式重新做了推导，指出 2000 年的 WKD 负群速实验并非"在计算公式上犯了错误"。又指出自 1970 年以来国际上广泛开展的负波速理论与实验研究关系到对"负时间"和"超前波"的认识，其意义不可低估。文章认为要坚持"电磁波是旋量场、其对立面是无旋场"的观点，并据此去认识所谓"引力波"的存在性问题。

第 2 篇论文是"表面等离子波研究"。它深入讨论了这种波的相关理论与激发技术，报道了我们团队在 632.8nm 的激光波长上用玻璃三棱镜测出纳米级金属薄膜的厚度和它特有的负介电常数的方法和结果。

第 3 篇论文是"光子是什么"。这是 2009 年笔者的论文"论单光子研究"的姊妹篇。如所周知，光子理论是一个世纪性难题；然而正是它引起了笔者的极大兴趣。论文强调光子不是一个刚性球，无法给出其尺寸或体积。现有的光子理论的基础是 Maxwell 电磁理论、量子力学和量子电动力学。我们认为光子可能有静止质量，故建议以 Proca 方程组作为认识光子的另一途径，从而弥补无法为光子写出真实的波方程这一缺陷。文章强调光子是一种深具特殊性的微观粒子；这一思想也体现在前述的"波科学理论的改进"一文中。此外，对光子本质的讨论引发了"光速的非恒值性"议题，故"真空中光速 c"一词的确切含意是不清晰的。

第 4 篇论文是"'真空中光速 c'及现行米定义质疑"。恰恰印证了上文的观点，而且有了更丰富的内容。论文指出，1983 年国际计量大会（CGPM）规定的计量学基本单位之一"米"的定义，是以真空中光速 $c = 299792458\text{m/s}$ 及其不变性为基础的。然而狭义相对论（SR）的"光速不变原理"是一个未经实验充分证明的假设，而量子真空会造成 c 值的微小起伏变化。此外，还要考虑"真空极化"作用的影响。因此论文对现行米定义提出质疑，认为可能需要修改。

第 5 篇论文是"使自由空间中光速变慢的研究进展"。根据 2014 年 Franson 的理论和 2015 年 Padgett 团队的实验判断说，真空中光速 c 的恒值性是不能保证成立的，实际上可能存在"减慢"的现象。故本论文支持了上一篇论文的论点。

第 6 篇论文是"试论林金院士有关光速的科学工作"。论文介绍和论述了 2009 年发表的林金团队的实验，它利用了在 Einstin 时代无法想象的条件（卫星技术和原子钟技术），在航天大尺度距离上对 SR"光速不变原理"（实际上是假设）做了判决性实验检验，证明在有微小相对运动时双程光信号中的"往"和"返"两个单程信号通过的时间不相等。我们认为这一实验是先于航天大国(美国、俄罗斯)完成的重要实验,其意义不容忽视。论文还评论了林金对"超光速宇航可能性"的重要论述。……本论文已引起国内航天界许多专家的兴趣和重视;原国家科委主任、中国工程院院长宋健院士在本论文发表前读到原稿,于2016年11月24日致信黄志洵,表示了他的高兴并对有关问题谈了一些看法,例如说"对超光速飞行的未来抱有厚望"。

第Ⅱ部分为"超光速物理研究",是本书的核心,8篇论文:

第1篇论文是"对'速度'的研究和讨论"。指出速度是一个宏观参数,当今大航天时代对提高飞行器速度提出了迫切的要求。对于微观粒子,速度已失去意义;但作为一种半经典方式,速度概念还在使用。论文还深入讨论了波速度、物理相互作用速度的有关问题,指出在其中已广泛发现超光速现象的存在。

第2篇论文是"论有质粒子作超光速运动的可能性"。论文提出了与SR不同的见解,认为这种可能性存在,但有待将来的直接实验证明。论文指出对一般的不带电(中性)粒子或物体而言,Lorentz – Einstin质速公式可能并不正确,至少还没有证实的实验。因此,以光速为最高速限的"光障"(light barrier)不一定存在。论文还以人类实现超声速飞行的实例说明,应当对突破"光障"(即使它存在)抱有信心。另外,建议以"群速超光速实验普遍获得成功"这一波科学进展为契机,在"波粒二象性"理论基础上寻找以超光速运行的"奇异电子";为此需要对现有加速器进行改造。

第3篇是"论1987年超新星爆发后续现象的不同解释"。该论文在回顾1987年2月23日发生的超新星爆发之前,首先指出Einstein(在1911年)和Franson(在2014年)都从理论上预期引力势将使光速减小,而这与1987年超新星爆发时的现象(中微子比光子早数小时到达地球)相符。认为可能出现了下述情形——中微子以超光速飞行,光子以亚光速飞行。本文的讨论也证明光速c似为一种不完全恒定的常数。

第4篇是"用于太空技术的微波推进电磁发动机"。论文概述了Em Drive技术的概念和在两大国(美国、中国)开展研究的情况。这种最先由英国人提出的设计力法也称为电磁驱动引擎,它不同于传统的用化学燃料产生推力的方法,而是把太阳能转化为微波能并供给腔体后产生推力。目前预期可把去火星的时间由180天缩短为70天,而在理论上其加速不受限制,未来可能用于星系探测。

第5篇是"以量子非局域性为基础的超光速通信"。论文指出1935年的EPR论文在本质上与SR一致,二者都否认超光速运动及超光速信息传送的可能。但实验已证明量子纠缠态作用的传播是超光速的($v \geqslant 10^4 c$),即超光速信息传送在自然界一直(早已)存在,问题仅在于如何应用于人类的相互交流和联系。论文强调指出量子非局域性(quantum non – locality)的确立是研究超光速通信的基础。

第6篇论文是"电磁源近场测量理论与技术研究进展"。论文在笔者过去研究天线近区场的基础上从概念到理论上做了发展,我们曾把近区束缚场称为类消失场(evanescent – like fields)。论文章指出,近年来发现的近场超光速现象,不仅可用消失场理论解释,还应采纳"消失态是虚光子"这一科学思想而做出量子解释。

第7篇论文是"Negative Group Velocity Pulse Propagation Through a Left-Handed Transmission Line"("经由一副左手传输线的负群速脉冲传播")。负群速(NGV)是波科学理论中的一种独特的超光速传输形式,我们团队经努力实现了在实验室呈现这种奇特的现象。由于自行

设计了互补类 Ω 结构（COLS）的微带左手传输线芯片，并找到反常色散频带，结果在 5.8 ~ 6GHz 测到电磁脉冲通过样品的时间为（ – 0.062 ~ – 1.540）ns，对应群速 v_g =（ – 0.13 ~ – 1.85）c。

第 8 篇论文是"论寻找外星智能生命"。论文是对探索地外文明的严肃讨论，在承认"外星人"可能存在的前提下思考以下几个问题：①他们与我们非常不同，故不应急于建立联系及"欢迎来访"；②由于地球人早已暴露自己的存在，当务之急要召开国际会议，对进一步信号发送宣布禁令；③必须开始研究及筹备"向外星移民"；④能否以超光速前往"宜居星球"一探究竟，已提上人类的议事日程，因此要有全新的火箭设计理念。

第Ⅲ部分为"量子理论及应用"，有 4 篇论文，其中 3 篇是不久前写作和发表的；它们与前两部分在内容上有密切联系。

第 1 篇论文是"Casimir 效应与量子真空"。论文指出必须提高对量子真空的认识——过去说"真空不空"已是对经典物理的颠覆，现在说有比常态真空"更空"的负能真空，就显得更奇怪。但这已有严格认证，并导致 Casimir 双板结构中超光速现象的存在。

第 2 篇论文是"非线性 Schrödinger 方程及量子非局域性"。论文是对 QM 基本方程（SE）的深入探讨，虽然它是非相对论性的（NRQM），但其科学价值和历史地位无人能撼动。对 SE 加入非线性项就形成了 NLSE，它也是非相对论性的，故必然本质上反映量子非局域性（quantum non – locality）。

第 3 篇论文是"从传统雷达到量子雷达"。论文是笔者近来学习、研究和思考所得。量子雷达（QR）用少量（甚至单个）光子做探测，并以量子纠缠态（quantum entangled states）作为工作状态；这不仅令人惊异，而且代表了从传统的波动雷达向粒子雷达发展。论文认为"QR 可探测隐身飞机"值得相信，但只有在微波（而非在光频）完成整个 QR 构想才能与传统雷达一争高下。专家认为本文精辟的简评和前瞻性分析深具价值。

第 4 篇论文是"量子噪声理论若干问题"。这是笔者多年前的著作，将其收入本书是根据有的专家的要求。论文提供了量子噪声理论基本理论的概述。

第Ⅳ部分为"引力理论与引力波"，给读者带来了新的视角，有 4 篇论文：

第 1 篇论文"引力理论和引力速度测量"。它集中表示了笔者的与传统理论不同的观点：①认为空间、时间是物理学中的独立概念，space – time（译作"时空"或"空时"）既不独立又无法测量，缺乏描写物理实在的意义；②对时空一体化持否定态度，又认为"时间弯曲"更是无意义的不通表述；③认为引力是"力"，而广义相对论（GR）用弯曲时空描写引力不能告诉人们引力是什么；④对"虫洞"和"曲相推进"理论表示怀疑；⑤认同"负能量"这一概念；⑥从历史和现实证明引力传播是一种超光速现象。从总体上讲，文章认为要坚持 Newton 的引力观。

第 2 篇论文"试评 LIGO 引力波实验"和第 3 篇论文"再评 LIGO 引力波实验"性质相同，是对美国激光干涉引力波天文台（LIGO）于 2015 年宣布"从两个黑洞的合并观测到引力波"发表不同意见。论文指出引力波概念是 GR 理论的一个推论，建立在"时空一体化"和"时间弯曲"的基础上，然而这样的理论体系一直遭到质疑。更何况，LIGO 并非依据物理实验和天文观测结果而得出结论的，而是把收到的一个信号与数值相对论（numerical relativity）数据库的海量波形对照即宣布这一"重大发现"，因此令人怀疑；多国科学家提出了批评。笔者坚持的根本观点是：引力场为无旋场，没有波动的发生。

第 4 篇论文是"LIGO Experiments Cannot Detect Gravitational Waves by Using Laser Michelson Interferometers"。由 4 位作者署名，他们分属中国、美国、巴西，而第一作者是福建学者梅晓

春先生。本论文英文版发表在国外刊物上(Jour. Mod. Phy., 2016, No.7, 1749~1761),中文版题为"LIGO 实验采用迈克逊干涉仪不可能探测到引力波"(中国传媒大学学报, Vol. 23, N05, 2016, 1~13);本书仅收入英文版。文章强调指出,引力波存在时光速不是常数,LIGO 实验无法用时间差计算干涉图像的改变,因此 LIGO 在原理上有错误。正如过去 MM 实验得到零结果一样,LIGO 实验不可能"发现引力波"。

虽然 LIGO 于 2017 年 6 月初宣布"第三次探测到引力波",但并没有新的物理实验或天文观测证据,而是与过去一样,把收到的不明信号作计算机模拟后当作真实的物理存在,甚至由此推断"距地球 30 亿光年处发生了黑洞碰撞"。这完全违背了科学实证精神和科学研究原则。

第 V 部分为"基础科学研究评论",有 4 篇文章:

第 1 篇论文是"'大爆炸宇宙学'批评"。该论文论据详尽有力,在国内产生了一定影响。文章认为既然宇宙是"物质世界的一切",谈论"宇宙寿命"的本身即无意义,而大爆炸宇宙学与"上帝创世说"没有区别。仅从 Hubble 红移及 2.7K 微波辐射并不能证明宇宙产生于一次大爆炸,而说"时间有一个起点"是更为荒谬的论点。实际上无人真正观测到"星系正远离地球而去",故所谓 Big bang 和"宇宙膨胀说"都仅为推理及想象。

第 2 篇论文是"预测未来的科学"。论文讨论了有趣的问题——人类能否预测未来? 论文认为天气预报就是预测未来的工作,它每天都在进行;而"预报地震发生"仍在努力之中。在波科学里面,对超前波(advanced waves)的研究就有"进入未来"的意蕴,是"时间机器"的体现。论文还认为量子理论与"时间旅行"有契合之处,QM 是"未来学"发展的动力。

第 3 篇论文是"建设具有中国特色的基础科学"。论文原载于中国传媒大学学报(自然科学版),《前沿科学》转载。论文提出的观点是:近代自然科学产生和主要发展于西方,成就和贡献彪炳史册;但近年来西方科学界开始出现乱象,中国科学界"跟着西方脚印走"的做法不可持续。目前国内基础科学发展相对落后(缺乏全新的重大科学思想,缺少一流的世界级研究成果);是时候了,中国应当在经济发展的基础上进行有中国特色的科学研究。不能西方搞什么我们就搞什么;因为西方科学界也会出错,名人和大师也会犯错误。

第 4 篇论文章是"冉论建设具有中国特色的基础科学"。本论义是"建设具有中国特色的基础科学"的姊妹篇。由于"建设具有中国特色的基础科学"反映好,笔者又觉得言犹未尽,故写出此文。论文指出,欧美国家在科学研究方面确有优秀传统,但近年来西方基础科学界似已乱象丛生;这是因为认识自然本性越来越难,西方科学家有焦虑感,已有不诚实的现象,为了生存和研究经费而诱导本国政府投入巨资上大项目。因此,我们呼吁不能再紧跟西方,而走创新之路是不再盲从的关键。必须大力培育本国的科学大师,并把提出新科学思想放在首位。

总结以上所述,本书最重要贡献是:①对波科学理论有新的论述,提出一些有启发性的思想。②对光子的本质做了深刻分析,丰富了光子理论。③突出地对光速的恒值性提出质疑,指出"真空中光速 c"的含义不清淅,建议修改"米"的计量学定义,对认识光的本性有较高价值。④充实和提高了超光速物理的相关内容,广泛讨论自然存在的和人为实现的超光速现象,又提高了在未来实现超光速通信和"超光速宇宙航行"的信心。⑤在量子高新技术迅猛发展的形势下,对量子理论与应用技术的进步提供了取证和帮助;又深刻阐发了"量子真空"的含意。⑥对 LIGO "发现引力波"的宣传提出了尖锐批评,对引力波存在性表示了怀疑。⑦对"大爆炸宇宙学"提出了坚定的反对意见。⑧提出并深刻论述了"建设具有中国特色的基础科学"这一重要命题。

总之,本书是大量科学工作的结晶,论述了众多既重要又包含高度内在智力趣味的课题。本书可供科学工作者和高等院校师生阅读参考,对物理学家、电子学家及航天专家也有参考价值。

目　录

Contents

●波科学理论、光子和光速理论

●超光速物理研究

●量子理论及应用

Contents

● Theory of gravity and the gravitational waves

● Review of the fundamental scientific research

● Appendix

波科学理论、光子和光速理论

波科学理论的改进

黄志洵[1]　姜荣[2]

（1. 中国传媒大学信息工程学院，北京 100024；2. 浙江传媒学院，杭州 310018）

【摘要】波动是物质存在的一种形态，又是物质运动的独特形式。波科学研究经典波动和量子波动，而这二者不能截然分开。例如电磁波既是宏观的经典波，又是与微观世界相联系的波；这反映在光子身上，它是一种独特的微观粒子。1926 年 Schrödinger 创造了量子波动力学，Schrödinger 方程成为反映量子世界运动规律的基本方程。量子力学中波函数（wave function）的复杂化来源于非经典波动的复杂性；通常认为光子是电磁场量子，但似不应把光子等同于电磁波。如光子也像电子那样（波动性有统计性质），它与经典电磁波确实不完全一样，讨论"光子的几率波方程问题"并不为错。故我们说光子至今没有自己专属的波函数和波方程，因而无法确切地代表和呈现光子奇怪的特性。

改进波科学理论的一个重要内容是电磁波自洽的数学逻辑结构，为此要使用与经典力学（CM）中不同的数学方法，例如矢量算子理论和广义函数论。Newton 的经典力学和 Einstein 的相对论力学主要针对实物（粒子或物体）而建立，但场与波并非实体物质。量子力学（QM）中的算子运算方法和波函数空间概念对波科学研究有重要意义，而现代电磁场理论非常适合波科学分析，能提供基本的电磁波矢量方程组，并突出地把旋量场、无旋场区分开来。

波速研究是波科学探索的一个重点和突破口，尽管波科学研究不能脱离经典力学，但不能完全沿用 CM 的思维方式，波速的标量性就是证明。本文对波科学中群速公式的重新推导表明，2000 年公布的 WKD 负群速实验并非"在计算公式上犯了错误"。……自 1970 年以来科学界开展的对"光脉冲负波速传播"的理论与实验研究，在今天仍深具启发性，因它关系到对"负时间"和"超前波"的理解。相关的研究以及对 Bose 双三棱镜中的消失态研究，丰富了波科学的内容，并改进了对它的认识。

最后，关于 2016 年 2 月美国 LIGO 宣布的"发现了引力波"，已有多国（德国、巴西、中国等）的科学家认为其结果可疑。他们或在科学刊物上发表论文，或致函 Nobel 物理学奖委员会主席 Olle Inganäs 教授，对 LIGO 提出了尖锐的批评。然而本文指出，对"LIGO 发现了引力波"一事有两个不同层面的问题存在——是 LIGO 的技术水平不够，还是其方法依据的理论有问题？本文认为在场论中有一个根本点是把场分为两大类——旋量场和无旋场，而 Newton 发现的万有引力和 Coulomb 静电场一样都是无旋场，因此缺乏存在引力波的基础。有人至今断言"引力以光速传播"，是与事实不符的错误说法。引力场以远大于光速的速度传播，但不是无限大速度的超距作用。不久前发现的"Coulomb 静电场以超光速传播"是有益的启示。

【关键词】波科学；波动力学；经典波动；量子波动；电磁波；引力波；光子

注：本文原载于《中国传媒大学学报》（自然科学版），第 23 卷，第 6 期，2016 年 12 月，1～22 页。

The Improvements of the Wave Sciences Theory

HUANG Zhi – Xun[1]   JIANG Rong[2]

(1. Communication University of China, Beijing 100024;

2. Zhejiang University of Media and Communication, Hangzhou 310018)

【Abstract】 Wave is a form of material existence, but also a unique form of material movement. Wave science studies classical waves and quantum waves, and these two can not be separated. For example, electromagnetic waves are not only the classical wave of the macrocosm, but also the waves associated with the microscopic world. That is reflected in the photon, which is a unique microscopic particle. In 1926, Schrödinger created the quantum wave mechanics, and the Schrödinger equation became the basic equation that reflected the laws of motion in the quantum world. The complexity of the wave function in quantum mechanics comes from the complexity of the nonclassical wave. Photons are generally considered to be electromagnetic field quantaes, but photons should not be equated with electromagnetic waves. Such as the photon is also like electrons(wave nature has statistical properties), and the photon is not exactly the same as the classic electromagnetic wave, so discussed "photon probability wave equation problem" is not wrong. So it is said that that photons have not their own proprietary wave function and wave equation, therefore photon strange properties can not be accurately represented and presented.

An important content of the wave science is the self – consistent mathematical logic structure of electromagnetic wave. To this end, a mathematical method different from the classical mechanics(CM) was used, such as theory of vector operator and theory of generalized function. Newton's classical mechanics and Einstein's relativity mechanics are mainly for particles or objects, but the field and the wave is not a substance material. The method of operator operation and the concept of wave function space in quantum mechanics(QM) have great significance to the study of wave science, while modern electromagnetic field theory is very suitable for the analysis of wave science, can provide the basic vector equations of electromagnetic waves, and conspicuously separates curl field and non – curl fields.

The study of wave velocity is a key point and breakthrough in the exploration of wave science. Although the research of wave science can not be separated from classical mechanics, it can not follow CM's way of thinking, and the scalar nature of wave velocity proves that. In this paper, the group velocity formula in wave science is re – deduced and re – proved. The WKD negative group velocity experiment published in 2000 was not "a mistake in the formula". ···Theoretical and experimental research on the propagation of negative wave velocity of light pulses since 1970 are still very instructive in today, because that is related to the understanding of "negative time" and "advanced waves". The related research and the research of evanescent wave in Bose double prism have enriched the content of wave science, and improved the understanding of that.

Finally, on February 2016, the US LIGO announced that the gravitational waves were found, and multinational scientists (Germany, Brazil, China, etc.) think that the results are questionable. They have published papers in scientific journals, or sent a letter to Prof. Olle Inganäs, who is the Chair of the NOBEL Committee for Physics, for making a sharp criticism of LIGO. However, in this paper it's pointed that there are two different aspects of the problem of "finding LIGO gravitational waves"——that may be LIGO's technical level is not enough, or may be that their method is based on the wrong theory? In this paper, it's accounted that there is a fundamental point in the field theory, which is that the field is divided into two categories—curl fields and non-curl fields, while gravitational force found by Newton and Coulomb electrostatic field are all non-curl fields, So it's lack of foundation for the existence of gravitational waves. It has been asserted that "gravitational force propagation at the speed of light" is an erroneous statement that is not in accordance with the facts. The gravitational field propagates at the speed which is far faster than the speed of light, but it is not the action at a distance with infinite speed. It's a useful inspiration that the Coulomb electrostatic field propagation at superluminal speed has been recently found.

【Key words】 wave sciences; wave mechanics; classical waves; quantum waves; electromagnetic waves; gravitational waves; photons

1　引言

波动是自然界普遍存在的现象。人类早期观察较多的可视波动是水面波、由弦或膜的振动导致的机械波、田野里的麦浪。后来逐渐认识了一些不可目视的波动,如声波、电磁波、光波。20 世纪的研究深入到微观层次之后,发现了物质波(如电子运动伴随的波动),又提出了几率波。波动的参数包括波长、频率、振幅、相位、速度、能量等。波可定义为"媒质中某种扰动的动力学过程",扰动足够小时就得到线性波。扰动较大时波可能呈现非线性,例如,以超声速飞行的飞行器在空气中造成的冲击性声波,强电磁场在晶体中造成的参量振荡、参量放大、倍频现象等,都是非线性波。

波动力学(Wave Mechanics, WM)的发展源远流长,最早发端于最小作用原理,该原理可以说是"众理之母"。对波动力学贡献最大者是物理学家 Erwin Schrödinger,其次是 Louis de Broglie;前者提出的 Schrödinger 方程(SE)不仅用于处理微观粒子的运动,而且早已用来分析一些宏观科学技术问题。Schrödinger 本人没有来得及在有生之年研究非线性 Schrödinger 方程(NLS);而 de Broglie 却曾致力于非线性波动力学(NLWM)的研究,并将其与孤立波联系起来。

在力学中,Hamilton 原理对质点运动的描述与 Fermat 原理相似,这表示大自然似乎有着同样的规律。Schrödinger 认为应把质点的力学过程建立在波动力学的基础上,并且指出,Fermat 原理的局限性已日益显露:它无法对波动过程作精确的研究。特别是,当力学系统的尺寸很小,例如原子这样的微小系统,旧的观点和方法会失效。

1926 年 Schrödinger[1]发表了 4 篇论文,建立了非相对论性量子波动力学(QWM);他的工作承前启后,顺乎自然,沟通微观与宏观,我们给予高度评价。de Broglie 和 Schrödinger 的工作,使波科学(wave science)研究从经典波动过渡到量子波动的层面。

2008 年黄志洵[2]发表文章"波动力学的发展",其中涵盖的方面有:波动力学基础;波方程早期发展;非相对论性波方程;Schrödinger 波动力学;用 Schrödinger 方程分析缓变折射率光纤;波浪理论及水面孤立波;非线性 Schrödinger 方程;逆散射变换法;等等。2011 年、2014 年[3]黄志洵分别推出《波科学的数理逻辑》《波科学与超光速物理》两书,表明其对波科学的高度重视。……现在的这篇文章,主要内容为:波科学发展的历史回顾;波科学理论的深刻化和现代化;从波科学群速公式看理论对实验的指导;光子的波方程、波函数问题;光脉冲的负波速传播;Bose 双三棱镜中的消失波;引力波存在性问题。因此,本文在较宽阔的背景上展示了波科学研究的现状和改进,给出了这一学科的进步所带来的收获和深刻的启发。

2 波科学发展的历史回顾

1687 年出版的《自然哲学之数学原理》是 Newton 最重要的科学著作[4],是对经典力学的第一部系统而完整的著述,也是历史上第一个关于物质和宇宙的科学理论体系,其中明确定义了质量、动量和力,提出了运动学的三大定律。Newton 以洞悉的目光看出维系行星运动的力与地面上使物体改变速度的力在本质上是相同的;他建立的万有引力定律(Newton 反平方定律)至今仍是无可怀疑的客观规律,被各种实验一次次地证明其正确性[5]。

但是 Newton 的理论限定在描述有形状和质量的物质的运动,缺少对波动的思考和研究。虽然他早在 1666 年就磨制了玻璃三棱镜来研究太阳光的光谱,但并不表示他对光的波动性有深刻认识。1690 年 C. Huygens 提出"光是一种波动";1802 年 T. Young 做了光的双缝干涉实验从而为光的波动说提供了证明;这都是在 Newton 视野以外的后续发展。经典力学的核心是研究在 Euclid 空间中的物质运动。Newton 当然会注意到水波和麦浪,但并未考虑这与他建立的经典力学理论的关系。波动是物质运动的一种形态,对此人们没有异议;但波本身是否也是一种物质? 或者说物质的定义是否需要和可以广义化,使之包括粒子(物体)和波动? 这是一个尚待确定的问题。……尽管如此,我们已可看出所谓"波粒二象性"(wave – particle duality)这一著名课题,是涵盖在最基本的概念之中的。

Newton 最先提出动量(momentum)这个在当时全新的概念,300 多年后的今天,它仍具有根本的重要性。Newton 在其著作的开篇即提出了"物质的量"的定义和"运动的量"的定义;前者是物质含量的多少,可由密度和体积求出(现代写法是 $m = \rho V$);后者是物质运动状况的标志,可由质量和速度求出(现代写法是 $p = mv$)。这些今天的常识,在早先却是高度概括的简洁定义,是提出者天才的标志。

力学包括静力学和动力学,是物理学的基础。一般认为力学研究质点的运动规律和宏观物体(小到石头大到行星)的力学效应。经典力学(Classical Mechanics,CM)是经典物理学的基础,量子力学(Quantum Mechanics,QM)是现代物理学的基础。经典力学方程是数理方程中的首要内容,它有 Newton 力学、Lagrange 分析力学和 Hamilton 动力学 3 个互相等价的系统。这里写出 3 位大师的生卒年份,I. Newton(1642—1727)、J. Lagrange(1736—1813)、W. Hamilton(1805—1865),他们是处在 17 世纪中叶到 19 世纪中叶的人物,绵亘约 200 年。

1687—1835 年(这年 W. Hamilton 出版了《动力学的一般方法》[6]),是 CM 奠基时期,也是波科学有重要发展的时期。经典力学在今天仍然极为重要,而且 CM 也是 QM 得以建立的前提。例如 Hamilton 量(或叫 Hamilton 函数)H,既是表示总能量的函数又是动力学变量的函数,在 QM 的阐述中不断地使用。E. Schrödinger 曾说:"如果你要用现代理论解决任何问题,首先要用 Hamilton 体系来表达。"

波动既是物质存在的一种形态,又是物质运动的独特形式;"波科学"的重要性不言而喻。作为物理学基础的力学怎样处理波动? 波动力学(Wave Mechanics,WM)或许可以认为在 1760 年时就有了;166 年后(即 1926 年)由 Schrödinger 创立了量子理论的波动力学。因此前者可称为经典波动力学(Classical Wave Mechanics,CWM),后者可称为量子波动力学(Quantum Wave Mechanics,QWM)。先看 CWM 的情况。1760 年 L. Euler 给出了任意波动的波方程[6]:

$$\nabla^2 f = a^2 \frac{\partial^2 f}{\partial t^2} \tag{1}$$

式中:Laplace 算子 $\nabla^2 = \nabla \cdot \nabla = \frac{\partial^2}{\partial x^2} + \frac{\partial^2}{\partial y^2} + \frac{\partial^2}{\partial z^2}$;$f = f(x,y,z,t)$ 是振动变量。这个方程式左边是函数的空间关系,右边是函数的时间关系,整个方程反映波动的时空关系;一个波必在一定时间存在于一定空间,而且是动态的不断变化的。就是这样一个简单的方程,可以描述力学中的波动(如弦、膜振动产生的波动),也可以描述声学中的波动(例如一根金属管子中空气振动产生的波动)。这是当时音乐发展到高水平从而推动数学家所做的工作。……100 年后的 1860 年,H. Helmholtz 在分析管风琴中的声波时引入了简谐函数:

$$f(x,y,z,t) = F(x,y,z) \mathrm{e}^{j\omega t} \tag{2}$$

式中:ω 为角频率。代入到 Euler 的波方程,可得标量 Helmholtz 方程

$$\nabla^2 F + \omega^2 F = 0 \tag{3}$$

这时 Maxwell 方程组还未出现。当然,电磁学的长久发展和进步的结果便是 J. Maxwell[7] 于 1865 年提出电磁场方程组,并由此推出了电磁波的波方程,其现代写法为

$$\nabla^2 \Psi = \frac{1}{v^2} \frac{\partial^2 \Psi}{\partial t^2} \tag{4}$$

式中:Ψ 为电场强度或磁场强度,$\Psi = \Psi(x,y,z,t)$,这与 Euler 的波方程是相同的。所以,波方程的微分形式既简单,又概括了力学、声学、电磁学这些领域的波动,显然也可以用到光学。……但是,我们注意到,在这些波方程中缺少 CM 的一些基本元素——质量(m)和动量(p)。

进入 20 世纪后,科学家们最关注的是如何理解陆续发现的微观粒子(原子、电子、光子),希望对物质结构有清晰而深刻的看法。在 1911 年,原子内的情形仍被看成行星系般的结构,而这并非一个合理的模型。1913 年 N. Bohr 提出了原子能量离散化的理论,又使 Planck 常数 h 扮演了一定的角色。1924 年 L. de Broglie 提出了"电子有波动性"的思想。……终于,在 20 世纪 20 年代,作为对微观粒子问题的长期探索的结果,也作为一种新的思维方式和新力学,量子力学横空出世。它是人类认识发展的第三个层次(前两个层次是经典力学和波动力学),意义极为重大。

1925 年 W. Heisenberg 提出了矩阵力学与对易关系;1926 年 Schrödinger 提出了波动力学和波函数,又解决了波动力学与矩阵力学的数学等价性;这时 QM 的主体部分成型了。1926—1927 年,M. Born 提出了波函数几率诠释;Heisenberg 提出测不准关系式;N. Bohr 提出关于波粒二象性的互补原理——这些构成 QM 的 Copenhagen 解释。1927—1928 年构建了基本的量子场论(QFT):P. Dirac 的电磁场量子化和电子波方程;E. Wigner 的 QFT 基本理论。三年之中,QM 理论一气呵成,闪闪发光,令人叹为观止。

经典力学的世界观是确定性(definity)的。正如 Laplace 说，世界的未来可以由过去决定。意思是说：只要有边界条件和初始条件，人们即可通过求解微分方程掌握事物演化的轨迹。QM 的出现使 CM 受到打击，例如：

(1) QM 对物质、世界、宇宙持有独特的看法：在量子世界中测量将改变观察对象，而不做观察测量又无法获得认识，因而人们对"客观实在"的理解将变得模糊而不确定。如果说客观实在本身在一定程度上取决于人对观察测量所做的选择，那么传统上认为客观世界与人无关的观念就将失效。正是这种情况曾使 Einstein 生气地说："当我不抬头望月时，那月亮是否存在？"

(2) QM 认为不存在因果间的直接关系，经典物理学中奉为金科玉律的确定性因果律，对量子世界不再正确，因为事件与时间并不一定保持连续性、和谐性的关系，而可能突然、间断地变化。故事件常常不可预测，几率思维取代了因果思维。这种情况也使 Einstein 生气，他说："上帝不掷骰子。"(实际上大自然确实像在做掷骰子游戏，因为人们只能谈论事件发生的可能性而非必然性)。

(3) QM 认为微观粒子可以从"无"中借来能量并超过更高的能量屏障，即势垒，其理论基础是 W. Heisenberg 的不确定性原理(测不准关系式)，而这个现象被赋予"量子隧道效应"的名称。

(4) QM 还认为"真空不空"；正如 J. Wheeler 所说，真空里有剧烈的物理过程发生。量子理论的真空观不但与经典物理学不同，与相对论也不一样，其观点已为反物质的发现而证明是有道理的。使用不确定性原理，可以证明在极短的时间内违反"能量守恒"，例如 10^{-13} s 内一个电子和一个正电子可以从"无"中突然出现，然后又相互结合而湮灭。此外，在真空中会不断产生又不断消失虚光子对。真空中的起伏、涨落无论是在宇宙学中还是在粒子物理学中都极为重要。

(5) QM 认为超光速是可能的，甚至无限大速度(物质间的超距作用)都有可能，这就是非局域性(Non-locality，也译非定域性)现象。有的信仰 Einstein 局域性实在论的物理学家承认，由于 A. Aspect 的实验否定了 Bell 不等式，又由于近年对 quark 幽禁问题的研究结果表明基本粒子之间存在远距离相关，不仅西方科学家一般倾向于非局域 QM，这些物理学家也不得不"容忍"非局域 QM 的存在，因为它"似有实验支持"。

如此等等。

物理学发展的三个层次突出了一个问题：如何看待物质和波动的关系？ Newton 力学中的物质，有形状、大小、质量和密度，受力后会运动并在空间描出其轨迹。波动却没有 Newton 定义的那种质量，不能用力使其加速；波展布于广大的空间，要做精确描述需用其他方法(波方程就是一种方法，现代电磁理论中的并矢 Green 函数、矢量偏微分算子等数学工具是另外的方法)。当然波科学的理论还没有完全搞清楚"波(动)粒(子)二象性"问题。作为最简单的理解，我们只能说光具有波粒二象性；有质量的实物粒子(如电子)也有波动性的一面，称为物质波或 de Broglie 波。L. de Broglie 关系式为

$$f = \frac{E}{h} \tag{5}$$

$$\lambda = \frac{h}{p} \tag{6}$$

式中：E、p 分别为粒子的能量、动量；f、λ 分别为对应的物质波频率、波长。

应当指出，对于光，有以下方程成立：

$$f\lambda = c \tag{7}$$

因此对于光而言两个关系式并非互相独立，实际上只有一个关系式；对实物粒子而言两个式子则是彼此独立的。

总之，QM 的出现极大地改变了物理学思维方式，而波粒二象性是量子化的根源。对经典力学中的物质和波科学中的场与波做持续而深入的研究已成为物理科学的基本任务。当然，必须把经典性波动(如宏观条件下的声波)和量子性波动(如电子造成的物质波)区别开来。那么电磁波是经典波动还是量子波动？这个问题较难回答。

1926 年上半年 E. Schrödinger 创造了 QM 的波动力学，即 QWM；其核心是描述微观粒子体系运动变化规律的基本运动方程——Schrödinger 方程。M. Planek 认为该方程奠定了量子力学的基础，如同 Newton、Lagrange 和 Hamilton 创立的方程在 CM 中的作用一样。Einstein 的说法稍有不同，他相信 Schrödinger 关于量子条件的公式表述"取得了决定性进展"，但 Heisenberg 和 Born 的路则"出了毛病"。Einstein 为什么比较喜欢 Schrödinger 的工作而总对 Heisenberg 的工作抱有反感，可能是因为他认为前者的理论并非完全抛弃确定性的，与后者对确定性的决绝态度不同。当然由此也可知道，Newton 的经典力学和 Einstein 的相对论力学，都是确定性的理论。

与经典的电磁波方程不同，在 SE 中出现了粒子质量 m；如果这情况还不足以使人们感到惊讶，那么下述事实一定会引起震惊——在推导 SE 使用了 Newton 力学中的基本动能方程[1]：

$$E = \frac{1}{2}mv^2 = \frac{p^2}{2m} \tag{8}$$

式中：m、p 分别为粒子的质量、动量。

这就看出 QM 对 CM 的依赖(继承性)证明"波科学研究(即使针对量子波动)不能脱离经典力学"。Schrödinger 由此出发再利用算符变换($E \rightarrow j\hbar \partial/\partial t$，$p \rightarrow j\hbar \nabla$)得出结果；而不是使用相对论力学方程

$$E^2 = c^2 p^2 + m_0^2 c^4 \tag{9}$$

而在 Newton 力学中质量 m 与速度 v 无关。可见 SE 中的 m 并不一定是静质量 m_0。假定使用光子的运动质量：

$$m = \frac{hf}{c^2} \tag{10}$$

那么把 SE 用于光频的障碍似乎并不存在。……总之，SE 比 Maxwell 方程组高明之处在于，它描述了物质粒子与波动这两种物质形态之间的相互作用关系。但传统上认为光子不是物质粒子，因此总有物理学家对"SE 也适用于光子"心存疑虑。

笔者的看法是，到 20 世纪的后期已有证据显示 Schrödinger 方程适用于光子：首先是微观粒子向势垒入射时用一维 Schrödinger 方程的分析(该分析证明垒内是消失态)[8]，这里的"微观粒子"是包含光子的；并且，其效果有 1993 年的 SKC 实验[9]可以作证。其次，在缓变折射率光纤分析中的 WKB 法就是应用 Schrödinger 方程来分析计算的[8]，而光子的运动是光纤中的基本过程。因此 Schrödinger 方程对电子、光子的行为作了精确的描写，波函数的量子语言取代了粒子轨道的经典语言。

3 波科学理论的深刻化和现代化

"牛顿仍称百世师"——这是笔者写于 2016 年的一首旧体诗(《航天大发展有感》)中的首句,我们这样推崇 Newton 的伟大是有理由的。他在其名著《自然哲学之数学原理》中说[4]:"现代人力图将自然现象诉诸数学定律。"因此 Newton 全部理论均以实验事实为基础,与此同时他又重视把自然现象用数学图景表现出来。······遗憾的是除了深刻研究有质(量)有形的物质——现代人抽象为"粒子"(particles),却对另一种无质(量)无固定几何形态的自然现象(波动)有所忽略;这种物质不能用他定义的"力"(force)来加速,却有极广泛的存在。波是物质存在的一种形态,是物质运动的独特形式。研究波科学不能完全脱离经典力学,但又不能一切照搬 CM 的概念和方法。例如,近年来波科学研究了负群速(negative group velocity)问题;许多人却固执地认为负速度就是"运动方向反了过来"。但这是错误的,是沿用 CM 中的速度定义($v = \mathrm{d}r/\mathrm{d}t$)而导致的认识。须知波速(如光速)是标量,因它可由频率乘波长而得出,而这二者都是标量。"速度是矢量"这一概念来自 Newton 力学,它未必能适用于波动;故 NGV 的物理意义应另作解释。

Newton 力学和 Einstein 的相对论力学都是经典理论。狭义相对论(SR)和 CM 一样,处理的是实物(粒子或物体)的运动,SR 即使讨论 SR 电子运动也不是采用微观的方法;广义相对论(GR)虽然讨论引力波,很大程度上也是对电磁波理论方法的模仿。针对实物(而非针对波动)的理论常常在波科学研究中出"麻烦",SR 的光速不变原理就是如此。······总之,我们认为在考虑"波科学理论的改进"时,必须分析 Newton 力学、Maxwell 场论、相对论和量子力学之间的关系。

由于波的性质与凝聚态物质(实物)的巨大差别,不应把 Maxwell 电磁理论完全纳入 Newton 力学的框架。人们非常熟悉的 Maxwell 方程组是矢量偏微分方程组,特别是以场的散度运算和旋度运算来表示(表1)。问题是,它从未得到过严格的解析解,通常只得到一些近似解以供工程技术应用。在经典理论中,Maxwell 方程组中的源(电荷密度 ρ、电流密度 J)是 Newton 局域性物质观的代表,场强(E、H)是空间中连续分布的非局域性物质形态。这当中隐含的意义,正如宋文淼教授指出的[10],是把电磁场与电磁波看成与 Newton 力学中的物质相同的东西。······大家都知道用经典电磁理论处理工程问题很方便,现在有许多设计出来的"计算软件";然而它的问题是不严格,例如到处使用"平面波"这一概念。其实在严格理论中,平面波是不能存在的。此外,奇点(singularity)现象在经典理论中是常会遇到的问题,也是物理学中出现一些奇怪结果的原因。

表 1 Maxwell 方程的比较

普遍形式	静态场	定态场	类稳场(缓变场)
$\nabla \cdot D = \rho$	$\nabla \cdot D = \rho$	$\nabla \cdot D = \rho$	$\nabla \cdot D = \rho$
$\nabla \cdot B = 0$	$\nabla \cdot B = 0$	$\nabla \cdot B = 0$	$\nabla \cdot B = 0$
$\nabla \times H = J + \dfrac{\partial D}{\partial t}$	$\nabla \times H = 0$	$\nabla \times H = J$	$\nabla \times H \approx 0$
$\nabla \times E = -\dfrac{\partial B}{\partial t}$	$\nabla \times E = 0$	$\nabla \times E = 0$	$\nabla \times E = -\dfrac{\partial B}{\partial t}$

人们还会注意到,量子力学采用的数学方法,如算符、波函数空间等,是与 Newton 力学不

同的。……诸如此类的情况,使人们努力寻找和建立电磁波自洽的数学逻辑结构。这是中国科学家也做出了贡献的领域[10],现述其大意如下:作为一个矢量波函数理论,也称为电磁场算子理论。其特点是:①把电磁场与电磁波当成与 Newton 力学中的物质不同的东西。因此,后者要用不同的数学方法。②把时域变为频域,在各频点上处理波的运动,再由 Fourier 变换找到每个瞬时的平均值。这样在 Euclid 空间的"物理量测不准"现象不再出现。③避免了奇点,是通过广义函数理论使问题得到解决。④把电磁波看成纯旋量场,其对立面是无旋场;在经典理论中,$\nabla \cdot \boldsymbol{E} = \rho/\varepsilon$ 代表电的无旋场性质,$\nabla \cdot \boldsymbol{B} = 0$ 表示磁的无旋场不存在。但在矢量偏微分算子空间中,采用了不同的表述方式。

在我们熟悉的 Euclid 空间,位置矢量 $\boldsymbol{r} = x\boldsymbol{i}_x + y\boldsymbol{i}_y + z\boldsymbol{i}_z$($\boldsymbol{i}$ 为单位矢量);一个任意矢量函数 $\boldsymbol{F}$ 可写作 $\boldsymbol{F} = F_x\boldsymbol{i}_x + F_y\boldsymbol{i}_y + F_z\boldsymbol{i}_z$;众所周知,下述方程与 Maxwell 方程组等效:

$$\nabla^2 \boldsymbol{A} + k^2 \boldsymbol{A} = -\mu \boldsymbol{J} \tag{11}$$

$$\nabla^2 \boldsymbol{\Phi} + k^2 \boldsymbol{\Phi} = -\frac{\rho}{\varepsilon} \tag{12}$$

而矢量偏微分算子理论,把电磁场分开为两组互相正交的场:

$$\boldsymbol{F} = \boldsymbol{F}_r + \boldsymbol{F}_l \tag{13}$$

式中:$\boldsymbol{F}_r$ 为旋量场;$\boldsymbol{F}_l$ 为无旋场(实际上只是一个标量函数)。而 $\boldsymbol{F}_r$ 却有两个独立的标量函数 φ_m、φ_n。经典电磁理论习惯于用矢势 $\boldsymbol{A}$ 和标势 $\boldsymbol{\Phi}$ 作为辅助 Maxwell 方程组的工具,矢量偏微分算子空间的理论却用 φ_m、φ_n 构建基本的电磁波方程组,其形式为

$$\nabla^2 \varphi_m + k^2 \varphi_m = -\rho_m \tag{14}$$

$$\nabla^2 \varphi_n + k^2 \varphi_n = -\rho_n \tag{14a}$$

在无旋场情况下,可按下式求场强:

$$\boldsymbol{E} = -\nabla \varphi_l \tag{15}$$

$$\nabla^2 \varphi_l = -\frac{\rho}{\varepsilon} \tag{16}$$

总之我们看到,改进波科学理论需要使用现代数学方法。

另一个问题是:我们已强调量子理论对波科学发展的意义,那么"改进波科学"是否需要以相对论为指导(或寻求其帮助)? 宋文淼认为答案是否定的。相对论的基础是"时空一体化",其实计量学中根本没有与 spacetime(译作"空时"或"时空")相对应的物理量及量纲。文献[10]指出,在实物运动方面,仍然是时、空分离的 Newton 方程。对于波动,波函数中的时、空联系表示在精确描述波的运动时不能把时空联系分开,但这也不是 SR 中的"四维几何关系"。四维时空把时间坐标变换为量纲与空间相同;但在 SR 中,各种与速度有关的关系式均为在惯性坐标系中———一维条件下导出的。文献[10]对"Minkowski 四维时空"做了尖锐的批评和精辟的论述,指出迄今人类一切活动均在三维几何空间进行;四维时空是一种探索,可以存在,但不应当作一种物理实在"推销"给大众。实际上,相对论者无法举出哪怕一个例子,证明某个现代工程技术所创之物并非在三维空间做出,而必须应用四维时空理论。SR 描绘的并非现实世界,GR 的理论结果无一经得起推敲。例如"光线通过引力场时的弯曲"的解释,其实电磁波束进行中总是逐步扩散开来,在被物体遮挡后弯曲,即绕射。但在当今关于绕射的上千篇论文中,没有一个讲绕射现象"与绕射体的质量有关"。GR 有很大的逻辑缺陷,整个相对论来自缺乏物理依据的假设。至于 GR 应用在现代宇宙学,奇点、百亿年前的"事件"都非实验观察可以检验,是无意义的。

Minkowski"四维时空"概念的不合理性还在于,空间的三个元素(坐标)与时间在数学上没有统一的运算规则。前者可以构成物理上实在的矢量,而时间是一个看不见的概念性参数,硬拉在一起既无严格数学特征又没有物理意义。时间、空间应保留各自的独立性,实际上复域中所有的波函数都是时空分离的。完全否定 Newton 不会为人类提供有用的知识。

4 从波科学群速公式看理论对实验的指导

近年来,科学界开展了对"负波速"现象的研究[11]。在宏观世界的 CM 条件下,由于速度是矢量,"负波速"通常被认为是"运动方向反了过来"。但在波科学中事情没有这么简单。首先,波速被认为是标量而非矢量[12];其次,负速度可能对应负时间。这就引起了复杂的讨论,例如涉及是否存在"超前波"(advanced waves)的问题。……2000 年 *Nature* 发表了王力军(L. J. Wang)等[13]的著名论文,报道了他们完成的(负群速)(NGV)实验,我们称为 WKD 实验。然而几年前有物理学家说"该实验的理论公式计算有问题";本节对此作分析讨论。

1877 年 Rayleigh 根据对声波的研究定义了波动的相速(phase velocity)和群速(group velocity),建立了二者的关系。设平面电磁波(单色波)可 $\boldsymbol{E} = \boldsymbol{E}_0 e^{j(\omega t - \boldsymbol{k} \cdot \boldsymbol{r})}$,故如取 $\omega t - \boldsymbol{k} \cdot \boldsymbol{r} = \text{const.}$,就有 $\omega - \boldsymbol{k} \dfrac{\mathrm{d}\boldsymbol{r}}{\mathrm{d}t} = 0$,这时波的相速为

$$\boldsymbol{v}_{\mathrm{p}} = \frac{\mathrm{d}\boldsymbol{r}}{\mathrm{d}t} = \frac{\omega}{\boldsymbol{k}} \tag{17}$$

仅考虑大小时,有

$$v_{\mathrm{p}} = \frac{\omega}{k} \tag{18}$$

而波矢大小 k 代表相位常数,即 $k = \beta$,故有

$$v_{\mathrm{p}} = \frac{\omega}{\beta} \tag{19}$$

而对已调波而言,包络的相速代表波群速度,称为群速;可以证明下式的合理性:

$$\boldsymbol{v}_{\mathrm{g}} = \left[\left. \frac{\mathrm{d}\boldsymbol{k}}{\mathrm{d}\omega} \right|_{\omega_0} \right]^{-1} \tag{20}$$

式中:ω_0 为载频。

式(20)也写为

$$v_{\mathrm{g}} = \frac{\mathrm{d}\omega}{\mathrm{d}\beta} \tag{21}$$

把 $\omega = \beta v_{\mathrm{p}}$ 代入上式,可得

$$v_{\mathrm{g}} = v_{\mathrm{p}} + \beta \frac{\mathrm{d}v_{\mathrm{p}}}{\mathrm{d}\beta} \tag{22}$$

这个关系也称为 Rayleigh 公式。

现在把折射率概念引入到推导和计算中,即取

$$v_{\mathrm{p}} = \frac{c}{n} \tag{23}$$

式中:c 为真空中光速;n 为相对折射率,且有

$$n = \frac{1}{\sqrt{\varepsilon_{\mathrm{d}} \mu_{\mathrm{r}}}} \tag{24}$$

其中：$\varepsilon_r = \varepsilon/\varepsilon_0$，$\mu_r = \mu/\mu_0$，而 ε、μ 为媒质的介电常数和磁导率，并且 $c = (\varepsilon_0\mu_0)^{-1/2}$。这些关系式都是严谨的，来源于 Maxwell 的电磁波基本理论。

在以上的严格定义和推导的基础上，可以设法计算 v_g 与 n 的关系。作为一个重要步骤，先求相位常数 β：

$$\beta = \frac{\omega}{v_p} = \frac{2\pi f}{c/n} = \frac{2\pi n}{c/f} = n\frac{2\pi}{\lambda} \tag{25}$$

把 β 代入（22），可得

$$v_g = v_p + n\frac{2\pi}{\lambda}\frac{\mathrm{d}v_p}{\mathrm{d}\left(n\frac{2\pi}{\lambda}\right)}$$

$$= v_p + \frac{n}{\lambda}\frac{\mathrm{d}v_p}{\frac{1}{\lambda}\mathrm{d}n - \frac{n}{\lambda^2}\mathrm{d}\lambda}$$

$$= v_p + \frac{n\lambda}{\lambda\mathrm{d}n - n\mathrm{d}\lambda}\mathrm{d}v_p$$

把 $v_p = \dfrac{c}{n}$ 代入上式，可得

$$v_g = \frac{c}{n} + n\lambda\frac{d\left(\frac{c}{n}\right)}{\frac{c}{f}\mathrm{d}n - n\mathrm{d}\left(\frac{c}{f}\right)}$$

$$= \frac{c}{n} + n\frac{c}{f}\frac{\left(-\frac{c}{n}\right)\mathrm{d}n}{\frac{c}{f}\mathrm{d}n + \frac{nc}{f^2}\mathrm{d}f}$$

$$= \frac{c}{n}\left(1 - \frac{\mathrm{d}n}{\mathrm{d}n + \frac{n}{f}\mathrm{d}f}\right)$$

$$= \frac{c}{n}\frac{\frac{n}{f}\mathrm{d}f}{\mathrm{d}n + \frac{n}{f}\mathrm{d}f}$$

$$= \frac{c}{f}\frac{1}{\frac{\mathrm{d}n}{\mathrm{d}f} + \frac{n}{f}}$$

上下同乘 f/n，可得

$$v_g = \frac{c}{n}\frac{1}{1 + \frac{f}{n}\frac{\mathrm{d}n}{\mathrm{d}f}} = \frac{c}{n + f\frac{\mathrm{d}n}{\mathrm{d}f}} \tag{26}$$

此公式是严格的，不含任何近似。

会发生错误的推导举例如下：从式（22）出发，取 $\beta = 2\pi/\lambda$，则

$$\mathrm{d}\beta = -2\pi\frac{1}{\lambda^2}\mathrm{d}\lambda$$

故

$$v_\mathrm{g} = v_\mathrm{p} - \lambda \frac{\mathrm{d}v_\mathrm{p}}{\mathrm{d}\lambda} = v_\mathrm{p}\left(1 - \frac{\lambda}{v_\mathrm{p}}\frac{\mathrm{d}v_\mathrm{p}}{\mathrm{d}\lambda}\right)$$

取 $v_\mathrm{p} = c/n$，则

$$\frac{\lambda}{v_\mathrm{p}}\frac{\mathrm{d}v_\mathrm{p}}{\mathrm{d}\lambda} = \frac{\lambda}{c/n}\frac{\mathrm{d}(c/n)}{\mathrm{d}\lambda} = n\lambda\frac{\mathrm{d}}{\mathrm{d}\lambda}(n^{-1}) = -\frac{\lambda}{n}\frac{\mathrm{d}n}{\mathrm{d}\lambda}$$

故

$$v_\mathrm{g} = v_\mathrm{p}\left(1 + \frac{\lambda}{n}\frac{\mathrm{d}n}{\mathrm{d}\lambda}\right)$$

把 $\lambda = c/f$ 代入上式，可得

$$v_\mathrm{g} = v_\mathrm{p}\left(1 - \frac{f}{n}\frac{\mathrm{d}n}{\mathrm{d}f}\right) = \frac{c}{n}\left(1 - \frac{f}{n}\frac{\mathrm{d}n}{\mathrm{d}f}\right) \tag{27}$$

此式与式（26）明显不同。

这个推导错在取 $\beta = 2\pi/\lambda$；而在式（25）中已严格地证明 $\beta = 2\pi n/\lambda$。由于 λ 满足 $\lambda f = c$，在这里 λ 的意义是真空中波长。如果一定要取 β 为 2π 与波长的比，那么必须使用媒质中波长 λ'，其值为

$$\lambda' = \frac{\lambda}{n} \tag{28}$$

故可得

$$\beta = \frac{2\pi}{\lambda'} = \frac{2\pi}{\lambda/n} = \frac{2\pi n}{\lambda} \tag{29}$$

这时结果与式（25）相同。

式（26）是唯一正确的公式，给实验工作以基本的指导。在正常色散时 $\mathrm{d}n/\mathrm{d}f > 0$，故在一般的（$n > 0$ 的）条件下 $v_\mathrm{g} < c$，是亚光速。在反常色散时 $\mathrm{d}n/\mathrm{d}f < 0$，故在一般的（$n > 0$ 的）条件下，有可能造成

$$n + f\frac{\mathrm{d}n}{\mathrm{d}f} = 0 \tag{30}$$

这时 $v_\mathrm{g} = \infty$，是无限大群速。获得负群速的条件为

$$n + f\frac{\mathrm{d}n}{\mathrm{d}f} < 0 \tag{31}$$

在 $n > 0$ 时，必需是反常色散才有满足上式的可能，即要求

$$\frac{\mathrm{d}n}{\mathrm{d}f} < 0 \tag{31a}$$

而且反常色散要足够强。这些论断已被近年来的许多实验所证明。

现用数据计算说明不同的推导会导致对 WKD 实验做出不同评价。取 $f = 3.48 \times 10^{14}\,\mathrm{Hz}$，$\Delta f = 1.9 \times 10^{6}\,\mathrm{Hz}$，$n = 1$，$\Delta n = -1.8 \times 10^{-6}$，可计算出：

$$-\frac{\lambda}{n}\frac{\mathrm{d}n}{\mathrm{d}\lambda} = 330, \quad n_\mathrm{g} = \frac{c}{v_\mathrm{g}} = 3.02 \times 10^{-3}, \quad v_\mathrm{g} = 331c$$

这根本得不到负群速，WKD 实验不成立。因此下述公式完全错误：

$$n_\mathrm{g} \approx n\left(1 - \frac{\lambda}{n}\frac{\mathrm{d}n}{\mathrm{d}\lambda}\right) \tag{32}$$

$$n_\mathrm{g} \approx n + f\frac{\mathrm{d}n}{\mathrm{d}f} \tag{33}$$

注意这些近似号！必须认识到式(26)是严格的,由之而来的下式

$$n_g = \frac{c}{v_g} = n + f\frac{dn}{df} \tag{26a}$$

也是严格的(不带有近似号),WKD 实验才能正确解释。实际上,该实验并未像有人所说的那样发生理论基础上的错误。

故 WKD 实验的正确表述如下:设样品(气室)厚度为 L,真空时光通过时间为 L/c,内装实验用铯蒸气时通过时间为 L/v_g,故时间差为

$$\Delta t = \frac{L}{v_g} - \frac{L}{c} = (n_g - 1)\frac{L}{c} \tag{34}$$

已知 $L = 6 \times 10^{-2}\text{m}, c = 3 \times 10^8 \text{m/s}$,故 $L/c = 2 \times 10^{-10}\text{s} = 0.2\text{ns}$;实验测得 $(-\Delta t) = 62\text{ns}$,故得

$$n_g = \frac{c}{v_g} = -310$$

并且 $(-\Delta t) \gg L/c$;故王力军等在论文中说:"这意味着通过原子气室传播的光脉冲峰在进入气室前就离开气室而出现了……好像它还没有进入气室之前就离开了气室。"……

结论是,对 WKD 实验可以有不同看法及评论,但说"该实验的理论基础有问题"则不对。我们的推导和计算把这件事完全弄清楚了。

5 光子的波方程、波函数问题

1925 年 Einstein 高兴地访问巴西,没想到在巴西科学院的一场演讲出了问题。当稿子讲完后,有听众提出了问题——过去一直认为光是波动,而现在又说"光由光子组成";然而波伸展在整个空间,而粒子却是分立的实体,如何从数学上和概念上统一这两者?……Einstein 回答不出来,场面弄得尴尬。

QM 的发明是现代物理学开始建立的标志;然而在 1925 年还没有 QM。大家都知道 Einstein 成长的背景是 19 世纪的传统物理学,用这些来回答听众的提问是不可能满意的。在 Einstein 巴西演讲的一个月后,W. Heisenberg 发明了一种新的物理学,即量子力学。Einstein 看不到(不能看到,又不想看到)的要点是,光子不是一个经典的东西。1925 年 5 月 7 日在巴西科学院作报告的那个夜晚,标志着 Einstein 作为前沿科学家生涯的终结。直到去世,Einstein 都不接受量子力学,该理论用不确定性取代确定性。Einstein 在里约热内卢的演讲表示他仍希冀他于 1905 年放出的"妖怪"(光子)还可用老的经典物理去驯服,那当然是办不到的。实际上,即使在今天(QM 提出已 90 年)科学界也没有完全弄清楚光子到底是什么[14],1925 年 Einstein 回答不了听众的提问也不足为怪。

前已述及,Newton 创立的 CM 建筑在质量、动量定义的基础上。在 QM 中,与此对应的是波函数。这个概念在经典波动中其实也有,但只有在 QM 中方显得特别突出。先看经典波动中的波函数,例如电磁波中的均匀平面波,电场分量写为

$$E_x(z,t) = \text{Re}^{[E_x(z)e^{j\varphi_x t}]} = \text{Re}^{[E_0 e^{j\varphi_x} \cdot e^{-jkz} \cdot e^{j\omega t}]} = E_0\cos(\omega t - kz + \varphi_x) \tag{35}$$

式中:z 为波传播方向;$k = 2\pi/\lambda$ 为波传播单位距离的相位变化;e^{-kz} 因子的部分解代表向正 z 轴方向传播的波;φ_x 为初始相位。

这种波表示法对经典力学也一样,例如对弹性波可以写出

$$\psi = A\cos\left(\omega t - \frac{2\pi}{\lambda}z + \varphi\right) \tag{36}$$

这是时间因子 $e^{j\omega t}$ 的写法。如取 $e^{-j\omega t}$，则写法应为

$$\psi = A\cos\left(\frac{2\pi}{\lambda}z - \omega t - \varphi\right) \tag{37}$$

两种写法在本质上并无不同。这里 ψ 表示一种扰动随时间、空间的分布状态，例如在弹性波中 ψ 表示质点离开平衡位置的距离，而在电磁波、光波的情况下 ψ 表示电场或磁场的某一分量。波动的描写方法与描述质点的力学方法（坐标、动量）是很不相同的。

微观粒子的波性由 de Broglie 揭示出来——动量 p、能量 E 的自由粒子相当于一个平面波，其频率、波长可由 p 和 E 进行推算；这时引入波函数作为描述手段是很自然的。非自由粒子受外场作用，情况有所不同，但仍有波粒二象性，de Broglie 假设可以推广及之，同样可用波函数描写，为普遍起见采用符号 $\Psi(x,y,z,t)$。这被当作 QM 的一个基本假设。随着理论研究的深入，人们发现在微观粒子条件下的波动与经典波动很不一样。

QM 中波函数的复杂化来源于非经典波动的复杂性。这里可以比较光波和与电子运动相伴随的波动。电磁波传播时展布于空间的波动是有能量的客体，具有物质性特征。与此相对照，电子的物质波仅为几率波。波函数最早由 Schrödinger 提出，但他过分强调波动性，认为一切物理现象均可归纳为波，力学过程可归结为波群的运动，波函数是描写物质波振幅的函数。那么究竟什么是粒子？在他看来粒子只不过是集中起来的波群，或者说粒子只不过是 SE 的本征解、叠加而成的波包（wave packet）。N. Bohr 对此做了批评，指出波包在传播过程中不断"发胖"导致了不稳定性，而粒子实际上却是稳定的。……不仅 Schrödinger 认识上的偏差得到了纠正，他对波函数的理解也欠深刻——德国物理学家 Max Born 提出了波函数的统计解释（statistical interpretation of wave functions），弥补了 Schrödinger 的缺憾，并因此获得了 1954 年 Nobel 物理学奖。我们知道 Schrödinger 获 Nobel 奖是在 1933 年，其时他 46 岁；Born 获奖时是 72 岁，是一种迟到的承认和推崇。由于 Born 的工作，我们知道微观粒子不是经典粒子，对应的波不是经典波。为了强调这种区别，称用波函数描写的微观粒子状态为量子态。在电子双缝衍射实验中，尽管不能唯一地知道单个电子到达感光板的位置，但作为统计结果的衍射图形的唯一性是肯定的。因而在 QM 中是一种统计性的确定性（statistic definity），它有别于经典物理学中的 Laplace – Newton 式确定性。由此可知 SE 并不完全离开确定性，在具体应用中，无论波函数如何选取，物理问题的波函数必须保证物理结果的唯一性。某时某地出现粒子的几率是唯一的，从非相对论量子力学（NRQM）的角度看，粒子出现是必然事件，发生的几率应等于 1，即

$$\int_{\infty} |\Psi(r,t)|^2 d\tau = 1 \quad (d\tau = dx \cdot dy \cdot dz) \tag{38}$$

这是波函数归一化条件。无疑的，在写出上式时必定知道这指的是没有物质粒子产生或湮灭的物理过程。

在"光子是什么"一文中，笔者提出了如下观点[14]："通常认为光子是电磁场量子，亦即电磁场经量子场处理后形成的方程可以描写光子。然而在物理思维上存在困难，例如很难了解光子物理形象的动力学。……光子形象仍然模糊不清；光波并不完全等同于传统电磁波，因为光子是微观粒子，波特性遵从统计规律，波函数表达几率波模式。然而现时却缺少光子几率波的方程。"对此，有人认为光子不是没有波函数，只是没有束缚态波函数：这才是光子和有质量粒子在波函数上的区别。有质量粒子，在场态下，具有束缚态波函数。光子和其他粒子，都有自由态波函数，就是平面波函数。光子是交换子，量子场论的理论模式下，光子不会再重复受

到场本身作用,所以光子没有束缚态。

这些意见值得参考,同时激起了笔者讨论的兴趣。从 SE 出发,我们有如下的观点:①对于电子这种粒子和类似的微观粒子(如质子、中子、原子等)而言,其波方程就是 SE,其波函数就是 SE 中的 $\boldsymbol{\Psi}(\boldsymbol{r},t)$。②SE 可以用到光子参与其物理过程的光学现象分析,并非像有的人所说"SE(由于是非相对论性方程)只能用在低速($v \ll c$)场合"。③光子的波方程是否就是 SE? 恐怕不能这样讲;虽然 Schrödinger 本人可能认为光子的波方程就是电磁波的波动方程,是一个已经解决了的问题。

回过头来看"光子是什么"一文,它说"不能为光子写出波方程"(论据 A),又说"现时缺少光子几率波的方程"(论据 B)。A 和 B 是不是一回事? 先写出两个方程——经典的 Maxwell 电磁波方程和量子的 Schrödinger 波方程,前者为

$$\left(\nabla^2 - \varepsilon\mu \frac{\partial^2}{\partial t^2} \right) \boldsymbol{\Psi}(\boldsymbol{r},t) = 0 \tag{4a}$$

式中:波函数 $\boldsymbol{\Psi}$ 为电场强度 $\boldsymbol{E}(\boldsymbol{r},t)$ 或磁场强度 $\boldsymbol{H}(\boldsymbol{r},t)$,是矢量函数。后者为含时方程:

$$\left(\frac{\hbar^2}{2m} \nabla^2 + j\hbar \frac{\partial}{\partial t} - U \right) \boldsymbol{\Psi}(\boldsymbol{r},t) = 0 \tag{39}$$

式中:$\boldsymbol{\Psi}$ 为几率波的波函数;m 为粒子质量;U 为势能函数。

注意到,前者不包含任何与质量有关的元素。不过,在"光子是什么"一文中指出[14],有一种认为"光子有静止质量"($m_0 \neq 0$)的理论,据此对 Maxwell 方程组做了修正,得到 Proca 方程组。对此这里不展开讨论,读者可参阅文献[14]。

不管怎么说,如从经典的 Maxwell 理论出发,电磁波的波方程与质量、动量概念都无关,也就谈不上"波粒二象性"的体现。Schrödinger 方程则不同,它既是波动方程又在公式中有粒子质量(m)。这是很独特的,明显体现了粒子与波动的联系和结合。

光是电磁波的一种;光量子是一份份(分立的)电磁波能量的集中体现;但似乎不能把光子与电磁波等同——正是因为 Maxwell 电磁理论在解释光电效应时败下阵来,Einstein 才在 1905 年提出"光由光子流组成"假说。既如此,不能认为有了式(4a)就是"有了光子波方程"。正如 1933 年的 Nobel 物理奖的授奖词所说:"引进光量子以后,量子力学必须放弃因果关系的要求。……物理定律所表示的是某个事件出现的几率——我们的感官和仪器不完善,我们只能感觉到平均值,因此我们的物理定律所涉及的是几率。"……既如此,追求"光子几率波方程"并不为错——但这样的方程现在并没有。如承认光子波动具有统计性,那么它与经典波动(如力学波、声波、电磁波)确实不一样。

对于具有能量 E、动量 p 的无外场时的自由粒子,可以验证测不准关系式的结论。我们知道,在 Schrödinger 方程中,$U = U(\boldsymbol{r},t)$ 是由力场决定的势能函数,它与作用力的关系为

$$\boldsymbol{F} = -\nabla U(\boldsymbol{r},t) \tag{40}$$

这是由微观粒子所处外场的情况决定的。如作用在粒子上的力场不随时间改变,则 $U = U(\boldsymbol{r})$,就得到不含时 Schrödinger 方程,而它可用分离变量法求解,即令

$$\boldsymbol{\Psi}(\boldsymbol{r},t) = \psi(\boldsymbol{r}) f(t)$$

代入后经整理得一恒等式,等号左边只是 t 的函数,右方只是 $\boldsymbol{r}$ 的函数;令左、右方等于一个常数 E,进一步处理后得到特解:

$$\boldsymbol{\Psi}(\boldsymbol{r},t) = \psi(\boldsymbol{r}) e^{-jEt/\hbar} \tag{41}$$

上式称为定态波函数。它由空间函数 $\psi(\boldsymbol{r})$ 和时间函数 e^{-jK} 的乘积所决定,$K = Et/\hbar$;并且很明

显 $|\Psi(r,t)|^2 = |\psi(r)|^2$，即粒子的几率分布恒定，与时间无关。此外还可证明，自由粒子的能量即常数 E，故定态的能量是确定的。现在，对具有确定能量和动量的自由粒子可写出波函数：

$$\Psi(r,t) = Ce^{-j(Et-r\cdot p)} \tag{42}$$

其模值平方为

$$\begin{aligned}|\Psi(r,t)|^2 &= \Psi\Psi^* \\ &= Ce^{-j(Et-r\cdot p)}C^*e^{j(Et-r\cdot p)} \\ &= |C|^2\end{aligned} \tag{43}$$

结果是一个与坐标无关的常数，表示在空间任何位置找到自由粒子的几率是一样的，即自由粒子的坐标位置完全不确定。可见，量子波动理论与测不准关系式有内在的一致性。这个概念也可以从另一角度解释——根据 de Broglie 关系式，有

$$p = \frac{h}{\lambda} \tag{6a}$$

自由粒子即波长 λ 的单色平面波，它延展在整个空间（$-\infty \sim +\infty$），根本没有确定的坐标。因此，波粒二象性与测不准关系式一致。

光子的非经典性还可由量子力学中全同粒子不可分辨性原理出发而看出。全同性原理导致两个同类粒子交换后波函数不变，有这种对称性的粒子是 Bose 子，如光子和介子，自旋为整数值，不必满足 Pauli 不相容原理。这些都是经典物理学不曾考虑过的问题。总之，波动性、粒子性其实都来自经典物理观念，但现在不能再用经典物理来研究光子。例如，虽然将辐射场用简谐振子来描写是波动图像，但它属于量子化了的波动而非经典的波动。总之，对光子的一些奇怪现象（如同态光子干涉、单光子同时通过双缝、量子后选择等），用传统上的经典性、确定性（determinism）都无法解释。

1958 年 P. Dirac[15] 在其著作 *Quantum Mechanics* 中提出了"光子自干涉"的论断，认为单光子只能自己发生干涉，从来不会发生不同光子间的干涉。但实验表明不同激光器发出的光子可以相干，这也说成是"光子自干涉"就说不通了。为克服这一困难，应将"光子自干涉"理解为包括"同态光子干涉"在内。光子即使来自不同的激光器，只要进入同一量子状态，就是不可区分的全同粒子，就能发生相干。实验表明正是如此，20 世纪 60 年代 L. Mandel 领导的弱光干涉实验对此做了许多研究。

但光子的怪异性质继续引起人们的注意。美国物理学家 John Wheeler，在 1979 年提出一个思想实验——延迟选择实验（delayed choice experiment）。它突显了量子理论与经典物理在实在性（reality）问题上的深刻分歧，集中展现出量子力学对传统实在性观念的挑战。1984 年，C. Alley 等人对这个思想作了实验室中的展示。Wheeler 的设计如下：一个极弱的光源置于有一对平行狭缝的屏幕（S_1）之前，该屏之后较远处放有屏幕（S_2）。正如传统的 T. Young 实验一样，S_2 上面会产生干涉条纹，反映光波不同相位的影响。但是，如果进一步降低光源的辐射，以致一次只有一个光子通过 S_1，仍有干涉图案出现。如光子只通过一个狭缝，就难以解释。

现在于 S_1 背后安装两个光子检测器（photon detectors），并且是每缝一个，以观察每个光子通过哪个狭缝。然而，每当实验者确定了光子的通道，干涉图形就不出现。这时实验者可以选择，或看光子朝向何处并破坏其波状行为，或选择不看并允许光子体现其波性，这就是归结为选择粒子或波动。光子可能两者都是，但不在同一时间，某种程度上取决于实验者的选择……现在，又于 S_2 背后安装两个观测镜（telescopes），也是每缝一个，以推断任一指定光子从哪个窄

缝中显现出来。但是,这样做就破坏了干涉图形。因此,实验者的观测影响过去的自然界(光子呈现波性或粒子性)。这种怪现象称为"量子的后选择"(quantum post‐selection),表示观测者的选择能影响光子前期的行为。

Wheeler 的"延迟选择"思想可改造为以下实验——减弱光源辐射使其只发出一个个光子,并且是在前一个光子打在 S_2 上之后再发出后一个光子。S_2 先呈现随机性图形,但在光子增多后逐渐显出干涉条纹。对此,如认为将发出的光子与已达 S_2 的光子发生干涉,即表示尚未发生的事件与已完成的事件互相作用,违反了因果律。故可认为每个光子都和自己干涉,而这只在光子同时通过双缝才能办到。一个粒子同时走两条路,在经典物理中是不可能的,说明光子具有奇异的性质。

总之,"光子至今没有自己专属的波方程、波函数",因而无法在科学的数学化意义上真实地代表和呈现光子的奇怪特性,这样讲是可以的。仅靠 Maxwell 波方程或平面波表达式非常不够,不能充分说明问题。我们在"光子是什么"一文中建议考虑走一条新路——尝试从 Proca 方程组入手,这有一定道理,虽然这样做要复杂许多。无论如何,怎样认识光子,甚至怎样认识电磁波,仍是有待解决的课题。……必须指出,正像人类习惯于认识宏观物质而不易理解微观粒子一样,人们通常容易接受具体可感知的波动的形象,如水面波、声波、电磁波等,而对几率波就觉得不好接受和难于想象。但是,由于微观粒子的波动性取决于其统计性,波函数所代表的只是几率波,只有接受了这一概念才能理解原子内部的真实情形。

表 2 是笔者根据自己的论述形成的对电子、光子研究情况及理论思想的比较;很明显,与光子有关的事情并非已经都弄清楚了。

表 2   电子和光子研究情况及理论思想的比较

	电子	光子
定义	是带有电荷(其值为 e)的微观粒子	是不带电荷的特殊的微观粒子
大小	2000 年丁肇中说,由高能物理实验得到轻子(电子、μ 子、τ 子)的半径 $r < 10^{-17}$ cm	迄今没有任何关于体积和尺寸的实验观测数据
静质量	静质量 $m_0 = 9.10938188 \times 10^{-28}$ g	静质量上限 $m_0 \approx 10^{-52}$ g (传统理论取 $m_0 = 0$;新理论认为可能 $m_0 \neq 0$)
对应波	对应的波动为几率波,遵守 Schrödinger 波方程(SE)或 Dirac 波方程(DE);与 Maxwell 电磁波方程则无对应关系	通常认为对应的波动为电磁波;但如认定光子是微观粒子的一种,则它应当有几率波性质——然而现时并没有光子的几率波方程;与此相联系,难于为光子定义波函数
波方程	电子的波方程就是 SE;电子的波函数就是 SE 中的波函数 $\Psi(r,t)$——它是几率性波函数	有一种看法认为自由态光子的波函数就是电磁平面波函数;与此相应,认为 Maxwell 电磁波方程就是自由态光子的波方程。但这仅为一种简单化的看法,并未提供呈现光子物理形象的动力学。光子波方程的问题仍需研究
SE 功能	SE 完全可以说明电子的微观粒子性质	仅从 SE 尚不能说明光子是与电子类似的微观粒子
应用	早在 20 世纪 20 年代,SE 即很好地用于处理原子、分子中的电子运动;40 年代又很好地用来分析微波有源器件中的电子束。实际上,SE 可用于各种微观粒子(如电子、质子、中子、原子等)的分析,其意义相当于 Newton 力学在宏观世界中的地位	20 世纪 20 年代起 SE 即用于处理一系列光学问题,证明 SE 可能适用于光子。80 年代时用 SE 处理缓变折射率光纤成功,则较充分地证明 SE 可用于有光子参与的物理现象。至此,"SE 只能用于低速($v \ll c$)场合"的说法已被实践所否定。……但是,关于 SE 对光子是否适用的问题仍有争议

6　光脉冲的负波速传播

波科学研究离不开对电磁脉冲（包括短波脉冲、微波脉冲、光频脉冲等）运动状况的理论分析和实验观测，在这两方面都有很大进展。在 20 世纪后期有一些重要成果，例如 1970 年 C. Garrett 和 D. McCumbert[16] 首次在理论上提出利用具有正或负吸收线的媒质实现反常色散，完成群速超光速传播，甚至负群速传播。其文中指出利用 Gauss 脉冲这种前沿和后沿平滑的光脉冲，当光脉冲的中心频率在媒质板吸收线附近时，会出现反常色散现象。此时如果媒质板较薄，出现的脉冲功率谱基本上仍然是 Gauss 型的，即基本不失真。脉冲的峰值的出现甚至可能早于输入脉冲进入板子的时刻，也就是实现负群速传播。而对于较厚的板子可以利用数值技术进行分析，只要光脉冲宽度比原子线窄，一般不会出现严重失真；只有当总增益和总衰减都极大时才会出现严重失真。

Garrett 首先给出在脉冲宽度远小于原子线宽度时，脉冲表达式：

$$f(z,t) = e^{j\omega(t - z n_\infty/c)} e^{\Delta_1(T,x) + j\Delta_2(T,x)} \tag{44}$$

式中：$\bar{\omega}$ 为输入脉冲的中心频率；$\Delta_1(T,x)$、$\Delta_2(T,x)$ 可表示为

$$\Delta_1(T,x) = -2\Gamma^2 x\left(\kappa - \frac{\frac{1}{2}(\kappa')^2 x}{1 + \kappa'' x}\right)$$
$$- \frac{\frac{1}{4}(1 + \kappa'' x)}{(1 + \kappa'' x)^2 + (v'' x)^2}$$
$$\times \left[T - 2\Gamma x\left(v' - \frac{v''\kappa' x}{1 + \kappa'' x}\right)\right]^2 \tag{45}$$

$$\Delta_2(T,x) = 2\Gamma^2 x\left(v + \frac{(\kappa')^2}{2v''}\right) + \frac{\frac{1}{4}(1 + \kappa'' x)}{(1 + \kappa'' x)^2 + (v'' x)^2}$$
$$\times \left(T - \frac{2\Gamma}{v''}[\kappa' + (\kappa'\kappa'' + v'v'')x]\right)^2 \tag{46}$$

式(45)控制式(44)表示的脉冲的振幅。固定 x 的值，观测脉冲幅度与时间变化的关系，可以发现脉冲仍然是 Gauss 型；只有 x 变成同一阶数时脉冲宽度才与入射脉冲不同。当 $\omega_p > 0$ 时，脉冲的中心频率 $\bar{\omega}$ 和原子线的中心 ω_0 一样（$\xi = 0$），就有

$$v_g = \frac{c}{n_r(\bar{\omega}) + \bar{\omega}\frac{dn_r}{d\omega}} = \frac{c}{n_\infty - \frac{\omega_0\omega_p}{\gamma^2}} \tag{47}$$

因为要求 $\omega_p \ll \gamma$，所以脉冲看起来不仅可以比 c 快，甚至可能看起来向后传播。类似的情况存在一个相反的媒质（$\omega_p < 0$），不在吸收线的中心，而在两侧（$|\xi| > 1$）。在任何瞬间，在有耗媒质中振幅随 z 单调减小；Poynting 矢量总是指向 z 增加的方向。输出脉冲峰值有时仍然可以在输入脉冲进入较近的一边之前出现在平面平行板媒质的较远一边。只是输出脉冲将会大大地衰减（或者被极大地放大），但是仍然与输入脉冲形状基本相同。

因此 Garrett 在文中表示，只要 $|x| \ll 1$，即板子的厚度比 $\gamma^2\tau^2$ 这个指数衰减（或增长）的长度薄，只要脉冲比原子线（$\gamma\tau \gg 1$）窄很多，上述观点都是正确的。并且上述情况并不违背因果律，甚至脉冲好像并没有失真。Garrett 认为在输入脉冲峰值进入之前就离开的输出脉冲是来

自于输入脉冲前沿的场分量,而不是来自于输入脉冲峰值的分量,这个观点值得商榷。Garrett 还说虽然对于 $|x|$ 较大时上述的结果不再成立,但是对于 $x \approx 0$ 时数值结果证实是有效的。如板子较厚($|x| \geqslant 1$),时间的宽度和脉冲的光谱成分通常与输入脉冲不同。但是如果把厚板子看成由许多薄板子组成,每一个薄板子都输入一个脉冲宽度 τ 和中心频率 $\overline{\omega}$ 有适当变化的 Gauss 脉冲(之前提到的薄板),并且上述的公式适用于每一个薄板子,那么对于 $|x|$ 较大时数值结果能够用上述理论来理解。然而,使用这种方法,对于 $\xi = 0, x > 0$ 来讲也是不适用的,因为此时中心频率 $\overline{\omega}$ 的概念失效。

Garrett 文章首次为群速超光速和负群速实验提供了理论基础;在光谱增益线或吸收线上形成下陷时,即光谱烧孔效应时,就会使输入脉冲峰进入媒质前,就在出口处观测到输出脉冲峰,也就是负群速的现象;并且首次指出这个现象并不违背因果律。

虽然 1907 年 Einstein[17] 讨论了负速度和负时间,1914 年 Sommerfeld[18] 和 Brillouin[19] 讨论了负群速,但直到 1982 年都没有人做过实验。当群速由 0 逐步增大,一直到无限大($v_g = 0 \rightarrow \infty$),然后转为负群速($v_g < 0$),因而负群速是比无限大群速"还要大"的速度,这样的表述是 SB 理论认同的。然而在实际上有没有负群速? Sommerfeld 和 Brillouin 不知道,Garrett 其实也不知道。

1982 年 S. Chu 和 S. Wong[20] 发表论文"吸收媒质中的线性脉冲传播",似为用实验证明负群速存在的第一人,是负速度在实验上取得了突破。假定受实验样品厚度为 L ,群时延为 τ_g ,则群速为

$$v_g = \frac{L}{\tau_g} \tag{48}$$

故测出 τ_g 即可算出 v_g 。S. Chu 和 S. Wong 的群速实验装置示意图如图 1 所示,实验使用具有三平板双折射滤波器的染色泵浦激光器,激光器被调节到可以很好地隔离 534nm 激子线的边界附近,通过厚度分别为 0.12mm、0.5mm 和 2.0mm 的非涂层内腔式标准具来改变激光器的频带宽度。0.5mm 和 2.0mm 的标准具分别产生 22ps 和 48ps 的脉冲。外延层的厚度在 9.5 ~ 76μm 调整使吸收峰值不超过 6 个吸收长度。最后通过放入和移出样品确定非谐振脉冲的传输速度 c/n_0 (n_0 为非谐振折射率)。测试结果如图 2 所示。在图 2 中,实线是群时延的预期值,虚线为吸收系数,方块是 22ps 脉冲时的测量值,圆圈是 48ps 脉冲时的测量值。

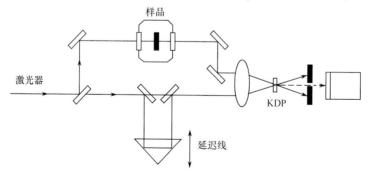

图 1　Chu 和 Wong 群速实验装置示意图

在图 2 中显示了光脉冲以超光速群速、无穷大群速、负群速的传播。在吸收系数最大时在图(a)和图(b)两种情况下群速达到最大,分别为(-3.8×10^8)cm/s 和(-9.5×10^7)cm/s。Chu 和 Wong 还确定了在极化时 Garrett 分析中的限制,折射率实部的巨大变化通过减小激光

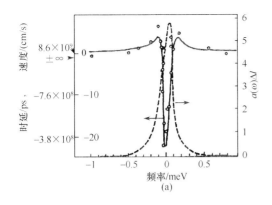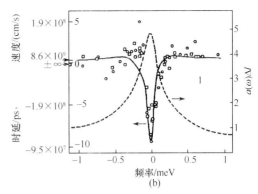

图 2　群时延曲线和吸收谱

（a）氮浓度 $1.5 \times 10^{17} \mathrm{cm}^{-3}$，外延层厚度 $76 \mu \mathrm{m}$；（b）氮浓度 $3.8 \times 10^{18} \mathrm{cm}^{-3}$，延层厚度 $9.5 \mu \mathrm{m}$。

器带宽和样品的厚度来补偿保证 Taylor 级数展开一直有效。他们证明能量速度不能描述脉冲的传播，因为弱耦合的限制仅仅是强耦合的一种特殊情况。还证明了激光器带宽远小于吸收线对于脉冲以群速传播是必要的，激光器带宽在吸收线附近时，吸收峰附近的结果不可以简单地解释，存在着重要的脉冲整形；当激光器带宽远小于吸收线带宽时，没有明显的脉冲整形发生，因为激光器通过调整共振线。但是当激光器带宽约等于吸收线带宽时，在脉冲超前的条件下会发生脉冲整形或者整体减小。最后 Chu 和 Wong 指出，当 $\omega_\mathrm{p}^2/\omega\gamma \geqslant \varepsilon_0$（$\omega_\mathrm{p}^2$ 为耦合系数，γ 为阻尼系数时），饱和效应很明显。并且如果激光的强度没有限制，可以看到自感应透明行为或非相干烧孔效应。这两种效应可以粗略地模拟能量速度和脉冲的线性传播。

　　图 1 和图 2，以及之前的 Garrett 理论，都有基本的重要性——无论对回溯科学发展史及指导当前的现实研究均是如此。因为这是我们了解到的第一个负群速的理论和实验，为之后的研究和实验提供了参考和基础。回想在 2000 年，当 WKD 实验报告在 *Nature* 刊出后，为了这个"脉冲峰在进入气室（cell）就已经离开了气室"，国内外物理界都曾争论不休。但在 2000 年的很多年前就由 Garrett 等仔细分析讨论过，由 Chu 等测量研究过，根本不必人惊小怪。

　　前已述及，WKD 实验中时间差 Δt 为负（$\Delta t = -62\mathrm{ns}$），故物理表现为光脉冲超前，而（$-\Delta t$）为提前时间。因而 WKD 论文说[13]："这意味着通过原子气室传播的光脉冲峰在进入气室前就已经离开了气室。"并且最重要的是脉冲波形没有发生变形，这是 WKD 实验的出色之处。图 3 是 WKD 实验装置示意图。在这里强调指出，从 Garrett（1970 年）到 Chu（1982 年）再到 WKD（2000 年），研究结果都是"peak of the pulse appears to leave the cell or the sample before entering it."

　　2012 年美国 NIST 的 R. Glasser[21] 通过四波混频技术，在种子脉冲频率和产生的共轭脉冲频率的增益线和吸收线上产生的不对称的下陷，形成反常色散。在降低实验设置的复杂度同时，使输入种子脉冲和生成的共轭脉冲都实现了负群速传播，而且其中共轭脉冲传播的更快。测量到 $-50\mathrm{ns}$ 的时延，获得 $-c/880$ 的群速。而且实验中通过控制输入种子脉冲的频率失谐和功率来控制输入种子脉冲和生成的共轭脉冲的群速，不仅可以使种子脉冲和共轭脉冲获得负群速，还可以控制脉冲的波形，使得在波形失真最小的情况下实现负群速传播。

　　我们团队在 2014 年做成功一项负群速实验[22]，其方法有独特之处。方案的要点是使用左手传输线（LHTL），并使用互补类 Ω 结构（Complementary Omega – Like Structures，COLS）构成缺陷地板微带左手传输线，通过这种互补结构的缝隙/条带实现负介电常数/负磁导率。对

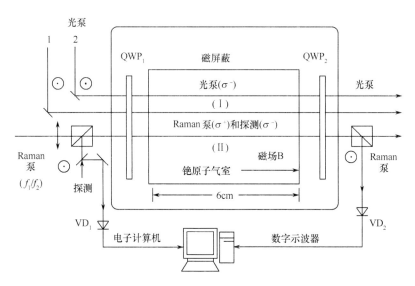

图 3　WKD 实验(王力军小组超光速实验)的布置

于整体 COLS 来讲互补类 Ω 结构相当于在原有的传输线中并联上电感,是实现负磁导率的关键,互补类 Ω 结构间和微带线的作用相当于加入串联的电容,是实现负介电常数的关键。

我们调整 COLS 结构中不同的参数,以获得反常色散。通过多次调整发现,当 COLS 结构的尺寸较小时,反常色散现象强烈,此时群时延更超前。但这时反常色散的频带会非常窄。然而相反当 COLS 的尺寸较大时,反常色散的现象减弱,群时延超前少,但此时反常色散的频带会变宽。经过反复计算和试验选择好参数,最终所用样品长度 $L = 60\mathrm{mm}$。得到的结果是,电磁脉冲通过样品的时间,即负群延时 $\tau_g = (-0.062) \sim (-1.540)\mathrm{ns}$。由 $v_g = L/\tau_g$ 得到 $v_g = -(0.13 \sim 1.85)c$。我们观测到了时间超前的输出波形(图 4),它是数字示波器显示的载波频率 5.94GHz 时的波形图,因此是在微波(厘米波)实现了矩形阶跃脉冲经过样品的负群速传播。

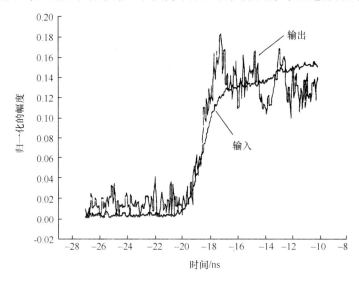

图 4　本文作者在实验中得到的 NGV 波形显示

本节举出的几个负群速实验,都是通过测量负的群时延,也就是时间上的超前。这种负的群时延似乎和人们的生活经验相矛盾,但这只是一种时间的对称性,并不能使人们回到过去,这种时间上的超前也不违反因果性。自 20 世纪后期至今,众多实验中测得的隧穿时间甚至小于粒子以光速在真空中穿过相同的距离所需的时间。由于这些实验结果看似违背了因果律,"惊慌物理学家们"提出脉冲重组的假说,认为在隧穿过程中透射波包并不是由入射波包转化的,而仅仅由最前端的部分组成。但这对于入射光脉冲是 Gauss 脉冲和正弦调制波或许可以说得通;但是对于一些使用矩形脉冲和阶跃脉冲的实验似乎有些说不通;这也包括我们的实验,因为这种情况下观测的是脉冲上升沿的部分。……脉冲重组一词的英文是 reshaping,前面也称为脉冲整形。

一直以来,有一种观点强调出射脉冲是入射脉冲前沿造成的,不是其峰值所造成。这一说法最先也是来自 Garrett:"输入脉冲峰进入前就离开的输出脉冲峰是由输入脉冲前沿的分量们形成的,而非来自输入脉冲峰的分量。"……甚至到 2001 年这说法仍被人重复;有文章介绍:"WKD 实验中出射光脉冲虽然是在入射脉冲峰进入媒质前出现的,但此前入射脉冲前沿早已进入媒质;故出射脉冲可看作是入射脉冲前沿与媒质相互作用产生的。"很明显,作为这一观点倡导者的 Garrett,就是一位"惊慌的物理学家";一方面他做出了贡献,但仍缺少洞穿自然的目光,未能在认识上抵达事物的本质。更深刻的理解要求思考什么是过去,什么是未来;而负时间、负速度又意味着什么。……关于这方面的论述,可参阅黄志洵的文章[23,24]。

7　Bose 双三棱镜中的消失波

消失态是电磁环境中的一种常见的状态,基本特征是场强自原生地向远处按指数规律下降。电磁波通过电抗性突出的媒质是有普遍意义的情况,它对应导波模式、色散媒质、电离气体中的波传播问题。1897 年,Rayleigh[25] 在分析金属壁矩形波导时最早预言了消失态传播。为了分析截止波导,看来可以把消失态当作具有虚波矢(虚波数)的状态;并且可将其看成驻波,场变化在各处同时发生,故在传播方向上无相移。

在量子力学中,势垒内的消失态也具有虚数的波参量;这时可用 Schrödinger 方程而做出说明,它可类比经典电磁理论中的 Helmholtz 方程。实际上量子隧穿是常见的物理过程,可在许多场合观察到;例如 Bose[26] 的双三棱镜实验现象,这个发现也是在 1897 年;当时,在英国工作的印度科学家 J. Bose 用厘米波波长的电磁波作用于两个相对的三棱镜时的情况来演示经典电磁领域的隧道效应现象。图 5 是引自原文的示意,图(a)表示波的通过和反射,图(b)表示实验装置;L 是提供入射波束的信号源,P、P′ 是两个等边三角形的棱镜;圆盘是可旋转的(为了改变入射角),而 A、B 是接收器的两个不同位置。

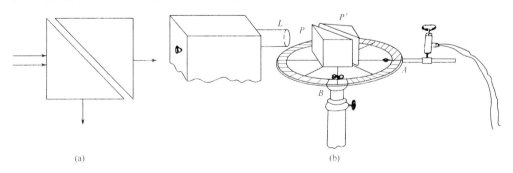

图 5　Bose 实验的基本装置

现在用图 6 说明 Bose 实验的原理;取两个玻璃板平行相对,中间有等宽(宽度 d)的空气隙。如光束自左方斜向入射(与法线夹角 θ),则在气隙左方的玻璃(Ⅰ区)内形成电磁波(光波)从 $n>1$ 区(光密媒质)向 $n \approx 1$(光疏媒质)的传播,界面上多数光波反射,少数光波将隧穿通过气隙(Ⅱ区),而进入另一光密媒质Ⅲ区。虽然波包向玻璃板长度方向传播,与玻璃板垂直的 z 向却发生隧穿过程(tunneling process)。当然入射角 θ 应大于总内反射临界角,即

$$\theta > \theta_c = \arcsin(1/n) \tag{49}$$

式中: n 为玻璃的折射率。

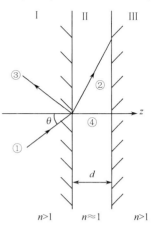

图 6　两块平板玻璃中间
有空气隙的情况

当距离小于波长时,Bose 发现在右方玻璃板中确有波通过了气隙而在Ⅲ区内传播。这是最早的隧道效应实验,也是最早的消失波实验。当然,从 1897 年算起要过 30 年才有量子力学的发明,Bose 本人在 1897 年也不知道这是一种量子隧道效应。所以,我们看到了经典电磁理论与量子理论互相沟通的例子。

Bose 的实验表明,当入射波被全反射时,有少数波穿越气隙 d 进入另一棱镜,即发生全反射时在光疏介质中会发生消失波。1949 年,A. Sommerfeld 最先指出可以用 QM 解释 Bose 实验,在气隙中发生的物理过程对应量子势垒中的消失波衰减过程。2000 年 J. Carey[27] 用太赫波重做双棱镜实验,发现了超光速现象。图 7 是 Carey 所用的实验装置;太赫发生器使用 GaAs 晶体加 2000V 偏压,得到太赫的脉冲脉宽为 0.85ps、波长 1mm。双棱镜设在一个平移台上,使两棱镜间的距离 d 可以变化。棱镜的材料是特氟龙, $n = 1.43$,故全反射临界角为 44.4°。消失波与非消失波的光路如图 8 所示。Carey 取 $d = 0 \sim 20$mm,入射角 $\theta = 35° \sim 55°$,做了一系列实验。结果是脉冲重心时延和群时延均可以为负值,是超光速传输的证明。Carey 说,如信号以接近并稍大于临界角的入射角入射,信号可以基本上无衰减地作超光速传播。但这要求光信号严格准直,棱镜为无限大。他认为"以全反射实现超光速信息传输是可能的",但 d 足够大时信号主要是非消失波,其脉冲重心速度(在气隙中)为 0.99c,是亚光速。

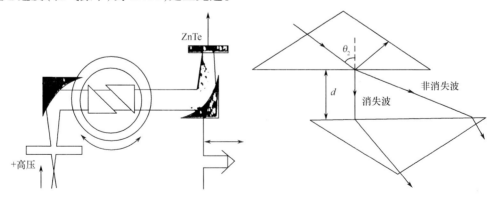

图 7　太赫波段的全反射超光速实验装置　　　　图 8　Carey 双棱镜实验示意

在双三棱镜的气隙中,消失态有以下方程:

$$A = \alpha d \quad (\text{Np}) \tag{50}$$

式中: A 为衰减量; α 衰减常数。

式(50)表示场幅按照 $e^{-\alpha d}$ 的规律衰减。重要的是这个规律已有实验上的证明。2001 年的 Haibel 和 Nimtz 实验,用 $n=1.6$ 的材料做成双三棱镜,故总内反射临界角 $\theta_c = \arcsin(1/n)$ $=38.5°$。现如按 $\theta=45°$ 入射,则会造成 Bose 效应。在微波使用两个频率($f_1 = 9.72\text{GHz}$, $f_2 = 8.345\text{GHz}$),得到 $A-d$ 关系的实验曲线如图 9 所示。对应的 α 测量值为 $\alpha_1 = 0.93\text{dB/mm}$, $\alpha_2 = 0.73\text{dB/mm}$。Nimtz 说,这结果与下式的计算值是一致的:

$$\alpha = \sqrt{\frac{\omega}{c}(n^2\sin^2\theta - 1)} \tag{51}$$

笔者认为这工作可能是对 Bose 效应的首次实验证明。

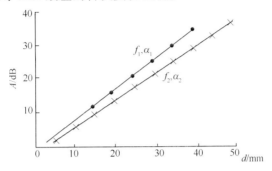

图 9　双三棱镜气隙中的衰减常数

2006—2007 年,Nimtz 公布了他用双三棱镜做超光速实验的情况[8,28]。他说:"光学中的消失模对应量子电动力学(QED)创始人 Feynman 引入的虚粒子(virtual particles),这种模式的典型例子是双三棱镜的受抑全内反射(FTIR)。我们企图用米级宏观尺度来证明消失模的 QM 行为,由于零相移通过势垒的传播似乎不需要时间。"他们采用折射率 $n=1.6$ 的塑胶有机材料构成双三棱镜,信号频率 9.15GHz(波长 3.28cm);三棱镜尺寸为 40cm×40cm,反射临界角为 38.7°。采用盘形天线(直径 35cm),接收天线与棱镜表面平行,并可移动;微波是 TM 模式。实验结果:反射信号和透射(隧穿)信号在同一时刻被接收到(时延均为 100ps)。由于反射光束和透射光束的路程相同,而透射光束可能多穿过长度为 d 的区域就像是不用时间的传播。他说,虽然这是对狭义相对论的违反,但可用 QM 和 QED 作描述和解释。

现根据图 10 叙述实验方法和过程——使用两块玻璃棱镜,拼起来是每边 40cm 的立方体。使用波长较长的微波($\lambda \approx 33\text{cm}$);对大隧穿距离而言 λ 足够长,对光子路径可被棱镜拐弯而言 λ 足够短。实验时使微波束从第一个三棱镜面的右方斜向射入($\theta > \theta_c$),在镜内底面被反射后由另一斜面射出,到达检测器 A。根据 Bose – QTE 效应,有少数波束穿过底面,并通过间隙 d 从第二个三棱镜的底面进入该棱镜,再折射出去到达检测器 B。由于 A、B 的位置对称安放,在 $d=0$ 时两个光路的长度相同。但当 $d\neq 0$,后一光路较长,增量为 d。现在的实验发现两个光路的信号传输时间没有差别,或者说两路微波到达 A、B 的时间相同。故可判断后一情况的波速较快,或者说微波穿过间隙(势垒)没有耗费时间,即速度为无限大(即便 $v\neq\infty$,也可断定 $v>c$,而且大很多)。对图 10(a)有

$$v_1 = \frac{l_1 + l_2 + l_4}{t_1} \tag{52}$$

式中:v_1、t_1 分别为由 E 到 B 的速度和时间;l_2 为 Goss – Hänchen 位移造成的(夸大画出)。

对图 10(b)有

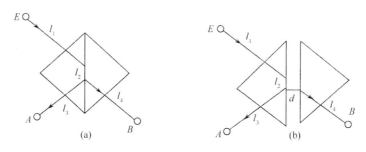

图 10　对"双三棱镜超光速实验"的说明

$$v_2 = \frac{l_1 + l_2 + d + l_4}{t_2} \tag{53}$$

如实验发现 $t_1 = t_2 = \tau$，则有

$$v_2 = \frac{l_1 + l_2 + l_4}{t_2} + \frac{d}{\tau} = v_1 + \frac{d_2}{\tau} \tag{54}$$

故 $v_2 > v_1$。若 v_1 为光速，则有

$$v_2 = c + \frac{d_2}{\tau} \tag{55}$$

故 $v_2 > c$，即发现了超光速。此外，实验还发现当拉开棱镜时（逐步加大 d），隧穿时间不变；但在 $d \geqslant 1m$ 时就无法观察了。……考虑到 Carey 的实验，我们可以说："从太赫波到微波都以双三棱镜实现实现了超光速的波传播。"

Nimtz 团队的实验早已被媒体所报道，例如 2007 年 8 月 27 日德新社发出电讯称："两名德国物理学家宣称已做到了不可能的事——打破光速。"8 月 28 日中国的《参考消息》报译载了德新社的电稿，所用标题为"德发现打破光速现象"。……Nimtz 教授与笔者相熟，我们多次交换彼此的科学著作；他在 quantum tunneling 这一研究方法上坚持不懈，令人佩服；笔者当时曾致电祝贺。2016 年 11 月 10 日，Nimtz 发来邮件，提到他过去曾用实验发现在隧穿中的现象——以零时间实现超光速能量传送（见：PRE, 1993, 48:632。Found Phys, 2014, 44: 678）。

8　引力波存在性问题

虽然本文主要讨论经典波动中的电磁波和量子波动，却不能回避"引力波"的问题，因为这已被媒体炒热，而且据说中国的一些科研机构纷纷准备上马[29]，正等待政府高层审批。对于 2016 年 2 月美国激光干涉引力波天文台（LIGO）宣布"发现了引力波"[30]，国内外已有众多反对的文献发表[31-37]；当然也有赞成和支持的[29]。在这里我们仅从理论上做一些分析。

引力在中国称为万有引力，英文是 gravity；它是 Newton 发现的。引力的本质是什么？Newton 没有回答，他只给出与引力有关的规律——万有引力定律（也称为平方反比定律[4]）。Newton 说："迄今为止我还不能从现象中找出引力特性的原因，我也不构造假说。"（着重点为笔者所加）。在 Newton 时代并没有"引力场"的说法，这是由于后来电磁学迅猛发展，电磁场（electromagnetic field）的存在已经证实，人们研究时就创造了 gravitational field 这个词。……笔者的学术观点是，承认引力场存在，却不承认有引力波（gravitational waves）。也就是说，不但要分析 LIGO 在技术（设计和实验）上的问题，更重要的是在理论层面弄清楚"寻找引力波"的动力来源是否正确。由于 Newton 万有引力定律与 Coulomb 电荷力定律的相似：

Coulomb 定律 $$F = K \frac{q_1 q_2}{r^2} \qquad (56)$$

Newton 定律 $$F = G \frac{m_1 m_2}{r^2} \qquad (57)$$

这两者都是平方反比定律(Inverse Squares Law，ISL)，两者都是静态场(static fields)。因此，万有引力是无旋场。静电无旋场由极性的(正或负)电荷所产生，引力无旋场由中性粒子或物体的质量所产生。静态场(包括静电场)的根本特点是无旋场(电场矢量、磁场矢量的旋度为0)。这一点是重要的，因为电磁场的波方程(wave equation，也称为波动方程)的推导是由对普遍形式的 Maxwell 方程的等式两边取旋度而开始的，从而得出空间有源时的波方程。对于静态场，以上讨论都不存在，即使有(电磁)场也没有(电磁)波。总之，交变场才产生电磁波，静态场不产生电磁波。因此构成并行的理论体系——有电磁波存在的交变场理论，无电磁波存在的静态场理论。

引力场既然是无旋的静态场，从根本上就缺乏产生"引力波"的基础。相对论者说，Einstein 理论(相对论力学)中，引力不再是一种力，而是可弯曲时空的几何效应。但这样讲也不能证明引力场是旋量场，又如何能证明引力波一定存在呢？……总之，必须强调指出在场论中存在两大类的区分(旋量场、无旋场)是根本性的基础理论。

相对论者至今坚持说"引力传播速度是光速"[29]，但这在事实上绝无可能。太阳光线以光速 c 行进，从太阳到地球要走 8.3min，那么太阳引力作用于地球需要多少时间？ Newton 认为不需要时间，即引力传播速度 $v_G = \infty$；相对论力学认为需要 8.3min，因为其认定引力传播速度是光速($v_G = c$)。但后者是荒唐的，太阳引力作用于地球绝不会那么"慢"！……1920 年 A. Eddington[38] 指出(图 11)如果太阳在现在位置 S 吸引木星，而木星在它的现处位置 J 吸引太阳，两引力处在同一直线上并且平衡。如果太阳在它先前的位置 S′吸引木星，而木星在它先前的位置 J′吸引太阳，两力的歧异产生力偶，趋向于增加系统的角动量，并且是累积的，将迅速引起运动周期的可感知变化，不符合引力作用速度是光速的观测。总之，如大体间的引力以光速传播，运行轨道是不稳定的。进一步，Eddington 根据对水星近日点进动的讨论断定引力速度 $v_G \gg c$；根据日蚀全盛时比日、月呈直线时超前断定 $v_G > 20c$。

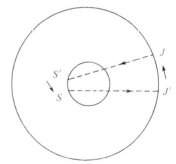

图 11　讨论引力速度的示意图
S—太阳;J—木星。

1998 年 T. Flandem[39] 指出，对太阳(S)－地球(E)体系而言，如果太阳产生的引力是以光速向外传播，那么当引力走过日地间距而到达地球时，后者已前移了与 8.3min 相应的距离。这样一来，太阳对地球的吸引与地球对太阳的吸引就不在同一条直线上了。这些错行力(misaligned forces)的效应是使得绕太阳运行的星体轨道半径增大，在 1200 年内地球对太阳的距离将加倍。但在实际上，地球轨道是稳定的，故可断定"引力传播速度远大于光速"。他的计算结果是 $v_G = (10^9 \sim 2 \times 10^{10})c$。2016 年 9 月 22 日，朱寅在 Research Gate 上发表文章，题为"The speed of gravity: an observation on galaxy motions"，根据分析得出引力速度 $v_G > 25$l. y. /s(l. y. 为光年)。由于 1l. y. $= 9.5 \times 10^{12}$km，笔者算出这相当 $v_G > 7.92 \times 10^8 c$。

近年来开展了 Coulomb 场传播速度研究。例如 2014 年 R. Sangro[40] 指出：和引力场传播速度一样，Coulomb 力场传播速度远大于光速。这是不奇怪的，我们已指出引力场与静电场相似。但相对论力学不承认引力传播速度远大于光速,因为狭义相对论已确定了光速 c 是宇宙中的最高速度。为了维护自身理论体系一致性,国内外相对论者坚持说引力以光速传播"[29];但这并非事实。文献[29]认为,引力场方程在弱场、线性条件下,并按谐和条件分析时,可以把解写为

$$\bar{h}_{\mu\gamma}(\boldsymbol{r},t) = \frac{\kappa}{2\pi}\int \frac{1}{r}T_{\mu\gamma}\left(\boldsymbol{r}',t-\frac{r}{c}\right)\,\mathrm{d}v' \tag{58}$$

并说,由于这是一个推迟解,$(t-r/c)$ 项即表明情况和电磁理论中一样,"证明引力场以光速 c 传播。"我们认为这是荒唐的,因为引力作用中会有自己的常数,凭什么把光速 c 强行引入? 引力本身与光、与电磁场没有关系,这是明明白白的事。形式化地搞一点推迟势(retarded potential),不能证明引力场以光速传播;何况 D'Alembert 方程和推迟势概念方法也是从电磁场那里"学"(实际上是"抄")来的。由于电磁场和电磁波的理论与实践取得了历史性的伟大成就,研究引力时做一些借鉴可以理解。但把电磁学的概念和方法机械地、形式主义地照搬,那就错了。……不过引力这个题目太大,更多的讨论请见笔者的 2015 年文章[41]。

9 结束语

波科学本身博大精深,不可能详细讨论。它取得了很大的成绩,但在许多问题上又显得支离破碎、互相矛盾。改进的希望在于以现代数学作支持的现代电磁理论和量子理论,以及设计巧妙的专题实验。对于国内外的有关研究工作,我们坚持从科学视角进行评价,并力求客观而公正。当然我们也坚持提出独立的新观点,因为这是科学研究工作者的基本权利。

附:本文发表约半年后,即到 2017 年 6 月初,LIGO 再次宣布"发现了引力波";事件编号 GW170104,表示是 2017 年 1 月 4 日清晨由两个 L 形探测器(相距数千千米)收到的信号。LIGO 还说"探测到距地球约 30 亿光年处发生的双黑洞合并"。……然而,LIGO 仍然是用过去的方法,即把收到的信号的波形与根据 GR 用计算机建立的波形库相比较,由此推理说获得了重大发现。既然提不出新的物理实验证据和天文观测证据,仍然是一场计算机模拟和图形匹配的游戏,我们仍然认为其结论可疑! 人们期待 LIGO 拿出可信的证据和必要的旁证,说明其对于重大问题的成果和推论是可以信任的。

参考文献

[1] Schrödinger E. Quantisation as a problem of proper values [J]. Ann d Phys,1926,79(4):1 – 9. (又见:Schrödinger E. Lectures of Schrödinger. 中译:范岱年、胡新和,译. 薛定谔讲演录[M]. 北京:北京大学出版社,2007.)

[2] 黄志洵. 波动力学的发展[J]. 中国传媒大学学报(自然科学版),2008,15(4):1 – 16.

[3] 黄志洵. 波科学的数理逻辑[M]. 北京:中国计量出版社,2011.(又见:黄志洵. 波科学与超光速物理[M]. 北京:国防工业出版社,2014.)

[4] Newton I. Philosophiae naturalis principia mathematica [M]. London:Roy Soc,1687.(中译:牛顿. 自然哲学之数学原理[M]. 王克迪,译. 西安:陕西人民出版社,2001.)

[5] 罗俊. 牛顿反平方定律及其实验检验. 见:10000 个科学难题(物理学卷)[M]. 北京:科学出版社,2009.

[6] Kline M. Mathematical thought from ancient to modern times [M]. New York:Oxford Univ. Press. 1972.

[7] Maxwell J. A dynamic theory of electromagnetic fields [J]. Phil Trans, 1865, (155):459 – 512.

[8] 黄志洵. 论消失态[J]. 中国传媒大学学报(自然科学版),2008,15(3):1 – 9.

[9] Steinberg A, Kwait P, Chaio R. Measurement of the single photon tunneling time [J]. Phys Rev Lett,1993,71(5):708 – 711.

［10］宋文淼,阴和俊,张晓娟. 实物与暗物的数理逻辑［M］. 北京:科学出版社,2006.（又见:宋文淼. 矢量偏微分算子［M］. 北京:科学出版社,1999.）

［11］黄志洵. 负波速研究进展［J］. 前沿科学,2012, 6(4):46 – 66.

［12］黄志洵. 波粒二象性理论与波速问题探讨［J］. 中国传媒大学学报(自然科学版),2014,21(2):9 – 24.

［13］Wang L J. Kuzmich A,Dogariu A. Gain – asisted superluminal light propagation［J］. Nature,2000,406:277 – 279.

［14］黄志洵. 光子是什么［J］. 前沿科学,2016, 10(3):75 – 96.

［15］Dirac P A M. Quantum Mechanics［M］. London:McGraw Hill,1958.

［16］Garrett C,McCumber D. Propagation of a Gaussian light pulse through an anomalous dispersion medium［J］. Phys Rev A,1970,1(2):305 – 313.

［17］Einstein A. The relativity principle and it's conclusion［J］. Jahr der Radioaktivität und Elektronik,1907,4:411 – 462.（中译:关于相对性原理和由此得出的结果［A］. 范岱年,赵中立,许良英,译. 爱因斯坦文集［M］. 北京:商务印书馆,1983,150 – 209.）

［18］Sommerfeld A. Uber die fortpflanzung des lichtes in dispergierenden Medien［J］,Ann. d Phys. 1914,44(1):177 – 182.

［19］Brillouin L. Uber die fortpflanzung des lichtes in dispergierenden medien［J］. Ann d Phys. 1914,44(1):203 – 208.

［20］Chu S,Wong S. Linear pulse propagation in an absorbing medium［J］. Phys Rev Lett,1982,48 (11):738 – 741.

［21］Glasser R,et al. Stimulated generation of superluminal light pulses via four – wave mixing［J］. Phys Rev Lett, 2012,108: 17 – 26

［22］Jiang R,Huang Z X,Miao J Y,et. al. Negative group velocity pulse propagation through a left – handed transmission line［J］. arXiv. ore/abs/1502. 04716,2014.

［23］黄志洵. 超光速物理学研究的若干问题［J］. 中国传媒大学学报(自然科学版),2013,20(6):1 – 19.

［24］黄志洵. 量子隧穿时间与脉冲传播时间的负时延［J］. 前沿科学,2014, 8(1):63 – 79.

［25］Lord Rayleigh. On the passage of electric wave through tubes, or the vibrations of dielectric cylinders［J］ Philos Mag,1897,43 (261):125 – 132.

［26］Bose J. On the influence of the thickness of air – space on total reflection of electric radiation［J］. Proc. Roy. Soc. (London),1897(11): 300 – 310.

［27］Carey J J. Noncausal time response in frustrated total internal reflection［J］. Phys Rev Lett,2000,84:1431 – 1434.

［28］Haibel A,Nimtz G. Universal relationship of time and frequency in photonic tunneling［J］. Ann d Phys,2001,10:707 – 712.

［29］赵峥,刘文彪,张轩中. 引力波与广义相对论［J］. 大学物理,2016,35(10):1 – 10.

［30］Abbott B P,et al. Observation of gravitational wave from a binary black hole merger［J］. Phys Rev Lett,2016,116:06112 1 – 16.

［31］梅晓春,俞平. LIGO 真的探测到引力波了吗?［J］. 前沿科学,2016,10(1):79 – 89.

［32］黄志洵,姜荣. 试评 LIGO 引力波实验［J］. 中国传媒大学学报(自然科学版),2016,23(3):1 – 11.

［33］Mei X, Huang Z, Ulianov P, Yu P. LIGO experiments cannot detect gravitational waves by using laser Michelson interfermeters［J］. Jour. Mod. Phys, 2016,(7): 1749 – 1761.

［34］梅晓春,黄志洵,P. Ulianov,俞平. LIGO 实验采用迈克逊干涉仪不可能探测到引力波［J］. 中国传媒大学学报(自然科学版),2016,23(5):1 – 7.

［35］Ulianov P, Mei X, Yu P. Was LIGO's gravitational wave detection a false alarm?［J］. Jour Mod Phys, 2016,(7): 1845 – 1865.

［36］Engelhardt W. Open letter to the Nobel Committee for Physics. DOL: 10. 13140/RG 2. 1. 4872. 8567, Dataset June 2016,Retrieved 24 Sep. 2016.

［37］黄志洵. 再评 LIGO 引力波实验［J］. 中国传媒大学学报(自然科学版),2016,23(5):8 – 13.

［38］Eddington A. Space,time and gravitation［M］. Cambridge:Cambridge Univ Press, 1920.

［39］Flandem T. The speed of gravity:what the experiments say［J］. Phys Lett,1998,A250:1 – 11.

［40］Sangro R, et al. Measuring propagation speed of Coulomb fields［J］. arXiv:1211,2913,v2［gr – qc］,10 Nov 2014.

［41］黄志洵. 引力理论和引力速度测量［J］. 中国传媒大学学报(自然科学版),2015,22(6):1 – 20.

表面等离子波研究

姜荣[1]　黄志洵[2]

（1. 浙江传媒学院，杭州 310018；2. 中国传媒大学信息工程学院，北京 100024）

【摘要】表面波（SW）是一种沿两媒质之间界面传播的电磁波。1899 年 A. Sommerfeld 最早提出，TM 型表面波可沿一根具有有限电导率的无穷长圆柱导线传输。1909 年 Sommerfeld 又用 Maxwell 方程组处理了非辐射型表面波。表面等离子波（SPW）发生在金属与电介质的界面，自 1957 年以来为人所知，界面两侧呈消失态。SW 与 SPW 的区别在于，SW 发生于两电介质之间，而 SPW 仅在电介质与导体（如金属膜）之间的界面上传播。也可认为 SPW 是 SW 的一种，它要求界面两边的介电常数一正一负，这可由一边用电介质而另一边用金属来满足。金属中的大量自由电子被当作高密度电子气体，其纵向密度起伏形成 SPW 可经由金属而传播。SPW 的电磁场在界面上最大，在垂直表面的两个方向上呈指数减小，这情况与 SW 相同。

　　本文深入探讨了激励 SPW 的相关理论和技术。近年来发展了一门新学科——以金属表面衰减全反射为基础的 ATR 光谱学，它是由体电磁波（VEMW）通过谐振激发造成 SPW 的技术，其实施是通过 Otto 方式（棱镜—空气—金属）或 Kretschmann 方式（棱镜—金属—空气）。在我们的实验中，采用波长 632.8nm 的氦氖激光器作为光源，在玻璃三棱镜底部镀金膜，用 Kretschmann 方式激发 SPW，并测出其 ATR 谱。通过计算得出纳米薄膜的厚度，和金的负电介常数。

【关键词】表面电磁波；表面等离子波；消失态；三棱镜

Study on the Surface Plasma Waves

Jiang Rong[1]　HUANG Zhi – Xun[2]

（1. Zhejiang University of Media and Communication, Hangzhou 310018;

2. Communication University of China, Beijing 100024）

【Abstract】A surface wave(SW) is one that propagates along an interface between two media. The propagation of a TM – type surface wave along an infinitely long cylindrical wire of finite conductivity, first discussed by A. Sommerfeld in 1899. Nonradiative surface waves are known as solutions of

注：本文原载于《前沿科学》，第 10 卷，第 4 期，2016 年 12 月，54 ~ 68 页。

Maxwell's equations since Sommerfeld in 1909. A surface plasma wave(SPW) are given in the interface of a metal and a dielectric medium are well known since 1957, for the fields on both side of the interface to be evanescent states. The differentiation on the SW and the SPW is, SW propagates at the interface of two dielectric media, but the SPW only propagates at the interface of one dielectric media and other one of conductor——such as a metal film. So we say that SPW is a kind of SW, it needs permittivity positive in one side and negative in other side, which can be fulfilled in a dielectric medium and in a metal. In the metal, the free electrons are treated as an electron gas of high density. Then, the logitudinal density fluctuations, i. e. the SPW, will propagate through the metal. SPW's electromagnetic fields have their maximum in the interface and decay exponentially into the space perpendicular to the surface, as is characteristic for SW.

In this article, we discussed the theory and technology of SPW excitation. An attenuated total – reflection(ATR) spectroscopy of metal surface has developed in recent years, which makes use of the resonant excitation of SPW by linear coupling with volume electromagnetic waves(VEMW) in either an Otto configuration(prism – air – metal) or a Kretschmann configuration (prism – metal – air). We used $H_e - N_e$ laser with wavelength 632. 8nm and prism with aurum film to do the experiment, and used Kretschmann configuration excite the SPW on the prism with aurum film, and measure the ATR spectrum. The thickness of the nano film and the negative permittivity of the aurum were obtained.

【Key words】 surface electro – magnetic waves; surface plasma waves; evanescent slates; prism

1 引言

表面电磁波简称表面波(Surface Waves, SW),是一种沿两媒质之间界面传播的波。表面等离子波(Surface Plasma Waves, SPW)则发生于金属与电介质之间界面,故 SPW 是 SW 的一种。在导波理论中,一根表面裸露的金属圆柱导线,叫以工作在分米波、厘米波波段,作为单线表面波波导(single wire surface waveguide)。1899 年 A. Sommerfeld 指出[1],如导线的电导率为有限值($\sigma \neq \infty$,这与实际相符),则会有 TM 型表面波沿导线表面传播。表面波的相速小于光速,在靠近导体表面处携带有其能量的绝大部分。Sommerfeld 的论断直到几十年后才得到实验证实。Sommerfeld 波存在的条件是电导率 $\sigma \neq \infty$,即电阻率 $\rho \neq 0$。因而,$\rho > 0$ 表示导线电阻提供了对波的相速的迟滞,从而获得了慢波状态。另外,1909 年 Sommerfeld 用 Maxwell 方程处理两个媒质分界面上的表面波传播问题(见:Ann. Phys. ,1909,28;665),是非辐射型(non radiative)表面电磁波。

1907 年,F. Harms[2] 研究了当单根导线表面涂敷有电介质层时的波传播问题。介质层的存在同样满足了 Sommerfeld 波所要求的边界条件,因而表面波的存在可以不依赖于导线的有限导电率。就是说,即使是理想导体($\sigma = \infty$),波也能传播。1910 年,D. Hondros 和 P. Debye[3] 也论述了这个问题。不过,完整的工作和实验是 1950 年由 G. Goubau 完成的[4],故称为 Goubau Wire。

表面等离子光子学(Surface Plasmonics, SP)是一门新兴学科,它的另一名称是表面等离子激元(Surface Plasmon Polariton, SPP),是指沿金属/介质界面传播的纵向电磁波(longitudinal EM wave propagating along a metal / dielectric interface),其电磁场从界面向两边按指数率下降,即消失态(evanescent states)。对 SPP 或 SPW 的研究已有百余年历史,例如在金属栅格(metallic gratings)上的激励,早在 1902 年 R. W. Wood 即报告过对有关现象的观察(见:Philos. Mag.,1902,6:396)。又如,在 1904 年出现了"金属/介质复合材料"的说法,研究了掺有金属微粒的电介质的光学性质。故 SPW 起因于对金属在微波和光频的介电特性的探讨,借鉴了等离子体理论方法,技术上则创建了金属/介质复合材料系统。1957 年,R. Ritchie 研究了金属膜中电子束的能量损耗,发现在金属表面区域可能存在等离激子现象,从而首次作出明确的理论表述。1968 年,A. Otto[5]提出了在金属薄膜上激发 SPW 的实验方法,用玻璃三棱镜作为光的耦合器。1971 年 E. Kretschmann[6]做了改进。他们的技术现在仍是广泛使用的研究和实验方法。

2 表面电磁波基础理论

早期研究的表面波是一种沿两媒质之间的界面传播的电磁波,媒质之一通常是空气。界面可以是光滑表面(平面或曲面),也可以是周期性或不规则结构。表面波比光速慢,在界面处近距离上携带了大部分能量。表面波一般作为被导波而加以研究,但当它在传播过程中遭遇不连续性障碍时,或在专门的表面波天线设计中,它是辐射性的。由于波矢量 $\boldsymbol{k}$ 的一般表示式为 $\boldsymbol{k} = k_x \boldsymbol{i}_x + k_y \boldsymbol{i}_y + k_z \boldsymbol{i}_z$,假定 z 为两媒质界面上表面波传播方向,x 为与界面垂直的法向(指向上方);y 方向没有波动,可取 $k_y = 0$,故有

$$k = \sqrt{k_x^2 + k_z^2} \tag{1}$$

取 k 为空气中的波数,则有

$$k_0^2 = k_x^2 + k_z^2 \tag{1a}$$

这是表面波遵守的简单方程,k_z 为沿表面传播的波数,k_x 为与表面垂直方向上的波数。所有波数均为复数,例如可取

$$k_z = -j\gamma = \beta - j\alpha \tag{2}$$

式中:γ 为传播常数,$\gamma = \alpha + j\beta$。

设有一个比光慢($v_p < c$)的表面波,且传播中无损耗;这时 k_z 是实数,写作 $k_z = \beta_z$(或 $k_z = \beta$)。较小波速意味着较大波数,即 $k_z > k_0$,或写作 $\beta > k_0$;为使式(1a)仍然满足,要求 k_x 为纯虚数,即 $k_x = -j\alpha_x$;因而 $k_x^2 = -\alpha_x^2$,故有

$$k_0^2 = \beta^2 - \alpha_x^2 \tag{3}$$

这组成一种非均匀波(inhomogeneous wave),相阵面与表面垂直,幅阵面与表面平行(距表面越远强度越小,是指数衰减)。

对于比光快($v_p > c$)的表面波,有以下方程:

$$k_0^2 = (\beta_z - j\alpha_z)^2 + (\beta_x - j\alpha_x)^2 \tag{4}$$

展开后得到两个关系式:

$$k_0^2 = \beta_z^2 + \beta_x^2 - (\alpha_z^2 + \alpha_x^2) \tag{5a}$$

$$\alpha_z \beta_z + \alpha_x \beta_x = 0 \tag{5b}$$

对于向 z 方向传播的波而言,$\beta_z > 0$;至于 β_x,对于从表面浮现的波 $\beta_x > 0$,对于向表面入射的波 $\beta_x < 0$。另外,根据波的 z 向传播时逐渐减弱,$\alpha_z > 0$;这样,根据式(5b)有 $\alpha_x < 0$,表示在 x 方向振幅指数式增大。在快波($v_p > c$)情况下,应把相位常数写成矢量 $\boldsymbol{\beta}$,而 β_z、β_x 均是它的分量;故有

$$\beta^2 = \beta_z^2 + \beta_x^2 \tag{6}$$

另外,还可能有一种辐射的快波——漏波(1eaky wave),不赘述。

以上是早期电磁理论中对表面波的一般分析,讨论中没有具体说明媒质 1、2 可能是电介质或者金属。但在开放式结构中表面波由非辐射性向辐射性过渡,使人认识到表面波导波结构和表面波天线系统的不同。总之,为了获得非辐射型的传导性表面波,必须保证波的相速比光速慢。

3 表面等离子波的产生条件

在固体理论中,使用等离子体概念是一种有效的分析方法,即把金属中的自由电子当作高密度电子气体,其体密度可达 $n_e = 10^{23}\,\mathrm{cm}^{-3}$。这时可把纵向的密度起伏称为等离子振荡(plasma oscilations),它将在金属内传播开来。单个"体等离激子"(volume plasmon)的能量为[7]

$$E = \hbar\omega_p = \hbar\sqrt{\frac{4\pi n_e e^2}{m_e}} \tag{7}$$

式中:ω_p 为等离子振荡频率;$E \approx 10\mathrm{eV}$。相应的研究称为"等离激子物理学"(Plasmon Physics,PP)。图 1 是 SPW 的示意,这是一种 TM 单极化场,表面场损耗很大,只能传输短距离。

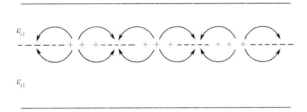

图 1　SPW 的示意图

SPW 分析仍是依靠 Maxwell 方程组的运用。设选取笛卡儿坐标系方法仍为取 zy 平面为两介质的界面,而 z 向是表面波传播的方向;相应的场表示式为 $\boldsymbol{F} = F_x\boldsymbol{i}_x + F_y\boldsymbol{i}_y + F_z\boldsymbol{i}_z$,式中 $\boldsymbol{i}$ 为单位矢量;沿 z 向传播而场在 x、$-x$ 方向上指数衰减的波可以写为

$$\boldsymbol{E}_1 = \boldsymbol{E}_{10}\mathrm{e}^{-\alpha_1 x}\mathrm{e}^{-\mathrm{j}\beta_1 z} \cdot \mathrm{e}^{\mathrm{j}\omega t} \quad (x > 0) \tag{8}$$

$$\boldsymbol{E}_2 = \boldsymbol{E}_{20}\mathrm{e}^{-\alpha_2 x}\mathrm{e}^{-\mathrm{j}\beta_2 z} \cdot \mathrm{e}^{\mathrm{j}\omega t} \quad (x < 0) \tag{9}$$

式中:α_1、α_2 为衰减常数。

现在做更细致的描述:对于 TM 模,界面两边的场采用下述表达式,即

$$E_1 = E_{10}\exp(-\alpha_1 x)\exp[\mathrm{j}(\beta z - \omega t)] \quad (x > 0)$$

$$E_2 = E_{20}\exp(\alpha_2 x)\exp[\mathrm{j}(\beta z - \omega t)] \quad (x < 0)$$

根据 Maxwell 方程组,求得界面两边的整个电磁场为

$$E_1(x) = E_0\exp[\mathrm{j}(\beta z - \omega t)]\left(1, 0, \frac{\mathrm{j}\beta}{\alpha_1}\right)\exp(-\alpha_1 x) \quad (x > 0)$$

$$E_2(x) = E_0\exp[\mathrm{j}(\beta z - \omega t)]\left(1, 0, -\frac{\mathrm{j}\beta}{\alpha_2}\right)\exp(\alpha_2 x) \quad (x < 0)$$

$$H_1(x) = \frac{\mathrm{j}}{\omega\mu_0}E_0\exp[\mathrm{j}(\beta z - \omega t)]\left(0, \frac{k_0^2\varepsilon_1}{\alpha_1}, 0\right)\exp(-\alpha_1 x) \quad (x > 0)$$

$$H_2(x) = \frac{\mathrm{j}}{\omega\mu_0}E_0\exp[\mathrm{j}(\beta z - \omega t)]\left(0, -\frac{k_0^2\varepsilon_2}{\alpha_2}, 0\right)\exp(\alpha_2 x) \quad (x < 0)$$

式中

$$\alpha_1^2 = \beta^2 - k_0^2 \varepsilon_1 \tag{10}$$

$$\alpha_2^2 = \beta^2 - k_0^2 \varepsilon_2 \tag{11}$$

其中:ε_1、ε_2 分别为介质 1 和介质 2 的介电常数(更确切的写法是 ε_{r1}、ε_{r2},即相对介电常数);α_1、α_2 分别为介质 1 和介质 2 中的衰减常数;β 为相位常数;k_0 为真空中的波数。

根据边界条件,在 $z=0$ 界面上,由电场切向和电位移矢量法向的连续性得 SPW 的色散方程:

$$\varepsilon_{r1}\alpha_2 + \varepsilon_{r2}\alpha_1 = 0 \tag{12}$$

即

$$\frac{\alpha_1}{\alpha_2} = -\frac{\varepsilon_{r1}}{\varepsilon_{r2}} \tag{12a}$$

由于 α_1、α_2 均为正实数,为了满足上式 ε_{r1} 与 ε_{r2} 的符号应相反——例如若 $\varepsilon_{r1} > 0$,要求 $\varepsilon_{r2} < 0$;使用金属作为媒质 2 可满足这一条件。

另一方面,在 TE 模条件下所作分析得出

$$\alpha_1 + \alpha_2 = 0 \tag{13}$$

这是不可能满足的,故 SPW 不能以 TE 模形式存在。

以上的分析比较简单,下面做更深入的讨论。从上述色散性出发可以有两种理论模式,为讨论的方便以下仍把 ε_{r1} 写作 ε_1,ε_{r2} 写作 ε_2。在 $\varepsilon_1 > 0$ 时要求 $\varepsilon_2 < 0$,可考虑一种 Fano 模型[8],介质 2 的介电常数的虚部 $\varepsilon_{2i} = 0$ 无损耗的介质,例如低气压下的等离子体 $[\varepsilon(\omega) = 1 - \omega_{pe}^2/\omega^2] < 0$,则此时介质 2 的介电常数为实数 $\varepsilon_2 = \varepsilon_{2r} < 0$,这时 β 为

$$\beta = k_0 \left(\frac{\varepsilon_1 \varepsilon_{2r}}{\varepsilon_1 + \varepsilon_{2r}} \right)^{1/2} \tag{14}$$

因此可得此时衰减常数为

$$\alpha_1 = k_0 \varepsilon_1 \sqrt{\frac{1}{-\varepsilon_{2r} - \varepsilon_1}} \tag{15}$$

$$\alpha_2 = -k_0 \varepsilon_2 \sqrt{\frac{1}{-\varepsilon_{2r} - \varepsilon_1}} \tag{16}$$

由于 $\alpha_1 > 0$ 和 $\alpha_2 > 0$,所以 $|\varepsilon_2| = |\varepsilon_{2r}| > \varepsilon_1$。此外,由于 β 为实数,所以 Fano 模型的表面等离子波沿界面法向传播的距离是无限大的。

另一种模型为 Zenneck 模型[9],介质 2 介电常数的虚部 $\varepsilon_{2i} \neq 0$ 为复介电常数,Zenneck 模型的色散关系可以表示为

$$\beta_r = k_0 \left(\frac{\varepsilon_1}{(\varepsilon_1 + \varepsilon_{2r})^2 + \varepsilon_{2i}^2} \right)^{1/2} \left(\frac{\varepsilon_e^2 + (\varepsilon_e^4 + \varepsilon_1^2 \varepsilon_{2i}^2)^{1/2}}{2} \right)^{1/2} \tag{17}$$

$$\beta_i = k_0 \left(\frac{\varepsilon_1}{(\varepsilon_1 + \varepsilon_{2r})^2 + \varepsilon_{2i}^2} \right)^{1/2} \frac{\varepsilon_1 \varepsilon_{2i}}{[2\varepsilon_e^2 + (\varepsilon_e^4 + \varepsilon_1^2 \varepsilon_{2i}^2)^{1/2}]^{1/2}} \tag{18}$$

式中

$$\varepsilon_e^2 = \varepsilon_{2r}^2 + \varepsilon_{2i}^2 + \varepsilon_1 \varepsilon_{2r}$$

此时衰减常数 α_1 和 α_2 为复数,在介质 1 和介质 2 中的场正常衰减。此时 β 为复数,由于衰减 Zenneck 模型中表面等离子波沿界面的传播距离有限。如果当 $|\varepsilon_{2r}| \gg |\varepsilon_{2i}|$,$\varepsilon_{2r} < 0$,即 ε_2 近似为一个实数时,例如金属在可见光频率范围内的介电常数,则此时的色散关系可以近似表示为

Fano 模型下的色散关系。如果当 $|\varepsilon_{2r}| \ll |\varepsilon_{2i}|$，$\varepsilon_{2r} > 0$ 时的色散关系可以表示为

$$\beta_r = k_0 \left(\frac{\varepsilon_1}{\varepsilon_1^2 + \varepsilon_{2i}^2} \right)^{1/2} \left(\frac{\varepsilon_{2i}^2 + \varepsilon_{2i}(\varepsilon_1^2 + \varepsilon_{2i}^2)^{1/2}}{2} \right)^{1/2} \tag{19}$$

$$\beta_i = k_0 \left(\frac{\varepsilon_1}{\varepsilon_1^2 + \varepsilon_{2i}^2} \right)^{1/2} \frac{\varepsilon_1}{[2 + 2(1 + \varepsilon_1^2/\varepsilon_{2i}^2)^{1/2}]^{1/2}} \tag{20}$$

称为 Brewster – Zenneck 模型[10]。

　　总结以上内容，表面等离子波又称为表面等离子激元(plasmon)，是表面电磁波的一种形式。它发生于金属与电介质之间界面，是沿界面传播的纵向电磁波，是 TM 波。其电磁场从界面向两边按指数率下降，呈消失态，并且在金属中场分布比在介质中分布更集中，一般分布深度与波长量级相同，其波矢大于自由空间中电磁波的波矢。……对于 TE 波，前已指出在 TE 极化时不存在表面等离子波。这是由于在 TE 极化时，电场在介质与金属分界面上，只有沿界面方向连续的水平分量，因此电场的法向分量也是连续的，总的电荷面密度为 0。另外，由于边界层没有自由电荷或总的自由电荷为 0(电位移矢量的法向连续)，因此并不会在金属表面累积极化电荷，而产生等离子表面波时必须有极化电荷(图 1)。

4　激发 SPW 的方法(棱镜耦合)

　　通常情况下表面等离子波的波矢大于电磁波的波矢，见图 2 所示的色散关系曲线。在线 $\omega = ck_x$ 右边，实线表示非辐射性表面等离子波的色散关系，虚线表示金属与介电常数为 ε_2 的介质界面激发的表面等离子波的色散关系。在线 $\omega = ck_x$ 左边，辐射性的表面等离子波从 ω_p 开始。所以通常情况下电磁波入射到光滑界面不能激发出表面等离子波；只有利用某些耦合方式，才能使入射电磁波的波矢与表面等离子波的波矢相匹配，从而获得表面等离子共振，激发出表面等离子波。常用的耦合方式有棱镜耦合和光栅耦合，此外还有其他的耦合方式。这里先讨论棱镜耦合。

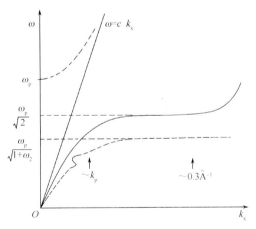

图 2　表面等离子波的色散关系图

　　棱镜耦合方式是利用受阻全反射(FTR)方法，使入射电磁波获得较大的波矢，与等离子表面波波矢相匹配，激发出 SPW。当电磁波入射到介电常数较大的棱镜，入射角大于临界角时，在棱镜与介质界面处产生全反射，在紧邻全反射界面附近的介质中产生消失波。由于消失波

与全反射的电磁波的水平分量的波矢相同,即

$$k_x = \frac{\omega}{c}\sqrt{\varepsilon_p}\sin\theta \tag{21}$$

因此获得较大的波矢;由于 $k_x > k_0$,所以当棱镜与介质表面的距离足够小,并且发生全反射时,使入射电磁波波矢的水平分量与表面等离子波的波矢相匹配,即满足关系

$$k_x = \frac{\omega}{c}\sqrt{\varepsilon_p}\sin\theta = k_{sp} = k_0\left(\frac{\varepsilon_1\varepsilon_{2r}}{\varepsilon_1 + \varepsilon_{2r}}\right)^{1/2} \tag{22}$$

在界面处就可激发出表面等离子波;色散关系如图 3 所示。

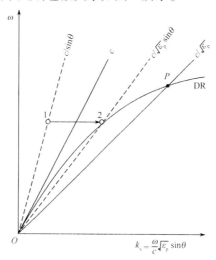

图3　三棱镜耦合方式表面等离子波的色散关系

(c 表示真空中的电磁波,c/ε_p 表示棱镜中的电磁波)

1968 年 A. Otto[5] 发表论文"用受阻全反射(FTR)法在银中激励非辐射型表面等离子波",文中描述了在光滑表面上激励 SPW 的一种新方法,它起因于全反射中的现象。由于在金属/真空界面上相速小于 c,用光撞击表面不能激励这种波。然而,如果用一个棱镜使其接近盒属/真空界面,可以激励 SPW,这是在全反射中存在消失波时用光学方法实现的。可以这样看这种激励:对 TM 波反射大大减弱,而入射角是特定的值。此法可以对这些波的色散做准确评价。对银/真空界面的实验结果与金属光学(metal optics)理论做了对比,二者是符合的。

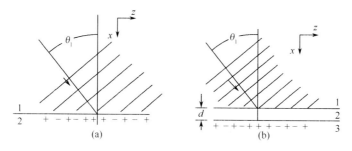

图4　Otto 实验方法的简化说明

Otto 的贡献是引入了玻璃三棱镜技术。图 4(a)是 TM 平面波斜入射到电介质(ε_1、n_1)与金属(ε_2、n_2 或 ε_c、n_c)的界面上,斜虚线是一系列等相位平面,底部的(+ −)号代表表面电荷

波。图4(b)与图(a)相似,但区域1的电介质是构成三棱镜的玻璃;区域2是介质层,但 $n_2 < n_1$,实际上是空气层;区域3是金属(相当于原来的2区),用 ε_3、n_3 或 ε_c、n_c 作代表。图4 (a)没有画出反射波束和金属中的消失波。表面电荷波被感应产生,相速为 $\dfrac{c}{n_1\sin\theta_1}$,无论 θ_1 是 多少这都比 c/n_1 要大,而 SPW 的相速却小于 c/n_1。由于相速的差异,图4(a)的方法不能激发 SPW。

在图4(b)中有一个间隔层(区域2)存在。在1区和2区之间的界面上,固定相位点的速度为

$$v_p = \frac{c}{n_1\sin\theta_1} \tag{23}$$

假如

$$\frac{c}{n_1\sin\theta_1} < \frac{c}{n_2} \tag{24}$$

那么

$$n_1\sin\theta_1 > n_2 \tag{24a}$$

在界面一侧仅为消失波,x 方向的场因子为

$$\mathrm{e}^{-k_0\sqrt{n_1^2\sin^2\theta_1 - n_2^2}\,x} \tag{25}$$

问题是区域2与区域3的界面上会发生什么现象? 可以认为这里的 SPW 会与上述消失波谐振,假如二者的相速相同的话。

下面讨论 SPW 分析中的经典电磁理论的界面方程。1947 年 F. Goos 和 H. Hänchen[11] 用实验证实了当光束向界面入射时必将发生的反射波束位移(GHS)。实际上,无论 GHS 研究,或是 1968 年 A. Otto[5] 对电介质与金属界面上发生的 SPW 研究,都与 FTR 密切相关,而且都有消失态(evanescent states)的存在。

2009 年黄志洵[12] 在论文"消失态与 Goos – Hänchen 位移研究"中,给出了对电磁波在不同媒质界面的折射和反射的分析,进而讨论了界面发生全反射时的消失态表面波。我们现在从此文中已有的推导出发,建立起反映界面情况基本方程,并与 Otto 文章中的表述相对照。该文在分析由 P 点发出的波束向媒质1、2 的交界面入射(图5)时指出,入射角 θ_1 不断增大到超过临界角 θ_{1c} 时就发生全反射,过程①→②→③。媒质2 中的电场为

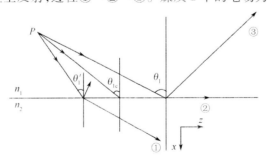

图5 两媒质界面上的全反射

$$\boldsymbol{E}_2 = \boldsymbol{E}_{20}\mathrm{e}^{-\alpha_2 x}\mathrm{e}^{-\mathrm{j}\beta_2 z}\cdot\mathrm{e}^{\mathrm{j}\omega t}$$

这表示 $\boldsymbol{E}$ 沿 z 向为一行波,相位常数为

$$\beta_2 = n_2 k_0 \cdot \sin\theta_2$$

这个行波的振幅在 x 方向是指数衰减的，即消失态。也就是说，$\mathrm{e}^{-\alpha_2 x}$ 代表振幅，衰减常数为

$$\alpha_2 = \mathrm{j}n_2 k_0 \cdot \cos\theta_2$$

进一步的推导证明:

$$\alpha_2 = k_0 \sqrt{n_1^2 \sin^2\theta_1 - n_2^2} \tag{26}$$

由于 θ_1 是入射波束与界面法向的夹角，取 $\theta_1 = \pi/2$ 时，有

$$\alpha_2 = k_0 \sqrt{n_1^2 - n_2^2} \tag{27}$$

对无磁性媒质而言折射率 n 与介电常数 ε_r 关系为 $n = \sqrt{\varepsilon_r}$，故从形式上将有以下方程:

$$\alpha_2 = k_0 \sqrt{\varepsilon_{r1} - \varepsilon_{r2}} \tag{28}$$

现在来看 Otto 的分析，他用时谐因子 $\mathrm{e}^{-\mathrm{j}\omega t}$，但在本质上不会有所不同。取媒质 1 的电介质，相对电介常数 $\varepsilon_{r1} > 0$；媒质 2 为金属，相对介电常数 $\varepsilon_{r2} = \varepsilon'_{r2} + \mathrm{j}\varepsilon''_{r2}$。而 $\varepsilon'_{r2} < 0$；对于 $x > 0$，有

$$\boldsymbol{E} = \boldsymbol{E}_0 \mathrm{e}^{\mathrm{j}kz} \frac{\mathrm{j}k}{\sqrt{k^2 - \varepsilon_{r1}\omega^2/c^2}} \mathrm{e}^{-\sqrt{k^2 - \varepsilon_{r1}\omega^2/c^2}\, x} \cdot \mathrm{e}^{-\mathrm{j}\omega t}$$

也就是

$$\boldsymbol{E} = \boldsymbol{E}_0 \mathrm{e}^{\mathrm{j}kz} \frac{\mathrm{j}k}{\sqrt{k^2 - \varepsilon_{r1}k_0^2}} \mathrm{e}^{-\sqrt{k^2 - \varepsilon_{r1}k_0^2}\, x} \cdot \mathrm{e}^{-\mathrm{j}\omega t} \tag{29}$$

对于 $x < 0$，有

$$\boldsymbol{E} = \boldsymbol{E}_0 \mathrm{e}^{\mathrm{j}kz} \frac{-\mathrm{j}k}{\sqrt{k^2 - \varepsilon_{r1}k_0^2}} \mathrm{e}^{\sqrt{k^2 - \varepsilon_{r1}k_0^2}\, x} \cdot \mathrm{e}^{-\mathrm{j}\omega t} \tag{30}$$

现在，z 方向是简谐波(频率 ω，波数 k)；在界面两侧，场是消失态。这意味着

$$k^2 - \varepsilon_{r1}k_0^2 > 0 \tag{31}$$

而相速 $v = \omega/k$ 比介质中的平面波波速要小。另外，又有

$$\sqrt{k^2 - \varepsilon_{r2}k_0^2} > 0 \tag{32}$$

而 $\varepsilon'_{r2} < 0$。

从 $\boldsymbol{E}$ 的 x 分量 E_x 的有关边界条件可推出

$$\frac{\varepsilon_{r2}}{\sqrt{k^2 - \varepsilon_{r2}k_0^2}} = \frac{\varepsilon_{r1}}{\sqrt{k^2 - \varepsilon_{r1}k_0^2}} \tag{33}$$

上式决定了整个体系的色散关系 $k(\omega)$。

下面给出在 TM 模条件下讨论时 Zenneck 类型 SPW 传播时的色散关系。在过去的讨论中，场的时间相位因子可取 $\exp(\mathrm{j}\omega t - \gamma z)$ 或 $\exp(-\mathrm{j}\omega t + \gamma z)$；当取后者时，若忽略衰减 $(\gamma = \alpha + \mathrm{j}\beta \approx \mathrm{j}\beta)$，就有 $\exp[-\mathrm{j}\omega t + \mathrm{j}\beta z]$。现在 β 也是复数，可写 $\beta = \beta' + \mathrm{j}\beta''$，并可证明

$$\beta' = k_0 \left[\frac{\varepsilon_{r1}}{(\varepsilon_{r1} + \varepsilon_{rc})^2 + \varepsilon''^2_{rc}}\right]^{1/2} \times \left(\frac{\varepsilon_e^2 + (\varepsilon_e^4 + \varepsilon_{r1}^2 \varepsilon''^2_{rc})^{1/2}}{2}\right)^{1/2} \tag{34}$$

$$\beta'' = k_0 \left[\frac{\varepsilon_{r1}}{(\varepsilon_{r1} + \varepsilon_{rc})^2 + \varepsilon''^2_{rc}}\right]^{1/2} \times \frac{\sqrt{2}\,\varepsilon_{r1}\varepsilon''_{rc}}{[\varepsilon_e^2 + (\varepsilon_e^4 + \varepsilon_{r1}^2 \varepsilon''^2_{rc})]^{1/2}} \tag{35}$$

式中

$$\varepsilon_e^2 = \varepsilon_{rc}^2 + \varepsilon''^2_{rc} + \varepsilon_1 \varepsilon'_{rc}$$

由于 $\beta' \neq 0$，故 Zenneck 类型的 SPW 沿界面的传播距离有限。

　　Otto 实验的原理建立在 ATR 的基础上,意思是说利用单三棱镜、通过调整入射角使之发生全反射时,底面有消失波渗透到下面的介质中,如图 6 所示。如棱镜 P 的折射率足够大,对于 TM 入射波可以调整入射角 θ_1 使入射波沿界面方向的波矢分量等于 SPW 要求的波矢,调整空气隙厚度 d(d 应当足够小)也有影响,而这时消失波沿 x 方向的强度为

$$e^{-k_0 \sqrt{n_p^2 \sin^2\theta_1 - n_0^2}\, x}$$

式中:n_p 为棱镜折射率;n_0 为空气折射率,$n_0 \approx 1$。这个消失波将与金属表面 SPW 谐振(如二者相速相等),即 SPW 被激发。这时由于 SPW 的能量被吸收,对特定入射角全反射"受阻"。测量会发现由棱镜底部的全反射波强(光强)明显下降,形成一个吸收峰,就证明使用 ATR 技术激励 SPW 成功。图 7 是 Otto 实验的示意,P 是石英玻璃制成的;I、II 是石英玻璃板,面积为 $9.5\text{cm} \times 5\text{cm}$,板 II 中间 $0.7\text{cm} \times 1.5\text{cm}$ 面积是镀银膜,膜厚大于 100nm。图 8 是实验结果举例,纵坐标表示反射的大小。实验条件是:金属膜厚 150nm,入射光波长 $\lambda = 406\text{nm}$。实验显示,当调整入射角使 θ_1 为一合适角度(有文献称为 θ_{ATR}),SPW 被入射波激发,这时入射能量的很大部分转移到金属膜与空气的界面上,成为 SPW 的能量;故反射率 R 这时成为最小值(负峰值),表示"全反射"已有名无实,也称为谐振吸收峰。故能否获得图 8 那样的曲线是实验激励 SPW 是否成功的标志。

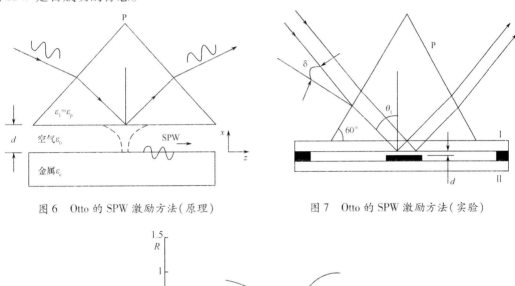

图 6　Otto 的 SPW 激励方法(原理)　　　　　图 7　Otto 的 SPW 激励方法(实验)

图 8　Otto 实验激发 SPW 成功的实证曲线

　　下面讨论激发 SPW 的 Kretschmann 方法。1971 年 E. Kretschmann[6] 发表了题为"用表面等离激子激励以确定金属光学常数"的论文,给出了精确决定金属薄膜的光学常数和厚度的方法,它基于光波全反射条件下激起的 SPW;在 $\lambda = 400 \sim 600\text{nm}$ 波段对银箔进行了测量,给出了方法的精度。图 9 是 Kretschmann 的 SPW 激励方法示意,方便之处在于金属膜可以直接镀在三棱镜的底面上。可能是由于 Kretschmann 的方法简单易行,在 20 世纪 80 年代就广泛用来确定薄金属膜的光学常数和厚度,成为一种技术[13,14]。

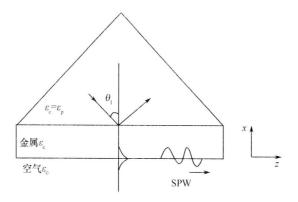

图 9　Kretschmann 的 SPW 激励方法(原理)

Kretschmann 说,虽然 Otto 最先提出了用棱镜激发 SPW 的方法,但在棱镜与金属之间有薄空气层的安排,对测量介电常数是不利的,特别是测量时空气层厚度难于掌握。我们用本文的符号 $\varepsilon_{rc} = \varepsilon'_{rc} + j\varepsilon''_{rc}$ 来表达 Kretschmann 的思路——他指出,如果金属的介电常数满足

$$\varepsilon'_{rc} < -1, \varepsilon''_{rc} < |\varepsilon'_{rc}| \tag{36}$$

那么非幅辐射性 SPW 可能出现在金属与空气的界面上。SPW 的特点是,波矢的水平分量 $k_\perp > k_0$;把 TM 极化光射到棱镜面(已直接镀有薄金属膜)上,且 $\theta_1 > \theta_{1c}$,可以激励 SPW。具体讲,改变 θ_1 可找到反射最小的位置,测量谐振角可计算出 ε_{rc}。而且,反射率 R_p 最小时,吸收率 $A_p = 1 - R_p$ 可达到最大,膜厚可由下式得出:

$$\frac{d}{\lambda} = \frac{\sqrt{|\varepsilon'_{rc}| - 1}}{4\pi|\varepsilon'_{rc}|} \ln \frac{4\varepsilon'^2_{rc} I_m \rho_{21}}{\varepsilon''_{rc}(|\varepsilon'_{rc}| + 1)} \tag{37}$$

式中

$$I_m \rho_{21} = \frac{2\varepsilon_p a}{\varepsilon_p^2 + a^2} \tag{38}$$

$$a^2 = |\varepsilon'_{rc}|(\varepsilon_p - 1) - \varepsilon_p \tag{39}$$

实验的布置突出之处是,棱镜放在量角器桌上,该桌能旋转,角度精确到 0.01°。另外,设置了两条光线,一束光射向水晶棱镜与金属界面上,另一束光是在水晶与空气界面(没有金属层)上反射的。

5　激发 SPW 的方法(光栅耦合)

光栅耦合是指利用光栅引入一个额外的波矢增量,实现波矢的匹配。由于光栅结构的材料参数与几何结构便于改变,因此可供研究的内容更加丰富。当电磁波以入射角 θ 入射到周期为 λ_g 的光栅时(图 10),光栅表面的波矢为[7,15]

$$k_z = k_0 \sqrt{\varepsilon_1} \sin\theta \pm \Delta k_z = k_0 \sqrt{\varepsilon_1} \sin\theta \pm n k_g \quad (n = 1,2,3\cdots) \tag{40}$$

其中:$k_g = 2\pi/\lambda_g$ 表示波长为 λ_g 的光栅 Bragg 倒格子矢量大小。当光栅表面波矢量与表面等离子波的波矢匹配时,即

$$k_z = k_0 \sqrt{\varepsilon_1} \sin\theta \pm \Delta k_z = k_0 \sqrt{\varepsilon_1} \sin\theta \pm n k_g = k_{sp} = k_0 \left(\frac{\varepsilon_1 \varepsilon_{2r}}{\varepsilon_1 + \varepsilon_{2r}}\right)^{1/2} \tag{41}$$

激发出 SPW。通过式(41)可以看出光栅的周期尺寸影响表面等离子波的激发,因此可以通过

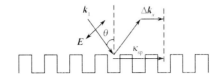

图 10 光栅耦合方式激发表面等离子波。光栅周期为 λ_g

调整光栅结构的周期对不同频率和不同入射角度的电磁波激发 SPW。

同理,对于二维光栅结构,波矢匹配的关系为[16,17]

$$\boldsymbol{k}_{sp} = \boldsymbol{k}_z \pm i\boldsymbol{k}_{gz} \pm j\boldsymbol{k}_{gy}(i,j=1,2,3,\cdots) \tag{42}$$

式中:$\boldsymbol{k}_x$ 为入射波平行于界面的分量;$|\boldsymbol{k}_z| = k_0\sqrt{\varepsilon_1}$ $\sin\theta$,$\boldsymbol{k}_{gz}$ 和 $\boldsymbol{k}_{gy}$ 为倒格子矢量,对于方阵形的孔阵或者凸阵 $|\boldsymbol{k}_{gz}| = |\boldsymbol{k}_{gy}| = 2\pi/\lambda_g$,$\lambda_g$ 为相邻孔径中心或凸形中心之间的距离。对于 Fano 模型来讲,$|\boldsymbol{k}_{sp}| = k_0$ $\left(\dfrac{\varepsilon_1\varepsilon_{2r}}{\varepsilon_1 + \varepsilon_{2r}}\right)^{1/2}$,在垂直入射时有

$$(i^2 + j^2)^{1/2}\lambda_{sp} = \lambda_0\left(\frac{\varepsilon_1\varepsilon_{2r}}{\varepsilon_1 + \varepsilon_{2r}}\right)^{1/2} \tag{43}$$

二维周期结构不仅能够激发表面等离子波,而且引入了能带,使得 SPW 受到能带的影响,更加容易控制表面等离子波的激发。

光栅耦合也有两种略有区别的方式:一种是在金属表面上制作如衍射光栅等微小的周期性结构;另一种是在分界面前适当位置处外置金属光栅。常用的光栅结构主要包括一维光栅、二维光栅以及孔阵列结构和颗粒阵列结构。在外加电场的作用下,这些周期

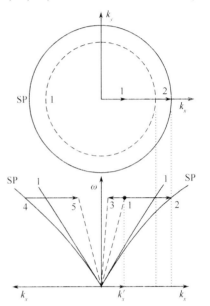

图 11 光栅耦合方式的色散关系

结构会造成特定波长下的极化电子振荡,而其产生的电磁场将可提供入射电磁波额外的 k_x 值,如图 11 所示。其中:上图中实线表示 SPW 的 $|k| = \sqrt{k_x^2 - k_y^2}$,虚线为电磁波的 $|k_0|$;下图中 1 表示真空中的电磁波,入射波为点 1,1→2 表示转化为表面等离子激元 2,波矢增量为 Δk_x,1 →3 是由于表面粗糙导致光线以内的散射,4→5 为表面等离子激元衰减,是 1→2 的逆过程。此效应与电子在固态晶格中运动的系统类似,入射电磁波将获得(或减损)光栅倒晶格矢量整数倍大小的额外水平波矢,当所获得之光栅倒晶格矢量使入射电磁波的波矢分量与 SPW 的波矢匹配时,即可激发金属表面等离子波。

6 SPW 的研究进展及我们的实验

1902 年 Wood[18] 等人在研究金属光栅衍射时发现光强会出现不规则的增强或减弱,从而发现了表面等离子波谐振现象。当时对其物理原因并不十分清楚,将其称为“Wood 异常”并做了公开介绍。1941 年,Fano[8] 等人根据金属与空气界面上表面电磁波的激发解释了这种“Wood 异常”现象。1957 年,Rtchie[19] 注意到,当高能电子通过金属薄膜时,不仅在等离子体频率处出现能量损失峰,而且在更低频率处出现了能量损失峰,并认为这与金属薄膜的界面有

关。1959 年,Powell 和 Swan[20]通过实验证实了 Rtchie 的理论。1960 年,Stern 和 Farrel[21]研究了此种模式产生谐振的条件并首次提出了表面等离子波的概念。

1968 年,Otto[5] 提出了使用三棱镜作为光的耦合器激发 SPW 的实验。在 1971 年 Kretschmann[6]对 Otto 的三棱镜结构进行改进,激发出 SPW,并依据 ATR 曲线,利用谐振角度和反射曲线峰值等,计算出金属薄膜的厚度和金属在实验频率处的介电常数,对纳米量级薄膜的厚度测量提供基础。并且这两种激发方式的提出也为 SPW 的研究带来了里程碑式的突破,为之后设计表面等离子激元传感器奠定了研究基础;许多科研工作者在 Kretschmann 模型的基础上开展了对基于等离子激元的仪器和生物传感器的全面研究,实现小分子相互作用、低分子浓度的高灵敏度、高分辨率检测。利用等离子体激元检测技术在免疫检测、药物代谢及其蛋白质动力学等领域已经取得了很多的科研成果。

1998 年,Ebbesen[16]等人首次观测到光通过具有周期性亚波长孔阵列的金属薄膜的传输增强现象,激起了研究者对 SPW 在亚波长尺度研究的浓厚兴趣。这种亚波长增强透射现象已经超出了经典光学中的衍射极限,大多数科学家认为这种现象与在金属表面激发的表面等离子波有关。由于这种人工结构对某特定亚波长光的增强透过能力以及对亚波长近场光的超高分辨率,因此这种现象所涉及的亚波长光学以及基于其的微型光学器件成为研究热点。近年来,人们致力基于贵金属(银或金)表面在光学领域对表面等离子体激元的大量研究[22-25],并且随着纳米技术的发展,使 SPW 的研究更加广泛应用于光子学、数据存储、显微镜、太阳能电池和生物传感等方面[26-27]。

下面叙述我们团队于 2013 年进行的三棱镜 SPW 实验;本文作者应用 Kretschmann 方式的三棱镜系统激发表面等离子波,并且通过测量到的受阻全反射谱计算金属的介电常数和金属薄膜的厚度。SPW 实验系统如图 12 所示,采用 632.8nm 相位稳定的激光器作为光源。使用透镜组以得到准直的光线,应用偏振片获得 TM 极化波。用半透半反的棱镜分离出两组相同的信号,一路信号用于参考,另一路信号入射到放置在转台上的三棱镜,三棱镜材料为 K9 玻璃,折射率为 1.5,在三棱镜斜面镀金膜。用两个相同的硅探测器分别接收参考信号和通过三棱镜的信号。两路接收到的信号用数字万用表做比值测量。

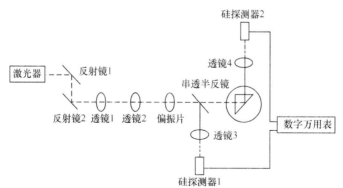

图 12 本文作者的 SPW 实验系统

采用上述实验系统测量到不同金属薄膜厚度的 ATR 谱,实验结果如图 13 所示,谐振吸收峰值 $|R|_{min}$ 分别为 0.361 和 0.375,峰值宽度 W_θ 分别为 7.20° 和 6.60°。

根据表面等离子波的理论,SPW 波矢 $\beta_L = k_0 \sqrt{\varepsilon_2} \sin\theta_{ATR}$。事实上,表面等离子波的波矢为复数,但是虚部远远小于实部。所以 SPW 的传播常数的实部近似为

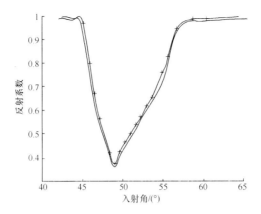

图 13　本文实验结果

点线为棱镜 1 的 ATR 谱;星线为棱镜 2 的 ATR 谱。

$$\mathrm{Re}(\beta_\mathrm{L}) = k_0 \sqrt{\varepsilon_2}\sin\theta_{\mathrm{ATR}} \tag{44}$$

式中:k_0 为真空中的波数;θ_{ATR} 为谐振角。

因此反射系数为

$$R = \left| \frac{r_{12} + r_{10}\exp(-2\alpha_1 d)}{1 + r_{10}r_{12}\exp(-2\alpha_1 d)} \right|^2 \tag{45}$$

式中

$$r_{10} = \frac{\varepsilon_1 \alpha_0 - \varepsilon_0 \alpha_1}{\varepsilon_1 \alpha_0 + \varepsilon_0 \alpha_1} \tag{46}$$

$$r_{21} = \frac{\varepsilon_1 \alpha_2 - \varepsilon_2 \alpha_1}{\varepsilon_1 \alpha_2 + \varepsilon_2 \alpha_1} \tag{47}$$

其中

$$\alpha_0 = (\beta^2 - k_0^2 \varepsilon_0)^{1/2}, \alpha_1 = (\beta^2 - k_0^2 \varepsilon_1)^{1/2}, \alpha_2 = (k_0^2 \varepsilon_2 - \beta^2)^{1/2} \tag{48}$$

其中:β 为棱镜中的波矢。

当入射角在谐振角附近时,反射系数可近似为

$$R = 1 - \frac{4\,\mathrm{Im}(\beta_0)\,\mathrm{Im}(\Delta\beta_\mathrm{L})}{[\beta - \mathrm{Re}(\beta_\mathrm{L})]^2 + [\mathrm{Im}(\beta_\mathrm{L})]^2} \tag{49}$$

式中

$$\beta_\mathrm{L} = \beta_0 + \Delta\beta_\mathrm{L} \tag{50}$$

其中:β_0 为在没有棱镜影响下的 SPW 的波矢;$\Delta\beta_\mathrm{L}$ 为 β_L 的微扰。且有

$$\beta_0 = \sqrt{\frac{\varepsilon_1 \varepsilon_0}{\varepsilon_1 + \varepsilon_0}} = k_0 \sqrt{\frac{\varepsilon_{1\mathrm{r}} \varepsilon_0}{\varepsilon_{1\mathrm{r}} + \varepsilon_0}} + \mathrm{j}k_0 \sqrt{\frac{\varepsilon_{1\mathrm{r}} \varepsilon_0}{\varepsilon_{1\mathrm{r}} + \varepsilon_0}} \cdot \frac{\varepsilon_{1\mathrm{i}} \varepsilon_0}{2\varepsilon_{1\mathrm{r}}(\varepsilon_{1\mathrm{r}} + \varepsilon_0)} \tag{51}$$

$$\Delta\beta_\mathrm{L} = k_0 (r_{21})_{\beta = \beta_0} \frac{2}{\varepsilon_0 - \varepsilon_1} \left(\frac{\varepsilon_1 \varepsilon_0}{\varepsilon_1 + \varepsilon_0} \right)^{3/2} \exp\left[-2k_0 d \frac{\varepsilon_1}{(\varepsilon_1 + \varepsilon_0)^{1/2}} \right] \tag{52}$$

由于 $\Delta\beta_\mathrm{L}$ 的实部远小于 β_0 的实部,所以 β_0 的实部近似等于 β_L 的实部。使用下述公式可以计算金属介电常数的实部。

实部确定后,继续计算金属介电常数的虚部和金属的薄膜的厚度。半高宽为

$$W_\theta = \frac{2\,\mathrm{Im}(\beta_\mathrm{L})}{k_0 \sqrt{\varepsilon_2}\cos\theta_{\mathrm{ATR}}} \tag{53}$$

谐振角处的反射系数为

$$R_{\min} = 1 - \frac{4\eta}{(1+\eta)^2} \tag{54}$$

式中

$$\eta = \mathrm{Im}(\beta_0)/\mathrm{Im}(\Delta\beta_\mathrm{L}) \tag{55}$$

使用式(50)~式(53)~式(55)计算 β_0 的虚部和 $\Delta\beta_\mathrm{L}$ 的虚部。然后通过式(50)计算金属介电常数的虚部。最后应用式(52)计算金属薄膜的厚度。

使用测量到的数据应用上述计算方法得到金在 632.8nm 波长时的介电常数和计算金膜的厚度,计算结果见表 1。可见,表 1 中的结果与图 13 中的数据相对应。通过比较介电常数,取 $\varepsilon_2 = -4.552 + \mathrm{j}0.229$,可以看出金在 632.8nm 波长时介电常数的虚部的模值小于实部的模值,并且实部为负。棱镜 1 所镀金膜的厚度 $d = 64.22\mathrm{nm}$,棱镜 2 所镀金膜的厚度 $d = 64.24\mathrm{nm}$。实验误差来自于测量反射系数时许多不受控的因素,如位置测量的偏差、极化的不完全所带来的偏差、光的散射、偏振面的确定带来的误差等。本实验中反射系数绝对值的误差大约为 $\pm0.5\%$,由于转台转动精度所带来的测量角度的误差大约为 $\pm2\%$,计算带来的误差小于 $\pm5\%$。

表 1 金纳米薄膜在光频的实验和计算结果

	棱镜 1		棱镜 2	
共振吸收峰 $\|R\|_{\min}$	0.361		0.375	
谐振角 $\theta_{\mathrm{ATR}}/(°)$	49.00		49.00	
峰值宽度 $W_\theta/(°)$	7.20		6.60	
金属介电常数 ε_2	-4.552 + j0.229	-4.552 + j0.917	-4.552 + j0.228	-4.552 + j0.943
薄膜厚度 d/nm	64.29	64.14	64.29	64.18
平均厚度 α/nm	64.22		64.24	

7 结束语

本文论述表面等离子波的发展,讨论了 SPW 的色散特性和激发方式。近年来对表面电磁波的研究重新引发了科学工作者们的浓厚兴趣,这不是偶然的。首先,开波导中的慢波(或闭波导中加入电介质后产生的慢波)造成了许多物理学方面的思考,涉及波动力学中的一些根本性问题;其次,对金属负介电常数的研究,以及对 SPW 激励方法的研究,开拓了人们的科学思维,刺激了一些交叉学科的生成。

本文还报道了我们团队的研究工作;我们应用 Kretschmann 方式的三棱镜系统激发起表面等离子波,观测了不同金膜厚度时的 ATR 谱;并且用测量到的 ATR 谱以新的对比方式计算出金在 632.8nm 波长时的介电常数和金膜的厚度。用实验证明金属电磁学的理论是不容易的,然而我们克服了重重困难,以实验证明金属的介电常数确实可以为负,而且证明有关方法是测量纳米级金属薄膜厚度的有效技术。

关于当前的研究趋向,首先在微波用三棱镜技术激励 SPW 的可能性问题是令人感兴趣的。虽然 2001 年 H. E. Went 和 J. R. Sambles 曾给出用金属光栅(metallic gratings)技术在微波激发 SPP 的方法,2005 年又有人做了这方面的实验[29];然而至今尚未看到采用棱镜方法的报道。我们认为在微波按 Otto 型方法做实验是有可能成功的。

最后强调指出 SPW 研究对丰富和改进波科学(wave sciences)理论的积极意义。本文作者之一黄志洵过去曾深入研究金属壁圆波导(circular waveguides)内衬电介质层的理论,并与他过去的学生曾诚在国内外发表学术论文[30,31]。例如,1991 年黄志洵和曾诚[30]提出了一个新的普遍化特征方程,用来描述圆波导壁电导率为有限值而内衬电介质层的情况。据此可以给出内模、界面模和表面模三类传播模式。很明显,界面模即 SW,表面模即 SPW。使用由"黄曾方程"导出的近似式,可以算出 TM_{11}^{zz} 模和 TE_{11}^{zz} 模的衰减常数。……必须从整体上来看待波科学的发展,才能理解不同学科之间的内在的深刻联系。

参考文献

[1] Sommerfeld A. Fortpslanzung elektrodynatischer wellen an einem zykindrischen leiter [J]. Ann. d. Phys, 1899,67(2):233－237.

[2] Harms F. Electromagnetishe wellen an einem draht rnit isoliesender zylindrischen huelle [J]. Ann. d. Phys. ,1907,23(1):44－49.

[3] Hondros D,Debye P. Elektromagnetishe wellen an dielektrischen draehten [J]. Ann. d. Phys. ,1910,32(3):465－470.

[4] Goubau G. Surface waves and their application to transmission lines [J]. Jour. Appl. Phys. ,1950,21(8):1119－1122.

[5] Otto A. Excitation of nonradiative surface plasma waves in silver by the method of frustrated total reflection [J]. Zeit. für Phys. ,1968,216:398－410.

[6] Kretschmann E. Die bestimmung optischer konstanten von metallen durch anregung von oberflächchenplasma schwingungen[J]. Zeit. für Phys. ,1971,241:313－324.

[7] Raether H. Surface plasmons [M]. Berlin:Springer－Verlag,1988.

[8] Fano U. The theory of anomalous diffraction gratings and of qusi－stationary waves on metallic surfaces [J]. J. Opt. Soc. Am. ,1941,31:213－222

[9] Zenneck J. über die fortpflanzung ebener elektromagnetischer Wellen längs einer ebenen leiter flache und ihre beziehung zur drahtlosen telegraphie[J]. Ann. d. Phys. , 1907,328:846－866.

[10] Sarrazin M, Vigneron J. Light transmission assisted by brewster－zetnnek modes in chromium films carrying a subwavelength hole array [J]. Phys. Rev. B. , 2005,71:0754041－0754046

[11] Goos F, Hänchen H. Ein neuer fundamentaler versuch zur total reflexion [J]. Ann. d. Phys. ,1947,6(1):333－346.

[12] 黄志洵. 消失态与 Goos－Hänchen 位移研究. 中国传媒大学学报(自然科学版)[J],2009,16(3):1－14.

[13] Chen W P, Chen J M. Use of surface plasma waves for determination of the thickness and optical constants of thin metallic films [J]. Jour. Opt. Soc. Am. ,1981,71(2):189－191.

[14] Yang F. Use of exchanging media in ATR configurations for determination of thickness and optical constants of thin metallic films [J]. App. Opt. ,1988,27(1):11－12.

[15] Watts R, et al. The influence of grating profile on surface plasmon polariton resonances recorded in different diffracted orders [J]. J. mod. Optics, 1999,46:2157－2186.

[16] Ebbesen T, et al. Extraordinary optical transmission through sub－wavelength hole arrays [J]. Nature,1998,391:667－669.

[17] Ghaemi H, et al. Surface plasmons enhance optical transmission through subwavelength holes [J]. Phys. Rev. B. ,1998,58:6779－6782.

[18] Wood R. On a remarkable case of uneven distribution of light in a diffraction grating spectrum [J]. Philos. Mag. ,1902,4:396－402.

[19] Rtchie R. PIasma losses by fast electrons in thin films [J]. Phys. Rev. 1957,106:874－881.

[20] Powell C, Swan J. Origin of the characteristic electron energy losses in aluminum [J]. Phys. Rev. ,1959,115:869－875.

[21] E. A. Stern, Ferrell R. Surface plasma oscillations of a degenerate electron gas [J]. Phys. Rev. , 1960, 120:130－136.

[22] Ghaemi H, et al. Surface plasmons enhance optical transmission through subwavelength holes [J]. Phys. Rev. B. ,1998,58:6779－6782.

[23] Lezee H, et al. Beaming light from a subwavelength aperture [J]. Science, 2002,297:820－822.

[24] Pacifiei D, et al. Quantitative determination of optical transmission through Subwavelength slit arrays in Ag films:role of surface wave interference and local coupling between adjacent Slits [J]. Phys. Rev. B. ,2008,77(11):528 – 532.

[25] Min C, et al. Investigation of enhanced and suppressed optical transmission through a cupped surface metallic grating structure [J]. Opt. Express,2006,14:5657 – 5663.

[26] Fleming J, et al. All – metallic three – dimensional photonic crystals eith a large infrared bandgap [J]. Nature, 2002,417: 52 – 55.

[27] Weeber J, et al. Optical near – field distributions of surface plasmon waveguide modes [J]. Phys. Rev. B. ,2003,68(11):1 – 10.

[28] Went H,Sambles J. Resonantly coupled surface plasmon polaritons in the grooves of very deep highly blazed zero – order metallic gratings at microwave frequencies [J]. App. Phys. Lett. ,2001,79(5):575 – 577.

[29] Akarca – biyikli S. Resonant excitation of surface plasmons in one – dimensional metallic grating structures at microwave frequencies [J]. Jour. Opt. A. ,2005,7:5159 – 5164.

[30] Huang Z X,Zeng C. The general characteristic equation of circular waveguides and it's solution [J]. 中国科学技术大学学报,1991,21(1):70 – 77.

[31] Huang Z X,Zeng C. Attenuation properties of normal modes in coated circular waveguides with imperfectly conducting walls [J]. Microwave and Opt. Tech. Lett. ,1993,6(6):342 – 349.

超光速物理问题研究

光子是什么

黄志洵

（中国传媒大学信息工程学院，北京 100024）

【摘要】通常认为光子是电磁场量子，即电磁场经量子场处理后形成的方程可以描写光子。然而在物理思维上存在困难，例如很难了解光子物理形象的动力学。非相对论量子力学（如 Schrödinger 方程（SE））决定，用波函数 $\Psi(x)$ 描述的电子定位是在空间中的几率性分布；但与此相反，光子是不可定位的。由于在数学上不能使用满足 Einstein 狭义相对论的定位几率分布来建立连续性方程，因而无法对光子流建立连续性方程。正如大家所知，对量子粒子（如电子）是用波函数表达其空间定位性质，但光子是非局域粒子的事实造成我们无法为光子定义一个自洽的波函数，虽然在 Weisskopf – Wigner 模型理论框架内可以建立光子波函数的操作性定义。总之，不能为光子写出波方程。

必须强调指出，光子不是一个刚性球，永远无法给出其尺寸和体积。光子的理论分析以广义 Maxwell 方程组和量子理论为基础，后者是指量子力学（QM）和量子电动力学（QED）。SE 非常适用于光纤的分析，这个事实证明 QM 对解释光子有用。然而，必须指出光子形象仍然模糊不清。光波并不完全等同于传统电磁波，因为光子是微观粒子，波特性遵从统计规律，波函数表达几率波模式。然而现时却缺少光子几率波的方程。

本文将 1936 年发现的 Proca 方程组称为广义 Maxwell 方程组或修正的 Maxwell 方程组，在光子有静止质量时应由 Proca 方程组取代 Maxwell 方程组。这时，磁矢势 A 成为可观测量。人们已用许多方法进行了光子静质量测量，可以相信光子也是一种有质（量）粒子。在这种情况下，我们发现即使在自由空间（真空）条件下电磁波也可能作超光速传播。而按照 Proca 理论，将给光子带来几率波特性，却仍然保持光子与电磁波之间的传统关系（光子仍是电磁波的量子）。……本文的结论是：光子是一种深具特殊性的微观粒子。

在 Proca 理论中，即使在自由空间，只有在频率 ω 为无限大时才与频率无关，成为光速 c。这种波速度的真空色散现象表示，狭义相对论所说的光速不变性失去了意义。总之，即使光子静质量不为 0，其值也非常小；但这个小量对传统物理理论带来很大影响。

由于光子静质量、引力、真空极化作用等因素的影响，在我们的新理论中速度的非恒值性是一个特点。这就可能造成对光速的多样化解释。因此我们追求对物理学中的这个基本问题的新理解——"真空中光速"的确切含意是什么？

【关键词】光子；量子力学；量子电动力学；Proca 方程组；真空中光速

注：本文原载于《前沿科学》，第 10 卷，第 3 期，2016 年 9 月，75 – 96 页；收入本书时做了少量的修改和补充。

What is Photon

HUANG Zhi – Xun

(Communication University of China , Beijing 100024)

【Abstract】 In common sense, the photon is a quanta of electromagnetic field, i. e. the photon is well described by the equations that emerge from the quantum field treatment of the electromagnetic fields. However, the difficulty of physical thought is exist, for example, it is difficult to conceptually understand the dynamics of physical phenomena involving photons. Non – relativistic quantum mechanics (such as the Schrödinger equation) prescribes that, the localization of an electron described by the wave function $\Psi(x)$ is probabistically distributed in space. But in contrast to the electron, the photon can't be localized. Then, it is mathematically impossible to build a continuity equation using localization probability distributions that satisfy Einstein's special relativity, so it is impossible to build a continuity equation for the photon current. As we know, the wave function is defined to characterize the spatial localization of quantum particles(such as electrons); but the fact that the photon is a non – localizable particle imples that we can't define a consistent wave function for the photon, although within the theoretical framework of the Weisskopf – Wigner model is possible to give an operational defination of a photon wave function. Then, we can't write down a wave equation for the photon.

We must show clearly that the photon isn't a solid sphere, and we never can't gives the size and volume of photon. The theoretical analysis of photon was based on the general Maxwell equations and the quantum theory, the latter are the quantum mechanics(QM)and the quantum electro – dynamics(QED). The Schrödinger equation(SE)is very suitable for analysis of the optical fiber, this fact proof QM is a useful theory to explain the photon. However, we must say that the image of photon still isn't very clear. The light wave don't be equal the classical electro – magnetic wave, because photon is a microscopic particle, it's wave character obey the statistic rules, the wave – function represent a mode of probability wave. Moreover, now that be short of the equation on photon's probability wave.

In this paper, we say that the Proca equations which invented in 1936 are the general Maxwell equations or the modified Maxwell equations. In otherwise, for a massive photon the Maxwell equations get replaced by the Proea equations. And then, the magnetic veotor potential A becomes observable. There are many methods and regent mearements about the rest mass of photon, so we believe that in act the photon is massive. In this article, it is found that there is superluminal speed of the electro – magnetic waves which propagate in the free – space (vacuum). According to the Proca's theory, in that scheme can bring the probability wave character to the photon, and this situation should not present an obstacle to the relation between the photon and the electromagnetic wave. i. e. the photons are the quantaes of electromagnetic waves. ... We conclude that the photon is a microscopic particle with speciality.

In the Proca's theory, even in the free vacuum space, both the phase speed and group speed are dependent on frequency, which is called the vacuum dispersion of wave velocity. Only the situation of $\omega\to$infinity, the phase speed and group speed can reach light speed c. According to the discussion here, the concept of "light speed is invariable" of SR has no meaning. To sum up, if the rest mass of photon is not zero, its data will be very small. But this small quantity has a very large impact to the classical physical theory.

Due to the rest mass of photon, the gravity, and the vacuum polarization, the variation of photons speed is a speciality in our new theory, because their effect exert the influence on light velocity. So, the announcement of light speed may be gives several interpretations. And we want a new understanding to this fundamental question in physics—what is the true meaning of "light speed in vacuum"?

【Key words】photon; quantum mechanics(QM); quantum electro – dynamics(QED); Proca equations; light speed in vacuum

1 引言

1951 年 Einstein[1]说:"整整 50 年的思考没有使我接近于解答'光子是什么'这个问题",人们都知道正是 Einstein 的光子学说使光电效应得到完满解释,因而成为光子的发现者;所以他在晚年时说这句话是令人惊异的。那么现在人们真的弄清楚光子是什么了吗?回答是否定的。2003 年量子光学家 A. Zajonc[2]说,今天人们对光子的无知和 52 年前 Einstein 所说状况差不多。2009 年中山大学佘卫龙[3]总结了目前的 6 种光子理论模型,即粒子模型、光原子模型、波粒二象性模型、奇点模型、波包模型、量子电动力学模型,得出的结论是光(光子)的本性问题尚未解决。佘卫龙的观点是正确的;笔者的多次努力也证明[4-7],光子的真面目似乎还是模糊不清的。

近年来,量子高新技术(量子通信、量子计算机、量子雷达)的迅速发展造成了更深入了解光子的需要;本文作出一些新解释,但也论及存在的问题。

2 传统物理理论对光子的认识

Einstein 于 1905 年提出光量子假说,认为光的能量在空间并非连续分布,而是由有限个数的、局域于空间各点的能量子(光量子)所组成。这些能量子能够运动,但不能再分割,而只能整个地被吸收或产生。这一假说被实验证明后,Einstein 获得了 1921 年的 Nobel 物理奖。在 1905 年之后,值得一提的是,1910 年俄罗斯科学家 P. Lebedev 首次测量光压的实验。他把一个薄金属片放入抽真空到 10^{-4}Pa 的玻璃容器中,测量薄片受光照射时悬丝(玻璃丝)的扭转角,得到光压为 3.08×10^{-10}N。力的存在表明能量、动量存在,这可用光子理论解释。而自 1912 年起,R. Millikan 花了三年时间,用复杂精密的仪器和高真空中的样品,检验了 Einstein 根据光子假说提出的光电效应公式,证明了其正确性,给出了截止电位与入射频率之间的线性关系。由于这些工作,再加上 A. Compton 在 1924 年完成的光子与电子碰撞实验,到这时光子的存在已无可置疑。

传统物理理论对光子的认识可归结如下:

首先,单个光子的动量为

$$p = mc \tag{1}$$

引用能量关系式 $mc^2 = hf$,可以证明

$$p = \frac{1}{2\pi}hk_0 = \frac{hf}{c} \tag{2}$$

式中:h 为 Planck 常数;$k_0 = \omega/c$。

采用归一化的观点时,有

$$p = hk_0$$

不失一般性,对电磁波量子可写为

$$p = hk$$

矢量写法为

$$\boldsymbol{p} = h\boldsymbol{k} \tag{3}$$

式中:$\boldsymbol{p}$ 为光子动量矢量;$\boldsymbol{k}$ 为波矢。

一束光的光子数如为 N,则光子动量方程应写为

$$\boldsymbol{p} = Nh\boldsymbol{k} \tag{4}$$

那么上述光子动量理论怎样与光的波动形象适应和一致? 在经典电磁理论中,电磁场是物质的一种形态,电磁波被看做电磁场动态的表现和结果。因此,怎样从经典场论出发描写电磁波动量是值得关注的。1947 年 S. Rytov 给出

$$\boldsymbol{p} = \frac{\varepsilon\mu}{c^2}\boldsymbol{S} + \frac{1}{2}\left(\frac{\partial\varepsilon}{\partial\omega}E^2 + \frac{\partial\mu}{\partial\omega}H^2\right)\boldsymbol{k} \tag{5}$$

式中:$\boldsymbol{S}$ 是 Poynting 矢。目前需要做的是把动量理论研究引向深入,并阐明波、粒理论的一致性。

电磁场理论、量子力学及量子电动力学结合是分析的基础。在这样的理论处理之中,光子其实是电磁场量子化的结果。QED 的"电磁场量子化"方法,是在 Coulomb 规范下把矢势 $\boldsymbol{A}$ 作为正则坐标,进而导出正则动量;然后经过正则动量求出 Hamilton 量,经过量子化处理求出 Hamilton 算符;因而,电磁场转变为光子场。进而用 Hamilton 算符的本征态(光子数态)表示光子场的状态。由于这关系到我们对光子的认识的深化以及如何看待波粒二象性,这里给出基本的处理过程。使用 Coulomb 规范,矢位 $\boldsymbol{A}$ 满足波方程

$$\nabla^2\boldsymbol{A} = \frac{1}{c^2}\frac{\partial^2\boldsymbol{A}}{\partial t^2}$$

经过正则动量而求出 Hamilton 量,即

$$\hat{H} = \int \frac{1}{2}(\varepsilon_0 E^2 + \mu_0 H^2)\mathrm{d}V$$

注意积分号内的 H 为磁场强度。

下面用正交模函数展开,得

$$\boldsymbol{A} = \sum_{i=1}^{2}\sum_{k}\sqrt{\frac{\hbar}{2\varepsilon_0\omega_k}}\left[a_{ki}\boldsymbol{U}_{ki}(r)\mathrm{e}^{-\mathrm{j}\omega_k t} + a_{ki}^*\boldsymbol{U}_{ki}^*(r)\mathrm{e}^{\mathrm{j}\omega_k t}\right]$$

式中：i 为两个偏振方向。

在通常的理论陈述中，光子能量为

$$E = \hbar\omega = hf \tag{6}$$

现在可由 $\boldsymbol{\Pi} = \varepsilon_0 \boldsymbol{A}$ 求出广义动量，并变成算符，故有

$$\boldsymbol{A} = \sum_{ki} \sqrt{\frac{\hbar}{2\varepsilon_0\omega_k}} \left[\hat{a}_{ki} \boldsymbol{U}_{ki}(r) \mathrm{e}^{-\mathrm{j}\omega_k t} + a_{ki}^+ \boldsymbol{U}_{ki}^*(r) \mathrm{e}^{\mathrm{j}\omega_k t} \right] \tag{7}$$

$$\boldsymbol{\Pi} = \sum_{ki} (-\mathrm{j}) \sqrt{\frac{\hbar\varepsilon_0\omega_k}{2}} \left[\hat{a}_{ki} \boldsymbol{U}_{ki}(r) \mathrm{e}^{-\mathrm{j}\omega_k t} + a_{ki}^+ \boldsymbol{U}_{ki}^*(r) \mathrm{e}^{\mathrm{j}\omega_k t} \right] \tag{8}$$

经过量子化处理，Hamilton 算符为

$$\hat{H} = \sum_{ki} \hbar\omega_k \left[\hat{a}_{ki}^+ \hat{a}_{ki} + \frac{1}{2} \right]$$

式中：$\hat{a}_{ki}^+$ 为光子的产生算符；$\hat{a}_{ki}$ 为光子的消灭算符。

更简便的写法为

$$\hat{H} = \sum_{k} \hbar\omega_k \left[\hat{a}_{ki}^+ \hat{a}_k + \frac{1}{2} \right] \tag{9}$$

对易关系为

$$\left[\hat{a}_k \cdot \hat{a}_{k'}^+ \right] = \delta_{kk'}$$

因此表征光子场的光子数态为

$$\hat{H} | n_k \rangle = \hbar\omega_k \left[n_k + \frac{1}{2} \right] | n_k \rangle \tag{10}$$

光子数算符(k 模式)为

$$\hat{n} = \hat{a}_k^+ \cdot \hat{a}_k$$

以上各式中 $| n_k \rangle$ 代表 n_k 个光子的状态，而其光场平均值为 0。

用谐振子量子化方法可得出与式(10)相同的结论。总起来讲，量子化之后的电磁场是用光子数算符的本征态 $| n_k \rangle$ 来描述的，它代表含有 n_k 个 k 模光子的态。因此，统一地用较简单的下式表示，即对单模电磁场有

$$\hat{H} = \hbar\omega \left[n + \frac{1}{2} \right] \tag{11}$$

由此可知，k 模电磁场的能量不是 $n\hbar\omega$，而多出一项。当空间不存在光子($n = 0$)时，模的能量不为 0，而是 $\hbar\omega/2$。这称为零点能(zero point energy)，它的发现是电磁场量子化理论的成就。现在，真空在量子理论中看作基态，记为 $|0\rangle$。可求出基态能量为

$$\langle 0 | H | 0 \rangle = \frac{1}{2} \sum_{k} \hbar\omega_k \tag{12}$$

实际上是说零点能量为

$$E_0 = \frac{1}{2} hf \tag{13}$$

这与其他方法推导零点能的结果一致。

因此，传统物理理论对光子的认识可归结为光子是光场或电磁场的量子，其动量、能量分

别与电磁场波矢 k 及角频率 ω 成正比。此外,光子有角动量和宇称,其自旋量子数为 1。……物理理论还认为,光子与 QM 的微观粒子在概念上有很大不同,这是因为 QM 被认为是量子场论(QFT)在非相对论情况下的近似,在该情况下电子场的 Dirac 方程(DE)近似为 SE,而场的量子化对应 Schrödinger 波函数的量子化(二次量子化)。

波粒二象性(wave - particle duality)理论是物理学中的一个令人头痛的问题,物理学大师 R. Feynman 曾称之为“混乱的情况”。事情的根源在于,波以其叠加性、干涉性、衍射和散射特性、能量在空间非局域分布(non - locality distribution)等特点,使其从根本上不同于具有集中质量的物质(粒子或物体)。但奇妙之处在于波有粒子性,典型例子是光——它既是光子,又是光波。由于经典理论中对电磁场、电磁波已有丰富的内容,通常认为光波较容易理解。但对光子不是如此,一直以来总有物理学家在问:光子到底是什么? 1925 年 Einstein 在巴西科学院演讲时,回答不了听众的提问,因为他提不出能同时统一地描述二者的数学图景。

3 光子的“不可定位”性质

光子不可定位的英文说法是“the photon can't be localized”,这似乎早有征兆。1930 年 Dirac 说,对 Young 的双缝干涉而言,每个光子都进入两分束中的每一束,每个光子只同自己发生干涉,绝不会发生两个光子之间的干涉。后人据此设计了“双缝干涉而光子反冲”的理想实验,并证明:只要测不准关系式成立,就无法确定光子走哪个缝。……这些陈述赋予光子奇妙的性质。

物理学对电子的处理方式是深具启发性的。电子是微观粒子,由于不确定性原理,它的坐标位置和速度(动量)不能同时精确地决定。但这并不表示可以把速度概念从关于电子的理论中排除。实际上,QM 允许建立一种合理的粒子速度定义,并在 QM 过渡到极限情况即 CM 时与经典粒子的速度定义相一致。这是一种对物理系统作半经典(semi - classical)的处理。……问题是,如何看待电子的波函数描述? de Broglie 和 D. Bohm 曾提议,采用作用量 S 作为中间参量以建立粒子速度 v 和波函数 Ψ 之间的联系,即假设

$$\Psi = A \mathrm{e}^{\mathrm{j}S/\hbar} \tag{14}$$

这个假定的基础是考虑波动的振幅和相位时,$A \mathrm{e}^{\mathrm{j}\theta}$ 的表达是最合理和方便的。

通常称 SE 为非相对论量子力学(NRQM)方程,这是因为推导时用的是 Newton 力学的假定。把 SE 用于电子,并写出

$$\mathrm{j}\hbar \frac{\partial \Psi}{\partial t} = -\frac{\hbar}{2m} \nabla^2 \Psi + U\Psi \tag{15}$$

式中:$U(x,y,z)$ 为势能函数。

把 Broglie - Bohm 假设代入并作微分运算,按实部、虚部分开可得两方程,其中一个是

$$\frac{\partial S}{\partial t} + \frac{(\nabla S)^2}{2m} + U - \frac{\hbar^2}{2mA} \nabla^2 A = 0$$

另一个是

$$\frac{\partial A^2}{\partial t} + \nabla \cdot \left(A^2 \frac{\nabla S}{m} \right) = 0 \tag{16}$$

这称为连续性方程。在一维情况下(粒子沿 x 方向运动)讨论,又定义一个几率密度 $p(x)$,以便把空间单元 $(\mathrm{d}x)^3$ 内的粒子定位,即有

$$p(x) = |\Psi(x)|^2 = A^2 \tag{17}$$

故可写出

$$\frac{\partial p(x)}{\partial t} + \nabla \cdot J(x) = 0 \tag{18}$$

式中:$J(x)$为几率通量密度(probability flux density),且有

$$J(x) = A^2 \frac{\nabla S}{m} = |\Psi(x)|^2 \frac{\nabla S}{m} \tag{19}$$

式(18)称为粒子定位的连续性方程(continuity equation for particle localization)。

以上分析仅适用于电子,并且隐约地给人以轨道概念的印象。这是允许的,我们已说过这是一种半经典处理。总之,电子似乎较易把握其运动规律,允许一些物理意义较明确的描述。……但对于光子,情况有所不同。2012 年 M. Lanzagorta [8] 在 *Quantum Radar* 一书中曾对光子不能被定位作了阐述,指出其含意是光子无法在数学上用满足狭义相对论(SR)的定位几率分布来建立连续性方程。对此,笔者的理解是这指的是 Einstein 所一贯主张的局域性(locality)思想。另外,光子不能被定位无法为光子定义一个自洽的波函数,至多只能在 Weisskopf - Wigner 模型的框架内提出光子波函数的"操作性定义"。这些情况对量子雷达(QR)的研究有不利影响。因为既然是雷达就必定把重点放在入射光子从目标的反射。尽管反射过程可以被简化为一个散射问题:入射光子被组成反射体的一个或多个原子散射。入射光子被一个或多个原子吸收,随后再被发射。但是,有多少原子散射了光子?如果我们不能定位光子,那么什么样的原子会参与到散射过程中?而且,如果特定的路径在 QED 情境中没有意义,那么又如何能预期得出反射定律(入射角等于光束的离开角)?另外,如果 QED 中的散射过程不涉及任何几何角,散射原子是如何"知晓"它必须将输出光子沿精确的方向发送?——这些都是 Lanzagorta 提出的问题。他认为,将光子勾画成台球游戏中被散射的球并不能带来正确答案,通常的将光子诠释为一种像电子一样的粒子是错误的。他的这些观点与笔者完全相同。

现在我们把讨论引向深入。如所周知,1927 年由 W. Hcisenberg 提出的不确定性原理早已被证明是微观粒子遵守的规律,R. Feynman 曾说这是 QM 的根本。规定某个可观察物理量在 QM 中对应一个 Hermite 算符 $\hat{A}$;在一般的量子态 $|\psi\rangle$ 中,人们只能测出平均值 $\langle\hat{A}\rangle = \langle\psi|\hat{A}|\psi\rangle$。现定义算符

$$\Delta\hat{A} = \hat{A} - \langle\hat{A}\rangle$$

不过它在量子态中平均值是 0,一般只研究其均方值 $(\Delta\hat{A})^2$。

在 Euclid 空间的矢量代数中,如有两个矢量 **a** 和 **b**,必有以下不等式成立:

$$a^2 b^2 \geq |\boldsymbol{a} \cdot \boldsymbol{b}|^2$$

类似地,在 QM 中有 Schwarz 不等式针对两个态矢 $|\alpha\rangle$ 和 $|\beta\rangle$ 的关系:

$$\langle\alpha|\alpha\rangle\langle\beta|\beta\rangle \geq |\langle\alpha|\beta\rangle|^2$$

现在假定有两个可观察量 $\hat{A}$ 和 $\hat{B}$,如使用算符 $\hat{A}$、$\hat{B}$ 的 Hermite 性,又引用 Schwarz 不等式,则可证明:

$$\langle(\Delta\hat{A})^2\rangle\langle(\Delta\hat{B})^2\rangle \geq \frac{1}{4}|\langle(\hat{A}\cdot\hat{B})\rangle|^2 \tag{20}$$

这称为不确定性原理。当用它处理粒子运动时,就得到测不准关系式。

在 QM 中对测不准关系式的常见陈述：设测量粒子坐标位置 r 与测量粒子动量 p 同时进行，当两个力学量算符满足对易关系

$$[r,p] = j\hbar$$

这时测量坐标的不确定度 Δr 与测量动量的不确定度 Δp 的相互关系为

$$\Delta r \cdot \Delta p \geq \hbar/2 \qquad (21)$$

由于粒子在 Euclid 空间运动，$r = x i_x + y i_y + z i_z$，$p = p_x i_x + p_y i_y + p_z i_z$，其中 i 为单位矢量；则在三维条件下的测不准关系式为

$$\Delta x \cdot \Delta p_x \geq \frac{\hbar}{2}, \Delta y \cdot \Delta p_y \geq \frac{\hbar}{2}, \Delta z \cdot \Delta p_z \geq \frac{\hbar}{2} \qquad (22)$$

上述公式表明，微观粒子的坐标位置不确定性与动量不确定性的乘积永远等于或大于 $\hbar/2$。若粒子的动量完全确定（$\Delta p_x \to 0$），坐标位置就完全不确定（$\Delta x \to \infty$）；故具有确定速度的粒子是没有确切的空间位置的。反之，若粒子坐标位置完全确定（$\Delta x \to 0$），那么粒子动量完全不确定（$\Delta p_x \to \infty$）；这意味着瞬时地处在空间某处的粒子不会有确切的速度值。这种情况在 Newton 的经典力学中是不会发生的。……现在，如果我们承认光子有确定的速度（真空中光速 $c = 299792458\text{m/s}$），那么作为微观粒子的光子的运动就完全不可捉摸，实际上人们将不能获得和操控光子。但这与当前的情况（单光子技术日益成熟和发展）不相符合。那么，说"光子不能在空间定位"，这该怎么解释？

4 光子与电子的进一步比较

光的波粒二象性理论认为光子与电子相似——既是波动又是粒子。但开始时认为光子的这个波即经典电磁波，后来又说是几率波。这与电子的情况不同，通常认为电子对应几率波，遵守 SE 或 DE；然而目前尚无光子的几率波方程。

1926 年由 Schrödinger 建立起来的 NRQM，很快就在微观领域起 CM 的作用，实际上完全取代了 CM。胡宁[9]的著作中并没有"Schrödinger 量子理论只适用于低速情况"的说法。但他着重指出，虽然光子、电子都有波粒二象性，但在 NRQM 中（也就是在 SE 中）这二者"地位完全不同"。又说，SE 反映不出"光子是和电子一样的微观粒子"。那么他是如何得出这个结论的？

现在先把实物粒子（如电子）与电磁场（电磁辐射）的理论处理进行比较。首先回顾电磁场经典理论告诉我们什么？如所周知，有一个本身不具有物理意义但可作为分析工具的矢量势（vector potential）A，其定义满足 $B = \nabla \times A$。在一定条件下，由 Maxwell 方程组可以推出

$$\nabla^2 A - \varepsilon\mu \frac{\partial^2 A}{\partial t^2} = -\mu J \qquad (23)$$

当空间无电流源（$J = 0$）以及为真空（$\varepsilon = \varepsilon_0$，$\mu = \mu_0$）时，式（23）可写为

$$\left(\nabla^2 - \frac{1}{c^2} \frac{\partial^2}{\partial t^2} \right) A = 0 \qquad (24)$$

这成为 Maxwell 波方程的基本形式；然而 A 具有不确定（不唯一）性，故要用一定的规范——用 Lorentz 规范时 $\nabla \cdot A \neq 0$，用 Coulomb 规范时则有

$$\nabla \cdot A = 0 \qquad (25)$$

当把电磁场按正则方式量子化时，要使用 Coulomb 规范条件。

对于电子而言，分析中没有与 Maxwell 方程理论相应的阶段，即没有上述的理论关系式。

由此可看出光子与电子的不同;对电子分析时,实物的粒子性贯彻始终——经典粒子的动量、坐标为 $p_i(t)$、$q_i(t)$,在量子理论中的对易关系为

$$[p_i,q_j] = -j\hbar\delta_{ij}$$

等式右端前方的 $j = \sqrt{-1}$;在 Schrödinger 理论中,有单电子的 SE,以及相应的连续或不连续的能级。总的讲电子的微观理论表述比较明确,而光子的理论描写相当模糊。

我们看一下几率波的确切含意。1926 年 6 月 Born 在论文"散射过程的量子力学"中指出,Heisenberg 的矩阵力学可用于计算定态及与跃迁相关的振幅,对散射问题则只有 SE 能够胜任。在对两个自由粒子进行散射方面的计算后,Born 提出发现粒子的几率正比于波函数模值的平方,为了解释散射计算结果的意义必须这样诠释。在 QM 中标准的统计解释如下:微观粒子的状态用波函数 $\Psi(r,t)$ 描述,t 时刻在空间 r 处的体元 $d\tau$ 内找到微观粒子的几率为 $|\Psi(r,t)|d\tau$,t 时刻在空间 r 处微观粒子出现的几率密度为 $|\Psi(r,t)|^2$。因此描述微观粒子的波为几率波,而 $\Psi(r,t)$ 是几率振幅。现在只有几率分布 $|\Psi|^2$ 才是实际可观测量,而 Ψ 却不是。所以微观粒子不是经典粒子,对应的波不是经典波。在电子双缝衍射实验中,尽管不能唯一地知道单个电子到达感光板的位置,但作为统计结果的衍射图形的唯一性是肯定的。根据电子双缝实验可以总结两条:①对处在同一状态下的大量粒子(电子)而言,波函数模的平方 $|\Psi(x\cdot y\cdot z,t)|^2$ 与时刻在空间 (x,y,z) 处单位体积内的粒子数成正比,即在波强度大的地方粒子数必定也大;②对单个粒子(电子)而言,波函数模的平方 $|\Psi(x\cdot y\cdot z,t)|^2$ 与 t 时刻在空间 (x,y,z) 处单位体积内发现粒子的几率(几率密度)$p(x,y,z)$ 成正比。因此,无论对处于相同条件下的大量粒子的一次性行为,或者单个粒子的多次重复性行为,Born 的波函数统计解释都有效。情况②是特别令人感兴趣的;电子通过双缝的干涉代表单个电子的波的干涉,即一个电子自身的干涉,电子的干涉条纹是许多处于相同状态下电子体系的多次积累效应。

因此,不能认为必须由一群粒子组成波,因为实验已表明哪怕只有一个电子也具有波动性。虽然不能根据波函数预言粒子在某时刻一定会在某处出现,但可知道粒子在该时该处出现的几率有多大。由此可得出两点结论:首先,微观粒子的波动性在很大程度上是由统计性规律决定的;其次,波函数所代表的是一种几率波。

因此,物质粒子(如电子)相应的波动并非与描绘电磁波的 Maxwell 波方程相对应。同时,电磁波则明显是一种经典性的宏观波动。但这样论述下去就会有真正的麻烦——既然人们公认光是电磁波的一种(如可见光是漫长电磁波谱中间的一段),而且正是数量庞大的光子流组成了光;那么光子还是微观粒子么? 如果是,那么为什么光波不是几率波? SE 尽管很好地描写了电子的运动,但它是否适用于光子? 换句话说,SE 有没有完成下述任务,即证明光子(和电子一样)是微观粒子?

因此,尽管 QM 既可以描写电子又可以描写光子,在这两方面都有很大的区别——描写电磁波的 $A(r,t)$ 是一个算符,而描写电子波的 $\Psi(r,t)$ 却是一个几率振幅。究竟怎样理解电磁波和光子,实际上并不简单。除非光子能和电磁波分开;但这是不可能的。而且,光子的原始定义来自一个个孤立的能量子,这也令人费解——单纯由一份又一份能量组成的光量子究竟是不是一种微观粒子? 它有没有大小和结构? ……人们只是通过光电效应(以及其他物理效应)确知光子存在,但又无法确切知道它究竟是什么。Einstein 本人曾说,这样思考和讨论下去"会使人疯掉"了。

我们仍把目光投向 SE,看它还能告诉我们什么。这里有一件有意思的事——SE 的二次量子化。认为 SE 不能用于光子和光波问题的分析,这种观点肯定是错误的。我们知道,在

QM 求解问题中有 WKB（Wentgel – Kramers – Brillouin）法，作为一种近似解法用在许多领域。在 20 世纪 70 年代，在光导纤维（简称光纤）问世后，很早就发现光纤的标量波方程在形式上与 SE 相同，用来求解工程问题时卓有成效。除非是对光纤技术陌生的物理学家，大多数专家学者都会承认量子力学基本方程——SE 用来处理光学问题是一件平常的事情。

因此，可以把 SE 当作经典的波方程，对其进行量子化，并把得到的能量子解释为 SE 所描写的粒子。也就是说，先把单粒子 SE 看成与 Maxwell 波方程一样的描写经典波动的方程，再做量子化的工作。结果是，所得能量子恰为经典粒子经过量子化后所得的微观粒子。尽管分析只适用于波色（Boson）子，但证明 SE 在表面上呈现的应用上的不对称性，是可以通过引入新的描述方式而消除，因而困难和问题并非像表面上那么严重。因此，在分析光子时必然经过的 Maxwell 方程步骤，对应分析电子时经过的 SE 步骤。而且，对电磁波情况而言能量子就是光子；对物质粒子而言能量子就是该粒子本身；……实际上，在光纤技术发展史上的理论分析实践，早就证明在微观世界理论（量子力学）和客观世界理论（Maxwell 方程）之间没有根本性的矛盾，否则物理学大厦也就不可能建立起来。

然而二次量化只能消除表层上的矛盾，并不能带来对光的本质的深刻知识。因此，中国科学院物理研究所研究员李志远[10]在 2015 年的学术报告结尾，除了说"新的干涉仪方案可能实现同时观测波动性和粒子性，从而打破互补原理的正统解释"，还指出光学的基本问题在于不了解光子——光子到底是什么，长什么样？尺寸是多少？光子如何运动并如何与物质相互作用？其时空细节如何？……在他看来，物理学的基本问题在于弄清楚 QM 对微观粒子的统计描述是否完备？有没有未知的更深刻规律描写单个粒子的运动和行为？……在今天，这些既是哲学问题又是可检验的科学问题。例如，2011—2012 年国际上几个研究团队提出并验证了波动性和粒子性的量子叠加态概念。

5 传统电磁理论的深刻化和现代化

19 世纪末人们发现了电磁波，它在空间的传播呈现出能量和动量，H. Poincarè 在 1900 年的论文中曾作推导和阐述。在同一时期（1897 年）发现了电子，1924 年 de Broglie 根据电子提出了物质波概念。但是，这种物质波仅为几率波，与电磁波很不一样。"光是电磁波的一种"是在 1865 年由 J. C. Maxwell 提出的，而 1905 年 A. Einstein 提出了光量子假说，"光既是波又是粒子"看起来顺理成章。然而，20 世纪 20 年代出现的 QM 表明，电磁波其实也是光子的几率波，宏观数量的光子把几率波实现为随时间变化的能量、动量分布。这是与电子的情况不同的——光子是玻色子（Boson），在某个电磁波模式上有大量的光子存在；但电子是费米子（Fermion），要服从 Pauli 不相容原理，在一个量子态只能有一个电子。……诸如此类的复杂情况都反映在对波粒二象性的讨论中。

波科学的发展是否只能走 QM 的道路？例如在宏观层面的电磁波，是否可以通过对 Maxwell 方程组的深刻化和进一步引用现代数学方法，而实现理论上的提高甚至跃进？这是科学家们在思考的问题。电磁理论专家宋文淼于 2000 年的学术报告中说[11]：

"研究动量问题在物理上的重要性在于它是精确研究电磁波（包括光）的传播方向和速度这样一些基本物理量的基础。同时对于动量的描述，反映了经典理论与量子理论的根本差别。从量子力学理论可以知道，动量是必须由 H 空间中的数学运算才能求得，即先在 H 空间中对波函数取时间的微分，然后通过内积运算才能得到动量在 Euclid 空间中的表达式，而不可能直接对波函数用 Euclid 空间中的数学运算来求得。这也就是经典电磁场理论无法精确描述电磁波动量和能流方向的根本原因。光速的问题是与电磁波的动量直接相关的问题。光速不变性经过 Einstein 相对论的描述成了物理学的一个基本规律,但是在经典电磁场理论中实际上还没有找到一种描述光速的数学方法。在经典场论中对于电磁波有各种不同的速度的描述方法,如电磁波的相速度、群速度等,这些速度都是变化的,它们与介质的介电常数和导体边界的情况有密切的关系。自然这些速度都不应该是 Einstein 所指的不会改变的光速,光速不变性指自由空间中的光速是不变的。令人遗憾的是经典场论中同样得不到自由空间中电磁波传播的精确形式。从量子理论来研究电磁波的动量将有助于人们正确地理解关于光速和光速不变性的概念,这一工作与三维无限大空间下的矢量偏微分算子理论有紧密的联系"。

2003 年宋文淼[12]在《电磁波基本方程组》一书中指出:当年 Maxwell 推出的方程组(以及后来由 Hertz 整理的简化形式)实际上无法求解,只能对标量波方程求出某些特殊解。为了把数学基础从经典数学转为现代数学,使用矢量函数空间和矢量偏微分算子理论可从 Maxwell 方程组导出用两个标量函数表示的电磁波基本方程组,实际上是纯旋量场(电磁波的场)的方程组。这两个标量函数称为态函数,是反映电磁波群体特性的函数,不是单个光量子的态函数。方程组形式为(在域内)

$$
\begin{cases}
\nabla^2 \phi_m + k^2 \phi_m = -\rho_m \\
\nabla^2 \phi_n + k^2 \phi_n = -\rho_n \\
\rho_m = j\omega\mu_0 i_z \cdot (\nabla \times J) \\
\rho_n = j\omega\mu_0 i_z \cdot k^{-1} (\nabla \times \nabla \times J)
\end{cases} \tag{26}
$$

在边界上:

$$
i_n \times \left\{ \nabla \times \phi_m i_z + k^{-1}(\nabla \times \nabla \times \phi_n i_z) \right\} = 0
$$

可以证明这方程组的解与旋量场算子方程在旋量场空间中的解等价。

2006 年宋文淼[13]论述说,波理论即使在宏观的情况下也是不完善的;那种没有轨迹、没有加速度、在不断增大的体积中连续分布的物质运动图景,直到现在并不为人们所理解,但是它又是物质运动中确实存在的事实。波理论的核心就是波函数空间的理论,这是一种与 Newton 的时空概念不完全相同的概念。Newton 的时空概念本质上是粒子物理的概念,Einstein 的时空模型虽然有了时空的收缩、膨胀和弯曲,但是本质上还是 Newton 的概念,即它是适合于不连续粒子运动的模型。在连续函数空间的数学模型中,只有在这一空间中建立"元素"(波函数或基函数)的过程中,才直接与欧氏空间的元素的坐标发生关系。此后的所有运算不是在欧氏空间的元素(坐标点)上而是波函数空间的元素(基函数系)上,不是按照欧氏空间的运算规则进行的。虽然 Newton 的经典数学理论中也解决了连续的概念问题,但是在欧氏空间中不仅允许函数及其导数存在不连续,或者说在一般情况下,欧氏空间中的运算常会出现各种不连续所造成了奇性,而波函数空间中不可能有任何奇性出现,因为在波函数空间中欧氏空间中的点不再是一个有直接意义的量,所以对于空间点奇性也变得没有意义。……

因此,为认识光子及光波的本质,还应对传统电磁理论做深刻化和现代化的工作;这可能需要数学家的参加。

6 从质量问题入手研究光子

在大学攻读"电磁场与微波技术"专业的研究生们和他们的导师,没有人怀疑 Maxwell 电磁理论的正确性和应用的广泛性。然而正是因为传统的 Maxwell 理论解释不了光电效应,Einstein 才提出光子假说(光量子假说)并取得成功。但是对光子本身的理解又不能脱离该理论——这就形成了一种逻辑循环或悖论。光子场(自由电磁场)是用 Maxwell 波方程描写的,而光子学说的出现则是由于 Maxwell 理论在光电效应面前一败涂地。为了认识光子,或许我们应当另觅途径。

可以考虑光子是否具有静止质量?光子是以光速 c 运动的粒子,它静止不下来;这里所说"静止"只是一种假定。光子(photon)和中微子(neutrino)是两种至今仍然令人产生神秘感的粒子。它们是否有非零(但微小)的静止质量,一直是引起争论的课题[14,15]。传统的物理理论如 Maxwell 电磁理论和狭义相对论,认为光子没有静止质量,即 $m_0 = 0$;因此,光子称为"无质(量)粒子",以区别于像电子这样的"有质(量)粒子"——后者也称为物质粒子。尽管测量光子静质量的努力从未停止,而且像量子电动力学这样的精确物理理论也做了光子静质量不为零的假定[16],人们仍然认定光子是无质粒子。现在看来,这或许不仅是认识光子的障碍,而且还是对"光是什么"始终得不到根本性了解的原因之一。

粒子物理学通常假定 Lorentz – Einstein 质速公式为真[17,18]:

$$m = \frac{m_0}{\sqrt{1 - v^2/c^2}} \tag{27}$$

式中:v 为粒子速度;c 为光速;m_0 为 $v = 0$ 时的静止质量(rest mass)。物理学教科书从未说过上式不适用于光子,因此人们不妨一试。但是,对光子而言两个关系式同时成立($m_0 = 0, v = c$),故其运动质量 $m = 0/0$,是不定式;光子质量 m 成为任意大小,这完全说不通。问题只能出在以下三方面:①质速公式不对;②光子静质量不是 0;③光子运动速度不是光速 c。显然这三者任何一个成立都与 SR 不符。然而,很早就有人怀疑光子可能有非常小的静质量,并循此展开研究。

现在把讨论引向深入。由式(27),可得

$$v = c \sqrt{1 - m_0^2/m^2} \tag{27a}$$

根据 Einstein 的光子假说,光辐射即大量光子(每个光子携带能量 hf)的集合,单个光子的(运动)质量为

$$m = \frac{hf}{c^2} \tag{28}$$

式中:h 为 Planck 常数。

将式(28)代入式(27)可得

$$v = c \sqrt{1 - m_0^2 c^2/h^2 f^2} \tag{29}$$

上式指出,粒子速度取决于静质量 m_0 和频率 f。如果 f 已指定,那么 v 由 m_0 决定。故光子可能有三种情形:

(1)$m_0 \neq 0$,但为实数;这时 $v < c$,粒子以亚光速运动。

(2)$m_0 = 0$,则 $v = c$,粒子以光速运动。

(3)$m_0 \neq 0$,但为虚数($m_0 = \mathrm{j}\mu$);则 $v > c$,粒子以超光速运动。

传统电磁理论选择了情况(2)。

在粒子物理学,设粒子静止时具有能量 E_0,运动时获得的动能为 E_k。则总能量为 $E = E_0 + E_k$,故有 $E_k = E - E_0$。取粒子动量 $p = mv$,则在承认 Lorentz – Einstein 质速方程时可证明:

$$E_k = \sqrt{p^2 c^2 + m_0^2 c^4} - m_0 c^2 \tag{30}$$

故可得

$$\frac{v}{c} = \sqrt{1 - \left(\frac{m_0 c^2}{m_0 c^2 + E_k}\right)^2} \tag{31}$$

这是一个被物理学界普遍接受的 v/c 公式。由上式知：当 $E_k = 0$ 时，$v/c = 0$；当 E_k 增加时，v/c 将增大；当 $E_k = \infty$ 时，v/c 达到最大值 1。这样的分析，一方面用来说明粒子运动速度最大只能是光速，另一方面用来说明 SR 并不要求光子 $m_0 = 0$，即使光子静质量不为 0，似乎没有关系，只是速度取决于动能 E_k，仅此而已。

在这里不对"有质粒子作超光速运动"的可能性做讨论，因为在 2015 年黄志洵[19]论文中对此详细阐述过了。这里只指出，上述观点的逻辑矛盾——既然光子就是以光速 c 运行的粒子，那么如何能证明"光子拥有无限大能量"?! ……之所以出现悖论，问题可能出在"物质的质量随运动速度变化"的论断上。但粒子质速关系问题我们已做过多次讨论[20,21]，本文不再赘述。

另一种观点是需要考虑的，即认为 SR 的第二公设（光速不变原理）决定了不会有光子的静止系，故光子静质量 $m_0 = 0$。这个观点如成立，那么说"SR 不需要光子静质量为零的假设"[16]，就不合适了。……总之，现有的物理理论存在矛盾，是不争的事实。

既然出现悖论，可以通过实验来研究这个课题[22]。例如：1940 年 de Broglie 用双星观测方法，$m_0 \leqslant 8 \times 10^{-40}$ g；1969 年，G. Feinberg 利用脉冲星光进行观测，$m_0 \leqslant 10^{-44}$ g；1975 年 L. Davies 等利用木星磁场进行观测，结果为 $m_0 \leqslant 7 \times 10^{-49}$ g；等等。另有许多研究者利用对 Coulomb 定律的检验来求取光子的静质量，结果为 $m_0 \leqslant 3.4 \times 10^{-44}$ g，$m_0 \leqslant 3 \times 10^{-46}$ g，$m_0 \leqslant 1.6 \times 10^{-47}$ g，等。还有一些人从 Ampere 定律出发做实验，得到的结果有 $m_0 \leqslant 2 \times 10^{-47}$ g、$m_0 \leqslant 8 \times 10^{-48}$ g、$m_0 \leqslant 4 \times 10^{-48}$ g，等。进入 21 世纪以后，科学家仍在设计实验以求测量光子的静质量，例如 *Phys. Rev. Lett.* 杂志于 2003 年刊登了中国学者罗俊等的文章，报道他们用精密扭秤方法的检测结果是 $m_0 \leqslant 10^{-48}$ g[23]。

后来罗俊给出以下测量数据：1998 年 Lakes 用静态扭秤实验得到 $m_0 \leqslant 2 \times 10^{-50}$ g；2003 年 Luo 等[23]用动态扭秤调制实验得到 $m_0 \leqslant 1.2 \times 10^{-51}$ g；2006 年 Tu 等用改进的动态扭秤调制实验得到 $m_0 \leqslant 1.5 \times 10^{-52}$ g。……这些数据均为光子静质量上限；但罗俊说："总有一天能观测到光子静止质量，而不是其上限"[16]。

1998 年，R. Lakes 创建了一套独特的实验装置，称为"galactic experiment on photon mass of Lakes"，基于考虑宇宙磁矢势的影响，而该势来源于星系和星系团的磁场。如果光子有静质量，该势将与一组仪器产生的磁场相互影响。仪器的设计为，把金属丝缠绕在一个悬浮的铁环上，并通入直流电流；而缠绕的金属丝的扭矩非常小。由于仪器转动就有可能探测由宇宙势产生的信号，扭矩的变化一旦测出就能设法算出光子的静质量。图 1 是 Lakes 光子静质量测量装置，磁屏蔽对防止外部环境的电磁干扰是非常重要的。

2005 年笔者曾参观华中科技大学由罗俊团队建立的位于山洞中的光子静质量测量系统，产生了深刻的印象。这次访问还得到了以 L. C. Tu（涂良成）为第一作者的讨论光子质量的长篇论文[24]，该文末尾有丰富的文献，给研究者提供了方便。

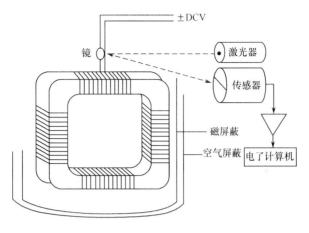

図 1　Lakes 光子静质量测量装置

7　Maxwell 方程组的欠精确性及其改进

　　1865 年 J. Maxwell 提出光是电磁波的一种[25]，其根据是在 1865 年之前的 3 个光速测量数据（ J. Bradley 的值 301000km/s，A. Fizeau 的值 303000km/s，J. Foucault 的值 298000km/s），与 Maxwell 由下式的真空中光速计算值非常接近：

$$c = \frac{1}{\sqrt{\varepsilon_0 \mu_0}} \tag{32}$$

式中：ε_0，μ_0 分别为真空的介电常数及磁导率。

　　按照国际科学技术数据委员会（ CODATA ）1998 年公布的基本常数平差值[26]，$\varepsilon_0 = 8.854187817 \times 10^{-12}$ F/m，$\mu_0 = 1.2566370614 \times 10^{-6}$ N/A²，$c = 299792458$m/s；对这些常数的恒定性一直无人怀疑，即 ε_0，μ_0，c 应与时间没有关系。而且，真空中光速 c 的值也应与光的行进方向没有关系。

　　Maxwell 方程组包含 4 个矢量微分算子方程，无论在理论上或工程实践的应用上都有巨大价值和意义。但是很少有人思考过这样的问题——Maxwell 方程组是否 100% 精确，有没有出现微小误差的可能？……1936 年，A. Proca 在假定 $m_0 \neq 0$ 的条件下，推导出与 Maxwell 方程组不完全相同的方程组。该方程组并不是对 Maxwell 方程组的全盘否定，而是前者比后者更全面。或者说，Proca 方程组的出现揭示了 Maxwell 方程组的近似性。由于 $m_0 \neq 0$ 的假设与 Maxwell 理论不符；而且"光子有静质量"的观点也与 SR 理论不符。因此，Proca 进行推导的本身，就是迈出了与主流物理理论不同的一步[27]。

　　A. Proca 是法国科学家，是位于巴黎的庞加莱研究所（ Institute Henri Poincare ）的研究人员。对他的论文可检索到从 1930 年到 1938 年的作品共 10 篇；其中 1936 年至 1938 年共 6 篇，集中反映出他在创立新方程方面的工作[28]。在他的理论中，对于有质（量）光子（massive photons），应当用 Proca 方程组取代 Maxwell 方程组，而势也就成为可观测的物理量。取 A_μ 代表 Proca 矢量场（Proca vector field），则有下述基本方程成立：

$$\frac{\partial F_{\mu\nu}}{\partial x_\nu} + k^2 A_\mu = \mu_0 J_\mu \tag{33}$$

式中：$F_{\mu\nu}$ 为反对称场强张量（antisymmetric field strength tensor），且有

$$F_{\mu\nu} = \frac{\partial \boldsymbol{A}_\nu}{\partial x_\mu} - \frac{\partial \boldsymbol{A}_\mu}{\partial x_\nu} \tag{34}$$

而 $\boldsymbol{J}$ 是电流密度矢量；把 $F_{\mu\nu}$ 代入 $\boldsymbol{A}_\mu$ 的矢量偏微分方程，可得对应 $\boldsymbol{A}_\mu$ 的波方程：

$$(\square - \kappa^2)\boldsymbol{A}_\mu = -\mu_0 \boldsymbol{J}_\mu \tag{35}$$

以上各式中：$\kappa = m_0 c/\hbar$，而 $\square = \nabla^2 - \partial^2/\partial(ct)^2$；在无源的自由空间，上式等号右方为 0，得到光子对应的 Klein-Gordon 方程。

由此出发，可以列出在使用 SI 单位制时的 Proca 方程组为

$$\nabla \cdot \boldsymbol{D} = \rho - \kappa^2 \varepsilon_0 \Phi \tag{36}$$

$$\nabla \cdot \boldsymbol{B} = 0 \tag{37}$$

$$\nabla \times \boldsymbol{H} = \boldsymbol{J} + \frac{\partial \boldsymbol{D}}{\partial t} - \frac{\kappa^2}{\mu_0}\boldsymbol{A} \tag{38}$$

$$\nabla \times \boldsymbol{E} = -\frac{\partial \boldsymbol{B}}{\partial t} \tag{39}$$

式中：$\boldsymbol{A}$ 为磁矢势，Φ 为电标势，系数 κ 为

$$\kappa = \frac{m_0 c}{\hbar} \tag{40}$$

这是 QED 的扩展的 Maxwell 方程组，即 Proca 方程组。取 $\boldsymbol{D} = \varepsilon_0 \boldsymbol{E}$，$\boldsymbol{B} = \mu_0 \boldsymbol{H}$，该方程组又可写作

$$\nabla \cdot \boldsymbol{E} = \frac{\rho}{\varepsilon_0} - \kappa^2 \Phi \tag{36a}$$

$$\nabla \cdot \boldsymbol{B} = 0 \tag{37a}$$

$$\nabla \times \boldsymbol{B} = \mu_0 \boldsymbol{J} + \frac{1}{c^2}\frac{\partial \boldsymbol{E}}{\partial t} - \kappa^2 \boldsymbol{A} \tag{38a}$$

$$\nabla \times \boldsymbol{E} = -\frac{\partial \boldsymbol{B}}{\partial t} \tag{39a}$$

如果光子无静质量（$m_0 - 0$），则立即得到人们熟悉的 Maxwell 方程组。当然，Proca 理论中仍有以下关系式成立：

$$\boldsymbol{B} = \nabla \times \boldsymbol{A} \tag{41}$$

$$\boldsymbol{E} = -\nabla\Phi - \frac{\partial \boldsymbol{A}}{\partial t} \tag{42}$$

$$\nabla \cdot \boldsymbol{A} = -\frac{1}{c^2}\frac{\partial \Phi}{\partial t} \tag{43}$$

最后的式子即 Lorentz 条件。

Proca 方程组为电磁现象提供了完备、自洽的描述；而且，由 Proca 方程组及 Lorentz 条件可导出电荷守恒方程：

$$\nabla \cdot \boldsymbol{J} + \frac{\partial \rho}{\partial t} = 0 \tag{44}$$

很明显，在有质（量）光子电磁学中，Lorentz 条件等同于电荷守恒定律；或者说，Lorentz 条件是电荷守恒的必然结果。类似地，由 Proca 方程组及 3 个关系式可导出能量守恒方程：

$$\nabla \cdot \boldsymbol{S} + \frac{\partial w}{\partial t} = -\boldsymbol{J} \cdot \boldsymbol{E} \tag{45}$$

式中：$\boldsymbol{S}$ 是 Poynting 矢，代表能流密度；w 为能量密度。在 Proca 理论中，这两者的算式为

$$S = \frac{1}{\mu_0}(E \times B + \kappa^2 \Phi A) \tag{46}$$

$$w = \frac{1}{2}\left[\varepsilon_0 E^2 + \frac{1}{\mu_0}B^2 + \varepsilon_0 \kappa^2 \Phi^2 + \frac{1}{\mu_0}\kappa^2 A^2\right] \tag{47}$$

很明显,在 Proca 电磁理论中,势函数各有其物理意义;标量势 Φ 和矢量势 A 是可观测量,而相位不变性($U(1)$ 不变性)则丢失了。Lorentz 规范自动地保持着,Lorentz 条件成为 Proca 场自洽性的条件。总之,从理论上描述光子是困难的,这点我们已多次指出过了。

前已述及,m_0 之值即使不是 0,也非常小;因此很容易给人们造成错觉——即使 Proca 方程组成立,对现有的物理理论也没有影响。以下将要说明这种想法是错误的。我们知道,电磁场方程组在规范变换下的不变性称为规范不变性,这种变换形成局部规范群 $U(1)$,意思是代表变换的矩阵是一维的,即在 $U(1)$ 下场方程的不变性。在 Maxwell 场方程的 Lagrange 理论中,用电磁场的 Lagrange 密度这样的量,对场变量变分即得到 Maxwell 方程。如放弃 $U(1)$ 规范不变性,Lagrange 量需要修改——增加一个与 m_0 有关的项,由此进行推导就得到 Proca 方程组。这时,矢势 A 和标量 Φ 直接出现在方程组中,规范变换失去了意义,规范不变性受破坏。这大概是许多物理学家长期以来对 Proca 方程组不予重视的原因。尽管如此,建筑在"光子有静质量"基础上的 Proca 理论,有广泛而深远的影响。

对于自由空间的电磁波传播而言,光子有静质量的直接影响是波速与频率有关的情况。设有波动 $\exp[j(k \cdot r - \omega t)]$,波数 k 满足 Klein-Gordon 方程:

$$k^2 c^2 = \omega^2 - \kappa^2 c^2 \tag{48}$$

这时,一个自由空间有质波(massive wave of free space)的波速度为

$$v_p = \frac{\omega}{k} = c\left(1 - \frac{\kappa^2 c^2}{\omega^2}\right)^{-1/2} \tag{49}$$

$$v_g = \frac{d\omega}{dk} = c\left(1 - \frac{\kappa^2 c^2}{\omega^2}\right)^{1/2} \tag{50}$$

令截止角频率(其意义将在后面说明)为

$$\omega_c = \kappa c = \frac{m_0 c^2}{\hbar} \tag{51}$$

可得

$$v_p = \frac{c}{\sqrt{1 - \left(\dfrac{\omega_c}{\omega}\right)^2}} \tag{49a}$$

$$v_g = c\sqrt{1 - \left(\dfrac{\omega_c}{\omega}\right)^2} \tag{50a}$$

令 $p = \omega/\omega_c$,$q = p/\sqrt{p^2 - 1}$,可得

$$v_p = qc \tag{49b}$$

$$v_g = \frac{c}{q} \tag{50b}$$

故有

$$v_p v_g = c^2 \tag{52}$$

因此在 Proca 方程有效时,相速与群速之积为恒定值(c^2)。

Proca 电磁理论造成有质光子组成的光是强烈色散性的,这使我们想起微波技术中的波导理论。例如一根中空金属壁管子形成的波导(waveguides),本身就是对来波呈强烈色散性的器件。有趣的是,Proca 波传播理论与截止波导(WBCO)理论[29]的相似性。现在,两种理论都包含截止频率和消失态(evanescent states)[30]。表 1 显示了 Proca 波的两种物理状态:当 $\omega > \omega_c$ 时,为传播波;当 $\omega < \omega_c$ 时,为消失场(场强在传播方向呈指数律衰减)。如果取光子静质量 $m_0 = (8 \times 10^{-40} \sim 4 \times 10^{-59})$ g,可算出 $\omega_c \approx (10^9 \sim 10)$ Hz。

表 1   Proca 波的两种物理状态

频率	区域	k^2	k	波的状态
$f > f_c$	$\dfrac{\omega}{c} > \kappa$	> 0	正实数	传播波(r 向的行波)
$f < f_c$	$\dfrac{\omega}{c} < \kappa$	< 0	虚数	消失波(指数衰减场,按 $e^{-|k|r}$ 规律衰减)

可见,在截止点($\omega = \omega_c$, $p = 1$)时,$v_p = \infty$,$v_g = 0$;当频率增高,波速很快地向 c 值靠近。例如,当 $p = 10$,计算得到 $q = 1.005$,$1/q = 0.995$,与 1 的差别只有 0.5%。实际上,p 的值比 10 要大很多(如 $p = 10^6 \sim 10^{10}$),故可知 v_p、v_g 与 c 值是非常接近的。从理论上讲,在真空条件下 v_p、v_g 与 ω 有关,呈现真空中电磁波速的色散效应;只有 $\omega \to \infty$ 时,真空中相速、群速才与 c 取得一致(图 2)。显然,"真空中光速不变"的原理已失去意义。……因此现在已经证明,认为光子静止质量不为 0 的理论是与狭义相对论不相容的物理理论。

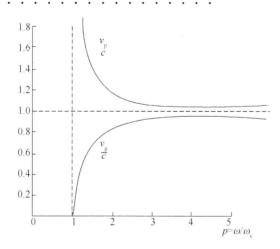

图 2   Proca 波的相速与群速

另外,在真空条件(在完全的自由空间传播条件)下,Maxwell 理论表示 $v_p = v_g = c$;而 Proca 理论则说,$v_p > c$(超光速),$v_g < c$(亚光速)。故两个不同的理论体系的认知有很大差别。……总之,从表面上看仅为对 Maxwell 方程组的微小修正,竟演变为动摇物理学基础理论之一的相对论的重大问题。然而 Proca 理论与量子电动力学却保持一致。这似乎也证明了笔者一直持

有的观点,即量子理论与相对论在根本上不相容。

Proca 理论或可看成 QED 介入到传统电磁理论中时产生的影响,它还带来其他的一些"反常"现象。例如,传统电磁波的横波性质受到破坏。众所周知,在传统理论中不能由给定的 $\boldsymbol{E}$ 和 $\boldsymbol{B}$ 完全确定 $\boldsymbol{A}$ 和 $\boldsymbol{\varPhi}$,故 H. A. Lorentz 曾引入下述关系式:

$$\nabla \cdot \boldsymbol{A} + \frac{1}{c^2}\frac{\partial \boldsymbol{\varPhi}}{\partial t} = 0 \qquad (43\text{a})$$

这称为洛仑兹规范(Lorentz guide),特点是 $\nabla \cdot \boldsymbol{A} \neq 0$。上式可化为

$$\boldsymbol{k} \cdot \boldsymbol{A} = 0 \qquad (53)$$

式中:$\boldsymbol{k}$ 为波矢。

故在 $m_0 = 0$ 的电磁理论中,$\boldsymbol{A}$ 与波传播方向垂直,即电磁波是横波。或者说,光子的极化方向与 $\boldsymbol{k}$ 垂直(只有横向极化),对应 $\boldsymbol{A}$ 的三个分量中只有两个独立的偏振态。

如果 $m_0 \neq 0$,规范变换受破坏,式(43)不再成立,$\boldsymbol{A}$ 的独立偏振态数为 3,故出现了纵波,光波将像声波一样会产生纵向振动,即存在纵光子。这就使我们对光子的认识更趋复杂化,探测"纵光子"可能需要更加精密高级的技术。

Proca 理论对现行静电场理论也有影响。Proca 方程在真空中的平面波解可写为

$$\boldsymbol{\varPsi} = \boldsymbol{\varPsi}_0 \mathrm{e}^{\mathrm{j}(\boldsymbol{k} \cdot \boldsymbol{r} - \omega t)} \qquad (54)$$

式中:$\boldsymbol{k}$ 为波矢量;$\boldsymbol{r}$ 为位置矢量;$\boldsymbol{\varPsi}$ 可为 $\boldsymbol{E}$ 或 $\boldsymbol{B}$。

可以证明有下述关系存在:

$$\left(\frac{\omega}{c}\right)^2 - k^2 = \kappa^2 \qquad (48\text{a})$$

即

$$k^2 = \left(\frac{\omega}{c}\right)^2 - \kappa^2 \qquad (48\text{b})$$

因此,即便是自由空间(真空中)传播,也会出现类似微波技术中的截止波导状态。……对静电场而言 $\omega = 0$,得到

$$k = -\mathrm{j}\kappa \qquad (55)$$

这就出现了消失波状态,场强按 e^{-kr} 规律呈指数下降。造成的影响是,静电场中点电荷的势将随距离呈现指数衰减,故 Coulomb 定律中的"平方反比规律"受到破坏,两个点电荷之间的作用力将为

$$F \propto r^{-n} \qquad (n > 2) \qquad (56)$$

尽管 n 与 2 很接近,静电场的 Coulomb 定律需要修正却是不争的事实。对于静磁场理论,也有类似的影响。

尽管主流物理学界对 Proca 电磁理论不重视,但并非没有科学家注意于此。例如,1999 年 V. Majernik[31] 讨论了经典电磁场的复四元数代数分析方法,其中不仅考虑了 Proca 方程,而且考虑了 T. Ohmara 1956 年提出的方程,并在理论中计入了如果磁单极子(magnetic monopoles)存在对理论产生的影响。又如,2001 年 S. Kruglov[32] 论述了广义 Maxwell 方程组(generalized Maxwell equations)及其求解方法,所推导的广义 Maxwell 方程组包括了 Proea 方程组。2004 年,S. Kruglov[33] 讨论了 Proca 方程的平方根,从而得到自旋 3/2 的场方程;文中涉及了超光速、负能量、超引力等问题。这些工作不但回答了"Maxwell 方程组是否存在不精确性"这样的问

题,而且扩展了我们对光子的认识。表 2 是 Maxwell 理论与 Proca 理论的比较。

表 2 Maxwell 理论与 Proca 理论的比较

	Maxwell 理论	Proca 理论
光子的静止质量	$m_0 = 0$	$m_0 \neq 0$
矢势的独立偏振态数	2	3
波的特征	横波	横波、纵波
规范变换	是规范场	无意义 (规范不变性破坏)
真空中光速值	$c = (\varepsilon_0\mu_0)^{-1/2}$	在 $\omega \to \infty$ 时,才有 $c = (\varepsilon_0\mu_0)^{-1/2}$
光速不变原理	遵守	不遵守
对静态场 Coulomb 定律的态度	完全承认	部分承认(要修改)
与狭义相对论比较	基本一致	不一致

8 光子可能以比真空中光速 c 略小的速度飞行

本文前述内容对研究光子有益,Proca 理论由于和 QED 一致而得到了支持。……另外,通过粒子的飞行速度来深化对粒子的认识,也是一种重要而有效的方法。有趣的是,近年来的研究(如 Franson 理论[34]、Padgett 小组实验[35])揭示出光子可能以比真空中光速 c 略小的速度飞行。因此,对于"究竟什么是光子"这样的问题,要想回答是越发困难了。

从语义学上讲,说"光子的飞行速度不是光速"是不通的"病句",科学刊物不会接受写这样句子的论文。但是,在这里我们要着重指出,这恰恰是 Einstein 自己提出的观点。1911 年 Einstein[32] 推导了引力标量势 Φ 对光速的影响公式。

$$c = c_0\left(1 + \frac{\Phi}{c_0^2}\right) \tag{57}$$

式中:c_0 为原点上的光速;c 为引力势为 Φ 的某点的光速。由于 $\Phi < 0$,故 $c < c_0$。

这时 Einstein 说,在此理论中光速不变性原理不成立。我们知道 1905 年 Einstein 在提出 SR 时没有考虑引力的存在和影响,SR 似乎是一种对"无引力世界"的说明。但在 GR 中,引力是着重被考虑的;其实 GR 说光不走直线,即已暗示光速不可能处处恒定。至于 Einstein 为什么发生这样的前后矛盾(SR 与 GR 似乎不一致),则是科学史家需要考虑的问题。

2014 年 J. Franson[34] 研究了考虑引力势时量子波方程中的 Hamilton 量,分析针对 Schrödinger 方程进行,导出了在弱引力场条件下一个非相对论性粒子的 Hamilton 量为

$$\hat{H} = \frac{1}{2m}\left[\frac{\hbar}{j}\nabla - \frac{4}{c}m\boldsymbol{A}_G\right]^2 + m\boldsymbol{\Phi}_G \tag{58}$$

式中:m 为粒子质量;$\boldsymbol{A}_G$ 为引力矢势;$\boldsymbol{\Phi}$ 为引力标势(实际上 $\boldsymbol{\Phi}_G$ 为某处的 Newton 引力势)。对于静态引力场源 $\boldsymbol{A}_G = 0$,则有

$$\hat{H} = -\frac{\hbar^2}{2m}\nabla^2 + m\boldsymbol{\Phi}_G \tag{59}$$

上式右端首项是人们熟悉的,第二项 $m\boldsymbol{\Phi}_G$ 是引力势能。把引力势的作用引入到量子波方程中是一种尝试,在此基础上 Franson 提出了关于光子在宇宙中作长途飞行时银河系引力势会使光速减慢的理论——计算表明地球、太阳、银河系这三者中,银河系的 $|\boldsymbol{\Phi}_G/c^2|$ 最大,为 4.2 ×

10^{-6}；$|\Delta c/c_0|$ 也最大，为 4.3×10^{-9}。Franson 大胆地假设，真空极化作用突出地呈现于光子在真空中飞行的时候——光子先分解为电子和正电子，然后两种粒子又合成为一个光子。这是量子理论中特有的真空涨落，造成光的运行过程并非简单地"有一个粒子从虚空中平静地飞过"。波矢量为 $\boldsymbol{k}$ 的光子在湮灭后产生一个虚态（包含电子和正电子），短时间后两者湮灭造成一个波矢仍为 $\boldsymbol{k}$ 的光子继续前行。因此虚过程是周期性地出现，应考虑引力势能 $m\Phi_G$ 对虚的正负电子偶能量的影响，从而造成光速的微小变化：

$$\frac{\Delta c}{c_0} = \frac{9}{64}\frac{\alpha}{c_0^2}\Phi_G \tag{60}$$

式中：α 为精细结构常数。

2015 年英国 Glasgow 大学的 Padgett 研究组的实验[35]，并不是为了证明（或否定）Franson 理论，但在客观上同样是对"光速不变原理"的否定。他们使光子经过一个散射结构使光子变慢——这并不奇怪，光通过某种媒质时速度变慢根本不是新鲜事。奇怪的是光子出来后在自由空间仍以减慢了的速度飞行，并没有恢复为 c；这是不好解释的，是和 SR 直接相冲突的。

9 新实验进一步描绘出光子的本性

光子的奇怪和难以捉摸的特性有时会让研究波粒二象性的物理学家晕头转向和不知所措，有的人甚至站出来否认光子的存在。2007 年英国科学刊物 *New Scientist* 报道了 S. Afshar 进行的一项光学实验，其目的是质疑和反驳 Bohr 的互补原理。Afshar 认为物理学家称为波粒二象性的现象是完全不同的事物，在人们所熟悉的经典实验中没有类似的现象。当面对经典的实验设备时这些神秘的量子实体会表现出粒子性或者波动性；实际上，永远不会在一个实验中同时看到两者；Bohr 把这称为"互补性原理"。现在 Afshar 说自己完成了一个新的双缝实验，得到了与标准结果相反的结论。实验情况见文献[37]、[38]。

Afshar 承认，他不十分确定他的实验在细节上究竟对于量子论意味着什么。他说："我们又回到了 Bohr 和 Einstein 当初相遇的交叉路口，并且要完全避开 Bohr 独创的互补性原理。"他认为现在可以有两个选择：第一是承认人类的逻辑和语言永远不能解释发生的事情；第二是认定粒子现象并不真的在那儿，并对整个实验使用波的图像。在这个解释中，干涉模式和方式信息在逻辑上并不矛盾——波确实从两个缝隙中穿过，而每个探测器看到的"图像"对应着仅从其中一个小孔穿过的光线。Ashar 相信第二个选择更简单而且更好，但留下一个大问题：确实有光子这种东西么？当 Afshar 实验中的光子探测器发现一个光子的时候会"滴答"一下。但是如果没有光子，它们看到了什么？这就回到了 Einstein 对光电效应的解释，这个实验"证明"了光子的存在并且为他赢得了 1921 年的 Nobel 奖。Afshar 说美国物理学家 W. Lamb 和其他人已经解释了这些像粒子似的"滴答"是探测器里非量子化的电磁波和量子化的物质粒子相互作用的结果。所以尽管 Einstein 怀疑 Bohr 的互补性原理是对的，但他是"为错误的理由而正确的"。Afshar 说："为了宣布在 Einstein 和 Bohr 的争论中前者是获胜者，我们必须拿掉他的 Nobel 奖。我们没有其他的选择而只能宣布 Einstein 光子理论的死亡。"他说"我怀疑光子的存在很长时间了。"

Afshar 对光子存在的怀疑当然是错误的，近年来单光子技术的迅速发展已经清楚地证明人类对光子的认识和掌控能力都有非常大的提高。2007 年黄志洵[5]指出，单光子实验技术大致上是从 2000 年开始的，单光子的产生和检测技术的发展都很惊人。……现在我们对单光子的几种新应用作阐述,可以增进我们对光子的理解,当然还有必不可少的信心。近年来国际科学界做了许多与光子有关的实验,有的仅为探索原理,有的则是开发新应用领域。两者均很重要,而后一方面更加突出地显示了光子学(Photonics)的重要性。现在根本不存在在"光子到底有没有"的问题,而是早已把这种粒子应用到多个前沿性领域。而且,应用的过程也是深化对光子本性认识的过程。

(1)对单光子的产生到消失做监测。

2007年3月14日法新社从巴黎发出电讯称[39],法国科学家发明了捕捉光子的装置,并且上百次成功地追踪到光子从产生到消失的过程,最长的达0.5s。在过去,虽然发现光子不难,但难以捕捉到光子——捕获时也就破坏了它。新的技术由法国国家科学研究所的Bruxell领导的研究组完成,一个仅为长2.7cm的装置可捕捉一个光子并监控它从产生到消失的全过程。法国研究小组说,他们通过让一束铷原子穿过捕获光子的盒子而找到了答案。光子的电场会轻微地改变原子的能量水平,但这种情况不足以使原子从电场中吸收能量。当一个原子穿过光子的电场时,会使绕原子核运行的电子略微迟缓,而这一推迟时间可以使用现代原子钟技术测量,即把电子的轨道视为"钟摆"以测量出准确时间。……这种实验上的进展推动了人们对光子的直观感受和认知。

(2)获取静止下来的零速度光子。

近年来,极慢光速的研究工作取得了一些重要结果,其中以1999年 *Nature* 发表的"Light speed reduction to 17metres per second in a ultracold atomic gas"最为著名。L. Hau 等[40]在超冷钠原子气中,利用电磁感应透明(EIT)技术得到了 $v_g = 17\text{m/s}$ 的光脉冲群速度。2001年以后极慢光速研究又有新突破,*Phys. Rev. Lett.* 杂志发表文章表明,科学家可以把光速减为0,也就是可以使光停止并储存起来。2001年1月,*Phys. Rev. Lett.* 连续两期刊发了关于光速为零的文章。一篇是O. Kocharovskaya 等[41]的"Stopping light via hot atoms",他们证明通过电磁感应透明技术,可以在相干驱动Doppler加宽原子介质中使光脉冲完全停下来,甚至使其群速度为负值。其基本原理是利用折射率的空间色散性质,即 n 与波数 k 有关,进而使其对群速的贡献是负的。另一篇是D. Phillips 等[42]的"Storage of light in atomic vapour"。文中报道了如何使光脉冲减速并将其约束在铷原子蒸气中(约束时间达0.5ms)。首先将光脉冲在空间压缩5个数量级,即将光脉冲群速度减为千米量级,然后通过控制光速的加入和撤出来控制信号光的停和走,这就是光的存储和释放。这项储存光的技术的关键是将光速减慢为0,致使光的相干激发能够嵌入铷蒸气的Zeeman(自旋)相干态中。这种储存光的方法的最大特点是不破坏原来光脉冲的特征,这就使信号脉冲的相位和量子态得以保存。……上述实验是否已打破了传统电磁理论的看法(认为光子绝不可能静止下来),是值得考虑的;这再次证明,实验物理学家常迫使理论家修正自己的观点。

(3)量子保密通信实验中的单光子应用。

2010年10月在北京召开了"现代基础科学发展论坛"年会,会上清华大学电子工程系黄翊东教授做学术报告,题目是"纳结构电子器件研究进展"[43]。她在报告中论述了基于微纳结构非线性光波导的量子光源。她先讲了单光子源的意义:首先,单光子源是量子保密通信中不可缺少的关键功能单元。量子保密通信中需要的理想单光子源应能够高质量产生单光子脉冲序列,即每个脉冲满足仅有一个光子。高质量的实用化单光子源应为高产生速率和低噪声,可实现集成化器件,并且结合不同量子信息应用还应具有输出单光子特性调控功能(如波长调谐、偏振调控、相位调制等)。目前,量子保密通信实验中大多采用衰减的相干光脉冲作为近似的单光子源。由于相干光脉冲中光子数满足 Poison 分布,光脉冲存在一定的多光子几率,这使得对量子线路实施窃听成为可能,影响量子密钥分配过程的安全性。若要减小光脉冲中多光子几率,就必须将每脉冲平均光子数水平降得很低(1% ~ 10%),使脉冲序列中有大量空脉冲(脉冲中光子数为 0)出现。因此,这种近似的单光子源效率很低,严重制约量子密钥的生成速度和系统噪声特性。

必须着重指出,作为关联双光子的重要应用,可预报单光子源在量子保密通信中具有重要的实用价值。它通过探测关联双光子中的一个光子为另一个光子的到达提供触发信号,可大大降低空脉冲几率。近年来已有利用可预报单光子源提升量子保密通信性能的实验报道,展现了可预报单光子源作为量子信息关键器件的实用前景。传统上量子关联/纠缠的产生依赖非线性光学晶体中的二阶非线性光学参量下的转换,一般工作在 800nm 波段。然而,晶体量子光源由晶体光学器件搭建而成,需要精细的光路调整,对环境稳定性有严格的要求,更难以实现功能的器件化和集成化。

具体来讲,非线性光学过程可产生具有时间关联性的两路光子,即相关光子对。先由泵浦光源产生泵浦光子,加到非线性媒质(微结构光纤(MSF))上面,再加到分光/滤波器,然后分为两路输出,即闲频光子,这路导致直接的光子输出,信号光子,这路径由 APD 导致预报信号输出。MSF 是一种芯轴四周排布许多气孔的石英纤维,我们在 2003 年制成了第一根 MSF 光纤。可预报光子源的核心是探测其中一路光子,从而预报另一路 1.5μm 波段单光子的存在。这一技术可在保证单光子输出的基础上有效避免光脉冲。

黄翊东介绍了近年来清华大学的研究进展。她说,MSF 是一种折射率横向周期变化、轴向均匀延伸、在芯轴引入缺陷的纤维材料,十余年的研究工作表明,MSF 的多孔包层结构使其具有不同于常规石英光纤的新导光机制、新特性和新功能,有望引发光纤技术的新突破。1.55μm 近泵的关联光子对产生可采用光纤通信用半导体激光器和掺铒光纤放大器作为泵浦光源,具有将脉冲重复频率提升至 10GHz 的潜力。我们建立了光纤基关联光子对产生的实验平台,比较了不同光纤中关联光子对产生的噪声特性。进一步利用 MSF 的本征双折射效应直接产生了偏振纠缠双光子,并且通过泵浦的偏振调控可以实现偏振纠缠 Bell 基的产生和变换,为量子信息的加载提供了新途径。

另一项技术是纳米硅线,也是产生关联双光子的方法,尺寸特别小。具体来讲,纳米硅线是横截面结构尺度在百纳米量级的硅光波导,采用强折射率差导引,可以支持微米量级的波导弯曲半径,特别适合制备微尺度芯片集成的光学器件。它的非线性系数比光纤高 4 ~ 5 个数量级,在很短长度上可以实现高效率关联光子对产生。它的色散特性可以根据非线性光学器件相位匹配条件的需要灵活设计,从而支持各种非线性光学功能。它具有非常窄的自发 Raman 散射谱,便于去除影响可预报单光子源性能的 Raman 噪声光子。我们近期建立并完善了硅纳米线波导的制备工艺,制备出毫米量级的硅纳米线波导样品,并实现了关联光子对的产生。

(4)利用超导纳米线探测单光子。

单光子探测器的主要技术指标为探测效率 η、暗计数率 R、噪声效率和重复率。传统的硅雪崩光电二极管单光子探测器(SPAD)R 值较高(据说高于 10^3 脉冲/s)而且对光子能量承受力低。2001 年莫斯科师范大学的 Goltsman 小组发明了利用超导线(纳米级)探测单光子的技术[44],称为超导单光子控制器(SSPD);当 1 个光子打到纳米线上,由于热点效应可快速产生一个电脉冲。这一技术暗计数率低($R < 10^2 \text{ s}^{-1}$),灵敏度高(小于单光子水平),以及其他优点,故受到广泛重视。SSPD 允许在门控时间内进行多次测量,即在一个脉冲周期内进行多次

单光子探测,使其应用价值大大增强。

（5）利用单光子技术对空间碎片做激光测距技术实验。

地球上层空间的碎片数量极多,尺寸大小不一,是航天界非常头疼的问题,因为它严重威胁航天器的安全。对空间碎片的准确测量和定位困难很大,除利用微波频段外,各国开展了使用激光做测距和定位的实验。碎片的反射特性可能处在单光子水平,而自 2007 年起上述俄罗斯研究团队已开始用 SSPD 取得了激光测距的成果[44],虽然距离只在数百米量级。中国科学院云南天文台目前已有激光测距系统;最新的研究表明[45],使用 SSPD 技术有望使该系统实现空间碎片激光测距,对米级大小的碎片探测距离可达 800km 以上。计算系统作用距离的方法是通过信噪比与回波光子数变化的关系曲线（理论或实验）;在对信噪比的研究中必须考虑噪声光子引起的回波光子湮没。

10　为什么对"光子是什么"问题难于回答

过去前辈大师们一直在努力探索光的本性。1672 年 I. Newton 叙述了他所做的实验,用三角形玻璃棱镜把日光分开为不同折射角的光就得到了 7 色光谱。在同一时期 Newton 又用光的微粒性假说解释光在界面上的反射。1690 年 C. Huygens 提出"光是一种波动"的理论,其中包含了"子波""波前"等概念。1802 年 T. Young 做了光的双缝干涉实验,对"光是波动"提供了实验证明。1818 年 A. J. Fresnel 计算了狭缝、圆孔、圆板等障碍物造成的衍射花样,与实验相符;Fresnel 被认为发展了 Huygens 原理。至此,多数物理学家相信光的波动说。1865 年 J. C. Maxwell 提出光是一种"按电磁规律通过场传播的电磁扰动",即电磁波;1887 年 H. Hertz 以实验发现了电磁波。光的波动说的发展暂告一个段落,整个过程经历了大约 200 年。

然后,突出的大事是光子的发现。19 世纪末期 P. Lenard 等发现光电效应;但用 Maxwell 电磁理论却无法解释;因此在 1905 年 A. Einstein 假定光能量是量子化的,即由"能量子"组成。用光量子假设,Einstein 解释了光电效应,导出了光电方程。总之,Einstein 是根据光说"波有粒子性",粒子的能量、动量可由波的参数（频率和波长）决定:$E = hf, p = h/\lambda$。1905—1914 年,R. Millikan 以长期实验证实了光电方程的正确性。1921 年和 1923 年,Einstein 和 Millikan 分别获 Nobel 物理奖。1924 年,A. Compton 和吴有训测到了 X 射线被石墨散射时波长变长的现象。在解释时考虑了光子的动量,当光子碰撞电子时是可以计算 X 射线被散射时产生次级 X 射线波长的变化,计算与实测一致。至此,光子假说得到进一步的证明,Compton 获 1927 年 Nobel 物理奖。……到 1924 年为止,"光是波动"一说并未被谁否定掉,与此同时又确立了"光由许多光子组成"。这就出现了复杂的情况。

20 世纪 80 年代初,R. Feynman 曾在美国就量子电动力学作过系列演讲,后来出版了一本书[46],其中说:"光由粒子（光子）组成是一个本质的现象。"他指出,光在两表面的部分反射的奇怪现象,光强大时可由波动理论解释;当光越来越微弱时波动理论就解释不了;QED 明确地断言,光是由粒子（光子）组成的。……这位物理学大师强调这个尽人皆知的事实并非偶然,而是大有深意。Feynman 并不否定与光子对应的光波的存在,但他表示了对"波粒二象性"理论的不满,称为"混乱的状况"。因为当人们为了说光是波动还是粒子,必须知道所分析的是什么样的实验……总之,Feynman 非常侧重于光的粒子性的方面。

1951 年 12 月 12 日,Einstein 在致友人 Besso 的信中表示了对光子的巨大困惑[1]。他说:"整整 50 年的自觉思考没有使我更接近于解答'光量子是什么'这个问题。"从 1951 年至今已过去了65年,今天的情况,虽然对光子的研究已取得巨大成功,但对于光子到底是什么,目前仍然没有最终的结论。

为什么研究光子这么难? 首先,因为它不是经典性的粒子,不能期待使用 Newton 力学做出解释;但理解时又不能完全抛开 Newton 力学。其次,与其他微观粒子相比光子也是特殊的,例如它的静质量似有若无,它的速度似恒稳又微变,它的物理形象似清晰又模糊……正是这多种因素,才导致提出光子假说的 Einstein 本人有巨大困惑,同时也给后人留下许多研究和想象的空间。

基于以上情况,现在我们的认识如下:光子是一种独特的微观粒子,是组成光束的基元,具有能量和动量。关于过去对它的困惑,现在似可做较好的解释——光子的电磁波特性是由于光子是电磁场量子化造成的结果;但由于光子可能有微小的静质量,又导致它像电子那样可能有几率波的特征。这正是我们认为应当把 Proca 方程组作为 Maxwell 方程组的改进版而加以重视的原因。不过,尽管光子可看成有质粒子,却与参与物质构成的有质粒子(如电子、质子、中子)有很大区别。这样一来,光波既是经典性电磁波,又可能像是几率波。光子的微小静质量,造成对 Maxwell 方程组的小修正。光子在飞行中受真空极化影响,其速度并非恒定;至于 c = 299792458m/s 这个数据,在一般科学陈述中和工程计算中仍可使用,但它似不适于作为严格理论的核心部分。

必须再次强调指出,光子不是刚性球,无法给出肯定的体积和尺寸;其运动可以用非相对论性的量子波方程 SE 描写,也遵循 QED 的规律。经典理论则只能从表面上和局部地做出说明,难于从根本上解释光子的本质。因此,光子是一种遵从量子理论所指出的规律性的粒子,对它的研究还将持续。

11 结束语

为了能真正认识光子,必须不断努力,而且要有新思路,例如重视 1936 年提出的 Proca 方程组。在科学史上不乏这样的先例,即一个思想、一个公式或一个实验,是在原作者发表后经过多年,才被认识和承认其巨大价值;Proca 方程组可能就属于这种情况。或许有人不习惯、不认同这个与 Maxwell 方程组不一样的东西;但是,我们不应凭主观喜好或多年习惯来确定对某个理论的态度,而应思索某些物理课题为什么长期停滞不前。……事实上,一些物理学家已坚定地走上了这条路:他们计算光子微小静质量的影响;考虑一些所谓"反常"的物理现象企图建立广义 Maxwell 方程组;思索引力和量子真空对光子运动的影响;重新认识波粒二象性及设计新实验;以及在技术应用中认识光子……。这就像在平静的水面上激起波澜,推动了研究工作向前进展,带来了新的希望。

参考文献

[1] Speziali P. Albert Einstein – Michele Besso Correspondence 1903—1955 [M]. Paris:Hermann, 1972.(又见:Einstein A. 50 年思考还不能回答光量子是什么//爱因斯坦文集:2 卷[M]. 范岱年,赵中立,许良英,译. 北京:商务印书馆,1977, 485 – 486.)

[2] Zajonc A. Light considered [J]. Opt. & photon, New Trends, 2003,3(1):S – 2.

[3] 余卫龙. 光的本性问题// 10000 个科学难题[M]. 北京:科学出版社,2009.

[4] 黄志洵. 波粒二象性理论的若干问题[J]. 中国工程科学,2002,4(1):54 – 63.

[5] 黄志洵. 论单光子研究[J]. 中国传媒大学学报(自然科学版),2007,14(4):1 – 9.

[6] 黄志洵. 光是什么[J]. 中国传媒大学学报(自然科学版),2009,16(2):1-11.

[7] 黄志洵. 波粒二象性理论与波速问题探讨[J]. 中国传媒大学学报(自然科学版),2014,21(5):9-24.

[8] Lanzagorta M. Quantum radar [M]. New York: Morgan & Claypool pub., 2012(中译:量子雷达. 周万幸,等译. 北京:电子工业出版社,2013.)

[9] 胡宁. 场的量子理论[M]. 北京:北京大学出版社,1964(2012 重 EP).

[10] Li Z Y. Elementary analysis of interferometers for wave-particle duality test and the prospect of going beyond the complementary principle [J]. Chin Phys B,2014,23(11):110309,1-13.(又见:李志远. 微观粒子波粒二象性及互补原理违背的可能性分析.[P]. 北京:中国科学院物理研究所,2015.)

[11] 宋文淼. 在《电磁理论、量子理论与超光速问题研讨会》上的报告[P]. 北京:2000.

[12] 宋文淼. 电磁波基本方程组[M]. 北京:科学出版社,2003.

[13] 宋文淼,等. 实物与暗物的数理逻辑[M]. 北京:科学出版社,2006.

[14] 赵路. 光子到底有多重[N]. 科学时报,2003-02-28.

[15] 周国荣. 中微子的静止质量及其在物理学和宇宙学上的意义[J]. 物理,1999,28(5):290-294.

[16] 罗俊. 光子有静止质量吗? // 10000 个科学难题:物理学卷[M]. 北京:科学出版社,2009.

[17] Lorentz H A. Electromagnetic phenomana in a system moving with any velocity less than that of light [J]. Konin. Akad. Weten.(Amsterdan),1904,6:809-831.

[18] Einstein A. The meaning of relativity [M]. Princeton:Princeton University Press,1922.(中译:相对论的意义[M]. 郝建纲,刘道军,译. 上海:上海科技教育出版社,2001.)

[19] 黄志洵. 论有质粒子作超光速运动的可能性[J]. 中国传媒大学学报(自然科学版),2015,21(6):1-16.

[20] 黄志洵. 论动体质量随运动速度的关系[J]. 中国传媒大学学报(自然科学版),2006,13(1):1-14.

[21] 黄志洵. 质量概念的意义[J]. 中国传媒大学学报(自然科学版),2010,17(2):1-18.

[22] 张元仲. 狭义相对论实验基础[M]. 北京:科学出版社,1994.

[23] Luo J et al. New experimental limit on the photon rest mass with rotating torsion balance [J]. Phys Rev Lett, 2003, 90:081801.(又见:Tu L C, Luo J. Experimental tests of Coulomb's law and the photon rest mass [J]. Metrologia, 2004, 41:s136-146.)

[24] Tu L C, et al. The mass of the photon [J]. Rep Prog Phys, 2005, 68:77-130.

[25] Maxwell J C. A dynamic theory of electromagnetic fields [J]. Phil. Trans.,1865,(155):459-612.

[26] 沈乃澂. 基本物理常数 1998 年国际推荐值[M]. 北京:中国计量出版社,2004.

[27] 黄志洵. Proca 方程组电磁理论的若干问题[J]. 中国工程科学,2005,7(3):2-11.

[28] Proca A. Sur la thèorie ondulatoire des èlectrons positifs et nègatifs[J]. Jour de Phys. Rad. Ser.,1936,7:347~353:(又见:Compt. Rend. ,202:1366~1368;Compt. Rend. ,202:1490~1492;Compt. Rend. ,203:709~711;Jour. de Phys. Rad. Ser.,8:23~28;Physique Ser. ,9:61~66)

[29] 黄志洵. 截止波导理论导论(第二版)[M]. 北京:中国计量出版社,1991.

[30] 黄志洵. 论消失态[J]. 中国传媒大学学报(自然科学版),2008,15(3):1-9.

[31] Magernik V. Quaternionic formulation of the classical fields [J]. Appl. Clifford Algebras,1999,9(1):119-130.

[32] Kruglov S I. Generalized Maxwell equations and their solutions [J]. Ann. de la Fondtion Louis de Broglie, 2001,26(4):725-734.

[33] Kruglov S I. Square root of the Proca equation:spin 3/2 field equation [J]. arXiv:hep-th/0405088,2004,(27 May):1-12.

[34] Franson J D. Apparent correction to the speed of light in a gravitational potential [J]. New Jour Phys, 2014,16:065008,1-22.

[35] Giovannini D,et. al. Spatially structured photons that travel in free space slower than the speed of light [J]. Sci Exp, 2015(22 Jan):1-4.

[36] Einstein A. The influence to the gravity on the light propagation. Ann d Phys, 1911, 35:898-908.

[37] Chown M. Quantum rebel. New scientist,2004, (24 July):30-35.

[38] Chown M. Quantum rebel wins overdoubters. New Scientist,2007(Feb. 17):13.

[39] 卢苏燕. 法科学家成功追踪光子活动[N]. 科学时报,2007-03-15.

[40] Hau L V,et al. Light speed reduction to 17metres per second in an ultracold atomic gas [J]. Nature,1999,397:594-598.

［41］Kocharovskaya O. et a1. Stopping light via hot atoms［J］. Phys. Rev. Lett. ,2001,86(4):628 – 631.

［42］Phillips D F,et a1. Storage of light in atomic vapor［J］. Phys. Rev. Lett,2001,86(5):783 – 786.

［43］黄翊东. 纳结构电子器件研究进展. 现代基础科学发展论坛年会报告［R］. 北京:2010 年.

［44］Gol' tsman G N, et al. . Picosecond superconducting single—photon optical detector ［J］. Appl Phys Lett, 2001, 79 (6): 705 – 707.

［45］薛莉,等. 基于超导探测器的激光测距系统作用距离分析［J］. 光学学报,2016,36(3):0304001,1 – 9.

［46］Feynman R QED——The strange theory of light and matter. Los Angelos:A. Mautner Memorial Lecture,1984.

超
光
速
物
理
问
题
研
究

"真空中光速 c"及现行米定义质疑

黄志洵

（中国传媒大学信息工程学院，北京 100024）

【摘要】基本物理常数出现于一些不同的物理现象中，是自然界客观规律的反映。1973 年国际计量局（BIPM）决定真空中光速 c 值为 299792458m/s；它的基础是高精度光频测量和高精度光波长测量，再用标量方程 $c = \lambda f$ 求出真空中光速。1983 年根据这个值规定了更新的米定义；从那时起 c 值被固定化了，即真空中光速成为指定值。国际计量界认为无须再测量真空中光速。1983 年的米定义已沿用至今。

本文质疑了"真空中光速 c"的定义和米定义。1905 年 Einstein 提出狭义相对论（SR），其中有一个公设——光速不变性原理，但迄今缺乏真正的实验证明；近年来却有一些实验结果可能证伪了光速不变性。这种情况损害了国际计量大会（CGPM）1983 年米定义的理论基础。

如何看待真空始终是科学中的关键问题之一。当考虑量子物理真空概念时，实际上 c 是一个有起伏的值。分析显示，在今后的研究中 c 的恒值性和稳定性仍然有待解决。更有甚者，当计算真空中双平行导体板间能量时，会发现光速增大为超光速，虽然数值很小。不仅如此，真空极化作用也会改变光速；如此等等。

真空中光速一旦指定就永远不变，但这是不可能的。既然计量学家认为关于光速恒定性的实验仍需进行，那就必须继续做高精度的光速测量。近年来光频测量技术飞速发展，锶晶格钟的不确定度仅为 10^{-16}（或更低），这为检验物理学基本理论、探讨基本物理常数是否真的是恒定常数创造了条件。而且当前已在研究修改秒定义的问题；故米定义也可以考虑修改。

然而当前尚不具备提出新的米定义的条件，因为一系列基础性难题尚待研究。例如在物理真空的概念中，真空中有许多忽隐忽现的虚光子，数量与环境温度有关。把真空看作一种媒质，光通过它时速度会减慢，其速度将与温度有关。这时真空中光速 c 已不再是一个恒定的常数。

【关键词】基本物理常数；真空中光速 c；米定义；物理真空；秒定义

注：本文原载于《前沿科学》，第 8 卷，第 4 期，2014 年 12 月，25～40 页。

Query the Validity of the Statement
on Light – speed in Vacuum and the Definity of Meter

HUANG Zhi – Xun

(Communication University of China, Beijing 100024)

【Abstract】 The basic physical constants appeared in the different phenomenons of physics, it is the represents of objective laws of nature. In 1973, the BIPM decided the light – speed of vacuum $c = 299792458 \mathrm{m/s}$; that are founded in technology by precision measurements of light frequency f and light wave – length λ, the obtained light speed by the scalar equation $c = \lambda f$. In 1983, according to this data, it has been decided the new definity of meter. So since 1983 the light speed of vacuum become stipulate value, there is no need to measurent c; Since that time, the data of light speed and the definity of meter are unchanged.

In this paper, we query the validity of statement on light – speed in vacuum (c) and the definity of meter. The historical notes and the exploration of some paradoxes on these definities are discussed. In 1905, Einstein published his famous paper of Special Relativity(SR), that the speed of light will be locally the same for all condition. But this principle be short of verification of experiment. In recent years, some results falsifying the principle of the light – speed constancy. This situation impair the theoretical basis of the definity on meter by CGPM in 1983.

In the article we say, it must be mentioned that the meaning of vacuum still be a key problem of science. When we consider the quantum physical vacuum concept, c may be a fluctuation value in practise. Then, the analysis shows that how to establish the constancy and stability of c is still to be solved in future research. Further more, when we calculate the energy between two parallel conducting plates in vacuum, the change of vacuum structure enforced by the plates, that cause a change in light speed, though the variation are small. It is evident the action of vacuum polarization must variate the light speed; and so on.

Since CGPM assign the definition of light – speed in vacuum and the meter, people suppose it really in – variation happened, but it is impossible. Since metrologist says " the experiment of light – seed constancy must do as past", the measurement of light velocity require further study in high precision. In recent years, high precison and high accuracy technology light freqnency measurement was make rapid progress, the uncertainty of Sr lattice clock is equal or less than 1×10^{-16}. Then, we can go studying on the basic theory of physics and fundamental physical constants in high precission and accuracy. Since revise the definition of second was studied in recent years, revise the definition of meter can be studied.

Due to the basic difficult physical problems, the new definition of meter can't be appear in present time. For example, in concept of physical vacuum, there are many virtual photons in space, it is too many to be counted and depend on the temperature. The vacuum is a medium, it can decrease the light speed, so the velocity of light also depend on the temperature. However, this light – speed c is a inconstancy constant now.

【Key words】 fundamental physical constants; light – speed in vacuum; definity of meter; physical vacuum; definity of second

1 引言

基本物理常数有几十个,真正独立而又最受重视的常数只有几个——万有引力常数 G、真空中光速 c、电子电荷 e、Planck 常数 h、电子静止质量 m_0 等。它们是物理现象内在规律的反映,M. Planck 称其为物理大厦的砖石,体现了自然界的真实性。它们由人类测出,但是独立于人类的测量;实际上不管谁去测量结果都是一样的。它们不仅与一定自然现象、自然规律相联系,而且常具有高精确性和稳定性,是高质量、高水平数据。不仅如此,它们还代表着宏观经典物理向微观量子物理的转变。

长度是国际单位制(SI)的 7 个基本单位之一。1889 年第 1 届国际计量大会(CGPM)最早规定的米定义是根据保存在巴黎的原器。到 1960 年召开第 11 届 CGPM 时,米定义是基于氪86 原子而制订的,即按原子的辐射跃迁来定义:"1m 是 Kr – 86 原子的 2p10 和 5d5 能级之间跃迁所对应的辐射在真空中波长的 1650763.73 倍。"相应的长度基准称为 Kr – 86 基准。1972年精测激光频率成功,国际计量界认为真空中光速 c 的最精确值已测出;遂于 1983 年(第 17届 CGPM 期间)根据 c 值为

$$c = 299792458 \ \text{m/s} \tag{1}$$

而把 1m 定义为"光在真空中在 1/299792458s 的时间内走过的距离";它取代了 1960 年的米定义[1-3]。这样一来,真空中光速 c 获得了空前高的科学地位。

本文对此提出了一些不同意见,其根据主要有以下几点:首先,1983 年米定义的理论支撑是狭义相对论(SR)的光速不变原理,但在 1983—2013 年的 30 年中不断出现对该原理的质疑(通过理论分析或实验)。其次,在"真空中光速 c"这一表述中,"真空"的含义一直模糊不清,从而造成 c 所代表的物理实在有变化的可能;虽然是微小变化,但也不为基本物理常数作为稳定的恒值所允许。再者,1983 年断言"真空中光速 c 无需再做测量"是不妥的;当时没有为科学发展留下空间,过于武断。"一旦指定,永远不变,"这不是科学的精神;既然计量学家也认为关于光速恒定性的实验仍需进行,为进行实验就必须以更高水平测量光速,说"无须再做测量"就不对了。最后,近几十年光频测量技术飞速发展,原子钟由氢钟、铯钟、飞秒光梳直到锶晶格钟,不确定度可达 10^{-16}(甚至更低),重新定义"秒"的问题已提上日程。秒定义可以修改,米定义当然也可以修改。基于这几点,本文做较为深入的讨论。

2 光速不变原理至今缺乏实验证明

20 世纪的物理学有一些基础理论,其正确性究竟如何国际上至今仍在讨论和检验;其中

最突出的是相对论。正如大家所知,SR 赋予光速非常特殊的性质,一是"光速不变"原理,二是"光速不可超过"原则;对它们的研究和讨论持续了很多年。1983 年以前,SI 计量学系统中以 Kr[86]橙黄谱线的波长作为米定义的方法,其水平达到 10^{-10} 不确定度;与激光频率和速度测量的水平相比,前者已大不如后者。因此 1973—1983 年国际科学界做了讨论,认为可以把真空中光速 c 作为一个约定值,并依靠下式建立长度基准[3]:

$$\lambda = \frac{c}{f} \tag{2}$$

式中:λ、f 分别为真空中激光波长和频率。

在国际计量界的 10 年讨论中,"光速不变原理"显然起了很大作用。因此,今天我们如果质疑 1983 年米定义的合理性,或者仅仅提出某种改进的建议,都不可能绕开作为物理学基础理论之一的 SR。

SR 的基础是两个公设和一个变换。第一公设说"物理定律在一切惯性系中都相同",即在一切惯性系中不但力学定律同样成立,电磁定律、光学定律等也同样成立。第二公设说"光在真空中总有确定的速度,与观察者或光源的运动无关,也与光的颜色无关"。这被 Einstein 称为 L 原理。为了消除以上两个公设在表面上的矛盾(运动的相对性和光传播的绝对性),SR 认定"L 原理对所有惯性系都成立";或者说,不同惯性系之间的坐标变换必须是 Lorentz 变换(LT)。SR 还有 4 个推论(运动的尺变短、运动的钟变慢、光子静质量为零、物质不可能以超光速运动)和 3 个关系式(速度合成公式、质量速度公式、质能关系式),这些便是构成 SR 的主要内容。

关于第二公设,1905 年 Einstein 说:"光在空虚空间里总是以一确定速度 c 传播着,这速度同发射体的运动状态无关。"[4]1921 年的表述则为[5]:"至少是对于一个确定的惯性系 K,光在真空中以速度 c 传播这一假设也被证实。根据狭义相对性原理,我们还必须假定此原理对其他任意惯性系都成立。"1949 年的表述为[6]:"光在真空中总以不变速度 c 传播,与光的颜色及光源运动状态无关。"

与第二公设相联系的另一个核心概念是"同时性的相对性"。设在 A 点的钟可定义在 A 处事件的时间 t_A,在 B 点的钟可定义在 B 处事件的时间 t_B,但如何比较 t_A 及 t_B?需要一个"同时性"定义。为此,Einstein 提出光速不变假设。如在 t_A 发送光脉冲,则 B 处时钟指示的时间为

$$t_B = t_A + \frac{L}{c_{AB}} \tag{3}$$

式中:c_{AB} 是 $A \rightarrow B$ 的单向光速,认为不可观测,因它取决于钟 A 和 B 的事先同步(单向光速与同时性定义有关)。

现在 Einstein 按 $c_{AB} = c_{BA} = c$ 而定义同时性,这与按回路光速不变原理出发而定义不同(迄今各种实验只证明回路光速不变,而非单向光速不变)。光速不变原理如正确,则时间、同时性不是绝对的;长度测量也失去绝对性(在不同惯性系中测量得到结果不同)。

本文并非研究相对论的专门论文,只是论述一些与 L 原理有关的意见。2006 年有学者提出,光速不变的绝对性与强调运动相对性的狭义相对性原理是不相容的[7]。在 SR 的两条基本假设之间存在着不可调和的矛盾,这一点已在 20 世纪 70 年代由 E. W. Silvertooth 证明了。虽然 Einstein 本人对此也心存疑虑并试图证明只存在表观矛盾,但未能解决二者的相容性。实际上在 Einstein 用同时的相对性和长度收缩这两个由公设(原理)导出的推论来证明相容性时,已经犯了本末倒置和逻辑循环的错误。Einstein 断言没有绝对运动以坚持相对性原理,又

把无静止系因而是绝对运动的光引入来构造第二公设，两个公设互不相容极其明显。

更多的意见认为，光速不变原理现有的表述都是假设，至今缺乏真正的实验证明。这是连相对论学者都承认的。例如，张元仲[8]指出，说"光速不变已为实验证明"并不确实。Einstein光速不变原理所指为单向光速，即光沿任意方向的传播速度；但许多实验所测并非单向光速的各向同性，而是回路光速的不变性。此外，该书 1994 年重印本再次强调单向光速不可预测，这是因为"我们并没有先验的同时性定义，而光速的定义又依赖于同时性定义"。张元仲认为Newton 的绝对同时性在现实中无法实现；Einstein 提出光速不变假设，即用光信号对钟。说是假设，因它不是经验（实验）结果，因为单向光速的各向同性没有（也无法）被实验证明。要测量单向光速就得先校对放在不同地点的两个钟，为此又要先知道单向光速的精确值。这是逻辑循环，因此试图检验单向光速的努力都是徒劳的（文献[8]列举的多个实验都是为了证明回路光速不变原理）。从 1963 年起，陆续有中外科学家研究在回路平均光速不变的基础上建立SR 理论[9]，但 SR 的同时性等概念须在"单程光速不变"前提下讨论。……在实验方面，文献[8]列出了"光速不变性"方面的实验共 12 个（1881—1972 年），"光速与光源运动无关性"方面的实验共 16 个（1913—1966 年）。但前者只说明回路光速不变原理，后者只适用于 $v \ll c$ 的情况。……2004 年，陈绍光等[10]以实验检验光速是否各向同性，据称已达到 $\Delta c/c < 1 \times 10^{-18}$ 的精度，但也是针对双向平均光速的。

1980 年，陆启铿等人[11]提出"放宽对光速不变原理的要求"，即把"假定同一惯性系中任一时空点测量的光速都是 c"，改为"给定惯性系中只有一个时空点（可选为时空坐标原点）的光速都是 c"。这是为了减小 SR 与现代宇宙学的冲突[11]。1981 年，Sabbata[12]提出在宇宙诞生后的早期光速 v 比现时值 c 大，并计算出一个数据 $v = 75c$。

英国物理学家 J. Magueijo 和 A. Albrecht 提出光速可变（Varying Speed of Light, VSL）理论，内容之一是"光速在宇宙早期比现在快"[13]。2003 年，Magueijo 说："我正是想要挑战相对论，该理论认为真空中光速 c 是宇宙中唯一恒定不变的东西；VSL 有助于解决宇宙学的问题。"[14]近年来，一些物理学家用 c 的变化来解释精细结构常数 α 的变化，以证明宇宙在早期时的光速比现在大。α 由 c、h、e 三者决定：

$$\alpha = \frac{e^2}{\hbar c} \tag{4}$$

式中：e 为电子电荷，$\hbar = h/2\pi$（h 为 Planck 常数）。1998 年，澳大利亚的 J. Webb、V. Flambaum 等对遥远的类星体的光进行观测，2001 年公布研究结果[15]，认为在过去 120 亿年前 α 值比现在小十万分之几，故 c 值在过去比现在大十万分之几。2002 年 8 月理论物理学家 Paul Davies 指出，Webb 小组的观测结果表明放出类星体光的原子结构与地球上所见原子结构略有不同，但这一差异是重要的。可能的解释只能是电子电荷 e 或光速 c 发生了改变。然而，过去的物理学定律却是 e、c 都不会改变。可能的解释是，在 60 亿～100 亿年前的光比现在快。2004 年，E. S. Reich[16]发表题为"假如光速可变"的文章，支持 Webb 和 Davies 的观点。Reich 说，没有什么东西是神圣不可侵犯的，对 Einstein 也不例外。一个"可变的光速"将开启新物理学的大门。文章引用当时最新数据（来自西非 Oklo 反应堆）说，在最近 20 亿年内 α 减小了 4.5×10^{-8}。这可能表示光速有微小的变化。

值得注意的是中国航天专家林金领导的研究。1905 年，Einstein 的陈述为：在空间的两处 (A, B) 各放 1 只相同的钟，发生在 A 处的事件相应的时间为 t_A，B 处的事件相应的时间为 t_B；但仍缺少对公共时间的定义。现在规定光信号 $A \rightarrow B$ 所需时间为 $t_B - t_A$，它等于光信号反射回

到 A 点所需时间 $t_A' - t_B$，即

$$t_B - t_A = t_A' - t_B \tag{5}$$

那么这两只钟是同步的⋯⋯Einstein 的上述"规定"，实际上是对他的第二公设（光速不变原理）的描述，因为式（5）实际上为

$$\frac{L}{c_{AB}} = \frac{L}{c_{BA}} \tag{6}$$

即 $c_{AB} = c_{BA}$。但这个假定需要实验上的证明，Einstein 当时并拿不出这样的证明。2004 年林金指出，在现代技术中 t_A、t_B、t_A' 都是可观测量，用航天技术手段可以检验 Einstein 等式是否成立[17]。这个问题也可以从另一角度看，Einstein 等式实际上为

$$t_B = \frac{1}{2}(t_A' + t_A) \tag{7}$$

这是算术平均值的时间定义，建立在光速不变的假设之上。2009 年 1 月，林金发表了他领导团队的实验结果[18]，论文题为"爱因斯坦光速不变假设的判决性实验检验"。论文摘要说，Einstein 光速不变假设的判决性实验检验是在中国科学院国家授时中心的高精度双向卫星时间传递（TWSTT）设施上完成的。实验检验的原理是基于狭义相对性原理和单程光（电磁）信号同时性定义。检验原理通过对比单程光信号同时性定义和双程光信号同时性定义的测量机制证明：在有相对运动的情况下双程光信号中的"往"和"返"两个单程信号通过的时间是必然不相等的。在检验实验中西安临潼观测站和乌鲁木齐观测站的铯原子钟分别通过鑫诺卫星和中卫一号卫星进行双向时间传递。观测数据证明卫星和地面站之间存在 $1m/s$ 量级的相对速度会造成西安临潼站和乌鲁木齐站之间"往"和"返"两个单程信号通过的时间差在 1.5ns 量级。观测结果的不确定度在 ± 0.01ns 量级。Einstein 1905 年以定义方式引进的等式，$t_B - t_A = t_A' - t_B$，在有相对运动情况下不成立。

这就是林金实验的结论，"存在相对运动"是指 B 钟和 A 钟之间，实验观测精度是 ± 10ps。这个实验引起了科学家的思考和讨论，给笔者发来长篇意见的既有理论家也有实验家，我们不展开论述。但有一点是清楚的，SR 的光速不变假设至今缺乏真正的实验证明，故以此为理论支撑的"1983 年米定义"的合理性不是不可讨论的。

3 光速测量和研究虽已经历 300 多年也不应停止

"1983 年米定义"公布后，在国际上物理学家和计量学家都说"持续 300 年的光速测量可以结束"，又说这是"画上了完满的句号"。笔者认为这样的说法和做法都是错误的。科学无禁区、发展无止境，没有人可以对某个学术课题或方向下"禁研令"或"禁试令"；这是自然科学的性质决定的。具体到真空中光速 c，近 30 年来的实践已证明，光速测量虽已进行了 300 多年也不应停止。这不仅出于科学家永不停顿的特点，而且也因为现行的 c 值及米定义存在问题。⋯⋯我们甚至要说，1983 年的"禁令"已给科学发展带来损失。

回顾过去的光速测量，1676 年丹麦天文学家 Olaus Roemer 提出了历史上第一个光速数据 214000km/s，它比很久以后所知道的真实值低约 30%。Roemer 的功绩是用实验证明光速不是无限大而是有限值，采用的方法是依据对木卫一的观测。光学方法持续到 1948 年还在使用，而自 1857 年到 1923 年使用了电学测量方法。20 世纪 50 年代（1950—1958）流行用微波方法测光速，1958 年有一个较好结果是在 $f = 72$GHz 用微波干涉仪获得的 $c = 299792500$m/s，系统

误差为 3.3×10^{-7}。1972 年采用激光方法测光速,从而达到了空前的精确性,在该年美国标准局(NBS)K. M. Evenson 等[19]以高度复杂的技术对甲烷(CH_4)稳定激光完成了测频,实现了光频测量。实验采用了铯原子频标出发的激光频率链,其中包括 6 台不同的激光器和 5 个微波速调管。结果得到

$$f_{CH_4} = 88.376181627 \times 10^{12} \text{Hz}$$

测量精度达 6×10^{-10};故可算出真空中光速为

$$c = \lambda_{CH_4} f_{CH_4} = (299792456 \pm 1.1) \text{m/s}$$

即精度达 3.6×10^{-9}。这比 1958 年微波干涉仪法在精度上提高了 100 倍。1973 年 6 月,国际计量局米定义咨询委员会决定:取激光波长 $\lambda = 3.39223140 \mu m$,激光频率同前,算出 $c = 299792458 \text{m/s}$ 作为公认的真空中光速值。同年 8 月,国际天文联合会决定采用。1975 年,第 15 届 CGPM 认可了这个值。当时认为,精测真空中光速 c 成功有全新的科学意义。

在 7 个基本单位中,精度最高的是时间(频率),其次是长度。米定义方法在 20 世纪 70 年代是沿用 Kr − 86 原子的定义,1983 年改为以 c 的精测值为基础的新定义。表 1 列出了国际科学技术数据委员会(CODATA)在 1998 年给出的三个常数的精确值。在 1983 年以后,就不再做光速测量的实验研究了——这是从当时到现在的 30 年间一直维持着的观点和做法。注意表 1 中的 ε_0 为真空介电常数,μ_0 真空磁导率。

表 1   1998 年 CODATA 对几个常数的推荐值[20]

量的名称	符号	数值
真空中光速	c, c_0	299792458 m/s
电常数	ε_0	$8.854187817\cdots \times 10^{-12} \text{F/m}^1$
磁常数	μ_0	$4\pi \times 10^{-7} \text{N/A}^2 (12.566370614\cdots \times 10^{-7} \text{N/A}^2)$
精细结构常数	α	$(137.03599976)^{-1}$

1983 年以前国际上已实行以微观粒子状态为基础的时间基准,即在 1967 年规定 1s 的定义为"Cs − 133 原子基态的两个超精细能级之间跃迁所对应辐射的 9192631770 个周期的持续时间"。尽管按原子状态来定义比起过去优越,但存在的问题也很明显:对同一辐射(同一跃迁),波长是一种单位,频率(时间)又是一种单位,二者互相独立,建立计量基准的方法也不同。能否统一起来,从而减少一个基本单位?由于精测真空中光速 c 达到了高水平,出现了用公式 $\lambda = c/f$ 定义长度的可能。式中 c 是恒量,频率 f 是基本单位,波长 λ 成为导出单位。这样,长度不再是基本单位,而是导出单位;这些就是当时的考虑。

以上是提出 1983 年米定义的基本原因。也就是说,1983 年的决定是真正使 10 年前(1973 年)的做法(真空中光速 c 成为指定值)落实的重大决定。它的近因是在实验技术上以很高精度测量激光频率和激光波长成功,它的远因是 SR 中的"光速不变原理"仿佛赋予光速以特殊性。

CIPM 对于复现米定义建议了三种方法:一种是以式(2)为基础,即用频率为 f 的平面电磁波的真空中波长 λ 来复现米定义;另一种是以下式为基础[20],即

$$l = ct \tag{8}$$

这是用时间 t 内平面电磁波在真空中的行程来复现米定义。重要之点在于,上述两者都离不开"在真空中"这一限制性条件。……目前复现米定义的不确定度据说是 $10^{-11} \sim 10^{-14}$ 量级[3]。

笔者认为有以下几点需要考虑：

（1）根据公式 $c = \lambda f$ 精确地测定 c，所确定的当然是光波传播的速度。但光速也是光子飞行的速度；那么这二者是否一致？

（2）国际计量界关于 c 值和米定义的规定，隐含着必须满足的前提，即光速 c 的绝对不变性、恒定性和稳定性；那么从已过去的几十年的科学进展来看，这前提是否真正得到了满足？作为基础的实验是 K. Evenson 等所完成的[19]，但它是在一定频率上对特定物质的测量结果；实验很出色，但如条件改变（频率改变或测量物质改变）会有怎样的影响则属未知。这个值的恒定性、稳定性如何，也缺少验证性实验。当时宣布"把 c 值固定下来且没有不确定度"，显然欠妥，也违反科学界的习惯——任何规定均应为将来的发展预留空间。

（3）光波长 λ 与光频 f 不同，是一个复杂的物理量。只有在平面波情况下波长才有确定的值，但理想的平面波在实际中并不存在。从空间上看，任何光源发出的光均为赋形波束，波长在不同位置并不相同。究竟是什么以 299792458m/s 的速度行进？是不清楚的。

（4）1983 年米定义以"光在真空中的速度为 299792458m/s"为基础，这里的"真空"指的是什么？工程师认为用泵把一个封闭空间中的气体排出，达到"超高真空"（UHV 或 SHV），就是合乎要求的真空；但这与物理学家认同的"真空"并不一样。

为了研究新的米定义，首先要讨论和认同建立在量子物理学基础上的真空定义；否则就不可能对"真空中光速 c 是什么"形成共识。如果认定 c 是在工程真空（一种实验保障措施）条件下考虑了物理真空后的特征量，那么它可能在某个固定值基础上有微小起伏变化，是参数（parameter），而非固定不变的常数（constant）。

（5）"米"和"秒"同为 SI 制的 7 个基本单位之一。既然从 2013 年起国际上已提出了"重新定义秒"的课题，目前已在研究讨论中；那么"重新定义米"的想法亦非奇谈怪论。

笔者的观点是，上述问题(1)最容易回答——c 既是光波速度又是光子速度，二者没有区别。对此证明如下：假定有一光波，频率为 f、波长为 λ，那么它对应的粒子（光子）的能量和动量分别为

$$E = hf \tag{9}$$

$$p = h/\lambda \tag{10}$$

又假定有一光子在真空中运动，速度为 c，那么其能量和动量分别为

$$E = mc^2 \tag{11}$$

$$p = mc \tag{12}$$

c 是光子的速度，因此有

$$hf = mc^2 \tag{13}$$

$$\frac{h}{\lambda} = mc \tag{14}$$

联立式(13)和式(14)，可得

$$c = \lambda f \tag{2a}$$

故 c 是光波传播速度。但此前已假设 c 是光子速度，因此二者是一致的。故不能认为标量方程 $c = \lambda f$ 所表达的仅仅是"c 代表光波速度"。另外，未来如有人能对光子飞行速度做瞬时（即时）测量，即根据 Newton 力学方程 $v = \mathrm{d}r/\mathrm{d}t$ 测量和计算，那是非常好的科学工作。

除了(1)，其他各点较为复杂，需要另行讨论。

4   物理真空造成 c 值不能完全确定

"真空是没有物质的全空的空间",是经典物理中的老旧说法。其实我们永远不能确定一个空间中是否真是"空"的,即使有人先行对它用真空泵抽到了工程书籍上所谓的"超高真空"。这是因为那里有大量不断产生又不断湮灭的光子,虽仅为短暂出现,但虚光子和普通光子一样可以产生物理作用。证据一直有,例如 2011 年西班牙科学家发现在已实现工程真空的环境中的旋转体(直径 100nm 的石墨粒子)会减速,表示真空也有摩擦。环境温度越高虚光子越多,减速作用就越显著。

现代物理学认为客观世界由各种量子场系统组成,即量子场是物质的基本存在形式。粒子的产生表示量子场激发,粒子的消失表示量子场退激。量子场系统能量最低的状态(基态)就是真空,它是没有任何粒子的情况。这种状态可以称为"物理真空"(physical vacuum state),它与"Dirac 真空"(vacuum of Dirac)一致,后者指负能级全部填满的最低能量状态。

那么计量学中的"真空中光速 c",其中"真空"一词指的是哪一种真空? 对此从未有过明确的陈述与说明。通常的理解是指"工程真空",即用抽气泵排空一个封闭容器中的空气之后的状态,它也大体上对应太空中的情况。人们可能认为这根本用不着解释,但这是不正确的。"物理真空"所代表的含意与"工程真空"不同。总之,"真空中光速 c"这一词组存在不确定性,没有说清楚是哪一种真空;这就带来了严重的问题。一个重要的基本物理常数只能在经典物理的框架中去理解(在那里"真空"只有一种),而不符合量子物理时代的要求——这绝不会是国际计量界专家们的本意。是时候了,现在应当着手处理和解决这个课题。

面对物理真空,需要考虑以下三个突出问题:

(1)量子真空振荡作用的影响是,真空中光速可能不是一个常数,而是在某个平均值周围起伏变化,虽然幅度很小。

(2)量子真空极化也有类似影响,并且具有周期性的特点。

(3)Casimir 效应不仅表明量子真空观的正确性,而且带来了真空的多样性和超光速可能性。

先看量子真空振荡的影响,这与虚粒子的物理作用有关。量子场论(QFT)认为真空态下的各量子场仍在运动,即基态时各模式仍在振荡,称为真空零点振荡。真空中不断有虚粒子产生、消失和互相转化,原因就在于各量子场之间的相互作用。2013 年 3 月 25 日美国"每日科学"网站报道,法国科学家、德国科学家各自提出了研究成果将发表在欧洲物理学杂志上,内容是说光速是真实的特性常数,而量子理论认为真空并非空无一物,而是忽隐忽现的粒子。这导致光速 c 不是固定不变,而是有起伏的值。因此在今天物理学家开始有了正确认识。

然而当考虑粒子与真空的相互作用时,就出现了真空极化的物理现象。例如,荷正电粒子会吸引真空中的虚电子,排斥真空中的虚的正电子。这样一来,虚粒子云的电荷分布方式就会改变。这种情况与经典物理中的电介质极化现象有些类似。

自然界共有四种物理相互作用;其中电磁相互作用和弱相互作用属于同一机制,用相同的方程描述,因而称为弱电统一理论。但电磁作用真空极化效应(也称为电子场 Dirac 真空极化效应)中,光子极化了真空,产生电子对(电子 e^-、正电子 e^+),造成电荷与电流,随后恢复为光子。而弱作用真空极化效应(也称为中微子场 Dirac 真空极化效应),Z^0 玻色子极化了真空,产生中微子对,造成弱荷与弱流,随后恢复为 Z^0 玻色子。二者过程类似,均可绘出

Feynman 图;不同点在于前者无静质量而后者有静质量。这种比较研究可以加深对真空极化的理解。

2011 年秋,科学界发生了一个引起轰动而又造成争论的事件——欧洲核子研究中心(CERN)的一批科学家宣布说,经 3 年左右的测量工作和数据处理,得到的实验结果是中微子以超光速飞行[21]。这个实验后来发现存在问题,却勾起了人们的回忆——1987 年超新星爆发时的观测结果;由于爆发后既有中微子又有光子飞往地球,比较它们的到达时间是很有意思的[22,23]。结果是中微子先到而光子后到,因而一些人(包括笔者)认为这是"中微子以超光速飞行"的铁证。

但是最近出现了对 1987 年事件的新解释。2014 年 6 月美国物理学家 James Franson 发表文章说,该现象可能是由于光子变慢了;原因是光子在做长途飞行(超新星 SN1987A 与地球之间距为 16.8 万 l. y.)时,有质量的电子、正电子偶会受银河引力势作用,粒子能量发生微弱变化,导致光速减小。分合多次的结果是,光子比中微子迟到几小时。……我们注意到 Franson 立论的基础是中微子以光速 c(299792458m/s)飞行,他不曾考虑过中微子以超光速飞行的可能性。但至今一些物理学家认为这种可能性是存在的;因此对 1987 年 2 月 24 日的超新星爆发也可以用"中微子是超光速粒子"来解释。我们的上述说法并不是否定真空极化可能影响光子飞行的快慢。实际上,这种影响可能导致光子速度的周期性起伏变化。

最后讨论 Casimir 效应对光速的影响。如在真空中放进两块平行金属板,板子的内、外的状态并不相同——两板之间的真空程度更高、更深,所以才有力量使两板有靠近的趋势[24]。这个 Casimir 效应已被实验所证明[25],故上述"两种真空"的说法是正确的。既如此,"板内和板外的光速可能不一样"就合乎逻辑了。因此,正是边界条件的改变影响了真空,从而影响了电磁波的传播速度。换言之,光的传播是取决于真空的结构,而"真空有结构"正是量子物理学的基本观点。由于 Casimir 效应,我们得以区分以下两者:①常态真空(usual vacuum),也称为自由真空(free vacuum);②有板时的板间真空(vacuum between the plates),特征是 vacuum energy density reduced,故笔者认为也可称为负能真空(negative energy vacuum)[26]。

现在把真空看作一种独特媒质,则可计算其折射率和波速度:

相速
$$v_p = \frac{c}{n} \tag{15}$$

群速
$$v_g = \frac{c}{n_g} \tag{16}$$

式中:n 为相折射率,简称折射率;n_g 为群折射率。相折射率和群折射率之间的关系为

$$n_g = n + f\frac{\mathrm{d}n}{\mathrm{d}f} \tag{17}$$

对于非色散媒质,$\mathrm{d}n/\mathrm{d}f = 0$,故 $v_g = v_p$,群速与相速一致。

1990 年,K. Scharnhorst[27] 发表论文 "双金属板之间的真空中光传播"。所分析的是 Casimir 效应结构——两块靠得很近的金属平板;这是把一定的边界条件强加到光子真空涨落上。Scharnhorst 用量子电动力学(QED)方法进行计算,得到垂直于板面方向的折射率 n_p 为(下标 p 代表 perpendicular):

$$n_p = 1 - \frac{11}{2^6 \times 45^2}\frac{e^4}{(md)^4} \tag{18}$$

注意板间是处于真空状态的,而上式表示 $n_p < 1$;在式(18)中 d 为两块理想导电平板的间距,m

为质量；规定 c_0 为常态真空或自由真空中的光速，则有

$$c = \left\{ 1 + \frac{11}{2^6 \times 45^2} \frac{e^4}{(md)^4} \right\} c_0 \tag{18a}$$

式中：c 为在板间真空条件下在板面垂直方向上的光速，c 与 c_0 不同是由于真空的结构性改变（change in the vacuum structure），这改变是由置入双板造成的。结果是 $c > c_0$；这里 $c_0 = 299792458\text{m/s}$，$c > c_0$ 即超光速。进一步的计算给出：

$$\frac{\Delta c}{c} = \frac{c - c_0}{c} = 1.6 \times 10^{-60} d^{-4} \tag{19}$$

取 $d = 1\mu\text{m}$，$\Delta c/c = 1.6 \times 10^{-36}$，是非常小的；但即便如此也与 SR 不一致。可以尝试再次减小 d，——对于 1nm 间隙（$d = 1\text{nm}$），增量 $\Delta c = 10^{-24} c$。这个数值也非常小，但在理论上讲很重要。

总之，Scharnhorst 并未计算"光子在两块金属板之间的飞行速度"，而是计算两板间波垂直传播时的波速，发现相速比光速略大（$v_p > c$）。在频率不高条件下讨论，可以忽略色散，群速等于相速，故群速比光速略大（$v_g > c$）。

1993 年，G. Barton 和 K. Scharnhorst[28] 称两块金属平板为"平行双反射镜"（parallel mirrors），重新解释有关问题。论文题目很有趣——"平行双反射镜之间的量子电动力学：光信号比 c 快，或由真空所放大"（"QED between parallel mirrors：light signals faster than Light，or amplified by the vacuum"）；这篇文章使讨论更加深入。

总结以上所述，"真空"通过多种物理作用使光速 c 改变。因此，对"真空中光速 c"的"真空"应如何理解和定义就成为问题。

5　光频测量高精准化的影响[3, 29 - 35]

时间、频率、长度的超高精度测量是相互联系的，因而如果讨论长度基准（米定义）问题就需了解高精度光频测量和激光波长基准的关系，弄清楚原子钟为何从微波钟向光钟过渡。而且不能不提到飞秒光梳（light comb）。20 世纪 70 年代时光频测量不确定度为 10^{-7} 级，到 80 年代初（规定以 c 指定值为基础的米定义时）为 10^{-11} 级，90 年代中、后期为 10^{-13} 级；1999 年光梳技术发明后，到 21 世纪飞秒激光梳已使光频测量的不确定度降为 $10^{-14} \sim 10^{-15}$ 级[3]，即比 90 年代的水平提高了 10 ~ 100 倍。

我们把思考引向深入。时间的科学定义，分为天文时间和原子时间，二者的秒长不同。地球像一个大钟的机芯，绕轴自转不停。地球上架设的望远镜有如指针，这样的方式称为天文时间。然而，由于地球还绕日公转，望远镜两次对准太阳时，地球并非自转 360°，而是大约要多转 1°。以地球自转 1 周为 1 恒星日，则有

$$1 \text{ 恒星日} = 23\text{h} \ 56\text{min} \ 4\text{s} \tag{20}$$

地球上望远镜两次对准太阳的时间间隔为 1 太阳日；显然，1 太阳日 > 1 恒星日，1 太阳日 = 24h（361°）。自 1820 年起，使用的秒定义为

$$1 \text{ 平太阳秒} = \frac{\text{平太阳日}}{86400} \tag{21}$$

平太阳日即地球自转周期。由于地球自转速度受潮汐影响而缓慢降低（几亿年前一年有 400 天），现在的秒比 80 年前大了约 3ms。一年的积累，可多出 1s；因此，用天文时间（用平太阳秒）时，时间单位的精度只有 1×10^{-8}，早已不能满足需要。

原子时间是把某物质的原子在特定能级间跃迁时辐射的电磁波频率作为基准,由频率导出时间;其精确度比天文时间至少高 5~6 级。为了人类某些活动的方便,天文时间未完全抛弃。

氢原子钟是较早发明的频率时间标准,其跃迁频率是 1420405751.77Hz;由此可算出波长是 21.106114cm,故"21cm 星际氢辐射"是大致的说法。氢钟的谱线宽度 Δf 只有 1Hz,因而可算出质量因数:

$$Q = \frac{f_0}{\Delta f} \approx 1.42 \times 10^9 \tag{22}$$

这表示原子系统具有非常大的质量因数,故可获得非常好单色性的辐射。

准确度定义为

$$\frac{\Delta t}{t} = \frac{t' - t}{t} \tag{23}$$

式中:t 为标准秒长;t' 为量器(如原子钟)给出的秒长。

例如,氢钟准确度的国际水平是不大于 1×10^{-12};就是说,氢钟给出的 1s,与理想(真值)的一秒,差别不大于 10^{-12}s(万亿分之一秒)。原子钟"多少年才差一秒",即指它的秒与标准秒(真值)的偏差的积累情况。总之,虽然量值稳定是量值准确的先决条件,准确度却更重要。氢钟稳定度高,准确度却不是很好,根本原因在于壁移效应未解决。

长期以来,铯钟是最重要的一种原子钟。铯原子的核自旋量子数 $I = 7/2$,电子基态为 $s_{1/2}$,电子自旋与核自旋平行时 $F = 4$,反平行时 $F = 3$,二者的能级差约 38×10^{-6}eV,相应的跃迁频率 $f \approx 9192$MHz,波长 $\lambda \approx 3.3$cm,波数 $k = 0.306$cm^{-1}。铯钟频率准确值为

$$f_0 = 9192631770\text{Hz} \tag{24}$$

早期铯钟谱线宽度比氢钟大,例如 $\Delta f = 25$Hz,故

$$Q = \frac{f_0}{\Delta f} \approx 3.68 \times 10^8 \tag{25}$$

另外,早期铯钟的频率稳定度不如氢钟,准确度优于氢钟。例如,中国计量科学研究院(NIM)于 1986 年末鉴定通过的 Cs – Ⅲ铯频率时间标准的指标为

$$\left\{ \begin{array}{ll} \text{频率稳定度}: \sigma(2, \tau) = 1.2 \times 10^{-13} & (\tau \geqslant 1h) \\ \text{频率准确度}: \Delta f / f \sim 3 \times 10^{-13} & (\text{取 } 1\sigma) \end{array} \right\}$$

式中:$\sigma(2, \tau)$ 为 Allan 方差;当时的国际水平大约比上述数据高一个数量级。平均而论,可以认为早期铯钟的准确度约 1×10^{-13},即 30 万年只差 1s。

铯钟是 1957 年左右制成的;经过 10 年实践证明其优越性,1967 年国际计量大会通过决议,规定 SI 基本单位中秒定义:"1 秒是 Cs^{133} 原子基态的两个超精细能级之间跃迁所对应辐射的 9192631770 个周期的持续时间。"由于 Cs^{133} 原子振荡周期 T 很小;1s 是

$$1s = 9192631770T \tag{26}$$

总之,在 1967 年以后不再认为一秒是地球自转周期(1 天)的 1/86400。

用原子能级的量子跃迁建立时间频率基准具有很高精度;但上述方法都是微波的。光频比微波频率高好几个量级,如把原子钟工作频率从微波改为光频,在相同的跃迁谱线宽度时整个钟的精度和稳定度都将大大提高。这就是追求"光钟"(用光波定义"秒")的原因。

从以上讨论可知,基础科学(物理学、计量学)的发展必然要走到改进激光稳频与测频技术上来,即必须精测激光频率。其意义有三点:首先是当时企图解决米定义的问题(减少一个

单位);其次是把频率计量的高准确度定到比微波更高的光频上;再次是把光谱学中的波长定标改为频率定标。故自 20 世纪后期一些国家把"光频标与光频测量"定为重要课题投资研究,内容涉及光频链、激光光谱学、高稳定激光器、光的性质等方面。20 世纪 70 年代,美国标准局(NBS)、英国物理研究所(NPL)以及法国、中国,都曾制定光频测量方案,并进行了全部或部分实验。一个典型的光频测量链(也称为光频标准链)方案,采用了超导腔稳频振荡器(Super-conducting Cavity Stabilized Oscillator,SCSO)。这个方案的大意为,采用 Cs 原子钟作为振荡源,但不用其中的 5MHz 高稳定晶振再倍频的方法,而是用 SCSO 产生高质量的 9192MHz 谱线作为过渡到第一级激光器的桥梁。这样做可节省多次倍频的中间环节(一般倍频 5 次~7 次,用 SCSO 可高达 425 次;因质量因数特别高,425 次谐波仍有足够幅度)。如能制成 Q 值高达 1×10^{10} 的超导腔,并在超高真空、超低温下工作,SCSO 具有非常高的频率稳定度($t > 10s$ 时,短期稳定度达 6×10^{-16},长期稳定度达 10^{-14})。但超导腔的加工非常困难;且要求在 4.2K 以下(如 1.3K)工作,低温、真空系统庞大复杂。

1983—2003 年的 20 年间,各国共测量了 9 条谱线的绝对频率值。除了前述的 3.39μm 波长(约 88 THz)之外,还有从 10.3μm(约 29THz)~243nm(约 1233THz)共 8 条谱线。但这只是一些孤立的点;如何在宽广的波段实现测频?这个问题一直未解决。1999 年光频测量有了重大突破,主要是采用了光梳(light comb)技术。这一技术的发明者是德国的 T. W. Hänsch,他因此荣获 2005 年的 Nobel 物理学奖。他证明飞秒激光器稳定而均匀的频梳可以作为一把理想的尺子,度量其覆盖频段内的任何可测频率。简而言之,飞秒激光光频梳状发生器是新型光频段多频率发生器,利用它可进行光频的精密测量(精度达 10^{-14})。虽然早在 1989 年 Hänsch 就提出了"用飞秒激光频梳测频"的思想,但当时锁模激光器的水平低,不足以实现其方法。1999 年,T. Hänsch 等采用 70fs 的锁模激光器测量了间隔达 20 THz 的光频值,并证实了一系列稳定频梳的存在。这样,从 Cs 谱线到可见光的宽阔区域可连接起来,用飞秒锁模激光器造成的频梳覆盖可见光区,并由倍频技术达到红外区。这一突破对于物理光学、计量学等学科的贡献具有里程碑式的意义。

飞秒光梳技术的优势在于只用一台锁模飞秒脉冲激光器和一段光子晶体光纤即可实现微波频率与光学频率的链接,从而实现了用电信号频率准确测量光信号频率。2006 年 9 月 12 日,由中国计量科学研究院承担的"飞秒激光光学频率梳装置研究"课题通过鉴定,我国科学家研制成功的"飞秒光梳装置",将我国 633nm 氦氖国家激光波长基准的频率,直接溯源到国家铯原子时间频率基准。从根本上解决了国家激光波长基准必须通过国际比对才能实现量值溯源的问题。同时。该装置还实现了可见光及近红外波段所有光学频率的直接精确测量。

国际上的相关进展非常快。2006 年 CIPM 确定了 4 个原子、离子(Hg^+、Sr^+、Sr、Yb^+)的光跃迁频率为 SI 秒定义的二级标准,距第 1 次光钟实验只有 5 年。2009 年有报道说,美国的水平(光晶格锶原子光钟)不确定度只有 1×10^{-16},2010 年,中国计量科学院研制成功激光冷却铯原子时频标准(简称原子喷泉钟),频率不确定度为 2×10^{-15},相当于 1500 万年不差 1s。2013 年法国制成锶晶格钟,它利用锶元素和激光光束,而非铯原子和微波,达到了 3 亿年不差 1s 的精确度;因而正是在 2013 年中期,提出了以锶晶格钟重新定义"秒"的问题。2014 年 *Nature* 杂志说,美国标准与技术研究院(NIST)已制成破纪录的原子钟,它是锶晶格钟,准确程度为"50 亿年不差 1s"。这是 1 月公布的;到了 4 月,NIST-F2 原子钟启用作为美国民用时标,但它是铯钟,只不过置于超低温环境中,其精确度获进一步提高,3 亿年误差仅 1s。

如取早期微波铯钟水平(30 万年只差 1s、不确定度 10^{-13})与今天的光波锶晶格钟水平(30

亿年只差 1s、不确定度 10^{-16})相比,几十年内精确度提高 3 ~ 4 个数量级。在 2009 年,有专家的如下说法:"(目前)处在从梦想成为现实的边缘——用光波来定义秒。"笔者理解是,至今仍用以铯钟为基础的使用微波的秒定义,一方面是由于新的锶晶格钟还需做进一步观察和测试,另一方面是由今天的铯钟也与过去不同了;因而旧的秒定义仍在使用。

总结以上所述,人类智慧已将时频标准做得非常好,是超级精准的时钟。这种情况对本文论题有重要意义——物理学家可以用来研究基本物理常数(包括真空中光速 c),看其是否真的是"常数",随时间流逝而始终守恒。与此相联系的,是可以在精确度水平上检验物理学基础理论。在这过程中可以研究 1983 年米定义的合理性,看它是否存在问题以及如何解决。但正如我们已指出过的,把 c 值固定化(299792458m/s)永远不变的做法似应改进。

6 对 Franson 理论的讨论

前面提到美国 Maryland 大学的物理学家 J. Franson 提出的"真空中光速可能比一向认为的值要慢"的理论,这里再做讨论是因为它是一篇最新的关于光速的论文。该文题为"引力势中光速的明显修正"[36],刊登在 2014 年 6 月出版的 *New Journal of Physics* 杂志上。该作者在摘要中说:"物理作用的影响通常经由 Hamilton 量结合在量子理论中。在本文中,我们考虑了包括有质粒子引力势能量的效应,放入于量子电动力学的 Hamilton 量。得到了对光速的预期修正,它与精细结构常数成正比。此方法得到的光速修正取决于引力势而非引力场,它不是规范不变的和认定非物理的。本文预期结果与 1987 年的超新星观测(Supernova 1987a)实验相一致"。

从这段话我们看出,Franson 的理论分析和计算是基于"矢势的可观察效应"——类似电磁理论中的 Aharonov – Bohm 效应,在这里起作用的是"势"(引力势(gravitational potential))而非"场"(引力场(gravitational field))。其次,这是理论工作而非实验工作,引用 1987 年超新星观测也只是一种定性的说法;论文作者既无亲历的实验证据,也没有数据可以确切地证明理论。尽管如此,这篇文章获得了物理界、天文界的重视,因为它如正确会影响很多事情——太阳光到达地球的时间将比过去认为的(8.3min)要长;位于大熊星座的 M81 星系的光,将比过去认为的晚两周(two weeks)才到地球;天体之间的距离要重新计算;天体力学规律可能要修正,如此等等。

最重要的是,Franson 为我们描绘了一种可能的内在物理过程——光在真空中传播时会受"真空极化"作用的影响,光子在瞬间分解为电子和正电子,而后又重新结合起来。当它们分裂时,量子作用在这对虚拟粒子间形成一种引力势,从而使光子减速。

Franson 理论对光速修正有一个简单的结果:

$$\frac{\Delta c}{c} = \frac{9}{64}\alpha\frac{\Phi_G}{c^2} \tag{27}$$

式中:Φ_G 为引力势。由于 $\Phi_G < 0$,故上式表示光速减慢了。总之,论文的理论基础,一是量子理论中的引力势,二是光子的电磁势理论,其他还涉及规范不变性(gauge invariance)和等效原理(equivalence principle)。实际上,该论文视量子力学(QM)和广义相对论(GR)为物理学的基本定律。

笔者的观点是,Franson 文章值得重视;它也证明了本文的意见("真空中光速 c 具有非恒定性")是有道理的。但对 1987 年超新星爆发的解释,我们持保留态度;因为这问题很复杂;

关系到中微子的本质——老实说人类对这种神秘粒子的了解还很不够！

7 结束语

基本物理常数在科学进步的过程中起了非常重要的作用,其概念和数据反映科学的发展。1966 年国际科学技术数据委员会成立,1969 年该委员会成立了基本常数任务组,定期发布常数的国际推荐值(1973 年、1986 年、1998 年),它们以当时物理学公认的成就为基础,又经计量学家的评估计算,一般都具有可靠性和权威性。但是,它们只反映在一定历史阶段的真理性,是需要不断改进的。

本文根据 1983 年以后的情况,对使真空中光速 c 成为指定值 299792458m/s 是否妥当提出质疑,认为这一参数或许需要重新定义。对与此相联系的 1983 年米定义或许也应做出评估,以便克服其缺陷,成为更可靠、更精确和更稳定的定义和数据。"真空中光速 c 已不需要进行测量"的说法是不妥的。笔者赞赏计量学家沈乃澂的说法[20]:"光速恒定性的实验仍在继续进行中,并具有十分重要的意义。"

或许有人说,既然现时复现米定义已是高精确度的,不确定度在 10^{-11} 以下,就证明没有什么改变或改进的必要。笔者的回答是,鉴于本文提出的多个论点言之有据,就不应视而不见,而需检查这个复现精度是否真达到了？而且,正是由于米定义是 7 个基本单位之一,这种地位并不容许忽略任何"看起来影响不大"的问题。

但在当前尚不能提出理想的新的米定义,因为需要对一些基础性难题开展研究。例如,当环境温度改变时物理真空的特性参数会由于虚光子数的变化而改变,但一个"与温度有关的基本物理常数"就已经不是常数了。诸如此类的问题很多。展望未来,尚难估计何时出现米的新定义;我们估计是在新的秒定义确立以后。

参考文献

[1] Editor. Documents concerning the new definition of the metre [J]. Metrology, 1984, 19: 163 – 177.

[2] Quinn T J. Practical realization of the definition of the meter, including recommended radiation of other optical frequency standards [J]. Metrology, 2003, 40: 103 – 133.

[3] 沈乃澂. 光频标[M]. 北京:北京大学出版社,2012.

[4] Einteins A. Zur elektro – dynamik bewegter Körper [J]. Ann. d Phys, 1905, 17:891 – 921, (English translation:On the electrodynamics of moving bodies [A], reprinted in:Einstein's miraculous year [C]. Princeton:Princeton Univ Press, 1998. 中译:论动体的电动力学[A]. 范岱年,赵中立,许良英,译. 爱因斯坦文集[M]. 北京:商务印书馆,1983:83 – 115.)

[5] Einstein A. The meaning of Relativity [M]. Princeton:Princeton university Press,1922. (中译本:郝建纲,刘道军译. 相对论的意义[M]. 上海:上海科技教育出版社,2001.)

[6] Einstein A. 爱因斯坦晚年文集[C]. 海口:海南出版社,2000.

[7] 郝建宇. 狭义相对论自我否定剖析[N]. 北京科技报,2006 – 09 – 20.

[8] 张元仲. 狭义相对论实验基础[M]. 北京:科学出版社,1994.

[9] 谭暑生. 绝对参考系和标准时空论[J]. 自然杂志,1991,13(11):721 – 727.

[10] 陈绍光. 谁引爆了宇宙[M]. 成都:四川科学技术出版社,2004.

[11] 陆启铿,邹振隆,郭汉英. 常曲率时空的相对性原理及其宇宙学意义[J]. 自然杂志(增刊),1980,97 – 113.

[12] Sabbata V,Gasperini M. Spontaneous symmetry breaking staring from the light velocity variability [J]. Lett al Nuovo Cimento, 1981,31(9):323 – 327.

[13] Albrecht A,Magueijo J. Time varying speed of light as a solution to cosmological puzzles [J]. Phys Rev. D,1999,59(4):1 – 3.

[14] Magueijo J. Faster than the speed of light [M]. London:Perseus Publishing,2003. (中译本:郭兆林译. 比光速还快[M].

中国台北:大块文化出版公司,2004.)

[15] Webb J. et al. Further evidence for cosmological evolution of the fine structure constant [J]. Phys Rev Lett, 2001, 87(9): 091301,1－4.

[16] Reich E S. If the speed of light can change [J], New Scientist,2004,(3 July):6,7.

[17] 林金. 宇航中时间的定义、测量机制和超光速运动[A]. 第242次香山科学会议论文集[C]. 北京:前沿科学研究所, 2004.(又见:林金. 航天导航测量机制的启示和时空理论[J]. 北京石油化工学报,2006,14(4):1－3.)

[18] 林金. 爱因斯坦光速不变假设的判决性实验检验[J]. 宇航学报,2009,30(1):25－32.

[19] Evenson K M, et. al. Accurate frequency of molecular transitions used in laser stabilization;the 3.39μm transition in CH4 and the 9.33 and 10.18μm transition in CO2 [J]. Appl. Phys. Lett., 1973,22:192－198.

[20] 沈乃澂. 基本物理常数1998年国际推荐值[M]. 北京:中国计量出版社,2004.

[21] 黄志洵. 试评OPERA中微子超光速实验[J]. 中国传媒大学学报(自然科学版),2012,19(1):1－7.

[22] Hirata K. Observation of a neutrino burst from the Supernova SN 1987 A [J]. Phys Rev Lett., 1987,58(14):1490－1493.

[23] Longo M J. Tests of relativity from SN 1987 A [J]. Phys Rev D,1987,36(10):3276－3277.

[24] Casimir H. On the attraction between two perfect conducting plates [J]. Proc Ned Akad Wet, 1948, 51: 793－797.

[25] 黄志洵. 论零点振动能与Casimir力[J]. 中国工程科学,2008,10(5):63－69.

[26] 黄志洵. 论Casimir效应中的超光速现象[J]. 中国传媒大学学报(自然科学版),2012,19(2):1－8.

[27] Scharnhorst K. On propagation of light in the vacuum between plates [J]. Phys Lett B,1990,236(3):354－359.

[28] Barton G,Scharnhorst K. QED between parallel mirrors;light signals faster than light. or amplified by the vacuum [J]. J Phys A;Math Gen,1993,26:2037－2046.

[29] Special Issue on Frequency Stability [J]. Proc IEEE, 1966,54(2): 2－203.

[30] Stein S R. Application of superconductivity to precision oscillator [J]. Proc Freq Contr Symp, 1975, 29: 321－327.

[31] Quinn T J. Practical realization of the definition of the meter(1997)[J]. Metrology, 1999,36:211－244.

[32] Udem T,Reichert J,Hansch T W,et al. Accurate measurement of large optical frequency differences with a mode－locked laser [J],Opt Lett,1999,24:881－883.

[33] Hänsch T W. Passion for precision [J]. Rev Mod Phys. 2006, 78:1297－1307.

[34] Ma L S(马龙生). Optical atomic clocks;from dream to reality [J]. OPN, 2007, 43－50.

[35] Ludlow A, et. al. Sr lattice clock at 1×10^{-16} fractional uncertainty by remote optical evaluation with a Ca clock [J]. Science, 2008, 319:1805－1812.

[36] Franson J D. Apparent correction to the speed of light in a gravitational potential [J]. New Jour Phys, 2014, 16: 065008.

使自由空间中光速变慢的研究进展

黄志洵

（中国传媒大学信息工程学院，北京100024）

【摘要】1905 年 Einstein 发表了著名的狭义相对论（SR）文章，其中说光在真空中总以不变的速度传播。然而这个光速不变性原理一直缺乏可靠的实验证明，近年来的一些研究成果倒像是证伪了这一原理。例如，美国 Maryland 大学的物理学家 James Franson 于 2014 年 6 月发表论文引起物理界的广泛关注，文章宣称已可证明光速比过去所认为的值要慢。他的论据来源于对 1987 年超新星 SN1987A 的观测，当时在地球上检测到由爆发而来的光子和中微子，而光子比中微子晚到 4.7h，过去对此现象人们只作了模糊的解释。Franson 认为这可能是由光子的真空极化造成的——光子分开为一个正电子和一个电子，在很短时间内又重组为光子。在引力势作用下，重组时粒子能量有微小改变，使速度变慢。粒子在飞径 168000l. y. 的过程中（从 SN1987A 到地球），这种不断发生的分合将造成光子晚到 4.7h。

另一个例子是，2015 年 1 月英国 Glasgow 大学的 Padgett 研究组做到了使光的运行比真空中光速 c 要慢。他们使光子经过一个专用的散射结构物，波形被改变，从而速度变慢。令人惊奇的是，光子出来后（回到自由空间）仍以减慢了的速度行进。

Franson 理论和 Padgett 小组实验损坏了真空中光速的恒值性，使 c 成为"不恒定的常数"，或"不常的常数"。这种情况妨害了 SR 理论及现行米定义的理论基础。

另外，本文比较了 1993 年的 SKC 实验和 2015 年的空间结构化光子实验，前者以量子隧穿和消失波为基础，后者则改变光束的横向空间结构。二者都使用相关光子对，结果都显示光子群速的变化。如今或许可以终结关于光速不变原理的讨论。……在现代物理学中波粒二象性（WPD）仍是难题，但新近研究对此有新的理解，与互补原理不同；故更宜于用波理论解释粒子实验。在 Padgett 小组实验中，无论 Bessel 波束或 Gauss 波束光子群速均减小，表现为在 1m 的实验距离上迟到若干微米。……最后，本文指出近年来的光速研究为波科学带来丰富体验，为理论思维造成新机会。

【关键词】真空中光速；光速不变原理；米定义；波粒二象性

注：本文原载于《中国传媒大学学报》（自然科学版），第 22 卷，第 2 期，2015 年 4 月，1~13 页。

Recent Advances in Study that Scientists Slow the Light Speed of Free Space

HUANG Zhi – Xun

(Communication University of China, Beijing 100024)

【Abstract】In 1905, Einstein published his famous paper of Special Relativity(SR), that the speed of light will be locally same for all condition. But this principle be short of verification of experiment. In recent years, some results falsifying the principle of the light – speed constancy. For example, in June 2014, physicist James Franson of the University of Maryland, has captured the attention of the physics community by posting an article, in which he claims to have found evidence that suggests the speed of light as described by the theory of General Relativity(GR), is actually slower than has been thought. Franson's arguments are based on observations made of the supernova SN 1987A, it exploded in Feb 1987. Measurements here on Earth picked up the arrival of both photons and neutrinos from the blast but there was a problem—the arrival of the photons was later than expected, by 4.7 hours. Scientists at the time attributed it to a likelihood that the photons were actually from another source. But what if that wasn't what it was, Franson wonders, what if light slows down as it travels due to a property of photons known as vacuum polarization—where a photon splits into a positron and an electron, for a very short time before recombining back into a photon. That should create a gravitational potential, between the pair of particles, which, he theorizes, would have a tiny energy impact when they recombine—enough to cause a slight bit of a slowdown during travel. If such splitting and rejoining occurred many times with many photons on a journey of 168000 light years, the distance between us and SN 1987A, it could easily add up to the 4.7 hour delay.

For another example, in Jan 2015, a team of scientists in Glasgow University has made light travel slower than speed of light in vacuum (c). The photons through a special mask, it changed the wave shape of photon, and slowed it to less than light speed c. But it had not just been slowed by the mask, but had continued to travel at less than light speed (c) even after it has returned to free space.

The theory of Franson and the experiment of Padgett's team wrecked the constancy of light – speed c in vacuum. Then, c is an "inconstant constant", or an "not – so – constant constant". This situation impair the theoretical basis of SR and the definity on meter by CGPM in 1983.

In other words, we compare the two experiments—the first article pulished in 1993, it named the "SKC experiment"; the second article pubished in Jan 2015, it named "spatially structured photons experiment". The first experiment was based on quantum tunneling effect and evanescent waves, and the second experiment was based on changing the beam's transverse spatial structure.

Both them are using time – correlated photon pairs, and the results shows a variation of the group velocity of photons. Anyway, we may say perhaps that these experiments was the summation of discussions about the constancy of light speed c in free space. ... Now, the particle – wave duality still the magic ghost in modern physics. Recent advances in study shows, the quantum objects can behave beyond the wave – particle duality and the complementarity principle would stimulate new conceptual examination and exploration of quantum theory at a deeper level. Then we are very reasonable if we expect to understand the photon's experiment that explaned by the wave's theory. In the article of Padgett's team, it shows a reduction of the group velocity of photons in both a Bessel beam and photons in a Gaussian beam. In both cases, the delay is several micrometers over a propagation distance of 1m. ... Finally, the study on light velocity in recent years has a great deal of experience on wave sciences, and bring the new chance on theoretical thinking.

【Key words】light speed in vacuum; principle of light speed constancy; definity of meter; wave – particle duality

1　引言

通常以英文字母 c 表示的真空中光速也称为自由空间中光速,是基本物理常数之一;它对物理学许多分支尤其是 Einstein 的相对论而言都至关重要。狭义相对论(SR)赋予光速非常特殊的性质,一是"光速不变"原理,二是"光速不可超过"原则;对它们的研究和讨论已持续了很多年。1973 年国际计量局(BIPM)决定真空中光速 c 值为 299792458m/s;它的基础是高精度光频测量和高精度光波长测量,再用标量方程 $c = \lambda f$ 求出真空中光速。1983 年国际计量大会(CGPM)根据这个值规定了新的米定义;从那时起 c 值被固定化了,即真空中光速成为指定值;国际计量界认为无需再测量真空中光速。1983 年的米定义已沿用至今。

但关于光速的研究没有停止也不会停止。从 2014 年中期到 2015 年初期,国内外出现了一些较重要的论文[1-3],引起了较大的反响。本文先讨论关于证明"光速并非恒定不变"的新实验[3],然后讨论关于证明"光速并非恒定不变"的新理论[1]。

2　证明光速可变的新实验

2015 年 1 月有报道说,英国 Glasgow 大学的研究团队经两年半努力做成功一项实验,证明光速并非恒定不变;即光并不总是以光速传播,即使在真空条件下也是如此。研究论文从在预印本网站 arXiv. 出现到在美国 *Science Express* 上刊登只经过几天时间,而且迅即被各国媒体传播报道。1 月 22 日,D. Giovannini 等[3]的论文发表在 *Science Express* 上;同日,英国广播公司(BBC)公布了对学术带头人 M. Padgett 教授的采访。1 月 27 日,中国新闻网发表一个简短报道,标题是"英国科学家成功降低真空中光速,或将颠覆 Einstein 理论。"

报道说,研究人员用光子发生器发射出几对光子束,使它们沿不同路径到达同一个探测器。在每对光子束中,一束光子通过光纤直接传播,另一束光子则要穿过某些设备。这些设备会操控光的结构,然后将其恢复原状。如果光的结构无关紧要,两束光子就会同时被探测器捕捉到。事实却不是这样;研究人员经过测算后发现,每传播 1m 结构光就会比普通光迟到若干微米,多次实验的结果始终如此。

笔者认为上述报道不够准确;实验者并非让"两束光"赛跑,而是让同时产生的 2 个单光子赛跑。这种实验方法可溯源到 1987 年 Mendel 团队的工作[4],而 1993 年曾被美国 Berkeley 加州大学(UC – Berkeley)的科学家采用,即著名的 SKC 实验[5];结果是经过势垒(potential barrier)的单光子速度比值快了 70%。

同样是新闻报道,*BBC News* 的文章更准确些。记者 K. Macdonald[6] 通过与研究团队成员交谈,了解到下述情况——实验者用 2.5 年时间的工作似乎改变了科学界对光的看法。他们使光子成对并赛跑,一个光子保持原态,另一个经过专门的隐蔽物(mask);后者使光子变形并放慢速度;在那之后光子进入一段长约 1m 的路径。现在比较两者的到达时间。然而那个复形光子(reshaped photon)即使回到自由空间,也以低于光速的速度行进。光以慢于光速的速度前进,这是什么观念呢?

Padgett 说,一个光脉冲包含有非常多的光子,而我们的实验是针对单光子,研究其传播速度,结果发现它可以在比 c 小的速度运动。也就是说,空间建构的光子在真空中的行进速度可比光速慢(spatially structured photons that travel in free space slower than the speed of light)。关键元件是 mask,它是软件控制的液晶器件,能给光加花样,使之变慢。然而对于作为粒子的光子,怎能强使它带上"花样"呢?从波粒二象性(WPD)考虑,光子既是粒子,又是可以改变形状(change the shape)的波动……在 *Science Express* 发表的论文中[3],实验者说:"现代物理学的基石之一是自由空间中光速为常数。然而光束横尺寸为有限值,其波矢的变更造成相速、群速变化。本文研究单光子群速,方法是测量到达时间的改变,而这是光的横向空间结构变化造成的,用关联光子对,我们显示了光子群速的减小,无论 Bessel 波束中的光子或聚焦 Gauss 波束中的光子都如此。在这些情况下,若传播距离为 1m,延迟为若干微米。本文的工作显示,即使在自由空间,光速不变性仅限于平面波。"

为了以飞秒(femtosecond)级精度测量单光子的到达时间,采用一种以量子效应为基础的方法——HOM 干涉法,论文发表在 1987 年 PRL 上[4]。一路经过自由空间的作参考,另一路经过 SLM1,提供空间整形(spatial shaping)作用。但第二个 SLM(SLM2)是使第一个 SLM 引入的结构作用返回去。这里 SLM 表示 spatial light modulator,即空间化光调制器,是实验中的关键器件之一。

实验布置如图 1 所示;先由参数下变频器提供光子对,然后被棱镜 KEP 分开,并经过带通滤波器 BPF;用多个半波板 HWP 使空间光调制器 SLM 的效率最大,并与光纤 PMF 匹配。两路光子进入分波器 BS,输出是单模光纤 SMF;两路各接到光电二极管 SPAD,最终送到符合计数器(det)。

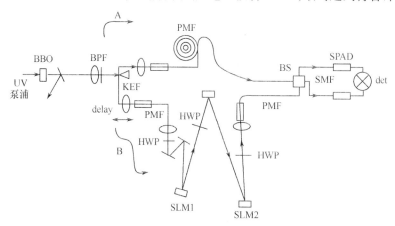

图 1 Padgett 小组的实验布置

该文所测量的是距离的延迟量(delay,用 μm 单位),数据分布在 $1.5 \sim 8\mu m$;并可与下述理论公式比较:

$$\delta z = L \frac{k_r^2}{2k_0^2} \tag{1}$$

式中:k_0 为真空中波数,$k_0 = 2\pi/\lambda$;$k_r = \sqrt{k_x^2 + k_y^2}$;$L$ 为传播距离。

δz 来源于群速的减小(与平面波情况比较)。例如,$k_r/k_0 = 4.5 \times 10^{-3}$(在 1m 距离上),预期时延 $\delta t \approx 30fs$,对应空间延迟 $\delta z = 10\mu m$。

3 新实验的意义

我们该如何评价 Padgett 团队的实验工作? 笔者的观点如下:首先,该工作虽然以双光子运动为基础,但测量过程并不把它们当成粒子,而是当成波动。并且是测量群速 v_g 所对应的群时延 τ_g,这里使用了笔者惯用的符号和说法。论文以对波粒二象性的认知作为基础,而且整个工作并非对真空中光速 c 做直接测量。尽管如此,他们仍然推断出"光子(或光波)即使回到自由空间,速度仍小于 c,并没有恢复到 c";而这是最令人惊奇的现象。科学名刊能刊登此文显然也是基于这一点。因此我们认为,Padgett 小组的科学家们具有巧妙的实验设计方法和敏锐的物理直感,从小见大抓住了要害。

其次,2014 年冬季笔者曾发表论文"'真空中光速 c'及现行米定义质疑"[2]。该文在摘要中说:"1905 年 Einstein 提出狭义相对论(SR)[7],其中有一个公设——光速不变性原理,但迄今缺乏真正的实验证明;近年来却有一些实验结果可能证伪了光速不变性。这种情况损害了国际计量大会(CGPM)1983 年米定义的理论基础。"2014 年秋季笔者写作时并不知道 Glasgow 大学团队已对光速不变性的实验研究已进行两年多,实际上处在收尾和总结阶段;当时写下这些话是根据既往的情况。现在可以说,论文[3]的发表证明了这几句话的正确性。

那么,2015 年 1 月发表的 Glasgow 大学实验是否对 SR 构成威胁甚至动摇了它的基础呢?在英国物理科学新闻网站和中国新闻网的报道中,执笔的科学记者以其职业敏感,都提到了 Einstein 和相对论。国内发行量很大的报纸《参考消息》,报道时使用的标题是"光速并非恒定不变"。笔者认为,应当承认这个实验对 SR 构成了冲击;但是否能看成为一种决定性的证伪实验则很难说。

SR 赋予光速 c 一种特殊性质:在任何情况下恒定不变。然而速度的大小取决于空间尺度与时间尺度的比,然而正是 SR 说空间、时间都是相对的。由两个并无绝对不变性的量,取比值后却成了具有绝对恒定不变性质的量,这在逻辑上说不通。更何况早就有人指出,SR 中光速不变的绝对性与强调运动相对性的狭义相对性原理有根本上的矛盾[8]。这些理论思考实际上都不支持"光速不变性"假说。故有新实验证明"光速可变"并不奇怪。

再者,Padgett 团队文章中所说的"自由空间"(free space)实即真空环境;然而现代物理学已把真空看成一种媒质,是有结构的。量子理论的真空观已抛弃了传统观点("真空是空无一物的空间"),因而"真空中光速 c"已不可能是恒定不变的常数。实验物理学家已经证明(今后还将继续证明)这些新的看法。

4 与 SKC 实验比较

有一个必须追索的问题是,为什么新实验中的"结构光"(structured light)在复原(reshaping)之后,回到自由空间(真空)中时,即在到达 det 前的这个过程中,其行进速度并不回到 c,而仍然是小于 c,比而造成"比普通光迟到若干微米"? 这个问题最为关键,也最难回答。为进行讨论,我们回过头来看看 SKC 实验。1993 年,美国科学家 A. M. Steinberg、P. G. Kuwiat 和 R. Y. Chiao(乔瑞宇)联名发表了"单光子隧穿时间的测量"论文[5],报道了一个构思与设计都出色的超光速实验。它实际上是设法使两个光子赛跑,并比较其到达终点的时间。这个实验(我们称其为 SKC 实验)有以下几个特点:

（1）既然要使两个光子赛跑,如何使它们精确地同时出发就成为一个难题。SKC 实验是使用相关联双光子(Correlated Two Photons,CTP);虽然这不是最早使用这一技术的事例,却是构思巧妙并成功实践的例子。具体来讲,用激光照射可降频晶体,产生双光子(Ⅰ和Ⅱ),然后让它们通过不同路径(A 和 B)到达同一终端的光子检测器。

（2）必须设计一个合适的结构以充当势垒,或称为滤光器。SKC 选用 TiO_2 和 SiO_2 两种材料的薄膜,它们具有不同的折射率,不同材料交叠后总厚度只有 $1\mu m$,以便与非常短的光波波长相适应。这一结构应用时要与激光波长的选取相配合,以使入射的大部分光子被反射,而只有少数光子通过它,从而创造出一种消失波的原理和效果。

（3）由于是处理飞秒级时间间隔的技术,整个系统的灵敏度和分辨率要求非常高。美国 Rochester 大学 L. Mendel 教授研制的干涉仪具有 10^6 级的增益系数,配合使用灵敏度 $10^{-9}s$ 的符合计数器(conic counter),使这一问题得到解决。

图 2 是 SKC 实验的布置,DB 代表 dielectric barrier(介电障碍,即势垒),它的制作可以是在基片上搞多层涂覆。作为基片的 SiO_2,无耗时折射率 $n = 1.41$,有耗时 $n = 1.41 + j0.0372$;TiO_2 材料,不论无耗、有耗,均有 $n = 2.22$。针对激光源(L)的频率 $f_0 = 5.37 \times 10^{15}$Hz,做成 $\lambda/4$ 结构(λ 为波长)。BS 代表 beam splitter(束分光器),也称半镀银镜。P 是三棱镜,CC 是符合计数器,PD 是光子检测器,L 是激光源。CTP 一旦产生,即同时出发,分 A、B 两路前进(光子 Ⅰ 走 A 路,主要经过空气;光子 Ⅱ 走 B 路,要经过 DB)。两路光子冲击 50% 的 BS 表面,最后由 PD 负责检测。如果两个光子同时到达 BS,它们必定会汇合一起,再沿相同路径离开 BS,到达 PD1 或 PD_2。即当两个光子的波包在 BS 理想地交搭时,符合率达到最小。这可由下述方法调整实现——在干涉仪臂中移动选定的镜(注意 S 处的箭头),从而补偿由 DB 造成的时延。总之,调试的要点是先撤除 DB,两路光子都穿过空气,当 CC 显示信号消失就表明两光路长度相同。然后插入 DB,CC 有显示;重新调整路径长度使显示为零,长度补偿的多少代表时间差的大小。测量时间差 Δt 是实验的关键之点。

相关光子对从开始到达终点,所需时间只有几飞秒,故检测两路光子的时间差是非常困难的,但 SKC 实验者以完美的方法做到了。设势垒厚度为 l,光子穿越它的时间为 t_B($t_B = l/v$,v 为隧穿速度),而在 A 路(在空气中)穿越同样长度的时间为 t_A($t_A = l/c$,c 为光速)。那么就有

$$\Delta t = t_A - t_B = \frac{l}{c} - \frac{l}{v}$$

故得

$$v = \frac{lc}{l - c \cdot \Delta t} \tag{2}$$

现在 l、c 均已知,故只需测出 Δt 就可得 v。实际上,$l = 10^{-6}$m,而测得 $\Delta t = 1.5 \times 10^{-15}$s,故可计算出 $v = 1.7c$(误差 $\pm 0.2c$)。另外,还可推算出 $t_A = 3.64$fs,$t_B = 2.14$fs。

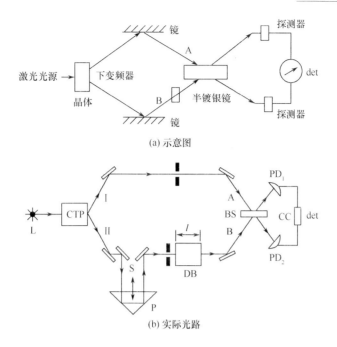

图 2　SKC 双光子赛跑的实验布置

因此,SKC 实验使一个光子的速度比光速快了 70%。实验如此出色,以致英国科学刊物 *New Scientist* 于 1995 年曾发表对它的评论[9]。为避免使相对论陷入困境,有一种解释是:把光子看成一个波包;如果势垒使波包变形,例如使波峰(最可能找到光子的位置)提前,穿过势垒的光子比在空气传播的光子可能更早到达终端。……然而,考虑到该实验的精确(时间测量达到 10^{-15} s)和结果的突出(光子超过光速 70%),这种用模糊语言的定性说明显得很勉强。实际上 *New Scientist* 周刊也承认,最先被探测器记录的正是运动最快的隧穿光子,是超光速的。

为什么光子经过势垒会被加速甚至成为超光速? 从多个角度可以解释。首先是量子隧道效应中的微观粒子输运的动力学过程,对隧穿时间的研究一直是一个复杂课题[10]。1932 年 L. MacColl[11]发表题为“波包在势垒中的传输和反射”论文,提出了第一个关于隧穿时间的分析理论,他使用了非相对论性量子波方程(Schrödinger 方程)。他说入射波包将分解为一个反射波包(reflected packet)和一个出射波包(transmitted packet);分析发现,当出射波包在势垒后端($z = l$ 处)出现,其时间大约与入射波包(incident packet)到达势垒前端($z = 0$ 处)相同;故波包经过势垒时没有可以觉察的时延。因此,MacColl 认为出射波包峰大约是在入射波包峰抵达势垒时离开势垒,故对应的时延为零,相应的速度是无限大。即使时延非零,由于隧穿是在特别短的时间上发生(tunneling takes place in an extremely short time),获得超光速也是自然的事。

后来的研究响应了 MacColl 的意见。1962 年 T. E. Hartman[12]发现在势垒厚度增加时相时间趋于饱和(达到一恒定值),故当势垒厚度增加时隧穿粒子速度可以不断地增大。对相对论学者来说,这理论与 MacColl 理论一样不可接受,因为它为超光速可能性打开了大门。但 Hartman 的理论分析更严谨,驳倒他会更困难;为此甚至出现了一个名词“惊慌的物理学家”。值得注意的是,Hartman 的分析也是从非相对论性量子波方程(Schrödinger 方程)出发的。Hartman 效应至今仍是拥护 SR 的人们的心病。另一个视角是消失态(evanescent state)[13]。为什么利用消失态时会发生超光速现象？1998 年 G. Nimtz 提出消失模具有不平常的特性[13]——其能量为负，不能直接地被测量，消失区是非因果性的（因消失模在所处区域不消耗时间，实验也证明对势垒的隧穿时间与势垒厚度无关）。笔者曾与 Nimtz 教授作过一些讨论。2000 年 1 月 4 日他来信指出，消失模状态应在考虑量子力学的条件下来描述和理解；它通过无法测量的虚光子而呈现。2001 年 12 月 17 日他则说，Maxwell 方程组未能完全、充分地描述消失模，因它是非局域的，具有负能量，并在势垒中速度无限大，并不具有 Lorentz 不变性，应当用量子力学来描写其特性。Nimtz 认为消失态体现出一种负动能；设能量 E、速度 v 的粒子从左方射向一个高 U_0 的矩形势垒，从粒子动力学观点来看 E 是动能 $\frac{1}{2}mv^2$ 与势能 U_0 之和，故有

$$\frac{1}{2}mv^2 = E - U_0 \tag{3}$$

如 $E < U_0$，粒子动能为负，在 $m > 0$ 条件下得到虚速度。这是不合理的，故一个经典粒子不能到达势垒的右方。微观粒子则不同，按照量子力学中 QM 中的测不准关系式，不可能同时得到粒子速度和坐标位置的准确值，即不能同时得到粒子动能和势能的准确值。故在势能为已知值的情况下，动能是不确定的。这时，表示粒子能量等于动能与势能合成的公式，即式（3）失去了意义。这是过去人们的看法。现在认为在量子条件下式（3）仍然正确，即使出现负能量也如此。……另一个例子：虽然国内有相对论专家对在美国做出负群速（NGV）的王力军实验[14]否定态度，但对能量密度（能流密度与速度之比）的计算却得出铯原子气体内能中的电磁部分的能量密度为负[15]，且向后传播。

上述情况说明，对 1993 年的 SKC 光子赛跑超光速实验不容易给出十分清晰的解释，因为光子"又是粒子又是波"，这本身就让人糊涂（Feymann 曾把波粒二象性称为"混乱的情况"），……那么研究亚光速实验是否容易些？问题在于，虽然减慢光速很方便，只需让光从真空通过改为穿越某种物质；问题是光从物质中出来应恢复速度为 c。而 2015 年初的上述实验，光从 mask 出来后保持低于光速而不恢复为 c；这是不好解释的。

为了与 Padgett 小组的实验做比较，我们提出如下问题：SKC 实验中走 B 路的光子被势垒加速，它从势垒出来后其速度是 c 还是 $1.7c$？即它是回到"自由空间光速"（真空中光速），还是回不去了（因而保持大于 c 的速度）？答案显然是后者；如果到达 det 的两路光子都是 c，符合计数器将无事可做（显示零）。……因此，SKC 实验的情况与 Padgett 小组实验的情况相似——前者用 barrier，造成光子加速；后者用 mask，造成光子减速。但现在这个 mask 不是某种物质，而是一种功能性系统的作用，这由图 1 看得很清楚。用物质（媒质）减慢光速很容易，但不能让光出去后还保持慢速。新实验能做到这一点是了不起的，是来自人类智慧的设计所造成的，产生了"冲击传统理论"的效果。这个"功能性系统"在文中称为信号臂（signal arm），主要包括三个 HWP 和两个 SLM。用液晶构成的 SLM 提供散射作用，相位 $0 \sim 2\pi$（平均值 π），受软件控制。……但对笔者而言，SLM 的设计仍然是奇怪的谜团，不知道究竟如何构成的。

5 从波粒二象性出发的分析

在物理学中波粒二象性一直是著名的难题。传统的看法是微观粒子有时呈现出粒子性（有确定路径，不产生干涉条纹）；有时呈现出波动性（产生干涉条纹，没有确定路径）。一般来讲不能同时观测到二者，即不能在产生干涉条纹时又获得其路径信息。著名的 Bohr 互补性原

理认为,微观世界中粒子性和波动性是互补的,没有一个实验可以同时显示这两个特性;应从"互斥即互补"角度去看待这种经典物理中不存在的情况。英国科学刊物 *New Scientist* 于 2004 年、2007 年两次报道美籍伊朗物理学家 S. Afshar 的实验[16,17],因为他声称自己在新设计的双缝实验中做到了 Bohr 认为不可能的事——同时看到光子的粒子性和波动性。但是,Afshar 实验并不是一个严格的 which way 实验,即未能真正做到既跟踪光子路径又还能看到干涉,故 Afshar 并未驳倒 Bohr。

早期的 WPD 实验用光子或电子进行,但困难太大。1991 年 M. Scully 建议用原子(实为低温下的冷原子)做实验,因其 de Broglie 波长很大,容易观察到干涉图样。问题在于如何判定原子经过双缝时走哪条路(which way);1998 年 Dürr[18] 等发表论文"用原子干涉仪进行的 which way 实验的互补性检测",是一个里程碑式的实验。特点是用原子内部态来存贮 which way 信息,并得出结论:"互补关系不一定是靠测不准原理来实施"。……因此对于仍用光子的双缝实验而言(如 Afshar),应尽量采用 Dürr 的做法——用内部态标记空间态;再看是否还能有干涉条纹,才能确定 Bohr 是否错了。

在 2004 年,倪光炯、陈苏卿[19] 把 WPD 归结为:微观粒子运动时若量子相干性尚未破坏,应当作波;当它已被探测到,则显示粒子性。认为这是两个不同层次的二象性,不是在同一层次上的"既像粒子又像波"。笔者觉得这个观点与 Bohr 相似但又不同。他们还重述了 Dirac 于 1930 年提出的观点:"一个光子是自己同自己发生干涉的",而且这一论述曾在 1988 年被实验所证明。……这些情况增加了研究 WPD 问题的微妙和复杂。……最近中国科学院物理所研究员李志远[20] 通过深入分析研究提出了独特观点,认为"违背互补原理是可能的"。在两种不同情况(Young 双缝干涉仪、Mach – Zehnder 干涉仪)下提出了可同时观测波性与粒子性的方案。因此,认为互补原理可以打破。有关分析尚有待实验证明,但不受权威束缚的研究精神和方法是突出的。

理论界的这些进展有助于思考 Padgett 团队的新实验。文献[3]在最后说:"自由空间中的光速是一个基本量,在相对论和场论中都是关键性的,也有许多技术性用途。过去已在 SKC 实验中研究了单光子以群速行进的情况。我们所做的群速测量是关于一个参考光子(reference photon)和一个空间结构化光子(spatially structured photon)的传播速度的差值,并没有直接测量光的速度。总之,我们测量的是光子的群速,结果显示光子的横向建构(transverse structuring)造成群速减小。相应工作是对群速简谐平均值(harmonic average)的严格计算。所观测到的效应可应用到任何波动(包括声波)理论中。"从这些话可以看出,论文的基础虽然和 SKC 实验一样是让同时产生的一对单光子分两路走("赛跑"),但作者仍然用波动理论来解释实验。因此,要准确判断这个实验的意义离不开 WPD 分析。

参看图 1,当一对孪生光子从同一起跑线同时飞出后,一直分为 A、B 两路;它们各自遵循一定的路径前行,这本身已是粒子性的体现。但光子同时又是波,可以用波矢 k,以及相速 v_p、群速 v_g 来描写;而且对波动参数可进行人为的调节操控,可以 change the shape,使之成为结构光(structured light);然后观察它从专门设置的 mask 出来后有什么不同。……必须指出,这样的研究以波动性为基础,因为对于光子这种粒子,科学界了解还很少。笔者曾指出[21],不能用经典的思维方式看待光子,因为它并不是一个弹子球。如果总是想要知道光子的"形状""大小"等时空细节,恐怕永远不会有结果。既然新研究认为微观粒子会在同一层面上同时呈现波性和粒子性,就应当承认 Padgett 团队做这种方便处理是合理可行的,因为对光子来说仅按其粒子性来研究是太困难了。……当然我们并不排除在未来会出现更好的实验;这里只是说文献[3]是一篇合理可信的研究论文,虽然它是从光子开始和结束,而用波动理论描写中间过程。测量数据与理论计算相符也证明了这一点。

6 另一个"光速减慢"理论

无独有偶,在 Padgett 小组发表实验工作前半年(2014 年 6 月),美国物理学家 J. Franson[1]发表了一篇理论分析文章,说"光速可能比先前认为的慢"。据中外媒体报道说:"Franson 的理论如果得到证实。目前的物理学将被彻底颠覆,许多著名理论将被改写。"他的论点基于对超新星 SN 1987A 爆发的研究。这次超新星爆发发生在 1987 年 2 月 24 日,在几个月时间里用人眼都可以看到,是自 1604 年以来人类观测到的最明亮超新星爆发。当时人们在地球上同时探测到了来自 SN 1987A 的光子和中微子,如果中微子和光子在真空中的传播速度相同(都是 c),应该同时抵达地球。但实际上,光子比中微子晚到了 4.7h;科学家当时认为,或许是因为这些光子的来源不同,因此产生了误差。现在 Franson 认为,真空中光速慢于 299792458m/s 也是一种可能。由于在真空中飞行的光子会形成一个电子和一个正电子,但两种粒子很快又会形成另一个光子,沿着原来的路线继续前行;这一过程称为真空极化。由于电子 - 正电子偶有质量,在银河引力势的作用下,粒子的能量会发生微弱的变化,并最终导致光速减小。在超新星 SN 1987A 与地球之间长达 168000l. y. 距离。这样的分合发生许多次后,将很容易让光迟到 4.7h。而相比之下,中微子则不会受此影响。

一些科学媒体评论说,如 Franson 正确,目前天体物理学的理论体系将轰然崩塌,所有基于光速的测量数据都将是错误的。例如,太阳光到达地球的时间将比我们此前认为的要长;位于大熊星座的 M81 星系。距离我们 1.2×10^7l. y. ,是地球上望远镜可观测到的最亮星系之一。如果光速比现在认为的慢,从 M81 星系发出的光将比我们先前认为的要晚大约两周的时间才能到达地球。由此产生的影响将非常惊人:如果是那样的话,所有天体之间的距离都得重新计算,所有描述天体运行规律的理论都得修改。可以说天体物理学的研究不得不一切从头开始。

然而 Franson 论文本身并没有这么多用"如果"串接起来的惊人之语,未曾说过要"颠覆现有的天体物理学"。只是说要"对引力势中的光速作修正",而在结尾处则说"量子力学(QM)和狭义相对论(SR)是物理学中的最基本定律,物理学研究的主要目标之一是使两者自洽地联合起来",这就赋予论文以朴素的形象。文章未提 SR,但笔者认为这才是关键之点,即该文将危及"光速不变原理"从而威胁到 SR 的正确性。论文实际上已经违反了相对论,而且显示了广义相对论(GR)与 SR 的矛盾。

论文的各小节标题如下:量子理论中的引力势;对光速的计算修正;规范不变性与等效原理;与实验观测对比;结论。文中有 20 个编了号的公式。论文的摘要说:"本文考虑了包括有质粒子引力势能量的效应,放入于量子电动力学的 Hamilton 量。得到了对光速的预期修正,它与精细结构常数成正比。此方法得到的光速修正取决于引力势而非引力场,它不是规范不变的。本文预期结果与 1987 年的超新星观测(Supernova 1987a)实验一致。"可见,Franson 的理论分析和计算是基于"矢势的可观察效应"——类似电磁理论中的 Aharonov - Bohm 效应,在这里起作用的是"势"(引力势(gravitational potential))而非"场"(引力场(gravitational field))。Franson 描绘了一种可能的内在物理过程——光在真空中传播时会受"真空极化"作用的影响,光子在瞬间分解为电子和正电子,而后又重新结合起来。当它们分裂时,量子作用在这对虚拟粒子间形成一种引力势,从而使光子减速。

Franson 理论对光速修正有一个简单的结果：

$$\frac{\Delta c}{c} = \frac{9}{64}\alpha\frac{\Phi_G}{c^2} \tag{4}$$

式中：Φ_G 为引力势。

由于 $\Phi_G < 0$，故式（4）表示光速减慢了。总之，论文的理论基础，一是量子理论中的引力势，二是光子的电磁势理论，其他还涉及规范不变性（gauge invariance）和等效原理（equivalence principle）。因此，Franson 是使用了 GR，而没有违反 GR。

尽管笔者对这个理论研究给予积极评价，但认为对 1987 年的事件（超新星爆发时光子比中微子晚到地球）的解释尚不能定论。实际上仍有两种可能性存在：①光子以 c 运动，中微子以超光速（$v > c$）运动；②中微子以 c 运动，光子以亚光速（$v < c$）运动。Franson 的观点属于②，但①可能性也不能排除[22]。不久前又有一个新的研究论文出来——2014 年 12 月 30 日《参考消息》根据英国新闻媒体报道说，一篇即将在英国《天体粒子物理学学报》上发表的论文声称，一项新研究证明中微子很可能是超光速粒子，因为其质量平方是负数（$m_0^2 < 0$），质量是虚数（$m_0 = j\mu, \mu = 0.33\text{eV}$）。这虽然是一种间接证明，但由 Lorentz 质速公式，粒子速度将大于光速（$v > c$）。……无论如何，现在不能完全确定"中微子以光速运动"，物理学家最好慎用这一结论。

7　结束语

有必要指出，相对论学者认为 Newton 的绝对同时性在现实中无法实现，故 Einstein 提出光速不变假设，即用光信号对钟。说是假设，因它不是经验（实验）结果，因为单向光速的各向同性没有（也无法）被实验证明[23]。要测量单向光速就得先校对放在不同地点的两个钟，为此又要先知道单向光速的精确值。这是逻辑循环，因此试图检验单向光速的努力都是徒劳的。……现在我们要问：既然无法检验，这个参数（光速）又怎能先行确定其"不变性"呢？可见光速不变原理（或假设）先天不足；出现各种反证并不令人奇怪[3,24]。

Franson 理论和 Padgett 小组实验都破坏了真空中光速 c 为恒值的常数性质，使之成为会变化的参数，与 SR 中的光速不变原理和现行米定义的要求背道而驰。这是两者的共同点和最引人注意的地方；但它们的物理原理完全不一样。

本文提出需要把 2015 年的 Padgett 小组实验和 1993 年的 SKC 实验相比较，考察两者的相似处和不同处。巧妙的实验设计可以从不同方向证明光速可变性；而且只有依靠波粒二象性才能建立对实验现象的理论诠释。但迄今为止对这两个工作的认识都还是不深刻的，进一步的研究尚有待进行。

参考文献

[1] Franson J D. Apparent correction to the speed of light in a gravitational potential [J]. New Jour Phys, 2014, 16:065008.

[2] 黄志洵. "真空中光速 c"及现行米定义质疑[J]. 前沿科学, 2014, 8(4): 25 - 40.

[3] Giovannini D, Padgett M, et al. Spatially structured photons that travel in free space slower that the speed of light [J]. Science Express, 10.1126 science. aaa3035, 22 Jan 2015, 1 - 6.

[4] Hong C K, Ou Z Y, Mendel L. Measurement of subpicosecond time intervals between two photons by interference [J]. Phys Rev Lett, 1987, 59: 2044 - 2046

[5] Stemberg A M, Kuwiat P G, Chiao R Y. Measurement of the single photon tunneling time [J]. Phys Rev Lett, 1993, 71(5):

708 – 711. (又见：Grunter T，Welsch D G. Photon tunneling through absorbing dielectric barriers ［J］. ar Xiv：quantph/ 9606008，1996，1（6）：1 – 5.）

［6］ Macdonald K. Scientists slow the speed of light ［N］. BBC News, 22 Jan 2015.

［7］ Einteins A. Zur elektro – dynamik bewegter Kärper ［J］. Ann. d Phys，1905，17：891 – 921. English translation：On the electrodynamics of moving bodies，reprinted in：Einstein's miraculous year. Princeton：Princeton Univ Press，1998.（中译：论动体的电动力学. 范岱年，赵中立，许良英，译. 爱因斯坦文集［Z］. 北京：商务印书馆，1983，83 – 115.

［8］ 郝建宇. 狭义相对论自我否定剖析［N］. 北京科技报. 2006 – 09 – 20.

［9］ Editorial. Faster than the speed of light ［J］. New Scientist, 1995（1 Apr）：3.

［10］ 黄志洵、姜荣. 量子隧穿时间与脉冲传播的负时延［J］. 前沿科学，2014，8（1）：63 – 79.

［11］ MacColl L A. Note on the transmission and reflection of wave packets by potential barriers［J］. Phys Rev，1932，40：621 – 626.

［12］ Hartman T E. Tunneling of a wave packet［J］. J Appl Phys，1962，33：3427 – 3433.

［13］ 黄志洵. 论消失态［J］. 中国传媒大学学报（自然科学版），2008，16（3）：1 – 19.

［14］ Wang L J，Kuzmich A，Dogariu A. gain – asisted superluminal light propagation ［J］. Nature，2000，406：277 – 279.

［15］ 张元仲. 反常色散介质"超光速"现象研究的新进展［J］. 物理，2001，30（8）：456 – 460.

［16］ Chown M. Quantum rebel ［J］. New Scientist，2004（24）：30 – 35.

［17］ Chown M. Quantum rebel wins over doubters ［J］. New Scientist，2007（17）：13.

［18］ Dürr S，et al. Origin of quantum mechanical complementarity probed by a which – way experiment in an atom interferometer ［J］. Nature 1998，395：33 – 35.

［19］ 倪光炯、陈苏卿. 高等量子力学［M］. 2 版. 上海：复旦大学出版社，2004.

［20］ Li Z Y（李志远）. Elementary analysis of interferometers for wave – particle duality test and the prospect of going beyond the complementary principle ［J］. Chin Phys B，2014，23（11）：110309 1 – 13.（又见：李志远. 微观粒子波粒二象性及互补原理违背的可能性分析［R］. 北京：中国科学院物理研究所，2015.）

［21］ 黄志洵. 论单光子研究［J］. 中国传媒大学学报（自然科学版），2009，16（2）：1 – 11.

［22］ 黄志洵. 试评欧洲 OPERA 中微子超光速实验［J］. 中国传媒大学学报（自然科学版），2012，19（1）：1 – 7.

［23］ 张元仲. 狭义相对论实验基础［M］. 北京：科学出版社，1979（初版），1994（重印）.

［24］ 林金. 爱因斯坦光速不变假设的判决性实验检验［J］. 宇航学报，2009，30（1）：25 – 32.

试论林金院士有关光速的科学工作

黄志洵

(中国传媒大学信息工程学院,北京100024)

【摘要】林金是中国运载火箭技术研究院的杰出科学家;他于1935年4月出生,2016年2月不幸因病逝世。林金教授是卫星导航技术的著名专家,他那独创和新颖的基于火箭测量的重新定义空间、时间的见解和方法,在科学界受到关注并得到高度赞扬。林金教授还是国际宇航科学院院士。

"利用光的往返定义时间",1905年Einstein以此为基础构建了狭义相对论(SR);林金洞察于此,对之做深入的思考。2004年林金在论文中说,Lorentz解释他自己的变换式(LT)时仍用绝对空间、时间,但Einstein用同时的相对性解释LT。现在我们应重新审视1905年Einstein以光速不变假设为基础的关于同时性的定义——当光信号由位置A传到位置B,并立即返回到A,则有时间关系式 $t_B - t_A = t'_A - t_B$。……但在2009年林金团队发表一篇论文,报道他们对Einstein光速不变假设的判决性实验检验,它是在中国科学院国家授时中心的高精度双向卫星时间传递(TWSTT)设施上完成的。通过对比单程光信号同时性定义和双程光信号同时性定义的测量机制证明:在有相对运动的情况下双程光信号中的"往"和"返"两个单程信号通过的时间必然是不相等的。在所报告的实验检验中西安临潼地面观测站和乌鲁木齐地面观测站的铯原子钟分别通过鑫诺卫星和中卫一号卫星进行双向时间传递。因此林金教授证明可以用航天技术手段来做"时间 t_A"和"时间 t_B"的实际的直接比较。

林金还指出,"超过光的速度不可能存在"是从SR的Lorentz因子提出的,太阳系外载人深空宇宙航行的发展要求对这个问题做出回答。他就自主惯性导航提供的一个新理论来分析惯性导航的时间定义和测量机制以及超光速运动。火箭自主惯性导航理论的启发性在于,一个动体可以自己测量自己相对一个惯性系的加速度、速度和位置,作为动体上自带钟固有时间的函数。自主纯惯性导航系统是基于引力场的一个基本性质;即使这个世界上没有光、没有电磁场,纯惯性系统照样工作,照常自主定位、自主测速。在一个假想只有引力场、没有电磁场的世界中,为何 3×10^8 m/s 会成为动体速度的极限?!宇航员建立了自主精确描述火箭和宇宙飞

《前沿科学》编者按:林金既是卫星导航与惯性导航专家,又是研究基础科学理论的学者。黄志洵教授撰写的"试论林金院士有关光速的科学工作"一文不仅是对林金先生的纪念,更重要的是深入浅出地阐明了林金科学工作的理论背景和意义。本刊编委会主任宋健院士在致黄志洵教授的信中说:"喜读大作,很高兴,是对这位可敬朋友的很好纪念。文中强调了两点:林的测量证明在相对运动中往返光速不相等,用飞船自主导航不存在光障问题。这两点使我对超光速飞行的未来抱有厚望。一个'恶无限'会成为自然法则,和Big Bang一样不可信。SR和GR数学的美征服了很多人,但数学不是物理。建议在学术刊物上发表大作。物理界现在承认并未掌握万物之理。"

注:本文原载于《前沿科学》,第10卷,第4期,2016年12月4~18页。

船在给定惯性系中做任意加速和减速运动的动力学过程。只要开发出新的动力源,宇宙飞船的航行速度不存在上限。

林金教授关于光速问题的有关理论和实验工作,不仅是出色的,甚至可能是绝无仅有的。我们谨以此文向他致敬和怀念。

【关键词】光速不变假设;超光速;Lorentz 变换;自主惯性导航

Discusses on Light – speed Research Works of Academician LIN Jin

HUANG Zhi – Xun

(Communication University of China, Beijing 100024)

【Abstract】LIN Jin is a top scientist of Chinese Academy of Launch Vehicle Technology. He was born in April 1935, die in February 2016. Prof. LIN was one of the leading experts in satellite space navigation technology and experiments, his highly original and novel approach to the redefinition of space and time based on rocket measurements caused somewhat of a stir among the scientists and won acclaim. Prof. LIN was an academician of International Astronautics Sciences Academy.

"The definition of time is make full use of the light to and fro between two positions", Einstein constructed the Special Relativity(SR) based upon this idea in 1905. Prof. LIN see clearly on this subject and think deeply. In the year 2004, LIN Jin says in the article: Lorentz himself interpreted Lorentz Transformation(LT) as absolute space and absolute time, but Einstein's interpretation of LT is relative of simultancity. Now, we must re – examine the definition of simultancity proposed by Einstein in 1905, it based upon the postulate of the light speed constancy—when to light signal from position A propagate to position B, and soon back to A, the relation of time is $t_B - t_A = t'_A - t_B$... But in the year 2009, LIN Jin et. al. published an article for the crucial experiment in order to checking Einstein's postulate of the light speed constancy. It was performed at the high precision TWSTT (Two Way Satellite Time Transfer) facility of the National Time Service Center, Chinese Academy of Sciences. By comparison the measurement mechanisms of one way light signal simultancity and "to – and – fro" two way light signal simultancity, the principle of the crucial experiment has proved: if there exists relative motion, the "uplink" and "downlink" light signal passage times of the "to – and – fro" two way light signal are not equal, so that $t_B - t_A \neq t'_A - t_B$. The cesium atomic clocks at Xian station and Urumuqi station transferred and exchanged pps time signals via Sino satellite and China Sat – 1 satellite. Then, Prof. LIN was proved that the comparison of "time t_A" and "time t_B" is subject to direct experimental verification by means of space technology.

In the opinion of Prof. LIN, "velocities greater than that of light have no possibility of existence" arose from the Lorentz factor of Special Relativity(SR). The development of manned deep space travel out of the solar system demands and answer to this issue. He analyse the definition of time and measurement mechanism of inertial navigation and faster than light issue on the basis of a new theoretical model provided by the autonomous inertial navigation. The unique point worthy of conscious brooding of the theoretical model of rocket autonomous inertial navigation is that a moving body is able to measure its own acceleration、velocity and position in a given inertial system as functions of proper time of the on-board clock in the moving body. In principle, autonomous pure inertial navigation is based on a fundamental feature of gravitational field; even if there were no light, no electromagnetic fields in the world, a pure inertial navigation system works as well, autonomously measuring velocity and position. In a world with only gravitational field, and without electromagnetic fields at all, why should 3×10^8 m/s be the limit of velocity?! The astronaut has established an accurate equation which autonomously and precisely describes arbitrary acceleration and deceleration motion of rockets and spacecraft in a given inertial system. As long as new types of power sources are to be developed, there exist no limit of velocities of spacecraft.

The research works on light speed problems of Prof. LIN are brilliant contributions, and perhaps it is never to be seen again. We salute to Prof. LIN, and cherish the memory of this scientist. 【Key words】light speed constancy postulate; faster than light; Lorentz transformation; autonomous inertial navigation

1 引言

林金,1935 年 4 月出生,1952 年上海南洋模范中学毕业后考取北京留苏预备部。1953 年至 1957 年在苏联乌拉尔工学院机械系学习,1957 年转入苏联国立乌拉尔大学物理数学系,1958 年毕业。回国后分配到国防部第五研究院二分院第一专业设计部从事航天事业。曾提出"外干扰完全补偿理论",成功应用于我国第一代运载火箭制导系统设计,获第一次全国科学大会奖。1969 年至 1972 年在广州军区军垦农场劳动期间,理论思想获得突破,发现航天导航测量原理(惯性导航和无线电导航)和传统的时间和空间理论(狭义相对论(SR)和广义相对论(GR))之间的内在深刻联系,开始做跨学科的时间和空间理论研究。1980 年至 1983 年在美国 Houston 大学物理系继续时间和空间理论的研究,对"超光速运动""双生子佯谬"等问题提出了挑战传统理论的新观点和理论。1990 年以来结合航天导航定位测量中的前沿问题进行再思考研究,发现美国全球定位系统(GPS)和苏联全球导航卫星系统(GLONASS)中星载和地面原子钟之间时间同步方法上存在理论缺陷,相对论修正有漏项。2003 年 1 月获"一种相对匀速直线运动的原子钟时间远距离对准方法"中国发明专利。2006 年 4 月 18 日在美国获得"METHOD AND APPARATUS FOR SYNCHRONIZATION OF CLOCKS"专利(专利号:US 7,031,417 B2),详细阐述了用卫星对钟的理论和方法。专利可用于提高世界时间计量精度,改进全球卫星授时和定位系统,从而避免了 Einstein 狭义相对论用单程光速对钟中所用的往返光速相等的假设。后研究涉及光速不变原理假设等关于时间和空间理论的基本问题,于 2009 年完成了对 Einstein 的光速不变假设的判决性实验检验。

林金历任中国运载火箭技术研究院 12 所研究员、中国航天工程咨询中心首席科学家、"863"计划 409 主题专家组顾问;是国际宇航科学院院士,七、八、九、十届全国政协委员。2016 年 2 月林金因病医治无效在北京逝世,终年 81 岁。

林金院士是一位严肃认真、刻苦努力的科学家,也是我和多位专家的好朋友。笔者写作此文,不仅是为了纪念,而且是致力于弘扬他的那些堪称优秀的科学思想。本文是抛砖引玉之作,请学者们指正。

2 找出传统理论的短板是创新的前提

林金既是卫星导航与惯性导航专家,又是研究基础科学理论(如狭义相对论和广义相对论)的学者。其著作体现为一系列论文和讲义,照说应当全读并深入思考后才能对其科学思想做出评论。然而笔者还做不到这一点,故只能抓住少数重点作介绍和评论——这虽不理想但仍好过无人去做从而被忽视和湮没。

林金晚年科学工作的一个重点是研究 SR 的某些假设和论据——必须指出他研究 SR 不是出于简单的个人兴趣,而是来自航天实践的需要。教科书中的许多说法让他(其实也让许多人)迷惑,并促进了他的思考。例如究竟怎样看待著名的时空变换公式——Lorentz 变换?正是这个变换导致出现了因子 $\sqrt{1-v^2/c^2}$(v 为动体速度,c 为光速),并造成 SR 对客观世界的许多奇怪解释。正如大家所知,在经典力学(CM)中,联系两个惯性系之间的坐标变换是 Galilei 变换(GT):

$$x'=x, y'=y, z'=z-vt, t'=t \tag{1}$$

式中:z 为动体在 K 系中的一维运动方向(坐标);t 为 K 系的时间;z' 为动体在 K' 系中的一维运动方向(坐标),t' 为 K' 系的时间;v 为两惯性系之间的相对速度,这里假定速度矢量 v 的方向与 z 轴平行。显然,GT 的特点是不同参考系的时间相同($t'=t$)。

1887 年,A. Michelson 和 E. Morley[1] 发表文章,宣布为寻找光以太相对于地球的运动而做的干涉仪实验得到否定的结果。随后出现了各种解释,例如 H. Lorentz 从数学上发现,若动体在运动方向上以 $\sqrt{1-v^2/c^2}$ 的比例收缩尺寸,则 MM 实验中的两束光线的路程就相同——两束光的相位关系不变,实验结果就是负的。"长度收缩"实际上是当时的物理学家面对 MM 实验而做出的反应,但他们并不放弃绝对静止的以太(ether)。……进一步研究导致出现 1904 年提出的 Lorentz 变换(LT)[2-4]:

$$x'=x, y'=y, z'=\frac{z-vt}{\sqrt{1-v^2/c^2}}, t'=\frac{t-vz/c^2}{\sqrt{1-v^2/c^2}} \tag{2}$$

在 LT 中不同参考系中的时间不同($t'\neq t$);当然,若 $v\ll c$,LT 简化为 GT。

林金的著作表明,他对 LT 非常重视,并有自己的解释。他指出,通常认为只是在相对运动速度 v 可与光速 c 相比拟时,LT 与 GT 才有显著区别。但如细察 LT 公式,就可看出更为本质的是两个公式(z' 和 t')分子上的修正项,即 $v\cdot\Delta z/c^2$。若时延 $\Delta z/c$ 足够大,即使 v 低到 1m/s,也会有较显著的修正效应[5]。可见,林金特别着眼于 LT 公式的分子,而非分母(分母中因子 $\sqrt{1-v^2/c^2}$ 往往最引人注意);他的思考和观察是深入的。为证明自己观点的正确性,林金举出一个实际例子:设 $\Delta z=36000$km(同步卫星高度),$v=1$m/s;又已知 $c\approx3\times10^8$m/s,代入后计算出

$$\frac{v\cdot\Delta z}{c^2}=0.4\times10^{-9}\text{s}=0.4\text{ns}$$

这不是卫星授时定位可以忽略的值;因此可把 LT 方程写为

$$\Delta z' = \frac{\Delta z - v \cdot \Delta t}{\sqrt{1 - v^2/c^2}}, \Delta t' = \frac{\Delta t - v \cdot \Delta z/c^2}{\sqrt{1 - v^2/c^2}} \tag{3}$$

现在我们回溯 1905 年 Einstein[6] 定义同时性的方法并思考其中存在的问题。在著名论文"论动体的电动力学"的靠前部分中,Einstein 说:"如果在空间的 A 点放一只钟,那末对于贴近 A 处的事件的时间,A 处的一个观察者能够由找出同这些事件同时出现的时针位置来加以测定。如果又在空间的 B 点放一只钟——我们还要加一句,'这是一只同放在 A 处的那只完全一样的钟,'——那么,通过在 B 处的观察者,也能够求出贴近 B 处的事件的时间。但要是没有进一步的规定,就不可能把 A 处的事件同 B 处的事件在时间上做比较;到此为止,我们只定义了'A 时间',和'B 时间',但是并没有定义对于 A 和 B 是公共的'时间'。只有当我们通过定义,把光从 A 到 B 所需要的'时间'规定为等于它从 B 到 A 所需要的'时间',我们才能够定义 A 和 B 的公共'时间'。设在'A 时间't_A 从 A 发出一道光线射向 B,它在'B 时间't_B 又从 B 被反射向 A,而在'A 时间't_A'回到 A 处。如果

$$t_B - t_A = t_A' - t_B \tag{4}$$

即

$$t_B = \frac{1}{2}(t_A + t_A') \tag{4a}$$

那么这两钟按照定义是同步的。"

(注:以上引文中的公式编号为笔者所加。)

既然光速不变原理来自静止以太理论,而 MM 实验却否定了以太,那么光速不变原理是否还应存在就成为问题。况且 LT 关系式只对相对以太静止的参考系才成立,故该系成为优越参考系(prefered frame),与相对性原理不符。……Einstein 的做法,不但保留光速不变这个假说,而且提高其地位。他曾说:第一步要拒绝以太假说;然后为走出第二步,必须使相对性原理容纳 Lorentz 理论的基本引理,因为拒绝这条引理即是拒绝这个理论的基础。以下即此引理:真空中光速为常数,并且光和发光体的运动无关。

在第 6 小节中我们将此引理上升为原理。为简单起见以后称之为光速不变原理。

在 Lorentz 理论中此原理仅对一个处于特殊运动状态的系统成立,即必须要求系统相对"以太为静止。假如想保留相对性原理,必须容许光速不变原理对任何非加速度运动系成立。"

Einstein 又说:"根据经验,我们还把下列量值

$$\frac{2\overline{AB}}{t_A' - t_A} = c \tag{5}$$

作为一普适常数——空虚空间的光速。利用在静止系中的静止钟来定义时间这一点是本质的,我们称现在适合于静止系定义的时间为'静止系时间'。"

(注:以上引文中的公式号为笔者所加。)

通过以上回溯,我们可以清楚地看出 Einstein 怎么看待光速,怎么看待时间;并了解 SR 理论中那些基本判断的来源。但是很明显,在这当中有一些需要用实验证明的假设。在 Einstein 1905 年论文中还没有这样的实验证明,因而 Einstein 把自己的作法称为"借助于某些物理经验"的假设。百年来人们大多立即接受之,未考虑这当中会不会有问题。根本之点在于,Einstein 提出了一种使用往返双程的光信号定义。$t_B - t_A = t_A' - t_B$这个假定成立的式子表示:光在"往"和"返"同样路程时所需的单程时间相同,即"光速与光的进行方向无关"。这样一来,

"光速不变原理"(或"光速恒定性原理")就成为一个必不可少的理论假设。但是,这当然是一件尚待实验证明的事情。

总之,作为 SR 的两个基石之一的光速不变原理,只是 Einstein 为了保留原来基于静止以太的物理方程的数学形式,而用定义作为一种处理手段;即定义光信号通过"往"和"返"两个单程的时间相等,并引进了"静止系"和"静止钟"时间概念。对 Einstein 的方法和结果,林金一直存在怀疑,长久以来都在考虑设计一个实验并实行之,以现代技术所能有的高精度方法做直接的实验检验。

3 为检验光速不变性假设而进行的大尺度实验

前面已经通俗地说明了林金院士的一些科学思想,当然这距离详尽叙述还差得远。笔者不是航天导航技术专家,也不是授时专家,在理解和转述上也会有困难;但在写作本文时笔者很受感动——为了中国科学家的顽强和大无畏精神,为了他做出了杰出的贡献而始终谦虚自律从不作宣传。……在以下的文字中,笔者将使用"光速不变性假设"(hypothesis of light – speed constancy)这一专用词语来代表 SR 的一个基石,另一基石是相对性原理。

2009 年 1 月,林金等[5]在《宇航学报》发表了论文"爱因斯坦光速不变假设的判决性实验检验",对他们团队利用航天高新技术在大尺度距离上进行实验的情况做了详细报道。实事求是地说,笔者对林金的工作一直是重视的,近年来我多次邀请他在我们组织的学术活动中做报告就是明证。但对他的这篇文章没有仔细地拜读,对其价值估计不足。在最近(林金逝世几个月后),我曾询问一位资深物理学家对此文的看法;这位朋友不仅做了肯定评价,随后又用"绝无仅有"四个字作为读后感——他的态度给我以深刻印象;现在我们就来作介绍和评述。

用林金的说法——一般认为,航天导航技术只是应用科学的一个分支,只能把基础科学的已有成果应用于航天导航。然而,自 20 世纪 70 年代以来,林金对航天导航的基本测量原理做深入研究后发现,为了达到卫星导航单点实时定位的针尖准确度必须对传统的时间和空间理论(SR 和 GR)的某些概念和结论做根本性的修正,从而实现对时间和空间的基础理论做出创新的推动。

如所周知,世界在 1957 年进入了航天时代。1967 年第 13 届国际计量大会采用 Cs – 133 的跃迁周期作为时间的原子标准。1983 年第 17 届国际计量大会正式通过长度米的新定义:米是光在真空中在 1/299792458s 的时间间隔内运行距离的长度,光速 $c = 299792458\text{m/s}$,定为精确值。时间技术(原子钟及时间信号远距离传递)加上卫星通信技术(导航电文),使得单程光(电磁)信号成为现实。于是具备了实验条件来检验 Einstein 在 1905 年论文中的假设定义等式 $t_B - t_A = t'_A - t_B$ 是否真实成立。

2008 年,林金等在中国科学院国家授时中心(原陕西天文台)的双向卫星时间传递(TW-STT)设施上完成了对 Einstein 1905 年的同时性定义的判决性实验。实验观测数据证明,在存在相对运动情况下,Einstein 假设的等式是不成立的。实验检验的原理是基于狭义相对性原理和单程光(电磁)信号同时性定义。检验原理通过对比单程光信号同时性定义和 Einstein 双程光信号同时性定义的测量机制证明:在 A 和 B 间有相对运动的情况下,把双程光信号分解成"往"和"返"两个单程光信号的信号传递时间是必然不相等的。在林金等的实验中,西安临潼地面观测站和乌鲁木齐地面观测站的铯原子钟,分别通过鑫诺卫星和中卫一号卫星进行双向时间传递(图1)。观测数据证明,卫星和地面站之间存在的相对速度虽然只有 1m/s 量级,但是由于信号通过同步卫星传递的距离达到 72000km 的量级,造成西安临潼站和乌鲁木齐站之间"往"和"返"两个单程信号通过的时间不相等,差值为 1.5ns 量级。观测结果验证了林金理论分析的结论,实验中不确定度在 ±0.01ns 量级。

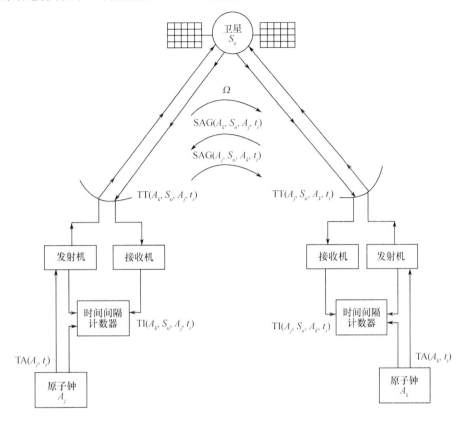

图 1　实验检验原理图

这项由航天大系统完成的、在地面实验室不可能实施的判决性实验结果,动摇了 SR 的一块基石。因此林金认为从卫星系统和惯性导航测量原理的视角,应当重新再思考传统的时间和空间理论。从卫星导航特有的单向光(电磁)信号视角应重新恢复 Galilei 变换的地位。……可见,林金团队完成的实验向科学界发出了重要的信息,涉及有关基础科学理论的重大问题。

从表面上看,只要有一个地面站(当作 A 点)和一个卫星(当作 B 点)就可以做实验了。但实际上并非如此;现代原子钟技术和航天技术的发展使得利用单程光信号进行时间同步成为可能,双向卫星时间传递概念正是利用远距离的两台原子钟同时各向对方发射电磁信号(不同钟同时刻的秒脉冲)来实现远距离原子钟时间同步的。现在,林金等采用两台(分处两地)原子钟 A_j、A_k,原则上它们应同时向对方发射光信号。实际上 A_j 和 A_k 为地球上相隔遥远距离并随地球在地心惯性系中转动的观测站,无法实现直接视线方向的观测和通信,所以技术上 A_j 钟和 A_k 钟的双向单程光信号时间同步的观测模型是通过地球同步定点通信卫星 S_n 转发实现的。一个单程信号在 A_j 站 $TA(A_j, t_i)$ 时刻出发,沿 A_j 站到 S_n 星的视线进行,经 S_n 星转发后沿 S_n 星到 A_k 站的视线进行到达 A_k 站,获得观测量 $TI(A_j, S_n, A_k, t_i)$,信号从 A_j 站经 S_n 星到 A_k 站的传递时间为 $TT(A_j, S_n A_k, t_i)$。另一个方向的单程信号在 A_k 站的 $TA(A_k, t_i)$ 时刻出发,经 A_k 到

S_n 的视线,转发后沿 S_n 到 A_j 视线到达 A_j 站,获得观测量 $\mathrm{TI}(A_k,S_n,A_j,t_i)$,信号从 A_k 经 S_n 到 A_j 的传递时间为 $\mathrm{TT}(A_k,S_nA_j,t_i)$。……实际的实验,考虑因素很多,例如要考虑地面站和卫星在地心惯性系中的运动对观测方程的影响,以及其他复杂问题;甚至还要考虑 Sagnac 效应。林金团队最终得到了双向卫星时间传递观测方程,原则上单程信号观测量由钟差、Sagnac 效应和信号传递时间三个部分组成。在实际的单程观测量中要进行钟差和 Sagnac 效应修正,之后才能得到 Einstein 单程光信号同时性定义的两个基本要素:光信号到达时刻钟上的读数和光信号走这段距离所需的时间。但在双向卫星时间传递中,双方通过通信手段都掌握了双方对发的两个单程信号观测量,双向的单程信号观测量相加时钟差和 Sagnac 效应由于原理上的不对称性自动对消,于是最终得到了单程信号传递时间和双方钟上读数的关系式。

实验数据的搜集,分成两个大组:①临潼站与乌鲁木齐站通过鑫诺卫星转发观测数据;②临潼站与乌鲁木齐站通过中卫一号卫星转发观测数据。国家授时中心对信号传递各环节的时延进行了仔细的标定,并进行了经常性或实时的监测,从多年长期记录的原始观测数据分析可以看出数据精确稳定。实验观测数据明显证明:双向对发的单程信号传递特征是对称的,在信号传递时间间隔(0.25s 量级)内把信号发射站和信号接收站间的相对运动看成是相对匀速直线(视线一维空间)运动的假设(理论抽象)是合理的,信号发射站和信号接收站角色对调后观测到对称的现象。林金团队以 2008 年 2 月 18 日 12 时至 13 时原始观测数据为例做了说明。

现在我们把林金团队的实验做一总结。实验的根本目的是检验 Einstein 的 SR 理论中的光速不变性假设;实验检验的原理是基于狭义相对性原理和单程光(电磁)信号同时性定义。林金认为通过对比单程光信号同时性定义和双程光信号同时性定义的测量机制证明:在有相对运动的情况下双程光信号中的"往"和"返"两个单程信号通过的时间必然是不相等的。在实验中西安临潼观测站和乌鲁木齐观测站的铯原子钟分别通过鑫诺卫星和中卫一号卫星进行双向时间传递。观测数据证明卫星和地面站之间存在 1m/s 量级的相对速度会造成西安临潼站和乌鲁木齐站之间"往"和"返"两个单程信号通过的时间不相等,差值在 1.5ns 量级;观测结果的不确定度在 ±0.01ns 量级。Einstein1905 年以定义方式引进的等式 $t_B - t_A = t'_A - t_B$,在有相对运动情况下不成立;实验证实了林金的理论判断。

4　对林金团队实验的理论评价

为了评价林金团队的工作,我们现在对作为基础物理理论之一的 SR 做一些讨论和思考。如所周知,SR 的基础是两个公设和一个变换。第一公设说"物理定律在一切惯性系中都相同",即在一切惯性系中不但力学定律同样成立,电磁定律、光学定律、原子定律等也同样成立。第二公设说"光在真空中总有确定的速度,与观察者或光源的运动无关,也与光的进行方向和颜色无关";这被 Einstein 称为 L 原理。为了消除以上两个公设在表面上的显著矛盾(运动的相对性和光传播的绝对性),SR 认定"L 原理对所有惯性系都成立";或者说,不同惯性系之间的坐标变换必须是 LT。现在,Einstein 认为 LT 不仅赋予 Maxwell 方程以不变性,而且是理解时间与空间的关键,即用 LT 把时、空联系起来。SR 还有四个推论(运动的尺变短、运动的钟变慢、光子静质量为零、物质不可能以超光速运动)和三个关系式(速度合成公式、质量速度公式、质能关系式),这些就是 SR 的主要内容。

公设的正确性是靠其预言或假设与实际的符合程度来检验的,它不能直接与实验相矛盾;我们将据此来讨论 SR 的两个公设。先看 Einstein 怎样论证第一公设与实际相符的特性,1921

108

年5月他在美国 Princeton 大学演讲时说："所有的实验都表明,相对于作为参考系的地球,电磁现象和光学现象并没有受到地球平动速度的影响;这些实验中最著名的就是 Michelson 和 Morley 所做的那些实验。"[7]

笔者认为,近年来不是第一公设而是第二公设受到了较多的批评,必须对它的实践检查和实验检验问题做更广泛深入的讨论。Einstein 在 1921 年的演讲中是这样说的:"Maxwell - Lorentz 方程对运动物体中光学问题的处理也证明了它(指第一公设——笔者注)的正确性。没有其他理论可以令人满意地解释光行差、运动物体中的光传播(Fizeau)和双星现象(de Sitter)。Maxwell - Lorentz 方程的一个推论是:我们必须认为至少是对于一个确定惯性系 K,光在真空中以速度 c 传播这一假设已被证实。我们还必须根据狭义相对性原理假定上述原则对其他任意惯性系都成立。"这里 Einstein 是用第一公设帮助确立第二公设,未正面谈第二公设的实验检验。实际上,大多数非 Einstein 所写的解释 SR 的书,都是用 M - M 实验作为第二公设的证明的。

与 SR 的第二公设相关的另一个重要问题是,真正有意义的单向(单程)光速测量从未在实验上得到解决。值得注意的是,相对论学者并不否认这一点。张元仲[8]的书多次提到这个问题;在该书 §1.2 中说,如果找不到更理想的校钟手段,单向光速就不可观测;只有平均双程光速与同时性问题无关。又说,下一章(指该书第二章"光速不变原理实验")的各种检验光速不变的实验均只证明了回路光速不变,并未证明单向光速不变,故说"光速不变已为实验证明"并不确实。第二章的前言中说,Einstein 光速不变原理所指为单向光速,即光沿任意方向的传播速度;但实验所测并非单向光速的各向同性,而是回路光速的不变性。此外,该书 1994 年重印本中作者加了一个说明,再次强调单向光速不可观测,这是因为"我们并没有先验的同时性定义,而光速的定义又依赖于同时性定义"。2000 年 11 月出版的《Newton 科学世界》杂志发表了张元仲对该刊的谈话:"Newton 的绝对同时性在现实中无法实现;Einstein 提出光速不变假设,即用光信号对钟;……说是假设,因它不是经验(实验)结果,因为单向光速的各向同性没有(也无法)被实验证明。要测量单向光速就得先校对放在不同地点的两个钟,为此又要先知道单向光速的精确值。这是逻辑循环,因此试图检验单向光速的努力都是徒劳的。"

如果笔者的理解不错,那么相对论专家也承认第二公设确实没有得到真正的实验验证。现在出现了有趣的情况,一方面认为"狭义相对论是感性(实验)和理性(理论)完美结合的产物,已被许多实验所证明";另一方面说 SR 的两个基础之一(第二公设)根本不可能在严格的意义上用实验证明。出路似乎只有一个,即这个"假设"不需要实验证明,只要用这类思辨式语言说一说,人们就必须加以承认。然而,这只是一种愿望,事实上,目前在国内外对"光速不变"持怀疑态度的大有人在。

至此,我们看到对 SR 第一公设的反对意见很少,对第二公设的怀疑和反对意见较多,因此正确的态度是不仅允许公开讨论,还应进一步开展实验研究。……我认为,2008 年林金团队的实验正是最先检验了"单向光速是否各向同性",并得出了否定的结论——这就回答了相对论学者很久以前提出的问题。当然,对这个实验本身也可以检查(复核)其正确性;如正确无误,则我们似乎可以说"林金实验动摇了 SR 的基石"

Einstein 是 1955 年去世的。两年后,即到 1957 年,苏联发射了人造地球卫星,人类进入了一个新时期。Einstein 毕生不知卫星为何物,这不是他的错——他是早期的人,他在那个时代做出了努力。今天情况不同了,卫星技术广泛用于科学研究,此外还有精密的原子钟技术。在这样的背景下,中国科学家找到了方法——利用单程光(电磁)信号的时间同步得以实现,我们不必再不断重复地说"单程光速不可测量"。这是林金及其团队的一大贡献,当然实验结果也很重要。简言而之,林金团队在 2008 年用双向卫星时间传递设备,以 ±10ps 的精度,完成了对 Einstein 在 1905 年论文中所提出的假设(光或电磁信号以不同方向传播时的所需时间相同)的检验,证明两处的钟之间即使有很小的相对运动时该假设也不能成立 。这既是对基础物理科学的卓越贡献,也对航天科技有重要影响。因为卫星导航系统需要从观测量中计算出系统内各原子钟之间的钟差,以便实现全系统的时间同步。卫星导航系统还需要从观测到的伪距中正确计算出真距,以便编制精确的星历。因此,技术上需要对观测到的伪距进行修正,消去旋转、引力势和相对运动的效应以得到正确的钟差和真距。……现有的 GPS 和 GLONASS 系统的毛病在于,只有下行的单向伪距观测量而又漏算了相对运动效应项。GPS 系统的 Lorentz 变换一次项(漏项)是一项变化的系统误差,GPS 用一个庞大的卡尔曼滤波器把补偿后的残差分摊到钟差和真距的估值中,因此大大降低了 GPS 系统时间同步和星历的精度。

林金说,要提高卫星导航的精度,关键是要真正领会 Lorentz 变换一次项的物理意义和测量机理。要真正理解 Lorentz 变换,还得先理解 Galilei 变换并和现代测量时间和长度的原子标准联系起来,这样,Galilei 变换便自然进化到 Lorentz 变换。

笔者认为,林金的科学工作与国防建设直接相关——我们这样讲并非夸大其词。例如,洲际弹道导弹主动段关机点飞行速度如取 6000 m/s,则地面外弹道测量雷达,按传统测速定位计算方法得到的传统速度 v 和惯性制导系统测得的真速度 v^* 相比,将会有 $\delta v = v - v^* = 0.06$m/s 的原理性方法误差。如果不将这种测量原理的方法误差扣除,而与测量系统的工具误差混淆在一起,则不可能对纯惯性制导的洲际导弹制导精度做出正确和准确的鉴定。

对 GPS 和 GLONASS 等全球定位导航系统,由于通常对 GPS 系统的相对论效应没有研究定位测速的准确测量原理,所以每一颗 GPS 导航卫星都有正、负数十米随视线方向和时间变化的测量原理方法误差。在工程上采用卡尔曼滤波统计修正、差分修正、事后处理等方法补偿,也始终做不到对导弹这样的轨道不能重复的飞行器单点实时定位 1m 的精度。

5 林金对超光速运动可能性的论述

笔者很早就注意到,林金也像我那样做超光速问题的研究,而且可能更早。虽然我们在方法、思路方面很不一样,结论却是相同的——认为物体(如火箭和飞船)在未来以超光速飞行不存在理论障碍,这个观点与 SR 理论显著不同。有趣的是,林金的思考仍然是对 Lorentz 变换做仔细的推敲。……林金生前虽未做过(或参与过)任何超光速实验,但他对"火箭和飞船是否可能以超光速飞行"做过理论上的探索和论述,很早就引起了我的重视。

现在先回顾 Einstein 为何认为光速 c 是宇宙中的最高速度,不可能超过。1905 年 Einstein[6] 的文章两次论述了与超光速有关的问题。第一次是在 Pt. I 的 §4,这一节的标题是"关于运动刚体和运动时钟所得方程的物理意义"。在文中他讨论一个半径为 R 的刚性球;注意他取物体运动方向坐标为 x,与本文前面方向为 z 不同;他说:"一个在静止状态量起来是球形的刚体,在运动状态——从'静'系看来——则具有旋转椭球的形状了,这椭球的轴是

$$R\sqrt{1 - \left(\frac{v}{c}\right)^2}, R, R$$

这样看来,球(因而也可以是无论什么形状的刚体)的 y 方向和 z 方向的长度不因运动而改变,而 x 方向的长度则好像以 $1 : \sqrt{1 - (v/c)^2}$ 的比率缩短了;v 愈大,缩短得就愈厉害。对于到 $v =$

c，一切运动着的物体——从'静'系看来——都缩成扁平的了。对于大于光速的速度，我们的讨论就变得毫无意义了；此外，在以后的讨论中，我们会发现，光速在我们的物理理论中扮演着无限大速度的角色。"

第二次论述超光速问题是在 Pt. II 的 § 10，这一节的标题是"缓慢加速的电子的动力学"。其中他讨论电子的动能：

"我们现在来确定电子的动能。如果一个电子本来静止在 K 系的坐标原点上，在一个静电力 X 的作用下沿 x 轴运动，那么很清楚，从这静电场取得的能量值为 $\int eX\mathrm{d}x$。因为这个电子应该是缓慢加速的，所以也就不会以辐射的形式丧失能量，那么从静电场中取得的能量必定都被积储起来，它等于电子的运动的能量 W。由于我们注意到，在所考查的整个运动过程中，(A)中的第一个方程是适用的，我们于是得

$$W = \int eX\mathrm{d}x = m\int_0^v \beta^3 v\mathrm{d}v = mc^2\left\{\frac{1}{\sqrt{1-(v/c)^2}} - 1\right\} \qquad (6)$$

由此，当 $v=c$，W 就变成无限大。超光速的速度——像我们以前的结果一样——没有存在的可能。"（公式号为笔者所加）。

1922 年 Einstein[7] 在 *The Meaning of Relativity* 书中，只有一处谈到与超光速有关的问题，是在谈 *LT* 时用脚注说，由于在特殊 LT 公式中含有 $\sqrt{1-(v/c)^2}$ 项，所以"超过光速的物质的运动是不可能的"。

从上可见，Einstein 认为"超光速不可能"的基本理由如下：

（1）由于 SR 认为"运动物体在运动方向变短"，而变动的程度取决于因子 $\sqrt{1-v^2/c^2}$。因而，当 $v=c$ 时，物体成为扁平。故 Einstein 认为，再讨论 $v>c$ 的情况，不再有任何意义。

（2）在分析电子的运动时所得到的数学式表明，v 越大动能越大，而且动能的增加亦取决于因子 $\sqrt{1-v^2/c^2}$。当 $v=c$，电子的动能成为无限大，没有意义。也就是说，电子绝不可能加速到光速 c，也就更不可能达到比 c 还大的速度。

（3）对物质的运动来讲，由于因子 $\sqrt{1-v^2/c^2}$ 的作用，其运动速度也不可能比光速还快。

总之，关键在于这个因子（$\sqrt{1-v^2/c^2}$）的影响，可以说处处都有它的踪影。追本溯源，"长度收缩假说"和"时间膨胀假说"都来自 Lorentz。当然根本点在于 19 世纪末的物理学家急于对 MM 实验做出解释，提出动体（动 R）在运动方向会缩短其长度：

$$l = l_0\sqrt{1-v^2/c^2} \qquad (7)$$

而且速度越快，尺缩越大。虽然"运动的尺变短"（尺缩效应）的概念最先来自 Fitzgerald 和 Lorentz，但 SR 把它继承下来；但在实验方面从未有人证实过。

另外，SR 有所谓"时间膨胀效应"（也称为"时间延缓效应"），其基本方程为

$$\mathrm{d}t = \frac{\mathrm{d}t'}{\sqrt{1-v^2/c^2}} \qquad (8)$$

显然 $\mathrm{d}t > \mathrm{d}t'$，代表运动的钟走慢了，即时差 $\mathrm{d}t$ 变大了。……SR 中还有一个"质增效应"，是说动体的质量随速度加大而增加：

$$m = \frac{m_0}{\sqrt{1-v^2/c^2}} \qquad (9)$$

由此又推论出"光速不能超越"的著名论断；这也从未在中性物质（粒子或物体）身上以实验证

明过。

其实,早在 2000 年林金[9]就指出:因子 $\sqrt{1-v^2/c^2}$ 的出现是数学处理手段导致的结果,不是决定时空本质的物理实在。因此,对于 SR 的一系列推论(尺缩、钟慢、质增及光速不能超过)都是可疑的,要重新审视。这个观点是众多专家学者(如笔者、宋文森教授、曹盛林教授等)所认同的。林金说,仔细研究 LT 的数学结构和物理内涵,可以看出其中更为本质的是分子上的一次项。他用卫星导航中的单程信号测量机制和相对性原理对比 Einstein 的"往"和"返"程信号测量机理。把 Einstein 的双程信号分解为"往"和"返"两个单程信号,分别测量"往"和"返"两个单程的信号传播时间。正是由于 LT 分子中一次项的作用,理论计算表明"往"和"返"的两个单程信号的传播时间不相等。林金团队 2008 年的"光速不变假设判决性实验"检验结果证实了理论计算的结论。Einstein 光速不变假设的问题在于引入同时性概念时用定义的方式,定义"往"和"返"时间相等,而这个定义导致了在 LT 的分母上出现了复杂化因子 $\sqrt{1-\dfrac{v^2}{c^2}}$。如果用相对性原理和单程光速不变原理(如在卫星导航中),则 GT 自然进化为 LT,$x_1'=x-v^*t_1$ 和 $t_1'=t-\dfrac{v^*}{c}\dfrac{x_1}{c}$,用真速度 v^* 代替 Einstein 速度 v,而分母上的因子 $\sqrt{1-\dfrac{v^2}{c^2}}$ 自然消失。……自从 1905 年 Einstein 发表 SR 以来,围绕 $\sqrt{1-\dfrac{v^2}{c^2}}$ 热议不断;一个世纪后中国航天专家终于有机会领先美国和俄罗斯完成这项只有在航天宏大实验室才能实现的判决性实验检验。

作为卫星导航和惯性导航专家,林金对火箭(或飞船)作超光速运动的期望有独特的思考。2004 年 11 月 26 日至 28 日,在北京香山召开了"香山科学会议第 242 次学术研讨会"[10];本次会议由宋健院士建议和领导,主题为"宇航科学前沿与光障问题"(Frontier Issues on Astronautics and Light Barrier)。会议主题评述报告为宋健院士所作("航天、宇航和光障")[11];首个中心议题报告为林金院士所作("宇航中时间的定义与测量机制和超光速运动")[12]。笔者也应邀作了第二个中心议题报告("超光速研究的 40 年:回顾与展望")[13]。……宋健在报告中指出,飞出太阳系是人类的伟大理想,这里有许多理论和技术问题要解决,科学界已开始考虑和工作。至于进入银河系,必须加大航行速度,直到接近光速,可能的话应超过光速。目前航天技术已开始放弃狭义相对论的技术基础,即从用电磁波双向时间间隔之半作为距离定义,改由卫星和飞船上用编码报文形式向地面单向传送所有信息;飞船上独立自主的计量、观测、导航和发讯都与地面观测无关。至于 Einstein 说的"不可能存在超光速运动",那只是猜测,没有实验根据,也不是科学定律。宋健强调说,从 40 年航天技术实践反过来检查 SR 的计算结果,就会发现即使在远低于光速的情况下,自主导航的工程实践与 SR 动力学结构也发生某些冲突,例如发动机推力依赖其惯性速度的现象就从未发现过。

两位长期从事航天科技的老科学家(宋健、林金)都不认为 Einstein 的光障(light barrier)会对未来的宇航形成不可克服的阻碍,这一事实不仅有趣也很重要。林金的报告就自主惯性导航提供一个新理论模型,用来分析处理惯性导航的时间定义、测量机制和超光速运动。他认为,一个运动质点自己可以测量自己相对一个给定惯性系的位置、速度和加速度,作为质点自带的运动钟固有时间的函数。原理上不需要与外界交换信息,不存在任何信号传递的速度问题。自主惯性导航是基于引力场的性质,即使这个世界没有电磁场、没有光,纯惯性系统照样工作,照常自主定位、测速;既如此,3×10^8m/s 为何会成为速度的极限?! 简而言之,惯性导航的宇宙飞船的时间定义即飞船运动钟固有时间;只要未来能开发出新型动力源,飞船的速度不存在上限。……林金还认为,应恢复光子和其他微观粒子相同的普通地位,即有静止质量,其速度也不是极限速度。

笔者认为,在回顾林金的论述时,不妨再看看 1905 年 Einstein 对"同时性"的概念怎么说。Einstein 写道[6]:"我们应当考虑到:凡是时间在里面起作用的我们的一切判断,总是关于同时的事件的判断。比如我说,'那列火车 7 点钟到达这里',这大概是说:我的表的短针指到 7 同火车的到达是同时的事件。可能有人认为,用'我的表的短针的位置'来代替'时间',也许就有可能克服由于定义'时间'而带来的一切困难。事实上,如果问题只是在于为这只表所在的地点来定义一种时间,那么这样一种定义就已经足够了;但是,如果问题是要把发生在不同地点的一系列事件在时间上联系起来,或者说——其结果依然一样——要定出那些在远离这只表的地点所发生的事件的时间,那么这样的定义就不够了。"

在这里,Einstein 是说用一只表定义时间的不可能性。然而,正如林金所指出的,今天的纯惯性导航只用"一只表"的固有时间,是完全自主的,不需要辐射或接收任何光(电磁)信号和外界发生联系,所以测量机理十分简单。设想一艘配备有惯性导航仪器的宇宙飞船,飞船相对惯性坐标系(Galilei 参考系)作加速飞行。只要积分的时间足够长,飞船相对惯性系的飞行速度(加速度表输出脉冲总数)可以超过 3×10^8m/s。无须设想恒定或随时间变化的引力场,宇航员观察惯性仪表的指示,进行完全自主式的宇宙航行。加速度表先在静止在地面(发射点)的引力场中标定,在飞行中测量火箭推力产生的惯性加速度。加速度表静止在地面实验室做寿命试验,等效于加速度表在没有引力场的宇宙空间做 $1g$ 的恒加速飞行试验。由于

$$\frac{c}{g}\approx\frac{3\times10^8\text{m/s}}{9.8\text{m/s}^2}=30612245\text{s}=354\ 天 \tag{10}$$

故大约 1 年后飞船速度超过 3×10^8m/s,即以超光速航行。……这些就是一位航天专家的简明扼要的论述,其结论与笔者反复阐明的内容完全一致[14-19]。

6 讨论

最后,笔者陈述一些与 SR 有关的个人意见。1922 年 Einstein[7]曾说:"由于未加论证就把时间概念建立在光传播定律基础之上,从而使光传播在理论上处于中心地位,狭义相对论遭到了许多批评。"另外他还说,对于一个放在某处的时钟和它附近发生的事件而言,如两者之间存在距离,就不能用该钟确定事件的时间了,因为不存在一种"瞬时信号"来比较钟的指示和事件发生的时间。为了提出对时间的定义,Einstein 提出光速不变原理,认为这样一来校准时钟就不会引起矛盾——"在 A 处(时间 t_A)发出的光,经传播距离 r 之后到达 B 处($r=\overline{AB}$),B处时间就可表示为 $t_B=t_A+\frac{r}{c}$。"为了进一步证明这样做的合理性,Einstein 说他主要考虑到"我们对光在真空中传播过程的了解比其他任何可以想象到的过程都要清楚",而这是由于 Maxwell 和 Lorentz 的工作。

笔者认为,虽然 Einstein 在其 1905 年论文的开头即突出地讨论"同时性的定义",但他确实是"未加论证"(实际上是没有实践证实作为基础)就把"单程光速不变"从假设上升为"原理",并导致了同时性的相对性,即时间是相对的。但是我们知道有那么多的人认为时间是绝对的;2009 年笔者在一篇文章中说[20]:"不能把同时性的绝对性仅仅看成是经典物理的(因而似乎是落后的)观点,20 世纪后期到 21 世纪初形成的时空理论也可能持有这种观点,得出与 SR 相反的结论。"笔者现在仍保持这个看法。

SR 时空观与 Galilei、Maxwell 以及 Lorentz 时空观的根本区别在于 SR 时空观的相对性。我们知道,现有的推导 LT 的方法有多种;而写入大学教材的推导方式常常有个前提——不同参考系测得的光速相同。或者说,LT 是由相对性原理和光速不变原理导出的。由于 LT,出现了尺缩、时延现象;因而同一事件在不同参考系中观测到不同的结果——根本没有判断测量结果的标准,而是做相对运动的两个观察者都可以说对方的钟慢了、尺短了,双方所说都可以成立。这种相对主义的教导曾经弄糊涂了许多人。1904 年的 Lorentz 信奉以太论和绝对参考系,在此信念下导出的 LT 被 SR 继承和应用,而 SR 却不承认绝对参考系。

一个时期以来,国内外多位科学家提出存在优先参考系,即认为有绝对坐标系的形成。故 Lorentz - Poincarè 时空观重新受到重视;也出现了进一步的理论。几年前科学刊物 New Scientist 报道的"以太理论高调复出、取代暗物质",也在提醒我们不宜完全抛弃 SR 理论出现之前的科学成果。如果说现在有向 Galilei、Newton、Lorentz 回归的倾向,那也是在现代条件下的高层次回归,而不是简单的倒退到旧有的概念。

近年来 Lorentz 物理思想重新受到重视是有原因的。1977 年,Smoot[21] 报告说,已测到地球相对于微波背景辐射(CMB)的速度为 390km/s;因而物理学大师 P. Dirac[22] 说,从某种意义上讲 Lorentz 正确而 Einstein 是错的。美国物理学家 T. Flandern[23] 于 1998 年发表引力传播速度(the speed of gravity)$v \geq (10^9 \sim 2 \times 10^{10})c$,同时声称用"Lorentz 相对论"(Lorentzian relativity)就能解释这些结果;而 SR 在超光速引力速度面前却无能为力。

1985 年,正在欧洲核子研究中心(CERN)任职的著名物理学家 J. Bell 说,物理学为了摆脱困境,最简单的办法是回到 Einstein 之前,即回到 Lorentz 和 Poincarè,他们认为存在的以太是一种特惠的(优先的)参照系。可以想象这种参照系存在,在其中事物可以比光快。有许多问题,通过设想存在以太可容易地解决……在发表了这些在当时还是惊世骇俗的观点后,Bell 重复说:"我想回到以太概念,因为 EPR 中有这种启示,即景象背后有某种东西比光快。"实际上,给量子理论造成重重困难的正是 Einstein 的相对论……J. Bell 的上述言论是他在 1985 年向英国广播公司(BBC)发表的。……2007 年 New Scientist 以"以太理论高调复出、取代暗物质"为题作了报道,说 G. Starkman 和 T. Zlosnik 等正以新的方式推动用以太解释"暗物质",后者的提出是同于银河系似乎包含比可见物质多很多的质量。他们认为以太是一个场,而不是一种物质;以太会形成一个绝对坐标系,从而与 SR 发生矛盾。也有物理学家认为真空作为一种媒质时就是新以太。……今天当我们回顾整理林金院士的科学工作时,上述情况可供参考。

必须指出,中国的太空计划正在大步前进,这为开展新的基础科学研究提供了全新的可能性。2016 年 9 月 15 日"天宫二号"空间站升空,在距地面 393km 的轨道上运行;其上带有先进的空间冷原子钟。虽然 20 多年前欧洲科学家就有把原子钟送入太空的想法,美国也有空间冷原子钟计划,但最先实践者是中国。未来我们可以设计一些检验基础科学理论的新实验并在太空中进行,这将比林金团队实验又迈进一大步。

7 结束语

本文是纪念性文章,又是学术论文。由于林金院士的科学工作内容丰富,我们只把重点放在与光速有关的问题上,根据笔者的理解作阐述。其他一些科学贡献,例如他指出西方科学界误用了 Dopller 原理来解释 Hubble 红移,由此而得到的结果(用来作为大爆炸宇宙学的观测证明)是错误的。又如,2015 年中国航天科技方面召开过一个林金科研成果的鉴定会,鉴定项目名称"高精度卫星轨道基准测量与计算方法及试验验证技术研究";这也是林金所做的突出贡献。林金还研制了"高精度电子计时器",测时精度达 10ps 量级。……斯人已逝,但他的思想和工作留了下来,值得我们学习和回味。林金的故事证明了笔者近年来提出的观点是正确的——中国科学家应增强自信心,改变过去那种紧跟在西方科学界后头亦步亦趋的习惯和做法。要搞出自己的东西,要认识到权威和大师也会犯错误。……笔者谨将此文献给林金在天之灵,以及他团队的朋友们!

致谢:中国航天科工集团二院 203 所郭衍莹研究员、中国计量科学院沈乃澂研究员支持和帮助笔者写作本文,谨此致谢。

参考文献

[1] Michelson A A, Morley E W. On the relative motion of the earth and the luminiferous ether [J]. Amer. Jour. Sci. , 1887, 34: 333 ~ 345.

[2] Lorentz H A. La théorie électromagnétique de Maxwell et son application aux corps mouvants. Archiv[J]. Néerlan. Sci. , Exact. Natur. , 1892, 25: 363 – 552.

[3] Lorentz H A. Versuch einer theorie der elektrischen und optischen erscheinumgen in bewegten körpern (Michelson's interference experiemnt)[M]. Leiden, 1895, 89 – 92.

[4] Lorentz H A. Electromagnetic phenomana in a system moving with any velocity less than that of light [J]. Konin. Akad. Weten. (Amsterdam), 1904, 6: 809 – 831.

[5] 林金,李志刚,费景高,等. 爱因斯坦光速不变假设的判决性实验检验[J]. 宇航学报, 2009, 30(1): 25 – 32.

[6] Einstein A. Zur elektro – dynamik bewegter Körper. Ann. d Phys, 1905, 17: 891 – 921. English translation: On the electrodynamics of moving bodies, reprinted in: Einstein's miraculous year [M]. Princeton: Princeton Univ Press, 1998. (中译:论动体的电动力学. 范岱年,赵中立,许良英,译. 爱因斯坦文集[M]. 北京:商务印书馆, 1983: 83 – 115.

[7] Einstein A. The meaning of relativity [M]. Princeton: Princeton Univ. Press, 1922. 中译:相对论的意义[M]. 郝建纲,刘道军,译,上海:上海科技教育出版社, 2001.

[8] 张元仲. 狭义相对论实验基础[M]. 北京:科学出版社, 1979(初版), 1994(重印).

[9] 林金. 时间、空间及运动的测量原理与时间和空间的理论[J]. 宇航学报, 2000, 21(3): 13 – 23.

[10] 黄志洵. "光障"挡不住人类前进的脚步——纪念第 242 次香山科学会议召开 10 周年[J]. 中国传媒大学学报(自然科学版), 2013, 20(3): 1 – 16.

[11] 宋健. 航天、宇航和光障. 第 242 次香山科学会议论文集[C]. 北京前沿科学研究所, 2004.

[12] 林金. 宇航中时间的定义与测量机制和超光速运动. 第 242 次香山科学会议论文集[C]. 北京前沿科学研究所, 2004.

[13] 黄志洵. 超光速研究的 40 年:回顾与展望. 第 242 次香山科学会议论文集[C]. 北京前沿科学研究所, 2004.

[14] 黄志洵. 超光速研究的理论与实验[M]. 北京:科学出版社, 2005.

[15] 黄志洵. 论动体的质量与运动速度的关系[J]. 中国传媒大学学报(自然科学版), 2006, 13(1): 1 – 14.

[16] 黄志洵. 超光速研究及电子学探索[M]. 北京:国防工业出版社, 2008.

[17] 黄志洵. 现代物理学研究新进展[M]. 北京:国防工业出版社, 2011.

[18] 黄志洵. 波科学与超光速物理[M]. 北京:国防工业出版社, 2014.

［19］黄志洵. 论有质粒子作超光速运动的可能性［J］. 中国传媒大学学报(自然科学版),2015,2(6):1 – 16.

［20］黄志洵. 对狭义相对论的研究和讨论［J］. 中国传媒大学学报(自然科学版),2009,16(1):1 – 7.

［21］Smoot C F. Detection of anisotropy in cosmic blackbody radiation［J］. Phys,Rev. Lett. ,1977,39:898 – 902.

［22］Dirac P. Why we believe in Einstein theory［M］. Symm. Sci. Princeton:Princ. Univ. Press,1980.

［23］Flandern T. The speed of gravity:what the experiments say［J］. Phys,Lett. ,1998,A250:1 – 11.

超光速物理研究

对"速度"的研究和讨论

黄志洵[1]　姜荣[2]

（1. 中国传媒大学信息工程学院，北京 100024；2. 浙江传媒学院，杭州 310018）

【摘要】速度是联系空间和时间两个基本量的物理量；它本身不是基本量而是导出量，但其重要性日益凸显。可以说，一部科学技术发展史就是人类不断改进和提高速度的历史，因为更高速度代表以较少的时间代价征服更大的空间。速度是一个宏观参数；对微观粒子而言，量子力学采用波函数描述其状态及统计解释，放弃经典力学中采用的 $v = \mathrm{d}r/\mathrm{d}t$ 及 $p = mv$ 的传统方式，因此提出恰当定义是困难的。但作为一种半经典的处理方式，速度概念仍用来描述微观粒子。

　　本文突出了大航天时代对提高飞行器速度的迫切要求，对此作为讨论宏观物质速度的核心内容。然后深入探讨了微观粒子速度、波速度、物理相互作用速度等重要问题。指出：对波动的运动速度要有新认识，承认其标量性和负波速的独特意义。实际上，在波科学中负速度是超光速的一种特殊形式。在物理相互作用的传播速度方面，着重讨论了引力传播速度、Coulomb 静电场传播速度、量子纠缠态传播速度这三方面的研究进展，说明在这些方面都用理论或实验证明了存在超光速传播的现象。实际上，近年来，多国科学家研究超光速的热潮极大地促进了对速度问题的探索。但是，所谓"超光速宇航"仅为一种大胆的设想，任何过于乐观的估计都是不切实际的。

【关键词】宏观物质速度；微观物质速度；波速度；引力传播速度；Coulomb 场传播速度；量子纠缠态传播速度；超光速；负波速

Research and Discussions for the Velocity

HUANG Zhi – Xun[1]　JIANG Rong[2]

（1. Communication University of China，Beijing 100024；

2. Zhejiang University of Media and Communication，Hangzhou 310018）

【Abstract】Velocity is the physical quantity which connect with the two fundamental quantities—space and time. This physical quantity is outside the range of the fundamental quantities，but it is a

注：本文原载于《中国传媒大学学报》(自然科学版)，第 21 卷，第 1 期，2017 年 2 月，7 ~ 21 页；收入本书时做了少量的修改补充。

derived quantity and its importance has become increasingly. As we know the development history of science and technology is a history that show the velocity is continuously improved and increased by human, due to the higher velocity represents the more shorter time can gain more bigger space. Quantum mechanics uses wave functions to describe the status and the statistical interpretation of the microscopic particles without the traditional method from classical mechanics, so it is very difficult for us to proposed a proper definition. However, the microscopic particles are still described by using the microscopic parameter as velocity.

This paper highlights the urgent requirements of the speed improvement of the aircraft for aerospace age, which will be the core discussion contents of the macroscopic physical speed, and then we review and discuss some important view, such as the microscopic particle velocity, wave velocity and physical interaction velocity, etc.. Propose need have the new understanding for the velocity of the wave motion, and know the unique significance of its scalar nature and negative wave velocity. Actually, negative velocity is a special status of superluminal speed in the wave science.

In terms of the propagation velocity of physical interaction, the research progress of gravitational propagation velocity, Coulomb electrostatic field propagation velocity and quantum entangled state propagation velocity are discussed emphatically, and state that superluminal transmission phenomenon was proved by the theoretical or experimental evidences. In recent years, the study of superluminal speed by multi-national scientists has greatly promoted the velocity of the exploration. However, the so-called "superluminal speed space flight" is only an idea, any over-optimistic estimates are unrealistic.

【Key words】 velocity of macro materials; velocity of micro materials; wave speed; gravity propagation speed; Coulomb field propagation speed; velocity of entangled state propagation; faster than light; negative wave speed

1 引言

在计量学的国际单位制中,有所谓"SI 基本单位"和"SI 导出单位"的区分。长度、时间这两个物理量均为 SI 基本单位,单位名称是米、秒,符号为 m、s。速度、加速度这两个物理量均为 SI 导出单位,单位名称是米每秒、米每二次方秒,符号是 m/s、m/s²[1]。由此可以清楚地看出,速度是联系了空间和时间的物理量,虽非基本量却非常重要。经典力学(CM)的缔造者 I. Newton 曾在他的主要著作中提出动量(momentum)这一概念[2],今天人们习惯于写成 $p = mv$(m 为动体质量、v 为动体速度),这也彰显了速度这个物理量的重要性。

速度联系了两个基本物理量(空间、时间),这就使它获得了人类的极大关切。可以毫不夸张地说,一部科学技术发展史就是人类不断改进和提高速度的历史。更高速度代表以较少的时间代价克服更大的距离,因此无论在人类日常生活中或是科学技术领域都是被追求的目标。从汽车、火车、飞机的发展,到火箭技术乃至宇宙飞船,速度都是设计中最重要的参数。在高能物理学研究领域,粒子加速器技术成为一个非常重要的方面[3],对于探索微观世界有决定性的影响。……虽然提高速度的努力一直主要在宏观世界中进行,人们甚至认为速度作为宏观物理参数无法在微观世界中恰当地定义;但在实践中,对微观粒子状况的描述仍然离不开对其运动速度的说明。这是矛盾的,但作为一种半经典的表述方式仍然被允许和应用;而且人们都清楚,这样做并不表示科学工作者对 W. Heisenberg、E. Schrödinger、M. Born 等量子力学大师的理论的任何背弃。

2 宏观世界中对高速度的追求

在 Newton 创立的经典力学中,速度 $v = \mathrm{d}r/\mathrm{d}t$, r 为位置矢量。宏观世界中对速度的看法非常直观:乌龟的爬行速度为 2cm/s;蜗牛还要慢,约为 1mm/s;人步行的速度约为 1.4m/s;燕子飞翔的速度为 12m/s,比 1903 年出现的第一架飞机快 3 倍。小轿车在高速公路上的速度可以达到 40m/s。声音的传播速度:在海平面是 340m/s;在高空由于温度低,可降为 290m/s。喷气式飞机的速度可达 930m/s,是声速的 3 倍。航天飞机速度更高。

进入 21 世纪后,世界处在大航天时代,而地球是一切航天活动的出发点。地球引力成为基本的障碍。围绕地球作圆运动所需的飞船发射初速 $v_1 = 7.9\mathrm{km/s}$, $v < v_1$ 时为洲际弹道区; v_1 称为第一宇宙速度。第二宇宙速度 v_2 是指飞船初始推力刚好能克服地球引力(逃逸行星引力场)的速度, $v_2 = 11.2\mathrm{km/s}$ 。还有第三宇宙速度 $v_3 = 16.9\mathrm{km/s}$,这是逃逸出太阳系的基本要求[4]。至于地球在太阳系的绕日运动,速度为 29.8km/s。……这些数据给人们以基本的思考。

《参考消息》报曾于 2016 年 10 月刊登一篇文章"科学家试图探索最近类地行星",其中说欧洲南方天文台(ESO)发现了距离太阳系最近的宜居行星。这颗行星围绕比邻星运行,与地球仅相距 4.25l. y. 。比邻星是一颗矮星,从地球上无法用肉眼观测到,但它是距离太阳系最近的矮星。对新发现行星引力的初步测量显示,比邻星的质量与地球相近,而且其轨道可能处于宜居带内。该发现是一个巨大的飞跃,因为此前与地球最相似的星球是距离地球 1400l. y. 的 Kepler－452b 行星。现在天文学家考虑的问题是,能否到达这颗新发现的行星,并对那里有没有生命甚至智慧文明展开研究。

这个项目是俄罗斯富豪资助的前往半人马座 α 星的任务,距地球约为 $4 \times 10^{13}\mathrm{km}$ 。假如自地球出发的飞船用百分之一光速飞往该星,即速度 3000km/s,则 430 年才能抵达,往返一次历时 860 年。2004 年美国实现了飞机在大气层的 10 倍声速飞行,即 $v \approx 3.2\mathrm{km/s}$;假使以这个速度飞往半人马座 α ,往返一次竟需 85 万年。2006 年 1 月,美国航空航天局(NASA)的"星尘号"无人飞船返回地球时速度达 13km/s,但前往半人马座并返回也要大约 20 万年。因此,许多人表示怀疑,尽管该项目有 S. Hawking 参加。目前的计划是,开发一种使航天器在 20 年内就能到达这一恒星系的技术。抵达后,一台探测器将飞经该星系各行星、搜寻先进外星文明的痕迹。

在纽约举行的项目启动仪式上,Hawking 激动地说,"使人类独一无二的是突破我们面临的限制。万有引力使我们困于地面,但我飞到了美国。我失去了嗓音,但我仍能说话。我们是如何突破这些限制的?是用我们的大脑和机器。如今,我们面临的限制是,我们与恒星间的茫茫太空。但现在,我们能够突破这一限制,借助光束、光帆和迄今所造出的最轻航天器,我们能够在一代人时间内实施半人马座 α 任务。"实际上,这一任务依赖于制造迄今最轻的航天器——一个极其微小、质量不到 1g 配备一张小帆的"纳米航天器"。一个建在地球上的大型激光束阵将向太空发射,汇集成一个 100GW 的光束,并将上述小型航天器送往半人马座 α 恒星系,其时速可加快至 1.6 亿 km。……换算一下,速度 $v = 4.4 \times 10^4\mathrm{km/s}$;我们知道光速 $c \approx 3 \times 10^5\mathrm{km/s}$,故 $v \approx 0.15c$ 。这与 NASA 官员的说法有矛盾,后者说需要的速度 $v = 10^2\mathrm{km/s}$ 。不管怎样,由于航天器实际上是一个高级的微小芯片(作为人类的代表并搜集信息),又是用地

超光速物理问题研究

球上发射的激光束作持续的动力源,实现空前快速的超高速飞行的可能性是存在的。

但笔者认为,尽管目标宏伟,而且说干就干(已注入启动资金1亿美元,集合了一批科学家和工程师),然而最大问题仍然是作为航天器动力需求的能源供给,是否能保证航天器一直能向着目标持续飞行。依靠地面站发射的激光束只能在一定时期有效,过了此期间就等于没有一样,因为要飞行的距离实在是太远了。……

现在我们不如先考虑某些距离较近的航天任务,暂时不要为"去4.3l. y. 远处的行星"焦急。传统上认为,从地球到火星的飞行需要好几月;这实在是太慢了。因此2015年2月有报道说,NASA已开始研究如何用3天抵达火星。这是用"电磁加速"的设想,而能量的持续供给由激光推进系统负责。NASA官员说,寄希望于此的系统将改变从地球到火星需飞行6个月的现实——将来可用1个月使载人飞船抵达火星;对于不载人飞船,若总质量100kg,则只需3天。地球与火星距离$5.6×10^7$~$6×10^8$km,为方便计算取作10^8km;而3天是259200s,故可计算出$v≈386$km/s;这是非常难实现的高速。1个月如以30天计,则为2592000s;这时飞船速度为$v≈38.6$km/s,这仍是当前技术水平做不到的。

2011年11月26日NASA发射了新一代火星探测器"好奇"号。有报道说,它要经过8个月、长达3.54亿mile(1mile=1.609km)的行程才能抵达火星。这个距离为$5.7×10^8$km,而8个月相当于$2.07×10^7$s,故平均速度$v≈27.5$km/s。这是不太重的无人航天器所能达到的速度。2016年3月14日,欧俄火星探测器升空,目的是寻找生命痕迹;该无人航天器称为Exo-Mars,预计飞行4.69亿km、历时7个月以后抵达火星。可以算出这个平均速度$v≈27.4$km/s。这便是目前能实现的水平,而人们的希望是加快10倍。

进入21世纪后,发射的航天器的速度一般都不低,但还达不到飞往火星的无人探测器的水平。例如2004年NASA和欧洲航天局(ESA)联合制造的飞船进入环土星轨道时,平均速度达16.5km/s;2014年NASA的无人探测器登陆彗星时达到的速度为18km/s;这些都比不上飞往火星的探测器的高速。……至于非人造物体(宇宙中的天体),在太空中以几百千米每秒飞行的情况是存在的,这已是上限了。

3 微观粒子的速度概念

速度基本上是一个宏观概念。宇宙中的物质可分为宏观物体、微观粒子、场与波动三类。对于宏观物体,经典力学中的速度概念为

$$v = \frac{\partial r}{\partial t} \tag{1}$$

式中:r的位置矢量。

若物体沿z向做一维运动,则为

$$v = \frac{dz}{dt} \tag{1a}$$

在这里速度是一个宏观参数,它把空间、时间联系在一起。经典粒子既可用位置坐标$r(t)$对时间的变化率来描写其运动的快慢,也可用粒子动量p与粒子质量m的比值而代表其速度,即

$$v = \frac{p}{m} \tag{2}$$

这些构成 Newton 力学(即经典力学(CM))的理论基础。

在微观世界中,自由粒子的几率分布恒定,但粒子的坐标位置完全不确定。以电子为例,其对应的波动是几率波(probability waves),其波方程即 Schrödinger 方程(SE)。微观粒子的运动服从统计规律的事实,使其与经典粒子在理论概念上划清了界线,这必定影响到对速度这一物理量的定义方式。在量子力学(QM)中 $\partial r/\partial t$ 不代表粒子速度,只是位置算符 $r(t)$ 的时间变化率。另外,谈论微观粒子在"某点的动量"没有意义。实际上,在 QM 中对微观粒子提出速度概念是困难的。这是因为粒子"按一定轨迹(路径)运动"的经典描述已不适用于微观粒子。在 QM 中在 r 矢量端点出现粒子的几率密度为 $|\Psi(r)|^2$,这里 $\Psi(r)$ 是描写粒子的波函数,代表一种几率性的描述。假如现在不测量位置而测量动量,那么测得动量 p 的几率密度为 $|\varphi(p)|^2$,φ 是 Ψ 的 Fourier 变换:

$$\varphi(p) = \int \Psi(r) e^{-jp \cdot r/\hbar d^3 r} dr \tag{3}$$

在 QM 理论中,认为 $\Psi(r)$ 或 $\varphi(p)$ 都是三维空间中某个粒子量子态的表达。

用波函数描写微观粒子,虽然一些力学量的值并不确定,但由于其几率分布确定,力学量的平均值是确定的。因此可以推导 QM 中的平均动量 p_{av};在这个理论中,可以证明引入算符会很方便;动量算符为

$$p_\wedge = -j\hbar \nabla \tag{4}$$

式中

$$\nabla = \frac{\partial}{\partial x} i + \frac{\partial}{\partial y} j + \frac{\partial}{\partial z} k$$

设粒子沿 z 向做一维运动,则

$$p_z = -j\hbar \frac{\partial}{\partial z} \tag{4a}$$

问题是能否由此提出速度算符? 即动量 p 与粒子质量之比(p/m)是否可以量子化为速度算符? 这应该是可以的,即有

$$v_z = -j \frac{\hbar}{m} \frac{\partial \Psi}{\partial z} \tag{5}$$

但上式的意义还不太清楚。

迄今为止,在研究工作涉及微观粒子时,速度概念常被使用。例如,1904 年 H. A. Lorentz 提出电子的质量速度方程[5]:

$$m = m_0/(1 - v^2/c^2)^{1/2} \tag{6}$$

式中:v 为电子的速度,而电子是微观粒子。

这个方程被沿用至今,虽有争论,只是有关"质量是否真的随速度变",并没有人提出作为微观粒子之一的电子"不宜用速度概念"的问题。实际上,在许多场合(如电子管技术、加速器技术等)人们都使用"电子的速度",未因电子是微观粒子而回避谈它的速度。另外,也可以计算电子绕原子核飞行的速度;由于已知电子在氢原子中绕质子旋转 1 次需时 150as,即 1.5×10^{-16}s;而核外只有 1 个电子处在 1s 轨道上,如果取氢原子半径 $r = 0.1$nm,就可计算出电子飞行速度约为 4200m/s。这是电子飞行速度的定量化。从原理上说,Bohr 的氢原子行星模型有其正确成分,故科学书籍中按轨道而讨论原子结构者并不少见。

Bohr 模型沿用经典速度的定义,所以粒子是有速度的,甚至量子化学也沿用它的做法。这种轨道理论是经典概念加量子化条件而成,并非彻底的量子理论。谈论氢原子中 1s 态电子

绕核(质子)旋转的速度、周期等,是用 Bohr 理论推测,尚无实验肯定这类推测和估算。

再看光子;光速既可以是光波的速度,但也是光子的速度,其值 $c = 299792458 \text{m/s}$。光子是一种特殊的微观粒子,而它是有速度的。另外,1993 年美国 Steinberg 等完成的"光子赛跑实验"[6],在两路比较中证明光子穿过势垒时速度比 c 快了 70%。该实验精巧完美,数据处理上不回避"光子被加速到 1.7c"。这也是用速度概念处理微观粒子的例子。总之,当采用半经典方式研究微观粒子的运动时,速度概念仍在使用。不过,这并不表示理论上不存在需要讨论的问题。对于光子的速度,一方面迄今无人直接测量过单光子的飞行速度;另一方面在一束光子包含有许多光子,但它们的速度是否相同也不知道。光子速度如何定义并非不用考虑。

总之,微观粒子的速度尚待做进一步研究,关键点是对"速度"概念的定义和理解,不能泛论它的有无。针对早期的超光速实验,例如在光频进行的 SKC 实验,以及在微波使用截止波导作势垒的 Nimtz 实验,由 QM 中对于粒子时空分布的几率函数所得到"速度"与经典物理和相对论意义上的速度可能不是一个概念。也许只能把电磁波在势垒中的时空分布理解为一种量子现象下的"态函数",它是否具有经典意义上的速度的性质仍待研究。至于常见的说法"QM 的非局域性即超光速性",笔者认为这个概念站得住脚,不受上述讨论的影响。

另外,要看到 QM 有其适用范围。在某些极端条件下,量子效应非常小,以至于可以忽略不计,这时经典概念对微观粒子仍有效。例如,电子管技术和加速器技术或其他技术应用中,由于粒子(电子等)的动能极高,量子效应微小,使用经典物理处理不会有重大偏差,谈论粒子速度没有问题。

必须指出,认为微观粒子没有速度是 QM 正统解释的观点,所说的速度是指经典的速度。因为粒子具有波性,是非局域的,所以经典的速度概念难以确切描述微观粒子的行为。总之,"在 QM 中粒子没有速度"是指正统 QM 的解释中没有,是 QM 这个理论框架中没有。"在 QM 中"这个前提是重要的,并未排除其他理论中可以有。例如,D. Bohm 重新定义的速度,不是 dr/dt,这样就可以使微观粒子有速度概念。Bohm 从波函数的变型出发:

$$\psi = Re^{\mathrm{j}S/h} \tag{7}$$

式中:R、S 为 (x,y,z,t) 的实函数。

利用 Schrödinger 方程,导出与经典的主方程和连续性方程形似的两个方程,并定义粒子速度为

$$v = \frac{\nabla S}{m} \tag{8}$$

这与 QM 的正统解释不同,它把 v 与波函数 ψ 联系起来了(通过 S)。Bohm 仍承认有轨道,但不再是经典的了;而且通过数值模拟画出了粒子通过单缝、双缝、势垒等情况下的模拟图,"粒子轨道"颇形象化。

至于微观粒子飞行速度的数据,可以估计到,它应比宏观物质更易达到高速。我们搜集到的事实果然如此——例①,2007 年 NASA 发射的"黎明号"探测器,其离子发动机喷出的氙离子速度可达 39.7km/s;例②,2013 年 NASA 观测到太阳风粒子以高速冲向地球,$v = 1448\text{km/s} \approx 5 \times 10^{-3}c$。无论如何,微观粒子的速度概念仍在应用,这样的状况值得深思。

对微观粒子而言,根本的理论方法是使用波函数;一个 Ψ 完全描述了粒子状态及其统计解释,放弃用 r、p 的经典描述方式。这也是 QM 的最重要、最基本的概念。

4 对波动速度的新认识

波动是一种无固定形状和确定质量的物质存在形式,它不能用 Newton 力学(CM)而精确地描述。例如,不能在 Euclid 空间中找到其运动轨迹,也不能用力(forces)使之加速。在现代电磁场与波的理论中,用算子理论与波函数空间来对其运动状态作描述[7],这与宏观物质的处理很不一样。

当一块石头或一粒子弹在空中飞过,只需考虑速度的经典定义($r = dr/dt$ 或 dz/dt)。然而对波和电磁脉冲而言,讨论其传播必须把相速 v_p、群速 v_g 分开考虑;通常是后者(群速(group velocity))更受重视。更令人匪夷所思的是,竟出现了波速有负值的问题。具体来讲,不仅有群速超光速的大量实验事实,还有许多出现负相速、负群速(NGV)的实验事实。对于这种近年来新出现的情况,包括 Einstin 在内的一些大师们并未考虑过。至于负群速的物理意义,我们已在文章中阐明[8];要点在于 NGV 是超光速的一种形态,本质上是超前波(advanced waves)——时间上的超前[9]。虽然现象古怪引发争议(如"脉冲峰在进入受试媒质前就离开了媒质"),负速度并非仅表示"传播方向相反",但理论和实验都证明了这种现象存在。

波速度是矢量还是标量?对此一直存在两种看法;一种是从传统的物理理念出发的,认为"在物理学中只要是速度就是矢量";因为对于平面波有

$$\boldsymbol{E} = \boldsymbol{E}_0 e^{j(\boldsymbol{k} \cdot \boldsymbol{r} - \omega t)} \tag{9}$$

式中:波数 $\boldsymbol{k}$ 是矢量,方向指向波传播方向,大小取决于波长 $\lambda \left(\boldsymbol{k} = \dfrac{2\pi}{\lambda} \boldsymbol{i}_k \right)$,单位矢量 $\boldsymbol{i}_k$ 即传播方向,至于公式

$$c = f\lambda \tag{10}$$

并不是定义式,不能由此判定"光速非矢量而是标量",虽然上式未表达出方向却不能说明它没有方向。至于($-v$)或($-c$)的本身,不表示"运动方向反了过来",因为只有在矢量表达中的"±"号才有方向的含义。因此,人们常认为光速是一个矢量。

另一种则具体地根据波的相速和群速定义而指出其标量性。实际上,M. Born 和 E. Wolf 的名著 *Principles of optics* 已在 §1.3.3 中指出相速不能作为一个矢量。现在我们对这两个波速定义做阐述;尽管大量书籍中都给出了电磁波传播中相速和群速的定义式,目前需要一种系统而严谨的表述。取经典波方程的解为

$$V(\boldsymbol{r}, t) = a(\boldsymbol{r}) \cos\left[\omega t - g(\boldsymbol{r})\right] \tag{11}$$

式中:$a(>0)$ 和 g 是位置的标量函数,而

$$g(\boldsymbol{r}) = \text{const} \tag{12}$$

称为等相面或波面。假如满足

$$\omega dt - (\nabla g) \cdot d\boldsymbol{r} = 0 \tag{13}$$

则相位 $[\omega t - g(\boldsymbol{r})]$ 在 $(\boldsymbol{r}, t)$ 和 $(\boldsymbol{r} + d\boldsymbol{r}, t + dt)$ 是相同的。此时设 $\boldsymbol{q}$ 代表 $d\boldsymbol{r}$ 方向上的单位矢量,并写成 $d\boldsymbol{r} = \boldsymbol{q}ds$,则由式(13)得

$$\frac{ds}{dt} = \frac{\omega}{\boldsymbol{q} \cdot \nabla g} \tag{14}$$

当 $\boldsymbol{q}$ 垂直于等相面,即 $\boldsymbol{q} = \nabla g / |\nabla g|$ 时,式(14)取得最小值,把这个最小值称为相速:

$$v_{\mathrm{p}} = \frac{\omega}{\mid \nabla g \mid} \tag{15}$$

相速表示等相面前进的速度。对于平面波来讲

$$g(\boldsymbol{r}) = \omega\left(\frac{\boldsymbol{r} \cdot \boldsymbol{s}}{v}\right) - \delta = k(\boldsymbol{r} \cdot \boldsymbol{s}) - \delta = \boldsymbol{k} \cdot \boldsymbol{r} - \delta \tag{16}$$

所以

$$\nabla g = \boldsymbol{k} \tag{17}$$

式中：$\boldsymbol{k} = k\boldsymbol{s}$ 为波矢量。

因此平面波的相速大小为

$$v_{\mathrm{p}} = \frac{\omega}{k} \tag{18}$$

如果 k 是频率 ω 的函数，那么 $k(\omega)$ 就是色散方程；如果 k 与频率 ω 无关，就是非色散的。后一条件下 k 与系统的相位常数 β 相同，即 $k = \beta$，此时相速可表示为

$$v_{\mathrm{p}} = \frac{\omega}{\beta} \tag{19}$$

在以上论述中可以看出相速不是矢量，而是标量。并且在 Born 和 Wolf 书中指出：式(14)中给出的 $\dfrac{\mathrm{d}s}{\mathrm{d}t}$ 表达式并不是相速在 $\boldsymbol{q}$ 方向上的分解，即相速不能作为一个矢量。

相速不能由实验测定，因为要测量这个速度，需要在无限延展、光滑的波上做一个记号，然而这就要把无限长的谐波波列变换成另一个空间和时间的函数，因此必须承认相速意义不如群速重要。并且在实际中由于单色波是一种理想化的波，展布于 $t = -\infty$ 到 $t = +\infty$，实际上并不存在。在应用中通常遇到的是已调波，如调幅波(AM)、调频波(FM)等。这些被调制的波可以看成是由许多频率相近的单色平面波叠加而成，通常称为波群或波包，用来描述这些频率相近的波群或波包在空间中传播的速度称为群速。

一个波群或波包通常可以表示为

$$V(\boldsymbol{r}, t) = \int_0^\infty a_\omega(\boldsymbol{r}) \cos[\omega t - g_\omega(\boldsymbol{r})] \mathrm{d}\omega \tag{20}$$

式中：a_ω 为 Fourier 振幅，在平均频率 $\bar{\omega}$ 两边很窄的范围，即

$$\bar{\omega} - \frac{1}{2}\Delta\omega \leqslant \omega \leqslant \bar{\omega} + \frac{1}{2}\Delta\omega \qquad \Delta\omega / \bar{\omega} \ll 1$$

因此，三维波群的群速一般可以表示为

$$v_{\mathrm{g}} = \frac{1}{\left| \nabla\left(\dfrac{\partial g}{\partial \omega}\right)_{\bar{\omega}} \right|} \tag{21}$$

在平面波条件下写为

$$v_{\mathrm{g}} = \frac{1}{\left| \nabla\left(\dfrac{\mathrm{d}\boldsymbol{k}}{\mathrm{d}\omega}\right)_{\bar{\omega}} \right|} \tag{22}$$

通常写为

$$v_{\mathrm{g}} = \frac{\mathrm{d}\omega}{\mathrm{d}k} \tag{23}$$

从以上的论述中可以看出，群速(和相速一样)不是矢量，而是标量。同样当 k 与频率 ω 无关

时,是非色散的,波群可以不失真的传播相当长一段距离;但是如果 k 是频率 ω 的函数,那么就是色散的。尤其是在反常色散时,群速可以超过真空中的光速,甚至变为负。

因此在前述两种意见中,第二种意见是正确的。式(10)也可作为"光速是标量"的说明,实际上,根据此式国际计量界测出了真空中光速 c 的最精确值[11]。笔者称这些为"对波速的新认识",这对于理解近年来多国科学家做成功的负群速实验是至关重要的。

随着科学技术的发展,人们对电磁波以及其与物质相互作用的本质有了更多的理解。研究的兴趣不仅仅只停留在对于光速的精确测量上,而是向传统意义上的光速发起了挑战。近年来,由于光学研究拓展到非线性领域,控制电磁波在媒质中传输的速度已经成为一个研究的新热点。通过电磁感应吸收,相干布居振荡和受激 Brillouin 散射方法在媒质中通过控制电磁波的吸收、增益来改变色散,或者通过人造结构如光子晶体、特殊波导结构等改变媒质宏观的电磁特性控制色散,在小频率范围内媒质的折射率发生急剧变化,控制光脉冲的群速度实现了光速的各种变化,产生光停、慢光、快光,并且已取得了不少突破。而且当媒质的折射率随着频率加大而急剧下降时,也就是发生强烈的反常色散时,不仅群速可大于光速 c,甚至可以使电磁波的群速为负。

电磁波通过反常色散媒质产生负群速传播时,会发生这样的现象:当输入脉冲峰值进入色散媒质之前,就已经在色散媒质的出口处观测到输出脉冲峰值。而这种负群速是一种比无限大群速还大的速度,并且此时的群时延也为负。这个奇异的现象直观的看起来不大符合人们通常的经验,但是经过实验精密测量得到的。负群速和负群时延的发现揭示了一类新奇的物理现象,扩宽了人们对群速度和群时延的认识和理解,推动了人类在对自然规律的认知和掌握上的进步,并且由此带来技术上空前的发展。但是负速度的理论也是相当深奥,长期以来争论不休。意见的分歧,概念上的模糊,至今仍困扰着研究者。一些物理学大师甚至都表现出犹豫不决,一般的研究者分歧越来越大。

表1列出我们搜集到的(1992—2014 年)多国科学家的实验情况,显示出这个领域已取得丰硕了的成果。

表 1 波动及电磁脉冲在实验中呈现的超光速群速及负群速数据示例

原　理	作者及年份	频段	内　容	最大群速与光速比值(v_g/c)
利用电磁器件中的消失态	Enders 和 Nimtz[12], 1992	微波	脉冲通过处于消失态的截止波导管时,发现群速超光速	4.7
	Nimtz 和 Heitman[13], 1997	微波	脉冲通过处于消失态的截止波导管时,发现群速超光速	4.34
	Wynne 和 Jaroszynski[14], 1999	太赫	脉冲通过处于消失态的截止波导管时,发现群速超光速	群时延 $\tau_g = -110\text{fs}$
利用电磁感应吸收(EIA)媒质中的反常色散态	王力军等[15],2000	光频	激光脉冲通过铯原子气体,得到负群速	$-1/310$
	Stenner 等[16],2003	光频	激光脉冲通过钾原子气体,得到负群速	$-1/19.6$
	陈徐宗等[17],2004	光频	激光脉冲通过铯原子气体,得到负群速	$-1/3000$

（续）

原　理	作者及年份	频段	内　容	最大群速与光速比值(v_g/c)
利用电磁感应吸收（EIA）媒质中的反常色散态	Gehring 等[18]，2006	光频	用掺铒光纤放大器，由增益系统的反常色散，激光脉冲通过光纤获得负群速	−1/4000
	张亮等[19]，2011	光频	运用激发光 Brillouin 散射的非线性过程，又构建光纤环腔，激光脉冲通过光纤获得超光速群速及负群速；又观察到输出信号对输入信号超前	3.145 ~ −4.902；τ_g = −221.2ns
	Glasser 等[20]，2012	光频	激光脉冲通过铷气室，又用四波混频技术，获得负群速	−1/880
利用无源传输系统，如级联同轴线段模拟光子晶体、级联矩形波导、Ω 单元左手传输线阵，造成反常色散	Hachè 和 Poirier[21]，2002	短波	在阻带频率，通过 CPC 的信号群速超光速	2 ~ 3.5
	Munday 和 Robertson[22]，2002	短波	在阻带频率，通过 CPC 的信号群速超光速；又观察到负群速	4 −1.2
	黄志洵和逯贵祯[23]，2003	短波	在阻带频率，通过 CPC 的信号群速超光速（CPC 总长 75m）	2.4
	周渭和李智奇[24]，2009	短波	在阻带频率，通过 CPC 的信号群速超光速；又观察到负群速（CPC 总长分别为 105.4m、179.8m）	2.196 −1.45
	姚欣佑和张存续[25]，2012	微波	三段矩形波导级联，模式效应和干涉效应造成超光速群速	10
	姜荣等[26]，2014	微波	利用左手传输线（LHTL），在反常色散基础上又有负折射（$n < 0$），获得负群速	−1.85c

5　物理相互作用的传播速度

现在来看一些物理相互作用的传播速度，这涉及引力作用、Coulomb 力作用和量子纠缠态作用。这个论题非常重要，关系到我们对自然界的正确认识。众所周知，物理相互作用（physical interactions）主要有引力相互作用、电磁相互作用、强相互作用和弱相互作用四种。此外，我们认为还有第五种，即量子纠缠态相互作用。

1675 年，丹麦人 O. Roemer 公布了自己的研究成果——光速 c = 214000km/s。这是通过对木卫一观测算出的值，虽然系统误差高达 30%，却是历史上第一次用数据证明光速的有限性。在当时 I. Newton 一方面自己做实验，也注意别人的实验。但对他 1687 年发表的万有引力理论而言，光速是一个太小的数值。Newton[2]的著作没有正面讨论引力传播的速度，但他认为引力作用是即时发生的，即表示引力速度 $v_G = \infty$，后人称为超距作用。他知道太阳的光线到达地球要好几分钟；但太阳的引力作用于地球，这个过程绝不会花费几分钟的时间。对 Newton

而言,支配天体运行的引力,和太阳等光源发出的光,二者属于不同的体系,没有必然的联系。因而,Newton 绝不会认为"引力传播速度就是光的传播速度"。这一想法是后人的,到今天已遭遇了不断的质疑。例如 P. Laplace 在 1810 年根据潮汐造成太阳系行星轨道不稳定的长期影响,断定引力速度是光速的 10^8 倍($v_G = 10^8 c$)[27]。后来 Laplace 又说引力传播速度可能是光速的几百倍。这是最早的认为引力以超光速传播的观点。

1905 年 A. Einstein 提出狭义相对论(SR),但这个理论完全没有考虑引力。1911 年 1 月 16 日,Einstein 在瑞士 Zürich 发表演讲。在讲完后的讨论中,R. Lämmel[28] 教授发言说:"有的东西比光更快,万有引力。假如我们必须同意一种观点,认为在质量间的引力事例中不可能谈论速度,而只能有一种即时的效应,那么我们就会遇到巨大的困难。因此引力也必须有某一速度。但是现在还没有能够测到这个速度。看来很可能这个速度比光速大得多。"此外,1913 年 9 月 23 日 Einstein 在奥地利 Vienna 发表演讲,著名物理学家 M. Born 提出了与 Lämmel 类似的看法,对 Einstein 的观点(引力作用以光速传播)表示了不同的意见。……诸如此类的讨论和指责使 Einstein 认识到,不深入研究引力问题不行;不研究引力的传播速度问题不行。他终于在 1915—1918 年做出了理论上的答复——提出了广义相对论(GR)及引力波理论体系。1918 年 A. Einstein 发表论文"论引力波",断言引力传播速度就是引力波速度,而后者是光速 c。

但在 1920 年,A. Eddington[29] 根据对水星近日点进动的讨论断定引力速度 $v_G \gg c$;根据日蚀全盛时比日、月成直线时超前断定 $v_G > 20c$。1997 年 T. Flandern[30] 发表的关于引力速度的研究文章指出,对太阳(S)–地球(E)体系而言,如果太阳产生的引力是以光速向外传播,那么当引力走过日地间距而到达地球时,后者已前移了与 8.3min 相应的距离。这样一来,太阳对地球的吸引与地球对太阳的吸引就不在同一条直线上。这些错行力(misaligned forces)的效应是使得绕太阳运行的星体轨道半径增大,在 1200 年内地球对太阳的距离将加倍。但在实际上地球轨道是稳定的;故可判断"引力传播速度远大于光速"。T. Flandern 具体得到两个结果:使用地球轨道数据作计算时得 $v_G \geqslant 10^9 c$;使用脉冲星(PSR 1534 + 12)的数据作计算时得 $v_G \geqslant 2 \times 10^{10} c$。Flandern 的观点是有两个相对论,一个是 A. Einstein 的,另一个是 H. Lorentz 的,两者并不相同。后者他称为 Lorentzian relativity(LR),特点是存在特惠参考系(preferred frame),并可以解释引力传播的超光速现象;而 SR 却无法解释。

2003 年 1 月 9 日,新闻媒体发布了一条消息:"科学家首次测出引力速度——证明了 Einstein 的近代物理理论。"其中说:"科学家第一次测量出引力速度。这是两位科学家 1 月 8 日在美国 Seatle 召开的美国天文学会会议上公布的,该实验再次证实了 Einstein 的理论是正确的。"美国物理学家 S. Kopeikin 说:"Newton 认为引力是瞬时速度,Einstein 则推测引力是以光速传播的,但直到现在为止,还没有人测量过引力的速度。"当木星经过它前面一个遥远的天体时,通过观测射电波轻微的弯曲,Fomalont 和 Kopeikin[31] 确信引力传播的速度与光速相等。他们说这个发现的误差在 20% 以内。这一测量是 2002 年 9 月 8 日使用美国的长基线阵列射电望远镜和一台德国的射电望远镜共同进行的。

但是,媒体的上述报道并没有得到科学界的承认。大多数美国物理学家认为,Fomalont 和 Kopeikin 的观测结果只代表了引力场中的光速,即射电波速度,不代表引力的速度。例如,著名物理学家 C. Will 在 1 月 9 日撰文反驳,题名为"引力传播速度及相对论时延"。Will 指出,类星体的射电信号经过木星附近区域时,射电波速度会有些变化,可是射电信号对引力速度是不灵敏的。所以,Fomalont 和 Kopeikin 的观测结果不代表测量出引力速度。……实际上,*Na-*

ture 和 *Science* 都报告说,科学家们认为实验的解释有致命的缺陷。纽约大学石溪分校的 P. van Nieuwenhuizen 一生致力于引力研究,他说:"这完全没有意义。"另一位物理学家 K. Nordtvedt 说:"实验很精彩,但与引力速度无关。"[32]

总之,可以说,引力速度从未被真正测量过,研究远远落后于光速的测量。v_G 如真的被人测出,都会造成轰动,甚至可能被授予 Nobel 物理学奖。但从 2003 年至今多年过去了,这一切都未发生,说明测量 v_G 仍是一个尚待完成的任务。

在物理学中场论有普遍性的特征:电磁场、引力场、Higgs 场和量子场等。因此,人们对引力场和电磁场作比较研究,是可以理解的做法。例如近年来的静电场(Coulomb 场)传播速度开展研究,就是一个例子。2007—2011 年,R. Smirno – Rueda 小组发表论文,说他们测量到电磁场相互作用速度远大于光速,速度与波长有关。2000 年,R. Tzentchev 等[33]的论文"Coulomb 作用并非瞬时地传开",说对实验数据的处理显示,Coulomb 相互作用的传播速度(群速)为

$$v = (3.03 \pm 0.07) \times 10^8 \text{ m/s}$$

故有

$$\frac{v_c}{c} = \frac{303000000}{299792458} = 1.0107$$

即 Coulomb 作用传播速度 v_c 比 c 快大约 1%。

2014 年 11 月,Sangro 等[34]在预印本网站 arXiv 上贴出论文"Coulomb 场传播速度测量"。按照笔者的理解,如果我们想知道空间某点 $p(x,y,z)$ 处放一电荷 q 产生的 Coulomb 场的传播速度,可以等效为设电荷 q 以速度 v 运动,计算 p 点电场与 v 的关系;后者即代表了前者。Sangro 等指出,当电荷以恒速运动时,其行为可以计算,发现某点的电场在以 Lienard – Weichert 势评估时的计算,是与 Coulomb 场以无限大速度传播时的计算,实际上相同。这是一个速度场的直接影响后果,LW 势部分与电荷加速无关,是静电场(static field)。"Feynman 解释"和"静态 Coulomb"场,两个观点哪个对?只能由实验决定。实验数据显示,"运动电荷严格承载一个 Coulomb 场"的假设是正确的。也就是说,结果符合 LW 公式预期。

表 2 列出我们搜集到的对几种物理作用的计算和测量结果;对末行(量子纠缠态相互作用)将在下节做出说明。

表 2　几种物理相互作用的传播速度研究示例

类　别	作者及年份	内　容	v/c
引力相互作用	Newton[2],1687	提出的万有引力反平方定律描述的引力是一种即时的超距作用,即传播不用时间,传播速度为无限大	∞
	Laplace[27],1810	在天体力学著作中指出,潮汐的长期影响造成太阳系中行星轨道的不稳定。据此算出 Newton 引力速度的值	10^8
	Lämmel[28],1911	认为引力速度大于光速	>1
	Born[28],1913	认为引力速度大于光速	>1
	Eddington[29],1920	由水星近日点进动推算出引力速度远大于光速;又由日食全盛时比日、月呈直线时超前推算出引力速度	$\gg 1$ $\geqslant 20$

类　别	作者及年份	内　　容	v/c
引力相互作用	Flandern[30],1997	认为引力不可能以光速传播的道理是明显的,否则太阳系内行星(如地球)轨道将不稳定。进一步用脉冲双星(binary pulsar)计算,得到引力速度远大于光速的结果	$\geqslant 2 \times 10^{10} c$
	Kopeikin[31],2003	认为对类星体射电波经过木星附近时发生弯曲的观测,证明引力速度是光速。但立即遭到 C. Will 著名物理学家反驳,认为所测为引力场中射电波速度,不是引力速度	1
	Zhu Y(朱寅),2011[36] 2014[37]	2011 年论文讨论引力速度的测量,认为可参照电磁学中 Coulomb 力速度而获得。2014 论文说,依据卫星运动观测证明,引力速度大于光速(太阳对同步地球卫星轨道的扰动)。另外,估计引力速度可为光速百万倍	10^6
	Zhu Y(朱寅)[38],2016	对银河系运动作观测计算,得到引力速度大于25l. y. /s	$>7.92 \times 10^8$
静电力相互作用	Tzentchev[33],2000	认为对 Coulomb 力传播速度的测量证明,不是即时传播,但比光速快	1.0107
量子纠缠态相互作用	Salart[35],2008	用纠缠光子对进行实验,光子相距 18km,实验表明量子纠缠态相互作用不是即时的,而是比光速快很多的速度	$\geqslant 10^4$

6　量子纠缠态的传播速度

传统的经典物理认为相互作用只有四种,但量子力学(QM)带来了全新的概念和认识。这个词的英文是 entangled states,表示一对相互纠缠的光子的相关性是自然界的奇妙现象之一:从理论上讲两者距离多远这种相关都不会改变。这真是一种独特的物理相互作用。

众所周知,量子体系的态函数 Ψ 可由求解 Schrödinger 方程而得出。对于电子等微观粒子,Schrödinger 方程是最基本的方程,在量子力学中的地位相当于 Newton 方程在经典力学中的地位。对于复合体系Ⅰ、Ⅱ的量子态,可由子系统Ⅰ、Ⅱ的态线性组合而成;如果是用子系态直积形式构成的复合系态,则称为可分态。如果测量时二者结果互相牵连,不能表示成子系态的直积形式,则这种复合体系的态称为不可分态,也称为纠缠态。1935 年的 EPR 论文实际上使用了纠缠态概念[39],文中的二粒子体系的波函数(双粒子量子态)就是一个纠缠态。量子纠缠态可简写为 OES。

对于 1935 年的 EPR 论文,J. Bell[40] 于 1964 年提出了著名的不等式作为判据,其分析建筑在 D. Bohm 的自旋双粒子体系诠释及隐变量理论的基础上。Bell 的分析有三个假定——自旋双态系统、理想相关和局域性条件,得出的不等式与 QM 的预言相冲突;但这一理论进展使实验检验成为可能。1972—1983 年的十余个实验(包括著名的 Aspect 实验[41]),结果都是违反 Bell 不等式却与 QM 相符。值得注意的是,自 1982 年至今,以检验 Bell 不等式为基础的实验在各国继续进行;并且在实验中的纠缠态双光子的间距,由最早(Aspect)的 15m,进步到 1998 年的 400m 和 2005 年的 25km,最后(2007 年)达到 144km,实验进展惊人。光子对的远距离纠缠显示了神奇的特性,非常令人惊讶。通俗地说,不论两个粒子相距多远,一个粒子的变化会影响另一个粒子的状态,这种现象叫量子纠缠。正是量子理论与信息技术的结合(始于 20 世纪 90 年代),产生了一门蓬勃发展的学科"量子信息学"(Quantum Information Technology, QIT),目标是在深刻了解原理的基础上研制量子保密通信系统和量子计算机。此外,还造成了量子雷达(QR)的发展。

我们知道,Bohm 所阐述的 EPR 思维提示了一种奇怪的量子相关。当两个旋转粒子相互作用后分开很远,其自旋相等而相反,故可从一个推断另一个。根据量子力学,两者的自旋都不确定,直到测出为止。测量确定了一个粒子的自旋方向,量子相关使另一粒子立即接受确定的自旋。这一结果即使二者相距若干光年也对。这种远距离作用暗示粒子间有一种超光速作用存在。

长期以来,研究 QIT 的专家不曾重视 QES 的作用速度问题(也有人认为是无限大),这种状况现在已经改变。2005 年 6 月,英国刊物 New Scientist 报道了瑞士科学家 N. Gisin 所领导的研究[42]。Gisin 小组利用在 Geneva 湖水下面的光纤话缆,把光子送到 25km 以外;结果确与 Bell 不等式相反。Gisin 小组另有一个研究结果非常引人注意——实验测量得到 QES 的作用速度为 $(10^4 \sim 10^7)c$ [35]。这是重要的情况,表示这个作用速度不是无限大,而是超光速的。这虽然并不说明可以自动实现"量子超光速通信",但证明"量子信息超光速传送"也有其意义。总之,Gisin 认为出现了光子间的某种影响是以超光速传递的(some kind of influence appears to be travelling faster than light)。由于随机性而不可控,这些超光速链尚不能用来传送信息,但意味着量子理论的时空描述有其特色。

美国著名物理学家 R. Feynman 曾说,我们常常不能解释自然界为何以这么奇特的方式行事,但我们必须按照自然界的本来面目接受自然界。这样说固然不错,但回顾从 1935 年的 EPR 论文到 2007 年的 144km 远的双光子量子纠缠,仍然给人以一种神秘感。对 QES 作用速度的测量虽由 N. Gisin 等开了头(他们证明不是无限大速度而是超光速),科学界肯定还要深入研究下去。关于这种作用速度的测量方法也有待创新。

量子力学中的量子纠缠态是很特别的,1947 年 Einstein 在给 M. Born 的信中称之为"幽灵般的超距作用"(spooky action at a distance),并想说明量子力学理论是不对的。与其他物理效应(幅度随距离变)对照,量子纠缠效应预期不管多远也有同样强度。Schrödinger 曾对此观念感到不快,其 1935—1936 年论文认为纠缠仅发生在微观距离。二位大师都错了。许多年过去,量子纠缠距离在实验中不断增加。2008 年 Salart 等[35]的实验——一对光子相距达 18km;它们的源在日内瓦,两个精确等长光缆通向两个村庄,它们在日内瓦湖以东及以西,用干涉仪监测;由于两光子走过相同距离,应同时到达干涉仪。Salart 的结论是:在纠缠光子之间通过的任何信号,不是即时的,至少也在 $10^4 c$ 以上的超光速进行。虽然这与 Einstein 的说法("nothing travels faster than light")不符,却是实验证明了的事实。

2008 年 8 月 15 日,新浪科技网转引美国生活网的报道:"Einstein 曾对任何超光速的说法都予以驳斥,但事实很可能会表明这是他一生中犯下的错误之一。瑞士科学家称,他们在实验中证实,处于纠缠状态的亚原子粒子,它们之间信号传输的速度要远远超出光速。在 8 月 14

日出版的最新一期 Nature 杂志上,瑞士的 5 位科学家公布了他们的这项最新研究成果。瑞士科学家表示,原子、电子以及宇宙空间其他所有的微观物质都可能会表现出异常奇怪的行为,其行为规律可能与我们日常生活中传统的科学规律完全背道而驰。比如,物体可以同时存在于两个或多个场所;可以同时以相反的方向旋转。这种现象也许只有通过量子物理学才能解释。量子物理学认为,任何事物之间都可能存着某种特定的联系。发生于某一物体之上的事件,可能同时对其他物体也会产生影响。这种现象称为量子纠缠。不管物体之间的距离有多远,同样存在量子纠缠的关系。

"Einstein 坚决反对量子纠缠理论,甚至将其戏称为'远距离的鬼魅行为'。根据量子力学理论的描述,两个处于纠缠态的粒子无论相距多远,都能感知和影响对方的状态。几十年来,物理学家试图验证这种神奇特性是否真实,以及决定它的幕后原因。其实,我们可以运用形象化的说明来解释这种现象。被纠缠的物体释放出某种不明粒子或其他形式的高速信号,从而对其伙伴产生影响。此前,已有实验证实传统物理学领域中某种隐藏信号的存在,从而打消了人们对于这种隐藏信号的种种疑问。但是,仍然有一个奇怪的可能性没有得到证实,即这种未知信号的传输速率可能会比光速还要高。

"为了证实这种可能性,瑞士科学家对一对相互纠缠的光子进行实验研究。首先,研究人员们将光子对拆散;然后,通过由瑞士电信公司提供的光纤向两个村庄接收站进行传送,接收站之间相距约 18km。沿途光子会经过特殊设计的探测器,因此研究人员能够随时确定它们从出发到终点的颜色。最终,接收站证实每对相互纠缠的光子被分开传送到接收站后,两者之间仍然存在纠缠关系。通过对其中一个光子的分析,科学家可以预测另一光子的特征。在实验中,任何隐藏信号从此接收站传送到彼接收站,仅仅需要一百万兆分之一秒。这一传输速率保证了接收站能够准确地检测到光子。由此可以推测任何未知信号的传输速率至少是光速的10000 倍。

"Einstein 不仅不接受量子纠缠的思想,而且坚持认为不可能存在比光速还要快的信号,任何比光速快的'鬼魅似的远距作用'都是不可思议的。……而科学家们从实验中得到的结论,既可以反驳他的错误观点,也可以用来解同一事物同时出现在不同地点这一奇异现象。Einstein 都无法解释的奇怪行为,正是量子物理学的魅力所在。"

以上描述可能有些浅薄,故应做进一步说明。Salart 等[35] 的文章的题目是"Testing the speed of 'spooky action at a distance'"("测试'远距离鬼魅行为'的传播速度"),这很生动,用上了 Einstein 多年前的话。在摘要中说:

"各种相关性大体是通过两种机制来描述的。一种是,第一件事物通过发送信息来影响第二件事物,这种信息是在玻色子或其他物质载体编码实现的。另一种是说相关的两个事物在它们共同的历史中有一些共同的原因。量子物理对一些相关性预言了完全不一样的理由,叫纠缠态。这种状态揭示了在相关性上类空独立事物间违背了 Bell 不等式(也就是代表不能用一般的理由去描述它们)。许多 Bell 试验已经完成,在几个独立实验中关闭了与位置相关的透光孔,进行了封闭探测。在这里第一件事物还是有可能作用到第二件事物,假设这种作用(Einstein 提出的某一远距离上'神奇'的作用)存在,然而它的速度需要在一个通用的特惠参考系中定义,而且将会超过光速。在这里我们给所有这样的假设性作用的速度设定了严格的实验限值。我们在两个相隔 18km 的山村间做了长达 24h 的 Bell 型试验,而且两个村子大约呈东西布局,源恰恰放在它们中间。我们持续观察到双光子干涉远远高于 Bell 不等式的最大值。我们利用地球的旋转构建实验,这一实验构造允许我们对于任何假设性特惠参考系,都可以对这个作用的速度确定一个更低的限值。例如,如果这样的特惠参考系存在,并且在这个参照系中地球运动的速度是它在光速中速度的 10^{-3} 倍还要少,于是这种作用的速度将必然超过光速至少 4 个数量级。"

Salart 说,根据量子理论,违背 Bell 不等式的量子相关性经常发生在外时空,在这种条件下对它们的发生没有时空概念:没有说这一件事物一定作用于远处的另一件事物。可是这种相关性的描述,完全不同于以往的任何科学,所以应该进行比较全面的实验。1989 年,Eberhard 认为这种通用特惠参考系可以通过实验来研究。他认为这种作用尽管超光速但速度是有限的。从今以后,如果事件同时在这个通用特惠参考系中,信号不会准时到达,而且不会违背不等式。也就是如果事件同在某个参照系中,它们将同时沿着两个事件连线的垂直方向运动。因此,Eberhard 提出在东西方向上做一次长距离的、12h 一周期的 Bell 型实验。如果这些事件同时在地球参照系中,那它们对于所有参照系都将沿着垂直于东西方向轴线的平面运动,而且在 12h 内所有可能的假设性特许参照系都将会观察到。有一个有趣的提法推测存在一种快子场,这种场是耦合纠缠粒子的,我们不认同这种说法。

量子力学中 Bohm 的导波模型是一个包含明显远距 Spooky 作用理论的实例,它要求假设存在一个通用的特惠参考系。另外,如果远距的 Spooky 作用以有限速度传播,那么如下提到的一个实验就可能是歪曲了这个导波模型。直到 2000 年,一个根据以上思想做的 Bell 型实验已被分析。然而,这个分析只针对两种假设性特惠参考系:第一个系是定义为宇宙微波背景的辐射;第二个是"Swiss Alps 参考系",即不是一种通用的系仅仅是定义为大众的实验环境。假设这个特惠参考系与实验环境有关,这样很自然就会导致一个情形,会出现大众环境在实验的两个方面不同的问题。这也是 2000 年实验的关键课题。在这两个参考系的分析中,这种设想的超光速作用被定义为量子信息速度,也就是不同于传统的信号传输。

实验像是一个大的 Franson 干涉仪。源位于我们在日内瓦的实验室,它在一个非线性晶体中利用标准变量下转换发射纠缠光子对(这里有一个连续波激光器在一个波导中传泵浦光,这个波导在一个周期性的杆上锂铌酸盐晶体中)。利用光纤 Bragg 光栅和光环行器,每一光子对都是确定性地分离,而且其中一个光子会通过 Swisscom 光纤光网络发送到 Satigny,日内瓦东部的一个村庄。这两个接收基站坐落在两个村庄,相隔直线距离 18km。我们利用能量 – 时间纠缠态,纠缠态的形式在标准通信光纤领域中属于量子通信。在每一个接收基站,光子通过同样的非平衡光纤 Michelson 干涉仪。失衡程度比单光子相干长度大,意思是任何单光子干涉都可以避免,但它远小于泵浦激光器的相干长度。因此,当同时在 Satigny 村和 Jussy 村探测一个光子对,对光子走哪条路径是未知的。但由于光子是同时发出的,它们必然都走了同样的路径。就像经常在量子物理中提到的那样,这种不可分辨性导致 long – long 路径和 short – short 路径之间的干涉。持续观测一台干涉仪的相位(位于 Jussy 村),同时保持另一台的稳定,在两个地方的光子探测间产生一个正弦振荡相关性。

干涉条纹在多次运行中被记录,经常持续几小时。通过并置历时几周得到的几轮测量结果,覆盖了一个周期为 360s 可见度高于限值的干涉条纹 24h,这个限值是通过 Clauser – Horne – Shimony – Holt Bell 不等式确定的。可见度大得足以排除任何普通的原因,从而相关性既与纠缠态有关又与假设在某距的作用有关,希望它们的速度有下界。因为长时间测量短周期的条纹很难使其连续拟合,在一个对应一个半条纹的时间窗内拟合数据,然后观测这个时间窗,就像补充信息中说明的。我们发现,一天内总是出现破坏 Bell 不等式的情况,使在任何参照系中对于量子信息速度计算出更低的限值成为可能。这个限值依赖于实验中定位参数的精确度。

　　首先,位于源极和单光子探测器之间的光纤长度被测量。长光纤(长几千米)是通过使用单光子光学时域反射计来测量的,短光纤(长度不足 500m)测量则是利用光学频率强度反射计。位于 Satigny 村这边的光纤长度要比另一边的短 4.1km。在较短的一边增加一个光纤圈,这是为了将两边的差异减少到 1cm,因为 1cm 的不确定性正好能与 49ps 的光速相符合。为了消除测量精确位置的不确定性,需要调整光纤长度,从源极到每个干涉计内部的光纤结合处,并且到光电二极管罩(就是能探测到光子的地方)。因此,这个结构必须具有对称性。

　　接下来考虑在光纤内部的色散,色散增加了到达时间的不确定性。由于纠缠在一起的光子在能量上是相斥的,它们时间上的迟滞总是相反的,这样一来,又增加了一种不确定性;这些问题都考虑了。最后,可算出量子信息速度 v_{qi} 的低限值,它超过 $10^4 c$。图 1 是最终的结果。我们认为这是一个非常严谨的实验,具有里程碑式的意义。

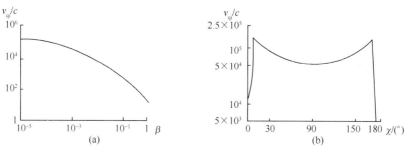

图 1　超光速量子信息速度

(a) v_{qi} 与 β 的关系曲线 ($\beta = v/c$ 是地球参考系速度与光速之比);

(b) v_{qi} 与 χ 的关系曲线 (χ 是地球自转轴与矢量 v 的夹角)。

7　结束语

　　本文主要从四个方面进行论述:①宏观物质的速度;②微观粒子的速度;③波动形态的速度;④物理作用的速度。在①中突出地讨论了大航天时代对提高飞船速度的迫切要求;在②中深入探讨了在微观世界如何定义速度;在③中指出波速定义的标量性,以及负波速的定义和研究情况;在④中讨论了引力作用速度、Coulomb 场的传播速度以及量子纠缠态传播造成的量子信息速度。丰富的内容提供了论题重要性的真实根据,揭示了科学界的研究进展和问题。

　　实际上,在上述每种情况下都有特殊的课题。以波速研究为例,就含有下述令人感兴趣的领域——“光停”研究(使光子停下来,实现零波速);亚光速研究(“光学”的绝大部分内容均此);光速研究(讨论光速 c 本身);超光速研究(近年来的热门领域);由无限大光速再进一步形成负波速的研究(超光速的一种新形态)。[43-45] 在这些方面均有许多理论与实验值得称道,非常令人鼓舞。

　　可以说,近年来在多国开展的超光速研究,极大地丰富和促进了对有关速度问题的深入探讨。虽然 1999 年国际知名的航天专家 P. Murad[46] 提出了“建设超光速宇宙飞船”的概念,但是,对于中性物质粒子(如中子、原子)的超光速运动尚无实验成功的报道,对实体物质(如固体)的运动更是如此。既然实体物质的超光速运动的实证还存在问题,“超光速飞船”尚非现实的课题。故“以光速或超光速航行的宇宙飞船”只是一种设想;但它将成为对地球人类的智慧与能力的最大挑战之一,将来究竟能否实现,目前尚难估计。设计新的、巧妙的超光速实验是当前最重要的工作。实验最好用不带电的中性粒子(如中子、原子)进行。

迄今为止,全世界的超光速研究水平不高,尽管在美国、德国、意大利、中国等国科学家的参与下,已有了一个好的开始,"禁区"已被打破。由于实验进展的推动,人们又提出了各种"允许超光速运动存在"的时空理论,使有关研究更趋活跃。……然而我们必须说,迄今为止的超光速研究尚处在"婴儿"时期,水平不高、成绩有限。研究成果的特点仅为发现光子、微波、光脉冲和电脉冲的传输速度可以超光速;因此任何过于乐观的估计都是不切实际的。

致谢:本文部分内容曾与首都师范大学物理系耿天明教授讨论,获得有益的启发,谨致谢意!

参考文献

[1] 鲁绍曾,等. 现代计量学概论[M]. 北京:中国计量出版社,1987.

[2] Newton I. Philosophiae naturalis principia mathematica[M]. London:Roy. Soc. ,1687.(中译:自然哲学之数学原理[M]. 王克迪,译. 西安:陕西人民出版社,2001.)

[3] 赵籍九,尹兆升. 粒子加速器技术[M]. 北京:高等教育出版社,2006

[4] 宋健. 航天纵横——航天对基础科学的拉动[M]. 高等教育出版社,2007

[5] Lorentz H A. Electromagnetic phenomana in a system moving with any velocity less than that of light[J]. Konin. Akad. Weten. (Amsterdam),1904,6:809 - 831

[6] Steinberg M,et al. Measurement of the single photon tuuneling time[J]. Phys. Rev. Lett. ,1993,71(5):708 - 711

[7] 宋文淼,阴和俊,张晓娟. 实物与暗物的数理逻辑[M]. 北京:科学出版社,2006.(又见:宋文淼. 矢量偏微分算子[M]. 北京:科学出版社,1999.)

[8] 黄志洵. 负波速研究进展[J]. 前沿科学,2012,6(4):46 - 66

[9] 黄志洵. 影响物理学发展的8个问题[J]. 前沿科学,2013,7(3):59 - 85.(又见:黄志洵. 电磁波负性运动与媒质负电磁参数[J]. 中国传媒大学学报(自然科学版),2013,2(4):39 - 53.)

[10] Born M,Wolf E. Principles of Optics:7th. Ed[M]. Cambridge:Cambridge University Press, 2003.

[11] Evenson K,et al. Accurate frequency of molecular transitions used in laser stabilization:the 3. 39μm transition in CH_4 and the 9. 33 and 10. 18μm transition in CO_2[J]. Appl. Phys. Lett. ,1973, 22:192 - 198.

[12] Enders A,Nimtz G. On superluminal barrier trasversal[J]. Jour. Phys. I France,1992(2):1693 - 1698.

[13] Nimtz G. Heitmann W. Superluminal photonic tunneling and quantum electronics[J]. Prog. Quant Electr,1997,21(2):81 - 108.

[14] Wynne K, Jaroszynski D. Superluminal terahertz pulses[J]. Opt Lett. , 1999,24(1):25 - 27. (又见:Wynne K, et al. Tunneling of single cycle terahertz pulses through waveguides[J]. Opt. Commun. ,2000,176:429 - 435.)

[15] Wang L J(王力军). Kuzmich A,Dogariu A. Gain - asisted superluminal light propagation[J]. Nature,2000,406:277 - 279.

[16] Stenner M,Gauthier D,Neifeld M. The speed of information in a fast - light optical medium[J]. Nature,2003,425(16):695 - 698.

[17] 陈徐宗,等. 光脉冲在电磁感应介质中的超慢群速与负群速传播实验研究[J]. 北京广播学院学报(自然科学版),2004,11:19 - 26.

[18] Gehring G,et al. Observation of backward pulse propagation through a medium with a negative group velocity[J]. Science,2006,312:895 - 897.

[19] Zhang L(张亮),et al. Superluminal propagation at negative group velocity in optical fibers based on Brillouin lasing oscillation[J]. Phys. Rev. Lett. ,2011,107:093903 1 - 5.

[20] Glasser R,et al. Stimulated generation of superluminal light pulses via four - wave mixing[J]. Phys. Rev. Lett. ,2012,108:17 - 26.

[21] Hachè A,Poirier L. Long range superluminal pulse propagation in a coaxial photonic crystal[J]. Appl. Phys. Lett. , 2002,80(3):518 - 520.

[22] Munday J,Robertson W. Negative group velocity pulse tunneling through a coaxial photonic crystal[J]. Appl. Phys. Lett. , 2002,81(11):2127 - 2129.

［23］ Huang Z X(黄志洵),Lu G Z(逯贵祯),Guan J(关健). Superluminal and negative group velocity in the electromagnetic wave propagation[J]. Eng. Sci. ,2003,1(2):35 – 39.

［24］ 周渭,李智奇. 电领域群速超光速的特性实验[J]. 北京石油化工学院学报,2009,17(3):48 – 53.

［25］ Yao H Y(姚欣佑),Chang T H(张存续). Experimental and theoretical studies of a broadband superluminality in Fabry – Perot interferometer[J]. Prog. EM Res. ,2012,122:1 – 13.

［26］ Jiang R(姜荣),Huang Z X(黄志洵),Miao J Y(缪京元),Liu X M(刘欣萌). Negative group velocity pulse propagation through a left – handed transmission line[J]. arXiv. Ore/abs/1502. 04716,2014

［27］ Laplace P. Mechanique celeste[M]. volumes published from 1799 – 1825;English translation:Chelsea Publ,New York,1966.

［28］ Lämmel R. Ⅱ – Ⅳ. Minutes of the meeting of 16 Jan. 1911[A]. 戈革译. 爱因斯坦全集(第三卷[C]. 长沙:湖南科学技术出版社,2002.

［29］ Eddington A. Space,time and gravitation[M]. Cambridge:Cambridge University Press,1920.

［30］ Flandern T. The speed of gravity:what the experiments say[J]. Met Res Bull,1997,6(4):1 – 10. (又见:The speed of gravity:what the experiments say[J]. Phys Lett,1998,A250:1 – 11.)

［31］ Fomalont E,Kopeikin S. The measurement of the light deflection from Jupiter:Experimental results[J]. Astrophys. Jour. ,2003,598:704 – 711.

［32］ Will C. Propagation of speed of gravity and telativistic time delay[J]. Astrophys. Jour,2003,590:683 – 690.

［33］ Tzentchev R,et a1. Coulomb interaction does not spread instaneously[J]. arXiv:Physics/ 0010036 vl[Physics. class – ph],14 oct 2000

［34］ Sangro R,et a1. Measuring propagation speed of Coulomb fields[J]. arXiv:1211,2913,v2[gr – qc],10 Nov 2014.

［35］ Salart D. et. a1. Testing the speed of"spooky"action at a distance[J]. Nature,2008,454:861 – 864.

［36］ Zhu Y(朱寅). Measurement of the speed of gravity[J]. Chin. Phys. Lett. ,2011,28(7):070401 1 – 4.

［37］ Zhu Y(朱寅). Measurement of the speed of gravity[J] arXiv:1108. 3761. 2014.

［38］ Zhu Y(朱寅). The speed of gravity:an observation on galaxy motions[J]. Research Gate, 22 Sep. / 2016

［39］ Einstein A,Podolsky B,Rosen N. Can quantum mechanical description of physical reality be considered complete[J]. Phys. Rev. ,1935(47):777 – 380.

［40］ Bell J. On the Einstein – Podolsky – Rosen paradox[J]. Physics,1964,1:195 – 200.

［41］ Aspect A,Grangier P,Roger G. Experiment realization of Einstein – Podolsky – Rosen – Bohm gedanken experiment. a new violation of Bell's inequalities[J]. Phys. Rev. Lett. ,1982,49:91 – 96.

［42］ Gisin N,et a1. Optical test of quantum nonlocality:from EPR – Bell tests towards experiments with moving observers[J]. Ann. d Phys. ,2000,9:831 – 841.

［43］ Sommerfeld A. Uber die fortpflanzung des lichtes in dispergieren Medien[J],Ann. d Phys. ,1914,44(1):177 – 182.

［44］ Brillouin L. Uber die fortpflanzung des lichtes in dispergieren medien[J]. Ann. d Phys. ,1914,44(1):203 – 208.

［45］ Chu S,Wong S. Linear pulse propagation in an absorbing medium[J]. Phys. Rev. Lett. ,1982,48(11):738 – 741.

［46］ Murad P. Hyper – light dynamics and the effects of Relativity, gravity, electricity and magnetism [J]. Paper of Intern. Astron. Feder. ,No. 99 – S. 6. 02,1999:1 – 13

论有质粒子作超光速运动的可能性

黄志洵

(中国传媒大学信息工程学院,北京 100024)

【摘要】狭义相对论(SR)中运动的有质粒子的长度(l)、质量(m)、能量(E 或 W)随速度 v 变化。当 v 增大,l 减小而 m 和 E 加大。如果 $v = c$,运动粒子的质量、能量成为无限大。故 Einstein 断言讨论超越光速 c 是无意义的。然而在实际上从未发现过物体长度随速度增加而减小。对质量而言,Newton 力学中质量与速度无关;质量随速度变来自 1904 年的 Lorentz 公式 $m = m_0 \left[1 - \left(\dfrac{v}{c}\right)^2\right]^{-1/2}$,即使它适用于电子也不能像 SR 那样推广于一切动体,实际上缺少"Lorentz 质速公式适用于中性粒子和中性物体"的实验。故"光障"不一定真的存在。

电子并不是一个普通的动体,而是特殊的带有电荷的动体。故即使 $v = c$,能量也不是无限大。另外,还可证明当速度 v 增大时动体荷电量 q 和受力 F 都减小。这就很好地解释了 1901 年的 Kaufmann 实验。类似地,分析表明 1964 年的 Bertozzi 实验也不能证明光速 c 不可超越。

本文把"光障"问题与"声障"问题做了比较,认为可压缩流体力学可用在超光速研究中,空气动力学发展对突破光障有参考作用。在超声速飞机问世前,当飞机速度接近声速将形成气体超大密度的激波,飞机将无法穿越它。但深入的理论分析和风洞实验使科学家获悉,即使 $v = c$(c 为声速),密度仅增大 6 倍,不是无限大;故工程师开始设计和建造超声速飞机。1947 年 10 月 14 日美国空军完成了人类首次超声速飞行。……我们相信对光障也会是同样的情况。

由于量子力学中的波粒二象性,科学家可按两条路径(粒子或波)展开研究。过去认为微观客体会呈现为粒子或波,但不会同时体现这两者。然而最新的研究证明可在实验中又是粒子又是波。本文建议设计针对物质波的实验。由于现时有大量的群速超光速实验已获成功,可以期待超光速有质粒子(电子或质子)的存在和发现。……总之,结论是有质粒子可以做超光速运动,但有待将来的直接实验证明。

【关键词】有质粒子;光障;超光速运动

注:本文原载于《中国传媒大学学报》(自然科学版),第 22 卷,第 3 期,2015 年 6 月,1~16 页。

Possibility of the Massive Particles Moving by Faster – than – light

HUANG   Zhi – Xun

(Communication University of China, Beijing 100024)

【Abstract】From the Special Relativity(SR), length(l)、mass(m)and energy(E or W)of the moving massive particles can be varied with the speed v. When $v < c$, l is decreased as v is increased, m and E is increased as v is increased. If $v = c$, the mass and energy of the moving particles become infinite. So Einstein declared that it is meaningless to discuss the light speed faster than c. But it was never discovered that the object length l is decreased as v is increased in the experiments. Consider the concept of mass in physics, Newton's law of motion shows, the mass of matter have nothing to do with velocity. But in the article of Lorentz in 1904, following mass – velocity formula is suggested: $m = m_0 \left[1 - \left(\dfrac{v}{c} \right)^2 \right]^{-1/2}$. This relation is suitable even for the electrons, the rule does not entirely possible apply in all cases of motion, such as in SR. But in fact, it is lack of the experiment evidence about the Lorentz's mass – velocity relation on the neutro – particles and the neutro – bodies. Then the"light barrier difficulty"perhaps no longer exists.

The electron not only is a general moving body, but also a special charged moving body. So even $v = c$, energy are not infinite. We also know that as v is increased, the charge q and the force F is decreased. This is a good explanation for the Kaufmann's experiment in 1901. The Bertozzi's experiment in 1964 was a similar incident, it can't prove the light speed c is a limit in universe.

In this article, we compare the present "light barrier" problem with the past "sonic barrier" problem. The results of the compressible fluid mechanics can be used to the faster – than – light research, and the developments of the aerodynamics will give good references to break through the light barrier. Before ultrasonic airplanes appeared, people thought a shock wave with great density would pile up when an airplane flied at a speed close to sound, then the airplane could not fly passing through the shook waves. But, according to theoretical analysis and experiments, scientists has understood when $v = c$ (c is the sonic speed) the gas density will increase by no more than 6 times, not infinite. Then, engineers set out to design and make supersonic airplane. In 14 Oct. 1947, US Airforce succeeded in making the first supersonic flight. ... We believe that the same prospect will occur to the so – called light barrier.

Base on the particle – wave duality in Quantum Mechanics (QM), scientists can work along the path of particles or waves. In the past, people know that all microscopic objects behave either as waves or as particles, but never as both. But in recent advances of QM, papers will show a different perspective – it is possible to design experiments to demonstrate that a quantum object can behave both as wave and as particle. According to this situation, we believe it is possible to design experiments on the matter waves. Because several group velocity faster – than – light experiments was a great success, then we expect that the superluminal massive particles (electrons or positrons) may be exists. ……In conclusion, the massive particle moving by faster – than – light is possible. But the experimental works will be complete in the future.

【Key words】massive particles; light barrier; moving by faster – than – light

1　引言

1998 年国际科学数据委员会(CODATA)给出的物理学基本常数中[1]，电子质量 m_e = 9. 10938188 × 10^{-31}kg,质子质量 m_p = 1. 67262158 × 10^{-27}kg(均为静止质量)。电子、质子都是有质(量)粒子(massive particle),用此称呼以便与静止质量为 0(m_0 = 0)的粒子相区别;后者的典型例子是光子。1905 年 A. Einstein[2]的论文"论动体的电动力学"发表后,物理界的主流观点是"有质粒子的运动速度不可能达到真空中光速 c,更不可能超过 c",这一理论似乎受到现有加速器操作的实际情况的支持——在加速器中被加速的电子或质子都以亚光速运行,从未有过以光速或超光速运行的例子。

笔者不同意 Einstein 的光速极限论,认为对这个重要的课题(有质粒子以光速或超光速运动的可能性)还需做全面深入的分析。本文先对 Lorentz 质速公式和 Einstein 质量观做讨论,指出"质量随速度变"的观点可疑;随后对"光速极限原理"做批评,又介绍了中国学者与 Einstein 不同的推导分析,其结果是即使电子被加速,电场对电子做功也是有限值而非无限大。借鉴 1947 年超声速飞机成功的事实,提出"声障和光障都可以突破"的见解。在对实验情况进行论述后,提出了一个设计判据性实验的新建议。……为使主题集中,文章未涉及信息和信号以超光速传送的可能性问题。

2　粒子物理学的基本动力学方程

先回顾粒子物理学中的几个方程,它们实际上形成一个体系。以下两式是最基本的:

$$E = mc^2 \tag{1}$$

$$m = \frac{m_0}{\sqrt{1 - v^2/c^2}} \tag{2}$$

式中:E、m_0、v 分别为粒子的能量、静质量、速度;故可得

$$E^2 - m^2c^2v^2 = m_0^2c^4$$

令粒子动量为

$$p = mv \tag{3}$$

得到

$$E^2 - p^2c^2 = m_0^2c^4 \tag{4}$$

故得

$$E = \sqrt{p^2 c^2 + m_0^2 c^4} \tag{4a}$$

粒子动能为

$$E_k = E - E_0 = \sqrt{p^2 c^2 + m_0^2 c^4} - m_0 c^2 \tag{5}$$

式中:E 为粒子总能量;E_0 为粒子静止时能量。

以上除式(3)是定义之外,其余 4 个等式(或说 4 个方程),一直是粒子物理学家的准则,罕见有人提出质疑或挑战。

经典 Newton 力学的动能方程为

$$E_k = \frac{1}{2} m v^2 = \frac{p^2}{2m} \tag{6}$$

式中:m、v 分别为动体的质量与速度。在 Newton 力学中质量不随速度变,故有

$$E_k = \frac{1}{2} m_0 v^2 \tag{7}$$

也有

$$\frac{v^2}{c^2} = \frac{2E_k}{m_0 c^2} \tag{8}$$

但由式(5)可以推出

$$\frac{v^2}{c^2} = 1 - \left(\frac{m_0 c^2}{m_0 c^2 + E_k} \right)^2 \tag{9}$$

式(8)与式(9)非常不同,这源于式(6)与式(5)的不同。可见,经典力学与狭义相对论力学有非常大的分歧。当 p 增大时,二者的 E_k 都增加;但 Newton 力学方程的 E_k 增加更快,数值也比 SR 算出的大。

式(4a)是 SR 的反映能量—动量关系的动力学方程(标量形式);按级数展开并近似地只取前两项,得

$$E \approx m_0 c^2 + \frac{p^2}{2m} = E_0 + \frac{p^2}{2m} \tag{10}$$

式(10)右方第二项等同于式(6),即近似地得到 Newton 力学的动量动能方程。1989 年俄国物理学家 L. Okun[3] 提出,式(4)和式(4a)中宜用 m 而非 m_0,因 m 是 Newton 力学的普适质量;符号 m_0 和"静止质量"一词均不可取;然而符号 E_0 及术语"静止能量"均无问题。之所以如此,因为质量在不同参照系中是一样的,是不变量,而能量在不同参照系中并不相同。尽管 Okun 论文发表很久,意见未受重视。通常认为式(2)是否正确就成为判断 SR 正确性时的关键问题之一,因为不承认式(2)正确,也就等于否定式(4)和式(5)。式(2)有几个不同的名称,如 Lorentz 质速公式、Lorentz – Einstein 质速公式、SR 质速公式,无论哪个名称,都是我们绕不过去的问题。

3 Lorentz 质速公式及 Einstein 的质量观

回顾历史,1901 年德国物理学家 W. Kaufmann[4] 发现镭的 β 射线(电子束流)中的电子的荷质比(e/m)与速度有关,在假设电子电荷 e 恒定时就认为电子质量随速度增加而增大。

Kaufmann 是使用电磁偏转法,即同时测量电子在已知电场、磁场中的偏转,得到的结果(原始数据)见表 1,可见随着电子速度增加 e/m 明显地下降。Kaufmann 认为,这说明电子的"视在质量"随速度增加。不过,他所谓的"视在质量",其含意是模糊的。有意思的是,后人把 Kaufmann 实验的结果给出为表 2 的形式。表 2 中 m_0 是电子(假定为)静止时的质量,即静质量。不过,上述表达是后人的方式,而不是 Kaufmann 本人的方式——因为在 1901 年既没有 Lorentz 公式,也还没有相对论。其实,Kaufmann 的实验只是发现了电子荷质比(e/m)随速度变化。

表 1   Kaufmann 于 1901 年对电子的实验结果

速度 v /(10^{10} cm/s)	2.36	2.48	2.59	2.72	2.83
e/m/(10^7 CGSM/g)	1.31	1.17	0.975	0.77	0.63

表 2   Kaufmann 实验结果的另一表述

$\beta = v/c$	0	0.786	0.826	0.863	0.906	0.943
m/m_0	1	1.5	1.66	2.0	2.42	3.1

1904 年,H. A. Lorentz[5] 发表了"在任何以亚光速运动的系统中的电磁现象"一文,推导了电子质量与速度的关系式。他假定电子在静止时是半径为 R 的球体,电子电荷均匀分布在表面。在此前(1892 年),Lorentz 曾提出"运动的尺缩短",并在 1895 年把收缩因子定为 $\sqrt{1-\beta^2}$;所以 1904 年他就假定"电子在做直线运动时形状改变",认定电子在运动方向的尺寸缩小。查阅 1904 年 Lorentz 的原文,可以知道他当时是这样讲的:

"现在我假设电子是静止时半径为 R 的球体,在直线运动时形状改变,其大小在运动方向上变为原长的 γ 倍……

"现在可以计算单个电子的电磁动量;为简便起见,我假设只要电子保持静止,电子电荷均匀分布在电子表面……我将假设除了电磁质量外,没有其他质量,即没有'真质量'或'物质质量'。"

在以上引文中,$\gamma = (1-\beta^2)^{-1/2}$。可见,Lorentz 研究电子质量问题时提出了多个假设,它们决定了推导的结果。这时 Lorentz 说:"当力作用于运动方向上产生加速度时,电子似乎有质量 m_1;当力作用于法向上产生加速度时,电子似乎有质量 m_t"。这样,他推导出两个公式:

$$m_1 = \frac{m_0}{(\sqrt{1-\beta^2})^3} \qquad (纵质量) \qquad (11)$$

$$m_t = \frac{m_0}{\sqrt{1-\beta^2}} \qquad (横质量) \qquad (12)$$

式中:m_0 为静止质量,即 $\beta = 0$ 时的 m 值。

因此,静止质量概念是 1904 年由 Lorentz 提出来的。当时的研究只针对带电粒子(电子),而且 m 只是电磁质量,完全不反映 Newton 质量(物质含量的多少)概念。另外,流传下来的 Lorentz 质速公式,其实是 Lorentz 于 1904 年导出的横质量公式。

Einstein 早年的质量观反映在他的 1905 年论文中[2],该文的第 10 节为"dynamics of the slowly accelerated electron",其中说(为准确计引用英文原文):

"…Now if we call this force simply 'the force acting upon the electron', and maintain the equation(mass × acceleration = force) , and if we also decide that the accelerations are to be measured in the stationary system K , we derive from the above equations :

$$\text{Longitudinal mass} = \frac{m_0}{(\sqrt{1 - v^2/c^2})^3} \tag{13}$$

$$\text{Transverse mass} = \frac{m_0}{1 - v^2/c^2} \tag{14}$$

With a different definition of force and acceleration we should naturally obtain other values for the masses. This shows us that in comparing different theories of the motion of the electron we must proceed very cautiously.

We remark that these results as to the mass are also valid for ponderable material points. "

这些话就是 Einstein 对于"运动物质(物体)与速度关系"的早期观点,由此可以看出:①Einstein 早期质量观是把质量概念区分为纵质量与横质量的;②纵质量的公式,Einstein 与 H. A. Loremz 于 1904 年所导出的公式相同;③横质量的公式与 Lorentz 的公式不同;④Einstein 认为可以有不止一种定义质量的方法,并说在比较电子运动的不同理论时要谨慎;⑤"质量与速度有关"的概念,Einstein 认为适用于一切有重的质点,即有普适性。

1921 年,Einstein 曾在美国 Princeton 大学演讲,次年由该校的出版社推出了专著 *The Meaning of Relativity*[6]。在书中,Einstein 简单地提到了 Lorentz 质速公式,说:"这个方程最初是由 Lorentz 提出来描述电子运动的,它已被 β 射线实验以高精度证实。"这里显然是指 1901 年的 Kaufmann 实验。可见,在 SR 理论提出 16 年后,Einstein 并未提起"纵质量、横质量"的观点,只是简单地把该公式归功于 Lorentz。

为什么 Einstein 导出的公式与 Lorentz 不一样?2009 年浙江大学沈建其副教授做了解释。他认为两者采用的力不同:Lorentz 是实验室静止坐标系中测到的力 F,Einstein 是建立在运动电子上的参考系中测到的力 F';但无论 Lorentz 或 Einstein,加速度都是在静止系中测的。用 $m = F/a$,而 $F'_y = F_y / \sqrt{1 - \beta^2}$($y$ 为与粒子初始速度方向 x 垂直的方向),故造成两人的横质量公式在表面上不同。根据沈先生的意见,式(2)可称为协变的动力学方程。

不过,Einstein 在晚年却不看好这个公式,多少有些令人奇怪。1948 年他在致 Lincoln Barnett 的信(原信用德文写成)中对这个公式表态,说它是"not good"。下面是笔者的译文:

"对于动体,引入质量 $m = m_0 / \sqrt{1 - \dfrac{v^2}{c^2}}$ 的概念是不好的,因为对它不能给出清楚的定义。更可取的是限用'静止质量'。对于运动中的物体,如用动量表示和能量表示来代替引入 m,就更好。"(着重号为笔者所加)。

4 "物质质量随运动速度变化"的观点可疑

质量一词如表示物质的含量,物体在运动时其质量是不会变化的。退一步说,即使该公式适用于带电粒子,它是否适用于一切(不带电的)物体,也是成问题的。其实,Lorentz 在其 1904 年文章中已经说得很清楚了,即他假设电子没有物质质量。Einstein 的 1905 年文章,断言该公式"适用于一切有重质点",这明显是荒唐的。

中国多位科学家不认同 Lorentz – Einstein 质速公式反映了客观世界的规律。中国科学院上海冶金研究所胡素辉研究员认为,质量随速度加大而增加在哲学上说不通(运动不会产生质量),在事实上不存在。中国科学院电子学研究所宋文淼指出,相对论没有物理实在性,哲学上和数理逻辑上也是混乱的。SR 认为光速 c 是极限,那么各种物理内涵(质量、动量、能量)都应趋于一个有限的确定值,不会是无限大;否则这个"极限速度"就没有物理实在性。例如,当超声速飞机超越声障时,并非质量明显增加,飞机被加速时质量未变。

2006—2007 年,宋文淼教授在美国写《物理学原理》一书。在第一卷中他指出,SR 质速公式逻辑混乱而不合理,电子速度的定量关系无法证明,也没有一种技术可测量接近光速的电子速度。说"电子质量为无限大"更是永远不可证明,逻辑上也不通。因此把该公式延伸也无意义。郝建宇[7]曾针对高速电子(以接近光速的速度运动的电子)做过计算;取定一个非常接近光速 c 的 v 值,假如取 $\sqrt{1-v^2/c^2}=10^{-31}$。用式(2)计算,得到电子的动质量为 $m=9.109\text{kg}$,这离 $m\to\infty$ 还十分遥远。据此,他认为"质速关系式是虚假的。"北京师范大学天文系曹盛林教授指出,公式 $m=m_0\left(1-\dfrac{v^2}{c^2}\right)$ 即使对电子而言也未必是正确的;当 v 增大时电子的 m 可能未变,而是力在减小。

笔者认为"带电粒子质量随速度变化"的说法可疑。实际上,质速公式理论缺乏可信的实验,真正可信的只有电子的荷质比(e/m)随速度变化。有以下的可能性:①e 不变,m 变;②m 不变,e 变;③e、m 都在变,但变化的程度不同。过去的物理学文献只讲①,完全不考虑②、③,这既不全面也缺乏说服力。相对论学者张元仲[8]曾谈到,过去曾有"电子电荷随速度变化"的理论——"1925 年,V. Bush 曾对电子荷质比与速度的关系做过非相对论的解释。他提出了电子电荷随速度而改变的假说,并认为当电荷之间的相对速度等于光速时,它们之间的作用力将变为零。但是,他并没有引证实验事实来支持这种假说。通常,人们假定电荷与速度无关。这个假定已得到许多实验的支持。从 1925 年以来,人们用几种不同的实验技术测量了许多原子和分子的电荷,以极高的精度证明这些原子和分子是电中性的。从这种实验事实可以引出如下结论:原了核的电荷与电了的电荷严格地抵消。由于原子内部的电子在不断运动,因此必须推论出,原子总电荷与电子在原子中的运动状态无关。"

笔者认为上述说法难以令人信服。首先,Bush 缺乏支持其假定的实验事实,但直接证明"电子电荷恒定不变"的实验事实又在哪里?仅用"原子和分子是电中性的"就能当做实验证据吗?显然,e 的恒定性(常数性)迄今仍处在思辩和推理的阶段,而无直接的实验证明。这就难怪有人提出质疑。

特别是,当电子速度非常高的时候(如接近 c 值),电子电荷不可能毫无变化。故需要一个认真的理论分析工作。2005 年北京师范大学副教授刘显钢[9]假定质量 m、电量 q_0 的粒子以速度 v 在真空中运动,从 Maxwell 方程组出发导出其动力学方程(电场强度方程)为

$$\nabla^2 E_z - \frac{1}{c^2}\frac{\partial^2 E_z}{\partial t^2} = (1-\beta^2)\frac{q_0}{\varepsilon_0}\frac{\partial}{\partial z}\delta(r-vt) \tag{15}$$

式中:z 为粒子运动方向;δ 函数满足

$$\delta(r-vt) = \begin{cases} 1, & r-vt=0 \\ 0, & r-vt\neq 0 \end{cases}$$

在这些公式中 r 是位置矢量。上述偏微分方程表明,电荷运动使 z 向场强减小。计及自屏蔽效应后,可求出运动的带电粒子在电磁场中受力为

$$F = q_0 E - \frac{q_0 v}{c^2} v \cdot E + (1 - \beta^2) q_0 v \times B \qquad (16)$$

进一步运算得出

$$\frac{q}{m} = \sqrt{1 - \beta^2} \, \frac{q_0}{m} \qquad (17)$$

这个简单明白的结果表明,当 v 由 0 逐步加大,电荷 q 和粒子受力都将逐步减小,并在光速时消失($\beta = 1, q = 0$)。这就解释了 Kaufmann 实验所表明的现象(当 v 增大时,e/m 减小)。此外,关于力的问题也证实了专家的猜测。

对于中性物质(粒子或物体),"质量随速度变"更加缺乏证据。20 世纪初的一篇论文(Lewis G N, Tolrnan R C, Phil. Mag. ,1909,18:510),是按照两球碰撞而进行分析;在假定碰撞过程中动量、质量守恒时,可以导出质速公式。然而推导过程所依据的前提并非仅有"碰撞过程中两粒子的总质量守恒、总动量守恒",而是要引用 SR 的速度相加公式。有关的说法是,既然相对论力学方程应与 SR 一致,推导中对所有的速度都必须按照速度相加公式来处理。笔者认为这是"用自己的理论中的公式来证明这个理论正确",是循环论证。因此,Lewis 和 Tol-man 的处理,不能证明"中性粒子的质量与运动速度有关"。Rosser[10] 的《相对论导论》中有一节(§5.4.3 质量随速度变化的实验验证),其内容是针对带电粒子(电子)的实验,没有关于中性粒子的实验。因而,"动体的质量随运动速度而变,且遵循 Lorentz 质速公式",尚不能作为一条确定的物理定律。

Rosser 说,只有在阐述了适当的理论之后,才能给出质量等的精确定义;而只有在 $v \ll c$ 时,这些定义才成为 Newton 力学中的定义。这些话表明,该书和绝大部分介绍相对论的书一样,是先验地确定了相对论正确(Newton 理论只是它在低速时的近似),然后才来讨论许多物理概念的定义。

文献[8]中的表 5.2("质量对速度的依赖关系实验")中,列出了 9 个实验,被测粒子为电子的 7 个(包含了 Kauffmann 实验),为质子的 2 个。电子和质子均为带电粒子,即使针对它们的实验"证实了 Lorentz 质速公式",没有针对中性粒子的实验证明,也不能说该公式适用于一切物质的运动"已得到证明"。

胡素辉研究员在 2005 年 12 月 20 日致函笔者说:"质速关系源于 19 世纪后期对荷电体在运动时产生的电磁效应的理论研究,其结果是出现了电磁惯性概念以及若干质速关系式,其中主要的是 Abraham 和 Lorentz 的关系式,它们在当时得到普遍认同。然而在 SR 出现以后,由于它的质速关系被认为还可用于中性粒子或物体,于是电磁学中的质速关系被 SR 的质速关系所取代,正是由于这种取代,使质速关系陷入疑虑之中。

"在我看来,这源于对质速关系中质量 m 的含义的认识。按照质速关系的发展过程,无论在电磁学中还是在 SR 中,都是采用将 Newton 第二运动定律与 Lorentz 力相结合的方法得到的。基于 Newton 第二运动定律中的 m 是物体的惯性质量,它是物体在改变运动状态时显露出的抵抗能力,其值正比于荷电体所含质量(物体所含物质的量),两者不能混同。尽管在通常的情况下,往往两者可以不作区别,但在讨论质速关系时就不能将 m 作为物体所含物质的量的质量来处理。按照这样的认识来理解和应用,质速关系就不会引起疑惑。

"据此我们得到以下认识:①由于 m 只代表电荷在运动时出现的阻力,而不是荷电体所含物质的量,否则将产生运动创生物质的错误结论。因此,对于不带电的中性粒子或物体,其质量应和速度无关。这也与 Newton 的定律一致。②Kauffmann 实验只限于电子,而且所测为 $e/$

m;但对中性物质尚未得到实验证据。③Lewis 和 Tolman 的推导应用了 SR 速度变换式,但它来自电磁理论,不能作为用于中性物质的依据。"

总之,结论是明显的——"物质质量随运动速度变化"的说法可疑。

5 对 Einstein"光速极限原理"的批评

现在回到超光速可能性问题上来。根据式(1)和式(2),可得粒子能量方程为

$$E = \frac{m_0 c^2}{\sqrt{1 - v^2/c^2}} = \frac{m_0 c^2}{\sqrt{1 - \beta^2}}$$

取粒子动量 $p = mv$,则有

$$p = \frac{m_0 v}{\sqrt{1 - v^2/c^2}} = \frac{m_0 v}{\sqrt{1 - \beta^2}}$$

故当 v 从低值($v < c$)增加时,E、p 均增大;当 $v = c$,E、p 均为无限大。假定 $v > c$,E、p 变为虚数。无限大的或虚数的能量和动量,在实际中均无意义,故 SR 理论判定"超光速不可能存在"。这就是 Einstein 光速极限原理的基本思想。

然而人们很容易看出它违反逻辑——光子是宇宙中的基本粒子之一,它的运行速度是 c;但它并未出现能量、动量为无限大的情况。为什么"普适规律"解释不了光子呢?!……其实,问题仍然在于方程的有效性如何;正如前面所论述过的,"物质的质量随速度变化"的说法可疑。既如此,这两式可能是无效的。

在文献[2]中,Einstein 两次论述与超光速有关的问题。第一次是在 Pt. I 的 §4,这一节的标题是"关于运动刚体和运动时钟所得方程的物理意义"。在文中他讨论一个半径为 R 的刚性球:

"一个在静止状态量起来是球形的刚体,在运动状态——从'静'系看来——则具有旋转椭球的形状了,这椭球的轴是

$$R \sqrt{1 - \left(\frac{v}{c}\right)^2}, R, R$$

这样看来,沿 x 方向运动的球(因而也可以是无论什么形状的刚体)的 y 方向和 z 方向的长度不因运动而改变,而 x 方向的长度则好像以 $1 : \sqrt{1 - (v/c)^2}$ 的比率缩短了,v 愈大,缩短得就愈厉害。对于 $v = c$,一切运动着的物体——从'静'系看来——都缩成扁平的了。对于大于光速的速度,我们的讨论就变得毫无意义了;此外,在以后的讨论中,我们会发现,光速在我们的物理理论中扮演着无限大速度的角色。"(着重号为笔者所加)。

第二次论述超光速问题是在 Pt. II 的 §10,这一节的标题是"缓慢加速的电子的动力学"。其中他讨论电子的动能:

"我们现在来确定电子的动能。如果一个电子本来静止在 K 系的坐标原点上,在一个静电力 X 的作用下沿 x 轴运动,那么很清楚,从这静电场取得的能量值为 $\int eX\mathrm{d}x$。因为这个电子应该是缓慢加速的,所以也就不会以辐射的形式丧失能量,那么从静电场中取得的能量必定都被积储起来,它等于电子的运动的能量 W。由于我们注意到,在所考查的整个运动过程中,(A)中的第一个方程是适用的,我们于是得

$$W = \int eX \mathrm{d}x = m\int_0^v \beta^3 v \mathrm{d}v = mc^2 \left\{ \frac{1}{\sqrt{1-(v/c)^2}} - 1 \right\}$$

由此,当 $v=c$, W 就变成无限大。超光速的速度——像我们以前的结果一样——没有存在的可能。"

1921 年,Einstein 到美国 Princeton 大学讲学,共讲了四次,其中一次是讲 SR。四次演讲的讲稿于 1922 年结集出版,书名为 *The Meaning of Relativity*。此书只有一处谈到超光速,是在谈 Lorentz 变换(LT)时用脚注说,由于在特殊 LT 公式中含有 $\sqrt{1-(v/c)^2}$ 项,所以"超过光速的物质的运动是不可能的"。

从上可见,Einstein 认为"超光速运动不可能"的基本理由如下:①由于 SR 认为"运动物体在运动方向变短",而变动的程度取决于因子 $\sqrt{1-\beta^2}$(注:这里 $\beta=v/c$,与 Einstein 文章中 β 的意义不同)。因而,当 $v=c$ 时,物体成为扁平,故 Einstein 认为,再讨论 $v>c$ 的情况,不再有任何意义。②在分析电子的运动时所得到的数学式表明,v 越大动能越大,而且动能的增加也取决于因子 $\sqrt{1-\beta^2}$。当 $v=c(\beta=1)$,电子的动能成为无限大,没有意义。故电子不可能加速到光速 c,更不可能达到比还大的速度。③对物质的运动来讲,由于因子 $\sqrt{1-\beta^2}$ 的作用,其速度不可能比光速还快。

然而百余年来从未发现过"运动的尺变短"的实验事实,论点①是无价值和无意义的。实际上相对论者一向回避提这个论据,因为这是 SR 的弱点之一。在运动方向上会发生长度收缩是 H. Lorentz 于 1892 年提出的,1895 年他把收缩因子定为 $\sqrt{1-v^2/c^2}$(即 $\sqrt{1-\beta^2}$)。这一理论随即受到科学家们(如 Poincare、Lienard)的批评。如果物体在运动方向会变短(而且 v 越大缩短越多),那么物质密度就会变化;这都与事实不符。1904 年 Lorentz 提出了时空变换方程(Lorentz Transformation,LT);Einstein 于 1905 年提出 SR。这二者并不完全相同,例如长度收缩,Lorentz 认为是物质内部分子力改变造成的,Einstein 则视其为空间属性之一。但不管怎么说,这些都没有实验基础。

再看论据②。他的公式中 m 是电子开始运动时的质量,用后来物理界习惯的符号应为 m,故可写作

$$W = \frac{m_0 c^2}{\sqrt{1-\beta^2}} - m_0 c^2 \qquad (18)$$

然而 W 是电子的动能,即 E_k,故上式实为

$$E_k = E - E_0 \qquad (18a)$$

此即式(5);因此这里没有新的物理内容。如果物质质量随速度变化的观点可疑,这里不再需要讨论。也就是说,即使把速度加大到 $v=c$,也不会出现无限大质量和无限大能量的情况。

相对论者会说,加速器的技术实践早已表明,提高能量是使粒子(电子或质子)加速飞行的有效手段,甚至是唯一方法;而且加速粒子实际上只能达到非常接近 c 的值,如 $0.99999c$;既如此,传统理论(包含 Einstein 的 1905 年论述)怎么可以反对?……对此,笔者提出以下观点;首先,"用现在加速器没有得到过 $v=c$ 或 $v>c$ 的粒子",与"宇宙中不会有超光速粒子"(或"不可能有超光速运动"),不是一个概念。根据电磁场与电磁波原理设计的加速器,其中飞行的带电粒子速度只能无限接近 c 而不能达到 c,是很自然的,因为电磁波本征速度就是 c;这说明不了问题。其次,我们不否认加大电磁能量能使电子加速,但这与证明 SR 质速方程和整个 SR 能量关系不是一回事。特别是目前完全没有针对中性粒子(如中子、原子)的实验证明,因

而提出速度上的普遍限制没有道理。再者,更大的问题在于 Einstein 仅把电子看成一个质量 m、速度 v 的一般动体(general moving body),推导中没有考虑电子是携带电荷的特殊动体(special moving body),因而缺少一个计入了运动电荷影响的电动力学理论。中国学者刘显钢进行分析[11],得到的结果与 Einstein 显著不同。设有两个静止点电荷 q_1、q_2,分别处于位置矢量 r_1、r_2 的指定位置,则由 Coulomb 定律,q_1 对 q_2 的作用力为

$$F = \frac{q_1 q_2}{4\pi\varepsilon_0} \frac{r_2 - r_1}{|r_2 - r_1|^3} \tag{19}$$

如单独的点电荷 q 位于 r,受各点电荷作用,则 q 所受力为

$$F = \sum_{i=1}^{n} \frac{q q_1}{4\pi\varepsilon_0} \frac{r - r_1}{|r - r_1|^3} \tag{20}$$

定义电场强度 $E = F/q$,则有

$$E = \sum_{i=1}^{n} \frac{q_1}{4\pi\varepsilon_0} \frac{r - r_1}{|r - r_1|^3} \tag{21}$$

因而单个点电荷($n = 1$)电场强度公式为

$$E = \frac{q_1}{4\pi\varepsilon_0} \frac{r - r_1}{|r - r_1|^3} \tag{22}$$

现假定 q_1 静止,q_2 以速度 v 运动,在 t 时刻到达 r_2,问此时 q_1 对 q_2 的作用力是多少?由于运动电荷电场方程的推导和等效静止电荷概念的提出,可以写出下述方程:

$$F_{12} = k q_1 q_2 \frac{1}{|r_2 - r_1|} \left| 1 - \frac{vv}{c^2} \right| \cdot (r_2 - r_1) \tag{23}$$

式中:$k = 1/4\pi\varepsilon_0$。

在 $r_2 = r$,$q_2 = q$ 时,联立以上两式可得作用力与电场强度关系方程:

$$F = kq\left(1 - \frac{vv}{c^2}\right) \cdot E \tag{24}$$

在一维情况下,只考虑力和电场的数值时,可有

$$F = q\left(1 - \frac{v^2}{c^2}\right) \cdot E \tag{25}$$

这是电场 E 对以 v 运动的 q 的作用力大小。可见因子 $\left(1 - \frac{v^2}{c^2}\right)$ 是存在的。

我们关心的是,当点电荷是电子,在区域 $(0, L)$ 受电场加速,从而得到速度 v,这时加速能量 W 与电子速度的关系。采用以下定义:能量 $W = qU$,电压 $U = \int_0^L E \mathrm{d}z$,式中 z 为电子运动方向。计算结果为

$$\frac{v^2}{c^2} = 1 + \left(\frac{v_0^2}{c^2} - 1\right) \mathrm{e}^{-2w/mc^2}$$

式中:v_0 为电子初速;m 为电子质量;故可得

$$v = c\sqrt{1 + \left(\frac{v_0^2}{c^2} - 1\right) \mathrm{e}^{-2w/mc^2}} \tag{26}$$

在以上表述中,能量未用符号 E,是为了避免与电场强度 E 混淆,且与 Einstein 一致。然而我们要计算电子做功,只好不用 W 而用一个有些含混的符号 J_w:

$$J_w = \int_0^\infty F dz = \int_0^\infty \frac{dp}{dt} dz = \int_0^\infty v d(mv)$$

但积分限改"距离无限长"为"速度达到光速"时应写为

$$J_w = \int_{v_0}^c v d(mv)$$

得到结果

$$J_w = \frac{m}{2}(c^2 - v_0^2) \tag{27}$$

如 $v_0 \ll c$，则有

$$J_w \approx \frac{1}{2}mc^2 \tag{28}$$

故电场对电子做功,即使速度达到光速也不是无限大,而是有限值。现在的结果与 Newton 力学一致,而与 SR 力学所说不相符合。

以上两套理论都未使用量子力学(QM)——Einstein 写 1905 年论文时还没有 QM,中国学者在分析时未用 QM。都从经典物理出发,前者分析粗略而后者分析细致,结果完全不同。……总之,"光速极限原理"是错误的。

6 对相对论力学的讨论

Newton 经典力学(NM)是实验基础最为雄厚、实用价值也极为重大的科学理论体系。Newton 自己说过[12],他的书是"精确地提出问题并加以演示的科学",旨在研究某种力所产生的运动,以及某种运动所需要的力;是"由运动现象去研究自然力,再由这些力去推演其他运动现象"。他发现了带根本性的东西——宇宙中的万有引力,用来解释天体的运动。可以说,Newton 构建了一个有史以来最宏伟的科学理论体系,它成为现代社会工程建设的基础。

Newton 力学不为速度设限,是其重要特性之一。有的人为了贬低 Newton 力学,强调它只适用于低速运动。其实 Newton 经典力学并非回避高速现象,引力速度问题即为一例,Newton 认为引力传递不需要时间,这意味着无限大速度。虽然当代的观点认为引力并非超距作用,但传播速度比光速大很多($v \gg c$)[13];这难道不是"高速现象"么? 其实,迄今为止并无一种理论可以规定 Newton 力学使用的速度上限究竟是多少。

20 世纪 20 年代 QM 横空出世,由此进入了现代物理学(modern physics)时期。总的讲法是 QM 适用于微观世界;但已有许多例表明,NM 对微观也有意义,QM 对宏观也有意义。NM 和 QM 如今既是力学的支柱,又是整个物理学大厦的基石。而这两者都不为速度设置上限。

相对论力学的基本内容(SR 和广义相对论(GR)),提出时间晚于 NM、早于 QM,它有自己的理论系统,目前仍占据很高的地位。但其逻辑不够严密,可质疑的漏洞较多;而且,其实验基础似乎不够坚牢,有的实验似是而非,这从本文所举例子也看得很清楚。这些情况引起了很多的议论和怀疑。在 2014 年 9 月 21 日的一次学术会议上,国内著名物理学家、计量学家沈乃澂研究员说了这样一段话:"当前理论物理学的困境如何突破需要考虑。过去的理论物理常常是靠猜测;例如 Einstein 的'光速不变原理',所讲的是单程光速,但并无实验证明(迄今只有双程光速不变得到证明)。又如 Einstein 说光速不可超越,这也没有实验证明。长期以来挑战 Einstein 在科学界被视为禁区;但我们也看到,虽然大量书籍文献宣传相对论,而挑战这一理论的却大有人在,这是为什么? 量子力学就没有这个情况。又如相对论说当速度趋近于光速 c

时,物体长度会变得很短趋于零、质量会不断增大趋于无限大,这些都缺少实验证明,是不成立的。然而,量子纠缠态传播速度远大于 c;1987 年超新星爆发时中微子比光子早到地球;这些都表明了超光速的可能性。再举一个例子,当前米定义是以 c 为基础,但前提是 c 不变,这都有待于提出精确的实验证据。"这些话集中代表了人们对相对论力学的疑虑。

2004 年 11 月在北京举行了第 242 次香山科学会议[14],主题是"宇航科学前沿与光障问题"。宋健院士在主旨报告中有几句话很重要,他说[15]:"如果从 40 年航天技术实践反过来检查 SR 的计算结果,就会发现即使在远低于光速的情况下,自主导航的工程实践与 SR 动力学的结构也发生某些冲突。例如,发动机推力依赖其惯性速度的现象就从未发现过。半个多世纪的航天技术实践都证明至少在第三宇宙速度($v_3 = 16.6\text{km/s}$)左右,齐奥尔科夫斯基公式是足够准确的,从未发现过推力依赖于速度的情况,无论是飞船上和火箭上用加速表自主测量和地面光测、雷测都证明了这一点。人们常说,只有 v 接近 c 时才会发生。那也要有实验证明才能作为解决技术问题的基础。所以利用狭义相对论动力学公式去计算航天器飞行速度要十分谨慎。……"

狭义相对论动力学的基础是两个公设和一个变换:第一个公设是相对性原理,第二个公设是光速不变性原理,时空变换是 Lorentz 变换(LT)。由于 LT,也由于 Lorentz – Einstein 质速公式,又产生了另一推论,即光速是宇宙中的最高度,或说有质量物体的速度必小于光速。可见光速在 SR 力学中具有非常独特的作用和地位。然而我们得到的结论却与 SR 力学不同,认为有质量物体做超光速运动是可能的。……不仅如此,最新的事态发展是,2014 年中发表的 Franson 理论[16],以及 2015 年初发表的 Glasgow 大学研究团队的实验[17],都损坏了真空中光速的恒值性,使 c 成为"不恒定的常数"或"不常的常数",从而妨碍了 SR 力学理论的基础。至此我们不得不说,与大家十分熟悉的三大力学(以 Newton 为代表的经典力学、以 Maxwell 为代表的电动力学、以 Schrödinger 及 Heisenberg 为代表的量子力学)相比,SR 力学不能享有同等的基础地位。也就是说,SR 力学的时空观似不能反映真实的世界。

GR 的内容和表述方式与 SR 不相同,本文不做评论。但有一点应当指出:为什么 Einstein 不用"力",而用物质的时空关系来解释宇宙?如用"力",在如此广大的距离上坚持 SR 的"光速极限原则",就会有问题。既然一切(物质运动、信号传送)都不能超过光速,那么力的传播也不能,就没法解释辽阔宇宙中的现实了。SR 理论体系不包含引力,然而由于上述原因 Einstein 在提出 SR 之后必须研究引力,这就是构思 GR 的起因之一。那么 GR 如何看待光速?它通过断言引力波(gravitational waves)存在而且以 c 传播[18],表示 GR 坚持 c 是宇宙中的最高速度的观点。引力作用的研究竟然要把电磁相互作用中的本征速度 c 移借过来,当作自己的传播速度,这是不对的。GR 把引力几何化了——不把引力看成真实的力作用,而当作四维时空弯曲的表现。……一方面离开了由 Galilei – Newton 所定义的作用力概念,另一方面又要照搬电磁场与电磁波的方法论,这是说不通的。无论引力传播速度,或引力波(假如存在)的波速,都绝不可能是光速。这不仅因为不能把引力相互作用与电磁相互作用等同看待,而且也因为仅仅考查太阳系中太阳与地球的关系就会明白:日地间的作用力的传递绝不会像阳光照到地球过程那么"慢"。正因为如此,在 1911 年德国教授 R. Lämmel 曾当面告诉 Einstein[19]:"有的东西比光更快,万有引力。"两年后(1913 年),著名物理学家 Max Born 也对 Einstein 观点(引力作用以光速传播)表达了反对意见。……实际上前辈科学大师对此早有论述,例如法国数学家、天文学家 P. Laplace[20] 于 1810 年根据潮汐造成太阳系行星轨道不稳定的长期影响,断定引力速度是光速的 10^8 倍($v = 10^8 c$)。英国天文学家 A. Eddington[21] 在 1920 年根据对水星近日点进动的讨论断定引力速度 $v \gg c$；根据日蚀全盛时比日、月呈直线时超前断定 $v \geqslant 20c$。20 世纪末 T. Flandern[22,23] 发表了关于引力速度的研究文章，引起广泛关注。在回顾了 Eddington 的工作之后他指出，对太阳(S)－地球(E)体系而言，如果太阳产生的引力是以光速向外传播，那么当引力走过日地间距而到达地球时，后者已前移了与 8.3min 相应的距离。这样一来，太阳对地球的吸引与地球对太阳的吸引就不在同一条直线上。这些错行力(misaligned forces)的效应是使得绕太阳运行的星体轨道半径增大，在 1200 年内地球对太阳的距离将加倍。但在实际上，地球轨道是稳定的；故可判断"引力传播速度远大于光速"。Flandern 对引力速度得到两个结果：使用地球轨道数据作计算时得 $v \approx 10^9 c$；使用脉冲星(PSRl534+12)的数据作计算时得 $v \geqslant 2 \times 10^{10} c$。

现在我们知到，把光速 c 作为极限速度的思想，从 SR 到 GR 是一以贯之的。因此，说"GR 允许超光速存在"是不对的。虽然速度在 GR 中没有地位，但引力波理论是 GR 的一种体现，而引力波被 Einstein 定为"以光速传播的横波"，这就建立了 GR 与 c 的关系。国际上的引力波寻找虽花费了巨大的人力、物力，至今毫无踪影[24]。笔者认为可以有引力场而无引力波，这和电磁学中有静电场而无静电波一样，并不奇怪。

7 "声障"和"光障"都可以突破

人类早已成功地实现了超声速飞行，这一事实应成为我们思考的出发点。人们注意到，SR 的建立从一开始就需要对速度的限制；然而把它定为光速是人为的——如把这个限制速度改为声速，基本的理论形态完全一样。那么是否也可以得出结论："声速是宇宙中的最高速度，任何物质(粒子、物体)都不可能以超过声速的速度运动。"但事实是 1947 年出现了超声速飞机，而在今天如果仍有人那样想就太可笑了。

声和光虽然是两个不同领域，但并非没有可比性[25]。18 世纪时数学家 L. Euler 在论文"论声音的传播"中给出了三维波方程：

$$\nabla^2 f = a^2 \frac{\partial^2 f}{\partial t^2} \tag{29}$$

式中：f 为振动(力学振动或声学振动)变量。

故从一开始波方程(wave equation)就是横跨力学、声学而发展的。另外，从 Maxwell 方程组出发得到的波方程为

$$\nabla^2 \psi = \frac{1}{v^2} \frac{\partial^2 \psi}{\partial t^2} \tag{30}$$

式中：$v = 1/\sqrt{\varepsilon\mu}$，其中 ε、μ 为波传播媒质的宏观参数。

以上两式的一致性说明，波动过程存在统一的规律。因此，尽管声波的传播速度与光波的传播速度数值上相差巨大，但从数学上和物理上对"突破声障"和"突破光障"做比较研究仍是可能的和有意义的。在空气动力学中，研究流体运动时使用势函数 ϕ 和流函数 ψ 两个基本函数；当气流速度低时平面流动中视气流密度 ρ 为常量，并以 Laplace 方程描写二维流动。这是不可压的无旋流方程，它们是二阶的线性微分方程。如气流速度增大，到一定程度 ρ 应视为变量，可压缩流体作平面无旋流动时的基本方程为

$$\left(1 - \frac{v_x^2}{c^2}\right)\frac{\partial^2 \phi}{\partial x^2} - 2\frac{v_x v_y}{c^2}\frac{\partial^2 \phi}{\partial x \partial y} + \left(1 - \frac{v_y^2}{c^2}\right)\frac{\partial^2 \phi}{\partial y^2} = 0 \tag{31}$$

$$\left(1 - \frac{v_x^2}{c^2}\right)\frac{\partial^2\psi}{\partial x^2} - 2\frac{v_x v_y}{c^2}\frac{\partial^2\psi}{\partial x\partial y} + \left(1 - \frac{v_y^2}{c^2}\right)\frac{\partial^2\psi}{\partial y^2} = 0 \tag{32}$$

式中:c 为声速。

现在虽然出现了因子$1 - \frac{v^2}{c^2}$,但并未出现"声速 c 不能超过"的情况。因此,两个领域都会出现因子$1/\sqrt{1-\beta^2}$。超声速飞行的成功证明,这个因子虽然存在但可使之不成为障碍,这个概念非常重要。空气动力学理论带来的启示尚不止此;理想流体的可压缩流有多种解法,其中之一是扰动线化法。参考直匀流的情况,规定来流的流速为 v_∞,声速为 c_∞,马赫数为 M_∞;那么势垒方程经处理和线化后,在二维流动条件下可得

$$(1 - M_\infty^2)\frac{\partial^2\phi}{\partial x^2} + \frac{\partial^2\phi}{\partial y^2} = 0 \tag{33}$$

线化过程中限定 M_∞ 不能太大,既不是高超声速流,也不能是跨声速流。我们注意到,在亚声速流场上,$M_\infty < 1$,$(1 - M_\infty^2) > 0$,方程是椭圆型的;其性质与不可压流的 Laplace 方程基本一样。然而对超声速流场而言,$M_\infty > 1$,$(1 - M_\infty^2) < 0$,方程成为双曲型的,情况有很大变化。总之,描写亚声速、超声速的运动方程是不同类型的。而对描写跨声速流动的运动方程是混合型非线性方程。

正是在非线性处理的前提下,超声速实验研究和相关理论选项及处理均为最优化,才造成了超声速运动(飞行)的成功。在这里,"奇点"的事不再提起。可以归纳出以下三个方程:

亚声速 $\qquad\qquad \rho = \dfrac{\rho_0}{\sqrt{1-\beta^2}} \quad (v < c, \beta < 1, M < 1)$ \hfill (34)

超声速 $\qquad\qquad \rho = \dfrac{\rho_0}{\sqrt{\beta^2-1}} \quad (v > c, \beta > 1, M > 1)$ \hfill (35)

声速 $\qquad\qquad \rho = k\rho_0 \quad (v = c, \beta = 1, M = 1)$ \hfill (36)

式中:β 为马赫数,k 为常数;ρ_0 为相对静止时的密度。现在整个事情得到了完美的诠释,超光速运动研究也必须走这条路。

在空气动力学中,动体在空气中运动如 v 接近于 c(c 为声波速度),会形成高密度激波,飞行器穿不过去。然而坚持不懈的理论分析和风洞实验,表明激波问题并非不可逾越的障碍。工程师们便开始设计建造超声速飞机。1947 年 10 月 14 日,美国空军试飞超声速飞机成功,一举突破了"声障"。其实也没有遇到真正的奇点——$v = c$ 时,$\rho = 6\rho_0$[15];就是说气体密度增大 6 倍,不存在所谓的无限大。公式 $\rho = \rho_0(1-\beta^2)^{-1/2}$ 并未成为障碍。

当然突破声障的过程还有其他要素存在[25]。由于有 Laval 方法,把不断缩小的喷管后面又接上了一段截面扩大的扩张管,再做实验,Laval 发现只要压力足够大,在扩大截面部分出现的竟然是超声速流动。应当认识到原公式那个质量无穷大只是数学式子上的一个无穷大,搞工程的人只要不被那个数学式子挡住路,就可以产生超声速。同时说明实际的变化是非线性的——线性描述有无穷大奇点,非线性描述无无穷大奇点。飞行器设计师们知道 $\beta > 1$ 情况下应当采取双曲型变换来计算,他们就可以绕开原来那个带奇点的数学式,制造飞行器并进行超声速飞行实验,终于突破声障。杨新铁说:与 Laval 相似,黄志洵教授多年前就提出了利用量子隧道效应来实现超光速,后来又进行了超光速测量的实验。所有这些实验正是光波通过势垒减小能量时出现的。按照新的强非线性系统角度来看,正是方程的系数 $\sqrt{1-\beta^2}$ 在这个地方

变了一个号,或者说相对论线元在这个地方改变了表达式,成为 $\rho = \rho_0 / \sqrt{\beta^2 - 1}$。如此就可以理解为什么经过减质和消能以后速度反而加快,可以实现超声速和超光速。

笔者认为,1947 年 Einstein 还在世(他去世于 1955 年),如果当时他打破门户之见去了解空气动力学专家们的工作,知道超声速飞行成功的事实带来了诸多启示,很可能会纠正他自己的"超光速运动绝无可能"的简单化思维。然而很遗憾,SR 自诞生后就凝固化了,仍停留在初期的线性化阶段。而且理论物理学家至今拒绝做任何改变。20 世纪航空界的飞机设计师们却没有诸多的理论思想限制,很快实现了超声速飞行。这件事给人们很大教益。由于回顾过去这段历史,我们可以肯定那造成无限大的"奇点"并不存在——在突破超声速的研究过程中发现,即使 $v = c$(用空气动力学符号 $M_a = 1$,用相对论力学符号 $\beta = 1$),也不曾出现无限大密度。

2010 年北京师范大学刘显钢副教授在其著作《动体电动力学研究》中推出了一个近乎黑色幽默的词"蝙蝠力学"。该书 §5.2 的题目是"相对论伪力学",之所以这么称呼是因为其数学游戏成分大于物理实验基础。书中取 $\beta = v/u$,v 是动体速度而 u 是声速;对蝙蝠而言,假如它只有听觉这一感知方式,其惯性系的传播与响应速度即为 u,因而在蝙蝠们看来信号速度不变假设就成了"声速不变原理",而两个相互匀速直线运动的蝙蝠间的时空变化也就满足LT,可以称为蝙蝠变换,只是这个 LT 中的 c 不是光速而是声速(u)。总之,按 SR 的方式推导出几个基本方程后,蝙蝠们相信在达到声速时动体质量成为无限大,而声速是宇宙中可能的最高速度;这是多么荒谬可笑。可以说,目前仍然是 Newton 力学最有实验基础,最接近研究对象的本来面目。……刘显钢的思想和分析并不是新的,此前已有笔者、宋健院士、空气动力学专家杨新铁教授都指出过:既然超声速飞行早已成功、"声障"早已突破,"光障"也会被突破,这只是时间晚早的问题。尽管如此,一位青年科学家用生动的比喻、深刻的分析再次阐述这一观点,仍然令人耳目一新。

8 实验检验问题

这里评论以下几个问题:①关于质速公式的实验检验;②关于直接验证光速极限原理的 Bertozzi 实验;③关于中微子(neutrinos)可能以超光速飞行的实验。

先看①:前已指出文献[8]的表 5.2 中的实验均只测量荷质比,没有直接测出质量与速度关系的实验,因此并无多大意义。没有针对中性粒子的实验,就不能说该公式适用于一切物质的运动。这样,SR 的"光速极限原理"仍是未获实验证明的假说。还应指出,Einstein[2] 的建立 SR 理论的论文,实际上隐含了"不可能有超光速 c"的假设,即"真空中光速,是宇宙中最高速度"是 SR 理论成立的前提(因为 Lorentz 质速公式和 Lorentz 变换的成立与 c 是最高速度等价)。因此用 SR 不能描述 $v = c$ 和 $v > c$ 的物理现象,搜寻和罗列实验证明也就失去了意义。

再看②:1964 年,W. Bertozzi[26] 发表了题为"相对论性电子的速度和动能"一文,报道了以实验检验 SR 的结果。被检验的两个方程为经典力学动能方程和相对论力学动能方程,即本文的式(8)和式(9)。该实验企图证明:一是电子运动时质量随速度变化;二是 SR 的能量—动量关系式正确,Newton 力学的能量—动量关系式(对电子而言)是错的;三是光速是不可能超过的。那么它是否实现了目标? Bertozzi 实验装置的要点:电子速度 v 通过测量一项时间差 Δt 而确定,电子动能 E_k 通过量热学法确定(用热电偶测量电子轰击铝盘而造成的温升)。但是,

Bertozzi 只提供了四个实验点子标图,而细察原文,实际上只测出过两个动能 E_k 值,即 1.6MeV、4.8MeV。实验数据如此之少,在科学研究上是不充分的,即不能证明"实验结果与 SR 理论公式和曲线相符"。其次,四个电子对应的能量是 1MeV、2MeV、3MeV、9MeV,这些由标图查出的数据与文章的叙述对应不起来,表示 Bertozzi 报告混乱、可疑,有为了预定结果而拼凑数据的痕迹。另外,虽然用式(9)的计算显示($v^2 \sim E_k$)曲线在 E_k 不断增大时趋向于恒定值(光速 c),我们认为这是用电磁场(电磁波)给电子加速的必然结果,并不说明"光速 c 是宇宙间的最高速度"。其实这一结论已预含在公式 $m = m_0 / \sqrt{1 - \dfrac{v^2}{c^2}}$ 的里面,是预设前提;那么这种循环论证究竟有何意义?

鉴于 Bertozzi 实验早被写入某些物理教科书,2005 年刘显钢[27]指出,由于该实验是用静电场给电子加速,而电磁场传播速度就是光速,用电磁场驱动电子自然不会超光速。这如同一个人带球跑动,球的运动速度当然不会比人更快,但不能说人跑步的速度就是这个球可以达到的最大速度。粒子在可超光速的驱动体作用下是可以作超光速运动的,加速过程中质量并没有发生变化。

2009 年,季灏[28]发表了题为"量热学法测量电子能量实验"的论文。他采用了 Bertozzi 方法的要点,但在直线加速器上产生能量为 6~15MeV 的高速电子轰击一个铅靶(铅圆台体),用量热法直接测量电子的动能,从而研究"电子质量是否随速度变"的问题。实验中使用的铅台质量为 70g,那么它获得的能量与温升的关系可以计算出来:$0.031 \times 70 \times 4.18 = 9.07$(J);即使铅靶的温度升高 1℃ 需要大约 9J 的能量(计算中 0.031g/cal(1cal = 4.87J)是每克铅的热容量,4.18g/cal 是热功当量)。因此,论文的实验结果是以温升(℃)为纵坐标、动能(MeV)为横坐标而表示的,温度由热电偶精测。就质速关系而进行的实验数据与 SR 有很大的矛盾,与 Newton 力学却很接近。实验在中国科学院上海应用物理研究所的直线加速器上进行,它产生了能量分别为 6MeV、8MeV、10MeV、12MeV、15MeV 的高速电子,在束流引出线上轰击铅靶,并得出了上述结果(E_k 从 6MeV 增到 15MeV,温升很低且无变化)。这个实验受到人们的重视。

关于③:中微子飞行速度是否超光速的问题,近几年突然变得令人瞩目。1967 年,G. Feinberg[29]提出了快子理论(theory of tachyons);把 Lorentz 质速公式写为

$$m = \frac{m_0}{\sqrt{1 - \beta^2}} \tag{2a}$$

又取

$$m_0 = j\mu \qquad (\mu > 0) \tag{37}$$

就可以解决当 $v > c$ 时因子 $\sqrt{1 - \beta^2}$ 成为虚数造成的困难,即使 $v > c$ 质量 m 为实数。因此 Feinberg 认为超光速粒子(称为快子)可以存在,但这种粒子具有虚数静止质量;或者说其静止质量平方为负($m_0^2 < 0$)。这是不对 SR 理论作批评的研究方法,获得了一些支持,例如美国 Texas 州立大学的 G. Sudarshan 几十年来坚持这个研究方向,并因超弦理论(super - string theory)中常出现快子而深受鼓舞。但多数物理学家认为这不过是摆弄数学公式而做的猜测,没有实际意义;况且有人做了寻找快子的实验,也没有结果。

1956 年在实验中捕捉到电子中微子,1962 年发现 μ 中微子,2000 年发现了 τ 中微子。所以中微子至少有三种。长久以来,人们认为中微子的性质:不带电荷;非常微小可能没有质量;

以光速运动;与物质几乎不发生作用。正是这种微小粒子引起了猜测。当人们听说后来中微子被认为是快子,一定会产生如下问题:中微子测量,为何给出质量平方 m^2 而非质量 m?从何时起测得 $m_0^2 < 0$,为何会如此?……实际上关于中微子质量的说法比较混乱。在 1980 年之前,普遍认为中微子静止质量 $m_0 = 0$(为方便起见,以下简称"质量",并略去下标 0;而且用能量单位 ev 表示中微子质量)的说法。1980 年首次出现了非零质量的报道,但很不确定。1998 年一批日本、美国科学家宣布,利用 Super – Kamiokande 设施对 μ 中微子的研究表明它有静止质量。

问题是中微子究竟有没有质量;如果是零质量,它将以光速运动。如质量非零且为实数,是亚光速粒子。如质量非零且为虚数,是超光速粒子。当然,无论这些判据或快子理论,其前提是质速公式有效。……不过,确定中微子质量却并不容易。最早提出中微子是快子(满足 $m^2 < 0$ 和 $v > c$)的是 Alan Chodos(见 Phys. Lett. B, 1985, 150:431)。1993 年,孙汉城[30]对中微子质量测量结果的表达方式有如下论述:"1986 年 W. Kundig 的测量结果为 $m_v^2 = -11 \pm 0.63 \text{eV}^2$,$m_v < 18 \text{eV}$。$m_v^2$ 是作为 β 谱的一个参数,实验数据作多参数最小二乘法拟合时得到此结果。m_v^2 的负值是有统计学意义的,因 m^2 的真值可能为零,或极接近零,做测量时就可能在零左右涨落。大多数实验结果的 m^2 最可几值是负值,有人认为这说明有超光速粒子(快子)存在。这样理解不对,m^2 越负,说明理论系统误差越大。从实验结果看,并不排除 $m_v = 0$,而当前的质量上限是 10eV。"

一个重要问题是如何解释 1987 年的事件,当时距地球大约 16 万 l.y. 的大麦哲伦星云中的一颗超新星(SN1987a)爆发;2 月 13 日 10 时 35 分(世界时),南半球几个天文台收到它的光,立即公布这一消息。几个有大型中微子探测设备的实验室马上查阅数据记录磁带,结果有三个实验室(日本、美国和苏联)都有在 7 时 35 分收到中微子的记录(11 个、8 个、5 个)。中微子比光子早到 3h。虽然后来又有 4.7h 的说法,但究竟是几小时并不重要;要紧的是发生这种情况的原因是什么?概括起来有三种说法:①中微子、光子的速度无差别(都是 c),发生上述现象的原因在于中微子产生于星球内核,光辐射则发生于星球表面,几小时的差别是激波从核心传到表面所需时间[30];②光子的速度是 c,中微子速度是 $v > c$,故中微子早到数小时[31];③中微子的速度是 c,光子速度是 $v < c$,造成光子变慢的原因是在长途飞行中的真空极化效应[16]。

中微子飞行速度究竟多大,最好用直接测速来确定,即精测其飞行距离和飞行时间。2011 年欧洲核子研究中心(CERN)的一个研究团队宣布,在意大利完成的实验提供了中微子以超光速飞行的证据[32],这引起了轰动。但后来 CERN 的另一个实验(称为 ICARUS)研究反驳了 OPERA 实验结果。他们检测中微子束的能量,发现能量谱是以光速运行的粒子应有的能谱,并没有超光速的迹象。以后又报道,OPERA 实验中光缆松动可能造成差错。

由 1985 ~ 2015 年的经历事件可以看出,主流物理界对"中微子以超光速运行"的观点是反对的。但这并未使坚持该观点的物理学家放弃研究,有的甚至更积极地提出证据。2012 年,艾小白[33]提出,检验、促进 OPERA 实验的最佳方法是检测 μ 中微子的能量速度关系。2013 年,R. Ehrlich[34]发表题为"快子中微子和中微子质量"的论文。2015 年,R. Ehrlich[35]发表题为"6 个观测符合电子中微子是质量 $m_{ve} = -0.11 \pm 0.016 \text{ eV}^2$ 的快子"的论文。对于后者,英国物理科学新闻网站 2012 年 11 月 26 日报道:"通过称重法找到速度比光子还要快的粒子。"国内的《参考消息》报记载了这篇短文,标题是"称重法证明中微子或超光速"。

对于"中微子超光速可能性"研究,笔者并不否定,但认为应设法解释"粒子质量为虚数"的物理意义,而这是十分困难的。另外,不直接测速,"中微子以超光速飞行"又如何让科学界相信？因此还需做更多的实验。

9　从波粒二象性出发设计新的判据性实验

波粒二象性来源于对光的长期研究,后来发展为物理学的一个基础概念,用来解释微观世界中的现象。光的波动性(如干涉、衍射)早为人们所熟知,而光的粒子性在吸收、发射和散射方面都呈现出来。但波粒二象性不仅在光子这种通常认为“无质量粒子”上面体现,又能适用于其他有质量粒子(如中子、电子、原子、分子),因为针对它们的干涉实验都做成功了。⋯⋯虽然人们早就熟悉经典物理中的粒子运动和波动现象;但在微观世界中情况大为不同。例如,对于电子,虽然可以讲述它的运动轨迹,但其受测不准关系式(不确定性原理)的严格限制。而电子对应的波(通常称为物质波)也不是实体的波动,而是几率波,波函数代表出现电子的几率。但电子是 Fermion,一个量子态只能有一个电子;而光子是 Boson,不受 Pauli 不相容原理限制,一个电磁波模式可有大量光子。因此,虽然光子的几率波是电磁波,这在表面上并无不同;但大量光子可以不顾几率波原理而呈现出实体的有能量和动量的波动,因而光波与电子波非常不一样。

过去的正统观点认为,无论有质量粒子或无质量粒子都有波粒二象性;它们有时呈现为粒子(有确定路径,但不产生干涉条纹),有时呈现为波(无确定路径,但产生干涉条纹);这取决于实验者如何观测。但绝不可能同时观察到两种属性,即不会掌握粒子路径的同时又出现干涉条纹。N. Bohr 的互补原理大致上也是此意[36]。然而现在情况有了变化——波粒二象性研究的最新进展已证明[37],在同一干涉仪装置内安装两套好的测量装置(路径信息和干涉条纹探测器),分别完成不同功能,互不干扰,以正确方式协同作用,则可能同时观测粒子性和波动性。这就表示“绝不会同时观测到两种属性”的传统观念会被打破;这对超光速研究意味着什么呢?

用一个单独物理实验证明有质粒子(电子、质子、中子、原子、分子)可以做大于光速的运动,是非常困难的。即使中微子以超光速飞行,它能否算得上是“有质粒子”也会有争议。因此,我们提出一个判据性实验的新建议——从“有质粒子波动性均已被实验证实”这一有利条件出发,又由于电磁波的宽阔频段(短波、微波、光波)中都已做成功多个超光速实验[38];因此,可以集中力量研究有质粒子的波动(物质波的波动)是否会出现超光速现象。如果会,那么根据最新的波粒二象性成果,实际上就等同于“有质粒子可以做超光速运动”得到了实验证明。这样做的好处是明显的:首先是不用对昂贵的加速器做“改造”(这很难得到支持),其次是可能获得“超光速超了多少”的数据。难点在于如何设计物质波实验。

据报道[36],1982 年 A. Zelinger 实现了中子的干涉实验;1989 年殿村用电子双棱镜实现了电子的双缝干涉实验。随后发明的电子显微镜是电子波动性的应用研究。1999 年 Zelinger 等又实现了大分子 C60 的干涉实验。⋯⋯这些技术对于我们设计新实验有重要参考价值。

10　结束语

通过细致严谨的理论分析和对有关实验结果的核查,本文的结论是有质粒子(甚至物体)做超光速运动是可能的。我们甚至没有引用那些与 Einstein 不同的时空理论,它们常常是不禁止超光速运动的。本文也未用艰深的数学,靠经典物理(Newton 力学、Maxwell 电磁理论、声学、空气动力学)就提供了清晰的思路,而量子力学则使我们得以提出新的实验方法。⋯⋯但可能性还不是现实,用实验证明有质粒子可做超光速运动还是一个有待完成的任务。对"中微子是超光速粒子"的判据性实验也有待进行。

光速是自然界的重大奥秘之一。超光速问题"兹事体大"——航天专家已提出在将来应建造光速飞船或超光速飞船,飞出太阳系探索遥远的天际[39,40];其可能性究竟如何? 科学界应当给出回答。回想当年,航空技术发展到一定程度就出现了"能否设计制造超声速飞行器"的思考;今天在航天技术大发展的背景下,"未来能否设计建造光速飞船或超光速飞船"一事,是必定会提出来的。因此,超光速问题相当于当年的超声速问题;研究工作是为未来铺路,有重大的实际意义。

参考文献

[1] 沈乃澂. 基本物理常数 1998 年国际推荐值[M]. 北京:中国计量出版社,2004

[2] Einstein A. Zur elektro – dynamik bewegter körper[J]. Ann d Phys,1905,17:891 – 921. (英译:On the electrodynamics of moving bodies//Einstein's miraculous year[M]. Princeton:Princeton Univ. Press,1998. 中译:论动体的电动力学. 范岱年,等译. 爱因斯坦文集[M]. 北京:商务印书馆,1983,83 – 115.)

[3] Okun L B. The concept of mass[J]. Phys Today,1989(June):31 – 36.

[4] Kaufmann W. Die magnetische und elektrische ablenbarkheit der Bequerel – strahlen und die scheinbare masse der elektronen [J]. Königliche Gesellschaft der Wissenschaften zu Göttingen,Math. Phys. Klasse,1901(Nach.):143 – 155.

[5] Lorentz H A. Electromagnetic phenomana in a system moving with any velocity less than that of light[J]. Konin. Akad,Weten,(Amsterdan),1904,6:809 – 831.

[6] Einstein A. The Meaning of Relativity[M]. Princeton:Princeton University Press,1922. (中译:相对论的意义[M]. 郝建纲,刘道军,译. 上海:上海科技教育出版社,2001.)

[7] 郝建宇. 狭义相对论自我否定剖析[N]. 北京科技报. 2006 – 09 – 20.

[8] 张元仲. 狭义相对论实验基础[M]. 北京:科学出版社,1994.

[9] 刘显钢. 电荷运动的自屏蔽效应[J]. 重庆大学学报(专刊). 2005,27:26 – 28.

[10] Rosser W G. 相对论导论[M]. 岳曾元,关德相,译. 北京:科学出版社,1980.

[11] 刘显钢. 动体电动力学研究[M]. 北京:北京师范大学出版社,2010.

[12] Newton I. Philosophiae naturalis principia mathematica[M]. London:Roy Soc,1687. (中译:自然哲学之数学原理[M]. 王克迪,译. 西安:陕西人民出版社,2001.)

[13] 黄志洵. 引力传播速度及有关科学问题[J]. 中国传媒大学学报(自然科学版),2007,14(3):1 – 12.

[14] 黄志洵. "光障"挡不住人类前进的脚步——纪念第 242 次香山科学会议召开 10 周年[J]. 中国传媒大学学报(自然科学版),2013,20(3):1 – 16.

[15] 宋健. 航天、宇航和光障[A]. 第 242 次香山科学会议论文集[C]. 北京:前沿科学研究所,2004. (又见:宋健. 航天、宇航和光障[N]. 科技日报,2005 – 07 – 05.)

[16] Franson J D,Apparent corretion to the speed of light in a gravitational potential[J]. New Jour Phys. ,2014,16:065008.

[17] Giovannini D, et al. Spatially structured photons that travel in free space slower than the speed of light[J]. Science Express, 22 Jan 2015, Page 1/10. 1126/Science. Aaa 3035.

[18] Einstein A. 论引力波[M]. 爱因斯坦全集[C]. 范岱年,等译. 北京:商务印书馆,1983;367 – 383.

[19] Lämmel R. Ⅱ – Ⅳ. Minutes of the meeting of 16 Jan. 1911[M]. 爱因斯坦全集:第 3 卷[C]. 戈革,译. 长沙:湖南科学技术出版社,2002.

[20] Laplace P. Mechanique celeste[M]. volumes published from 1799 – 1825,English translation. New York:Chelsea Publ,1966.

[21] Eddington A. Space,time and gavitation[M]. Cambridge:Cambridge Univ ersity Press. 1920.

[22] Flandem T. The speed of gravity:what the experiments say[J]. Met. Res. Bull. ,1997,6(4):1 – 10.

[23] Flandem T. The speed of gravity:what the experiments say[J]. Phys. Lett. ,1998,A250:1 – 11.

[24] 黄志洵. 关于"引力波实验"的一点看法[J]. 前沿科学,2014,8(2):42 – 43. (又见:科技日报,2014 – 7 – 30.)

[25] 杨新铁. 突破光障[A]. 第 242 次香山科学会议论文集[C]. 北京:前沿科学研究所,2004. (又见:杨新铁. 关于超光速粒子的加速器测量[J]. 北京石油化工学院学报,2006,14(4):63 – 69.)

[26] Bertozzi W. Speed and kinetic energy of relativistic electrons[J]. Am. Jour. Phys. ,1964,32:551 – 555.

[27] 刘显钢. Bertozi 不能使电子运动速度超越光速的原因[J]. 重庆大学学报(专刊). 2005,27:46 – 48.

[28] 季灏. 量热学法测量电子能量实验[J]. 中国科技成果,2009(1):34 – 35.

[29] Feinberg G. Possibility of faster than light particles[J]. Phys. Rev. ,1967,159(5):1089 – 1105.

[30] 孙汉城. 中微子之谜[M]. 长沙:湖南科学教育出版社,1993.

[31] 黄志洵. 再评欧洲 OPERA 中微子超光速实验[J]. 中国传媒大学学报(自然科学版),2012,19(1):1 – 7.

[32] Adam T, et al. Measurement of the neutrino velocity with the OPERA detector in the CNGS beam [EB/OL]. http://static. arXiv. org/pdf/1109. 4897. pdf.

[33] Ai X B(艾小白). A Suggestion based on the OPERA experimental apparatus[J]. Physica Scripta, 2012, 85: 045005,1 – 4.

[34] Ehrlich R. Tachonic neutrinos and the neutrino masses[J]. Astroparticle Phys. , 2013,41:1 – 6.

[35] Ehrlich R. Six observations consistent with the electron neutrino being a tachyon with mass m = – 0. 11 ± 0. 016 eV^2[J]. 2015, 66: 11 – 17; arXiv: 1408. 2804v9[Physics. gen_ph], 18 Feb 2015.

[36] 中国物理学会. 中国大百科全书(物理学)[M]. 北京:中国大百科全书出版社,2009.

[37] Li Z Y(李志远). Elementary analysis of interferometers for wave – particle duality test and the prospect of going beyond the complementarity principle[J]. Chin Phys B, 2014, 23(11): 110309 10 – 13.

[38] 黄志洵. 波科学与超光速物理[M]. 北京:国防工业出版社,2014.

[39] 宋健. 航天纵横——航天对基础科学的拉动[M]. 北京:高等教育出版社,2007.

[40] 黄志洵. 超光速宇宙航行的可能性[J]. 前沿科学, 2009,3(3):44 – 53.

论 1987 年超新星爆发后续现象的不同解释

黄志洵

(中国传媒大学信息工程学院,北京100024)

【摘要】1987 年 2 月 23 日发生了超新星爆发,在 1987A 超新星的第一批光子抵达前 7.7h,意大利布朗峰下的探测器检测到第 1 批中微子到达,包含 5 个事件。而在第 1 批光子抵达前 3h,第 2 批中微子抵达,日本神岗 Ⅱ 的探测器收到 11 个,美国 Ohio 州的 IMB 探测器收到 8 个,苏联 Baksan 的探测器收到 5 个。这怎么会发生,一直没有得到合理的解释。本文认为有 3 种可能:①光子速度为光速 c,中微子速度是超光速;②中微子速度为 c,光子速度为亚光速;③中微子速度为超光速,光子速度为亚光速。从最近的研究来分析,可能发生了情况③。

本文先论述引力势造成的光速值修正,包含两个理论——Einstein 的(1911 年)和 Franson 的(2014 年)。这些理论都预期引力势使光速减小,从而使光速 c 成为不恒定的常数;而这就损害了狭义相对论的基础。Franson 考虑了量子力学的 Hamilton 量中引入有质量粒子的引力势能所带来的影响,并依靠了 Schrödinger 方程这样的非相对论性理论;所得结果基本上与超新星 SN1987A 年的观测相符。

回顾 2011 年 9 月 22 日公布的在意大利进行的中微子超光速实验,即使它的结果错了,也不能完全抹杀 OPERA 实验的意义。其时中微子速度由飞行距离与飞行时间之比确定,这是 Newton 力学的方式。OPERA 研究人员对欧洲核子研究中心(CERN)与探测器间约 730km 距离的测量精度达 20cm,而相应时差的测量精度达 10ns。因此,确定中微子速度的最佳方法仍应像 OPERA 实验那样去测量距离和时间。其他研究方法,例如以"虚数静止质量"概念为基础的方法,由于物理意义不明确又不能直接测量,在科学上没有多少价值。

【关键词】超新星 1987A;超光速中微子;亚光速光子;虚数静质量

注:本文原载于《前沿科学》,第 9 卷,第 2 期,2015 年 6 月,39~52 页。

Explanations of Phenomena after the
Supernova SN1987A Burst in Feb. 1987

HUANG   Zhi – Xun

（Communication University of China, Beijing 100024）

【Abstract】In Feb. 23 1987, the first neutrinos from Supernova 1987A arrived 7. 7h before the first photons, it was excluding the 5 events from the Mt. Blanc detector of Italy. And then, the second neutrinos from Supernova 1987A arrived 3h before the first photons, it was excluding 11 events from the Kamiokanda II detector of Japan, 8 events from the IMB detector of Ohio, and 5 events from the Baksan detector of USSR. There is no conventional explanation for how that could have occurred. In this paper, we suggest the possibility as follows: ①the speed of photons are the light velocity c, but the speed of neutrinos are superluminal; ②the speed of neutrinos are light velocity c, but the speed of photons are subluminal; ③the speed of neutrinos are superluminal, and the speed of photons are subluminal. Acording to the recent study of physicists, we consider the evidence that situation may in deed be ③ in above.

In the article, we consider firstly the light speed correction due to the gravitational potential, contains two theories, including the contributions of A. Einstein in 1911 and J. Franson in 2014. These principles predicted that the velocity of light would be reduced by the gravitational potential. Then the light speed c is a inconstancy constant; this results impair the basis of Special Relativity (SR). Franson consider the effects of including the gravitational potential energy of massive particles in Hamiltonian of quantum mechanics(QM), and based the Schrödinger equation, it is the nonrelativitic theory. The predicted results are in reasonable agreement with test dataes from Supernova 1987a.

In Sep. 22/2011, an experiment in Italy has unveiled evidence that the neutrinos can travel faster – than – light. If this result of OPERA experiment is wrong, we cant adopt an atitude of negating everything. According to the Newton mechanics(NM), the velocity of neutrinos determined by the distance and the time interval. The OPERA reasearchers claim to measured the 730km trip between CERN and the detector to within 20cm, and they measure the time of the trip to within 10ns. Then, we say that the best way to determine the speed of neutrinoes is to test the distance and the time interval, such as the OPERA experiment. The other methods, such as the concept "imaginary rest mass", is fundamentally untestable directly, and hence scientifically meaningless probablely.

【Key words】Supernova 1987A; superluminal neutrinos; subluminal photons; imaginary rest mass

1 引言

1987年2月23日地球上的科学探测装置通过对光信号和中微子的信号的检测感知了位于大麦哲伦星云(Large Magellan Cloud)中的超新星SN1987A的爆发[1-5]。由于距离极远(距地球约16.83×10^4 l. y.),这其实是很久以前发生的事情。这是自公元1604年以来人类观测到的最明亮的超新星爆发,美国航空航天局(NASA)拍摄了这次爆发时在不同波长光下的残余影像图。这次事件令人惊奇之处在于,在收到光信号之前数小时即已收到中微子到达的信号,因此从逻辑上讲有三个可能:①光子以光速运动,中微子以超光速运动;②中微子以光速运动,光子以亚光速运动;③中微子快于光速和光子慢于光速同时存在。无论是那一种情况,都对传统的物理学构成巨大冲击;而在国际上也有许多研究论文出现。本文梳理了有关的情况,在深入分析的基础上提出了自己的见解。目前的形势是:一方面中微子是超光速粒子的可能性仍然存在;另一方面出现了全新的概念——光子在宇宙中可能以亚光速($v < c$)的速度运动。因而国际科学界极为关注相关的发展。本文的内容不仅令人对宇宙的奇妙惊叹不已,对超光速物理学研究也有不可替代的价值。

2 引力势对光速的影响

A. Einstein[6]于1905年发表论文"论动体的电动力学",奠定了狭义相对论(SR)的理论基础。但这篇文章没有考虑引力的影响和扮演的角色。1908年Einstein和F. Jahrab联名发表另一论文于 Radioakt. und Electronik 杂志上,试着回答"光传播会不会受引力影响"的问题。1911年Einstein[7]发表论文"引力对光传播的影响",文中提出"光在经过太阳附近时会因太阳引力场而发生偏转"。但在分析过程中Einstein获得了光速受引力势的影响时会减小的计算公式,引起人们很大兴趣。

在电磁理论中,引入矢量势函数(potential function)A、标量势函数 $\varPhi$,本来是一种分析手段,二者本身不具有物理意义和可测性。但后来的研究发现,仅靠场的参数(E 和 B)不能完全描写电磁现象,从而提高了对势函数的重视。电磁理论中场和势的基本关系为

$$B = \nabla \times A$$

$$E = -\nabla \varPhi - \frac{\partial A}{\partial t}$$

这就表示可以用势来描写电磁场。我们先看看1911年以后的情形,然后再回头谈Einstein的1911年论文。

1913年,Einstein与数学家M. Grosmann合作,提出了引力的度规场理论(theory of metric field)。在这里不用标量描写引力场,而用度规张量,即用10个引力势函数确定引力场。他认为引力不同于电磁力,但相信惯性质量与引力质量的同一性。是物质的能量张量决定了引力场定律,而该定律应在任意坐标系下有效。1915年Einstein宣布建立了引力场方程,从而完成了广义相对论(GR)。根据这个方程算出,光线经过太阳附近时将发生1.7″的弯曲。实际上,GR认为光不走直线,只走曲线。

我们可以看出,GR的方法论实际上是对电磁理论的模拟,这里包含电磁矢势和标势的概念。GR场方程是非线性的,但在引力场较小时可以线性化,故可写出度规张量为

$$\boldsymbol{g}_{\mu\nu} = \boldsymbol{\eta}_{\mu\nu} + h_{\mu\nu}$$

式中：$\boldsymbol{\eta}_{\mu\nu}$ 为狭义相对论的对角矩阵；$h_{\mu\nu}$ 是小量。

下面可依照电磁理论而提出引力场和引力势的关系方程：

$$\boldsymbol{B}_G = \nabla \times \boldsymbol{A}_G \tag{1}$$

$$\boldsymbol{E}_G = -\nabla \boldsymbol{\Phi}_G - \frac{1}{c}\frac{\partial \boldsymbol{A}_G}{\partial t} \tag{2}$$

式中：$\boldsymbol{A}_G$ 是引力矢势；$\boldsymbol{\Phi}_G$ 为引力标势。

因此与 Maxwell 方程组对应的引力场方程组为

$$\nabla \cdot \boldsymbol{E}_G = -4\pi G\rho \tag{3}$$

$$\nabla \cdot \boldsymbol{B}_G = 0 \tag{4}$$

$$\nabla \times \boldsymbol{B}_G = -\frac{4\pi G}{c}\boldsymbol{J} + \frac{1}{c}\frac{\partial \boldsymbol{E}_G}{\partial t} \tag{5}$$

$$\nabla \times \boldsymbol{E}_G = -\frac{1}{c}\frac{\partial \boldsymbol{B}_G}{\partial t} \tag{6}$$

式中：ρ 为物质质量密度；$\boldsymbol{J}$ 为物质质量流。

因此可以推出与电磁理论中相似的波方程：

$$\nabla^2 \boldsymbol{A}_G - \frac{1}{c^2}\frac{\partial^2 \boldsymbol{A}_G}{\partial t^2} = \frac{4\pi G}{c}\boldsymbol{J} \tag{7}$$

$$\nabla^2 \boldsymbol{\Phi}_G - \frac{1}{c^2}\frac{\partial^2 \boldsymbol{\Phi}_G}{\partial t^2} = 4\pi G\rho \tag{8}$$

这些与电磁学中的处理很接近。

回过来看 Einstein 的 1911 年论文[7]，他是以 gh（g 为重力加速度，h 为距离）作为引力势的大小。分析路线为能量→频率→时间→光速，分析的物理框架是太阳光射向地球。设到达光的频率为 f，则有

$$f = f_0\left(1 + \frac{\Phi}{c^2}\right)$$

式中：Φ 为太阳与地球间的引力势差（的负值）；f_0 为阳光（出发时的）频率。

Einstein 认为这将导致光谱上的红移。……从时间推速度，设 c_0 为原点上的光速，c 是引力势为 Φ 的某点的光速，则得

$$c = c_0\left(1 + \frac{\Phi}{c^2}\right) \tag{9}$$

这时 Einstein 说，光速不变性原理在此理论中不成立。

2014 年，J. Franson[8] 指出，正是 Einstein 预言了在引力势中光速会降低，而且这是 GR 的一部分。在地球参考系中，测得的光速为

$$c = c_0\left[1 + 2\frac{\Phi_G(r)}{c_0^2}\right] \tag{10}$$

式中：c_0 为本地自由落体参考系中测得的光速，由于 $\Phi_G < 0$，$c < c_0$。如果光经过像太阳那样巨大的物体，例如从卫星或遥远行星发出的激光脉冲从太阳旁边通过到达地球，路程中与太阳最近时的距离为 D，就可计算所用的传输时间；再与以 c_0 计算的传输时间做比较，从这些实验中得出的结果与式（10）的预测值极其相符。星光经过巨大天体会发生偏转的现象也可由此做直观的解释。

笔者认为可以从以上陈述思考 GR 和 SR 的关系。SR、GR 分别成形于 1905 年和 1915 年，中间有 10 年间隔，在这过程中 Einstein 的想法有变化是可以理解的。甚至在后来形成的理论体系中扬弃了一些早期观念也有可能。现成的例子就在眼前——推导了引力标量势对光速的影响后，Einstein 用肯定的语气说出了对 SR 中"光速不变原理"（其实是 SR 的两公设之一）很不利的话，尽管他不会否定自己的 SR 理论。我们已经看到，引力势不仅影响光的进行方向，还影响光速数值的大小。这样一来参数"真空中光速 c"难以令人相信其不变性、恒定性和常数性[9]。因此，GR 和 SR 的理念似乎存在矛盾。其实，GR 说光不走直线，即已暗示光速 c 不可能完全恒定。时至今日我们应清楚，"真空中光速 c"究竟在什么情况下是实际的存在？回答是"理想的平面波"。

另一方面，光子学说虽然是 Einstein 最先提出的，但他并未认识到光子作为微观粒子必须用量子理论（量子力学（QM）和量子电动力学（QED））才能描写，仅依靠 Newton 力学、Maxwell 电磁理论和 GR 相结合的方法，虽然也计算出了某些结果，但还是很不够的。因此在 GR 问世的百年后又出现了新的理论，可以更深刻、全面地说明引力势对光传播的影响（特别是对光速的影响）。取

$$\frac{\Delta c}{c_0} = \frac{c - c_0}{c_0}$$

则根据 Franson 写出的 Einstein 公式可得

$$\frac{\Delta c}{c_0} = 2\frac{\Phi_G}{c_0} \tag{11}$$

由这种定义 $\Delta c/c_0$ 的方式可以计算引力势对光速的影响；但基于上面的理由是不满意的。后面所述的 Franson 工作可认为是对多年前 Einstein 工作的修正，而且定义 $\Delta c/c_0$ 的方式略有不同。

3 考虑引力势时量子波方程中的 Hamilton 量

当考虑引力势对光速的影响时，Einstein 所用方法完全是 GR 式思维，因为在 1911—1915 年还未出现量子力学，这门新学科的横空出世是 1926 年的事。然而我们现在知道，可以把引力势影响问题纳入量子理论的视野，采用既考虑 GR 又考虑 QM 和 QED 的综合方法。这意味着在重写量子运动方程时对 Hamilton 量要有新的见解。

1926 年，E. Schrödinger[10]创造了 QM 的波动力学，其核心是描述微观粒子体系运动变化规律的 QM 基本运动方程——Schrödinger 方程。M. Planck 认为该方程奠定了量子力学的基础，如同 Newton、Lagrange 和 Hamilton 创立的方程在经典力学（CM）中的作用一样。Einstein 的说法稍有不同，他相信 Schrödinger 关于量子条件的公式表述"取得了决定性进展"，但 Heisenberg 和 Born 的路子则"出了毛病"。Einstein 为什么比较喜欢 Schrödinger 的工作而总对 Heisenberg 的工作抱有反感，可能是因为他认为前者的理论并不完全抛弃确定性，与后者对确定性的决绝态度不同。当然由此也可知道，Newton 的经典力学和 Einstein 的相对论力学，都是确定性的理论，其中的时间是可逆的。

含时 Schrödinger 方程是在 1926 年 6 月提出的，其形式为

$$j\hbar\frac{\partial \Psi}{\partial t} = -\frac{\hbar^2}{2m}\nabla^2\Psi + U\Psi$$

式中：$\Psi = \Psi(\boldsymbol{r}, t)$ 为波函数；$\boldsymbol{r}$ 为位置矢量，t 为时间；$\hbar = h/2\pi$ 为归一化 Planck 常数；m 是粒子质量；$U = U(\boldsymbol{r}, t)$ 为粒子在力场中的势能。

算符（operator）是 QM 中对波函数进行某种数学运算的符号，而等式右边 $\left[-\dfrac{\hbar^2}{2m} \nabla^2 \right]$ 是粒子动能算符，故等式右边代表了粒子的能量关系；而等式左边的波函数对时间一次微商（求导数），是波动过程的反映。因此，含时 Schrödinger 方程是波粒二象性的数学描写。取 Hamilton 量为

$$\hat{H} = -\frac{\hbar^2}{2m} \nabla^2 + U$$

得到

$$j\hbar \frac{\partial}{\partial t} \Psi(\boldsymbol{r}, t) = \hat{H}\Psi(\boldsymbol{r}, t)$$

这是含时 Schrödinger 方程的简明写法，它被刻在奥地利 Viena 大学主楼 Schrödinger 雕像的基座上。上式有另一种写法：

$$\frac{\partial \Psi}{\partial t} = -j\hat{H}_{op} \Psi$$

式中：$\hat{H}_{op} = \hat{H}/\hbar$，为 Hamilton 算符。

因此，Ψ 对时间的变化是 Hamilton 算符作用于波函数 Ψ 所决定的。在用方程处理具体的物理问题时，需要关于算符 $\hat{H}_{op}$ 的谱分析，即其本征函数和本征值的确定。

如粒子所在势场与时间无关，$U = U(\boldsymbol{r})$，则波函数有如下的特解：

$$\Psi(\boldsymbol{r}, t) = \Psi(\boldsymbol{r})\mathrm{e}^{-jEt/\hbar}$$

式中的 $\Psi(\boldsymbol{r})$ 满足：

$$E\Psi(\boldsymbol{r}) = -\frac{\hbar^2}{2m} \nabla^2 \Psi(\boldsymbol{r}) + U(\boldsymbol{r})\Psi(\boldsymbol{r})$$

故有

$$E\Psi(\boldsymbol{r}) = \hat{H}\Psi(\boldsymbol{r})$$

这是不含时 Schrödinger 方程，它描写的状态是定态（stationary state），E 是能量本征值。因此，不含时的 Schrödinger 方程是能量算符的本征方程。

前面提到位函数 $\boldsymbol{A}$、$\varPhi$ 在电磁理论中只是一种分析的工具，那么，在 QM 中情况又怎样呢？对势函数的看法是否和经典电磁理论一样？1959 年 Y. Aharonov 和 D. Bohm 发表论文"电磁势在量子理论中的意义"，以思维实验的方式提出，在没有电磁场的区域电磁势对电荷仍有效应。建议的实验方法是，使电子束分成两束绕着磁场线圈两旁通过，然后重新汇合起来并观察其干涉效应，目的是观察改变线圈电流时电子干涉图形是否移动，从而判定电子的相移，他们预计有量子干涉现象发生。1960 年 R. G. Chambers 以实验证实了上述想法。

既然电磁势可以纳入量子理论的范围，引力势应该也能。令人感兴趣的是，量子理论是与势函数建立联系，而非与电磁场。这正是 Aharonov – Bohm 效应所证明的——在 $\boldsymbol{E} = 0$，$\boldsymbol{B} = 0$ 的空间会发生一定的物理现象，从而显示出"势"的作用。在弱引力场条件下，一个非相对论性粒子（nonrelativistic particle）的 Hamilton 量，可以仿照波动力学中的方式写出：

$$\hat{H} = -\frac{\hbar^2}{2m} \nabla^2 + m\varPhi_G \tag{12}$$

式中：Φ_G 为某处的 Newton 引力势；m 为粒子质量；$m\Phi_G$ 为引力势能。

由于使用了 Schrödinger 方程，我们进入了"非相对论量子力学"。而由于把引力势能引入到量子系统的 Hamilton 量之中，又成为一种新分析方法，此前它已被成功应用于处理在引力场中的中子干涉仪实验结果。在同时定义一个引力矢势 $\boldsymbol{A}_G$ 的情况下，在分析 AB 效应的引力模拟时已用到下式：

$$\hat{H} = \frac{1}{2m}\left[\frac{\hbar}{j}\nabla - \frac{4}{c}m\boldsymbol{A}_G\right]^2 + m\Phi_G \tag{13}$$

如引力场源为静态(stationary)的，可取 $\boldsymbol{A}_G = 0$，这时立即得到前一公式。现在，$m\Phi_G$ 代表了 QM 中弱引力场的影响。凭借 QM 和 QED 来分析引力对光传播的影响，Einstein 不可能做；Schrödinger 来不及做；而这是由 21 世纪的物理学家解决的。

4 银河系引力势造成的光速修正

2014 年，J. Franson[8] 按照上述思路分析了光在远距离传播过程中的情形。他从物理学已有的知识——真空极化——出发，这概念来自量子理论对真空的理解(真空并非"什么也没有的空间"；产生和湮灭是时时在发生的；量子化电磁场有一个重要特点，即有真空涨落)；光的运行过程，波矢 $\boldsymbol{k}$ 的光子在湮灭后产生一个虚态，它包含一个电子和一个正电子；经过很短时间电子和正电子湮灭造成一个拥有原波矢 $\boldsymbol{k}$ 的光子，沿着原有路线继续前行。在不考虑引力势作用时，上述过程所产生的对光速的任何影响都通过对观测的 c_0 值进行归一化处理消除掉了。现在对不断出现(周期地出现)的虚过程要考虑引力势能 $m\Phi_G$ 对虚的正负电子对能量的影响。由于波矢值 $k = \omega/c$，故有

$$c = \frac{\omega}{k}$$

能量的变化(ΔE)导致频率的微小变化($\Delta\omega$)故引起光速改变为

$$\Delta c = \frac{\Delta\omega}{k} \tag{14}$$

基于这种分析，得到光速的变化量为

$$\frac{\Delta c}{c_0} = \frac{9}{64}\frac{\alpha}{c^2}\Phi_G \tag{15}$$

式中：α 为精细结构常数(fine structure constant)，且有

$$\alpha = 2\pi\frac{e^2}{hc} \approx \frac{1}{137}$$

式中：e 为电子电荷；h 为 Planck 常数。

由于 $\Phi_G < 0$，故真空极化过程中引力势使光速减小。引人注意之点是光速的变化取决于引力势而非引力场(强)；引力势不满足规范不变性，Franson 说它可能是非物理的(gravitational potential is not gauge invariant and presumably non physical)。

为了检验以上理论的正确性，需要计算 $\Delta c/c_0$ 的值并与选定的对照组(如超新星 1987A 事件)相比较。距离 r 处质量为 M 的物体的 Newton 引力势可由下式给出：

$$\frac{\Phi_G}{c^2} = -\frac{GM}{rc^2} \tag{16}$$

式中：G 为引力常数。

为了与超新星 SN1987A 事件比较,假定引力势有地球、太阳、银河系三个来源,则计算得出的 Φ_G/c^2 和 $\Delta c/c_0$ 见表1。可见,与银河系的影响相比,地球、太阳的影响可忽略不计。

表 1 不同引力势造成的光速减慢

引力势来源	Φ_G/c^2	$\Delta c/c_0$
地球	-6.4×10^{-10}	-6.6×10^{-13}
太阳	-9.9×10^{-9}	-1.01×10^{-11}
银河系	-4.2×10^{-6}	-4.3×10^{-9}

Franson 的论文发表后,科学界反映强烈。下面引述王小龙在《科技日报》上的短文,题为"科学家称光速可能比先前认为的慢":

"针对光速的挑战总是源源不断。美国 Maryland 大学物理学家 James Franson,日前在物理学权威期刊《新物理学》上发表的一篇文章,在物理学界引起了轩然大波。他声称,光速在真空中传播的速度或许比人们以往认为的要慢一些,并找到了支持这一理论的证据。如果得到证实,目前的物理学将被彻底颠覆,许多著名理论将被改写。相对论认为,光在真空中以299792458m/s 的速度传播。作为物理学中的一个重要常数,它恒定不变。在天体物理学中,用来代表光速常量的小写字母 c 无处不在,几乎所有的计算和测量都与此相关,重要性不言而喻。

"Franson 的论点基于对超新星 SN 1987A 爆发的研究。光子比中微子晚到了 4.7h。科学家当时认为,或许是因为这些光子的来源不同,因此产生了误差。Franson 认为,真空光速慢于299792458m/s 或许也是一种可能。他解释称,在真空中飞行的光子极有可能形成一个电子和一个正电子,但两种粒子很快又会形成另一个光子,沿着原来的路线继续前行。这一过程被称为真空极化。由于电子——正电子偶有质量,在银河引力势的作用下,粒子的能量会发生微弱的变化,并最终导致光速减小。在超新星 SN1987A 与地球之间长达 168000l. y. 年距离上,这样的分分合合发生多次后,将很容易让光迟到 4.7h。而相比之下,中微子则不会受此影响。

"如果 Franson 是正确的,目前天体物理学的理论体系将轰然崩塌,所有基于光速的测量数据都将是错误的。例如,太阳光到达地球的时间将比我们此前认为的要长;位于大熊星座的M81 星系,距离我们 1200 万 l. y.,是地球上望远镜可观测到的最亮星系之一。如果光速比我们现在认为的慢,从 M81 星系发出的光将比我们先前认为的要晚大约两周的时间才能到达地球。由此产生的影响将是非常惊人的:如果是那样的话,所有天体之间的距离都得重新计算,所有描述天体运行规律的理论都得重新修改。可以说,天体物理学的研究不得不一切从头开始。"

然而上述报道忽略了一个问题:Franson 理论还给物理学基本理论之一的 SR 带来了冲击;而这也是 Franson 在论文中加以回避的。光速不变原理(假说)是 SR 的立论基础之一,而近年来却不断揭示出光速的可变性。……当然,这对现行米定义的合理性也加大了怀疑[9];影响确实是多方面的。

5 1987 年超新星爆发的后续事件

1987 年的超新星 SN 1987A 爆发,表2 是当时的情况,即在光信号抵达地球前在世界各处安装的中微子探测器都收到了中微子信号。由表2 可见,在第 2 次中微子爆发后,又过了 3h

才观测到来自超新星的可见光。此时距第 1 次中微子爆发已有 7.7h。但后面的探测器并未检测到第 1 次中微子爆发,因此一些科学家认为那是一个反常现象,与超新星 1987A 无关。……很明显,就算这样讲是对的,那么为什么光比中微子晚到 3h？传统理论说中微子、光子都以光速 c 运动,显然无法解释上述现象。有一种说法是,中微子早到的原因是因为光子晚于中微子从 SN 核中释放出来;但光子推迟的值不需要有整整 3h,所以还是无法解释。M. Longo[2] 认为中微子速度 v 与光速 c 的相对偏差为 $|(v-c)/c| \leqslant 2 \times 10^{-9}$;似乎表明中微子速度与真空中光速 c 差别不大。但中微子还是比光略快,对地球接收者而言这种长久积累效应导致二者有几小时的差别。2013 年 Ehrlich 文章则认为这个假定上限太小。

表 2　1987 年超新星爆发引起的地球上的反应[1-5]

粒子爆发次数	探测器位置	粒子数目	时间坐标 t
中微子(1)	意大利 Mont Blanc(布朗峰)下	5	0
中微子(2)	日本 Kamiokanda Ⅱ("神岗"Ⅱ) 美国 Ohio 州, IMB 苏联, Baksan	11 8 5	4.7h
光子(1)	南半球多个天文台	很多	7.7h
注: $t = 0$ 时间(世界时 UT)为 1987 年 2 月 23 日 7 时 35 分 40 秒,它标志着中微子天文学诞生			

第 1 次中微子爆发是一个随机事件的几率仅为万分之一,有许多专家的物理分析也说应当是两次爆发而不是一次。况且,布朗峰下的探测器比另一个灵敏度高 20 倍。Franson 公式得出的结果是光子延迟了 $(1.9 \sim 4)$h,他认为这与 4.7h 这个数据基本相符,从而为第 1 次爆发提供了可能的解释。因此,对 1987 年发生的事件,准确陈述是"第 1 批中微子比第 1 批光子提前 7.7h"。……我们注意到,Franson 理论有一个前提,即他始终认为中微子运行速度是光速 c。对此他的解释是,光子和中微子在自由落体参考系中应以相同速度运动,在其他参考系中也应如此(可以忽略高能中微子的静止质量)。至于中微子在飞行过程中的虚过程,其间会产生 W 玻色子、Z 玻色子、轻粒子之类的粒子。虚过程结束时虚粒子湮灭,恢复为中微子。处于中间状态的粒子能量也包括引力势能 $m\Phi_G$,从而对中微子速度产生影响,但这可以忽略,原因是与中微子对应的弱相互作用与光子对应的电磁相互作用相比,前者小很多数量级。这样,可以不再考虑中微子速度对 c 的偏离。

那么 1987 年究竟发生了什么事？过去的说法一般是定性的,而 Franson 提供了较完整的理论背景和定量计算数据,得到的结论竟然是"光子不以 c 运动,而是比 c 略小的值"。这说法令人吃惊,表面上符合 SR,因为没有超光速的东西。但实际上给了 SR 的基础原理("光速不变假说")以重大打击。Franson 不讲 SR,只讲 GR、QM 和 QED。可以说,他既使用了这三者,又认为 GR 与 QM 存在矛盾。

6　对中微子可能超光速的持续研究

1930 年 W. Pauli 设想在 β 衰变中除电子外还放射一种能量极小的中性粒子,1933 年 E-. Fermi 提出弱相互作用理论,又命名 W. Pauli 设想的粒子为中微子(neutrino)。1956 年在实验中捕捉到电子中微子(electron neutrino),1962 年发现了 μ 中微子,2000 年发现了 τ 中微子,所以中微子至少有三种。长久以来人们认为中微子的性质为:不带电荷;非常微小可能没有质量;以光速运动;与物质几乎不发生作用因而难发现。总之它有点神秘,研究它也困难。至于 2011 年轰动一时的欧洲 OPERA 中微子超光速实验,所用者是 μ 中微子。处在地下的意大利 Gran Sasso 实验室最早是设计用来检测 $v_\mu \to v_\tau$ 通道的中微子振荡的(to perform the detection of neutrino oscillation in the $v_\mu \to v_\tau$ channel),这是主要目的。然而欧洲核子研究中心(CERN)的 研究团队发现所建立的实验系统很适合于测量中微子的飞行速度,他们就这样做了 3 年。这 个实验称为 OPERA 实验,而 OPERA 的含意为 Oscillation Project with Emulsion Racking Apparatus(乳胶寻迹设备的中微子振荡实验项目)。

2011 年 9 月 22 日,预印本网站 arXiv 刊出 T. Adam 等[11]文章"在 CNGS 束中用 OPERA 接 收器测量的中微子速度";其"摘要"说,在意大利地下的 Gran Sasso 实验室,OPERA 中微子实 验已测量了在约 730km 的基线上 CNGS 束的中微子速度,与过去的研究相比具有更高的准确 度。测量基于在 2009 年、2010 年和 2011 年 OPERA 所采用的统计数据。CNGS 的高级计时系 统和 OPERA 接收器与用来测量中微子基线的高精度大地测量相结合,允许达到可比较的系 统和统计准确度。相对于真空中光速,实验和计算显示中微子早到了(60.7 ± 6.9(统计)± 7.4(系统))ns,即 $(v - c)/c = (2.48 \pm 0.28(统计) \pm 0.30(系统)) \times 10^{-5}$。研究人员对 CERN 与检测器间约 730km 距离的测量精度达 20cm,相应时差的测量精度达 10ns;这就引起了 轰动。

10 月底,CERN 的研究负责人宣布,为了验证实验结果并消除多种质疑,实验团队将采用 不同的方法发出中微子束,看看是否可以重现中微子超光速。11 月 18 日,美国 *Scientific American* 杂志网站报道说,实验团队已完成了复核——他们请 CERN 制作一种更短的质子束,持续 时间仅为 3ns,是过去实验所用质子束的 1/3000。已记录了 20 个中微子事件,达到了过去实 验的统计显著性水平。在这种情况下,OPERA 项目成员全部在论文上签了字。美国 Fermi 实 验室 MINOS 也发表声明,说可能在 2012 年初完成对 OPERA 实验的核对。……与此同时,一 些物理学家强烈质疑 OPERA 实验,11 月 20 日路透社从日内瓦发出电讯,CERN 的另一个实验 (称为 ICARUS)研究"驳斥了 OPERA 实验结果"。他们主要检测中微子束的能量,发现能量 谱是以光速运行的粒子应有的能量谱,并没有超光速的迹象。不过,报道也说目前人们仍在等 待美国、日本的实验室对 OPERA 实验结果的核查。而在下一年(2012)年 2 月 23 日有报道 说,OPERA 实验中光缆松动可能造成差错。……一个庞大的实验系统的长期工作,竟然把实 验错误的原因归结为"光缆接头松了",真是令人匪夷所思,至今让笔者感到难以理解。

OPERA 的"失败"令一些物理学家欢欣鼓舞,认为经过这次事件后,超光速信奉者们一败 涂地,再也无话可说。然而他们错了;相信中微子就是超光速粒子的人们并未认输,在 2012— 2014 年继续发出自己的声音。2012 年中国学者有 2 篇文章:艾小白[12]的英文论文题为"基于 OPERA 实验装置的建议",其中说"推进 OPERA 实验的最好方法是测试 μ 中微子的能量—速 度曲线以及它们的振荡量,而不是仅测试一个能量点,就如 Fermilab 和 MINOS 那样。因为快 子(tachyon)速度随能量增大而递减,即能量减少时速度反而增加。此外,中微子飞行中伴随 有很多振荡,必须予以考虑。黄志洵[13]的文章认为 OPERA 实验具有独特性,其意义不应完全 否定。理由是:①OPERA 团队做了一个直接测量微观粒子飞行速度的实验,而迄今为止科学 史上尚无人进行过这种实验;②OPERA 实验是单向速度实验,对至今尚未突破的难题(单向光 速测量)带来了推动和启发;③OPERA 实验投资大、精确度高、数据量大、误差处理严格,是相 当有气势的实验;④OPERA 实验带动了一些研究领域,如引力的影响、Sagnac 效应的影响、 GPS 计时技术的改进等。可见,OPERA 实验产生了很大的推动作用。

美国物理学家 R. Ehrlich 的研究近年来遵循 Feinberg 快子理论,即先考虑中微子的质量,从而间接地判断中微子是否以超光速运动。微观粒子的静止质量用 m_0 表示,它来自 H. A. Lorentz 对电子导出的质速公式,Einstein 的 SR 继承了这个公式。因此,以 Lorentz – Einstein 质速公式为基础,认为以速度 v 运动的粒子具有如下的质量、能量和动量:

$$(m, E, p) = \left[\frac{m_0}{\sqrt{1 - \beta^2}}, \frac{m_0 c^2}{\sqrt{1 - \beta^2}}, \frac{m_0 v}{\sqrt{1 - \beta^2}} \right] \tag{17}$$

式中:$\beta = v/c$。当 $\beta < 1$ 时,m、E、p 均为实数,并随 v 增加而加大。当 $\beta > 1$ 时,m、E、p 成为虚数,没有物理意义。因而 $v > c$ 不可能——这是主流的物理学观点。$\beta = 1$ 这点通常称为奇点。

1967 年 G. Feinberg[14] 提出自然界可能天然存在超光速粒子,他称为快子;它们很可能形成于宇宙大爆炸的过程中,其速度并非通过加速手段得到的。就是说,一个以亚光速运动($v < c$)的粒子可能无法通过加速而达到超光速,但快子可能具有虚数的静质量:

$$m_0 = j\mu \tag{18}$$

式中:μ 为实数。

这时,即使 $v > c$($\beta > 1$)也不会出现虚数的能量和动量。因此,Feinberg 的快子理论是不与 SR 相冲突的理论。

奇妙的是,在中微子物理学中一直有静止质量平方为负($m_0^2 < 0$)的情况,实际上形成为描述中微子物理状况的参数之一。因此 1985 年 A. Chodos 等推测中微子就是快子(见:Phys, Lett. B,Vol. 150,431);后来得到一些物理学家的支持。例如,据说欧洲在 2000 年公布的中微子质量平方值为[15]

电子中微子 $\qquad\qquad\qquad m^2 = -2.5 + 3.3 \, \text{eV}^2$

μ 中微子 $\qquad\qquad\qquad m^2 = -0.016 + 0.023 \, \text{MeV}^2$

这就暗示中微子可能是一种快子。从理论上讲,如把 Dirac 方程与虚质量的 Dirac 方程对比,可以写出一个超光速中微子的量子方程。

中微子物理学为什么这样表示中微子质量? 等式右端前一项是用 m^2 最可几值表达实验结果;那么为何各实验室给出的前项常为 $m^2 < 0$? 主流观点是理论拟合公式有问题——m^2 越负说明理论系统误差越大[16]。核物理、粒子物理的研究人员不认为这是迎合 Feinberg 快子理论的做法,各国的研究单位也没有因为质量的上述表述形式而宣布"发现了快子"。因此,笔者一向认为要证明中微子是超光速粒子,需要直接测速;要证明中微子不是超光速粒子(因而是光速粒子或亚光速粒子),也要靠直接测速。被媒体称为"称重法"或"称量法"的证明方法,好像不太可靠。……不过我们仍应尊重和细察 Ehrlich 教授的研究,他的两篇论文(2013 年、2015 年)都被名刊 *Astroparticle Physics* 接受发表,应有其内在的价值。

2013 年,Ehrlich 论文的提要说[17]:"最近,一个关于超光速中微子的声明被发现是错误的。2012 年可能不是去找一个或多个中微子确定能成为超光速粒子证据的合适时机。然而,有越来越多的观察结果在继续支持着这一可能——尽管 $m_v^2 < 0$ 的重要性和最初 OPERA 的声明比起来显得微不足道。最近出版的关于 SN 1987A 中微子的非标准分析支持一个快子质量本征态,在这里我们展示了如何使 3 + 3 的镜像中微子模型有一个非常规的质量层次结构。这个模型包含了一个活跃—不可分裂的超光速中微子对,并且它在许多方法中都是可测试的,包括做出一个关于 SN 1987A 中微子未发表过的方面令人惊讶的预测。另外,早期关于宇宙射线的分析也为快子的假说提供了凭证。"但这篇论文很难读,即使粒子物理学家也需了解此前多篇文献才能理解。2015 年,Ehrlich[17] 发表论文题为"6 个观测符合中微子是质量 $m_{ve} = -$

$0.11 \pm 0.016 eV^2$ 的快子"，文章采用以下符号表示电子中微子的质量：

$$\mu_{ve} = \sqrt{-m_{ve}^2} \qquad (19)$$

并得到以下平均值数据：

$$m_{ve}^2 = -0.11 \pm 0.016 eV^2$$
$$\mu_{ve} = 0.33 \pm 0.024 eV$$

两个数据互相等效。该论文被媒体（英国物理科学新闻网站，2014 年 12 月 26 日）报道后，中国《参考消息》报很快译载；英文短文标题为"通过称量法找到比光子更快的粒子"，中文标题为"称重法证明中微子或为超光速"。其中说："在英国《天体粒子物理学报》近日决定刊登的一篇论文中，物理学家 Robert Ehrlich 声称，中微子很可能是一种超光速粒子，也就是说中微子跑得比光子还要快。类似的说法曾出现过好几次，之前一次是在 2011 年，一个名为 OPERA 的实验小组测量了中微子的速度，声称实验结果比光速快一点。不过，当他们试图验证初次实验的数据时，却发现前一次实验结果出错了，原因竟然是光缆连接得不够紧。

"Ehrlich 再次提出中微子快于光子的论断时，使用了一种比测量粒子速度更精确的研究方法——确定粒子的质量。这一结论的理论基础是，快子具有虚质量，即快子质量的平方是负数。虚质量粒子具有一种奇怪的属性，它们会一边遗失能量一边加速前进，也就是说，速度决定了虚质量的值。按 Ehrlich 的说法，中微子的虚质量为 0.33eV。

"常常有人以相对论为依据质疑是否真的存在超光速粒子。实际上，物理学家 George Sudarshan 等在 1962 年首次撰文提出快子理论时，就认为这表明相对论存在漏洞。Einstein 认为，由于不存在无穷大的能量，所以基本粒子（或是太空飞船）的速度不可能达到或者超越光速。但 Sudarshan 及其研究伙伴认为，假如基本粒子最初在粒子对撞的过程中以超越光速的速度被制造出来，那就不需要再进行加速或是动用无穷大的能量了——只可惜这种事情不会发生在太空飞船身上。

"在快子理论问世后的数十年里，科学家进行了多次研究，全都无果而终。直到 1985 年，理论物理学家 Alan Chodos 等提出，快子或许就隐藏在光天化日之下，具体说来就是中微子其实属于快子。假如中微子快过光速，那么能量在某些参照系下就会呈现负值。事实上，带有负能量的超光速粒子能够从现在穿越回过去。"

这篇短文通俗易懂。但有一个问题隐藏了下来——从 Feinberg 开始，经过 Sudarshan、Chodos 直到 Ehrlich 等人形成的理念，需要一个前提，那就是 Lorentz[19] 质速方程（包含静止质量概念）的绝对正确性。然而这是一个有争论的问题[20-22]，甚至 Einstein 本人在晚年也说该方程"no good"[23]。由于西方科学界现在多数人不认为这仍是问题，所以他们透过媒体的表达也就不会提及此事。况且，"虚数静质量"从概念的无意义到直接测量的不可能性都是明显的。因此我们认为确定中微子速度的基本方法，仍应像 OPERA 实验那样，直接而精确地测量距离和时间间隔。这是 OPERA 研究者们留给后人的精神遗产。

7 讨论

研究超光速问题首先要对光速有深入的了解。c 这个英文小写字母只代表"真空中光速"，而围绕它的两个 SR 原理是"光速不变性"和"光速不可超越性"，在这两个方面都有许多学术论文和书籍。光速测量更是一个涉及知识面很广的领域。不仅如此，1983 年国际计量组织决定以真空中光速 c 作为米定义的出发点（取 $c = 299792458 m/s$），执行此规定至今已有 32

年。在 2014 年发表的文章中[9]，我们已指出现行米定义是存在问题的。

不久前一位物理学家给笔者发来电子邮件说："我觉得在您的实验和其他类似的实验中，极有可能已经揭示了超光速运动的存在。我一直认为超光速运动是没有被限制的。事实上物理学至今只证明真空中电磁波的传递速度是光速，并没有证明电磁相互作用的传递速度不可以超过光速。狭义相对论有两条原理，光速不变原理和时空相对性原理。真空中光速不变，其严格的意义是，在两个惯性参考系上观察，光速是一个恒定的值。然而真空中光速不变并不意味着介质中光速不变；此前的许多超光速实验都是用反常介质来做的。如果在反常介质中出现超光速现象，并不意味着真空中光速不变被破坏。真空光速不变导致惯性参考系时空坐标的 Lorentz 变换，与介质中的超光速相互作用是无关的。问题在于 Einstein 把光速不变原理推到极端，把两个惯性参考系上真空光速不变说成光速是极限速度。这在逻辑上和物理上都过度延伸了，就有可能是错的。我一直认为，光速极限的含义只能是：我们不可能通过加速的方法，使一个有静止质量的物体达到和超过真空光速，仅此而已。"

这位物理学家的见解有代表性；关于有质粒子能否作超光速运动的问题，我已另写一文讨论。这里只想说，光速不变原理或许有问题——不仅真空的量子起伏可能使 c 的恒定性不可靠，真空极化对光子运行的影响是必需考虑的另一因素。

我们认为 Franson[8] 论文可信度较高，即光子在长途飞行过程中受真空极化影响，在银河系引力势作用下光速可能变慢。虽然 Franson 认同中微子以光速飞行，排除了超光速的可能。但他不是中微子物理学家，只是沿袭物理界的传统看法（没有以超光速运行的粒子）而已。……但如中微子以超光速飞行、光子以亚光速飞行，二者综合造成 1987 年的现象，那真是宇宙构成中的奇妙图景之一。……促使笔者相信本文引言中的可能性③的另一原因是，2015 年 1 月英国 Glasgow 大学的 Padgett 研究组做到了使光的运行比真空中光速 c 要慢[28]。他们使光子经过一个专用的散射结构物，波形被改变，从而速度变慢。令人惊奇的是，光子出来后（回到自由空间）仍以减慢了的速度行进。Franson 理论和 Padgett 小组实验损坏了真空中光速的恒值性，使 c 成为"不恒定的常数"，或"不常的常数"。这对理论物理学家而言并不是好消息，因为这种情况妨害了 SR 及现行米定义的理论基础。

必须指出，虽然 OPERA 实验后来被一个奇怪理由（光缆接头松动）所否定，但其对微观粒子测速的方法是没有先例的。表 3 列入了 1987 年超新星爆发后续事件与 2011 年人为实验的比较，两者都是在大尺度距离上直接由飞行距离与飞行时间之比而得出结果。

表 3 两个科学事件的比较

时间与事件	距离参数	时间参数
1987 年 2 月 23 日超新星爆发后电子中微子先于光子数小时抵达地球	超新星距地球约 16.83 l. y. ；（1 l. y. ＝ 9.5 × 10^{12} km，故 SN1987A 距地球约 1.6 × 10^{14} km）	①若以第 1 次中微子爆发时间为 $t=0$，则在 $t=$ 4.7h 时发生第 2 次中微子爆发，$t=7.7$h 时收到光信号；②若以第 2 次中微子爆发时间为 $t=0$，则在 $t=3$h 时收到光信号
2011 年 9 月 22 日欧洲 OPERA 实验团队发表文章称，在约 730km 距离上 μ 子中微子比光子提前约 60ns 到达接收点	实验中从中微子源到接收点，测得直线距离（731278.0 ± 0.2）m，换算为地球表面基线距离 731517.461m	实验中测得中微子飞行与光传播间的时间差为（60.7±6.9(统计)）±7.4(系统))ns，即中微子速度 $v=299799911$ m/s，比光速快 2.48 × 10^{-5}

这说明直接测速方法是带根本性的，也是最有说服力的唯一方式。在未来的研究中，仍需

使用这种方法,不可能被其他方法(如"称量法")所取代。只是由于距离的不同,时间测量(计量)也许以小时(h)为单位,或者以纳秒(ns)为单位。这种情况也说明,虽然在 Newton 力学以后,在 20 世纪中新理论(SR、GR、QM、QED 等)层出不穷,但即使在微观粒子研究中,人们仍然离不开基础的 Newton 力学。

中微子是否以超光速飞行,结论只能由实验来决定。那么笔者为何相信中微子的速度可能比 c 大,原因在于对自然界中四种物理作用(电磁作用、引力作用、核弱力作用、核强力作用)的理解。光速是电磁作用的本征速度;没有理由说它也是其他三种作用的本征速度。例如引力,近年来已有多个数据表示,其传播速度远大于 $c^{[24-27]}$,但不是无限大;认为引力以速度 c 传播没有道理。对于中微子,它与光子在本质上、性能上及作用归属上都不同(属于弱相互作用);过去说它必定是"以光速运动",本来就缺乏根据。

20 世纪 50 年代由李政道、杨振宁提出理论,由吴健雄实验证明,在弱相互作用下宇称不守恒(通俗说法是左右不对称)。然而在标准模型中中微子没有质量,三种中微子均为左旋,反中微子均为右旋。这表示在任意参考系的观测者的运动速度都小于中微子,否则中微子的自旋会反向。总之中微子速度不可能是 $v < c$,而必须是 $v \geq c$,不发生"在弱相互作用中宇称守恒"的情况。……这种论述方法比采用 Feinberg 理论好。如用该理论则必须认定中微子有一个"虚数静质量"($m_0 = j\mu, \mu > 0$),这没有真正可信的实验支持。OPERA 团队的 2011 年论文[11],也没有只言片语谈到 Feinberg 快子理论和虚数静质量。中微子物理学家早就清楚地说明,出现用 $m^2 < 0$ 的结果(以及这种表达方式本身)并不是由于相信 Feinberg 理论并实践之,从而又发现了所希望的结果;一些科学机构这样做的时候甚至可能不知道 Feinberg 其人和他的理论。

8 结束语

1987 年超新星爆发后续现象一直摆在那里,它似乎顽强地要求得到解释。已有多篇相关论文发表就是证明。但也不排除下述可能,即少数物理学家宁愿停留在过去的认知之中("光子、中微子均为无静质量粒子并以光速 c 飞行"),而无兴趣去思考新的情况和事实。他们还可能说,既然 2011 年的 OPERA 实验也未能提供出"中微子以超光速运行"的可靠证据,那么还有什么可研究的?! 至于光子,说它的运行速度可能不是 c(而是小于 c),就更可笑了。……然而,2013—2015 年出现的几篇论文[8,17,18,28],或许会改变他们的想法。

据笔者所知,目前有一些物理学家认为中微子飞行速度略低于光速。最终确定中微子速度的事不能总拖延不决! 2014 年 10 月有报道说,美国 Fermi 加速器实验室建成了世界上最强大的中微子研究装置 NOVA,发送装置重 300t,安装在地下,每秒可发送几十万亿个中微子;但接收端只能收到几个。由于距离长达 800km,我们希望 Fermi 实验室能提供测速数据,给世界一个交代。

其实现在常有"发现超光速现象"的新闻见诸报端。例如,2014 年 12 月 1 日《参考消息》据英国媒体报道:"来自黑洞的闪电打破光速不可超越的物理定律。"在这里"闪电"只是一个比方,实际上是西班牙科学家观测到 IC310 星系的黑洞中喷射出的 γ 射线只用 4.8min 就穿越了视界,相当于走了 4.5×10^8 km,而光需要 25min 才能走完这段距离。……读了这个报道,我们很容易计算出 γ 射线粒子的速度:$v = (25/4.8)c = 5.2c$,是超光速。

如果我们承认宇宙和自然界是一个奥妙、神秘却十分优美的体系,这一切都不奇怪。正如一位西方哲人所说:"理论是灰色的,而生活之树常青。"我们必须认清"信仰"和"知识"之间的根本区别。前者是不容讨论、不容怀疑的既定原则,后者则可以讨论甚至可以取消或更新。对 20 世纪的某些物理理论,虽然不应抹杀其成就,但也应看到其局限性,没有理由认定其已是绝对真理,也必须无条件遵守。今后需要新的理论和新的实验,以使认识不断深化并达到新的层次;至于绝对真理,恐怕那还在极远处。

参考文献

[1] Hirata K, et al. Observation of a neutrino burst from the Supernova SN 1987 A[J]. Phys. Rev. Lett. ,1987,58(14): 1490 – 1493.

[2] Longo M J. Tests of relativity from SN 1987 A[J]. Phys. Rev. D,1987,36(10):3276 – 3277.

[3] Bionta R. M. et al. , Observation of a neutrino burst in coincidence with supernova 1987A in the Large Magellanic Cloud[J]. Phys:Rev. Lett. 1987,58: 1494 – 1496.

[4] Agnetta M,et al. On the event observed in the Mont Blanc underground neutrino observatory during the occurrence of supernova 1987a[J]. Europhys. Lett. ,1987,3(12): 1315

[5] Alekseev E, et al. Detection of the neutrino signal from SN 1987A using the INR Baksan underground scintillation telescope, in: ESO Workshop oil the SN 1987A, Garching. Federal Republic of Germany, July 6 – 8. 1987, Proceedings(A88 – 35301 14 – 90), Garching. Federal Republic of Germany. European Southern Observatory,1987. 237 – 247.

[6] Einstein A. Zur elektrodynamik bewegter korper[J]. Ann der Phys. ,1905,17(7):891 – 895. [中译:论动体的电动力学. // 爱因斯坦文集. 范岱年,赵中立,许良英,译. 北京:商务印书馆,1983.]

[7] Einstein A. The influence of the gravity on the light propagation[J]. Ann d Phys, 1911, 35: 898 – 908.

[8] Franson J. Apparent correction to the speed of light in a gravitational potential. New Jour Phys, 2014,16(G): 065008 1 – 22

[9] 黄志洵. "真空中光速 c" 及现行米定义质疑[J]. 前沿科学,2014,8(4): 25 – 39.

[10] Schrödinger E. Lectures of Schrödinger. [中译:薛定谔讲学录. 北京:北京大学出版社,2007)

[11] Adam T,et al. Measurement of the neutrino velocity with the OPERA detector in the CNGS beam[m/oLr]. http://static. arXiv. org/pdf/1109. 4897. pdf.

[12] Ai X B. A suggestion based on the OPERA experimental apparatus[J]. Phys Scripta, 2012, 85: 045005 1 – 4.

[13] 黄志洵. 试评欧洲 OPERA 中微子超光速实验[J]. 中国传媒大学学报(自然科学版),2012, 19(1):1 – 7.

[14] Feinberg G. Possibility of faster than light particles[J]. Phys. Rev. ,1967,159(5):1089 – 1105.

[15] Ni G J(倪光炯). There might be superluminal particles in nature[J]. 陕西师范大学学报(自然科学版),2001,29(3):1 – 5.

[16] 孙汉城. 中微子之谜[M]. 长沙:湖南教育出版社,1993

[17] Ehrlich R. Tachyonic neutrinos and the neutrino masses[J]. Astroparticle Phys, 2013, 41: 1 – 6.

[18] Ehrlich R. Six observations consistent with the electron neutrino being a tachyon with mass $m_{\nu e}^2 = -0.11 \pm 0.016 \mathrm{eV}^2$[J]. Astroparticle Phys, 2015, 66: 11 – 17.

[19] Lorentz H A. Electromagnetic phenomana in a system moving with any velocity less than that of light[J]. Konin. Akad. Weten. (Amsterdan),1904,6:809 – 831

[20] Okun L B. The concept of mass[J]. Phys. Today,1989:31 – 36.

[21] 黄志洵. 论动体的质量与运动速度的关系[J]. 中国传媒大学学报(自然科学版),2006,13(1):1 – 14.

[22] 黄志洵. 质量概念的意义. 中国传媒大学学报(自然科学版),2010,17(2):1 – 18.

[23] Einstein A. A letter of 19 June/1984 to L. Barnett[J]. Phys. Today,1990,30:13.

[24] Eddington A E. Space,time and gravitation[M]. Cambridge: Cambridge University. Press,1920.

[25] Flandern T. The speed of gravity:what the experiments say[J]. Met Res. Bull. 1997,6(4):1 – 10.

[26] Flandern T. The speed of gravity:what the experiments say[J]. Phys. Lett. ,1998,A250:1 – 11.

[27] 黄志洵. 引力传播速度研究及有关科学问题[J]. 中国传媒大学学报(自然科学版),2007,14(3):1 – 11.

[28] Giovannini D, et al. Spatially structured photons that travel in free space slower than the speed of light[J]. Sci. Exp. , 2015 (22): 1 – 4.

超光速物理问题研究

用于太空技术的微波推进电磁发动机

黄志洵

（中国传媒大学信息工程学院，北京 100024）

【摘要】微波推进的电磁发动机（EmDrive）技术现已获广泛认同。在推进力的反方向产生的加速、反作用力遵守 Newton 力学，可能产生 10mN/kw ~ 1000mN/kw 的推力。基本器件是一个圆锥状的封闭谐振腔，用 TE_{011} 模式。由于腔内的非均匀场分布，电磁合力 $F_\Sigma \neq 0$，提供了腔体自主加速运动的推力。微波推进电磁发动机的发明人是英国工程师 Roger Shawyer，它不携带燃料，推进器使用的微波能由太阳能转换而来，故适于作太空飞行。2006 年 6 月 Shawyer 用 700W 功率产生了 88mN 的力，2007 年 5 月用 300W 功率产生了 96.1mN 的力。这说明早期即达到了（125 ~ 320）mN/kw 水平。力虽然小，不断加速的过程有望获得非常高的速度。

电磁发动机可对卫星做精确控制和定位，可能用在深空对小行星或月球探测。空天飞机可完成多种任务，例如做载人的长距离亚轨道飞行。未来可能用于星际探测，只用几年即到达较近的星系。现在把太阳系内飞行称为航天（space flight），系外飞行称为宇航（astronautic）。估计在 21 世纪将有第一批宇航员飞出太阳系并安全返回，而飞出太阳系是人类的伟大理想。但这有许多理论与技术问题需要解决。所以必须加大航行速度，应达到光速，可能的话应为超光速。

2004 年 11 月宋健院士指出，航天技术呼唤实验物理学家们寻找速度大于光速 c 的源，只要能找到这种新的源，以光速或超光速宇航的可能性就会大为增长。林金院士指出，宇航员建立了自主精确描述火箭和宇宙飞船在给定惯性系中做任意加速和减速运动的动力学过程，修正了自主惯性导航的严格理论基础，只要开发出新型的动力源，宇宙飞船航行的速度不存在上限，未来载人宇宙航行的范围理论上不存在限制。……现在已是 2015 年 6 月，两位航天专家所说言犹在耳，我们认为他们所说的新动力源已被实验物理学家开发出来，即电磁发动机；这将使人类在未来做超光速宇航可能性大为增加。

本文论述了电磁发动机的原理，指出它给世界带来了新希望。最后，提出了开展新研究的建议——试用椭圆锥状谐振腔，考虑采用光波导谐振腔，以及在此项目中试用超材料。当然，任何新型推进器都必须满足无需携带燃料的要求。

【关键词】太空技术；微波推进的电磁发动机；超光速

注：本文原载于《中国传媒大学学报》（自然科学版），第 22 卷，第 4 期，2015 年 8 月，1 ~ 10 页；收入本书时做了修改和补充。

The Microwave Propulsion EmDrive Applied to the Aerospace Technology

HUANG   Zhi – Xun

(Communication University of China , Beijing 100024)

【Abstract】 The EmDrive of microwave propulsion technology is now gaining wide acceptance. It o-beys Newtonian physics by producing an accelerating ، reaction force opposite to the thrust force. The net thrust are in the range 10mN/kW to 1000mN/kw probably. The basic device of the thrust is a conic tapered metal resonant cavity, using the TE_{011} mode. Since the unbalanced field distribution of the cavity, the EM total force $F_\Sigma \neq 0$, this force supply the need on accelerate motion of cavity. The inventor of EmDrive is Roger Shawyer, a engineer of UK, and it is a propellantless thrust, provides the conversion from solar energy to microwave energy for the thrust. So it is suitable device for space flight. In Sep. 2006, *New Scientist* reported that Shawyer had constructed a EmDrive, which consumes 700W power and produce 88mN force. In May 2007, *Eureka* powered that another thrust has been built, consuming 300W power and producing 96.1mN force. These reports indicate that the early contribution are (125 ~ 320)mN/kw by the prototype units. This is a small force, but is cause the device to move faster, so it can become very quick.

The EmDrive can control and position satellites accurately and power deep space spacecrafts used for asteroid detection and moon sensing. The spaceplane is designed to carry a variety of missions, such as long distance passenger transport using sub – orbital flight. In the future, the interstellar probe enabling a several years mission to the nearest stars. Now, a flight within the solar system is called space – flight and beyond the solar system is astronautic. In this century the first astronauts will travel beyond the solar system and come back safely. To fly out of the solar system has long been the ambition of mankind. But many paramount theoretical and technical problems have to be solved before that. As a consequence, the speed of travel to be increased to the magnitude of the speed of light or, if possible, faster than the speed of light.

In Nov. 2004, the academician Song Jian says: space technology calls for experimental physicists to find some new sources, which can propagate with speed greater than that of light. Any new finding in this regard would make space flight with or above the speed of light more probable. In the same time, the academician Lin Jin says: the astronaut has established an accurate equation which autonomously and precisely describes arbitrary acceleration and deceleration motion of rockets and spacecraft in a given inertial coorinate system. The astronaut has revised and established a strict theoretical foundation for autonomous inertial navigation. As long as new types of power sources are to be developed, there exist no limit of velocities of spacecraft. ...

And now, during June'2015, we can consider that the EmDrive is the "new source" developed by experimental physists, then the possibility of faster-than-light space fly is greater increased in future.

In this paper, the principle and explanation on the EmDrive is given. Recent advances in this project bring world a good hope. Finally, we suggest some directions of EmDrive study, such as the elliptic tapered metal resonant cavity, the light-waveguide resonant cavity, and the application of meta-materials. Of course, any new type of propulsion must do as a thrust without a gas propellant.

【Key words】 aerospace technology; microwave propulsion EmDrive; faster-than-light

1　引言

英国工程师 Robert Shawyer 在 21 世纪初提出了一个奇特的创新思想——用微波谐振腔构建一个无需携带燃料的太空推进系统[1-4]。只要把太阳能转换为微波能并送入腔体,即可产生力作用并且用于航天技术中成为卫星推进器,甚至可能用于宇宙航行。

尽管产生的力作用很小,这一技术却可能用于在真空环境中工作的卫星的精确控制和定位,甚至在经过长期研发改进后成为未来的太空飞船。2006 年 9 月,英国科学刊物 New Scientist 报道说,Shawyer 造了一个质量 9kg 的样机,在馈入 700W 微波功率后产生了 88mN 的力。2007 年 5 月 Eureka 报道说,第 2 个样机质量 100kg,馈入 300W 微波功率后产生了 96.1mN 的力。在中国,西北工业大学航天学院最早开始研究,2011 年、2013 年分别发表了论文[5,6],并称在馈入 2500W 微波功率后产生的力为 720mN;但科技界对文献[6]有所质疑。……此外,近年来美国航空航天局(NASA)也展开了积极的研究工作。

2　微波推进电磁发动机横空出世

电磁发动机(EmDrive)是 21 世纪的一个新发明、新项目,核心是一个微波谐振腔,也可看成封闭的圆锥状波导(图 1)。由于电磁场的非均匀分布,造成推力,使其有向反方向加速运动的趋势。它已走过了早期的默默无闻,如今引起各国科技界、航天界、情报界的高度重视。

英国科学发展趋势网站于 2014 年 8 月 2 日报道:"不可思议的发动机将永久改变太空旅行。"国内《参考消息》报译载时标题为"微波发动机或改变太空旅行"。文章指出,英国高级工程师 R. Shawyer 可能很快就会引起很多关注。当他刚刚制造出现在称为 EmDrive 的发动机时,还没人把它当回事。但在 2012 年,这种情况发生了改变,一群中国科学家也建造了这种发动机,而且成功了。这种 EmDrive 结构简单,而且很轻。它的推力是由"在密闭容器里回弹的微波"产生的。发动机设计极其特别,如果根据传统的力学原理,它根本就无法工作。然而,这台发动机能用太阳能来提供电力从而产生微波。此外,它还不需要任何形式的推进剂,因此它可以一直使用到硬件停止工作为止。中国科学家制造出了一个能产生 720mN 力的此类发动机,这足

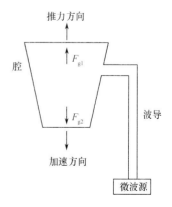

图 1　EmDrive 示意

以成为一个卫星推进器。2013 年 8 月,NASA 的一个小组制造出了一个动力稍小,但源于类似理念的发动机。研究人员并于 7 月 30 日在 Ohio 州举行的第 50 届联合推进技术大会上报告了他们的成果:"试验结果显示,作为一个独特的电子推进设备,射频谐振腔推进器产生力的方式不符合任何传统的电磁现象,因此可能显示出了与量子真空虚拟等离子体的一种相互作用。"

其次,英国《每日邮报》网站于 2015 年 4 月 30 日报道:"NASA 测试曲速引擎。"国内《参考消息》报译载时标题为"NASA 成功测试曲速引擎,月球旅行仅需 4 小时"。文章指出,NASA 已在悄悄测试一种革命性的太空旅行新方法,有朝一日能让人类以超光速旅行。研究人员说,这种新引擎可在短短 4h 内将乘客和设备送上月球。现在前往半人马座 α 星需要数万年,而新引擎可将时间缩短为 100 年。这种系统基于电磁驱动,即在无需火箭燃料的情况下把电能转化为推力。

根据经典物理学,这应该是不可能的,因为它违反了动量守恒定律。该定律认为,如果一个系统不受外力作用,那么这个系统的总动量保持不变——这就是为什么传统火箭需要推进燃料。在过去,美国、英国和中国的研究人员对电磁驱动进行了论证,但他们对结果存在争议,因为没人确切地掌握了电磁驱动的原理。

据 NASA 航天网论坛用户称,目前 NASA 已建造了一个可在太空环境下运行的电磁驱动系统,它通过在封闭容器内反射微波为太空飞船提供推力。电磁驱动的意义重大。如果不需要搭载燃料,当前的卫星可以瘦身一半。此外,人类可以借助电磁驱动技术在太空走得更远。"NASA 成功地在高真空中进行了电磁驱动试验——这是历史上第一次成功的试验。"

然而在几天后,媒体报道的口气有了变化。英国《独立报》网站于 2015 年 5 月 12 日报道:"NASA 的曲速引擎推进器正在测试但尚未成功"。国内《参考消息》报译载时标题为"NASA 研究曲速引擎技术,科学家称违背物理学定律难成功"。文章指出,这听上去太像科幻小说,不可能是真的——一个不使用燃料、能让飞船以超光速环游宇宙的推进系统。NASA 的科学家说,至少眼下这还不是真的,实际上尚未成功。

NASA 官员告诉美国太空新闻网:"尽管位于 Houston 的 NASA 航天中心的一个团队对新型推进方法进行的概念研究成了头条新闻,但这只是一次小小的努力,尚未显示出任何切实成果。NASA 并没有在'曲速引擎'技术上下功夫。"

许多科学家说,让这种电磁驱动引擎变得如此激动人心,同时又不可能实现的是,它似乎违背了物理学的核心定律。安装它的飞船据说能在宇宙中航行很长距离,因为这种引擎产生的能量比它使用的要多——这违背了认为能量不会凭空产生的能量守恒定律。部分试验声称已证明能量具有这种潜力,有人以此论证这种技术具备可行性。但科学家说,这些非同寻常的结果之所以出现,可能是由于试验中的偶然因素,如试验容器上的漏洞或是地球的影响。

试验结果尚未按照科学界惯例提交同行审查,因此,除已测试过该引擎的 NASA 实验室外,其他研究人员还不清楚那里到底发生了什么。

2015 年 5 月 20 日英国《每日邮报》网站再次报道:"曲速发动机或超空间发动机,神奇的能量让太空飞船以不可思议的速度飞行。"国内《参考消息》报译载时标题为"电磁发动机研发在争议中前行,理论上 4 小时可飞抵月球"。文章指出,尽管迄今为止这一概念还只限于科幻范畴,但它有可能成为现实。据说,NASA 已经成功测试一种革命性的新能量来源,它可以让航天器仅用 4h 就抵达月球;用 2～3 周抵达火星,而不再需要分别耗时 3 天和 7 个月来完成上述旅行。据称,它可能以 4.5 亿 mile/h(1mile≈1.61km)的惊人速度无限持续飞行。

激起此类希望的发明名为"电磁发动机",其动力来自一种类似微波炉核心部件的装置。它由英国科学家 Roger Shawyer 发明。自从他在大约 10 年前对外公布这一发明后,他遭到人们多年的嘲笑。批评者坚称,这在科学上是不可能的,因为它违背了关于宇宙运行的物理学基本原理之一。这便是 Newton 第三定律:如果你朝某个方向施力,你就会朝相反方向加速。事实上,迄今为止,每台火箭发动机都是向后喷射燃料,从而推动航天器向前运动。然而,EmDrive 并不使用推进器。它把太阳能电池板或飞船上的小型核反应堆产生的电力转化为向前的推力。一些科学家称,这是"不可能的发动机"。

不过,外界的怀疑并未阻止美国波音公司买下 EmDrive 的开发权,也未能阻止英国政府资助早期开发。已经退休的 Shawyer 目前担任一家英国公司的顾问,该公司正在继续此项研究。与此同时,其他国家正在研发类似设计。事实上,5 年前中国人声称制造出了 EmDrive 发动机并证明了其有效性——但没人相信。

3 项目命名问题

在一个时期内对某个科技项目进行密集、重复的报道是罕见的,而且这是一个多年前的发明。这样做一定是因为它新近取得了某些突破性进展,才使记者们蜂拥而上并写出这些事实与猜测混杂在一起的新闻稿。以上四条报道的最后一条给出了估计的速度数据 $v = 4.5 \times 1.61 \times 10^8 \, \text{km/h}$,换算后得到 $v = 7.25 \times 10^8 \, \text{km/h} = 2 \times 10^5 \, \text{km/s} \approx 0.67c$;这虽然仍是亚光速而非超光速,但已非常惊人了。

笔者在刚看到这些报道时是非常鼓舞的,因为这一项目或方案无需携带燃料即可在真空中(因而在宇宙中)飞行,甚至可能成为超光速。当然第一印象是写报道的记者外行——最早的报道称为"微波发动机"是可以的,后来又称为电磁发动机也对,但称为"曲速引擎"就完全错了。笔者在 2013 年的文章"光障挡不住人类前进的脚步"中[7],讲到墨西哥物理学家 M. Alcubierre[8] 于 1994 年发表的文章"The warp drive:hyper – fast travel with in general relativity"("曲速引擎:广义相对论中的超高速旅行")。文章说,在广义相对论(GR)框架内在不引入虫洞(wormholes)的条件下证明改变时空(spacetime)即可使宇宙飞船以任意的超大速度飞行。如局部扩张飞船后部的时空和收缩飞船前面的时空,处在干扰区以外的观察者就会看到飞船以超光速运动。造成畸变令人联想到科幻小说中的"曲速引擎"。……该文有 19 个编了号的公式,是在 GR 框架内的推导演算。按照笔者的理解,所谓 warp drive,是利用 Einstein 的四维时空观念而避免让实体飞船作真实的光速或超光速飞行。据说,在两个时空区之间放一球体,可创建一个移动球体周围时空的"曲速泡"——它以超光速飞行,而飞船本身无需运动(就本地参照系而言)。实现的关键是要有特殊物质以弯曲时空,而这需要木星级别的巨大能量。笔者在 2013 年文章中称:"2012 年 9 月 19 日美国 *Time* 周刊网站称'NASA actually working on faster – than – light warp drive'(9 月 21 日中国《参考消息》报刊出时题为'NASA 着手研究超光速曲速引擎')。这表示美国航空航天局已在安排专家研究超光速宇宙航行的问题。"当时这样讲是对的,因为 2012 年秋在美国召开《星舰(star ship)百年研讨会》,在会上 NASA 的物理学家 H. White 说,可以用改变曲速引擎的几何形状的方法简单地解决能量问题。……因此,说"NASA 研究曲速引擎"本身并不错;只是由于记者头脑中的混淆,才把现在这个项目归结为曲速引擎研究内容之一;但这是错误的。

2009 年 R. Shawyer [2]在文章中称自己的发明为 EmDrive,即"电磁驱动器"或"电磁发动机"。2011 年杨涓等[5] 的论文则称之为"无工质微波推进器"(propellantless microwave thruster)。2014 年的报道 NASA 的一次测试活动的短文[9],称此项目为 electric propulsion article consisting of a RF resonant cavity,即"包含射频谐振腔的电气推进器"。当然,如前所述在 2014 年媒体报道时使用的词是"微波发动机"。(microwave engine)。……综合以上情况,本文认为最佳命名是"微波推进电磁驱动器"或"微波推进电磁发动机",对应的英文是 EmDrive of microwave propulsion,简称"电磁发动机"。这样命名不仅生动形象,也体现了对发明人的尊重。

4 Shawyer 发明的意义和完成的工作

R. Shawyer 在英国是一位民间科学家,就是说他并非政府科学机构的雇员,也不是大学教授或大公司研究所的研究人员。他的路是曲折艰辛的;正如前面的新闻稿中所说,长期以来没有人把他当回事,甚至受嘲笑。他的思想受到英国以外(中国、美国)的重视是 2010 年以后的事。Shawyer 成立的 SPR Ltd 是一家小公司,资金有限,因而至今似未做过大型实验。然而正如在困难中崛起的人们那样,Shawyer 的坚持已在今天形成了新的局面。

为什么会发生转变? 必须看到太空的重要性急剧增加了。安全通信,情报、监视和侦察任务,导弹预警,天气预报,精确导航和测时,这一切都依赖太空,而这块领域正面临越来越多的挑战。因此各国都非常关注太空领域的动向。假如一国的无人航天器能够一次在轨数月之久,可自行降落在飞机跑道上,供反复使用,这样的太空能力就会派生出众多潜力,如用来观测气象和监视敌人。

Shawyer 发明有可能成为一种造价不高、可重复使用的天空交通工具,因而受到吸引是很自然的。不仅如此,它在将来或许成为一种新的轨道推进系统,该系统可用来操纵空中的卫星。

2015 年 5 月 20 日法新社报道,美国空军用火箭将一架空天飞机发射进入轨道进行第四次飞行。此次任务之一是测试操纵卫星用的一种新推进器。X - 37B 小型空天飞机一直神秘莫测,美国空军只是说,他们打算测试一种新型实验性推进器。火箭在运送 X - 37B 升空的同时,还搭载了一颗利用"太阳帆"飞行的微型卫星。

实际上,笔者推测所测试对象就是由 NASA 研制的 EmDrive。值得注意的是,一同升空的还有一颗微型卫星,它只有一只鞋盒那样大。作为微型卫星的研制单位,非营利性太空机构"星际学会"打算尝试通过这颗卫星展开一块面积达 344ft^2(约 32m^2)的巨型反射性太阳帆。卫星的体积非常小,太阳帆的面积却非常大(但是很薄,只有垃圾袋平均厚度的 1/4),太阳会持续提供能量。这就证明 EmDrive 与太阳帆在太空中配合应用是可能的,不必用某一个反对另一个。

然而,发明人的功绩不可抹杀;那么 Shawyer 究竟做成了什么事? 笔者根据不完整的资料力图理解他走过的道路,表 1 反映 Shawyer 早期在实验上的贡献。

表 1 Shawyer 的早期实验

本文对 Shawyer 实验样机的编号	质量 /kg	微波功率 /W	腔径 /cm	高度 /cm	推力 /mN	频率/GHz	质量因数 Q	时间
1		850	16		16	2.45	5900	2001 年
2	9	700			88			2006 年以前
3	100	300			96.1			2007 年以前
4	2.92	300	26.5	16.4	85			2009 年以前

虽然 Shawyer 是发明人和早期唯一坚持实验的研究者,但如今人们已不会太重视他的意见。除非英国政府决心全力支持这个项目,发展的希望已完全转移到中国和美国。由于保密的原因,人们(包括 Shawyer 本人)都无法知道最新的成就和最高的发展。文献[4]是 Shawyer 于 2014 年 10 月在加拿大 Toronto 的一次会议上的讲稿,其中说他引用的已发表测试数据来自三个国家的四个独立来源,证实了他的 EmDrive 理论。关于每千瓦输入功率所能产生的推力(Shawyer 称为特效力(specific force)),实验最低者只有 1.73mN/kW,最高者达 952mN/kW;而且腔体 Q 值越高,特效力越大,故可考虑采用超导腔(superconducting cavity)。文献[4]给出了在腔内使用电介质的方案(图 2);图(a)是原方法,图(b)是腔形不变但在小头放入电介质,NASA 曾获得 6.86mN/kW 特效力,而 SPR 公司用此法则得到 18.8mN/kW;图(c)是改锥形为圆柱形并放入电介质,效果不详。这些叙述都未给出资料来源。……另外,Shawyer 多次指出,提高腔质量因数 Q 将使推力加大。

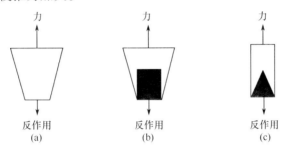

图 2 腔内使用电介质的 EmDrive

5 理论分析

严格的理论分析应针对圆锥形腔,从场分析到力的计算。故以下是粗浅的,仅供参考。图 1 显示磁控管驱动一个腔体,后者可看成两头封闭的波导,但发生谐振。大头的群速较高,故辐射压强较大,造成受力差值($F_{g1} - F_{g2}$);这可由 Lorentz 电磁力方程看出:

$$F = q(E + vB) \tag{1}$$

如大头取 $v = v_{g1}$,小头 $v = v_{g2}$,则将造成 $F_{g1} > F_{g2}$。

假定有一个光子束流入射,其截面为 A,单位体积光子数为 n;由于每个光子能量为 hf,以速度 c 运动;故入射光束功率为

$$P_0 = nhfAc \tag{2}$$

设光束照射到一个平板上,并发生全反射;由于每个光子动量为 hf/c,故在板子处动量变化为 $2nhfA$,构成力 F_0:

$$F_0 = 2nhfA = \frac{2P_0}{c}$$

上述推导来自 A. Cullen[10] 的论文。如果射束的速度是 v,那么作用于板子的力为

$$F_g = \frac{2P_0}{c} \frac{v}{c} \tag{3}$$

然而在波导理论中有群速公式

$$v_g = \frac{c}{\sqrt{\varepsilon_r \mu_r}} \frac{\lambda}{\lambda_g}$$

式中：λ_g为波导中波形的两个等相位点的间距，称为相波长或导波波长，λ为自由空间传播波长（真空中波长）；ε_r、μ_r为填充介质的相对介电常数及相对磁导率。如取波导内为真空填充，$\varepsilon_r = \mu_r = 1$，故有

$$v_g = c \frac{\lambda}{\lambda_g} \tag{4}$$

代入式(3)，可得

$$F_g = \frac{2P_0}{c} \frac{\lambda}{\lambda_g} \tag{5}$$

用下标1代表大头，下标2代表小头，那么$\lambda_{g1} < \lambda_{g2}$，故$F_{g1} > F_{g2}$，因而有

$$\Delta F = F_{g1} - F_{g2} = \frac{2P_0}{c}\left(\frac{\lambda}{\lambda_{g1}} - \frac{\lambda}{\lambda_{g2}}\right) \tag{6}$$

这个力在本文后面称为合力F_Σ，指出只有$F_\Sigma \neq 0$才有使腔体自主向前的推力；而这在纯粹圆柱状腔内是不会产生的。在圆锥状腔体中，也只有经过仔细计算设计才能造成$F_\Sigma \neq 0$，而这来自场分布的不均衡。因此，真正的理论分析只能是场分析，而非以上的内容。

既然存在"违反动量守恒、能量守恒"的指责，有必要回顾经典物理学中的有关概念。动量守恒定律(law of momentum conservation)来源于Newton运动定律中的第二定律(动量变化与力成正比)和第三定律(对每个作用必有大小相等方向相反的反作用)；在惯性系中不受外力作用的系统其总动量恒定不变。这个定律不仅适用于宏观系统，对微观世界也对——著名的Compton效应中即说光子与电子碰撞前后动量是守恒的。……能量守恒定律(law of energy conservation)是说一个封闭系统的总能量保持不变，一般而言总能量是静止能量(固有能量)、动能、势能三者之和。热力学第一定律确定了宏观系统中的能量守恒，Compton效应则表明能量守恒定律在微观世界也是正确的。大爆炸宇宙学说"当初从一点炸出(产生)了宇宙"，似与能量守恒不符；能量是否可以"从无到有"？这个定律认为不可能。

此外，我们还需要重温什么是"力"，力是加速度的来源，正是Newton把力和加速度联系在一起，牛顿第二定律告诉人们力的大小等于受力物体的质量与物体所获加速度的乘积($F = ma$)。这是非相对论的物理定律，它等效于"力是动量的时间变化率"。按照国际单位制SI，使1kg质量产生$1m/s^2$加速度的力为1N；用牛顿(N)作为力的单位以纪念这位伟大人物的做法是很正确的。

有这些知识已足够了；对化学燃料火箭而言，设火箭、燃料(推进剂)质量为m_1、m_2，其相应速度为v_1、v_2，则动量守恒要求

$$m_1 \cdot \Delta v_1 = m_2 \cdot \Delta v_2 \tag{7}$$

若$\Delta v_2 \neq 0$(燃烧后加速喷出)，则$\Delta v_1 \neq 0$(火箭获得加速度)。那么现在这个EmDrive为何不向外喷射物质而可能有加速运动？很明显，只要有力就可以了，RF cavity不用向外喷射。实际上，动量、能量守恒都是遵守的。这是一个经典物理学课题，没有任何物理定律需要违反；那些指责都不正确。

文献[5]做了有益的研究；但在文献[6]中，同一作者却给出了图3，即安排了一个微波辐射出口，说是由之可把微波束出射到大气层或外层空间(radiated to the atmosphere or outer space)。这就在理念上退回到化学燃料火箭一类，似乎只有如此才能不违反动量守恒。这是错误的。

2014年7月30日在美国举行了"第50届联合推进技术大会"，NASA的科学家们报告说：

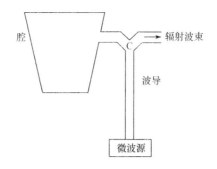

图3　文献[6]的设计方案(图中的字母C代表环行器)

测试结果显示,射频谐振腔推进器(RF resonant cavity thruster)设计,作为电气推进器件是独特的,它产生了推力。这无法归因于任何经典电磁现象。D. Brady 等[9]指出,NASA 的测试是在 2013 年 8 月 8 日进行的,实验论文已报道过,用激励 935GHz 的谐振腔产生出(30~50)mN 的推力,测试在低推力扭摆(low thrust torsion pendulum)上完成,它置于不锈钢真空室中,该设备由 NASA 设计建造。Brady 等认为,这种推进方式的一种可能的解释是:这由量子真空虚等离子体(quantum vacuum virtual plasma)交互作用所造成,从而提供出这种由射频器件产生的反常推力(anomalous thrust production from RF test device)。在这种认识之下,在 NASA 实验活动目的是"为了研究用经典的磁等离子体动力学去获得由量子真空虚等离子体转换而生的推进动量的可行性"。而被研究的微波发动机(microwave engine,Shawyer 称为 EmDrive)被 Brady 等称为"量子真空等离子推进器(quantum vacuum plasma thruster)。"不过,正如前文所述,我们不认为这个项目当中有量子原理,等离子体也不存在。

6　展望

现在把太阳系内飞行称为航天,系外飞行称为宇航;走向太空是人类探索宇宙的必由之路。现阶段人类的航天活动有研制运载火箭、发展卫星技术、开展载人航天三个主要方面,这其中的每一项中国都取得了很大进展。为此成立了航天飞行动力学重点实验室,研究深空探测轨道测定与控制(orbit determination and control for deep space exploration)问题[11],并特别关注于火箭燃料的节省、在轨卫星的标准化测控管理、深空探测器运行全程的精密定轨等。……只有从这个背景上来看待 EmDrive 出现十多年后突然呈现的高度重视,才能理解航天界的想法。总之,人们关注的是它在两方面的应用价值:一是发展卫星技术;二是构建载人飞行器(服务于地球上的快速交通和未来的宇宙探索)的可能性。

在初始阶段当然要多了解 Shawyer 的看法;例如 2012 年 Shawyer 说,对飞船推进系统而言,现已发展了两种理论方法,分别由英国、中国的研究团队独立地提出。这是不同的设计,推进力达 300mN/kW。英国的研究工作由政府及私人投资支持:第一阶段是初步工艺,为在轨应用而设计,转移到美国。第二阶段是高级工艺器件,用液氮冷却,达到设计的高 Q 值。理论研究解决了动力学问题,从而可实现火箭发射。英国的研究工作在 2001—2011 年持续进行,而在 2011 年中国人拿出了测试数据。……又如发明人相当重视使用低温技术一事,指出室温腔 $Q = 5 \times 10^4$,超导腔 $Q = 10^9$,后者高几个数量级。而且,Shawyer 说 SPR 把腔体处于常温下的设计称为第一代计划(1G project),处于低温下的超导腔设计称为第二代计划(2G project);后者在 2006 年即已提出,2008 年获得测试数据。他的意思似乎是说,只有高 Q 值才能在遵守能量守恒的条件下获得适当的加速度。但这是与最初理念(无需携带燃料)相矛盾,因为要携带冷剂,而且它的蒸发非常快。

阅读 Shawyer 的文献,有时难以分辨何者是现实的(验证过的)情况,何者是对未来的推测。2012 年 Shawyer[3]说:"EmDrive 是世界上首个无需燃料的推进系统。"他这样讲时忽略了太阳帆(solar sail,也称为光帆(light sail))。同时他还预测把 EmDrive 用作飞行器的可能性,说从 London 到 Sydney 仅需 2.5h。他提出一种空天飞机(spaceplane)设计,可能需要 8 腔并联、液氢冷却,达到很高的特效力(例如几百 N/kW),达到约为 0.4m/s^{2}的加速度。对于行星际探测器(interstellar probe),也是要用液氢冷却,达到几百 N/kW 特效力和 1m/s^{2}加速度。不过,这些东西都是出于 Shawyer(或说 SPR 公司)的想象。图 4 是他的一种设计方案。

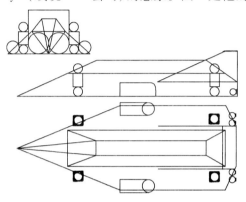

图 4   混合型空天飞机示意

对于未来,他最大胆的计算和预测是,经过 9.86 年的持续推进飞行,速度可达到 204429000m/s。尽管他的这个估计还是亚光速($v = 0.682c$),他并未说 EmDrive 可以做超光速飞行,但这个速度已很惊人,因为他据此认为可以用不到 10 年时间跨越 3.96l. y. 距离到达最近的星系。在报告结束时他说:"这种太空船将飞行;但在何时实现? 谁来建造它们呢?" (These spacecraft will fly; but when? who will build them?)这是既有信心又信心不足。

笔者认为 EmDrive 可能作未来的超光速宇航方案的候选者;理由是:根据 Newton 力学,有力就会有加速度。它即使很小,假以时日总会达到光速然后超过光速的一天。我们记得,在 2004 年 11 月 26 日至 28 日的香山科学会议上,宋健院士在主旨报告"航天、宇航和光障"中说,航天技术呼唤传播速度大于光速 c 的源。中国运载火箭技术研究院林金研究员是卫星导航与惯性导航专家、国际宇航科学院院士;他在 2004 年报告指出[12]:火箭自主惯性导航理论模型发人深省之处在于,一个运动质点自己可以测量自己相对一个给定惯性系的加速度、速度和位置,作为运动质点上自带的钟固有时间的函数。原理上无需与外界交换信息,可以不存在任何信号传递的速度问题。自主的纯惯性导航系统是基于引力场的基本性质;即使没有光和电磁场,纯惯性系统照样工作,照常自主定位、自主测速。那么在一个只有引力场而无电磁场的世界中,为何 30 万 km/s 会成为速度的极限? 宇航员建立了自主精确描述火箭和宇宙飞船在给定惯性系中做任意加速和减速运动的动力学过程,修正了自主惯性导航的严格理论基础,……只要开发出新型动力源,宇宙飞船航行速度不存在上限,未来的载人宇航理论上没有限制"。……到 2010 年林金[13]更深刻地对超光速宇航可能性作了论述;他指出,Einstein 早年的理论是对今天惯性导航原理的描述,而后者只用一只钟的固有时间,完全自主,无需发射或接收光(电磁)信号与外界联系。飞船相对惯性坐标系作加速飞行,只要积分时间够长,飞船相对惯性系的速度可以超过。$3 \times 10^8 \, \mathrm{m/s}$ 被 $9.8 \, \mathrm{m/s^2}$ 除,得到 354 天,即大约一年后飞船速度超过 $3 \times 10^8 \, \mathrm{m/s}$。也就是说,宇航员只看惯性仪表指示即可做超光速宇航。

2004—2010 年,林金院士多次论述超光速问题,在文章和会议报告中阐述他那有特色的理论观点。老实说,许多人并未真正理解,笔者当时也不甚清楚其精神实质。但在近年来反复阅读他的文章,才越来越觉得有味!……例如我们必须指出,宋健和林金企望和预言的"新型动力源"可能正在研发中,这就是 EmDrive。尽管还处在婴儿期,但已带来了希望。

7 讨论

从本质上讲,EmDrive 技术是利用一个锥形封闭小室(腔体)内的光粒子及其周围不断反弹的微波来产生推力的,该力的效果最终体现在窄端,使引擎前进。本文前面的内容都是从正面肯定的角度论述的,现在也有必要倾听反对的意见。

一位曾在航天界工作多年的研究人员对笔者说:"你的文章讲'由于电磁场的非均匀分布,造成推力,使其有向反方向加速运动的趋势',又说'推力是由"在密闭容器里回弹的微波产生的'。但我还是不明白究竟为什么电磁场能产生出推力?感觉接受不了。"……在美国,也有推进系统专家对 NASA 的测试表示怀疑,认为所测到的推力可能是某种误差的呈现,例如电流会使元件发热,而膨胀现象会体现微小的力和运动。根本点在于:既然没有工质(燃料)的向后喷射,按照 Newton 第三运动定律(作用与反作用),就不会有使物体向前的推力。这样一来,EmDrive 似乎违反了物理学常识。

2016 年 12 月 20 日《参考消息》报刊载文章,标题为"中国在太空测试电磁驱动引擎。这是译自英国媒体的新闻,主要是说"中国科学家声称已制造出'不可能的'无反作用力引擎的样机并在天宫二号太空实验室上对其进行轨道测试。据说,中国空间技术研究院有关研究的负责人说,已制成可产生几毫牛推力的样机。虽然要对卫星起作用需要 $(100 \sim 1000) \, \mathrm{mN}$ 推力,而达到这目标很难,但团队有信心达到目标。总之,这种推进装置能产生推力,这点已由 NASA 的测试和中国的测试得到证实。因此,有关研究的可信度提高了!

笔者还听到过别的一些意见,例如认为在缺少阳光的地方(如太阳系边缘),太阳能电池失效,也就没有了微波能,EmDrive 无法工作。……这意见当然正确。无论如何,尝试不用化学推进剂的努力总是好的。既然美国、中国的航天机构都已对这个方法研究了多年,并给予肯定的评价,我们不应简单化地否定它——这就是笔者最终的态度。

这个项目引发的理论问题和实验技术问题很多,本文只是简略的报道。在写作本文的过程中笔者高兴地获悉,笔者的 1991 年著作《截止波导理论导论》[14],曾被中国航天科技人员当作研究中的参考书。这是因为该书有较多的波导理论分析成果,与谐振腔的关系密切;书中的第 21 章(圆锥波导理论)更有直接的参考价值。……下面是笔者认为可以考虑作为改进方向的可能的研究课题:

(1) 改圆锥波导谐振腔为椭圆锥波导谐振腔。

Shawyer 发明的基础是在圆柱波导理论的引申下建立起来的,圆柱波导谐振腔实际上是应用最广泛的腔体形式。但如采用圆柱腔,根据 Maxwell 电磁理论做计算时就会发现合力 $F_\Sigma = 0$,无法产生预期效果,即产生自主向前的推力。如改圆柱形状为圆锥形状,并优化张角、长度等几何参数的设计,就能产生合力 $F_\Sigma \neq 0$ 的现象,差值在 20% 以上。这是一种由于电磁场非均衡分布而造成的电磁力,是有些奇怪;但现象仍在经典物理学的范围之内,似用不着量子物理学的介入。当然腔的质量因数(Q值)必须高,这一点非常重要。

椭圆柱波导的出现晚于圆柱波导,对其应用价值的认识也较迟。自20世纪70年代起,各国都广泛应用椭圆软波导作为微波传输线的基本形式,其工程应用价值获得了广泛认可。它的主模(基模)为 TE_{c11},截止波长、特性阻抗、衰减常数、功率容量等都能计算[15,16]。在微波工程技术领域中椭圆波导的成功给笔者以启发,故建议可以尝试采用椭圆柱波导谐振腔;但也必须一头大、一头小,因此是一种椭圆锥波导腔。显然,有大量的电磁场理论分析工作可做。

(2)改微波波导谐振腔为光波导谐振腔。

微波和光波相似的例子很多,微波波导理论与光波导理论也有许多互通之处[14,17]。这使笔者想到,可否设计一种光波导谐振腔,从理论和实验两方面检查其是否可能出现 Shawyer 器件的效果,从而扩大研究工作的视野。

(3)改金属壁为超材料壁。

虽然目前超材料(meta-meterials)尚不是一种简单材料,但其左手性能早已在传输线技术中体现[18,19]。故从逻辑上讲,可以先从理论上开展对超材料壁谐振腔的研究,再考虑构建 EmDrive 的可能性。

8 结束语

采用化学推进剂导致航天器质量体积庞大的弊端现已被充分认识,采用喷出带电粒子或离子的电推进技术现在也已进入国内航天工程应用阶段,这为提高卫星载荷质量比创造了有利条件。当然还必须解决由此给航天器系统带来的其他技术问题。EmDrive 的提出和研制,是一个值得重视的事件。至于是否能用它"在2个月内到火星",还仅为一个遥远的目标。

多年来,国内外都一直在研究电推进技术,希望在这方面有所突破。根据2015年1月3日《科技日报》的报道,中国航天界(具体指501所)已取得进展,微发动机有能力可供卫星在轨运动15年。我们期望在不久的将来有更大进展。

2016年12月20日《参考消息》报道:"中国在太空测试电磁驱动引擎(EmDrive)"。文章的消息来源是《国际财经日报(英国版)》,据说中国空间技术研究院卫星事业部负责人陈粤在一次记者会上说,各国研究机构(包括 NASA)已进行过一系列测试,主要做毫牛级微推力测量,证实了这种推进装置存在推力。同时,该院卫星事业部总设计师李峰称,他们已制成能产生几毫牛推力的样机;但为了能对卫星产生作用,推力要提高到(0.1~1)N 才行——这虽然困难但有信心。

据笔者所知,陈粤等曾著有"基于真空场理论描述 EmDrive 技术原理"一文,认为 EmDrive 是由真空场、电磁波(光子)、谐振腔三者相互作用的系统,互相作动量、能量变换,满足动量守恒及能量守恒。……这种从"真空动力学"出发的论点是值得参考的,但其内涵与经典物理显著不同。只有量子物理才认为"真空不空",才有"由真空场产生动力"的可能性。

致谢:陈粤研究员、郭树玲研究员、董晋曦教授给笔者以帮助,谨此致谢!

附:诗一首

笔者是一名航天迷,一向为航天事业的飞速进展而欢欣鼓舞。在写作本文期间,曾作旧体诗一首;现将其献给读者:

航天事业大发展有感

"牛顿仍称百世师，

今朝光速已太迟；

神舟想象行吟处，

宇宙深空系梦思。

广寒宫里春寂寂，

荧惑山中日迟迟；

太阳系内多闻变，

唯有织女似昔时。"

在此诗中，第一句是指 Newton 最早提出动量概念，而微波推进电磁发动机(EmDrive)遵守动量守恒；Newton 提出运动定律 $F = ma$，故有力就有加速度，假以时日可获极高速度。另外，Newton 力学和量子力学均不为速度设置上限。第二句的意思是说，虽然真空中光速 $c = 299792458\mathrm{m/s} \approx 3 \times 10^5 \mathrm{km/s}$ 从地球角度看"很快"；但宇宙极为辽阔，此速度显得"很慢"。第五句中广寒宫指月球，对其开发将很快实现。第六句，火星古称荧惑，西方称战神(Mars)，多国已制订登火星计划。末句中的织女星即天琴座 α，是北半天球最亮的早型星，距地球 26.3l. y.。

参考文献

[1] Shawyer R. A theory of microwave propulsion for spacecraft[R]. SPR Ltd, 2006.

[2] Shawyer R. The EmDrive programme – implications for the future of the aerospace industry[C]. CEAS, Manchester UK, 2009.

[3] Shawyer R. Second generation EmDrive[C]. C Eng MIET FRAes, SPR Ltd, 2012.

[4] Shawyer R. Second generation EmDrive propulsion applied to SSTO launcher and interstellar probe[C]. SPR Ltd, Toronto, Oct. 2014.

[5] 杨涓，等. 不同功率下无工质微波推进器的推力预估[J]. 物理学报,2011, 60(12): 124101 1 - 7.

[6] Yang J(杨涓), et al. Prediction and experimental measurement of the electromagnetic thrust generated by a microwave thruster system[J]. Chin Phys B, 2013, 22(5): 050301 1 - 9.

[7] 黄志洵."光障"挡不住人类前进的脚步[J]. 中国传媒大学学报(自然科学版),2013,20(3): 1 - 16.

[8] Alcubierre M. The warp drive:hyper – fast travel within general relativity[J]. Class and Quant Grav,1994,11(5):L73 - L77.

[9] Brady D, et al. Anomalous thrust production from an RF test device measured on a low – thrust torsion pendulum[C]. July 2014,USA.

[10] Cullen A. Absolute power measurements at microwave frequencies[J]. Proc IEE, 1952, Pt IV, 99: 100 - 102.

[11] 航天飞行动力学技术重点实验室. 深空探测轨道测定与控制[M]. 北京:国防工业出版社,2011.

[12] 林金. 导航中时间的定义、测量机制和超光速运动[A]. 第 242 次香山科学会议论文集[C]. 北京:前沿科学研究所, 2004. 又见:林金. 航天导航测量机制的启示和时空理论[J]. 北京石油化工学院学报,2006,14(4):1 - 3.

[13] 林金. 卫星导航和惯性导航与时间空间理论[A]. 现代基础科学发展论坛 2010 年学术会议论文集[C]. 北京,2010.

[14] 黄志洵. 截止波导理论导论:第 2 版[M]. 北京:中国计量出版社,1991.

[15] 王百锁,李志君. 椭圆波导中一些主要模的场量和场图[A]. 1993 全国微波会议论文集(上)[C]. 1993, 312 - 315.

[16] 黄志洵,王晓金. 微波传输线理论与实用技术[M]. 北京:科学出版社,1996.

[17] 黄志洵. 论消失态[J]. 中国传媒大学学报(自然科学版),2008,15(3):1 - 9.

[18] 黄志洵. 从折射率超材料到光学隐身衣[J]. 中国传媒大学学报(自然科学版),2014,21(2):8 - 17.

[19] 黄志洵. 电磁波负性运动与媒质负电磁参数研究[J]. 中国传媒大学学报(自然科学版),2013,20(4):1 - 15.

以量子非局域性为基础的超光速通信

黄志洵

(中国传媒大学信息工程学院,北京 100024)

【摘要】1935 年 Einstein 根据自己对自然的理解提出了 EPR 论文,该文的局域性原则对应他的狭义相对论(SR)。文章坚持以超光速传送能量和信息的不可能性,否定体系分开为两个(Ⅰ和Ⅱ)之后会有一种超距作用的机制。1951 年 D. Bohm 对 EPR 思维实验做了现代物理意义上的陈述,称为 Bohm 自旋相关方案或自旋双值粒子系统,实际上启动了量子纠缠态(QES)研究,对 EPR 思维是一种推进。在此基础上,1965 年 J. Bell 提出了后来称为 Bell 不等式的隐变量理论;而在 1981—1982 年 A. Aspect 做了多个精确实验,结果与 Bell 不等式不符,却与量子力学(QM)一致。Aspect 实验在科学界引起震动,使物理学家 J. Brown 和 P. Davies 在英国广播公司(BBC)组织了一次对著名科学家的访谈。在采访 J. Bell 时他说,该不等式是分析 EPR 思维所产生的,这个思维说在 EPR 论文条件下不应存在超距作用,但那些条件导致了 QM 所预期的奇特的相关性。Aspect 实验结果是在预料之中的——QM 从未错过,即使条件苛刻也不会错。这些实验无疑证明了 Einstein 的观念站不住脚。Bell 认为,现在为克服理论上的困难,可以回到 Lorentz 和 Poincarè;可以想象以太这种参考系存在,在其中事物可以比光快。Bell 重复说想回到以太概念,因为从 EPR 论文可以看出,景象背后有某种东西比光快。

EPR 论文建基于 SR 之上,二者都否认超光速的可能性,这也就是 SR 与 QM 的根本矛盾。QM 允许超光速存在,认清这一点对科学进步有重要意义。J. Bell 于 1990 年去世,但他建立了不朽的功绩,Bell 不等式成为科学史上最伟大的发现之一。几十年来 Bell 型实验长盛不衰,双粒子奇异纠缠的距离从最早的 15m 多年后增大为 144km,十分惊人。特别是在 2008 年,D. Salart 等用处于纠缠态的相距 18km 的 2 个光子完成的实验证明其相互作用的速度比光速大 1 万倍以上,为$(10^4 \sim 10^7)c$;可以说此实验对有关 EPR 的长期争论做了结论。

可否说量子纠缠态必然引向超光速信号传送?研究表明"景象背后"的影响允许超光速通信。人们都承认实际上存在相互纠缠粒子之间的超光速信息传送是确定的事实,问题仅在于如何应用于人类相互交流和联系。EPR 论文的错误对科学研究提供了深刻的教益,对量子纠缠态这种奇特物理相互作用的好奇是思考和探索的永不衰竭的原动力。量子纠缠态或许可以称为"第 5 种基本的物理相互作用";而所谓 Bennett 方案并非唯一的用量子纠缠做远距离通信的途径。

【关键词】非局域性;量子纠缠态;超光速量子通信;Bell 不等式

注:本文原载于《前沿科学》,第 10 卷,第 1 期,2016 年 3 月,57~78 页。

The Superluminal Communication Based on Quantum Nonlocality

HUANG Zhi – Xun

(Communication University of China, Beijing 100024)

【Abstract】 According to his intrinsic idea of the nature, it impelled Einstein to publish EPR thesis in 1935. The locality principle in this thesis echoed his Special Relativity. It insisted on the impossibility of transmitting energy and information at a superluminal speed and the existence of ultra – space effect between separate systems Ⅰ and Ⅱ. D. Bohm made statements upon the EPR thinking idea experiment in modern way in 1951, which was named Bohm spin correlation scheme or spin two – value particle system. As a matter of fact, Bohm made a groundbreaking start in quantum entangle state research by popularizing and developing the EPR thinking. Based here, J. Bell presented Bell Unequality through hidden variable theory in 1965, yet during the 1981 to 1982 period, A. Aspect did several high accurate experiments with the results that went against Bell Unequality but along with Quantum Mechanics. Aspect's experiments was a hit to scientific world which encouraged J. Brown and P. Davies toorganize interviews and records with many renowned scientists for British Broadcasting Corporation. During the interview John Bell confided that his unequality was the outcome of EPR thinking, which denied ultra – space effect under EPR thesis conditions resulted in quite peculiar correlations that Quantum Mechanics predicted. The results of Aspect's experiments were within expectation that Quantum Mechanics has never been wrong now and will not in the future despite of strict requirements. Undoubtedly. the experiments proved that Einstein's ideas didn't hold water. In Bell's opinion. to get rid of the difficulties after the announcement of the Aspect's experiments, it intends to go back to Lorentz and Poincaré, and assume that ether existed as a referential system in which matters went faster than light. Bell repeatedly pointed out that he wanted to go back to ether because EPR had predicted that behind the scene something is going faster than light.

The EPR thesis is on the basis of SR. Both of SR and EPR deny the possibility of faster than light, which is also the basis of contradiction between SR and QM. QM allows the existence of faster than light. Based on its point, there is a huge room for the scientific development. Unfortunately, J. Bell died in 1990 but the established immortal deeds, he made a great scientific discovery in history. In several decades, the Bell – type experiments was continue working, the distance of entangled particles from 15m growed to 144km, and it was astonishing achievements. Especially in 2008, D. Salart et. al. performed a experiment using entangled photons between two villages separated by 18km. In conclusion, the speed of the influence of quantum entanglement would have to exceed than of light by at least four orders of magnitude, i. e. $(10^4 \sim 10^7)c$. Anyway, this experiment was the summation of discussions about the EPR thesis for a long time.

Can we say the quantum entangle state must leads to superluminal signalling? The answer is the influences "behind the scene" allow for faster – that – light communication. Everybody agreed that between the entangled particles the information superluminal propagate is a fact, the only question is how to open the possibitiy of human's application. The mistakes of EPR thesis gives us the deep enlightenment in scientific study. And then, the wonderful physical interation of quantum entanglement cause a great surprise that impels scientists explore the essence of the nature. Perhaps we can say the quantum entangled state is the fifth basic interaction in physics, and the Bennett's scheme isn't the only feasible way to realize the long – distance communication by the quantum entanglements.

【Key words】non – locality; quantum entagled state; superluminal (faster – than – light) quantum communication; Bell's unequality

1 引言

20 世纪初人类实现了跨越大西洋的远距离无线电通信,这标志着以光速进行的快速信息传送已经实现了。从表面上看,再提高信息传送速度已无必要;然而宇宙之大和航天事业的发展纠正了这种看法。例如,经过 9.5 年飞行,越过 48 亿 km,美国航空航天局(NASA)的无人探测器于 2015 年 7 月 14 日掠过太阳系边缘的冥王星;由于光(电磁波)越过这段距离需要 4.4h,因此 NASA 的控制中心只能了解几小时之前的航天器状态。又如,地球与火星的间距为 $5.6 \times 10^7 \sim 4 \times 10^8 \text{km}$,相当于 $3.1 \sim 22.2$ 光分;即地火之间的通信需要几分钟乃至 20min,信号才能到达对方。简而言之,如只考虑地球上人类的活动,信息以光速传送就足够好了;真空中光速 $c = 299792458\text{m/s} \approx 3 \times 10^5 \text{km/s}$,从地球角度看"很快";但宇宙极为辽阔,此速度又显得"很慢"。光年(l. y.)这个计量单位在太阳系内没有用处,而对于飞出太阳系的宇宙探测,光年(1l. y. 相当于 94605 亿 km)就成为必需的。因此,人类能否以超光速传送信息,仍是应当研究的重要课题。

众所周知,虽然狭义相对论(SR)认为物质、能量和信息的传递都不可能超过光速,从而形成了所谓"光障"(light barrier);量子力学(QM)却不为速度设置上限。量子非局域性(quantum non – locality)有几个特征,但其最重要的是超光速性(superluminality)。量子纠缠态(quantum entangle state)的发现使人们燃起了希望,因为相互纠缠的双粒子之间竟有一种"即时的"相互作用存在;是否能加以利用? 科学界一直有不同的看法。无论如何,这是一个值得研究的课题——从理论上说,这两个粒子即使相距几光年,仍能"不断联系"地互相影响;这是非常奇怪的现象。至于纠缠态一词,最早是由 Schrödinger 提出的。

John Stewart Bell(1928—1990)是一位伟大的物理学家,多年来在欧洲核子研究中心(CERN)理论部任职。1982 年法国科学家 Alain Aspect 的实验使 Bell 名声大振,因为对 Bell 在 1965 年提出的理论检验结果是 QM 正确而 EPR 论文错了。这使 Bell 从 Einstein 的追随者变为反对者——1985 年他对新闻界说"Einstein 的世界观错了,在 EPR 论文中所呈现的背景中有比光快的事物存在"。1990 年 Bell 去世后,超光速研究有很大发展和进步,使我们深深怀念这位才智过人的学者。我们的叙述就从所谓 EPR 思维开始。

2 一篇从反面帮助了量子力学的作品:EPR 论文

1935 年,A. Einstein 和 B. Podolsky 及 N. Rosen 发表了一篇文章"物理实在的量子力学描述能否被认为是完备的?"[1],集中代表了 Einstein 对量子力学的不满,想以此文痛击其要害。今天的科学家,不管他对相对论与量子力学的世纪性分歧抱有怎样的观点,都重视这篇论文并发表了各种各样的见解。现在读 EPR 论文,印象上除了难懂以外,还给人以某种神秘感。一篇论文发表 80 年后还被人们津津乐道,在科学史上实属罕见。今天我们重读 EPR 论文和有关它的评论,并非为了满足个人的兴趣,而是因为它关系到涉及科学研究方向的问题。大家知道,在中国是由国家对量子信息学科进行投资的;那么,量子信息学和量子计算机研究是否有科学基础?还是像有人所形容的是"哗众取宠、毫无价值"?这关系到纳税人的钱是不是用到了恰当的地方。另外,超光速研究在中国也在逐步进行中,也有一个研究工作合理性问题。实际上,自从相对论诞生之日起,关于超光速问题的争论就没有停止过,而作为现代科学技术两大基础的相对论与量子力学之间的矛盾,更给这一争论赋予了非同寻常的意义。因为量子力学的理论体系并不排除超光速,而如何弥补两大理论的裂痕是 21 世纪的科学家们必须面对的世纪性难题。

1935 年的 EPR 论文发表在 *Physical Review* 杂志上。同年,N. Bobr 做了反驳,先在 *Nature* 杂志上以"量子力学和物理实在"为题发表了一个简短的报道[2],然后在 *Physical Review* 上发表了题为"物理实在的量子力学描述能不能被认为是完备的?"的较长论文[3]。为准确起见,我们的引述采用戈革的译文[4]。EPR 论文的摘要如下:

"在一种完备的理论中,对应于实在的每一个要素都存在一个理论要素,一个物理量的实在性的充分条件就是准确地预见其值而不干扰体系的可能性。在量子力学中,在用不可对易的算符来描述的两个物理量的事例中,关于一个量的知识预先排除关于另一个量的知识,因此,不是(1)由量子力学中的波函数给出的实在的描述是不完备的,就是(2)这两个量不能具有同时的实在性。文中考虑了根据对另一个体系进行的测量来对一个体系做出预见的问题(该另一体系在早先曾和所研究的体系有过相互作用);这种考虑导致的结果是:如果(1)不成立,则(2)也不成立。于是人们就被引向了一个结论:波函数所给出的那种对实在的描述是不完备的。"

具体来讲,EPR 文章的内容分两部分:前一部分阐述什么是物理实在;后一部分讲文章作者(EPR)设计的一个思维实验。在前一部分,作者说:

"当试图判断一种物理理论的成就时,我们可以向自己提出两个问题:(1)理论是不是正确?和(2)理论所给出的描述是不是完备?只有在可以对这两个问题都做出正面回答的情况下,理论的概念才可以说令人满意。理论的正确性是按照理论的结论和人类经验的符合程度来判断的,只有这种经验才使我们能够对实在做出推测,在物理学中,这种经验采取的是实验和测量的形式。我们在这儿所需要考虑的,是应用到量子力学上的第二个问题。"

那么,物理理论怎样才算完备?文章说:"对一种完备理论的下述要求似乎是一个必要条件:物理实在的每一要素必须在物理理论中有其对应要素。"因此,问题转到什么是"物理实在"? EPR 提出以下的评判标准(后人称为"实在性判据"):

"我们将满足于下列这种我们认为是合理的判据:如果不以任何方式干扰一个体系,我们就能肯定地(即以等于 1 的几率)预言一个物理量的值,则存在物理实在的一个要素和这个物理量相对应。不把它看成实在的必要条件而看成充分条件,这一判据是既和经典的又和量子力学的实在概念相符合的。"(原文:If,without in any way disturbing a system,we can predict with certainty (i. e. with probability equal to unity) the value of a physical quantity, then there exists an element of physical reality corresponding to this physical quanity.)

为了说明上述思想,文章举例说,考虑一个单自由度粒子,描述粒子行为的量子态的波函数为

$$\psi = e^{ip_0} \cdot e^{j/h} \tag{1}$$

式中:h 为 Planck 常数。

上式表示粒子动量算符 $p = -j\hbar \frac{\partial}{\partial z}$ 的本征态,本征值 p_0;这时粒子动量是"物理实在"(physical reality);但 ψ 不是粒子坐标 z 的本征态,该量子态不能预言粒子坐标,必须测量。而测量将改变量子态,故粒子坐标不是"物理实在"。

EPR 文章的前一部分是为后一部分论述所做的辅垫,是说量子力学中假设波函数确定包含了体系的物理实在的完备描述。后一部分意在证明,这一假设和实在性判据一起将导致矛盾。第二部分说:

"为此目的,让我们假设有两个体系 I 和 II,我们让这两个体系从 $t = 0$ 到 $t = T$ 发生相互作用;在此以后,我们假设这两部分之间不再存在任何互作用。(原文:For this purpose let us suppose that we have two systems, I and II,which we permit to interact from the time $t = 0$ to $t = T$, after which time we suppose that there is no longer any interaction between the two parts.) 我们再假设,两个体系在 $t = 0$ 以前的态为已知。于是我们就可以借助于 Schrödinger 方程来计算组合体系(I + II)在任何后来时刻的态,特别说来是任何 $t > T$ 时的态。让我们把对应的波函数写成 ψ,然而我们却不能计算在相互作用以后两个体系中任何一个所处的态。按照量子力学,这只能借助于进一步的测量,通过一种叫做波函数简缩的过程来做到。"

另一段重要的话,这里也给出中文和原文:"由于在量度时两个体系不再相互作用,那么,对第一体系所能做的无论什么事,其结果都不会使第二个体系发生任何实在的变化。

"这当然只不过是两个体系之间不存在相互作用这个意义的一种表达而已。"(原文:since at the time of measurement the two systems no longer interact,no real change can take place in the second system in consequence of any thing that may be done to the first system. This is,of course, merely a statement of what is meant by the absence of an interaction between the two systems.)

现在我们谈谈对 EPR 上述言论的理解。他们实际上说:①I、II 为微观体系,例如粒子;②而 I 和 II 组成一个系统,I、II 分别为其子系统;③$t > T$ 时不再相互作用(如远离),重点应该考虑 $t > T$ 的情况。为了节省篇幅,笔者根据自己的理解叙述如下。设 $\Psi(x_1, x_2)$ 表示系统的量子态,它可按测量 I 的物理量(如力学量)A 的本征函数系 $u_i(x_1)$ 而展开为

$$\Psi(x_1, x_2) = \sum_{n=1}^{\infty} \psi_n(x_2) u_n(x_1) \tag{2}$$

也可按测量 I 的物理量 B 的本征函数系 $u_i(x_1)$ 而展开,即

$$\Psi(x_1, x_2) = \sum_{s=1}^{\infty} \psi_s(x_2) u_s(x_1) \tag{3}$$

根据量子力学,测量时波包发生简缩(reduction);测量后 $\Psi(x_1, x_2)$ 将简缩,造成以下情况:对 I 做不同测量会影响 II 的状态。但 I、II 已分开,这种影响(而且是离奇的超距作用影响)是

不可能发生的。考虑到自然界的相互影响只能以低于光速 c 的速度传输(狭义相对论),空间分开的体系应该是 locality(局域性)的……因而,EPR 论文确定了"局域实在论"的原则,它以相对论作为思想基础,认定量子力学不完备、不自洽。

EPR 文章最后说:

"我们前已证明,不是(1)由波函数给出的对实在的量子力学描述是不完备的,就是(2)当对应于两个物理量的算符不可对易时,那两个量就不能具有同时的实在性。然后,从波函数确实给出物理实在的完备描述这一假设出发,我们就得到结论说.有着非对易算符的两个物理量可以具有同时的实在性。于是,(1)的否定导致了唯一变例(2)的否定。因此我们就只能得到结论说,由波函数给出的物理实在的量子力学描述是不完备的了。

"人们可能以我们的实在性判据的限定性不够为理由来反对这一结论。确实,如果人们坚持两个或更多个物理量只有当可以同时被测量或被预见时才能被看成实在的并存要素,人们就不会得到我们的结论。从这种观点看来,既然两个量 P 和 Q 中的这一个或那一个而不是两个同时可以被预见,它们就不是同时实在的。这就使得 P 和 Q 的实在性依赖于对第一个体系作出的测量过程,而这种过程是不以任何方式干扰第二个体系的。关于实在的任何合理的定义都不会指望允许这种事。

"尽管我们这样证明了波函数并不提供物理实在的完备描述,我们却没有讨论完备的描述是否存在的问题。然而我们相信那样的理论是可能的。"

对 EPR 论文,笔者还要做一些说明。当我们说某人是"局域性实在论学者"时是什么意思呢? locality 的译名是"局域性"或"定域性",来源于 EPR 论文中的局域性假设(若测量时两个子系统不再相互作用,影响其中之一不会使另一个发生变化)。EPR 论文中还有一个实在性判断(当对物理系统不做干预因而能预测某物理量,则必有一物理实在与该量相对应)。以上二者合称为局域实在性。EPR 思维论证说,量子力学违反上述原则,因而不完备。笔者认为,量子力学中的"非局域性"可概括为三个主要特征:①不成形性,即不认为物质粒子的质量、能量全部(或大部)局限于一个小范围;②超光速性,即允许信号传播速度超过光速;③相关性,即空间分离的事件可关联,三者之中②最重要。据此,有时把"超光速"作为非局域性的一种狭义表述。量子力学中的非局域性,无论在哲学上、物理上均与相对论不相容,也与 EPR 论文不相容。

3 Bohr 的批评和 Bohm 的改进方案

1935 年末,*Physical Review* 杂志发表了 N. Bohr 为反驳 EPR 写的文章[3]。他首先说:

"这样一种论证似乎很难适于用来影响量子力学描述的牢固性,那种描述是建筑在一种首尾一致的数学表述形式上的,而这种表述形式则自动地涵盖了他们所提出的那一类的任何测量程序。这种表观矛盾事实上只显示了,关于我们在量子力学中所遇到的那种物理现象的合理说明,习见的自然哲学观点有一种本质的不妥当性。确实,由作用量子的存在本身所规定的客体和测量仪器之间的有限相互作用,带来了一种必要性(因为不可控制客体对测量仪器的反作用,如果仪器应该适应它们的目的的话),即必须最终放弃经典的因果性概念并对我们看待物理实在问题的态度进行激烈的修改。事实上,我们即将看到,像上述作者们所提出的这一类的实在判据,不论它的表述可能显得多么深思熟虑,当应用于我们在此所涉及的那些实际问题时也包含着一种本质的歧义性。"(着重点是笔者所加)。

随后，Bohr 以粒子通过狭缝的事例做了具体论述，并联系了 EPR 文章的"二自由粒子的量子力学态"，然后说：

"（EPR）提出的上述那一实际上判据的叙述，在'不以任何方式干扰一个体系'的说法中包含着一种歧义性。当然，在刚刚考虑的这一类事例中，在测量程序的最后的关键阶段中是谈不到对所考虑体系的力学干扰的。但是，即使在这一阶段中，也还在本质上存在对一些条件的影响问题，那些条件确定着有关粒子未来行为的预言的类型。既然这些条件构成可以恰当地和'物理实在'一词相联系的任何现象的描述中的一个固有的部分，我们就看到，上述作者们的论证并不能证明他们认为量子力学描述在本质上是不完备的那种结论。相反地，由以上的讨论可以看出，这一描述可以说是无歧义地诠释测量结果的一切可能性的合理利用，那些诠释和量子理论领域中客体和测量仪器之间的有限而不可控制的相互作用应该相容。"（着重点是笔者所加）。

可见，N. Bohr 认为"实在性判据"中"对系统没有任何干扰"之说不适用于量子力学理论，因为测量（measurement）即意味着干扰，对 Ⅰ 的测量必定影响 Ⅱ 的存在环境，就是对 Ⅱ 的干扰，故也不能"确定地预期某物理量的值。"既然"实在性判据"本身并不严密，以其为武器攻击"量子力学不完备"则难于令人信服。为了理解 Bohr 的意思，这里引用他给 *Nature* 杂志的简短报道中的一段话：

"然而我却愿意指出，当应用到量子力学的问题上时，这条判据就包含了一种本质的歧义性。固然，在所考虑的测量中，体系和测量手段之间的任何直接的力学相互作用都已被排除，但是更仔细的检查却发现，测量程序对所涉及的各物理量的定义本身所依据的那些条件有一种本质的影响。既然这些条件必须被看成可以对它无歧义地应用'物理实在'一词的任何现象的一种本质的要素，上述作者们的结论就显得没有充分理由的了。"

20 世纪 30 年代中期，在全世界法西斯主义横行，导致第二次世界大战爆发。Bohr 和其他物理学家一起投入原子弹研究，无暇考虑基础物理理论。第二次世界大战结束后，有关研究再次被人们关注，例如 1952 年 D. Bohm[5] 对 EPR 的表述作了新的诠释（D. Bohm，Phys Rev，1952，85:166，180）：一个自旋为零的微观粒子处在某个适当位置 M，由于衰变分开为两个自旋 1/2 的粒子，即 Ⅰ 和 Ⅱ；假定它们立即向反方向飞开，并在距离相同而方向相反的位置（A 和 B）被检测。根据量子力学，在 A（或 B）测量 Ⅰ（或 Ⅱ）的自旋，测值为 ±1/2 的几率各为 0.5；但如 Ⅰ 的自旋测得为 1/2，则 Ⅱ 必处于自旋 −1/2 的本征态上。尽管 Ⅰ 和 Ⅱ 相距可以非常远，对 Ⅰ 的测量却能确定 Ⅱ 的状态，或者说 Ⅰ 和 Ⅱ 互相关联。

考虑到不久前有人质疑 Bohm 的改进描述是否确实可以代表 EPR 论文，这里重复引用 Bohm 的《量子理论》一书中的话[5]："现在让我们来描述 Einstein - Rosen - Podolsky 的假想实验。我们把这个实验稍微修改了一下，但其形式本质上与他们提出的相同，不过在数学上处理起来要容易得多。假定有一个双原子分子，处于总自旋等于零的状态，再假定每个原子的自旋等于 $\hbar/2$。现在假定分子在某一过程中被分解成原子，且在这个过程中其总角动量保持不变。于是两个原子开始分开，并很快就不再有显著的相互作用。"

D. Bohm 所阐述的 EPR 思维提示了一种奇怪的量子相关。当两个旋转粒子相互作用后分开很远，其自旋相等而相反，故可从一个推断另一个。根据量子力学，两者的自旋都不确定，直到测出为止。测量确定了一个粒子的自旋方向，量子相关使另一粒子立即接受确定的自旋。这一结果即使二者相距若干光年也对。这种远距离作用暗示，粒子间有一种超光速作用存在。这是 Einstein 所不能接受的——正是这类事使他苦恼并与量子力学保持距离。众所周知，Einstein 曾轻蔑地把这种现象称为"spooky action at a distance"（幽灵般的远距作用）。科学家当然不承认神仙幽灵，因此他认为这种情况是不可能存在的。

值得注意的是，Bohm 的体系针对的是任何微观粒子，而不限定于光子。也就是说，可以是两个电子，或者如上文所说是原来同属 1 个分子的 2 个原子，等等。这对今天的研究人员是重要的。……现在来看有人提出的指责：EPR 论文是说，Ⅰ 和 Ⅱ 分开后不再有任何相互作用，而 Bohm 说的是不再有显著的相互作用。用现代物理的语言来说，"不再有任何相互作用"就是局域性，而"不再有显著的相互作用"则暗含着粒子之间可能存在非局域性。说到底，EPR 实验必须是彻底相对论的，而 Bohm 实验则必然是非相对论的。由此可知，Bohm 思想实验并不像他本人所标榜的那样"其形式本质上与他们提出的相同"。他后来提出的非局域性的量子势诠释同这一思想实验是一脉相承的。在量子势诠释中，波函数的表达式 $\psi = R\exp\left(\dfrac{\mathrm{j}}{\hbar}S\right)$ 里的确没有量子之间的"显著"相互作用，但由于量子势 $Q = -\dfrac{\hbar^2}{2m}\dfrac{\nabla^2 R}{R}$ 的存在使得量子之间确实有着非局域相互作用。

对于这种指责，笔者曾与量子力学专家耿天明教授讨论，以下是他的看法："Einstein 长期研究引力相互作用和电磁相互作用，对于 E. Fermi（1932 年）提出的弱相互作用和汤川秀树（1934 年）提出的强相互作用，在他发表 EPR 论文时都是知道的。故 EPR 论文中的'无任何相互作用'，是指上述 4 种作用中的任何一种；因为 EPR 既然是局域性实在论者，就绝不会承认任何其他非局域的非力作用存在。然而，D. Bohm 是整体论学者，除了解上述 4 种作用外还承认量子体系具有非力的相互作用（或相互影响、相关性）的存在，他提出量子势理论就是明证，尽管这种非力的相互作用的效应不像上述 4 种作用那样显著。于是，Bohm 加以区别，把那 4 种称为'显著的相互作用'。其实，从 EPR 论文和 Bohm 论述看，不管是'任何的'或'显著的'，所说的是相同的内容。也就是说，Einstein 和 Bohm 二人所指称的东西并无区别。"

笔者同意耿先生的观点，如果以"打倒量子力学"为目的而否定 Bohm 的贡献，那是徒劳的。而且，在 Bohm 以后的许多事态发展，证明了归根结底 EPR 是错误的。那么，今天的物理学家怎样说明 EPR 论文的错误？2000 年曾谨言[6] 指出：当对一个多自由度的复合系统的某部分（子系统）进行测量时，它是不完备、不完全的；这时对子系统量子态的描述要用约化密度矩阵（reduced density matrix）；对于自旋 1/2 的二粒子系统，在对 Ⅰ 做自旋测量后，描述 Ⅰ 就要用上述矩阵，结果得到自旋完全不极化态；当系统为其他自旋纠缠态时情况也相同。总之，关键在于对一个复合体系的子体系进行的测量是不完备的测量。故 EPR 责备"量子力学不自洽"是不能成立的。……这就用简洁的语言陈述了 EPR 不成立的理由。

在 EPR 论文阶段，整个事情很是抽象。Bohm 做了一大贡献，使微观粒子之间的量子纠缠（quantum entanglement）在理论上形象化地趋于明晰。在漫长时间里，科学家一直对似乎违背物理学经典定律的量子纠缠现象百思不得其解。该现象似乎表明，亚原子粒子对能够以一种超越时间和空间的方式隐秘地联系在一起。量子纠缠描述的是一个亚原子粒子的状态如何影响另一个亚原子粒子的状态，不管它们相距多么遥远。这冒犯了 Einstein，因为在空间的两个点之间以比光速更快的速度传递信息被认为是不可能的。……科学家现在行动起来——出于一种责任感，也由于强烈的好奇心。

4 历史上最伟大的科学发现之一:Bell 不等式

　　EPR 论文是 Einstein 在 56 岁时最大限度地运用其智慧给量子力学以他所希望的沉重打击。1927 年 Heisenberg 不确定性原理的出现使 Einstein 震惊,但他认为:EPR 论文可以驳倒该原理并证明 QM 不完善。EPR 中的"两个体系"(Ⅰ和Ⅱ)的讨论中似乎表示"既测知位置又知道速度"是可以办到的,因为Ⅰ的速度即Ⅱ的速度。文章发表后,Bohr 起而反驳。Bohr 的意思是 EPR 论文中的设定可以被驳回——不确定性既影响Ⅰ又影响Ⅱ,在测量Ⅰ时Ⅱ立即受影响从而使结果与 Newton 定律一致。这种作用会即时发生,即使Ⅰ、Ⅱ相距很远。……但是年轻些的科学家(如 W. Heisenberg)不便像 Bohr 那样去和 Einstein 辩论。这不仅因为 Einstein 是他们的前辈,而且因为他当时在全世界已是众所周知的人物,享有巨大的威望。俄罗斯的 V. A. Fok 院士说:"在量子理论发展初期曾为它做了许多工作的 Einstein,对近代的量子力学却采取了否定态度,这是特别令人惊异的。……EPR 思维中的两个子系统之间没有直接的力的相互作用,一个也能影响另一个,Einstein 认为不可理解,从而认为量子力学不完备。"Fok 认为,量子力学中 Pauli 原理的相互作用(影响)是一个非力的例子。

　　更突出地证明量子力学正确、EPR 论文不正确的事态发展是从 J. Bell 到 A. Aspect 的研究期间。20 世纪 60 年代中期,欧洲核子研究中心的 J. Bell 发表两篇论文[7,8],提出一个与量子力学相容的隐变量模型,认为"任何局域变量理论均不能重现量子力学全部统计性预言",提出了两粒子分别沿空间不同方向做自旋投影时一些相关函数之间应满足的不等式(Bell 不等式(Bell's unequality))。Bell 据说原来是坚定地支持 Einstein、相信物理实在性和局域性的。他认为是某种隐变量(hiden variables)造成了 QM 中神秘的超距作用。实际上可以构造一个理论上的不等式(粒子观测结果必定遵循该式),从而证实 EPR 论文所说的 QM 不完备性。Bell 的分析建筑在 Bohm 的自旋相关方案及隐变量(用 λ 表示)理论的基础上。假定相关粒子的自旋分量只有两个可能值,即 $A(\boldsymbol{a},\lambda)$ 或 $B(\boldsymbol{b},\lambda) = \pm 1$,这里 $\boldsymbol{a}$、$\boldsymbol{b}$ 是单位矢量。在理想的相关条件下,任意方向 $\boldsymbol{a}$ 上有 $A(\boldsymbol{a},\lambda) = -B(\boldsymbol{a},\lambda)$。另外,假定当两粒子分开后,对Ⅰ的测量结果 $A(\boldsymbol{a},\lambda)$ 与 $\boldsymbol{b}$ 取向无关,对Ⅱ的测量结果 $B(\boldsymbol{b},\lambda)$ 与 $\boldsymbol{a}$ 取向无关。以上假定共三个,即自旋双态系统(spin two state system)、理想相关(perfect correlation)和局域性条件(locality condition)。又定义以下的相关函数(表征两粒子关联度的平均值):

$$P(\boldsymbol{a},\boldsymbol{b}) = \int \rho(\lambda) A(\boldsymbol{a},\lambda) B(\boldsymbol{b},\lambda) \mathrm{d}\lambda \tag{4}$$

式中:$\rho(\lambda)$ 为对 λ 的几率分布函数。

　　据此,Bell 导出了以下不等式

$$|P(\boldsymbol{a},\boldsymbol{b}) - P(\boldsymbol{a},\boldsymbol{c})| \leqslant 1 + P(\boldsymbol{b},\boldsymbol{c}) \tag{5}$$

这是在 $\boldsymbol{a}$、$\boldsymbol{b}$、$\boldsymbol{c}$ 三个方向上分别测量两个粒子自旋投影值乘积的平均值应满足的关系,是由式(4)导出的。然而 QM 中对这种单态粒子对的相关,为计算上述平均值(粒子 1 在 $\boldsymbol{a}$ 向、粒子 2 在 $\boldsymbol{b}$ 向),将有

$$P(\boldsymbol{a},\boldsymbol{b}) = \langle \psi | \sigma_{a1} \cdot \sigma_{b2} | \psi \rangle = -\boldsymbol{a} \cdot \boldsymbol{b} = -\cos\theta \tag{6}$$

式中:σ 为在 $\boldsymbol{a}$ 向和 $\boldsymbol{b}$ 向的投影算符;θ 为 $\boldsymbol{a}$、$\boldsymbol{b}$ 的夹角。

　　若 $\boldsymbol{a} = \boldsymbol{b}$,则 $\theta = 0$,$P(\boldsymbol{a},\boldsymbol{b}) = -1$。

　　现在看式(5)和式(6)是否一致;设 $\boldsymbol{a}$、$\boldsymbol{b}$、$\boldsymbol{c}$ 共面,而 $\boldsymbol{a}$、$\boldsymbol{b}$ 夹角 60°,$\boldsymbol{b}$、$\boldsymbol{c}$ 夹角 60°根据式

(6)有

$$P(\boldsymbol{a},\boldsymbol{b}) = P(\boldsymbol{b},\boldsymbol{c}) = -\frac{1}{2}, P(\boldsymbol{a},\boldsymbol{c}) = \frac{1}{2}$$

在这些数据情况下,式(5)成为 $1 \leqslant 1/2$,显然不对,故 Bell 不等式与 QM 不一致。Bell 定理是说,一个隐变量理论不能重现 QM 的全部预言。……情况究竟如何,必须由实验来解决。需要说明,式(5)称为 Bell 不等式的第一种形式;1971 年 Bell 提出了不等式的第二种形式,这里从略。

突破是由于法国物理学家 Alain Aspect 的精确实验。1981 年的实验是 A. Aspect、P. Grangier、G. Roger 联合发表的[9],是测量钙原子级联辐射光子对的线偏振相关;1982 年仍是这三位作者发表文章[10],研究对象同前,但使用双道偏振器;1982 年还发表一篇文章,是 A. I. Aspect、J. Dalibard、G. Roger 三人署名,研究对象同前,使用了变时分析器。总的讲,Aspect 领导完成的实验以高精度证明结果大大违反 Bell 不等式,而与量子力学的预言极为一致。他们的实验不仅是静态的,而且用动态装置检验了 EPR 的可分性(局域性)原则,为物理学评价提供了可信的根据。耿天明教授曾精辟地叙述了做 Aspect 实验的要求[11]:"由于单独一台仪器不能同时完成计粒子数和测自旋分量(或偏振,即极化)的双重任务,所以每套仪器中必须有一台滤波器用来选择某种自旋分量(极化)的粒子通过。另有一台探测器计下穿过滤波器的粒子数。每个实验中必须有两套这样的仪器,其中一套在 $\boldsymbol{a}$ 方向测量,另一套在 $\boldsymbol{b}$ 方向测量;获得足够的数据后,再旋转第二套仪器到 $\boldsymbol{c}$ 方向,分别测量在 $\boldsymbol{a}$、$\boldsymbol{c}$ 方向上的粒子。取得足够数据后再旋转第一套仪器到 $\boldsymbol{b}$ 方向,分别测量在 $\boldsymbol{b}$、$\boldsymbol{c}$ 方向上的粒子。$\boldsymbol{a}$、$\boldsymbol{b}$、$\boldsymbol{c}$ 三个方向的选择原则是,使他们之间的夹角恰是量子力学和局域实在论冲突最大之处。"……简而言之,Aspect 等是先用钙原子级联辐射产生双光子,即用一对激光器将钙原子激发(双光子激发)至基态以成为光源,在源的两边各 7.5m 处有一个声光开关。偏振片以确定的几率透过或挡住光子。通过电子监视光子的命运,并评估关联的级别。实验结果表明,对光子的测量之间有强相关,虽然两套测量仪器之间隔为 15m。Aspect 说,实验表明已不能保持 Einstein 的物理描述,而 QM 却表现得"非常好"。

Bell 不等式被精确实验证明不成立,意味着 EPR 论文错了,而 QM 是正确的。这件事对物理界如同地震;由此而一发而不可收,从而打开了量子信息学研究的大门。John Bell 的名字则进入了科学史,他的不等式被誉为"人类历史上最伟大的科学发现之一"[12]。Bell 的原意是要以更深刻的理论来呼应 EPR,事态却走向了反面。Einstein 用来否定量子力学完备性的 EPR 思维,反而成了证明量子理论完备性的科学思想。对粒子 I 量子态的测量已证明会影响一定距离外的粒子 II 的量子态,而"EPR 光子对""Bell 基"等已成为大家熟悉的名词。实验证明非局域性是量子力学的基本特征——实验结果违背 Bell 不等式就表明非局域性存在。例如,假如有一个双粒子系统,每个粒子为双态,共有 4 个量子态(是 Bell 算符的本征态),构成 Hilbert 空间的完备正交基,称为 Bell 基。量子态的可传输性和可计算性,为量子信息学和量子计算机的发展奠定了基础。

5 Bell 类型实验的发展

做 Bell 类型实验,首先遇到的问题是如何造成 Bohm 论述的所要求的双粒子体系。自然界似乎为人类实验做好了准备,一个常见的方法是利用原子级联辐射产生双光子。当某种元素的原子下降两个特定的能级（例如通过吸收激光由能级 $4S^{21}S_0$ 径直提升到激发态 $4P^{21}S$。然后下降到 $4S4P'P_1$，再降回到 $4S^{21}S_0$ 初始能级），每一步都辐射 1 个光子，这二者现身于母原子两边并按相反方向离开，其极化也是相反的（±1）。这样的光子对在出世时就是相互联系的，犹如人类的双胞胎；它是一个纠缠光子对。二者之间会永远相互纠缠，其中一方如有改变另一方立即（或几乎立即）会改变，即使两者相距若干光年、分别处在宇宙中的不同位置。

另一种常见方法是利用正负电子对湮灭辐射时产生双 γ 光子，它们不仅发射方向相反，与相反分量相应的极化也相反，用 ±1 表示。还有一种方法是用单态质子对——用低能质子轰击氢原子核（质子），短暂相互作用后成为单态；两个质子离开后保持单态，实际上形成一个纠缠态光子对。

笔者搜集了 1972—2015 年的几十年中 Bell 类型实验的一些情况（表1），当然这远非全部。在 Aspect 实验之前有一些实验，但技术不成熟、精确度不高。极少数实验结果与 Bell 不等式相符，偏离量子力学；但其可信度低。实际上可靠的实验其结果都一面倒地违反 Bell 不等式，与量子力学相符；这成为公认的结论。

表1　Bell 类型实验的一些情况

实验者	时间	双粒子体系有关情况	粒子间隔	实验结果
S. Freedman 和 J. Clauser	1972	钙原子级联辐射产生双光子		违反 Bell 不等式，与 QM 相符
R. Holt 和 F. Pipkin	1973	汞原子级联辐射产生双光子		与 Bell 不等式相符，偏离 QM
G. Faraci 等	1974	正负电子对湮灭产生双 γ 光子		与 Bell 不等式相符，偏离 QM
L. Kasday 和 C. Wu（吴健雄）	1975	正负电子对湮灭产生双 γ 光子		违反 Bell 不等式，与 QM 相符
E. Fry 和 R. Thompson	1976	汞原子级联辐射产生双光子		违反 Bell 不等式，与 QM 相符
A. Wilson 等	1976	正负电子对湮灭产生双 γ 光子		违反 Bell 不等式，与 QM 相符
M. Lamehi 和 W. Mittig	1976	单态质子对		违反 Bell 不等式，与 QM 相符
M. Bruno	1976	正负电子对湮灭产生双 γ 光子		违反 Bell 不等式，与 QM 相符
A. Aspect 等	1981	钙原子级联辐射产生双光子	15m	违反 Bell 不等式，与 QM 相符
A. Aspect 等	1982	钙原子级联辐射产生双光子（实验中用双路偏振器）	15m	违反 Bell 不等式，与 QM 相符
A. Aspect 等	1982	钙原子级联辐射产生双光子（实验中用变时分析器）	15m	违反 Bell 不等式，与 QM 相符
G. Weihs 等	1998	双光子，波长 702nm	400m	违反 Bell 不等式，与 QM 相符
N. Gisin 等	1997 1998 2000	先在实验中完成近距离实验，然后使用光纤技术完成远距离双光子实验	35m 10.9km 25km	违反 Bell 不等式，与 QM 相符
奥地利、英国、德国联合研究团队	2007	在两个相隔遥远的岛屿之间的双光子量子纠缠现象	144km	违反 Bell 不等式，与 QM 相符
D. Salart 和 N. Gisin 等	2008	在两个瑞士村庄之间的远距离双光子纠缠实验，使用了光纤技术	18km	违反 Bell 不等式，与 QM 相符；而且测定了量子纠缠信息速度 $v = (10^4 \sim 10^7)c$
荷兰研究团队	2015	在校园中的近距离实验，使用2个电子	<200m	违反 Bell 不等式，与 QM 相符；又通过实验"堵上了两个会使 Bell 型实验失效的漏洞"

在 1982 年以来的 25 年中,纠缠态实验中两个粒子的距离,由 15m→400m→25km→144km,进展惊人。2007 年在以量子纠缠为基础的量子通信距离方面创下纪录(这里的"通信"一词是广义的)。报道说,一个由奥地利、英国、德国研究人员组成的小组在量子通信研究中创下了通信距离达 144km。利用这种方法有望在未来通过卫星网络实现信息的太空绝密传输。*Nature Phys.* 报道,这种方法是利用了光子的量子纠缠原理。在实验中,研究小组首先在西班牙加那利群岛的拉帕尔马岛上制造出偏振纠缠光子对,然后把光子对中的一个光子留在拉帕尔马岛,另一个光子则通过光路传送到 144km 外的特内里费岛上。难以解释的是这种相互作用竟与距离无关,144km 也决非上限。

最新的情况是,在 2015 年 10 月,欧洲科学家的研究使这种 Bell 型实验完善化[13]。一个荷兰研究组认为,Bell 设计的专门用来排除隐变量的实验,为 Einstein 所谓的"远距作用"提供了毫不离奇的解释。但是批评者称,所有进行过的"Bell 实验"都包含着可能会使"量子纠缠"现象的证据变得无效的漏洞。现在,科学家们在英国 *Nature* 周刊上撰文称,其中两个最重要的漏洞在此项实验的一个新版本中被堵上了。我们知道,几乎所有实验都验证了对 Bell 不等式的破坏,但至今仍有探测性漏洞和局域性漏洞存在。这个荷兰研究团队让分别位于大学校园两端的微型钻石夹子内的电子发生纠缠。他们是在校园两端的电子没有机会发生"暗中交流"的情况下实现这一点的,而且在实验中也不可能探测到任何与现场粒子不同类的任何粒子对。

电子拥有磁性,即所谓的"自旋"。这种特性使电子要么朝上,要么朝下。而在被观测到之前,没有任何方法可以辨别它们处于这两种状态中的哪一种。事实上,由于量子的奇异特性,它们会在同一时间处于既朝上又朝下的"重叠"状态。只有在被观测的时候,事实才会得到呈现。当两颗电子纠缠到一起时。它们在同一时间都朝上或朝下。但是当被观察到的时候,总有一颗是朝下的,而另一颗总是朝上。它们之间有着完全的相关性,当你观测一颗电子的时候,另一颗电子总是处在相反的状况。这种效应是即时的,哪怕另一颗电子位于银河系的另一端。

笔者认为该实验有两点值得注意:首先,是两个电子相互纠缠,而电子是物质粒子。其次,两者(Ⅰ和Ⅱ)虽然相距不远,但实验堵上了有人借以攻击 Bell 型实验的漏洞。因此该实验有新突破,是在 EPR 论文出现 80 年后再次被确认其为错误。

6 量子纠缠的超光速性

量子理论的时空表述不符合 SR 的精神,Einstein 正是敏感到这一点所以才坚持不渝地反对 QM。但在 EPR 论文中的二粒子体系的波函数就是一个纠缠态。这是一种特殊形式的(但又是普遍存在的)量子态,除保有一般量子态的性质(如相干性、不确定性)之外,还有其独特的个性——相关联的不可分性、非局域性等。N. Bohr 早就在与 Einstein 的辩论中指出,可分离性在量子领域中并不成立。一个系统中的两个子系统,即使分开也不再是互不相干的独立存在,这一点是 Einstein 不会接受的。Bell 不等式意味着局域实在性对相关程度的限制使相关位于某个区间,而 QM 对相关程度却是严格的等式。实验获得了相关性结果,因此 Aspect 说:"这否定了 Einstein 的简单化世界图景。"法国物理学家 B. d'Espagnat 评论说:"局域性实在论几乎肯定有错误,只能通过放弃 Einstein 可分性假设来解释对 Bell 不等式的违反。"他还认为,虽然 J. Bell 在推导不等式时有三个前提,但局域实在性假设是最基本的。

为了获得深刻的认识,我们现在引用 1985 年 J. Bell 对英国广播公司(BBC)发表的谈话[16]。他先说明 Bell 不等式是分析 EPR 推论的产物,该推论说在 EPR 文章条件下不应存在超距作用;但那些条件导致 QM 预示的非常奇特的相关性。由于 QM 是一个极有成就的科学分支(很难相信它可能是错的),故 Aspect 实验的结果是在预料之中的。"QM 从未错过,现在知道了即使在非常苛刻的条件下它也不会错""肯定地讲,该实验证明了 Einstein 的世界观站不住脚。"……这时提问者说,Bell 不等式以客观实在性和局域性(不可分性)为前提,后者表示没有超光速传递的信号。在 Aspect 实验成功后,必须抛弃二者之一,该怎么办呢?这时 Bell 说,这是一种进退两难的处境,最简单的办法是回到 Einstein 之前,即 Lorentz 和 Poincarè,他们认为存在的以太是一种特惠参考系(preferred frame)。可以想象这种参考系存在,在其中事物比光快。有许多问题,通过设想存在以太可容易地解决。Einstein 除掉以太只是使理论更优雅、简练。

在发表了这些惊世骇俗的观点后,Bell 重复说:"我想回到以太概念,因为 EPR 中有这种启示,即景象背后有某种东西比光快,但这种以太在观察水平上显示不出来。……实际上,给量子理论造成重重困难的正是 Einstein 的相对论。"……笔者觉得,许多出色的量子学家有与 Bell 相同的看法,只是碍于 Einstein 的盛名不敢直接说出来,如此而已。

Bell 在 1985 年的言论中,有一句话是"behind the scene something is going faster than light"(在场景之后有某种东西比光快)。这话很引人注意,多年后仍被研究人员引用。……J. Bell 于 1990 年去世,而在这以后的 25 年中超光速研究有很大发展[14,15],他都未能看到。假如他能活到今天,他或许是在世界范围内超光速研究的领军人物。……另外,关于在 Einstein 的于 1905 年提出 SR 之前的一些科学大师(如 Lorentz 和 Poincarè)的物理思想,我们不想在此陷入对相对论的讨论和对科学史的复述,仅引用一位中国学者的见解——胡宁于 1978 年说:"在相对论出现以前,Fitzgerald 和 Lorentz 已经在以太论的基础上对 Michelson 实验的结果给出了解释。因此,Michelson 实验的零结果既可用以太论来解释,也可用相对论来解释。"现在国际上对以太(ether)有许多新的讨论,根本点在于是否可以有优越参考系。

SR 与 QM 的根本区别在于是否承认非局域性存在,是否承认超光速可以存在。近年来,瑞士科学家团队做了出色的工作,用事实来回答。我们知道,瑞士物理学家 Nicholas Gisin (1952—   )曾在 CERN 工作过,对前辈 J. Bell 很是仰慕,相信 Bell 原理是理论物理学的重大突破[17]。他率领的团队先在日内瓦大学的实验室中在 35m 的距离证实了双光子纠缠对 Bell 不等式的违反,从而证明了量子非局域性的存在。然后他们在 1997 年把实验成果扩展为 10.9km,并率先在这种 Bell 型实验中采用了光纤技术。在法国的 Aspect 听到此消息时表示了祝贺——10km 比当初的 15m 好得太多了。Gisin 坚定地认为,量子纠缠态完全违反了相对论的精神;下一步他的团队解决了另一个突出的问题——在量子纠缠态理论中,一个粒子可以瞬时地改变另一粒子的特性,而不管它们相距多远;那么所谓"瞬时"究竟有多快?

2000 年,Gisin 小组利用在 Geneva 湖水下面的光缆,把光子送到 25km 以外,结果发现确与 Bell 不等式相反[18]。Gisin 小组有一个研究结果非常引人注意——实验测量得到量子纠缠态的作用速度为 $(10^4 \sim 10^7)c$ [19]。这是重要的情况,表示这个作用速度不是无限大,而是超光速的。总之,Gisin 认为出现了光子间某种影响是以超光速传递的(Some kind of influence appears to be traveling faster than light);Gisin 认为这意味着"相对论的时空描述有缺陷"。2008 年的论文说[19],他们通过两个纠缠着的单光子完成了 Bell 型实验,光子间隔为 18km(大致呈东西向,而源精确地处在中间)。地球的旋转使他们可以在 24h 周期中测试全部可能的假设性特惠参考系。在一日的所有时间中,观察到高于由 Bell 不等式确定的阈值的双光子干涉条纹。由这些观测得出结论,所看到的非局域相关和过去实验显示的一样是真正非局域的。实际上,应该假设这种神奇作用的传播速度甚至会超过实验所得$(10^4 \sim 10^5)c$。也就是说,Salart 等曾经持续观察到双光子干涉,它显著地高于 Bell 不等式的阈值。取地球自转的长处,允许对任何假设优越参考系都确定一个作用速度低限。如这种优越参考系存在,并且其中地球运动速度小于或等于 $10^{-3}c$,则作用速度必将大于或等于 10^4c。

直到 2000 年,在瑞士人的 Bell 型实验中可有两种假设性特惠参考系:一是 2.7K 微波背景辐射;另一个是瑞士 Alps 参考系。后者不是宇宙性参考系,由实验的环境而定义。在这些分析中,假设的超光速作用(superluminal influence)被定义为量子信息速度(Speed of Quantum Information,SQI),它不同于经典的信号传送;但应知晓如何获得任意参考系中 SQI 的限值(边界)。

在地球上的一个惯性参考系中,事件 A 和 B(在实验中即两个单光子被检测)是在时间 t_A、t_B 发生在 $\boldsymbol{r}_A$、$\boldsymbol{r}_B$。考虑另一参考系 F(假设的优越参考系,以速度 $\boldsymbol{v}$ 相对地球参考系运动);当观察到违反 Bell 不等式的相关,F 系的 SQI(用符号 v_{qi} 表示)造成了相关,其界限为

$$v_{qi} \geq \frac{\| \boldsymbol{r}'_B - \boldsymbol{r}'_A \|}{| t'_B - t'_A |} \tag{7}$$

式中:$(\boldsymbol{r}'_A, t'_A)$、$(\boldsymbol{r}'_B, t'_B)$ 是用 Lorentz 变换由 $(\boldsymbol{r}_A, t_A)$、$(\boldsymbol{r}_B, t_B)$ 而得到的。简化后可得

$$\left(\frac{v_{qi}}{c}\right)^2 \geq 1 + \frac{(1-\beta^2)(1-\rho^2)}{(\rho+\beta_0)^2} \tag{8}$$

式中:$\beta = v/c$,是参考系 F 中地球参考系速度 v 与 c 之比,而 v_0 表示 $\boldsymbol{v}$ 的与 $\overline{AB}$ 平行的分量 $\left(\beta_0 = \frac{v_0}{c}\right)$;$\rho = ct_{AB}/r_{AB}$ 表示地球参考系中两事件的校准量($t_{AB} = t_B - t_A$,$r_{AB} = \| \boldsymbol{r}_B - \boldsymbol{r}_A \|$)。接下来考虑一类空分立事件,即 $|\rho| < 1$;故由上式知 $v_{qi} > c$。

在 Salart 等的实验中,信号源位于在 Geneva 的实验室,是在非线性晶体中产生纠缠光子对,利用光纤 Bragg 光栅和光环行器,每个光子对确定地分离,经由瑞士光纤网络系统送到两个村庄,它们直线距离 18km。采用能量 – 时间纠缠(energy – time entanglement),在标准电信电缆中这是适合量子通信的状态。

干涉条纹在多次运行中被记录,经常持续数小时。Salart 给出了周期 900s 的干涉条纹数据图,横坐标是时间(0 ~ 240min),纵坐标是每分钟的符合率,结果这些点子描画出正弦曲线。实验结果是相关性既与纠缠态有关,又与假设在某远距的作用有关。一天内总是出现破坏 Bell 不等式的情况,使计算 v_{qi} 成为可能。具体说来,在源与单光子检测器(single photon detector)之间的光纤长度被测出,长达几千米的长光纤用单光子时域反射计(single photon OTDR)测定。短光纤(500m 以下)用光频域反射计(OFDR)。

总之,实验是复杂而精密的。瑞士科学家证明量子纠缠态的相互作用速度不是光速 c,也不是无限大,而是超光速——至少比光速快 1 万倍。可以说,这个实验一劳永逸地结束了对 EPR 论文的讨论。

7　量子隐形传态的启示

Quantum teleportation,在我国开始译为"量子远距传物"。后来专家们意识到这样翻译不

够确切,太过夸张,遂改译为"量子隐形传态"。这个词的含意是指,通过将量子态的远距离传送,以争取实现信息的特殊传输。根据 QM 物质(物体)的全部信息可以由量子态给出,虽然数量惊人得大。原则上,量子不可克隆定理表明全部地、精确地复制量子态是不可能的;而且,Heisenberg 不确定性原理也表明不可能对物质(物体)作为量子体系时的一切状态都做精确的测量。因此,在 1993 年以前,在这方面并没有真正有意义的进展。

1993 年美国 Bennett 等[20]才提出了一个新的方案,其方法是将物体的信息分成经典的和量子的两个部分,分别经由经典通路(电话、电传等传统方式)和量子通道(量子纠缠方式),将某个粒子的未知量子态$|\Phi\rangle$传送到另一个地方,把另一个粒子制备到量子态$|\Phi\rangle$上。在这个过程中,传送的是原物的量子态而非原物本身;该过程称作量子隐形传态,经典信息是在对物质(物体)作测量时获得的,它的存在(或者说量子态信息的分开)突破了量子不可克隆定理的限制。对 Bennett 方案的通俗说明如下:采用两种渠道,一个是量子渠道,另一是经典渠道。量子渠道由一对纠缠粒子组成,一个在 Alice 处,另一个在 Bob 处。两个粒子间的纠缠态便是 Alice 和 Bob 之间的看不见的联系。这种联系非常脆弱,必须把纠缠粒子对与环境隔离开来才能得以保存。现在又有一位实验员 Charlie,给了 Alice 另外一个粒子,这个粒子的量子态才是要从 Alice 处传到 Bob 处的信息。Alice 不可能在读取信息之后再传给 Bob,因为根据量子力学规则,读取信息(测量)的行为会不知不觉地改变信息本身,从而导致无法获取全部的信息。Alice 测量到 Charlie 给她的粒子和她手里那个与 Bob 的粒子相纠缠的粒子这两个粒子的联合特性。因为纠缠的关系,Bob 的粒子立即做出反应,传达出 Alice 处的量子信息——其余的信息则由 Alice 通过测量用经典渠道传递给 Bob。这部分信息会告诉 Bob 应当如何处置他手里的纠缠粒子才能完完全全地将 Charlie 的粒子状态变成他自己的粒子状态,从而完成对 Charlie 的粒子的隐形传态。值得注意的是,无论是 Alice 还是 Bob 都不知道被传送和接收的量子态是什么。

现在给出 Bennett 方案的较严格表述[21],规定以下符号:A、B 表示不同的空间位置,粒子①(初始态)位于 A,希望把它的量子态(而非粒子①)传送到 B;粒子①自旋 1/2,含有需传送的信息。操作步骤如下:

(1)把①制备到某量子态,即

$$|\Phi\rangle_1 = a|\uparrow\rangle_1 + b|\downarrow\rangle_1 \tag{9}$$

(2)用 EPR 源产生 1 对纠缠粒子(②和③),其量子态为

$$|\Psi^-\rangle_{23} = \frac{1}{\sqrt{2}}\left\{|\uparrow\rangle_2|\downarrow\rangle_3 - |\downarrow\rangle_2|\uparrow\rangle_3\right\} \tag{10}$$

(3)把粒子②、粒子③分别传送到 A、B,使 A、B 之间建立量子通道。

(4)现在 3 个粒子的总量子态为

$$|\Psi^-\rangle_{123} = |\Phi\rangle_1|\Psi^-\rangle_{23}$$
$$= \frac{a}{\sqrt{2}}\{|\uparrow\rangle_1|\uparrow\rangle_2|\downarrow\rangle_3 - |\uparrow\rangle_1|\downarrow\rangle_2|\uparrow\rangle_3\} - \frac{b}{\sqrt{2}}\{|\downarrow\rangle_1|\uparrow\rangle_2|\downarrow\rangle_3$$
$$- |\downarrow\rangle_1|\downarrow\rangle_2|\uparrow\rangle_3\} \tag{11}$$

(5)粒子①②重新纠缠,形成了 Bell 基$|\Psi^\pm\rangle_{12}$、$|\Phi^\pm\rangle_{12}$,展开后经整理,可得一新的总量子态公式。

(6)在 A 处对粒子①、②做 Bell 基测量,在 B 处对粒子③做 Bell 自旋态测量,A 将结果经由经典通道通知 B。

（7）B 处寻找对应的幺正变换，再做逆变换得到待传送量子态——但它是粒子③所具有的态。因此，粒子①未被传送，而它具有的态 $|\Phi\rangle$ 却传到了③。

要做 Bennett 型实验需要一些条件。首先要产生 EPR 粒子对，才能提供量子通道及完成整个过程。在非线性光学中，入射到非线性材料的泵浦光子会产生一个孪生光子对，这称为参量变换。例如，可以造成两光子频率相同而偏振态正交，构成纠缠态；而实验者可以把单个光子偏振态作为待传输的量子态。其他困难还有：要联合测 Bell 基，以及对粒子态做幺正变换。1997 年 D. Bouwmeester 和 W. Pan（潘建伟）[22] 按 Bennett 方案做成功首例量子隐形传态实验，成为当年物理学研究 10 大成果之一，证明了该方案可行。

后来出现了"以信息化手段传送宏观物质（物体）"的可能性问题。隐形传态是量子纠缠的一种精彩的运用，但这种思想和运作方式可否做大范畴上的推广？下述一段话选自上述 1997 年论文："隐形传态的梦想，是指能够在某个遥远的地点简单重现的方式实现位移。被隐形传输的物体是可以通过其特性来界定的，在经典物理学中可以通过测量来确定。要复制出远距离之外的那个物体，并不需要取得原物体的所有部件——只需要将该物体的有关信息传送过来，用这些信息来重新构建出原物体即可。但问题是，这样构建出来的副本，在多大程度上能够等同于原物体呢？假如这些构成原物体的部件是电子、原子、分子，结果又当如何？由于构成大件物体的这些微观组成元素都遵循量子力学法则，因而不确定性原理就决定了对它们的测量不可能达到主观希望的那种精确度。"

2001 年 9 月 27 日，*Nature* 杂志发表了一篇文章"宏观物体的量子纠缠状态"。在过去，人们只能在微观粒子间造成纠缠态。现在，丹麦物理学家对两个宏观物体（它们有数万亿个原子）造成了纠缠状态，不过它们不是固体，而是铯气体样品（原子数约 10^{12} 个）。方法也是利用激光技术；在实验中，纠缠的自旋状态维持了 0.5ms，这已是很长的时间了。这个实验获得了科学界的高度评价；两部分隔开一段距离的样品发生相互作用，这是前所未有的！因此，路透社在发出电讯时称："即时把物体从一地送到另一地的想法不再是遥不可及了。"

2002 年有媒体报道，澳大利亚有一个实验（林平奎实验[23]）将几十亿个光子态传送 1m 以外的地方并重新复制出来。

2010 年 5 月 30 日，潘建伟在接见记者时说："随着现代量子物理研究的不断进展，科学家已能够成功操纵光子和原子，目前正在对更大的物体并在更远的距离上进行隐形传输研究。假以时日，或许未来能够传输人类本身，《星际旅行》中的科学幻想或许能变成现实。但我们在实现'星际旅行'前，一切科学研究都首先需要脚踏实地。"

以上这些情况令人困惑。虽然量子隐形传态已成事实，但这并非"物体的瞬间传移"。在美国科幻电影中，早就有这样的镜头——隐形地把一个人或一艘飞船由一处传送到另一处。——人们设想把处在甲地的某物体的所有原子的信息编码后调制在载体上，然后发送到乙地；再利用该处的原子重复这些编码信息，构造出新的物体[23]。两地的物体应当一样，就如同用光速把该物传了过来。这可能吗？

在过去 20 年里，多支科研团队在量子态传输方面取得了越来越好的结果。但是，还没有人成功传送过活体生物，所有已完成的实验距离成功传送生物或生物的量子态依然十分遥远。2016 年 1 月 27 日有报道，一个中国、美国科学家组成的研究组提出，可以设计一种方法，实现传送活体微生物的量子态，从而能让"一个微生物（细菌）同时出现在两个地方"[24]。但此事似在设计阶段，未说已进行实验并取得成功。当然，"微生物量子传送"如成为事实，意义非常重大；这或许是宏观物体（甚至人）做量子传送的第一步。不过我们无法想象可能有两个相同的人分处两地,甚至除了外形连思想、感情、性格都一样,这如何能够接受?!

还有一个问题是能否用量子纠缠解释人类生活中的"双胞胎之谜"。有报道说,双胞胎之间有相互间心灵感应的能力。双胞胎都有一种天生的心理倾向,他(她)们像两个磁极一样互相吸引。双胞胎之间常用暗语进行交流,既复杂又很默契。虽然对双胞胎的实验否定了他(她)们之间通过心灵感应传送具体信息的可能,但心灵感应确实在一定程度上存在[25]。在 G. Milburn 的著作中[26],在第二章("量子纠缠")里设想有一家公司按照 EPR 思维的原则组织了调查,以证明在双胞胎之间存在着遗传上的强相关。从每个双胞胎身上所看到的特征正是他(她)们共享的遗传基因的反映,而同一对双胞胎之间存在的非常好的关联。从其中之一获得的信息能直接地适用于另一位。假如双胞胎之间的相关是由量子纠缠所决定,当以不同问题询问同一对双胞胎,记录到的结果的相同情况仅为 25%;但如对同一对双胞胎询问相同的问题,相关程度很好,结果相同的情况可达 50%。

笔者认为,人类的双胞胎在一定程度上与物理学中的 EPR 光子对相似,因为 EPR 纠缠光子对的特点正是"两个粒子既分离又互相联系"。当然,现时仅仅是做一种类比;用量子理论解释人类生活中的某些现象,这是非常令人关注的。

8 以量子非局域性为基础的超光速通信

1905 年 Einstein[27] 在其著名论文中说:"velocities greater than that of light have no possibility of existence"(超光速没有存在的可能),这主要是说物质(物体)不能以超光速运动。对于信息或信号的传播速度,该文并未做论述。迄今为止,人们坚持说 SR 认为不可能有超光速的信号速度,其实这并非 Einstein 的原意。1907 年 Einstein[28] 发表文章"关于相对性原理及由此得出的结论",其中的 §5("速度的加法定理")内容既与信号速度有关,又与负速度有关。文章说,假定沿参照系 S 的 x 轴放一长条物体,相对于它可以用速度 u 传递某种作用(从长条物体来判断),并且不仅在 x 轴上的点 $x=0$(点 A),而且在点 x(点 B)上都有对 S 静止的观察者;在 A 处的人发一信号,通过长条物体传给在 B 处的人,长条物体以速度 $v(<c)$ 沿 $-x$ 方向运动。那么,根据 SR 速度合成公式,信号速度为

$$t_s = l \frac{1 - \dfrac{uv}{c^2}}{u - v} \tag{12}$$

式中:l 为物体长度。

如 $u>c$,则选择 $v(<c)$,总能使 $t_s<0$。这就出现了负的传递时间,以及负的信号速度。Einstein 认为,这种传递机制造成"结果比原因先到达",因此"不可能有这样的信号传递,其速度大于真空中光速"。他又说:"虽然这种结局单从逻辑上考虑可以接受,并不包含矛盾;但它同我们全部经验的特性是那么格格不入,所以 $u>c$ 假设的不可能性看来是足够充分地证实了的。"(着重点为笔者所加)

他的这些话使我们注意到:①他的分析中同时出现了超光速、负时间、负速度。②他使用 Causality 帮助自己做判断。③他认为违反因果性的事可以不违反逻辑,只是由于它违反人类经验,所以才说"信号速度不可能超光速"。④他不做百分之百的肯定;那种不确定的语气,仿佛为今天的超光速研究留下了空间。

不过,从 1905 年到 1937 年,这 32 年当中发生了很多事。Einstein 也可能改变他在 1907

年不确定态度,转而彻底坚持局域性实在论(local reality)。因此,说他的 SR 理论否定信号和信息以超光速传播的可能,这样讲也不为错;但这与他的 1907 年论文肯定不完全符合。

近 20 年来各国科学家讨论(或组织实验)超光速通信的情况,我们已多次介绍,笔者也做过多次自己的论述[14,15]。在这里,我们只举一个早期实验的例子——它是一种人的努力和尝试,尽管科学界的看法很不一致。在 20 世纪 90 年代,德国科隆大学(University of Cologne)教授 Günter Nimtz 指导博士生在微波用截止波导(WBCO)进行实验;1992 年 Enders 和 Nimtz[29] 获得了最早的群速超光速实验结果($v_g = 4.7c$);1995 年在美国 Utah 州 Snowbird 镇(度假胜地)举行的美国光学学会年会上,Nimtz 报告了他的研究小组关于"信息超光速传播"的实验结果。实验可简单描述如下:把 Mozart 的音乐调制在 S 波段的微波载频上,然后把载有音乐信号的微波分成两路,一路接有一个长度为 12cm 的截止波导,另一路作为比较的是等长的以光速 c 传播的传输线电路。精确测定接收到的两种音乐信号的时间差,就可以计算出音乐信号在截止波导中的传播速度。显然如果插入有截止波导的那路音乐信号先于比较电路上的音乐信号而到达,就说明在截止波导上音乐信号的传播速度快于光速 c,并可计算出其传播速度。Nimtz 教授的实验表明,在该实验中音乐信号在截止波导中的传播速度超光速,为 4.7c。Nimtz 指出,Mozart 的第 40 交响乐以 4.7 倍的光速穿过了 12cm 的空间距离,而且他还有一盘磁带做证明。在困惑的观众面前,他播放了这盘磁带,在"嘶嘶"背景声中能够听到 Mozart 的乐曲声,这就是那个传播得比光还快的信号。

在听众面前 Nimtz 说:"通常人们对'信号不能以超光速传播'感到习惯和欣慰,但今天我要请大家听一些东西。"他把 1 台 Walkman(随身听)放到讲台上并按下了播放键。音箱先发出一些"嘶嘶"声,然后很微弱但很清晰地传来一段舞曲,Mozart 第 40 交响乐的开章。Nimtz 让乐曲在房间里继续播放了一段时间,直到木管乐器和长号加入到弦乐里来。Nimtz 说:"这段乐曲曾经以 4 倍光速的速度传播,我想大家可以承认这段乐曲应该算得上是信号了;这是一个可以向过去发出的信号。"

Nimtz 当然不可能把整个测量系统(不仅有截止波导、信号源等,而且有作调频调制器和解调器)从德国搬到美国的会场上来表演,而仅靠屏幕显示和录音带播放难以使大家产生更深刻的印象;而且实际上多数人也不懂什么是消失态和截止波导。面对"挑战 Einstein"这样的重大问题,显然必定会遭遇反对。果然,一些与会者认为不能把交响乐看作一个信号,其中一人是 UC - Berkeley 的 R. Chiao,他说:"因为包含了时间的尺度,因此,它不是一个 Einstein 意义上的信号。我承认,当音乐穿过势垒时,和按传统路径传播的音乐相比,它在时间上前移了,但只前移了很小的距离。它是如此小,以致你只要看一下原始的声音波形是如何变化的就能预测出音乐将会如何变化。这并没有危及因果律。"

Nimtz 则不这么认为,他说:"我不对这是否动摇了因果律表示意见,但是,我不能接受'Mozart 的交响乐不是一个信号'的观点。在理论上,我可以延长这条路径很长距离;这时,将不可能预测音乐的变化,这样就真的有了一个传播得比光还快的信号。"

公正地说,Nimtz 实验中虽然用了势垒构成 barrier,传送的信号并没有被阻断,而是像通过隧道一样穿过了它。传过来的音乐比原来弱,也有些失真,但不可否认的是那还是第 40 交响曲。而且,德国科隆的研究小组利用精密的仪器检测到,当信号通过屏障的时候,在 barrier 里面的传播速度要高于光速;这其实已经足够了。至于"传播距离短"和"输出信号弱",都毫不奇怪;这是由于截止波导内的消失波(场)随距离呈指数下降,衰减得很快。

另外,近年来多次发现电磁源(如天线)的近区存在超光速现象[30,31];由于衰减快、距离

短,同样看不出有应用价值。因此笔者把研究方向(方法)归纳为两个层次:

(1)是否存在由自然界本性所造成的或人类实验室中成功的超光速通信的事实?

(2)是否在人类社会已经(或可能)用某种方式(方法)实现了远距离超光速通信?

很明显二者是不同的问题。从(2)出发,人们很自然会对利用量子纠缠态抱有希望。

对于 2008 年发表的瑞士科学家的工作,中国新浪网转发美国生活科学网的报道,瑞士实验显示量子信息传输速度远超光速。文中说,Einstein 曾驳斥任何超光速说法,但很可能这是他一生中所犯错误之一。他曾坚决反对量子纠缠理论,称之为遥远的鬼魅行为。但在瑞士科学家的实验中,纠缠光子间的信息传送仅用了 10^{-12}s,传输速度至少是 10^4c。实验结论可以反驳 Einstein,而这种所谓"鬼魅行为"正体现了量子物理学的魅力。

2010 年物理学家沈致远[32]指出:"处于纠缠态的两个光子之间具有超光速相互作用,测定一个光子的自旋,远处的另一个光子自旋立即相应改变。Einstein 称之为'怪异的超距作用'。最近瑞士日内瓦大学的一个研究组在光子纠缠实验中测得其速度至少超过光速一万倍。奇怪的是,许多物理学教科书和论文的作者却异口同声说,这并不违反狭义相对论(SR),因为人无法用来传递信息。可是光子确实用来传递了信息,否则纠缠光子怎么会'知道'远处的另一个光子自旋改变了呢?

"物理学不是人理学,为什么必须是人传递信息才算数?这种观点其实是另一版本的人本原则——以人的主观作用作为客观规律之判据。但科学尤其物理学是客观的,纠缠光子之间具有超光速作用,是许多实验证明的客观存在,这是无法否定的。我们必须放弃主观偏见,承认纠缠态中超光速传递信息是客观事实。"(着重点为笔者所加)。

沈教授的这些话掷地有声;依笔者的看法,在有地球人类之前,许多客观规律(包括纠缠粒子之间的超光速信息传递)就已经存在了。现在的问题,只不过是我们尚未能利用这种现象来实现航天和宇航探索中的人际通信。但今天做不到不等于永远做不到。

在 Bennett 方案中,不是把 A 处的光子①直接送到 B 处,而是利用光子②、③的非局域相关性把①中的初始态信息转换到 B 处的光子③上,A、B 间距离不做限制。但①初态中的信息包含量子信息和经典信息,后者以低于光速传给 B,以使 B 知道 A 的测量结果从而恢复①的初始态。故所传送的量子态不能用经典方法观测,要想得到的粒子的信息还需要一个经典信息通道,而这是亚光速的。所以用 Bennett 方案不能实现人类间的超光速通信。

那么,对量子超光速通信是否还能抱有期待?回答是肯定的。这是由于量子非局域性导致的特惠参考系的可能存在,量子超光速通信仍是可以预期的。已经出现了用下述标题写论文的科学家——"以有限速度因果性影响为基础的量子非局域性朝向超光速通信"(Quantum nonlocality based on finite speed causal influences leads to superluminal signalling)——J. D. Bancal[33]是新加坡量子技术中心(Center for quantum technologies,Singapore)的理论物理学家,2013 年他做理论分析的结论是[18]:(量子非局域性)允许进行超光速通信(this allows for faster - than - light communication)。总之,被称为 Bell 型实验的研究(research for Bell type experiments)还会继续进行,今后的目标是人类能做长距离的超光速通信,以满足未来宇宙探索的需要。耿天明[21]说:"人类能否克服 Bennett 方案中经典通道的限制而实现超光速信息传送?可能的途径有二,用另一个量子通道取代经典通道,或找到超光速运动的粒子完成经典通道电磁波的任务。虽然在理论和实践上都有种种困难,但人们不会轻言那是不可能的。"

笔者的观点是"物质(与能量)能否超光速运动"与"信息能否超光速传输",两个问题肯定有联系,但又不能等同。从 20 世纪初的 Einstein 到 21 世纪的我们,其实都有把两个方面加以区分的考虑。回顾 1905—1907 年 A. Eintein 的态度,对物质和能量的运动(输送)不能超光速,他说得很肯定;而对相互作用(信号)传递的速度不能超光速,他明显表现出犹疑。或许,Einstein 早就认识到要把两个方面区别开来。

信息与物质确实不能等同。物质有质量,信息则没有;物质有质量守恒及能量守恒定律,信息却不守恒。所以,没有必要把信息传输速度与物质运动、能量传输的速度绑在一起讨论,这是今后研究工作中应当注意的。

9 量子雷达开始发展

量子通信主要是指信息的量子化空间无线传输,把这方面的思想加以扩展就出现了量子雷达(Quantum Radar,QR)的概念,因为雷达本来就是向(可能存在的)目标发送电磁波并接收回波再做分析从而辨识目标的过程。当然提出量子雷达的思想是了不起的创新(a new idea),而且这体现了基础科学的进步必然会推动应用科学和应用技术的发展。这是一个既重要又新颖的研究方向,直接和国防建设相联系,在中国也开始受到重视[34,35]。尤其值得称道的是,美国人 M. Lanzagorta 于 2012 年推出了 Quantum Radar 一书,国内对此反应迅速,2013 年即出版了中译本[36]。

以下是在这一领域的几个突出的工作:2005 年 C. Emary 等[37]提出了利用量子点(quantum dots)产生微波纠缠光子的方法。2008 年 S. Lloyd[38]提出了量子照射雷达——用纠缠光子对中的一个光子发射出去做目标探查,另一个光子保存在接收机中;如信号光子被反射,由纠缠相关测量检出目标信息。2009 年 J. Smith[39]提出量子纠缠雷达理论(theory of quantum entangled radar),又认为工作于 9GHz 的量子雷达能提高目标探测能力。2013 年 E. Lopaeva 等[40]在实验中最先实现了量子照射雷达,验证了 Lloyd 的理论。等等。

在早期,只是把量子技术用于部分地改进传统雷达的性能。真正的量子雷达有发射非纠缠的量子态和发射纠缠的量子态电磁波两个类型;即发射单光子脉冲或纠缠光子对中的 1 个光子(称信号光子)。因此,QR 单光子理论和技术密切相关。2009 年黄志洵[41]发表"论单光子研究"一文,当时笔者并不知道 QR 的发展,也未想到此文现已成为国内 QR 研究者的一份参考资料。1987 年黄志洵[42]的论文"量子噪声理论若干问题"也被认为在今天仍有参考价值。

量子理论与信息科学的结合已在量子通信、量子密码、量子计算等领域实现,今天来看 QR 理念的提出和发展是有必然性的,这成为量子信息学的一个重要分支。但迄今为止在全世界似尚未制成可实用的 QR 样机,还处在理论探索阶段;然而我们可以断定这是一个非常重要、大有前途的方向。

10 结束语

量子纠缠态被称为"物理学中的最大谜团"(entanglement is the greatest mystery in physics),是有充分理由的。笔者认为量子相互作用(quantum interaction)或许可称为第 4 种基本物理作用(电磁、引力、弱力、强力)之外的第 5 种基本物理作用。EPR 论文所犯错误对人们有深刻的教益,提醒我们这个世界比我们所能想象的还要奇怪。纠缠粒子不受空间距离限制地以超光速相互作用着,这一事实从根本上讲尚缺乏理论解释。科学家们知道是如此,却不理解它为何如此；一般物理效应，作用强度总是随距离变化，但量子纠缠效应的预期是不管多远也有同样强度；这究竟是为什么？目前无人能回答。而且这种纠缠不会经过一段时间后自动解除。……好奇心激励着我们，成为思考和探索的永不衰竭的原动力。

本文的重点是论述 superluminal signaling based quantum nonlocality，即以量子非局域性为基础的超光速信号传送。我们认为这种现象一直存在，问题只在于如何在人类通信中实现。虽然没有人能确定何时成功，但可以肯定一定有人做不断的尝试。必须指出，超光速信息传送和超光速旅行是人类的两大追求；如果我们把眼光放远大些，就不会怀疑研究"超光速信息远程传送"的意义。无论如何，设法利用量子纠缠总是研究方向之一，这就是本文的结论。

附：

2016 年 8 月，中国将全球首颗量子科学实验卫星（"墨子号"）送入太空。2017 年 6 月 16 日，美国科学周刊 Science 出版时以中国量子卫星为封面，内里又刊登了中国科学家的一篇论文，说"通过卫星向地面发射光子，已在距离 1200km 的地面站之间实现了量子纤缠"。……正如大家所知，过去的记录是 144km；因此，中国在量子信息学方面已成为"领跑量子实验竞赛"的角色，在发展保密性强的远距离量子通信方面有重要意义。故此处为读者作情况介绍，作为本文的补充。

该项目是在潘建伟院士领导下进行的（本文是曾提及他），现已获得奥地利科学家、著名量子信息学家 A. Zelinger 的高度评价。

参考文献

［1］Einstein A，Podolsky B，Rosen N. Can quantum mechanical description of physical reality be considered complete？［J］. Phys Rev.，1935，47:777 – 780.

［2］Bohr N. 量子力学和物理实在［M］戈革，译. 尼耳斯·玻尔集. 第 7 卷. 北京:科学出版社,1988,231.

［3］Bohr N. 物理实在的量子力学描述能不能被认为是完备的？［M］. 戈革，译·尼耳斯·玻尔集第 7 卷. 北京:科学出版社,1998,233 – 244.

［4］Einstein A，Podolsky B，Rosen N. 物理实在的量子力学描述能不能被认为是完备的？. 戈革，译. 尼耳斯·玻尔集:第 7 卷. 北京:科学出版社,1998,355 – 366.

［5］Bohm D. Quantum theory［M］. London:Constable and Co.，1954.

［6］曾谨言,裴寿镛. 纠缠态. 量子力学新进展. 北京:北京大学出版社,2000,1 – 45.

［7］Bell J. On the Einstein – Podolsky – Rosen paradox［J］. Physics,1964,1:195 – 200.

［8］Bell J. On the problem of hidden variables in quantum mechanics［J］. Rev. Mod. Phys.，1965，38：447 – 452.

［9］Aspect A,Grangier P,Roger G. The experimental tests of realistic local theories via Bell's theorem［J］. Phys. Rev. Lett.，1981，47:460 – 465.

［10］Aspect A,Grangier P,Roger G. Experiment realization of Einstein – Podolsky – Rosen – Bohm gedanken experiment,a new violation of Bell's inequalities［J］. Phys. Rev. Lett.，1982,49:91 – 96.

［11］耿天明. 上帝在掷骰子吗？——EPR 佯谬. 见申先甲编,科学悖论集. 长沙:湖南科技出版社,1998.

［12］苗千. 月亮究竟在哪里［J］. 三联生活周刊,2011(22):146 – 147.

［13］英国《每日邮报》网站. 爱因斯坦错了,量子显示幽灵般的量子纠缠现象是真实的. 参考消息,2015 – 10 – 26.

［14］黄志洵. 现代物理学研究新进展［M］. 北京:国防工业出版社,2011.

［15］黄志洵. 波科学与超光速物理［M］. 北京:国防工业出版社,2014.

［16］Brown J,Davies P. 原子中的幽灵［M］. 易心洁,译. 长沙:湖南科技出版社,1992.

［17］Aczel A. Entanglement, the greatest mystery in physics［M］. New York：Avalon publ. group，2001.（中译:纠缠态,物理世界第一谜. 庄星来,译. 上海:上海、科学文献出版社,2008.）

［18］Gisin N，et al. Optical test of quantum non – locality:from EPR – Bell tests towards experiments with moving observers［J］.

Ann Phys,2000,9:831 – 841.

[19] Salart D,et al. Testing the speed of"spoky"action at a distance[J]. Nature,2008, 454:861 – 864.

[20] Bennett C H,et a1. Teleporting an unknown quantum state via dual classical and EPR channels[J]. Phys. Rev. Lett,1993,70: 1895 – 1900.

[21] 耿天明. 量子纠缠的理论与实践[J]. 北京广播学院学报(自然科学版增刊),2004,11:40 – 50.

[22] Bouwmeester D,et a1. Experimental quantum teleportation. Nature,1997,390:575 – 579.(又见:潘建伟,塞林格. 量子态远程传送的实验实现. 物理,1999,28(10):609 – 613.)

[23] 李禺. 能把我发射到度假地吗[J]. Newton科学世界,2000(3):26 – 30.(又见:杨教. 不用飞船立刻送你到月球[N]. 北京青年报,2002 – 6 – 20).

[24] 科学家找到"传真生物"方法[N]. 参考消息,2016 – 01 – 29.

[25] Giongo P,陈英. 双胞胎之谜[J]. Newton科学世界,2003(7):72 – 75.

[26] Milburn G J. The Feynman Processor[J]. A1len &Unwin,1998.(中译:费曼处理器. 郭光灿,等译. 南昌:江西教育出版社,1999.)

[27] Einstein A. Zur elektro – dynamik bewegter Körper. Ann d Phys,1905,17:891 – 921;English translation:On the electrodynamics of moving bodies. reprinted in:Einstein's miraculous year[M]. Princeton:Princeton Univ. Press,1998.(中译:论动体的电动力学. 范岱年,赵中立,许良英,译. 爱因斯坦文集[M]. 北京:商务印书馆,1983,83 – 115.

[28] Einstein A. The relativity principle and it's conclusion. Jahr. Der Radioaktivität und E1ektronik,1907,4:411 – 462.(中译:关于相对性原理和由此得出的结论. 范岱年,赵中立,许良英,译. 爱因斯坦文集:第2卷. 北京:商务印书馆,1983, 150 – 209.)

[29] Enders A, Nimtz G. On superluminal barrier trasversal [J]. Jour. Phys. 1 France, 1992 (2): 1693 – 1698.(又见: Nimtz. G. Heitmann W. Superluminal photonic tunneling and quantum electronics[J]. Prog. Quant Electr, 1997,21(2):81 – 108.)

[30] 黄志洵. 自由空间中近区场的类消失态超光速现象[J]. 中国传媒大学学报(自然科学版):2013,20(2):40 – 51.

[31] 黄志洵. 电磁源近场测量理论与技术研究进展[J]. 中国传媒大学学报(自然科学版),2015,22(5):1 – 18.

[32] 沈致远. 物理三问[J]. 科学,2010,62(2):3,4.

[33] Bancal J D. Quantum nonlocality based on finite – speed causal influences leads to superluminal signalling[J]. Phys Rev A, 2013,88:022123; also: Rep. of ICNFP Conf. , 2013.

[34] 谭宏,戴志平. 量子雷达的技术体制[J]. 现代防御技术,2013,41(3):149 – 153.

[35] 肖怀铁,等 量子雷达及其标挥探测性能综述[J] 国防科技大学学报,2014,36(6):140 – 145.

[36] Lanzagorta M. Quantum Radar[M]. New York:Morgan & Claypool publ. , 2012.(中译:量子雷达[M]. 周万幸,等译. 北京:电子工业出版社,2013.)

[37] Emary C, et al. Entangled microwave photons from quantum dots[J]. Phys. Rev. Lett. ,2005,95:127401.

[38] Lloyd S. Enhanced sensitivity of photodetection via quantum illumination[J]. Science,2008,321(5895):1463 – 1465.

[39] Smith J. Quantum entangled radar theory and a correction method for the effects of the atmosphere on entanglement[J]. Proc. SPIE quant. inform. & comput. Ⅶ confer. , 2009.

[40] Lopaeva E D,et al. Experimental realization of quantum illumination [J]. Phys Rev Lett,2013. 110(15):3603.

[41] 黄志洵. 论单光子研究[J]. 中国传媒大学学报(自然科学版),2009,16(2):1 – 11.

[42] 黄志洵. 量子噪声理论若干问题[J]. 电子测量与仪器学报,1987,1(13):1 – 10.

电磁源近场测量理论与技术研究进展

黄志洵

（中国传媒大学信息工程学院，北京 100024）

【摘要】讨论了近场的两类基本电磁环境——束缚场与消失态；前者包含静态场（按 r^{-3} 规律衰减）和感应场（按 r^{-2} 规律衰减）；后者包含消失平面波谱，当离源的距离增大时指数地急速下降。束缚场在本文中称为类消失场。近年来两者都发现了电磁波在自由空间以超光速传播的现象，实验上还进一步观察到负波速。由最近几年的实验，对束缚场而言结果并不支持普遍认为的以光速（$v=c$）迟滞传播的观点；根据对天线近区内无迟滞现象的观测，提供了束缚电磁场的非局域性的实验证据，有的实验甚至达到了高度超光速，即 $v \geqslant 10c$。非局域性是一个量子力学概念，故束缚场的非局域特性可能在经典电磁学与量子力学之间建立紧密联系。

在实际应用方面，论述了从辐射近场测量数据转换到辐射远场的技术，包括平面波谱（PWS）法和微波二端口网络散射矩阵法。此外，还叙述了与近场微波显微镜发展的有关问题。但本文强调在近场测量中发现的新现象，给出了理论上的多个对偶关系。讨论了近场超光速现象的量子解释，认为应从理论上应用"消失态是虚光子"的思想。本文提出应当重视的一个研究领域是：在不使用反常色散和 LHM 超材料的近场条件下获得的在自由空间的内向波。最后指出了使用环天线做进一步实验的必要性。

【关键词】近场；束缚场；消失态；超光速；负波速；超前波；虚光子

Recent Advances in the Theory and Technology of EM Source's Near – field Measurement Study

HUANG Zhi – Xun

（Communication University of China，Beijing 100024，China）

【Abstract】In this paper，we review the two major types of the near – field EM environments，i. e. the bounded fields and the evanescent state. The bounded fields contains the static field（attenuated

注：本文原载于《中国传媒大学学报》（自然科学版），第 22 卷，第 5 期，2015 年 10 月，1～18 页。

by the law of r^{-3}) and the induced field(attenuated by the law of r^{-2}); and the evanescent state contains an evanescent plane wave spectrum, which is very rapidly attenuated away from the source (exponentially). In this article, the bounded fields was also called the evanescent - state like fields. Recently, in these two situations it has been discovered that the EM - waves travel at super-luminal velocity in free space. And furthermore, experimental observation of the free space negative wave velocity was presented. In recent years, based on the several experiments, we can conclude that experimental dataes do not support the validity of the standard retardation constraint($v = c$) gen-erally accepted in respect to bound fields. According to the observation of no retardation inside the near zone of the antenna, the experimental evidence for nonlocal properties of bound EM fields is re-ported. Some of that retardation parameter v for bound fields highly exceeds the velocity of light, i. e. $v \geqslant 10c$. Due to the nonlocality is the concept of Quantum Mechanics(QM), the nonlocal char-acteristics of bound fields promise to shed a new light on a possible close relationship between classi-cal electromagnetics and the QM.

In direction of practical application, we review the technology of transfer from the radiating near - field measurement dataes to the radiating far - field. It contains the method of plane - waves spectrum(PWS) and the method of microwave network scattring matrix. We also described the devel-opments of the near - field microwave microscope. But we emphasize the new phenomenon which discovered in the near - field tests, gives several theoretical relations in pair. The quantum explana-tion can use on the near - field superluminal behaviors and the theoretical study must to use the idea of "evanescent states are virtual photons". In this paper, the inner waves obtained in near - field of free space are important, especially it don't needs the anomalous dispersion tests and the LHM meta - materials. Finally, we must use the loop - antenna in near - field experiment in the future.

【Key words】 near - field; bounded field; evanescent states; faster - than - light; negative wave ve-locity; advanced waves; virtual photons

1 引言

能产生电磁波辐射的装置称为天线(antenna);电磁波的纯行波状态,电场矢量 $\boldsymbol{E}$ 与磁场矢量 $\boldsymbol{H}$ 之间没有相位差;Poynting 矢瞬时值 $\frac{1}{2}(\boldsymbol{E} \times \boldsymbol{H}^{*})$ 为实数,平均值 $\frac{1}{2}\text{Re}(\boldsymbol{E} \times \boldsymbol{H}^{*}) \neq 0$,代表实功率流出。在平面波条件下,波阻抗 $E/H = Z_{00}$ 为实数电阻,是一定的值,因而对 E、H 而言测出一个就知道另一个($Z_{00} = 376.62\Omega \approx 377\Omega$)。功率通量密度 $P_{d} = EH = E^{2}/Z_{00} = H^{2}Z_{00}$ ……上述各点为人们所熟知,它们是远区场(field of far region)的基本特征。在这些概念基础上建立了庞大的天线技术,拥有成熟的理论[1]。虽然实际天线产生的也并理想平面波而是赋形波束,情况有差别但也不会与上述相距太远。这样产生的电磁波被认为是以光速 c 传播,虽然实际上也并非真正如此[2]。

距离天线小于几分之一(如 1/6)波长的地方是天线的近区(near region),这里的电磁环境复杂,电磁状态与远区有很大不同。例如很奇怪的,这里会有准恒定场(quasi - steady field),即类稳场(quasi - static field),甚至有静电场(electrostatic field);场表现出电抗性和储能性;场强随距离增大而下降的规律也与远区非常不同。在这里,E/H 不是常数,波阻抗 Z_{00} 的概念失去了意义。更奇怪的是,场传播的速度(也可理解为波速)可能比 c 大得多,而且离天线越近速度值会越大。还有令人难以理解的现象,即近区中发现有负波速存在;这不仅威胁到因果性(causality),而且向天线会聚的波无法解释其来源。所发现的对时间逆行的波(waves backward in time)更给人以莫明其妙之感。……,凡此种种既复杂又激起了研究者的兴趣。

广义的天线概念扩大了研究的领域;实际上,对金属而言,一个小孔、一根尖须、一个凸出物,都有天线的功能和效果,也就有远区、近区之分。在近区,特别要考虑消失场(evanescent field)或称消失波(evanescent waves)的存在,它加大了近场结构的复杂性。虽然笔者在《截止波导理论导论》[3]一书中已详细论述了消失场(波)的理论,但考虑到激发装置在数学分析上的艰难[4],分析还是不够深刻的。2008 年笔者的论文"论消失态"[5]发表,分析和认识有所深入;但在今天我们还要继续在 2013 年发表的论文"自由空间中天线近区场的类消失态超光速现象"[6]中开始的工作,即把近区场和消失态结合起来研究,并介绍某些相关的应用。

2 近场定义和消失态影响[5-7]

在小电偶极子(basic electric dipole)理论中,选用球坐标(r, θ, ϕ)进行分析,当小天线长度远小于波长$(l \ll \lambda)$,线上电流分布为等幅、同相(I),这时由分析可得电场分量为

$$E_\theta \propto \left(-\frac{M}{k_0 r^3} + \frac{M}{r^2} + \frac{k_0 M}{r} \right) \tag{1}$$

式中:M 为偶极矩(dipole moment),$M = Il$;k_0 为真空中波数,$k_0 = \frac{2\pi f}{c} = \frac{2\pi}{\lambda}$。

上式右方第一项是偶极子两端电荷产生的静电场 E_S,第二项是偶极子电流造成的感应场 E_I,第三项是最早由 H. Hertz 发现和确定的电磁辐射场 E_R。

当 $r = k_0^{-1} = \frac{\lambda}{2\pi}$,有

$$|E_S| = |E_I| = |E_R| = M k_0^2 \tag{2}$$

r 称为特征距离,通常用它作为天线电磁场分区的界线,见表 1。在表 1 中,$r \ll \lambda/2\pi$ 时称为静电场区,其实称"静态场区"(static field region)更确切些,因为通常只把纯粹的电荷场才称为静电场或 Coulomb 场,而现在天线上的电流是交变的$(e^{j\omega t})$。另外,有时也把表 1 中的近场区

表 1　电小天线场区划分

线天线外的距离	$r \ll \frac{\lambda}{2\pi}$	$r < \frac{\lambda}{2\pi}$	$r > \frac{\lambda}{2\pi}$	$r \gg \frac{\lambda}{2\pi}$
名称	静态场区(electrostatic field region)	感应场区(induction field region)		辐射场区(radiation field region)
又名	近场区(near field region)	中场区(intermediate field region)		远场区(far field region)
场强特征	三种成分中 E_S 最强;但 E_I、E_R 都存在,只是较弱	虽然 E_I 较强,但 E_S 并不弱(大小与 E_I 差不多);E_R 也如此		E_R 最强,E_S、E_I 均已迅速衰减(趋于 0)
场强随距离的变化规律	考虑 $|E_S|$ 和 $|E_I|$ 的合成,总场强与 r^{-n}(2 < n < 3)成正比;仅考虑 $|E_S|$,场强与 r^{-3} 成正比	考虑 $|E_S|$ 和 $|E_I|$ 的合成,总场强与 r^{-n} 成正比(2 < n < 3);仅考虑 $|E_I|$,场强与 r^{-2} 成正比		仅考虑 $|E_R|$,场强与 r^{-1} 成正比

和中场区合称近场区,也有一个称呼是束缚场(bounded field)。与小电偶极子有关的情况如图1所示。

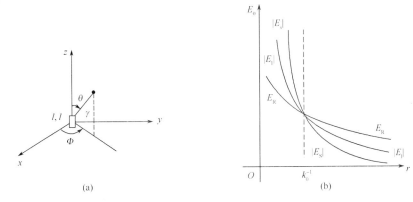

图1 (a)小电偶极子和球坐标 (b)不同类型的场强变化

根据电小天线的电磁场定义近区,特点是分区界线(距离)与天线无关,唯一地取决于源的波长——$\lambda/6$ 距离之内即为近区。

一个任意场源在以波长衡量时的近区和远区的电磁场特性是完全不同的,这为大自然构成的奇妙提供了又一生动的例证。在近区,极其靠近场源的环境中存在最有意思的场,其性质与 Coulomb 静电场非常相似,称为"静态场"又有些勉强——首先这里的场源是时变场 $e^{i\omega t}$ 的电流,而非静电荷;其次 Coulomb 场是与距离呈平方反比关系,而这里是呈 r^{-3} 关系(下降更快)。称为 static fields(静态场)当然没有问题。离源稍远处也有 r^{-2} 项,称为感应场。有意思的是这两项均为贮能场,虽有瞬时能量流动但在一个周期中平均值为 0。因此能量是由场源周期性地流出,然后回到场源,不会在系统中消耗掉。……当 r 用波长度量是很大($r \gg \lambda$)时,场变为与传播方向垂直,在场强振幅不变条件下我们由 $r \to \infty$ 的极限情况得到理想的平面波,即在很远距离上得到横波,也就是振动方向与传播方向垂直的波。但是,正如 J. Stratton 指出的,在源的附近(近区)可能有传播方向上的纵向分量,即纵波成份。

如果天线是大辐射器(如大型抛物面天线),场区划分方法有所不同;即不仅要考虑源波长 λ,近场范围还与辐射器的最大口面尺寸 D 有关。一种分区方法是,$r < \lambda/2\pi$ 为天线口径场,$r < 10\lambda$ 为电抗性近场,$r < 2D^2/\lambda$ 为辐射近场(radiative near field),$r > 2D^2/\lambda$ 为辐射远场(radiation far field)。大辐射器场区划分如图2所示。

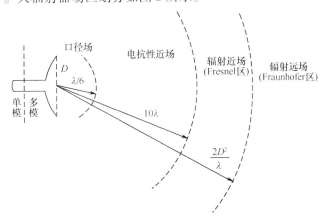

图2 大辐射器的场区示意

但是,我们必须建立起更广泛的近场概念。笔者曾指出[6],天线近区场具有类消失场(evanescent field like 或 quasi - evanescent field)的特征。消失场具有随距离 r 呈指数下降的特性:

$$E = E_0 e^{-\alpha r} \tag{3}$$

式中:E_0 为起始点场强;E 为距起始点为 r 处的场强。

如 α 较大,E 随 r 下降很快。实际的电磁结构,出现消失场是常见的,当然其近区场特点非常突出,"远区场"实际上不存在了。为估计近区的 r 的大小,可考虑取 $E \leqslant 0.1E_0$,这时有

$$r \geqslant \frac{2.3}{\alpha} \tag{4}$$

若已知衰减常数 α 的值,可以据此确定近区范围的大小。

问题在于如何从理论上考虑和计算消失态(evanescent state)影响。20 世纪 90 年代曾发展近场测量技术,这种平面扫描近场测量技术为确定天线方向图及其参数提供了一条既经济又准确的途径,它的理论基础是场的平面波谱(plane - wave spectrum,PWS)描述方式[7]。天线远场方向图与 PWS 之间有简单关系;在多数应用中,由近场测量数据经过 Fourier 变换可得远场方向图。设有一中央馈电的电偶极子天线如图 3 所示,取笛卡儿坐标系 (x,y,z),原点设在天线中心,而 z 轴上距原点 d 处的平面 S 为近场测量平面。自由空间中若无电荷源($\rho = 0$)、无传导电流($\sigma = 0$),Maxwell 波方程为

$$\nabla^2 \boldsymbol{E} - \varepsilon\mu \frac{\partial^2 \boldsymbol{E}}{\partial t^2} = 0$$

对单色波 $e^{j\omega t}$,$\dfrac{\partial}{\partial t} \to j\omega$,$\partial^2/\partial t^2 \to -\omega^2$,故得矢量 Helmholtz 方程:

$$\nabla^2 \boldsymbol{E} + k^2 \boldsymbol{E} = 0 \tag{5}$$

式中:$k^2 = \omega^2 \varepsilon\mu$。

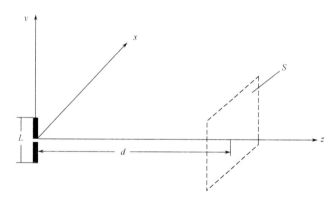

图 3　偶极天线与近场测量平面

对 $r \geqslant 0$ 的地方有一个解,即

$$\boldsymbol{E}(x,y,z) = \frac{1}{2\pi} \iint_{-\infty}^{\infty} \boldsymbol{F}(k_x,k_y)\, e^{-jk \cdot r} dk_x dk_y \tag{6}$$

类似地,对磁场可推导出

$$\boldsymbol{H}(x,y,z) = \frac{1}{2\pi} \iint_{-\infty}^{\infty} \boldsymbol{k} \times \boldsymbol{F}(k_x,k_y)\, e^{-jk \cdot r} dk_x dk_y \tag{7}$$

式中：k_x、k_y 是波矢 $\boldsymbol{k}$ 的分量，满足

$$\boldsymbol{k} = k_x \boldsymbol{i}_x + k_y \boldsymbol{i}_y + k_z \boldsymbol{i}_z, k^2 = k_x^2 + k_y^2 + k_z^2, \boldsymbol{r} = x\boldsymbol{i}_x + y\boldsymbol{i}_y + z\boldsymbol{i}_z$$

因此可求 k_z。

若 $k_x^2 + k_y^2 \leqslant k^2$，则有

$$k_z = \sqrt{k^2 - k_x^2 - k_y^2} \tag{8}$$

若 $k_x^2 + k_y^2 \geqslant k^2$，则有

$$k_z = -\text{j}\sqrt{k_x^2 + k_y^2 - k^2} \tag{9}$$

虚数的 k_z 将对应一个平面波消失波谱（evanescent PWS），其特点是从源所在地开始随 r 的增大而急剧衰减。矢量系数 $\boldsymbol{F}(k_x, k_y)$ 即 PWS，可由 $(z=0)$ 平面的边界条件确定。

现在可在图 3 所示的平面作 planar scanning，其中 d 是在近区内。在该平面处有

$$E_y(x, y, d) = \frac{1}{2\pi} \iint_{-\infty}^{\infty} \boldsymbol{F}'_y(k_x, k_y) \, \text{e}^{-\text{j}(k_x x + k_y y)} \, \text{d}k_x \text{d}k_y \tag{10}$$

式中

$$\boldsymbol{F}'_y(k_x, k_y) = \boldsymbol{F}_y(k_x, k_y) \, \text{e}^{-\text{j}k_z d} \tag{11}$$

可以看出，$E_y(x, y, d)$ 与 $F'_y(k_x, k_y)$ 是一个 Fourier 变换对。当 $z=0$ 时，有

$$E_y(x, y, 0) = \frac{1}{2\pi} \iint_{-\infty}^{\infty} \boldsymbol{F}_y(k_x, k_y) \, \text{e}^{-\text{j}(k_x x + k_y y)} \, \text{d}k_x \text{d}k_y \tag{12}$$

因而 $E_y(x, y, 0)$ 与 $F_y(k_x, k_y)$ 是另一个 Fourier 变换对；数学说明参见附录。

以上提供了理论基础；由于使用计算机模拟，可用 PWS 法计算偶极天线的孔隙场分布（aperture distribution）。选择测量平面靠近天线，故消失波包含在近场测量之中。消失态近场行为虽对远场方向图无影响，对于准确建模于近场却重要。上述原理已在实验上有过实证。……另外，有关用近场数据推算远场的详尽说明容后述。

3　近场研究的新概念[8, 9]

静态场分析中有引入电势函数、标量或矢量磁势函数的做法，可使场的分析简化。对交变电磁场而言这方法更为重要。矢量代数中，对任意矢量 $\boldsymbol{A}$ 有 $\nabla \cdot \nabla \times \boldsymbol{A} = 0$，而 Maxwell 方程组中有一个是 $\nabla \cdot \boldsymbol{B} = 0$；故可定义矢势 $\boldsymbol{A}$，其依据为

$$\boldsymbol{B} = \nabla \times \boldsymbol{A} \tag{13}$$

把上式代入另一 Maxwell 方程 $\nabla \times \boldsymbol{E} = -\partial \boldsymbol{B}/\partial t$，即得

$$\nabla \times \left(\boldsymbol{E} + \frac{\partial \boldsymbol{A}}{\partial t} \right) = 0$$

但在矢量代数中，对任意标量 Φ 有 $\nabla \times \nabla \Phi = 0$，故可取

$$\boldsymbol{E} + \frac{\partial \boldsymbol{A}}{\partial t} = -\nabla \Phi$$

即

$$\boldsymbol{E} = -\nabla \Phi - \frac{\partial \boldsymbol{A}}{\partial t} \tag{14}$$

因此由矢势 $\boldsymbol{A}$ 和标势 Φ 可决定 $\boldsymbol{E}$。当然由 $\boldsymbol{B} = \nabla \times \boldsymbol{A}$ 可知，由 $\boldsymbol{A}$ 可决定 $\boldsymbol{B}$。这就是引入势（矢量）函数决定电磁场的基本概念。但为了唯一地确定 $\boldsymbol{A}$、Φ，还须知道 $\nabla \cdot \boldsymbol{A}$ 的值。赋与 ∇

$\cdot A$ 的值有随意性,例如 Lorentz 给出

$$\nabla \cdot A = -\frac{1}{v^2}\frac{\partial \Phi}{\partial t}$$

上式也写为

$$\nabla \cdot A = -\varepsilon\mu\frac{\partial \Phi}{\partial t} \tag{15}$$

这称为 Lorentz 条件。把 B、E 公式代入 Maxwell 方程$\left(\nabla \cdot D = \rho,\ \nabla \times H = J + \frac{\partial D}{\partial t}\right)$并引用 Lorentz 条件,可以证明有下述偏微分方程成立:

$$\nabla^2 A - \frac{1}{v^2}\frac{\partial^2 A}{\partial t^2} = -\mu J \tag{16}$$

$$\nabla^2 \Phi - \frac{1}{v^2}\frac{\partial^2 \Phi}{\partial t^2} = -\frac{\rho}{\varepsilon} \tag{17}$$

以上两式表明,A 的源是 J;Φ 的源是 ρ。以上两式统称 D'Alembert 方程。为分析问题方便可先只考虑函数 Φ 的标量方程。

假定电荷源是点电荷 $q(t)$,则可证明解答 Φ 可表为以下形式:

$$\Phi = \frac{1}{4\pi\varepsilon_0}\left[q\left(t-\frac{r}{v}\right) + q\left(t+\frac{r}{v}\right)\right] \tag{18}$$

式中:v 为波速,它可以是光速 c,也可以是不同的值。

上式等号右边第一项表示在 t 时刻空间点 $P(x,y,z)$ 处的情况取决于 t 之前,即$\left(t-\frac{r}{v}\right)$时源点电荷的大小,故空间点滞后于源,这是推迟势(retarded potential)现象。第二项表示 P 点的情况取决于 t 之后,即$\left(t+\frac{r}{v}\right)$时刻的源电荷的大小,空间点领先于源,是超前势(advanced potential)现象。后一项在过去的教科书中都说应当去掉,因为"波从外部向源会聚"是不可能的,解释不了波的来源。况且它意味着负速度,即

$$t-\frac{r}{-v} = t+\frac{r}{v}$$

而负速度在过去只表示"运动方向相反"而非其值真的为负。如速度值本身就是负的(与矢量方向无关),则不符合因果性(causality)要求,即因必先于果,而非果先于因。

然而在今天,可以肯定地说上述看法都错了。首先,近年来做成功多个负群速(NGV)实验,证明负速度确实存在[10]。其次,如今对因果性有了更本质的认识,即其根本点在于"果不能影响(反作用于)因"[11],而不是因必须先于果——量子力学(QM)的发展早已表明这说法并不严格地正确,只是在日常生活中"经典地"正确。总之,Maxwell—D'Alembert 方程的超前解不能随便抛弃。

这样,近场研究出现了新情况、新概念。安放在空间某处的源,周围不仅有推迟势的作用,可能还有超前势的作用。这样讲是否有实验基础? 回答是肯定的。例如 2009 年 N. Budko[12] 在实验中发现近场区的负速度,而且实际上有用的波并非必定以光速 c 前进;他不仅以实验观测到 nagative waveform velocity,而且指出波有可能 travel back in time。这些都是过去的教科书中所没有的! ……其他实验还不及备述。

现在我们把上述一般理论分析具体化到简谐电磁场,即时谐波 $\mathrm{e}^{\mathrm{j}\omega t}$ 的情形。这时 $\partial/\partial t$ 变

为 $j\omega$，故有以下方程：

$$B = \nabla \times A \tag{19}$$

$$E = -\nabla\Phi - j\omega A \tag{20}$$

$$\nabla \cdot A = -j\omega\varepsilon\mu\Phi \tag{21}$$

这时可把 D'Alembert 方程写为

$$\nabla^2 A + k^2 A = -\mu J \tag{22}$$

$$\nabla^2 \Phi + k^2 \Phi = -\frac{\rho}{\varepsilon} \tag{23}$$

式中：$k^2 = \omega^2\varepsilon\mu$。

以上两式是 Helmholtz 方程。是非齐次方程，用于研究包含激发问题在内的电磁场问题。以上两方程的特解为

$$A = \frac{\mu}{4\pi}\int \frac{J}{r} e^{j\omega(t-r/v)}\,\mathrm{d}t \tag{24}$$

$$\Phi = \frac{1}{4\pi\varepsilon}\int \frac{\rho}{r} e^{j\omega(t-r/v)}\,\mathrm{d}t \tag{25}$$

正如前面已讨论过的，这些都属于推迟解（retarded solution）；这种给出答案的方式甚至使人们以为是体现了时间箭头（time's arrow），即时间单向性。但这并非对自然规律的完备描述。也就是说，Helmholtz 时谐波方程的解必然还有超前解（advanced solution）。

我们把注意集中于标量方程；若空间无体电荷源，常写为

$$(\nabla^2 + k^2)\psi = 0 \tag{26}$$

式中：ψ 为波函数，而上式是无源空间的波幅方程。假定在空间某处放一个点源，在点源外产生的标量势（标量齐次 Helmholtz 方程的解）一定满足导数连续条件。取球坐标系，并将原点放在点源的位置；从对称性可知势函数仅为坐标 r 的函数，故以上方程写为

$$\frac{1}{r^2}\frac{\mathrm{d}}{\mathrm{d}r}\left(r^2\frac{\mathrm{d}\psi}{\mathrm{d}r}\right) + k^2\psi = 0$$

整理后，可得

$$\frac{\mathrm{d}^2}{\mathrm{d}r^2}(r\psi) + k^2(r\psi) = 0 \tag{27}$$

由此得到的解包含两项：①沿 r 正向朝无限远传播的波，标志符号 e^{-jkr}；②从无限远处朝原点方向（沿 r 负向）传播的波，标志符号 e^{jkr}。通常的做法是舍弃②，理由是"不可能"或"无物理意义"。但是，在今天，由于超前波理论重受重视（实验上的标志是负群速实验大量出现）[10]，今后的研究人员必然要考虑"不抛弃第②项"；现今的分析与前面所述内容是一致的。

如果我们沿用习惯的做法，即只承认①的合理性，把微分方程的解写为

$$r\psi = e^{-jkr}$$

即

$$\psi = \frac{e^{-jkr}}{r} \tag{28}$$

因而得到幅度按 r^{-1} 规律减弱的球面波，即远区辐射场。但这是传统的过于简单化的做法，已不能适应今天的研究工作的需要。总之，对于一个辐射源，矢量电磁场近场、中场动力学远比简单的理解（波以球面波形式向外传播）更为复杂。在源的附近，有时发现波形主体向内行进

的现象。因此,波向内传播并非像有的文献所说,只有用左手材料(LHM)构建源天线时才会存在。如果我们上溯到 1945 年 R. Feynman 和 J. Wheeler 的论文,就会明白超前波(advanced waves)思想出现得很早,这与很久以后才出现的 LHM 无关。超前波也是 Maxwell 电磁理论的解,只是它会向源聚合集中,甚至在时间上倒运行(黄志洵[8-10]有多篇文章论述这一问题)。当然,过去长期以来未见实证,超前解、超前波的理念未受重视,但今天的情况完全不同了。可以说,近场问题在理论上是复杂的,研究发现会有许多"反常"现象,因此,更加激起了研究者的兴趣。

4 近区场与引力场的比较研究

众所周知,通常的电磁理论对离源很近的区域是不加重视的,人们的知识很少。虽然辐射场以光速 c 传播,这一点可以确定;束缚场传播速度如何就不太清楚了。然而大自然的内部充满了许多奇妙的现象之间的联系,例如近区(束缚)场传播与万有引力传播之间有某种可比性。下面是一些理论思考与研究进展。

1687 年出版的 Newton[13] 的划时代著作共有三部分;前面有两个重要的导言,即"定义"和"运动的公理或定律"。在导言中,Newton 提出了关于运动的三大定律。而在第二编 Ch. 12 ("球体的吸引力")中,提出了万有引力定律。关于后者他的陈述如下:

"推论Ⅲ:一个球相对于另一个球的运动吸引(力),正比于吸引的与被吸引的球,即正比于这两个球(质量)的乘积。推论Ⅳ:在不同距离处,(引力)正比于该乘积,反比于两球的球心间距的平方。"

在全书的"总释"中,Newton 说:"我们以引力作用解释了天体及海洋的现象;所发生的作用取决于它们包含的固体物质的量,并可向所有方向传递到极远距离,总是反比于距离的平方。"但是他又说:"我还不能从现象中找出引力特性的原因,我也不构造假说。"……

Newton 的理论像一道强光照亮了中世纪时的蒙昧世界,其作用怎样估计都不过分。正因为如此,笔者在一首诗中写道:"牛顿仍称百世师!"他的理论是人类认识史上的一次飞跃。万有引力定律也称为平方反比定律(Inverse Square Law, ISL),写作以下形式:

$$F = G \frac{m_1 m_2}{r^2} \qquad (29)$$

式中:G 为 Newton 引力常数,1998 年国际推荐值为

$$G = 6.673(10) \times 10^{-11} \mathrm{m^3/kg \cdot s^2} \qquad (30)$$

自 ISL 提出后的 300 年来,还没有哪个理论在预言的精度上可与之相比。

如果我们注意到半径为 r 的球的面积计算公式为

$$S = 4\pi r^2 \qquad (31)$$

则容易理解平方反比规律为何出现在物理现象中;在 ISL 出现 98 年后,即 1785 年,法国物理学家 C. Coulomb 宣布,他通过实验发现带同号静电的两球间的斥力与两球中心间距的平方成反比,与各自所带电荷乘积成正比,即

$$F = k \frac{q_1 q_2}{r^2} \qquad (32)$$

这是 Coulomb 定律,它与万有引力定律惊人地相似,启发人们做进一步的比较研究。实际上,Coulomb 定律也是 ISL。例如,假设引力传播速度是超光速的,Coulomb 场(静电场)传播速度

是否也比光速快? 这是有可能的,国际上也循此途径开展研究,有关成果反过来又会促进引力速度研究。

2000 年,墨西哥物理学家 R. Tzontchev 等[14]使用 van de Graaf 静电发生器开展研究。两金属球半径 10cm,中心间距 3m,离地面高度 1.7m;使用了尖锐的电脉冲。测量结果是,Coulomb 作用的传播速度为 $v = (3.03 \pm 0.07) \times 10^8 \text{m/s}$,即 $v = 1.0107c$,比光速快了 1.07%。

R. Sminov - Rueda 是西班牙物理学家,2007 年他指导完成两篇论文;其一为 A. Kholmetskii 等[15]的文章"束缚性磁场推迟条件的实验",此文用环天线(loop antenna)做研究,进行了实验,获得两个超光速数据($v = 2c$,$v = 10c$);对此的解释是"近区束缚场的非局域性质"(nonlocal properties of bound fields in near zone)。我们知道,非局域性(non - locality)是量子力学(QM)的重要特性之一,其含义几乎等同于超光速性(superluminality)。因而,这篇论文的观点是意味深长的。

A. Kholmetskii 等[16]的另一文章是"近区束缚电磁场传播速度测量",理论分析计算和实验都更完整。发送、接收天线均为环天线,安装在尺寸大于 3m 的木桌上。实验给出了 v/c 与 r 的关系;在远区($r \geq 80\text{cm}$),$v = c$;在近区,当 $r = 50 \sim 60\text{cm}$,$v = 4.3c$;当 $r = 40\text{cm}$,$v \approx 8.2c$。结论是,当 $r < \lambda/2\pi$,束缚场以超光速传播,表现出明显的非局域性。

2011 年 O. Missevitch 等[17]的论文似为 Smirnov - Rueda 指导下完成的第三篇对天线近区束缚的研究,实验技术和方法均有改进。文章给出的一个测量结果是 $v = (1.6 \pm 0.05)c$;作者们认为有关工作属于"超光速的电磁波传播物理学"(the physics of EM wave propagation at a speed exceeding c)。

2014 年 R. Sangro 等[18]的论文"Coulomb 场传播速度的测量",竟然是从讨论引力传播速度问题开始的。这证明我们的判断正确,即宇宙中的静态(static)或准静态(quasi - static)场具有相似的规律,对它们可做有益的比较研究。作为源(source)的东西也并非仅对孤立的电荷,而可以是做匀速运动的电子束,即以恒定速度移动的电荷,其产生的电场仍是 Coulomb 场。实验技术复杂而精细,结果中未提供明确的速度数据,但证实了"电子束携带 Coulomb 场"的想法。

以上文献在时间上涵盖了 2004—2014 年,获得的 Coulomb 场传播速度处在超光速即 $(1.01 \sim 10)c$ 的范围内。有关进展不仅丰富了对近区场的认识,还坚定了"引力以超光速传播"的信心。

5 近区场的类消失态性质[3, 5-6]

电磁波的时间相位因子是 $e^{j\omega t - \gamma z}$,其中 z 为传播方向的坐标(距离),γ 为传播常数($\gamma = a + j\beta$,a 为衰减常数,β 为相位常数)。对于金属壁均匀柱波导而言,内部电磁状态是有截止现象的场,截止频率 $\omega_c = 2\pi f_c$(下标 c 代表 cutoff)。可以证明与 f_c 对应的截止波长为

$$\lambda_c = \frac{2\pi}{h} \tag{33}$$

式中:h 为本征值(eigen value)。上式体现了本征值非零的传输系统的特性。

γ 的英文写法是 propagation constant;现定义一个参数叫传播因子(propagation factor):

$$k_z = -j\gamma = \beta - j\alpha \tag{34}$$

因而传输系统可分为两区域,即表2;由于截止区 k_z 几乎是纯虚数,对应的波矢称为虚波矢(i-imaginary wave vector),相应的波称为虚电磁波(imaginary waves)。

表 2　波导内的两种电磁状态

工作频率		$f > f_c$	$f < f_c$
分区		传输区(传播态)	截止区(消失态)
传播常数	a	很小	很大
	β	较大	很小
	近似值	$\gamma \approx j\beta$	$\gamma \approx a$
传播因子近似值		$k_z \approx \beta$	$k_z \approx -j\alpha$

在消失态(场、波)情况下,电场与磁场矢量的时间相位差为 $\pi/2$(TM 模 $\boldsymbol{H}$ 超前,TE 模 $\boldsymbol{E}$ 超前);Poynting 矢瞬时值 $\frac{1}{2}(\boldsymbol{E} \times \boldsymbol{H}^*)$ 为纯虚数,Poynting 矢平均值 $\frac{1}{2}\mathrm{Re}(\boldsymbol{E} \times \boldsymbol{H}^*) \neq 0$,波阻抗均为电抗,体现电能和磁能的储存。对于电小天线近区场 $\boldsymbol{E}$ 和 $\boldsymbol{H}$ 的相位差为 $-\pi/2$,$\boldsymbol{H}$ 超前;Poynting 矢瞬时值为纯虚数,平均值为 0。也是储能场性质,体现为电抗性场。……上述对比表明,两者的性质几乎完全一样!

不仅如此,两者均随距离增大而迅速衰减,只是规律不同——消失场按 $\mathrm{e}^{-\alpha r}$ 规律,近区场按与 r^3(或 r^2)成反比关系。我们认为在一定条件下两者可以非常接近;取消失场强为

$$E_e = E_0 \mathrm{e}^{-\alpha r} \tag{3a}$$

电小天线的场强为

$$|E_S| = \frac{K}{r^3} \tag{35}$$

并令 $E_e = |E_S|$,即

$$E_0 \mathrm{e}^{-\alpha r} = \frac{K}{r^3}$$

等式两边各取自然对数,可得

$$\ln E_0 - \alpha r = \ln K - \ln r^3$$

故可得

$$a = \frac{1}{r}\ln\left(\frac{E_0 r^3}{K}\right) \tag{36}$$

只要上式满足,两种场的下降完全一样。这虽在实际上不可能(因上式中 a 与 r 有关),但是两个随 r 增大而不断减弱的场的有趣比较。

另外,两者都有类稳场(quasi-static field)的特征。在消失场理论中,虽然是时变场,但对于某些结构的分析,竟可把它看成为单独电场的静态场情况(例如,截止波导中的 TM 模式用等效电容器分析处理,TE 模式用等效电感处理)。在电小天线理论中,也有类似情况——靠近天线的场会遵循 Poisson 方程,因而可按静电场去处理。

由于上述种种原因,消失场结构和天线近区场结构中,都发现了超光速传播的现象,从而把我们的神秘感又推进了一步。大自然就这样不断刺激人们的想象,使研究者欲罢不能,充满浓厚兴趣。表3是自1999年以后的20多年来各国科学家在理论上和实验上对消失态电磁场造成超光速现象以及近区电磁场中发现超光速现象的研究成果,跨越非常宽的频段(从短波到太赫)。一种情况是速度值为正时的超光速,这时 $v \leqslant 10c$;另一种情况是速度值为负时的超

光速,那是一种比无限大速度还大的速度[19],其含义我们已做过多次论述[8-10]。……需要指出的是,早在1996年Ranfagni[20],即用"消失态的存在"解释某些近区场超光速现象,如图4所示。

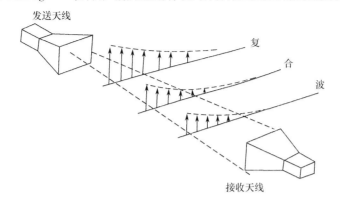

图4 近区场实验中侧向消失场的示意

表3 近年来消失态电磁场和近区场研究中发现的超光速现象

电磁状态	研究者	时间(年)	频段	研究方法和结果
消失态电磁场	黄志洵[3]	1991	超短波微波	在论述截止波导理论的专著中给出了在消失波条件下可能出现超光速传播,甚至相速、群速都可能为负值(不是矢量方向相反的"负",而是速度数值为负)
	A. Enders 和 G. Nimtz[21]	1992	微波	最早的把截止波导作为势垒的隧穿实验,结果为群速超光速,$v_g = 4.7c$
	G. Nimtz 等[22]	1997	微波	使两路微波脉冲赛跑,结果为穿过势垒(截止波导)的一路超光速,$v = 4.34c$
	K. Wynne 和 D. Jaroszynski[23]	1999	太赫	用微小孔径的圆截止波导做实验,观察到太赫脉冲以超光速传播,负时延达到(-110fs)。脉冲在进入装置前就出现在孔径处了
	K. Wynne 等[24]	2000	太赫	用微小孔径的圆截止波导(直径50μm)做实验,发现相速超光速($v_p > c$);甚至可成为负值($v_p < 0$),脉冲进入样品前就在输出端出现了
近区电磁场	A. Ranfagni 等[25]	1993	微波	用双角锥喇叭在开放空间实验,在天线间距不大(发射天线近区)时发现电磁波传播超光速
	A. Ranfagni 和 D. Mugnai[20]	1996	微波	用双角锥喇叭在开放空间实验,在近区以及近区、远区分界处都发现电磁波异常传播即超光速现象,结果为$v = 2c$
	D. Mugnai 等[26]	2000	微波	用圆狭缝天线经抛物面发送X波,测得电磁波超光速,$v = 1.053c$
	W. Walker[27]	1999		理论分析表明在电偶极子近场区,电磁波以比光速大许多倍的速度传播,但r增加到波长λ位置时降为光速c
	A. Kholmetskii 等[15]	2007	米波	用高压(5.5kV)产生多谐波电流脉冲,经隔直流电容器和同轴电缆送到环天线($L = 46\text{nH}$)上。实验发现了近区场具有非局域特性,传播速度$v = 2c$及$v = 10c$

电磁状态	研究者	时间(年)	频段	研究方法和结果
近区电磁场	A. Kholmetskii 等[16]	2007	米波	用高压(5.5kV)产生多谐波电流脉冲,经隔直流电容器和同轴电缆送到环天线($L = 46nH$)上。实验发现近区束缚场以超光速传播;离环天线远(远区 $r \geqslant 80cm$)时为光速($v = c$),在近区离环天线越近传播速度越大——$r = 50 \sim 60cm$ 时,$v = 4.3c$;$r = 40cm$ 时 $v \approx 8.2c$
	N. Budko[12]	2009	微波	实验发现了近区场中的负速度传播现象;发射天线用垂直偶极天线,微波脉冲中心频率4GHz;观察到波形反时间行进
	O. Missevitch 等[17]	2011	米波	对文献[15,16]在实验技术和方法上做改进,对近区束缚场传播给出测量结果为 $v = (1.6 \pm 0.05)c$
	樊京等[28]	2013	短波	把 20MHz 正弦波信号送到环天线,发射天线直径25cm;用两个直径3cm的线圈接收在不同距离上的信号。实验证明在近区磁力线速度可达 10 倍光速($v \geqslant 10c$)

表3中的两大部分是相互联系的,也符合2013年黄志洵[6]论文的主题和基本观点。图5是表3中最后一项的示意,即樊京等做近区场实验时的装置,实验设计有创新的内涵。

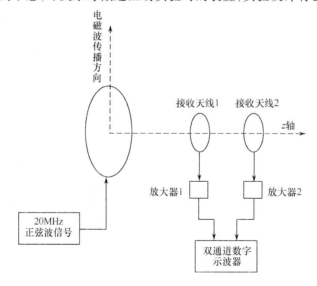

图 5　磁偶极子(环天线)测量系统

对于表3,笔者特别关注一篇论文,N. Budko[12]的文章"自由空间中电磁场局域负速度观测",该文从提出一个基本的问题开始:究竟是什么以速度 c(299792458m/s)行进?众所周知这个值已被国际计量组织确定为米定义的基础(见 P. Giacomo, Metrologia, 1984, Vol. 20, 25)。在考虑实际中广泛采用的电磁脉冲时,有一个问题始终存在:是什么离开了用该速度行进的波阵面(波前(wave front))?通常认为是自由空间中的完整电磁波形。然而矢量电磁场的近场、中场动力学比简单的"向外传播"要复杂很多。特别是在紧靠源的地方,波前以光速向外传播,波形主体却向内或反时传播(main body of wavefront appears to go inwards or back in time),此效应导致自由空间中的超光速结果。

根据 A. de Hoop 的书（*Hand book of radiation and scattering of waves*, New York：Academic Press，1995），其中有经典的三维时域辐射公式,源外任一点的场强 $E(r,t)$ 可表为三个积分项的加权和,这三项分别代表近场、中场、远场的情况,我们在这里称之为①、②、③;如果仅有③（离源足够远时就是如此）,就简单了。问题在于①和②的影响,Budko 做了分析和计算,发现近场和中场的第一个最大值相比于远场的第一个最大值要迟滞一些。Budko 论证了存在一个区域,在其中波形主体随时间做逆向运动——随着离源的距离加大,接受者收到的波形极值的时间不断提前。假设源为有限正弦波束,中心频率 $f_0 = 4\mathrm{GHz}$,这时 $r = (10 \sim 100)\mathrm{mm}$ 为近场、中场区域,对近场波形的模拟（仿真(simulation)）计算表明在近场区（例如 $10 \sim 13.6\mathrm{mm}$）存在负速度。即 outer edges shift rightwards（正常现象）,而 inner part shift leftwards（负速度现象）。注意这与环境无关,即使在真空中也是如此。

Budko 提示的近场电磁现象令人惊奇,例如他展示了几个以时间为函数的近场波形的细节,它们是通过逐步加大与源的距离 r 而获得的。尽管波包的边缘向右移动,内含部分却向左移动,即 travels back in time。实验证实了上述的模拟（仿真）计算,实际的负速度区大约为 8mm。虽然测量的对时间逆行移动较小,这可用源和接收天线间的相互作用等因素而解释。Budko 最后力图对所观测的现象从经典或量子理论做出说明,但是很明显,论文在这方面比较弱。有一个解释是这样的:近场和中间场成分都包含一个额外的关于远场的相对时延。这些相对时延随着离场源距离的增加而逐渐消失。因此辐射场的整体效果由两部分组成:一是通常的以光速向外的运动;二是相对向内的运动。这导致了在近场和中间场中所选择的波形特征的速度明显超出了光速。

笔者认为,近场超光速现象可用消失态理论解释,近场负速度现象可用 Maxwell – D'Alembert 方程的超前解说明。再加上虚光子理论的帮助,这一切均为可理解的物理实在。然而 Budko 似乎不熟悉、不清楚这些理论,感到有些茫然是可以理解的。

6　从辐射近场数据外推到辐射远场[29-31]

前已述及天线的远场条件是 $r \gg 2D^2/\lambda$, D 为大型辐射器的口面尺寸。这个条件的推导是根据天线孔径上的最大相位相差不超过 $\pi/8$。推导过程是:先假定有一个小尺寸源天线 S 发射出球面波,经距离 r 到达最大孔径 D 的大型待测天线（此时作接收天线）。如图6所示,中心点 O 与边缘点 A 有射线的行程差（Δr）,按 $\triangle SOA$,有

$$r^2 + \left(\frac{D}{2}\right)^2 = (r + \Delta r)^2 \tag{37}$$

由于 $r \gg \Delta r$, $D \gg \Delta r$,得近似关系式:

$$r \approx \frac{1}{8}\frac{D^2}{\Delta r} \tag{38}$$

若 $\Delta r \to 0$,则 $r \to \infty$,表示如要求平面波照射待测天线口面,理论上要求无限大测试距离。实际上只是限制 Δr 的大小,例如规定 $\Delta r \leqslant \lambda/16$,代入上式得到

$$r \geqslant \frac{2D^2}{\lambda} \tag{39}$$

这时相应的相位差 $\beta(\Delta r) = 2\pi/\lambda \cdot \lambda/16 = \pi/8$。

对于大型口面的发射天线,若源频率较高（波长较短）,$2D^2/\lambda$ 会是一个较大的值,建设测

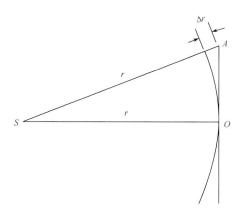

图 6　远区界限值的推导依据

试场很不方便。例如 $D=10\text{m}$，$\lambda=1\text{cm}$，则可计算出 $2D^2/\lambda=20000\text{m}=20\text{km}$；这个距离很大，而远区的要求是 $r\gg2D^2/\lambda$，故可知由辐射近场数据（在小范围获得）推出远场数据是有很大意义的。从辐射近场测量结果推算出需要的远场数据是早在 20 世纪 60 年代就展开研究的技术；在平面扫描中探头做平移，以检测场的幅度和相位，操作过程要保证扫描面与大型天线口面的平行度。那么怎样保证得到的结果可靠？首先要有确切的变换理论，其次要有能处理大量数据的电子计算机。

目的在于用小距离内的实验取代大尺度的实验；或者在小距离范围模拟远场条件（缩距技术），由近场测试数据计算远场方向图（解析技术）。另有一种外推技术，意思是说可以用平面波散射矩阵为基础，并把天线看成一种比二端口（two ports）网络复杂得多端口换能器（multi – ports transducer），对空间辐射的每个方向和每一种极化都对应一个输入口和一个输出口。这种换能器把自身体系内的波转换为空间内的平面波角谱（发射天线状态），或把自由空间的平面波角谱转换为系统内的波（接收天线状态）。因此，天线的诸特性要依靠散射矩阵参数的确定。

图 7 是天线系统示意，三角形代表大口面天线，出射的复数波为 b_0、b_m（b_0 是通过波导向设备传送的波，b_m 是射向空中的波）。图 5 中 A_0+A_0' 是内界面，$A_\infty+A_1$ 是外界面，两者之间形成体积 V；$z=z_0$ 处的平面（xy）即 A_1 面，它与天线口面间距即 z_0；平面扫描就是以一个接收天线探头沿 x、y 方向平行移动。

先考虑截面 A_0 处的场；横向场写作

$$\boldsymbol{E}_t=U_i(z)\boldsymbol{e}_{ti}^0(x,y) \tag{40}$$

$$\boldsymbol{H}_t=I_i(z)\boldsymbol{h}_{ti}^0(x,y) \tag{41}$$

式中：i 为第 i 模；U、I 为一对标量函数，即波型电压、波型电流；$\boldsymbol{e}^0$、$\boldsymbol{h}^0$ 为一对矢量函数，即基准电场、基准磁场。由微波网络理论，定义 a_i 为第 i 口入射波，b_i 为第 i 口出射波（在单模假定下"第 i 口"说法与"第 i 模"一致）；并有以下关系

$$U_i=a_i+b_i$$

$$I_i=\frac{a_i-b_i}{Z_{0i}}$$

式中：Z_{0i} 为第 i 口传输线阻抗。

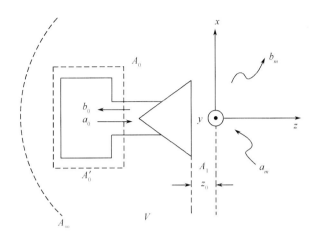

图 7　电磁波辐射系统示意

按归一化条件(取 $Z_{0i} = 1$)处理,这时可写出

$$\boldsymbol{E}_t = (a_0 + b_0)\boldsymbol{e}_t^0(\boldsymbol{r}) \tag{42}$$

$$\boldsymbol{H}_t = (a_0 - b_0)\boldsymbol{h}_t^0(\boldsymbol{r}) \tag{43}$$

式中:$\boldsymbol{r}$ 为 A_0 面上的位置矢量。

现考虑 $z \geqslant 0$ 区域的场,引用时谐条件的 Maxwell 方程,写出在平面波条件下的解:

$$\boldsymbol{E} = T\mathrm{e}^{-\mathrm{j}\boldsymbol{k}\cdot\boldsymbol{r}} \tag{44}$$

$$\boldsymbol{H} = \frac{1}{\omega\mu}(\boldsymbol{k} \times \boldsymbol{T})\mathrm{e}^{-\mathrm{j}(\boldsymbol{k}\cdot\boldsymbol{r})} \tag{45}$$

式中矢量 $\boldsymbol{T}$ 与波矢 $\boldsymbol{k}$ 垂直;现引入谱密度函数,a_m、b_m、$\boldsymbol{E}$、$\boldsymbol{H}$ 可表为两项叠加后求和,再对横向波矢量 $\boldsymbol{k}_t$ 积分:

$$\boldsymbol{E}(\boldsymbol{r}) = \int \sum_m (a_m \boldsymbol{E}_m^- + b_m \boldsymbol{E}_m^+)\mathrm{d}\boldsymbol{k}_t \tag{46}$$

$$\boldsymbol{H}(\boldsymbol{r}) = \int \sum_m (a_m \boldsymbol{H}_m^- + b_m \boldsymbol{H}_m^+)\mathrm{d}\boldsymbol{k}_t \tag{47}$$

式中:上标" + "号代表正向传输;" − "号代表反向传输;下标 m 表示考虑了不同极化情况。

假定有二端口网络,一口的入射、出射波为 a_0、b_0,另一口为 a_1、b_1,则有

$$\begin{cases} b_0 = S_{00}a_0 + S_{01}a_1 \\ b_1 = S_{10}a_0 + S_{11}a_1 \end{cases}$$

b_0 包含反射波 $S_{00}a_0$ 和 a_m 透射过来的波两部分,故据图 6 可写出

$$b_0 = S_{00}a_0 + \int \sum_m S_{01}(m,\boldsymbol{k}_t)a_m(\boldsymbol{k}_t)\mathrm{d}\boldsymbol{k}_t \tag{48}$$

b_1 现在是 b_m,故有

$$b_m = S_{10}(m,\boldsymbol{k}_t)a_0 + \int_{\Sigma} S_{11}(m,\boldsymbol{k}_t;n,\boldsymbol{L})a_m(\boldsymbol{L})\mathrm{d}\boldsymbol{L} \tag{49}$$

为了加深对以上两式的理解,看两种具体情况。先假设天线用于辐射,电磁波 b_m 向外,故 $a_m = 0$,得

$$b_0 = S_{00}a_0 \tag{50}$$

$$b_m = S_{10}(m, \mathbf{k}_t) \tag{51}$$

式中：S_{10}代表天线辐射性能；S_{00}为输入反射系数。现在的状况是天线把输入波a_0转换为平面波$b_m(\mathbf{k})$的角分布形式。其次假设天线用于接收，且端接无反射匹配系统，故$a_m = 0$，得

$$b_0 = \int \sum_m S_{01}(m, \mathbf{k}_t) a_m(\mathbf{k}_t) \mathrm{d} \mathbf{k}_t \tag{52}$$

$$b_m = \int \sum_m S_{11}(m, \mathbf{k}_t; n, L) a_m(L) \mathrm{d} L \tag{53}$$

式中：S_{01}代表天线接收性能，它说明天线对入射平面波谱$a_m(m, \mathbf{k}_t)$的响应；S_{11}代表散射特性，说明由右面入射的波如何被散射回自由空间。

类似方法还可分析处理一个完整的传输系统(包含发射天线、传输空间、接收天线)，这里从略。本节内容已表明可以通过波导模式理论与微波网络相结合而建立起可以从近场数据外推远场的基础。图8是一个实例，抛物面天线口径$D = 0.3\mathrm{m}$，频率为13.5GHz；曲线中的实线是在远场实测方向图，虚线是口径场分布推出的远区数据，二者基本上吻合一致。

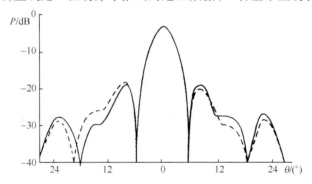

图8　由解析技术算出的远场方向图与实测比较

7　基于受试样品与近场相互作用的微波近场显微镜[7, 33-36]

科技发展的一个重要特点是各种新材料不断涌现；如何确定它们的性质，需要采取不同的、在多波段实施的测量手段。对材料的理解正来自对于电磁场和物质相互作用的研究，凝聚态物理中进行测量的新方法得到发展；其中的一个技术是在近场条件下实施测量，这时的电磁环境体现为近区场和/或消失场，它们与被测样品(sample)产生相互作用。所得到的知识弥补了传统远场测量的不足。与材料的光学方法测量相比，微波辐射与物质相互作用的方式更加直接。……以上的叙述简单说明了微波近场扫描显微镜(Near-field Scanning Microwave Microscope，NSMM)的由来。

NSMM的一个要素是近场微波探头(探针)(Near-field Microwave Probe，NMP)。在微波技术发展史上，波导技术中有一种小孔耦合，其理论基础由H. Bethe建立(见Phys. Rev.，1944，Vol. 66，163)。图9显示利用小孔作NMP的NSMM，图中的平板是金属板，上有小孔，产生近场电磁结构；受试样品放在板子与检测器之间。

探针还有多种形式可用，图10显示一些可能的方案；许多近场微波显微镜包含一个类似于次波长触角的特性，即显微尖端。该尖端可以用小孔在不透明的屏幕上形成图(图10(a))，由削尖的棒子形成的电线或探查隧道显微(STM)尖端图(图10(b))，电开放式传输线平端(图10(c))，磁性回路图(图10(d))；以及使用平行微带线的方案(图10(e))。可以看

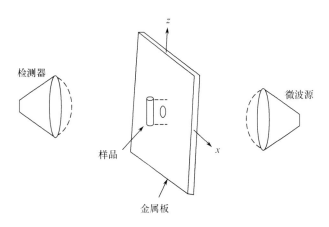

图9　用小孔作为探针的 NSMM 示意

出,设计中采用了微波传输线的各种形式,从波导到微带线。

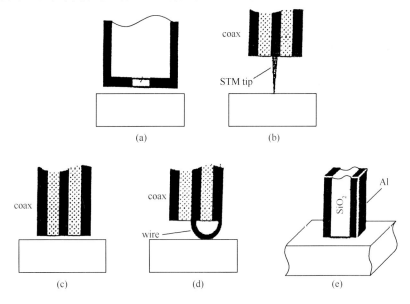

图10　NMP 的各种方案

图11 是美国 Maryland 大学研制的扫描谐振腔近场微波显微镜(scanned resonator near - field microwave microscope),注意探针与受试样品之间的关系(tip/sample interaction)。在一般情况下,尖端或者接触样品,或者保持一个远小于探针尖端特性长度 D 的间距 h;现在场区分为:近场(静态场)、中场(感应场)、远场(辐射场)三段,而远场满足 $D \ll \lambda \ll r$。在尖端的近场,电场、磁场结构复杂,场分布取决于尖端几何形状及环境的情况;E/H 可比 377Ω 大得多或小得多。这些场不是横场,更接近正交,它们按 r^{-2} 或 r^{-3} 规律衰减。近场定义是 $D \ll r \ll \lambda$,延迟效应小表示传播速度大。当然,近场状态也可能有消失场(态),具有虚波数的"波"不会带走能量,而是储存电能和/或磁能;这种状态无论小孔或尖端都会有。因此,在针头作用下的样品所产生的是狭义的近场和/或消失场。

NSMM 具有很高分辨率,可测纳米级、微米级样品;频带也很宽。美国 Angilent 公司似有产品;中国计量科学院(NIM)可能要研制这种设备,这为近场测量研究提供了动力。

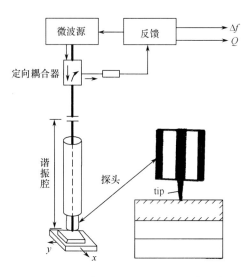

图 11   扫描谐振腔近场微波显微镜示意

8   近场超光速现象的量子解释

现在我们尝试用量子理论解释近区场超光速现象。传统上,电磁理论工作者和天线工程师不大可能在自己的工作中使用量子力学(QM);但在近区电磁场研究不断深入而且有新发现时就有这样做的必要。首先应了解:QM 的本质在于其非经典性、微观性和非局域性;量子力学和狭义相对论(SR)在本质上并不具有一致性(同一性)。R. Penrose 曾指出[37],EPR 论文的"物理实在"贯穿着相对论精神,正确的非局域 QM 图像与 SR 之间有本质上的冲突"。……笔者认为,SR 与 QM 之间有根本性矛盾。这不是偶然的,它们实际上代表两种不同的自然观和宇宙观。SR 不对微观体系做正面诠释,它在 1905 年问世时国际科学界还不能认识原子的性质,8 年后(1913 年)Bohr 才提出原子能级的概念。SR 理论在提出时即表现为经典性和宏观性,到 1935 年 EPR 论文发表时又呈现其局域性[38-40]。可以说,EPR 论文与 SR 论文在本质上一致,因而我们能理解 Einstein 为什么固执地反对 QM——QM 的非局域性(non - locality)思维方式正是与 SR 格格不入的东西。EPR 论文是 1935 年发表的,其局域性原则与 SR 一致,坚持能量与信息以超光速传送的不可能性,坚持在类空的分离体系(Ⅰ和Ⅱ)之间存在超距作用的不可能性。又用思维实验说明 QM 是违反局域性原则的,而这正是在 QM 中分离体系有超距作用的根本原因。

2007 年 Kholmetskii 等[15,16]声称他们在天线近场实验中"证实了非局域性",因此对这个 non - locality 应有更深刻的了解。笔者认为 QM 的三个本质特征中最重要的就是非局域性,其核心思想就是超光速性。近场实验对非局域性的肯定表示经典电磁理论与量子理论之间有深刻联系,只有同时使用这两者才能使自然现象得到理解和诠释;因此在这里有必要再做阐述。

Einstein 对 QM 的反对态度从 1926 年开始显露,1935 年与 B. Podolsky、N. Rosen 联合发表论文时达到顶点,而 EPR 论文后来是从反面促进了科学的发展。该文以 SR 为思想基础,而 SR 和 EPR 都否定超光速的可能。但 QM 允许超光速存在,并与研究超光速的前提即 QM 非局域性一致。1985 年 J. Bell 说[41],Bell 不等式是分析 EPR 推论的产物[42],该推论说在 EPR 文章条件下不应存在超距作用;但那些条件导致 QM 预示的奇特相关性。Aspect 实验[43]的结果

226

是在预料之中的,因为 QM 从未错过,现在知道即使在苛刻的条件下它也不会错。可以肯定实验证明了 Einstein 的观念站不住脚。Bell 认为在进退两难的处境下可以回到 Lorentz 和 Poincarè,他们的以太是一种特惠参考系,在其中事物可以比光快。Bell 指出正是 EPR 给出了超光速的预期。……1992 年以来有多个超光速实验成功的报道,有的以量子隧穿为基础,有的利用经典物理现象(如消失波、反常色散)。而在 2008 年,D. Salart 等[44]用处于纠缠态的相距 18km 的两个光子完成的实验证明其相互作用的速度比光速大 1 万倍以上,为$(10^4 \sim 10^7)c$;可以说此实验对有关 EPR 的长期争论做了结论。

多年来,量子超光速性是笔者的主要研究课题之一。1985 年我们提出了量子势垒的等效电路模型;1991 年我们最早指出截止波导中消失波模有负相速($v_p < 0$)和负群速($v_g < 0$)现象,笔者的专著《截止波导理论导论》获全国优秀科技著作奖。2003 年我们用同轴光子晶体进行实验并观测到阻带中的超光速群速,为$(1.5 \sim 2.4)c$。2012 年提出量子超光速性(Quantum Superluminality,QS)概念[45],并建议改造现有的高能粒子加速器以寻找和发现超光速奇异电子。另外,我们多次指出:自 2000 年以来的负群速实验常以某金属(如铯、钾、铷)的原子蒸气状态作为受试对象,充分利用激光的高科技特性和手段,从而使之成为具有典型量子光学(QO)特征的现代物理实验,因而极不同于经典性质的物理实验。负群速不仅是超光速的特殊形态,而且普遍具有下述特征:输入脉冲进入媒质前,出口处即呈现输出脉冲峰,因而与经典因果性不同。

消失态中指数下降现象在量子势垒中也存在[45];这种电磁状态有普遍性,因而具有明显特色——传播方向上波矢大小近似为虚数,几乎没有行波(类似驻波);是电抗性储能场;等等。它有静态场特征,但又不完全一样。更奇妙的是,消失态与量子场论中的虚光子(virtual photons)相对应[46]。我的朋友 Günter Nimtz 教授一直坚定地认为"evanescent modes are virtual photons"。

早在 1971 年 C. Carniglia 和 L. Mendal[47]发表论文《电磁消失波的量子化》,文中说是"选择利用消失波的虚光子途径来表达场"。1973 年 S. Ali[48]发表论文"量子电动力学(QED)中的消失波",文中说"消失波实际上是承载场和源相互作用的虚光子",又说"消失波将成为一个量化理论的虚粒子群""消失场与虚光子场是相同的,这并不是一种模式对模式的同一性。"2006 年 A. Stahlhofen 和 G. Nimtz[49]发表论文《消失模是虚粒子群》,文中说多年来基于 QED 的研究认同消失模与虚光子的一致性,其怪异性质(如非局域性和不可观测性)违反了相对论因果律。2000 年 G. Nimtz 教授曾致函笔者说:"只有在引入并考虑 QM 时,消失模才能得到正确描述和理解;消失模现身为虚光子,但它不能测出。"他又说:"我认为消失模是满足 Galilei 不变性的,不知你同意否?"

因此,从量子场论(QET)和量子电动力学(QED)的角度看,消失态是虚光子群总体贡献的结果。既然电磁源近场的两个组成部分(束缚场和消失场)是类消失态和消失态,故用虚光子理论作为超近区的超光速现象的解释是有益的。例如 Nimtz 曾指出,在 Feynman 型时空图上,虚光子对应的过程是空间距离在变而时间基本不变,这就代表有潜在的极高速度。这与用经典电磁理论研究截止波导时的发现[3]——在截止区相位常数近于 0 的事实总是指向消失态传播非常之快的状况。我们可以从中有所领悟。

9 结束语

本文从理论和应用两方面概述了天线(广义说法是任何电磁源)近区场研究的情况和进

展。在实际应用方面，论述了传统的从辐射近场(radiating near - field)到辐射远场(radiating far - field)的数据转换理论，以及近场微波显微镜的发展；由此看出近场研究的重要性，从而知道为什么有许多科学工作者投身于这一领域。……然而，由于自第二次世界大战时期以来70多年期间有天线工程方面的巨大研究规模和技术进步，多数人只关注远场，对近场只满足于片段的(有时甚至是片面的)了解，造成的结果是近场(特别是非常靠近源的地方)的理论进展缓慢滞后；只是到近十几年中情况才开始改变。

由本文的内容可知，大千世界丰富多彩，人们的认识也就不能简单化、单一化。想象一下，一个被纯电抗性场紧紧包围的源天线，有功功率(有时是强大的有功功率)却从这种储能场环境中冲出，在远区形成接近平面波的电磁结构，这难道不是非常生动有趣的场景？近年来在非常靠近源的地方发现了超光速传播现象和负波速传播现象，这都要求更进一步的、更深刻的解释。而把上述现象与纯粹 Coulomb 场以及充塞宇宙中的引力场的超光速传播现象相联系，这种比较研究方法给人们带来了更多的启示。

本文给出了多个理论上的对偶关系——束缚场与消失场；推迟解与超前解；正波速超光速与负波速；束缚场传播与引力场传播；辐射近场与辐射远场；模式理论与网络理论；经典电磁学分析与量子理论分析；实光子与虚光子；这些对偶性质的二元化特征正是事物本性的体现。……以下笔者给出对进一步开展研究的几点建议：

首先，本文所述近场、中场、远场的划分方法是根据电(小)偶极子天线的场分析而提出来的。然而，近年来的实验显示，环天线具有方便实验、新现象频发、理论尚待深入的特点[15,28]，非常值得再做研究，并探索相关的超光速现象和负波速现象。

其次，对消失态的研究虽有很大进展[5, 50 - 52]，但要深刻认识和掌握其潜在的特质，仍然是困难的。怎样认识它造成的超光速现象？怎样用虚光子理论分析近场？诸多问题仍然待解。近年来意大利物理学家开展了企图直接观测虚光子的研究[53,54]，值得注意。近场理论研究或许能在量子理论的介入下才能取得突破。

再次，虽然早在1945年 J. Wheeler 和 R. Feynman[55] 即指出了 Maxwell - Helmholtz 波方程的超前解不应随便抛弃，但他们当时也不敢说会有单独的超前波存在。在今天，我们知道确有负速度的波[8 - 10]。特别是，2009年 N. Budko[12] 以实验发现了天线近场区的负速度，现象是在自由空间中发生的，并不依靠反常色散之类的媒质。近年来以负物理参数为基础的超材料(metamaterials)理论与技术迅猛发展[56]；在这研究浪潮中也出现了对内向波的研究[57]，却是依靠"异向介质"的，实际上是一种左手材料技术。我们课题组也在2014年成功地测到了负群速(NGV)[58,59]，但也是使用了以左手传输线为基础设计的芯片……然而现在面对的近场测量不一样，它是不依赖上述条件(如反常色散媒质、LHM 材料)也会出现的现象，这就更具有研究价值。

总之，我们强调打破思想局限，用此前被认为不可能的方式思考，去认识未知，去理解现象。对未来的发展我们充满期待。

附：关于 Fourier 变换对

在高等数学中，积分变换包含 Fourier 变换、Laplace 变换、Hankel 变换等。函数 $f(t)$ 的 Fourier 变换为

$$F(\lambda) = \frac{1}{\sqrt{2\pi}} \int_{-\infty}^{\infty} f(t) e^{-j\lambda t} dt$$

而 $F(\lambda)$ 的 Fourier 逆变换为

$$f(t) = \frac{1}{\sqrt{2\pi}} \int_{-\infty}^{\infty} F(\lambda) e^{j\lambda t} d\lambda$$

$f(t)$ 称为 $F(\lambda)$ 的象原函数，$F(\lambda)$ 称为 $f(t)$ 的象函数。

定义方式也可有些变化；例如取 $f(t)$ 的 Fourier 变换为

$$F(\lambda) = \int_{-\infty}^{\infty} f(t) e^{-j\lambda t} dt$$

则逆变换为

$$f(t) = \frac{1}{2\pi} \int_{-\infty}^{\infty} F(\lambda) e^{j\lambda t} dt$$

在以上各式中 $j = \sqrt{-1}$。

也有另一种定义方法，取

$$F(\lambda) = \frac{1}{\sqrt{2\pi}} \int_{-\infty}^{\infty} f(\lambda) e^{j\lambda t} dt$$

则有

$$f(t) = \frac{1}{\sqrt{2\pi}} \int_{-\infty}^{\infty} F(\lambda) e^{-j\lambda t} d\lambda$$

在工程计算中 Fourier 变换对有广泛的应用。

参考文献

［1］Silver S. Microwave antenna theory and design［M］. New York：McGraw Hill, 1949.

［2］宋文淼，等. 实物与暗物的数理逻辑［M］. 北京：科学出版社，2006.

［3］黄志洵. 截止波导理论导论：第 2 版［M］. 北京：中国计量出版社，1991.

［4］黄宏嘉. 微波原理［M］. 北京：科学出版社，1963.

［5］黄志洵. 论消失态［J］. 中国传媒大学学报（自然科学版），2008,15(3)：1-19.

［6］黄志洵. 自由空间中近区场的类消失态超光速现象［J］. 中国传媒大学学报（自然科学版），2013,20(2)：40-51.

［7］Zhang T, Lucas J. The computation of dipole antenna aperture distribution by near-field measurement plane wave spectrum method. Proc. 3rd Inter Symp on Antenna and EM Theory［C］. Nanjing 1993.

［8］黄志洵. 影响物理学发展的 8 个问题［J］. 前沿科学，2013, 7(3)：59-85.

［9］黄志洵. 电磁波负性运动与媒质负电磁参数研究［J］. 中国传媒大学学报（自然科学版），2013,20(4)：1-15.

［10］黄志洵. 负波速研究进展［J］. 前沿科学，2012, 6(4)：46-66.

［11］刘辽. 试论王立军实验的意义［J］. 现代物理知识，2002,1：27-29.

［12］Budko N V. Observation of locally negative velocity of the electromagnetic field in free space［J］. Phys Rev Lett. ,2009,102：020401 1-4.

［13］Newton I. Philosophiae naturalis principia mathematica［M］. London：Roy. Soc. ,1687. （中译：牛顿. 自然哲学之数学原理［M］. 王克迪，译. 西安：陕西人民出版社,2001. ）

［14］Tzontchev R, et al. Coulomb interaction does not spread instantaneously［J］. 14 Oct. 2000, arXiv：phys. 100100 36Ⅵ［Phys. Class-ph］.

［15］Kholmetskii A, et al. Experimentsal test on the applicability of the standard retardation condition to bound magnetic fields［J］. Jour App Phys. , 2007, 101：023532 1-11.

［16］Kholmetskii A, et al. Measurement of propagation velocity of bound electromagnetic fields［J］. Jour Appl Phys. , 2007, 102：013529 1-12.

［17］Missevitch O, et al. Anomalously small retardation of bound(force) electromagnetic fields in antenna near zone［J］. Euro Phys.

Lett. ,2011, 93: 64004 1 – 5.

[18] Sangro R, et al. Measuring propagation speed of Coulomb[J]. arXiv:1211. 2913 v2[gr – qc], 10 Nov 2014.

[19] Sommerfeld A. Uber die fortpflanzung des lichtes in dispergierenden medien[J]. Ann d Phys. 1914,44(1):177 – 182. (又见:Brillouin L. Uber die fortpflanzung des lichtes in dispergierenden medien[J]. Ann d Phys. ,1914,44(1):203 – 208. 又见:Brillouin L. Wave propagation and group velocity[M]. New York:Academic Press,1960.)

[20] Ranfagni A,Mugnai D. Anomalous pulse delay in microwave propagation:A case of superluminal behavior[J]. Phys Rev E, 1996,54(5):5692 – 5696.

[21] Enders A,Nimtz G. On Superluminal barrier traversal[J]. J. Phys. I France,1992,(2):1693 – 1698.

[22] Nimtz G. Heitmann W. Superluminal photonic tunneling and quantum electronics[J]. Prog Quant Electr. ,1997,21(2):81 – 108.

[23] Wynne K,Jaroszynski D A. Superluminal terahertz pulses[J]. Opt Lett,1999,24(1):25 – 27.

[24] Wynne K. Tunileling of single cycle terahertz pulses through waveguides [J]. Opt Commun. ,2000,176:429 – 435.

[25] Ranfagni A. Anomalous pluse delay in microwave propagation:A plausible connection to the tunneling time[J]. Phys Rev E, 1993,48(2):1453 – 1458.

[26] Mugnai D,et al. Observation of superluminal behaviors in wave propagation[J]. Phys Rev Lett,2000,84(21):4830 – 4833.

[27] Walker W D,Superluminal near – field dipole electromagnetic fields[J]. http://www. arXiv. Org,1999.

[28] 樊京. 自由空间磁力线速度测量实验[J]. 中国传媒大学学报(自然科学版),2013,20(2):64 – 67.

[29] Kerns D M, Daghoff E S. Theory of diffraction in microwave interferometry[J]. J R NBS, 1960, 64B(1): 1 – 13.

[30] Kerns D M. Plane wave scattering matrices of interaction between a radiating and a receiving antenna[J]. J R NBS, 1976, 80B (1): 5 – 12.

[31] 黄志洵. 广义散射矩阵及功率波理论的若干问题[J]. 凯山计量,1985,(2):1 – 15.

[32] 林昌禄. 天线测量技术[M]. 成都:成都电讯工程学院出版社,1987.

[33] Wei T, et al. Scanning tip microwave near – field microscope [J]. Appl Phys Lett,1996, 68: 3506 – 3508.

[34] Vlahacos C P, et al. Near – field scanning microwave microscope with 100μm resolution[J]. Appl Phys Lett, 1996, 69: 3272 – 3274.

[35] Symons W C, et al. Theoretical and experimental characterization of a near – field scanning microwave microscope[J]. Trans IEEE,2001, MTT(Jun): 1 – 20.

[36] Anlage S, et al. Principles of the near – field microwave microscope[M]. New York:Springer, 2007.

[37] Penrose R. The emperor's new mind[M]. Oxford:Oxford Univ. Press,1989.

[38] Einstein A. Podolsky B,Rosen N. Can quantum mechanical description of physical reality be considered complete[J]. Phys Rev,1935,47:777 – 780.

[39] 黄志洵. 从 EPR 思维、Bell 不等式到量子信息学[J]. 北京广播学院学报(自然科学版),2001(4):1 – 11.

[40] 黄志洵. 论 EPR 思维研究[J]. 北京广播学院学报(自然科学版),2004,11(1):27 – 39.

[41] Brown J,Davies P. 原子中的幽灵[M]. 易必洁,译. 长沙:湖南科技出版社,1992.

[42] Bell J. On the Einstein – Podolsky – Rosen paradox[J]. Physics,1964,1:195 – 200. (又见:Bell J. On the problem of hidden variables in quantum mechanics[J]. Rev Mod Phys,1965,38:447 – 452)

[43] Aspect A,et al. The experimental tests of realistic local theories via Bell's theorem[J]. Phys Rev Lett,1981,47:460 – 465. (又见:Aspect A,et al. Experimental realization of Einstein – Podolsky – Rosen – Bohn gedanken experiment,a new violation of Bell's inequality[J]. Phys Rev Lett,1982,49:91 – 96.)

[44] Salart D,et al. Testing the speed of"spooky action at a distance"[J]. Nature,2008,454(Aug. 14):861 – 864.

[45] 黄志洵. 论量子超光速性[J]. 中国传媒大学学报(自然科学版),2012,19(3):1 – 16;19(4):1 – 17.

[46] 黄志洵,石正金. 虚光子初探. 现代基础科学发展论坛 2010 年学术会议论文集[C]. 北京平谷,2010.

[47] Carniglia C,Mendal L. Quantization of evanescent electromagnetic waves[J]. Phys Rev,1971, 3(2): 280 – 296.

[48] Ali S. Evanescent waves in quantum electrodynamics with unquantized sources[J]. Phys Rev D,1973, 7(6): 1668 – 1674.

[49] Stahlhofen A, Nimtz G. Evanescent modes are virtual photons[J]. Euro Phys Lett,2006,76(2):189 – 192.

[50] 黄志洵. 消失态与 Goos – Hänchen 位移研究[J]. 中国传媒大学学报(自然科学版),2009,16(3):1 – 14.

[51] 黄志洵. 消失场能量关系及 WKB 分析法[J]. 中国传媒大学学报(自然科学版),2011,18(3):1 – 17.

［52］Fornel F. Evanescent waves—from Newtonian optics to atomic optics［M］. Berlin：Springer, 2001.

［53］Onfrio R, Carugno G. Detecting Casimir forces and non – Newtonian gravitation［J］. arXiv：hep – ph/0612234V1, 19 Dec 2006.

［54］Kim W, Onfrio R. Detectability of dissipative motion in quantum vacuum via superadiance［J］. arXiv：0705, 2895 V1 ［quant – ph］. 20 May 2007.

［55］Weeler J A, Feynman R P. Interaction with the absorber as the mechanism of radiation［J］. Rev Mod Phys, 1945, 17(2, 3)：157 – 181.

［56］黄志洵. 电磁波负性运动与媒质负电磁参数研究［J］. 中国传媒大学学报(自然科学版), 2013, 20(4):1 – 15.

［57］刘慈香, 等. 异向介质中的内向波［J］. 中国科学院研究生院学报, 2006, 23(6):815 – 820.

［58］黄志洵, 姜荣. 量子隧穿时间与脉冲传播的负时延［J］. 前沿科学, 2014, 8(1):63 – 79.

［59］Jiang R(姜荣), Huang Z X(黄志洵), Miao J Y(缪京元), Liu X M(刘欣萌). Negative group velocity pulse propagation through a left – handed transmission line［J］. arXiv. org/abs/ 1502. 04716, 2014.

Negative Group Velocity Pulse Propagation Through a Left – handed Transmission Line

Rong Jiang(姜荣)[1]   Zhi – Xun Huang(黄志洵)[2]

Jing – Yuan Miao(缪京元)[3]   Xin – Meng Liu(刘欣萌)[3]

(1. Zhejiang University of Media and Communication, Hangzhou 310018, P. R. China;

2. Communication University of China, Beijing 100024, P. R. China;

3. National Institute of Metrology, Beijing 100013, P. R. China)

【Abstract】 In this paper, the microwave pulse propagation transferred through a left – handed transmission line using Complementary Omega – Like Structures (COLS) loaded was studied. There was a stop band in transmission from 5.6GHz to 6.1GHz, and the anomalous dispersion was causes in this band. Negative group velocity corresponds to the case in which the peak of the pulse exited before the peak of the incident pulse had entered the sample. The negative group velocity reached ($-0.27c \sim -1.85c$).

【Key words】 negative group velocity, anomalous dispersion, left – handed transmission line

In recent years, researchers' substantial was interested in the bizarre phenomena that occurred when the electromagnetic wave propagating through dispersive medium. It was well – known that the group velocities of the electromagnetic wave propagating through anomalous dispersion could exceed the speed of light in free space, and even became negative[1]. That is to say, the peak of the pulse would exit the medium before the peak of the incident pulse entered the medium [2]. The peculiar phenomenon had been investigated by the previous researchers. In 1982, S. Chu and S. Wong [3] first observed the phenomenon of negative group velocity in an absorbing medium. Hereafter, many experiments achieved, for example using atomic gases [4,5], photonic crystals [6], ridge waveguide [7], optical fiber [8,9] and the near field of the antenna [10] obtained the negative group velocity.

When electromagnetic wave propagated through the dispersive medium, the group velocity is $v_g = c/[n + f(dn/df)]$. It was known that when anomalous dispersion was occurred, $\dfrac{dn}{df} < 0$, and when $\dfrac{dn}{df}$ is small enough, $\dfrac{dn}{df} < -\dfrac{n}{f}$, $v_g < 0$, group velocity was negative. In microwave band to ob-

注:本文原载于 http://arxiv. org/abs/1502. 04176,2015。

tain $\dfrac{\mathrm{d}n}{\mathrm{d}f} < -\dfrac{n}{f}$, we needed to use complex systems and experiment was very different. Based on that, in order to make experiment system easier, we considered when $\dfrac{\mathrm{d}n}{\mathrm{d}f}$ was negative, n was also negative, and then, the negative group velocity could be achieved easily. Therefore we used left – handed transmission line whose refractive index was negative to obtain the negative group velocity.

In this paper, Complementary Omega – Like Structures (COLS) was used to load microstrip line [11-13] (shown as in Fig. 1) proceeded the experiment. This complementary structure exhibited the same electromagnetic behavior as complementary split ring resonators [14]. Therefore, a negative permittivity /permeability was obtained by the loops/stems of its complementary structure [12]. In Ref. 12 and Ref. 14, the basic unit cell for COLS loaded microstrip line and the lumped element e-quivalent circuit was shown in Fig. 2. Respectively, R_L was conductor losses, L was the inductance of the microstrip line, where $L_1 = L_2 = L/2$. C_k was line capacitance which was electrically coupled from backplane to the microstrip line. C_Ω and L_Ω were the capacitance and inductance of omega – like element, respectively.

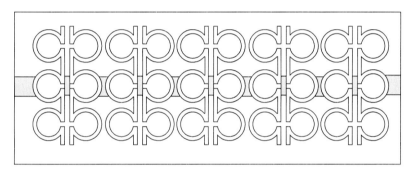

Fig. 1   The structure chart of the microstrip transmission line with complementary omega – like
structures etched in the ground plane. The gray strip is the microstrip
transmission line at the reverse side of printed circuit board.

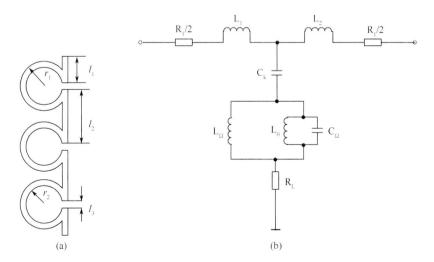

Fid. 2   (a) The structure of basic unit cell for a COLS. (b) equivalent circuit model

By above discussion we find that there are more parameters can be adjusted in the structure of COLS, so the range of anomalous dispersion was found more easily. First, we adjust the size of COLS, and we find that when the size of COLS is relatively small, the anomalous dispersion is strong, group delay is big, but frequency band is narrow. Nevertheless, when the size of COLS is relatively big, the anomalous dispersion is weak, group delay is small, but frequency band is wide. So by calculation the following parameters were chosen shown as in table 1. The structure we chosen was used to find the stop band where anomalous dispersion was occurred. And the phenomenon was observed by experiment used network analyzer (Agilent Technologies E5071C), and experimental setup was shown in Fig. 3 The measurement results was displayed in Fig. 4. Then, phase shift was calculated to determine whether exist negative group delay, because the group delay is the negative derivative of the phase shift for frequency $\tau_g = \dfrac{d\varphi}{d\omega}$. The result was displayed in Fig. 5. In the Fig. 5 it is observed that the negative derivative of the phase shift for frequency is negative.

Table 1(a) This is the parameters of basic unit cell of COLS and the gap between every basic unit. (b) This is the parameters of dielectric slab and the microstrip line

(a)

basic unit cell of COLS					
r_1	r_2	l_1	l_2	l_3	The gap of every unit
0.8mm	0.5mm	1.05mm	2.05mm	0.2mm	0.2mm

(b)

dielectric slab				microstrip line	
length	width	height	permittivity	length	width
60mm	16.8mm	1.27mm	8.5	60mm	1.25mm

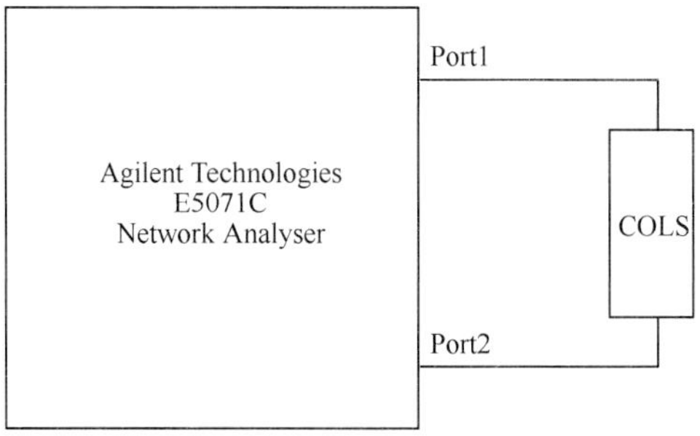

Fig. 3 The experimental set – up of the measurement of anomalous dispersion range

A diagram of experimental system which we used to measure the transit time of microwave pulses along the COLS loaded microstrip line is illustrated in Fig. 6. A sinusoidal carrier wave with a step pulse envelope was launched in the structure using a digital wave generator Agilent E8267D. For carrier frequencies ranging from 5.81GHa to 6 GHz, the pulse duration was scaled from 5μs. The step pulse was used in order to measure the group delay more easily, because the group delay is very smaller than the pulse width. The amplitude modulated signal fed into a power divider to generate two signals with the same energy. Then two same isolators was connected to two port of power divider in order to prevent reflected signal from interfering the source. Finally, two same test lines

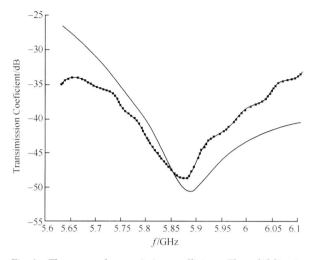

Fig. 4　The curve of transmission coefficient. The solid line is calculation results. The dashed line is the experimental results.

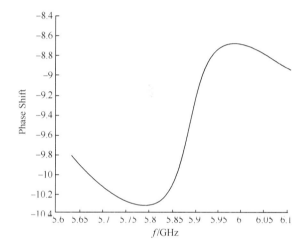

Fig. 5　The calculation curve of phase shift

were connected to a dual channel digital oscilloscope Tektronix DSA70804B. To observe micro – group – delay we used the real – time demodulation function of oscilloscope. A waveform that the peak of the pulse exits before the peak of the incident pulse has entered the sample at 5. 94GHz was presented in Fig. 7. Before measuring the group delay, the value time difference of two signal pathway was measured, and that is 0. 24 ns. Thereafter, the group delay of the COLS loaded microstrip line was measured. The measurement results are shown in the Table 2. The group delays are all negative from 5. 81GHz to 6 GHz. Through group delay the negative group velocities were obtained. The negative group velocities were(−0. 27 ～ −1. 85)c.

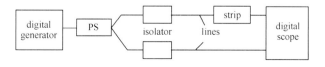

Fig. 6

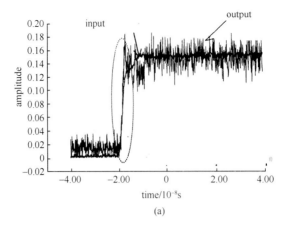

(a)

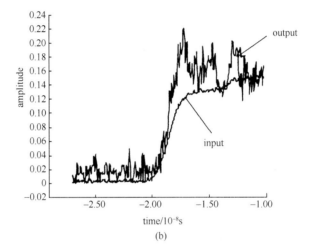

(b)

Fig. 7 (a) is the waveform at 5.94GHz, where the red line is output waveform and black line is input waveform. The output waveform is seen to be advanced in time and to experience distortion and noise in the circle rang. (b) is the enlarged picture of circle rang. It's obviously shown that output pulse advance

Table 2　Group delay

frequency/GHz	group delay/ns	frequency/GHz	group delay/ns
5.81	−0.259 ~ −0.977	5.91	−0.062 ~ −0.698
5.82	−0.264 ~ −0.267	5.92	−0.108 ~ −0.660
5.83	−0.285 ~ −1.907	5.93	−0.261 ~ −1.001
5.84	−0.520 ~ −1.540	5.94	−0.462 ~ −0.859
5.85	−0.241 ~ −1.12	5.95	−0.302 ~ −0.925
5.86	−0.730 ~ −1.370	5.96	−0.071 ~ −0.764
5.87	−0.127 ~ −0.998	5.97	−0.437 ~ −0.743
5.88	−0.285 ~ −0.840	5.98	−0.359 ~ −0.837
5.89	−0.316 ~ −0.932	5.99	−0.263 ~ −0.844
5.90	−0.239 ~ −0.631	6.00	−0.275 ~ −0.700

In conclusion, we have proposed and experimentally demonstrated microwave pulses propagation at negative group velocity by the COLS loaded left – handed transmission line. Compared to the previous negative group velocity experiments[6,7], our experiment scheme is more easily and the accuracy of measurement is higher.

Acknowledgement

This work is supported by Specialized Research Fund for the Doctoral Program of Higher Education(No. 200800330002).

References

[1] L. Brillouin, inWave Propagation and Group Velocity ~ Academic, New York, 1960!

[2] C. G. B. Garrett, D. E. McCumber,Phys. Rev. A1, 305 (1970)

[3] S. Chu, S. Wong,Phys. Rev. Lett.48, 738 (1982).

[4] L. J. Wang,A. Kuzmich,A. Dogarlu,Nature406, 227 (2000)

[5] R. T. Glasser, U. Vogl, P. D. Lett, Phys. Rev. Lett.108, 173902(2012.)

[6] J. N. Munday, W. M. Robertson, App. Phy. Lett.81,2127(2002)

[7] A. Carot, H. Aichmann, G. Nimtz, EPL98,64002(2012).

[8] G. M. Gehring, A. Schweinsberg, C. Barsi, N. Kostinski, R. W. Boyd, Science, 312,895(2006).

[9] L. Zhang, L. Zhan, K. Qian, J. M. Liu, Q. S. Shen, X. Hu, S. Y. Luo, Phys. Rev. Lett.107, 093903(2011.)

[10] N. V. Budko, Phys. Rev. Lett.102, 020401(2009.)

[11] K. Aydin, Z. F. Li, S. Bilge, E. Ozbay, Photonic Nanostruct. 6,116,(2008)

[12] N. T. Messiha,A. M. Ghuniem,H. ,. EL – Hennawy, IEEE Microw Wirel Co, 18,575(2008)

[13] F. L. Zhang,G. Houzt,E. Lheurette,D. Lippens,M. Chaubet,X. P. Zhao,J. Appl. Phy. 103,084312(2008)

[14] J. Bonache, M. Gil, I. Gil, J. Garcia – García, F. Martín, IEEE Microw. Wireless Compon. Lett. 16, 543(2006).

论寻找外星智能生命

黄志洵

（中国传媒大学信息工程学院,北京 100024）

【摘要】天文学家说在银河系中可能有多达 400 亿个适于居住的行星,因此我们深信宇宙中的许多地方存在智能生命。外星文明探索是我们现在的研究课题,它对人类极为重要。过去的信号辐射早已暴露了地球人类的存在,但我们并不能断定外星人一定是友好的,急于建立联系和欢迎来访就可能有危险;必须牢记他们与我们非常不同。

考虑到世界上已发生的情况,我们提出一些建议。当务之急是召开国际会议,以便统一认识和建立规则。中国是联合国安全理事会常任理事国之一,而且已是航天大国,应当也可以发挥作用。向外星移民问题也应讨论,因为在未来地球无法满足过量人口的需求。但向外星移民的困难非常大,因此当前必须努力保护地球环境及控制人口增长。

现在把太阳系内飞行称为航天,系外飞行称为宇航。估计 21 世纪将有第一批宇航员飞出太阳系并安全返回,而飞出太阳系是人类的伟大理想。必须加大航行速度,应达到光速,可能的话应为超光速。然而现时的超光速研究仍处在原理探索阶段,讨论它与宇航的关系是困难的。目前火箭速度远低于光速,超快飞船的建造还是将来的事。

从原则上讲,我们可以前往其他太阳系,但必须有全新的火箭设计理念才能到达该处。例如,物理学家建议改变飞船附近的空间特性以实现超光速飞行。2012 年美国《时代》周刊已报道:"美国航天局（NASA）已着手研究超光速曲相推进。"这就表明 NASA 认可超光速宇航这件事。目前的地外文明探索早已发现像 Gliese – 581g 这样好的宜居星球,它距地球 20.5l. y. 。只有实现超光速航行,人类才有可能到达那里。未来的宇航需要新的概念和新的创意。

【关键词】地外文明探索;外星人;外星殖民;超光速宇航

注:本文原载于《前沿科学》,第 9 卷,第 4 期,2015 年 12 月,34～59 页;收入本书时作了修改和补充。

Recent Advances in Search for Extra – terrestrial Intelligence

HUANG   Zhi – Xun

(Communication University of China, Beijing 100024)

【Abstract】 The recent announcement by astronomers that there could be as many as 400 billion habitable planets in the galaxy. Then, in the universe elsewhere there is intelligent life, we are confident about that. Our current research topic is "Search for Extra – terrestrial Intelligence" (SETI), the matter is of great importance to mankind. In the past, signal radiation to be exposed the human exists in the earth. But we can't decide that the aliens are envoy of friendship, establish contacts and accommodate guests are not the pressing task, because that looks dangerous. We must always bear in mind that they are very different with us.

In view of the mentioned facts in the world, we wish to make the following proposals. The most important matter is convene an international conference, for seek unity and establish rules of action. PRC is one of permanent member of the UN Security Council, also already the great nation of space – fly, so we are doing make the most effect, there should be no problem. The question of many people migrate from earth to other planet also should be discussion, because in future the earth can't satisfied the ever growing requirement of too much populations. But, it is a very difficult task in getting more people to other planet, so we must protect the environment of earth and control population growth.

Now, a flight within the solar system is called space – flight and beyond the solar system is astronautic. In this century the first astronauts will travel beyond the solar system and come back safely. To fly out of the solar system has long been the ambition of mankind. As a consequence, the speed of travel should be increased to the magnitude of the speed of light or, if possible, faster than speed of light. But, the research of superluminal is in the principle investigation phase, so it is difficult to discuss the relationship with astronautics at moment. In present, the speed of missile is very low compared to light speed c, the construction of extra – high velocity space – ship may be works in future.

According to the theoretical thinking, we can fancy a trip to another solar system, but we need a pretty revolutionary kind of rocket to get there. For example, physicist has suggested that the ability of a space craft to modify the properties of space in its immediate vicinity could allow it to travel faster than light. And in 2012 the *Time* weekly magazine says:"NASA actually working on faster – than – light warp drive". And it is highly important for us to a correct conclusion: the faster – than – light astronautic flight be approved by the NASA. And we know, the Gliese – 581g is the best terrestrial extrasolar planet discovered in the habitable zone, and therefore be suitable for life, the distance to earth is 20.5ly. Only accomplish the faster – than – light fly, we can get that planet. When we look forward to the future, we need the new concepts and new ideas for design.

【Key words】search for extra – terrestrial intelligence; aliens; colonize to other planet; superluminal astronautic travel

1 引言

"登九天兮抚彗星",这是中国伟大诗人屈原(前340—前278)的一句极具震撼力的诗句,见于他的诗篇《九歌》。他的《天问》也是一篇奇文,在诗中一口气提出了170多个问题,反映了诗人的复杂丰富的精神世界和对自然奥秘的探究精神,成为"天人合一"说的典型例证和体现。例如他问道:

"斡维焉系? 天极焉加? 八柱何当? 东南何亏?

天何所沓? 十二焉分? 日月安属? 列星安陈?

东流不溢,孰知其故? 东西南北,其修孰多?"

对于宇宙,好奇多于膜拜,浪漫糅合了现实。艺术家说屈原"问得好美"。科学家认为"问得很深刻很有道理"。

设想在晴天走到阳台上向夜空仰望,你将看到怎样的情景呢? ……亿万颗繁星像是从灯火辉煌的神殿里,透过缝隙漏出的灿烂光焰。它们似在喷火蒸霞,向大地和海洋播散着星月的温暖。这既是崇光泛彩的盛景,又似玄虚奥秘的传奇。近处的星座光辉夺目,引人遐思;远处的星云更是显得神秘莫测,勾起你最大胆的想像。神秘的天象有何寓意? 是谁造就了这一切? ……在那最遥远的天际有"人"吗? 如果有,他们是什么样的呢? 为了稳定,他(她)应当有偶数的肢体;为了看得远些,他(她)的眼应当生在躯体的接近顶部的位置……但这些想法无不来自地球人的现实框架,也许全不适合宇宙中的情形,地外文明可能极为特殊。如果"外星人"喝液态氧,呼吸一氧化碳,能在硫酸里游泳……;又为什么不可能呢?! 你堕入了满腹疑团。看一眼浩渺无垠的天空,只见星星还在那里眨眼,仿佛在嘲笑你的无知。

1974年,科学家曾利用位于波多黎各的Arecibo射电望远镜向距地球2.1万l.y.的星系发送了一条由一个简单图像构成的无线电信号。但是,该不该与外星智能生命联系,科学家们还在激烈地争论。由于展开了广泛的探寻活动,有关课题的深入探讨已是必须要做的工作。

2 古人对外星生命的探究和想像[1]

在我们的语境中,地球以外的天体称为"外星"。对外星情况(包括生命)的探究和想像不自今日始;例如中国的《诗经》是一部奇书,它也吟诵过天上的事情。在"小雅"中,"大东"有这样的句子:"维天有汉,监亦有光;跂彼织女,终日七襄:虽则七襄,不成报章;睆彼牵牛,不以服箱。东有启明,西有长庚;有捄天毕,载施之行。维南有箕,不可以簸扬;维北有斗,不可以挹酒浆。"

无论从科学或文学的角度看,这些诗句都很重要。首先,诗中出现了若干星的名称:织女、牵牛、启明、长庚、箕、斗。我们知道,启明、长庚均指金星——以其先日而出,故曰启明;以其后日而入,故曰长庚。至于其他星名,足以证明古代中国人是典型的农业民族,连星名也联系着田野中的牛郎、家中纺织的妇女，以及收获场上用的箕、斗。其次，诗中并无牛郎与织女在七月七日夜相会的暗示，而是说：银河虽光亮，不能照出人影；织女星（共3颗）在一日内由卯到酉要走7个辰次，却织不成布帛；牵牛星虽明亮，却不能驾御牛车（诗中"箱"字指车厢）。……很明显，诗中传达出一种静态的诗意美。是呵，南箕既不可以簸扬糠秕，北斗又不可以挹酌酒浆——哀怨之情，溢于言表：

"大东"里讲到星，是给人以美感的。也有"不美的"星出现，当然，古人也有反应。《淮南子》一书成于公元前140年，最引人注意的是"兵略训"所说："武王伐纣，东面而迎岁，至汜而水，至共头而坠。彗星出，而授殷人其柄。"这可能是古书中记录彗星（也叫孛星）的最早报告。但是，今天的历史家，对"武王伐纣"发生在哪一年看法并不一致。用计算机向回推（哈雷彗星每76年回归一次，20世纪是1910年及1986年），得到的结果是前1056年。恰巧有史学家持此说，因此，天文学家和历史家似乎达成了共识。王充《论衡》"异虚篇"也提到"彗星出楚，楚操其柄"——这对应前632年。《春秋》说："鲁文公十四年秋，彗星入北斗"——这对应前613年；又说"鲁昭公十七年夏六月，日有食之；冬，有星孛于大辰"——这对应前525年。《史记》也有多处记载天象，例如："周贞定王二年，庶长将兵拔魏城，彗星见"——对应前467年之事，而且只能是哈雷彗星，而不是其他别的。又说，"始皇七年，彗星先出东方，见北方"——这是讲前240年的事情，并认为兆应着天下的战乱。如此等等，自汉以下史不绝书。

彗星又称扫帚星，古时人们认为它只能带来恐怖，而不使人觉其美。今人认识其本质，观念大异其趣，从厌恶改变为极兴奋的期待和欣赏。当然，最美丽动人的，还是牛郎与织女隔河相望，只能每年一夕相会的故事。夏夜，面南而立，可见前方高处的牛郎星（在银河之东），斜对着织女星（在银河之西）。历代，都有许多充满诗意美的资料。汉班固（公元32—公元92年）在《西都赋》中说："临乎昆明之池，左牵牛而右织女，似云汉之无涯。"这才提到两个人物，但未说他们是夫妇。潘安仁《西征赋》说："仪景星于天汉，列牛女以双峙。"把他们和天上的星斗联系起来。东汉末年，荆州牧刘表命武陵太守刘叡编撰的占星术著作《荆州占》中说："织女，一名天女，天帝之女也；在牵牛西北，鼎足居。"蔡邕（132—192年）有过一个说法："悲彼牛女，隔于河维"。曹植（192—232年）则说："牵牛为夫，织女为妇，织女牵牛之星，各处一旁，七月七日乃得一会。"晋王鉴有诗说："一稔期一宵，此期良可嘉。"张华（232—300年）的《博物志》卷10中也讲过"织妇"与"牵牛人"的故事。总之，牛郎织女的传奇大约产生于西汉，完成于晋代。

《文选》中有谢惠连（397—433年）的"七月七日夜咏牛女诗"，其注记说："世人至今犹云，七月七日织女嫁牵牛。"梁宗懔（499—562年）在《荆楚岁时记》中说："天河之东有织女，天帝之女也；年年织杼劳役，织成云锦天衣。天帝哀其独处，许配河西牵牛郎，嫁后遂废织纴。天帝怒。责令归河西，唯每年七月七日夜渡河一会。"（但这里的"河东"、"河西"弄颠倒了）。

评论家们有把这个故事看成"人神之恋"的，即认为织女是神，牵牛郎是人。汉代刘向（公元前79—公元前8年），魏代曹植都有这个意思。封建贵族把织女"妓女化"的文字，除了说明他们自己的卑鄙无耻之外，不能说明别的什么；亦无损于这个传说故事的动人和美。

讲到诗，这是中国文学家极有成就的领域。他们把天上和人间联系起来，想象更加奔放，内容则更加富有人情味。例如，屈原在他那极富浪漫色彩的诗篇《九歌》中写道："登九天兮抚彗星。"这是与慌乱、恐怖毫不相干的激情！他还写过这样的句子："擎彗星以为旍兮，举斗柄以为麾。"统治者一听说彗星出现便以为王位将坍、大厦将倾，惶惶然不可终日。哪像屈原，完全不俯伏在神秘自然之下,而是平起平坐,对星体也要靠近它、抚摸它、举起它……

公元前的与华夏文明并行的地中海文明,在"读"我们头上每晚展开的大书(星空)方面,有着毫不逊色的热情。为了研究的方便,古巴比伦人把天空分成许多区域,各称为"星座"。公元前 270 年左右,古希腊人把天空划分为 48 个星座(现在在国际通用的规定是 88 个);并假想其每个亮星都互相联络而成为人物或动物的具形。希腊神话是最为丰富多采的,在他们那里有地神盖娅、巨神泰坦、福神普罗米修斯、天神宙斯、太阳神阿波罗、智慧神雅典娜……。在星座命名方面,动物用得最多(大熊、小熊、小狮、巨蛇、长蛇、水蛇、孔雀、猎犬、大犬、小犬、鲸鱼、乌鸦、天鹅、豺狼、海豚等);其次是器具用物(宝瓶、巨爵、时钟、天秤、罗盘、圆规、盾牌等);再次是神仙(仙女、仙后、仙王、武仙等);最后是人(猎户、室女、御夫、牧夫等)及半人半兽(半人马等)。当然也有别的名字,例如小熊星座又称为北斗七星,柄勺的最后一颗星就是北极星。这些星名让我们联想到狮子、鹿豹在奔跑;天鹅、鹰在飞翔;蝎子在扭动;白兔则胆怯地蹲伏着。至于天琴星座,它虽然只有两根琴弦,但在这种希腊人称为天琴星的琴的上部,有一颗呈蓝白色的 1 等亮星就是织女星。1850 年,人们用刚发明不久的照相机第一次拍下了它的照片。那么,牛郎星又在哪里呢? 它是在天鹰座里,在鹰的头部,也是亮度为 1 等的星。夏天的夜晚,当你面向南方,可见这两个星座隔着银河遥遥相对。……这种星座的构图和命名,是客观世界的拟人化,星空被模拟为地面的世界。命名的方式,既古朴又生动有趣。

3 近代地外文明探索研究进展[2-6]

外星文明探索(Search for Extra - Terrestrial Intelligence,SETI)已成为地球人类的重大研究课题。波兰天文学家哥白尼(N. Copernicus,1473—1543)于 1543 年出版了著作《天体运行论》,指出太阳是一颗恒星,地球和其他行星绕日作圆周运动。这一理论被普遍接受后,人们认识到地球只是一颗普通的行星,绝非宇宙的中心。那么,在类似的演化条件下,宇宙中某些地方也可能有智慧生命存在;德国天文学家开普勒(J. Kepler,1571—1630)即持这种观点。1979 年,I. Asimov 推测银河系中可居住行星多达 6.4 亿个,因此即使只有万分之一行星有高级生命,数量也非常可观。美国航空航天局(NASA)的科学家估计,宇宙中约有 10^{23} 个恒星,而银河系中约有 2×10^{11} 个恒星系统。银河系中的 2000 亿颗恒星中大约有 10% 拥有巨大的、很容易发现的行星;很有可能其余恒星中的大多数周围也有行星存在。这些行星中一定会有类似地球的星体。事实上,地球上的智者早就对"外星智慧生命是否存在"的问题表示关心了。1820 年,德国著名数学家 F. Gauss 提出,可在西伯利亚的森林里找出一片直角三角形的空地,然后在三角形里种上麦子,以三角形的每条边为底边种上一片正方形的松树,这就组成了勾股定理(Pythagoras 定理)的证明图,如果有外星人路过地球附近,看到这个巨大的数学图形,便知道这里有智慧生物居住了。

然而,真正有价值的、使用现代仪器的探索开始于 20 世纪 60 年代。1960 年 4 月 8 日,美国人 Frank Drake 将一副直径 25m 的射电天文望远镜指向了太空中两颗附近的行星——εEridani 和 τCeti。他的目标很明确,那就是寻找来自地球以外智能生命的信息。后来,他使用10 个大型射电望远镜,接收宇宙中的无线电信号并进行分析,寻找 1.42GHz 附近的有规律信号。这个叫做 OZMA 计划的活动标志着一个新研究领域的诞生:寻找地外智慧生命。F. Drake 是 St. Cruse 加州大学的天体物理学教授,兼任外星智能调查所的所长。该所位于旧金山以南 55km,监听频率为 1 ~ 3GHz 的频段(这里的背景噪声最低)。由于自 1993 年美国国会宣布不再支持原来的研究计划,该所一度面临困境;后来由于私人捐助才坚持下来。

早期进行研究的还有美国哈佛大学的 Paul Horowitz 教授。从 20 世纪 60 年代起,他领导了"太空多通道分析"计划,它在 800 万个频道(每个宽 0.05Hz)上,用巨型射电望远镜探测太空,对收到的信号作自动分析。他们长时期地探测地球北半球上面的天空。鉴于宇宙深空有大量的星际氢,他们也特别重视氢原子跃迁频率——1.42GHz 这个波段。

1961 年,Drake 提出了一个公式:

$$N = R_S f_P n_E f_L f_I f_c L \tag{1}$$

式中:N 为银河系可能有的文明总数;R_S 为银河系中合适恒星的诞生率;f_P 为合适恒星带有行星的系数;n_E 为有生物圈的行星数;f_L 为能产生生命的行星的比例系数;f_I 为能发展为智慧生命的比例系数;f_c 为智慧生命有通信能力和文明的比例系数;L 为与外界通信能力的持续寿命(即文明存在时间)。据研究,可取以下数据做计算:$R_S = 5 \sim 10$ 颗恒星/年,$f_P = 0.5$,$n_E = 2$,$f_L = 0.1 \sim 1$,$f_I = 0.1 \sim 1$,$f_c = 0.1 \sim 1$;由此得

$$N = (0.005 \sim 10)L \tag{2}$$

L 取决于该星球上的文明持续能力——是长期存在还是由于核战争之类原因自我毁灭。如取 $L = 10^4 \sim 10^5$ 年,则可算出两套数据:差的情况 $N = 50 \sim 5000$ 个,好的情况 $N = 10^5 \sim 10^6$ 个。Drake 最后定为 10000 个。……因此,"化学演化→生物进化→智慧生命出现"的戏剧到处都会上演,这就是"外星人问题"。

SETI 计划使用全球最大的射电望远镜 Arecibo,直径达 306m;搜寻频段 $1 \sim 60$GHz,特别是波长 $18 \sim 21$cm(称为"水洞")。"凤凰"计划是搜寻 200l. y. 的约 1000 个类日恒星,假设它们周围有类地(球)行星。Arecibo 望远镜扫完所在区域的天空需要 6 个月时间——而那还只是整个天空的 1/3。科学家承认,这样观测的效果跟乱找一气没什么分别,然而谁也不知道智慧信号会从哪边来,一直没有结果。

1974 年 11 月,美国科学家们从位于波多黎各的 Arecibo 天文台向 24000l. y. 以外的 M13 大星云发出了第一组人类的信息。那条信息时长仅 3min,由 1679B 构成,其中包括了地球在太阳系中的位置、人类的外形、5 种化学元素的原子构成形式以及一个射电望远镜的形象。信息内容还包括:数字 $1 \sim 10$,一些化学分子的原子数,脱氧核糖核酸分子式及其原子数量,地球人口总数,太阳系的构成。按照电波的速度来测算,估计要在 4.8 万年后才可能得到来自 M13 星云的回音。

国际天文学界曾不止一次建议只通过接收宇宙信息来寻找外星生命,而不提倡主动发送有关地球的信息。Arecibo 天文台于 1974 年向 M13 球状星团(该星团约有 106 颗像太阳那样的恒星)发射无线电信号后,国际天文学会即发出警告,担心地球被先进的外来文明发现而遭到攻击。此外,国际航天学会也发表过关于寻找外星生命活动原则的声明。声明规定:在不进行国际协商情况下,不应对外星智能发出的信号作出回答。2003 年,国际天文学界制定了一份名为《地球的回音》的文件,该文件对向地外文明发送信息的决策程序做了规定。这是因为又有了发送信息的事——一个名为"相遇 2001"的公司利用直径 70m 的射电望远镜向 4 个距离地球 $50 \sim 70$l. y. 的星系发出载有丰富内容的无线电信息。由各方面专家们编写的这条新的信息长达 40 万 B,是那一次的 240 倍,包括地球和人类的详细资料。它将通过无线电波以 5010GHz 的频率发向太空,科学家们相信,任何具有一定数学知识的文明生物都有能力破译这些二进制编码,进而了解其内容。该信息包括一系列页面,并在 3h 内重复三遍。其信号比电视广播强 10 万倍。该信息的长度达 40 万 bit。它从基本符号开始,用逻辑描述数字和几何,

随后还介绍原子、行星甚至脱氧核糖核酸(DNA)这类概念。

尽管国际天文学会反对主动向外发送地球信息,到 21 世纪初,人类已向其他星球发送过 6 次信息,其中 4 次通过雷达发射电波,两次借助宇宙飞船发送实物。2003 年这次仍以电波方式发送信息,发射地定在乌克兰国家航天器指挥和试验中心(位于乌克兰 Yevpatoria),即苏联外太空联络中心。科学家们此次"送信"的主要目标是围绕大熊星座中 47Uma 恒星旋转的一颗行星。47Uma 的光谱分析结果和年龄同太阳很接近,它与我们相距约 42.4l.y.。天文学家认为,它周围的那颗行星与地球有着类似的"温室"环境。

总之,地球人忍不住介绍自己的冲动,因而又不断向外发送无人宇宙飞船。1972 年、1973 年和 1977 年,美国向太空发射了 4 个探测器,名字分别为"先驱者"-10 号"先驱者"-11 号、"旅行者"-1 号和"旅行者"-2 号。"先驱者"系列探测器上安有一个金属板,它可谓是地球人的"名片"。上面刻有一男一女的图像,男子在招手。他们身后是探测器示意图,加上这一背景旨在让外星人通过对比来判断地球人体形的大小。金属板下方刻着太阳及太阳系九大行星的编码。从第 3 颗行星画出一条线,指向探测器,这条线表明了"先驱者"的出发地——地球。左上角刻的是氢原子跃迁过程示意图。最重要的信息在金属板的左侧,这里透露了太阳系的具体地址。中心一点是太阳,从中心点辐射出去的 10 多条直线指向银河系的"灯塔"——脉冲星。每一颗脉冲星的运行周期都用二进制数码表示。所有先进文明都应当了解这些脉冲星。根据它们的坐标和周期,外星文明可以判断出太阳系的位置,甚至可能推算出"先驱者"飞行器发射的时间。

在两艘"旅行者"号探测器上都装有送给外星人的邮包:一个圆形铝盒,里面放着一张镀金铜质光盘,由 Carl Sagan 设计。光盘经过了特殊处理,可保存数亿年。读取光盘数据的说明写在铝盒的盖子上。光盘上收录了 115 张图片,介绍了地球文明最重要的一些科学资料:地球的图像及各大洲的自然景观,人类和动物的生活图景,人与动物的身体结构和生物化学构成,包括脱氧核糖核酸的分子结构。除图片外,光盘上还存有大量声音信息。光盘上录有地球人类用 55 种语言向外星文明发出的简短问候。光盘上还有一个特殊章节:地球文明的音乐文化,如 Bach、Beethoven、Mozart 的作品,爵士乐和许多国家的民族音乐。

经过 36 年航行,Traveller-1 于 2012 年 8 月 25 日离开太阳系,进入星际空间。人类制造的飞行器从未飞到过这么远的地方,它距太阳约 190 亿 km。在 8 月 25 日,发回地球的数据表明带电粒子的含量突然下降。带电粒子产生于日光层中,而飞离太阳系外的保护气层日光层是飞出太阳系的标志。太阳系的尽头距离太阳约为 122 个天文单位,相当于冥王星与太阳之间距离(约 40 个天文单位)的 3 倍。地球与太阳之间的距离为一个天文单位,约为 1.5 亿 km。这意味着"旅行者"-1 号距地球约 1 光日。相比之下,最近的恒星半人马座 α 星距离地球 4.3l.y.。以光速传播的无线电信号从"旅行者"-1 号到达地球需要 17h。

2006 年 4 月 Nature 杂志报道说,两架最新的天文望远镜的安装加速了 SETI 的进程。一架是直径 1.8m 的望远镜,装在美国 Harvard 大学 Oak Ridge 天文台,可以发现小于 10^{-9}s 的闪光;观测由 P. Horowitz 领导。这个构思来自下述假设,即地外智慧生命或许是用激光发送信号,而不是用无线电波。另一套装置则仍用无线电波,它安装在美国加州的 SETI 研究所,领导人是 Peter Backus;该所计划与 Berkeley 加州大学合作,建设 350 个反射器组成的阵列(每个直径 6m),以便在今后搜索 10^6 个星体。这个宏伟计划受到 Micro Soft 的支持,已有几十个天线开始工作,对银河系中心进行研究。

2006 年 9 月 30 日,法国航天研究中心向距离地球 45l.y. 的类日恒星 Errai 所在区域发送了电视节目,它称为《连接宇宙》,是为外星人(假如存在的话)专门制作的节目。这件事具有象征意义,但进一步暴露了地球人类的存在。

2007 年 2 月至 4 月,对太阳系外行星 HD209458b 的研究有了突破。先是 NASA 的科学家 J. Richardson 在 Nature 杂志上说,他们对这个飞马星座中围绕类日恒星旋转的行星做了光谱分析,证明它有多环芳烃———一种曾在地球生命起源中起作用的化学物质。另外,美国 Lowell 天文台的 T. Barman 的分析认为该行星可能有水。4 月 24 日,欧洲南方天文台的一个研究小组发布新闻,称他们发现了一个距地球 20.5l. y. 的位置的类地星球,它被命名为 581C,因为它是围绕着 Glise 红矮星在运转。该行星的平均温度为 0 ~ 40℃,可能有水,大小与地球相似。这个发现引起了人们更大的希望。科学家们说,在宇宙中适宜居住的行星是很多的,实际上可能上亿。

2010 年 11 月的第一个周末,全球联手对外星人进行了一次科学搜寻活动。五大洲 13 个国家的天文台把望远镜对准了几个比较有可能存在外星生命体的星系。参加这项活动的天文台位于意大利、印度、阿根廷、澳大利亚、法国、德国、英国、韩国、瑞典、荷兰、美国和日本。其中美国和日本有多家天文台参与。这样的活动是有史以来的第一次。

2015 年 7 月 20 日,一位俄罗斯富商与 S. Hawking 在伦敦召开联合新闻发布会,宣布投资 1 亿美元探索外星文明。Hawking 并不会参与项目的实质工作,但他是"项目的重要导师"。最初的 10 年计划将搜寻离地球最近的 100 万颗恒星,仔细检查银河系的整个银道面。对银河系之外的地方,则会用 100 亿个不同的频率倾听来自 100 个最近星系的信息。Hawking 说:"在宇宙的某处,智慧生命也可能正在观察我们的光,想知道这些光是怎样形成的。现在是去寻找外星生命的时候了。我们是有智慧的生命,我们必须知道这个答案。"参与这一项目的还有 SETI@ home(一项利用全球联网的计算机共同搜寻地外文明的科学实验计划)和 UC - Berkeley 的分布式计算平台。全球 900 万志愿者也将使用个人电脑搜寻天文数据。所有这些集合起来就组成了世界上最大的超级计算机之一。不过,项目小组并不打算与外星文明进行交流。

Hawking 教授说:"我们不了解外星人,但我们了解人类。人类与较低等智慧的生物相接触,从后者的角度来说常常是灾难性的。接收到我们信息的文明也可能比我们先进亿万年。那样的话,它们就比我们强大得多,我们在他们眼里不会比细菌更有价值。"

2016 年年底,有两个媒体报道引起了笔者的注意。美国《天体物理学杂志》说,从深空的称为 FRB121102 位置的射电源,过去记录过 11 次射电脉冲波,而最近研究人员又记录到 6 次——其中 5 次的载频为 2GHz,1 次的载频为 1.4GHz。这种有重复性的现象令人猜测,是否外星生命试图联系地球?……另一个消息是,总部设在美国旧金山的"向外星智能生物发信息"组织(METI)已提出计划,从 2018 年起将向宇宙发送信号(例如向与地球较近的恒星即比邻星)。对于 Hawking 的意见,METI 负责人认为"现在想在宇宙中隐藏我们自己已经晚了!"不过,对这个计划尚有很大争议。

4　我们在宇宙中是孤独的吗?

科学界关于地外文明探索的研究给人们以深刻的启示。目前已在太阳系内广泛寻找初等生命存在的迹象,涉及月球、火星、木卫二、土卫二、土卫六等。一般认为,智慧生命应当是在太阳系外。2010 年,Frank Drake 博士这位先驱者坚持说:"在银河系中至少有 10^4 个先进的文明世界。"……那么,在几十年探索中为什么宇宙一直沉默不语?为什么一直没有发现外星智能存在和活动的迹象?因此,尖锐的问题摆在人类面前:"Are we alone in the universe?"

对此,天体物理学家已做出了多种解释。首先,我们并不知道该用哪个频率来接收外星文明的信号,也不知道信号源的方向和抵达地球的时间。迄今只用了无线电波和部分光波带。而外星人也可能通过其他渠道与我们联络,如引力、中微子、X 射线和 γ 射线。况且,或许还有许多地球人类根本就不知道的联络方式。也许相当现代化的通信联络方式在外星人眼里就像信鸽传书一样早已过时了。

其次,直到几亿年以前,银河系还经常受到 γ 射线爆发的辐射;死恒星碰撞和黑洞都释放出大量致命射线。只是到了现在,这些碰撞才变得稀少起来,外星生命才有可能出现并从自己居住的行星旅行到相当遥远的地方。也就是说,地球上之所以还没有外星人,可能是因为他们在有可能到达地球之前,就被 γ 射线杀死了。直到最近 γ 射线的爆发周期才越来越长,从而为外星人提供足够的时间间隙作星际旅行。

另一种考虑是,设想外星文明中有一部分的发展水平远高于地球,那么他们会不会乘超光速飞船到地球来?从逻辑上讲不排除这种可能;就是说,我们没有能力去他们那里,他们却有能力来我们这里。但在实际上困难非常大。首先,宇宙中并非空无一物,以光速或超光速飞行即使可能,飞船所受的任何碰撞都将是致命的。由于速度过高,躲避宇宙中粒子和物体的撞击也无法操作。其次,身处如此高速的飞船中的人及其他生物,会有怎样的生理变化和反应,是难以想象的。这可能也是迄今"外星人并未光临地球"的重要原因。

从现实的角度看,实现"宇宙飞船以光速或超光速飞行",即使理论上不存在障碍,困难也非常大。首先,迄今为止全世界的超光速研究水平不高;尽管在美国、德国、意大利、中国等国科学家的参与下,已有了一个好的开始,"禁区"已被打破,做了不少超光速实验。由于实验进展的推动,人们又提出了各种"允许超光速运动存在"的时空理论,使有关研究更趋活跃。然而我们必须说,迄今为止的超光速研究尚处在婴儿时期,成绩有限。例如,对于中性物质粒子(如中子、原子)的超光速运动尚无实验成功的报道,对实体物质(如固体)的运动更是如此。或许宇宙中已经有由实体物质构成的天体在做超光速运动?有的天体物理学家说:"实际上,呈现超光速运动的天体相当多,天文学家已经习以为常了。"不过,20 世纪 70 年代发现的类星体的超光速现象,能否作为"宏观实体物质可以做超光速运动"的证据,至今仍有争议。既然实体物质的超光速运动的实证还存在问题,"超光速飞船"尚不是现实的课题。

2013 年 11 月 18 日,美国《纽约时报》网站刊登著名物理学家 Paul Davies 的文章说,20 世纪 60 年代,科学家们持有的一种普遍看法:地球上出现生命是一种反常现象,是一系列化学偶然事件的结果,这种偶然事件非常罕见,因此在可以观察到的宇宙内不太可能再次发生。如今,舆论发生了巨大变化,许多科学家声称,在与地球相似的环境下,生命的出现是必然的事情。……然而,人们观点这种转变基于的只是一种直觉,而不是对生命起源的更深入了解。

根本的问题是生命的复杂性。就连最简单的细菌,从分子层面来说也是惊人地复杂的。自然界中可能有某种复杂化原则在发挥着作用,促使一团混乱的化学元素混合体快速成为一个原始的微生物。然而,人们在实验室的实验中尚未发现这种原则的丝毫迹象来再造生命的基石。

那么地球生命是否可能是独一无二的? Davies 的文章说,解决这个问题最简单的办法就是找到第二个生命样本,一个独立于已知的生命从零开始出现的生命。在太阳系以外发现诸多行星就是非常有益的第一步。未来,我们应能分析一些行星上的大气,寻找能够说明问题的生物活动迹象。如果微生物生命在宇宙中广泛存在,那我们就可以预计,至少在某个地方,有知觉的生命体会进化出来。到那时我们就更加接近于回答出"我们在宇宙中是独一无二的吗"这个古老难题。

Davies 的想法有些悲观;但笔者认为,他的意见有价值之处在于,不应只关注拥有高技术的地外文明(高度发达成熟的"外星人"),还应关注基本的、简单的生命形式,以便从中得到启发。……证据显示,地球上最早的微生物出现在 38 亿年前,即地球形成 7 亿年后。但此后又经过了 17 亿年才演化出了多细胞生物。人类是 20 万年前才出现的。我们大约在 20 世纪才成为一种真正的技术生物。

2014 年 2 月,美国加州外星生命研究所的专家发表了较乐观的意见;他们说,每 5 个恒星系统中就有一个至少拥有一个能支持生命的行星。这是很大的比例,这意味着,我们的银河系中有着上百亿个类地行星。至少有一些类地行星拥有智慧生命,这些生物像地球人那样拥有了向宇宙空间发送电磁信号的能力。所以,还应把射电抛物面天线对准天空,希望发现外星生物制造的信号。估计到 2040 年,天文学家将对足够多的恒星系统完成搜索,届时他们很可能会发现外星人的电磁信号。

另一方面,百年来我们一直在通过无线电"泄漏"向外层空间广播我们在地球上的存在。这种广播信号以光速传播,并涵盖一个直径 200l.y. 并且包括了数十个行星系统的球形区域。这就是说,我们希望外星人注意到这些信号,不管怎么说它们已暴露了地球人类的存在。但由于信号太弱,他们需要极为庞大的天线,才可能发现它们。

5 寻找外星人再掀高潮[8]

2010 年以来寻找外星人的活动再掀高潮。科学家们首先在太阳系内搜索,特别关注土星和木星的卫星。例如,2010 年 4 月至 6 月有许多针对土卫六的报道,它是土星最大的卫星,表面笼罩着主要由氮气构成的橙色烟雾,温度为 −180℃。土卫六有丰富的液态甲烷和乙烷,这可能会酝酿出新的生命方式。科学家早已发现土卫六上存在有机化学物质。但土卫六表面的液体不是水,而是甲烷。因而科学家估计土卫六上的生命是以甲烷为基础的。《国际太阳系研究杂志》月刊发表的报告显示,穿过土卫六大气层的氢气在卫星表面消失,说明它可能被一种生命吸收。假如这些真的是生命的迹象,那就太令人兴奋了,因为这是与地球上以水为基础的生命毫不相干的第二种生命形式。

科学家们据此做了进一步推测——与地球生命把水作为主要要素不同,土卫六外星人的血液可能由液态甲烷为基础组成,因此,他们不可能在地球上存活,因为在温暖的地球,甲烷是气态的。另外,与地球生命分子大量由碳元素构成不同,土卫六生命分子可能基于硅元素。硅元素相对比较灵活,能够与其他大量不同的元素结合,其中有很多结合物是不稳定的。比如,一些存在于土卫六外星人身上的化合物一旦暴露在地球空气中,就会自然地突然燃烧起来。因此科学家说,如果土卫六存在外星人,他们身上的化学物质很可能对人类有毒,而且令人恶心。……这些情况来自 NASA 的 Cassini 土星探测器。它已绕土星飞行了 10 多年,近距离掠过土星卫星的表面,并拍下土星的迷人照片。

2016 年 11 月 25 日,美国 *Scientific American* 月刊网站的文章说,土卫六或许是人类在地球外的唯一宜居地。虽然月球、火星一直是人们想去的目标,但这两处都没有磁层或大气层的保护。银河宇宙射线(GCR)的辐射有致癌作用,可能造成脑损伤;而土卫六却有由氮构成的大气层,起防护作用。缺乏氧气的问题可依靠冰、水来解决。当然,存在的问题也多,例如那里很冷(约 $-184℃$);而且,用目前的技术去那里要用 7 年。

土星的另一卫星土卫二也很重要,它直径约 500km;Cassini 号于 2008 年 3 月 12 日飞越了它,发现凡是制造生命的物质都在那里——主要成分是水蒸气,还有甲烷、二氧化碳和一氧化碳。存在简单的有机物,也有更复杂的有机物。在接近 0K 温度下,土卫二表面已冻成固体,有白色冰层;但早在 2005 年发现,在土卫二南极表面的裂缝中,喷涌出一个巨大的羽状水柱,这表明,在冰层下,有一个水库。"卡西尼"号飞船对这一羽状水柱的分析显示,这些水含盐,表明这个水库很大,甚至可能是一个遍及整个土卫二的地下海洋。2011 年发表在 Nature 的论文说,这个奇异卫星冰冻的地表下可能潜藏着一个盐水海洋。2015 年 5 月的报道说,土卫二不但有一个巨大的地下海,其中还可能充满微生物。

木星有许多卫星(多达 63 个),其中最重要的是木卫二。它是距离木星第二近的卫星,是发光星体,虽然距离太阳很远,但其白色外层冰壳会反射太阳光。2011 年科学家们制作的模型表明,木卫二的外层冰壳约有 10km 厚,冰层下部聚有大量水。这令人振奋,因为水是生命的重要组成部分之一。

2013 年 3 月,科学家详述了目前为止最确凿的证据,证明木卫二冰冻表面下的液态大洋中的咸水竟然跑到了月球表面,从而为木卫二可能存在生命的提法加大了说服力。这项研究显示,木卫二的海洋和地表存在化学交换,从而使其海洋成为更丰富的化学环境。同年 8 月,NASA 认为覆盖着冰的木卫二有朝一日可能适合人居住。因此已经委派一个科学家小组考虑发射航天器在木卫二着陆后的具体目标。总之,很多科学家认为木卫二可能是太阳系里最适宜生命存在的星球。

NASA 一直认为,土卫二是太阳系内存在地外生命的首选之地。2017 年 4 月它又宣布说,Cassini 号的发现表明土卫二具备哺育生命全部要素,或许这里才是太阳系头号宜居地。当然木卫二也有相似潜力。2016 年 9 月有报道,木卫二表面可能有巨大的水喷泉。这令人们兴奋,因为这比了解地下海洋容易些。几年后 NASA 将发射无人飞船前往木卫二,以便了解它是否人类的宜居地。

2015 年 3 月有报道,NASA 的科研人员利用哈勃太空望远镜证实木卫三的冰面下有一片海洋,可能存在生命。木卫三加入了一份由拥有地下水的外太阳系卫星组成的名单,其中的成员在不断增加。已知土卫二的冰壳下有温泉;其他富含水的星体包括木卫二和木卫四。令人震惊的是,木卫三的这片海洋有 100 km 深(是地球海洋深度的 10 倍),被埋在 150 km 厚的冰壳下。新发现朝着找到太阳系中那个富含水的适居环境又迈出了一步。

从 2011 年到 2014 年"寻找外星人"一事每年都有新的进展,而在 2015 年达到了高峰。2011 年有报道,以英国为首的 20 余国决定联合行动,投资 14 亿英镑建造用于搜寻外星人的顶级望远镜,该望远镜的功能非常强大,以至于能够探测到据地球 50l. y. 的星球发出的相当于手机网络的无线电信号。这台称为"一平方公里天线阵"(SKA)的巨型无线电望远镜将是世界上最大的天文仪器,有 3000 个单独的抛物面天线和其他天线,全部与一台大型机器连接在一起。两个可能的地址已经选定,一个在澳大利亚西部,另一个在南非。两个地点都在南半球,因为这将使这台望远镜直接观察到银河的中心。它能扫描更多的远方星球系统,因为任何先进的文明都会拥有诸如雷达和电台等强大的无线电发射器。天文学家们认为,距地球 150l. y. 之内有大约 8500 颗行星,250 光年之内有大约 25 万颗。

2013 年 7 月,英国皇家天文学会启动了一个网络,它支持英国长期参与美国的"搜寻地外文明"(SETI)项目。如果拦截到完全人工、不可能由自然产生的光信号和无线电信号,就说明我们在宇宙中还有同伴。例如,外星人通过一个大型光学望远镜发出强大的激光,从而表明它们的存在,这些信号可能会在数千光年以外探测到。

2014 年 7 月,NASA 局长说:"我们相信地球以外存在生命,因为在无穷无尽的宇宙中,不大可能只存在我们人类。"因此,NASA 已开始制订建造新一代太空望远镜——"先进技术大孔径太空望远镜"(ATLAST)——的计划,因为它能追踪外星生命。根据 NASA 的预测,我们的银河系有 1 亿颗行星能孕育生命。现在 NASA 宣称,我们有能力在今后 20 年中找到外星生命,它很可能就在我们太阳系之外。

进入 2015 年,有关消息更多了。1 月,美国宣布发现两颗"最像地球行星",即 Kepler 438b、Kepler 442b。前者直径只比地球大 12%,由岩石构成的可能性达 70%。后者的直径比地球大三分之一左右,由岩石构成的可能性约为 60%。与地球距离分别为 470l. y.、1100l. y.。4 月,NASA 在一次会议上说,它已认识到,宜居带不只存在于恒星周围,也可能存在于巨行星周围。太阳系真的是一个湿润的地方。例如,虽然木卫二与太阳的距离比地球远得多,但这颗寒冷的卫星上依然存在液态水。

在 2015 年,与寻找外星智能生命有关的新发现急速增多。在年初,科学家捕捉到了一系列来自太阳系外的神秘脉冲信号。迄今为止,人类仅捕捉到了 10 个"快速射电暴",这 10 组快速射电暴的频散量度(低频信号在长达数十亿光年的旅途中被散逸电子扰乱、抵达时间稍晚的这种特性被称为"频散量度",可根据信号抵达时间来计算传输距离)均为一个数字的倍数:187.5。结果显示,这些快速射电暴的 5 个来源均匀地间隔分布在距离地球数十亿光年的宇宙空间中。是否外星人发送的信号? 这可能性是存在的。

2015 年中,国际航天界出了几件大事:①7 月 14 日,美国 NASA 的无人探测器经历 9.5 年飞行(途经 48 亿 km),掠过位于太阳系边缘的冥王星,发回大量照片。这标志着住在地球上的人类已探遍太阳系;更有意思的是 12 天后宣布在其上有液氮(LN_2)河流。②7 月 24 日,NASA 宣布已发现"地球 2.0",即 1 颗与地球非常相似的行星 Kepler 452b,直径约为地球 1.6 倍,轨道周期 385 天,与母恒星距离与地日间隔相同;这就大大增加了存在与我们相似的智慧生命的可能性。③7 月 28 日有报道说,中国正在贵州山区建设直径达 500m(世界最大)的射电望远镜,2016 年完工后将成为探寻外星人的主力军。

另外,几年来科学家一直在研究恒星 KIC8462852,它的亮度在奇怪地变化——2009 年亮度变了两次,但是 2011 年光变的时间更长,2013 年开始快速光变。这个模式让科学家困惑,有天文学家说,这个现象有外星文明的特点,或许它是一种外星文明使用的、诸如太阳能板的星体能量收集系统。如果发现了围绕恒星轨道运行的巨大装置,可以推测有外星文明存在。

在旧金山的 METI 总部(METI 是"向外星智能生命发送信息"组织)计划于 2018 年向围绕的邻星旋转的行星发送信息,他们认为"想在宇宙中隐藏自己已为时太晚",而外星人或许等待地球人作自我介绍。……这类作法无需取得任何机构批准,然而令人担忧。

6 地球人类不应操之过急引火烧身[9]

热情有余却冷静不足,积极行动但缺乏慎重——这在当前的"寻找外星人"的热潮中表现突出。目前的搞法是有问题的;一些大国的科学机构全力以赴,探索外星文明是否存在;但它们各自为政、不计后果,却不应提倡。有识之士已发出了警告,例如英国著名物理学家 Stephen

Hawking 提出,如果发现外星人存在,不要邀请他们到地球来。在 2010 年播出的一部纪录片中,Hawking 说:"如果外星人造访地球,结果很可能就像哥伦布登陆美洲一样,对美洲土著人来说并不是好事。"他的意思是说,先进的物种来到落后地区可能导致后者的生存状态改变和毁坏,带来不可预测的后果。回顾 Hawking 的观点,他认为在宇宙的其他许多地方,外星生命几乎肯定存在:不仅存在于行星上,而且可能存在于恒星的中心甚至飘浮在行星际空间中。存在外星人的理由非常简单:宇宙有 1000 亿个星系,而每个星系又包含数亿个恒星。在这么大的地方,地球不大可能是进化出生命的唯一行星。大多数外星生命类似于微生物或简单动物——在地球历史上大部分时间里主宰地球的生命形态。一些生命形式可能是有智慧的,而且构成了威胁。与这类物种接触对人类来说可能具有毁灭性。外星人入侵地球也许就是为了掠夺地球的资源,然后扬长而去。"我们只要看一看我们自己就可以知道智慧生命如何可能发展成为我们不想面对的东西。我可以想象它们也许存在于一艘艘的大船中,已经耗尽了它们的星球上所有的资源。这种先进的外星人可能会成为流浪者,占领它们能够到达的任何行星,使之成为它们的殖民地。"他断言,试图与外星人接触过于冒险。他说:"如果外星人有朝一日拜访我们,我想结果会像人们首次登陆美洲时那样。当时,美洲土著人遭了殃。"

但在 2013 年,NASA 又向宇宙发送歌曲《穿越宇宙》,这是无视国际天文学会和 Hawking 的警告。2015 年 NASA 制定了新的搜寻计划,再向宇宙发送了几条信息。另一方面,英国搜寻外星文明研究网络已与"突破性信息倡议"合作,邀请公众参与策划人类向太空发送信息内容,最佳提议还将获得 100 万美元的奖赏。

因此,该不该"主动联系外星人"的问题再次摆在了地球人的面前。对此,笔者强烈支持Hawking 的观点。虽然,地外文明探索至今未获成果;但 SETI 并未失败,仍在继续。研究动力来自一种基本的冲动和思考——想知道我们在宇宙中究竟是不是孤单的。我不否认研究和探索有重要意义;但即便外星人存在并来造访地球,人类并未做好应对的准备,首先,我们无法估计来访外星人的形态、特征和本质;人们头脑中的想象是把他们视作与自己差不多的生物,而且秉持友好态度;这非常不可信。必须估计到,在其他星球上生命的发生可能完全不同,举例说,也许硅元素代替了碳,液态氨代替了水。即使同样是以碳为主的方式,蛋白质形式也未必与地球上相同。总之,宇宙中的元素是一样的,但大分子、化合物不相同。由此推论,外星人不一定和我们相似。有的科幻电影把外星人塑造为一群怪物,而且刚抵达地球就发起进攻——这种可能性确实比较大。"在地球上迎接外星人来访"的想法,未免太天真。

其次,造访地球的外星人,其达到的文明程度、科技水平肯定比我们高很多。但我们无法估计他们比我们先进多少——是 1000 年、10000 年还是 1 亿年? 这种极大的差距使两种文明无法沟通。正如今天的人类看脚下的蚂蚁世界,两者有什么联系和"沟通"的基础? 双方如此不同,又怎么可能建立平等的关系和亲切的友谊。

再次,今天谁来代表地球? 公正地说,NASA 做了绝大多数的成功的太空探测,但它是一个美国机构,由它代表地球说话是否合适? 另外,人类互相并非那么友好,目前积存的核武器可以把世界毁灭很多次。这样一个连自身命运尚且存疑的星球,有什么必要、有什么资格去与外星人打交道? ……退一步讲,就算联合国(UN)可以代表地球(虽然很勉强)去与外星人见面、会谈,请问谈什么、能提出什么要求或建议? 地球人在种族、意识形态、宗教信仰、文化背景方面是如此不同,对局部利益又如此执着以致互相间经常诉诸战争;这情况离一个"统一的星球"很远,外星人的事情是否放到未来再处理? 然而当前已展开了热烈的寻找外星智能生命的活动,统一思想、统一步调已是当务之急,不能再拖延。

万一我们当中有人竟然与外星人联系上了,那时该怎么打交道?有专家指出:"看看过去百年来人类文明的进步有多大!如果外星文明比我们早1000年,天知道他们在交流时会运用什么技术和方式。对于宇宙,人类只略知皮毛,我们仅仅是以自己的出发点来看待宇宙。我们趋向于以自己的方式提出问题。然而,我们并不清楚外星文明会有怎样的思维过程。"这真是一个大难题。

最后,美国一项全新的研究表明,我们每个人身上的微生物群每时每刻都在向周遭空气散发数百万细菌,有几组细菌是人体表面和体内常见的。例如口腔中常见的链球菌以及皮肤常见的丙酸杆菌和棒状杆菌。……可以估计到,来访外星人也会带来许多细菌和甚至病毒,其中有一些是我们不知道的甚至对地球人是致命的,会引起大规模传染病的爆发。那怎么办,难道地球人有能力对外星人先行检疫?!……这个问题其实在地球人飞往外星时也存在,本来干净的星球(月球、火星)可能因人类涉足而被污染!实际上,需要制定一个公约以便约束人们的行为;而这些事情在狂热搜寻外星人的科学家群体中根本未被考虑……

以上几方面的理由促使我们大声疾呼:地球人请不要操之过急,要防止引火烧身!不应轻易回答外星信号,也不要随便向外星发布信息;这两方面都是重要的,认识不到这点就会造成难以挽回的后果。

7 向外星移民的必要性[10-14]

对地外文明的探索不能只从兴趣出发,而应相联系地考虑怎样有助于解决地球人类所面临的迫切问题。世界人口一直以级数式或指数式规律增长,而资源则是有限值。在另一方面,所谓"宜居类地行星"的报道近来大量出现,那么考虑向外星移民的可能性是很自然的,唯一条件是该星球本身无人居住。也就是说,必须以和平方式移居,而非企图抢夺别人的家园。

人类的过度繁衍造成了严重的问题。关于必须注意节制人口的思考开始得很早。中国古代哲学家韩非子(前280—前233)写道:"今人有五子不为多;子又有五子,大父未死而有二十五孙。"这实际上是"人口按等比级数增长"的概念。无疑,近代最重要的早期人口理论家是英国人 Thomas Malthus,他的两部专著(《人口论》《人口原理》)至今仍然值得研究。他在《人口原理》中指出,一切生物都有超越为它准备的养料的范围而不断增殖的恒定趋势。由此他进一步论述说:"人口,在无妨碍时,以几何级数增加;生活资料,只以算术级数率增加。"注意,人口以几何级数规律增长的前提是"无所妨碍时";实际上并没有韩非子和 Malthus 所说的这么快。现在的情况是一些欠发达国家的人口数字不断增长甚至失控。以中国为例,清康熙39年(1700年)到乾隆59年(1794年),全国人口由1.5亿增为3.13亿,即翻了一番。而在1800年,全球人口不过10亿,中国人口约占世界人口32%。到道光30年(1850年),中国人口达4.3亿。现在(2015年)中国人口为13.6亿,全球人口约73亿,中国人口占世界人口18.6%。与1850年相比,中国人口增长316%!……最新的数据是,到2029年中国人口将达峰值,即14.51亿人。不过在当前,有一些较发达的国家或地区有的出现了人口零增长甚至负增长的情形,情况比较复杂。例如中国台湾2014年的生育率全球第二低,2016年起,台湾的劳动力人口开始负成长,2020年起人口将开始负增长。但就全世界总体情况而言,人口总量不断加大仍然是突出(甚至严重)的问题。……Malthus 指出:"人类有一种比粮食增加更快的趋势,要使一国的人数多到生活资料的极限为止。……这种极限的意思就是维持一种停滞着的人口最低限度的粮食数量。所以严格说,人口决不能跑在粮食之前。"还是看中国的情况,资料显示伴随人口增长的是耕地面积下降,例如从 1711 年至 1812 年人均耕地面积下降 92%,减少到 2.2 亩。在近代,根据 P. Kenedy 的资料,1950—1984 年,世界粮食增长速度为人口增长速度的 2.6 倍;但从 1984 年起,粮食增长速度明显放慢——1984—1989 年,粮食产量每年仅增长 1%。然而,世界人口增长的速度是每年 1.7%。从人口增长的需要看,每年应增产粮食 2.8×10^7 t,然而实际上,每年仅增产 1.8×10^7 t。中国目前人均可耕地仅 2.3 亩,年进口粮食 8000 万 t。

1980—1983 年,作为工程控制论专家的宋健提出了人口控制论(theory of population system control),研究了人口发展动态过程和人口系统稳定性,提出了人口发展方程。研究显示,一个国家的人口增速和人口规模在系统中可控,存在一个总生育率(TFR)的临界值,如低于此值就能停止人口增长。例如中国若 TFR = 1.9,则 2030 年将达峰值 14.12 亿人,2050 年为 14.2 亿人;若 TFR = 1.6,则 2050 年为 12.34 亿人。根据中国官方的最新的研究,2029 年中国人口将达峰值 14.51 亿人,2030 年以后将缓慢下降。

笔者不是人口学家,但为了起警示作用,在未使用 TFR 参数时做过一些计算。考虑到过去的令人惊骇的情况(例如从 20 世纪 50 年代到 90 年代,40 年中国人口翻了一番),我们还是把计算数据列出以供参考。表 1 中的人口数据,到 2050 年估计全球有 97 亿人;据说到达这个数字的日子还会提前,故可认为到 2051 年人口总量将达百亿。也就是说,2011—2051 年,仅 40 年时间人口增量差不多有 30 亿人,地球怎么承担得了?! ……笔者阅读《资治通鉴》一书时,每见"天下大饥、人相食"词句,总是惊悚不已。

表 1　世界人口密度计算

年份	1930	1994	2000	2015	2050	2100
总人口数/亿人	约 10	约 57	约 62	约 73	估 97	估 130
平均密度/(人/km²)	约 2	约 11	约 12	约 14	估 19	估 26
实际密度/(人/km²)	约 20	约 110	约 120	约 140	估 190	估 260

在表 1 中我们提出了人口实际密度概念;计算时取地球表面积为 $5.1 \times 10^8 \text{km}^2$,而"实际密度"是笔者的概念,即假设适宜居住的地面是地球表面积的 1/10。表 1 是我们对世界情况的计算数据;由于地球表面不适于居住的地区是绝大部分,大致上可以把实际密度 260 人/km² 定为地球承载能力极限。宋健也曾提出,(根据 1997 年的数据)全球约有 8.5 亿人挨饿,而每年的新增人口接近 1 亿。……看看目前(2015 年)的情况,为养活地球上 73 亿人口,我们已经开垦了地球 40% 的土地;而到 2050 年,全世界人口有望达到 96 亿,联合国粮农组织的数据显示,要避免大规模营养不良,粮食产量需要提高 70%。但现在已没有多少土地可供开发。因此笔者认为,在 80 ~ 100 年后地球上就将出现危机。当然,对一个国家和社会的管控是非常复杂的;最近中国已宣布放开"生育二孩",实际上停止了实行多年的"一对夫妇只能生育一个孩子"的政策。但这并非为了增加人口,并不是嫌今天中国的人口总量(约 13.6 亿)还太少,而是为了应对"加速进入老龄化社会"所带来的问题。因此笔者仍然坚持下述观点,即地球的人口承载能力有一个极限存在! 但全球人口增加仍很迅速,地球生态环境仍在破坏,需求增长与资源减少并行;因此人们不应放松警惕。

不能低估水(指淡水)资源的缺乏带来的影响。地球本有一个由大气层和地表为基础的水自然循环系统,但在人口总量不断提高而地球表面积不变的作用下,缺水的威胁不在缺粮以下。人类的工业活动持续增加和对舒适生活的追求(游泳池、滑雪场、高尔夫球场、洗车厂、草地浇灌等),也大大增加了水资源消耗。以中国为例,2014 年的全国用水总量为 6220 亿 m³,

接近设定的 2015 年将全国控制在 6350 亿 m³的限额。毫无疑问,北京乃至全国各地的供水都已陷入紧张。2014 年北京的用水量达到 37.5 亿 m³,超过了北京 20.25 亿 m³的总供水能力。

总之,一切问题均与地球人口过多有关。除了设法改进,人们也会把目光投向太空,思考向外星移民的可能性,寻找第二个、第三个地球。回顾历史,当某处人口过多甚至饱和时,人们就会利用当时掌握的技术,去寻找人口稀少的地方。……2010 年 8 月,S. Hawking 发表了类似观点,他说:地球人口及资源消耗都在迅速增长,然而"人类遗传密码中携带着自私与侵略本能,这在过去曾是存活的优势。但人类很难在未来 100 年内避免灾难,更不用说未来 1000年。"因此,人类若不能在未来两个世纪内殖民外太空,就有灭绝的可能。人类能长久生存的唯一机会就是搬离地球,开始居住到别的星球上。特别是,假如人类是银河系中唯一具高等智慧的生物,我们就应确保自己能永久生存。"他警告说,人类正进入历史上越来越危险的时代。

8 向外星移民的可能性

地球的确是一个非常美好的地方:它有一个大气层,为我们提供有适当氧气的空气以供呼吸;它的温度适宜人类生存;它有淡水资源和壮观的海洋;它的绿色植被令人心旷神怡……。这样好的地方不仅太阳系内是独一无二,在茫茫宇宙中是否存在类似条件都不能肯定。那么为什么要离开它? 回答是人太多了必须另想办法;向外星移民即为办法之一。

通常的想法是寻找与地球相似的行星。然而在实际上存在另外的方案——建造许多个人造的较小星体,它能提供重力和其他所需的一切,载乘着人们离开地球飘向远方。美国科幻影片《极乐空间》就是这种构想;它把故事设定在 2154 年,那时的地球是拥挤、破败、肮脏的地方,居住者大多是穷人,由机器人警察管理他们。另一方面,富人们逃离了地球,在太空建立了一个较地球小很多的天体("极乐空间"),那里有适当的重力、良好的空气、满眼的绿色以及充足的物资供给。这是少数富人的天堂,它由一支精准强大的部队守卫,入侵者将被击落或关押。……这种把贫富分化延扩到外太空的描绘令人吃惊,我们不愿讨论这种未来的可能方案。

如果以全体地球人的幸福作为出发点,那么可以向何处移民?!

笔者认为,在太阳系内可选的地方不多,可能只有月球和火星这两个候选者具有价值。至于那些行星的卫星,由于体积和表面积太小,无法接收大量移民,至多只能作为未来星际社会的科研基地、旅行中转站、旅游探险目标,以及少数富人投资建造的别墅区。这是令人遗憾的事情! ……如果在 2100 年开始向外移民,其时估计地球总人口有 130 亿;如移走 5%,即 6.5亿人,月球、火星能否接纳? 即使能,也只有总人口的 5%,对地球的帮助也不算大。但要把 6亿人移民到外太空,困难大得难以想象!

谈到移民,人们当然首先会想到月球,。因为它离地球最近;而人类早已具备了登月的能力,且派少数人去过。在各个宇宙天体里,人类了解最多的星球是月球,人类唯一登临过的地外天体也正是月球。它基本上是个圆球体,南北极处稍扁。它的直径为 3476km(约为地球的27%),质量为 7.35×10^{19}t(约为地球的 1/80)。月球面积是地球的 1/14,与亚洲面积差不多;体积是地球的 1/50,引力是地球的 1/6。月球绕地球旋转的轨道是椭圆形的,故月地距离不恒定,为 $(3.633 \sim 4.055) \times 10^5$km。月球自转周期与绕地公转周期相同,即 27 日 7 时 43 分 11.5秒;因此,从地球看去只能看到月球的同一个半面;月球上的昼长相当于 14 天白天,夜长相当于 14 天黑夜。

月球上没有大气层,因而没有地球上常见多彩的光学现象,天空呈现黑色。无大气传声,因而一片寂静。……如果硬要讨论"月球大气层"的话，那么，月球大气极其稀薄；它的来源除月球内部释气以外，太阳风（太阳发出的质子流）冲击月面也会产生气体。1972 年，F. Johnson 等 3 位登月宇航员总结说："我们通过 Apollo – 14 把冷阴极电离真空规带到月面，测量了中性气体的压强。在着陆地区，真空度受火箭气体的吸收和而后释放的严重影响。当宇航员在月面活动时，压强近于 $10^{-8}\,\mathrm{Torr}$（$1\,\mathrm{Torr} = 133.322\,\mathrm{Pa}$）。在月球上太阳升起时，表面气温升高到 300K，压强约 $10^{-10}\,\mathrm{Torr}$。"搞过真空技术的人都知道，这是超高真空（UHV）；月面上完全不适合人类生存，必须进行改造——要建设能让上亿人生活的居留地是太难了。

2010 年 6 月有报道说，月球上的水要比任何人想象得都多，并可能广泛存在于月表的深处。几次登月行动发现在月球表面的浅陨坑中和灰色尘埃下有冰。这些水很可能是在大量彗星撞击月球表面时带到那里的。实际上，月球内部拥有的水可能是先前估计量的 100 倍，并可能在月表深处的岩石和其他物质中广泛存在，其普遍程度也远高于过去的估计。同年 10 月，NASA 宣布发现"月球绿洲"；这是一年前发射"月球坑观测和传感卫星"（简称 Lcross）撞月的观测成果。结果表明，Lcross 撞出大约 155kg 的水，证实了关于陨石坑中有冰的怀疑。根据它撞出的尘土，科学家们还首次计算出了水的含量。实际上，也许能用 8 辆手推车的泥土融化出 10～13 加仑（1 加仑 = 3.785L）水。这些水可以净化后供饮用，也可以分解成氢和氧制造火箭燃料以便返回地球或前往火星。

2015 年 7 月，欧洲航天局（ESA）局长说，应当全球合作在月球背面建月球村。他说："应汇集来自全世界的伙伴，通过机器人和宇航员任务以及提供支持的通信卫星，来共同打造一个月球社区。"他认为，在一个陌生的世界生存并非易事，不过如果这个外太空社区与地球的航程仅有 4 天，困难容易克服。2015 年 10 月 19 日，英国 BBC 报道，俄罗斯联邦航天署和欧洲航天局正在开展合作，准备把着陆器送到月球南极寻找水。"月球 27 号"探测计划将于 2020 年启动，其首要任务是寻找水冰沉积物。对太空探索而言，水是极其珍贵的资源，不仅因为它是生命必备条件，而且因为它能被分解为氧和氢，而氢是极佳的燃料来源。最初的任务将由机器人执行。10 月 28 日俄罗斯联邦航天署宣布，计划在 2029 年把人送上月球。俄罗斯将使用新的航天器执行该任务，于 2021 年开始试飞。另外，俄罗斯政府正与中国商谈合作建立月球科学基地的可能性。而在此前中国已有了成为第一个登陆月球背面的国家的计划，并希望最终实现载人探测。

总之，月球将成为人类文明的永久前哨站。……其实，NASA 早就用月球探测器发现了月球南极上的冰层，估计储量达数十亿吨。这样，饮用水和工作用水初步有了来源。因此，在月球生活不太担心水的缺乏。……宇宙射线的照射才是最严重的问题。因为没有大气层阻挡。然而，如果设想中的大规模移民必须全部生活在月面以下，就将失去意义。因为人们会说，为什么不在地球上大量建设地下居住区和城市以扩展人类的生存空间呢？那样做其实要容易得多。

欧洲航天局现在不仅是想去月球，而且想留在那里——建立一个永久性月球基地。这是为了研究和开发，月球上有丰富的资源。他们欢迎各国参加，但认为实现计划要用 20 多年。如果顺利，2030 年可有初步的定居点。为什么不是火星？ESA 认为人类总有一天要去那里，但是先在月球上建设才更具有可实现性。他们甚至认为 20 年后在月球上会出现可接待客人的度假村。……不管怎么说，由于月球上的稀有资源，例如同位素氦 3 的藏量极大，如采集并运回地球可向核聚变电站提供燃料，能源问题可以解决。所以，月球的吸引力很大！但我们在这里考虑的是另一件事——关于接受地球移民的能力。去月球只需 3 天，往返只需 6 天，这是

254

最吸引人的事情。但是,月球是个不大的星球,难于"接待"过多的地球移民。

总的来说,尽管距离近,月球并非好的移民目标,远不及虽然远一些却条件更好的火星。著名科普作家 I. Asimov 称火星为"除地球外最舒适的行星"是有充分理由的,它寄托了地球移民活动的最大希望。火星位于地球轨道外侧,作为第 4 颗行星环绕太阳旋转;地球与火星的间距为 $(5.6 \sim 40) \times 10^7 \text{km}$,比地球与金星的间距约大 50%。火星直径在赤道方向约 6804km,两极方向约 6742km。火星的体积约为地球的 15%;表面积约为 $1.45 \times 10^{18} \text{ km}^2$,是地球的 1/3.5;可见,如果火星拥有经过改良的自然条件,向火星移民有巨大的容量。火星的体积是月球的 7.5 倍,表面积是月球的 4 倍;故火星更值得人类花大气力去改造它的大气层。关于火星大气的组成,1969 年 Mariner-6 和 Marinet-7 用紫外谱仪测出为:CO_2 占 97%,N_2 约占 3%,此外有极少量的 H_2O 和 O_3。我们知道,火星表面压强过低;现在再看组成,这绝对不是适于人类呼吸的大气(测量得到表面大气压强为 420~730Pa,表面大气温度为 173~275K)。但是,必须承认这里的条件远比月球"舒适",即易于改造。

令人鼓舞的是 2013 年"好奇号"火星探测器证实火星上有水。NASA 的火星车分析的首批土壤数据表明,火星土壤含有 2% 的水分。2015 年 9 月 28 日,NASA 宣布"有强烈证据表明火星上有液态水流动",这些"河流"宽 3.7~4.6m、长 91m 以上。据信,这些水合有一定的盐分——不是普通的食盐,而是高氯酸盐、氯酸锰和高氯酸钠,与地球上用于融化冰雪的道路用盐相仿。这就可以解释水如何能在平均温度为 -65℃ 的火星上以液态形式存在。夏季火星上有咸水流动,从而提高了人们长期以来认为的干旱星球能够支持生命的可能性。

因此火星不是死寂星球,至少可能有微生物。人类对登陆火星期待已久,目前有这类计划并开始付诸行动的国家有美国、中国、荷兰和阿联酋。必须承认走在前面的是美国,2015 年 10 月 22 日 NASA 说,它将在 2018 年制成世界上最强大的火箭,称为太空发射系统,是专为前往火星而设计的运输工具。目前已完成了对发动机和助推级的初步实验;火箭的主体部分高度 60m、直径 8.4m,使用的燃料是液氢(LH_2)和液氧(LO_2)。

美国 NASA 的火星大气探测器(MAVEN)已经查明,是太阳风使火星表面不能维持自己的大气层,至今损失大气物质的速度为 100g/s,即每天 8.6t!这使人为改进火星大气层近于不可能,因为火星重力比地球小得多,无法让大气层粒子保留下来。其次,前面还有巨大的、难以克服的障碍。首先,生活在火星的人所体验的重力只是地球重力的 1/3。50 多年的人类太空飞行证明,失重会对人体产生影响:骨骼和肌肉会迅速损耗,而心脏会变得虚弱;人体其他系统也会受到影响。其次,在火星上待 3 天,受到宇宙射线的辐射量相当于在地球上一年的辐射量!防护问题不解决,人类在月球、火星乃至任何星球上都无法生存。尽管如此,2015 年 10 月 10 日仍然宣布了在 21 世纪 30 年代建立火星永久居点(使登陆者留下来)的计划,为此要提前用货船把物资运过去。现在则努力开展防辐射问题的研究。

不久前美国某网站刊登文章"认为人能在火星生活是荒谬的",这观点并不正确。首先,不能用现在判断次来。移民火星也许到 22 世纪才能实现,因为人类智慧定能发明全新技术来改造和开发火星,与此同时对地球上的沙漠地带和南极北极做工作,使之适于人类居住。火星上可能容纳几亿人,不管怎么说对地球都是帮助。

目前,美、欧、印均已向火星发送了探测器和登陆车;中国则计划于 2021 年登陆火星。这个大方向是正确的,虽然它与向火星移民还很远。

对于移民外星、疏散地球人口而言,太阳系内的潜力并不很大。即使月球、火星能改造为"宜居",也接受不了太多人口。更何况,我们又怎么能把原来空旷安静的这两个星球变成拥挤不堪的闹市？……所以把目光投向太阳系外是很自然的，自 2007 年以来已形成了寻找的热潮。必须理解"宜居星球"的含意，它并不意味着天文学家知道那里确实存在生命，而只是表明那里存在适宜生命存在的条件。这样的行星与其所属恒星间的距离恰当，从而支持水、适宜的气温以及可以支持生命的大气层的存在。当然，有没有水非常重要。例如，NASA 的 Kepler 望远镜搜寻像地球一样大小的行星，包括在温暖、宜居的区域中环绕恒星飞行的行星；在这样的区域内，行星表面可能存在液态水。

表 2 是笔者所综合的 2007—2015 年的情况；如今系外行星可居住性已是一门新兴科学。对于如何确定一颗行星是否适合生命存在，现在有好几种理论。"地球相似性指数"就是其中一种方法，衡量范围从 0（与地球完全不像）~1（与地球非常相似）。Glise 581g 的"地球相似性指数"为 0.92，是得分最高的——比火星高得多，火星只有 0.66。……严重的问题是与地球的距离；我们知道，地球与太阳的平均距离约为 1.5 亿/cm，即 8.5lm（lm 是光分，即光在 1min 时间内走过的距离）。但表 2 中的宜居星球是以光年（l.y.）来衡量的，在宇宙中 20l.y.（约 189.21 万亿 km）也算是近距离。例如表 2 中的 Kepler 186f 远在 4730 万亿 km 之外，我们看到的是它 500 年前发出的光。它如此遥远，对移民而言是极不现实的。

表 2　国际科学界近年来发现的类地宜居行星

发现时间或报道时间	行星名称	与地球距离/l.y.	其他情况	备注
2007,4,24	Glise 581c	约 20	温度 0~40℃	后又报道说是高温
2010,9,29	Glise 581g	约 20	直径是地球的 1.3 倍；可能有水；温度从 -31℃~ -12℃	两年后的评估，认为是突出的类地宜居星球，相似性指数高达 0.92
2011,5,16	Glise 581d	约 20	温度适宜大气层 CO_2	不如 Glise 581g 好
2011,9,12	HD85512b	36	比地球大 2 倍可能有水	
2011,12,5	Kepler22b	600	比地球大 2.4 倍；公转周期 290 天；温度适中；表面为海洋	
2012,8,31	Glise 163b Glise 163c	50	有大气层	
2013,4,18	Kepler62e Kepler62f	1200	可能有水	
2013,6,25	Glise 667c	22	比地球大温度适宜	
2014,4,17	Kepler186f	500	有水，可能有大气层，直径比地球大 10%	
2014,6,2	Kepler10c	560	直径为地球的 2.3 倍；质量为地球 17 倍	称为"巨型地球"
2015,7	Kepler452b	1400	直径是地球的 1.6 倍，轨道周期 385 天	称为"地球 2.0"

因此，最佳选择是距地球 20l.y. 的星球，例如 Glise 581g；以目前的化学燃料火箭（$v = 17km/s$），到达那里需要 35 万年。即使采用未来的核聚变火箭发动机，使速度达到 $v = 1500km/s$，到达那里也要 4000 年。我们承认，以光速或超光速飞行还只是设想而非现实。因此，"向太阳系外移民"的困难非常大；不知道 Hawking 考虑过没有？

结论是,哪里也没有"家"好("家"是指地球)! 让我们每个人都加倍爱护她、珍惜她,尽量降低"移民外星"的必要性。如果不能完全去掉这种可能,也要尽量推迟不得不如此做的那天的到来。

9 超光速宇宙航行的可能性[15-17]

地球人类是宇宙的孩子,是宇宙所孕育的。宇宙的均一性使我们断定生命不是地球上才有的现象,而是正常的、到处都会发生的可重复的规律,只是生命的形态会有所不同。仅仅在银河系,可能具备条件的恒星系统有 $10^7 \sim 10^8$ 个! 因此,科学界的多数人都相信有外星智慧生命存在。既然如此,为什么他们至今没有来地球造访我们呢?

一个最简单的解释是,宇宙实在太大了,恒星系统之间的距离太远了。例如,太阳系外最近的恒星(半人马座 α 星)距地球约 4.3l. y. 。假如自地球出发的飞船用1% 光速飞往该星,即速度 $v=0.01c \approx 3000km/s$,则 430 年才能抵达,往返一次历时 860 年。为了做比较,我们看看地球人在制造高速飞行器方面的现有水平。2004 年美国实现了飞机在大气层的 10 倍声速飞行,即 $v \approx 3.2km/s$;假使以这个速度飞往半人马座 α,往返一次竟需 85 万年。2006 年 1 月,美国 NASA 的"星尘"号无人飞船返回地球时速度达 13km/s,是迄今为止人造飞行器的最高速度,但前往半人马座并返回也要大约 20 万年!

如果飞船能以光速或超光速飞行,情况就不同了。例如:以 c 飞行的飞船花 4.3 年的时间即可抵达,往返需时 8.6 年;如以 10c 飞行,大约要 5 个月即可抵达,往返仅需 10 个月。正是这种状况使宋健院士认为,今后努力目标应是使飞船速度接近光速或(如果可能)超过光速,作为实现"太外飞行"(飞到太阳系以外)的前提条件之一。

简言之,宋健院士于 2004 年 11 月提出的观点可概括如下:①生命的出现是自然规律决定的。只要环境适宜(特别是有液态水),时间足够长时就会出现生命,因此"地外生命"有可能存在。②飞出太阳系是人类的伟大理想;若干年后,将有第一批航天员飞出太阳系并安全返回。③要实现"太外飞行",有四大理论和技术问题要解决:绘制宇宙图;设计喷气速度近光速的发动机;建设长期生命保障系统;克服光障。对这些问题,科学界已做了一些前期工作。④相对论不能排除超光速运动的存在;说"超光速不可能"缺乏实验证据。

宋健认为,20 世纪下半叶至今,很多物理学家继续研究存在超光速运动的可能性。但是,从早期的虚质量、快子,到改变空间尺度、超光速传播、负质量等努力都没能绕过 $\beta=v/c=1$ 这个奇点。从技术科学来看光障,这个奇点的产生不是来自数学,而是来自以光学和电磁波手段测距的技术基础。用光学或雷达往返信号时间间隔之半去定义距离,用这种技术,由于光速的有限性,根本看不到运动速度等于和大于 c 的目标,所以它不可能成为研究和发展超高速宇航的基础。宋健指出,电磁波传播速度的有限性也限制了超光速双向航空航天通信的可能性,地面站用电磁波无法向以接近或超过光速 c 运动的飞船发出指令或建议。航天技术呼唤实验物理学家们寻找传播速度大于 c 的信号源。只要能找到这种新的信号源,以光速或超光速做宇宙航行的可能性就会大为增长。

另外,中国运载火箭技术研究院研究员、中国航天工程咨询中心首席科学家林金还提出了一个从航天实践中抽象出来的思维实验。从火箭自主惯性导航的理论模型得出,一个运动质点自己可以测量自己相对一个给定惯性系的速度、加速度和位置作为质点上自带钟固有时间的函数,而无须与外界交换信息。即如果世界上没有电磁场和光,惯性系统可照常自主定位和测速。那么,对于(假想的)只有引力而无电磁波的世界,为何 3×10^8 m/s 会成为速度极限? 这是说不通的。故宇宙飞船的速度不存在上限!

宇航的光障问题使人回想起 20 世纪航空工程中出现过的声障问题的经历。超声速飞机出现以前,很多人曾设想,当飞机速度接近声速时,在空气中以常速传播的声波会聚集在前面成为密度很大的激波,飞机无法穿越。硬要穿过,要么机毁人亡,要么失稳失控。但是,航空科学家和工程师们为攻克声障而投入了战斗,经过数十年的理论分析和风洞实验,人们彻底弄清了激波的物理性质和结构。于是,美国空军于 1947 年 10 月 14 日实现了首次超声速飞行。第二年,苏联的 La-176 飞机也超过了声速。

为了评价人类对更高速度的追求,我们需要选择单位——km/s 或 km/h,而两者的关系是 1km/s = 3600km/h。据此,取光速 $c \approx 3 \times 10^5$ km/s,则可算出 $c \approx 1.08 \times 10^9$ km/h。对地球人类而言这速度太惊人了;但如你幻想未来在太阳系(乃至银河系)巡航,就要用 c 作为衡量尺度,即考虑以近光速、光速、超光速飞行的可能性[17]……。最近 BBC 说 1969 年美国 Apollo 飞船创造了人类最快的飞行速度 $v = 39897$ km/h;我们如换算为 km/s 单位,结果是 $v = 11.08$ km/s ≈ 11.1 km/s。根据笔者收集的资料,这并不是迄今为止人造飞行器所达到的最高速度。笔者整理的情况见表 3,其中有列入英国 BBC 的数据。不过我们是把"无人驾驶飞行器"与"有人驾驶飞行器"混在一起比较。如果仅考虑有人驾驶的情况,BBC 的说法是正确的。

表 3 人造飞行器所达到的高速度数据示例

时 间	研究机构	内 容	最高平均速度/(km/s)
1969 年		Apollo-10 登月飞船所达到的速度	11.1
2004 年 7 月	NASA ESA	1997 年联合制造的飞船进入环土星轨道时,平均速度达到了地球第三宇宙速度	16.5
2004 年 11 月	NASA	高超声速无人机最高速度	3.1
2006 年 1 月	NASA	无人驾驶航天器"星辰号"返回舱再入大气层速度	12.9
2012 年 9 月	NASA	无人宇宙飞船"旅行者 1 号"冲出太阳系速度	8
2012 年 10 月	NASA	航天飞机"奋进号"最高速度	7.8
2014 年 11 月	ESA	无人驾驶航天器(彗星探测器)成功登陆彗星时达到的速度	18
2014 年 12 月	NASA	无人驾驶航天器"猎户座号"(未来的载人登火星飞船)再入大气层速度	9

必须指出,非人造物体(天体)的速度远大于人造物体的速度。笔者收集的情况见表 4;但是,表中除第一项外,这些数据均远小于光速,可以说缺乏可比性。

表 4 非人造物体(天体)可能具有的高速度数据示例

时 间	内 容	速度/(km/s)
1978 年	射电天文学家用甚长基线干涉测量(VLBI)技术观测宇宙,发现有的类星体中两个射电辐射源以超光速互相飞离	$(8c, 9.6c)$
2012 年	天文学家新发现的超密中子星的高速运动	778
2013 年	NASA 预计小行星 1950DA 将于 2880 年 3 月 16 日与地球相撞,速度较高	16.7
2013 年	NASA 拍摄到 1 块直径 30cm 的石头以高速撞月球	25
2013 年	岁末前超大的 ISON 彗星经过地球附近,速度很高	417

（续）

时 间	内 容	速度/(km/s)
2013 年	NGC1277 星系中的超大质量黑洞在星系间飞驰了数十亿年,速度很高	1250
2014 年	距地球 5.1×10^8 km 的 67P 彗星的高速运动	18
2014 年	有彗星以高速飞经火星附近	55.6
2014 年	12 月 13 日国际空间站 16 次经过地球上某个正在迎来新年的地点	7.8
2015 年	7 月 14 日 NASA 的无人探测器飞越冥王星	13.9

由表 3 和表 4 可知,人造物体在宇宙中的速度可达数十千米每秒,自然物体在宇宙中可以高得多的速度飞行,即数百千米每秒以上。这些都是宏观物体,其速度远小于光速($v \ll c$)。表 5 是微观粒子的情况,它们比宏观物体更快速,与光速 c 有了可比性。可见。发动机喷射出的氙离子速度可达光速的万分之一强,太阳风粒子速度可达光速的千分之五,但它们仍远小于光速。能达到光速甚至可能超过光速的粒子,除了光子以外,可能还有中微子。2011 年公布的欧洲核子研究中心(CERN)的 OPERA 实验。得到中微子速度 $v = (1 + 2.48 \times 10^{-5})c$[18];后来发现实验中有错,否定了这一结果[19]。现在主流意见是中微子以近于 c 的亚光速运动,但至今还有许多物理学家(如中国的倪光炯、张操、艾小白[20],美国的 R. Ehrlich[21])认为中微子运动速度比光速快;中微子速度问题并未最后解决。

表 5 微观粒子能达到的飞行速度数据示例

报道时间	内 容	速度 v/(km/s)	v 与真空中光速比(v/c)
1993 年	美国 Berkeley 加州大学科学家所做实验,证明光子穿过势垒时可能由于量子隧道效应而达到比 c 更高的速度,比光速快 70%	509647.2	1.7
2007 年	NASA 发射"黎明号"探测器,飞往火星与木星之间的小行星带。由于采用离子发动机,带电氙离子穿过电场后加速运动,以高速逃入太空,把探测器推向相反方向。1 年后探测器获速度 2.46km/s	39.7	1.32×10^{-4}
2013 年	NASA 观测到太阳风粒子以高速冲向地球	1448	5×10^{-3}
2014 年	西班牙天文学家观测到来自 IC310 星系的黑洞中喷射出的 γ 射线粒子用比光少得多的时间穿越了视界	1562500	5.2

那么,几十年来多国科学家开展的超光速研究都干了些什么? 他们研究电磁波、电磁脉冲的运动和电磁相互作用、引力相互作用、量子纠缠作用之中呈现的超光速现象[22,23],取得了很大成功。但必须承认迄今没有人对物质粒子做成功超光速实验,更没有人对物体实现近光速飞行。因此,目前只能对有关问题做展望式的讨论。……2009 年黄志洵[17]发表文章"超光速宇宙航行的可能性"(此文收入 2011 年出版的书《现代物理学研究新进展》[22]时做了重要的修改补充),其中根据不同的技术给出了速度预测——目前的化学燃料推进火箭 $v/c = 5.7 \times 10^{-5}$(这是最高的可能性);可变比冲磁等离子体火箭 $v/c = 5.7 \times 10^{-3}$;氘核聚变火箭 $v/c = 5 \times 10^{-3}$;太阳帆 $v/c = 0.33$(最高可能值);束芯反物质火箭 $v/c = 0.5$;暗物质火箭 $v/c = 1$。这些是亚光速和光速航行的方案。此外,还有反引力机航天器、曲相推进与超空间驱动,可能做超光速巡航。不过这些都只是对未来的预测。2015 年刘霞[24]的综述文章给出以下几点预测;核聚变火箭 $v = 0.12c$;反物质引擎 $0.7c$;曲相推进(warp drive)技术,可做超光速飞行。重要的是国际科学界已有这样的认识:为了实现星际航行必须把速度提高到近光速乃至超光速。因此,速度问题引起了空前的关注。早在 2003—2004 年美国即已提出,采用核聚变技术或磁

化等离子体技术,去火星单程时间可降至 45 天以下。

这些关于超光速宇航的讨论,其范围日益扩大。在美国,拍摄了科幻电影《星际穿越》,描写人类在虫洞(worm-holes)中穿行,寻找宜居行星;正是虫洞理论提出者之一的 Kip Thorne 担任电影的科学顾问。在中国科普杂志也展开讨论——例如《天文爱好者》在 2015 年 1 月号有 2 篇文章讨论这些问题[25]。……其实,关于负能量、EmDrive、时空弯曲、虫洞、曲相推进,黄志洵[26,33]都有严肃的论文做了讨论,但不像科普文章那样通俗易懂。不管怎样,在今天谈论超光速宇航的人已不仅是极少数科学家;大众的推动总是有意义的。

10 未来的宇航需要新概念[17, 30-34]

由表 2 可知,目前已知的最佳类地宜居行星是 Glise 581g,它的"与地球相似性指数"最高,达 0.92;而且它离地球较近,只有 20.5l. y. 。这是对别的宜居星球而言,实际上它并不"近",有 1.89×10^{14} km 之远。如果取人造飞行器的最高速度为 18km/s,即 64800km/h,这样算下来需要约 33 万年才能到达。所以,能否建造光速或超光速飞船的问题仍然摆在我们面前。……近年来不断有人提出新概念和新创意,我们将对其中的两例进行讨论。

2004 年 11 月宋健院士指出,航天技术呼唤实验物理学家们寻找速度大于光速 c 的源;只要能找到这种新的源,以光速或超光速宇航的可能性就会大为增长。林金院士指出,宇航员建立了自主精确描述火箭和宇宙飞船在给定惯性系中做任意加速和减速运动的动力学过程,修正了自主惯性导航的严格理论基础,只要开发出新型的动力源,宇宙飞船航行的速度不存在上限,未来载人宇宙航行的范围理论上不存在限制。……现在已是 2015 年 10 月,两位航天专家所说言犹在耳,我们认为他们所说的新动力源或许已被实验物理学家开发出来,即电磁发动机(EmDrive);这将使人类在未来作超光速宇航可能性大为增加。

微波推进的电磁发动机技术现已获广泛认同。在推进力的反方向产生的加速、反作用力遵守 Newton 力学,可能产生 10~1000mN/kW 的推力。基本器件是一个圆锥状的封闭谐振腔,用 TE_{011} 模式。由于腔内的非均匀场分布,电磁合力 $F_\Sigma \neq 0$,提供了腔体自主加速运动的推力。微波推进电磁发动机的发明人是英国工程师 Roger Shawyer,它不携带燃料,推进器使用的微波能由太阳能转换而来,故适于做太空飞行。2006 年 6 月有报道,Shawyer 用 700W 功率产生了 88mN 力;2007 年 5 月用 300W 功率产生了 96.1mN 力。这说明早期即达到了 125~320mN/kW 水平。力虽然小,不断加速的过程有望获得非常高的速度。

电磁发动机可对卫星做精确控制和定位,可能用在深空对小行星或月球探测。空天飞机可完成多种任务,例如做载人的长距离亚轨道飞行。未来可能用于星际探测,只用几年即到达较近的星系。……不过这种估计可能过于乐观;例如当宇宙深空缺少阳光时,能量供应可能会有问题。

现在西方科学家热衷于讨论的超光速宇航方案主要是虫洞(wormholes)和曲相推进(warp drive),两者都以广义相对论(GR)中的可弯曲时空(curved spacetime)为基础。坦率地说,笔者不太认同由 Minkowski 提出而被 Einstein 接受和使用的时空一体化概念,甚至认为所谓"时空"不是物理实在;但既然主流物理界热衷于此,我们也不能视而不见。…… 1994 年 M. Alcubierre[34]发表文章"曲相推进:广义相对论中的超高速旅行";他认为相对论对"不可能有超光速"的陈述应加上一个词"locally"(本地的、局域的)。因此,正确的陈述应为"nothing can traval locally faster than the speed of light"。他解释说,如果我们设想在早期宇宙的膨胀阶段且考虑到两个共同运动的观察者的相对分离速度,如把相对速度定义为本征时间里固有空间距离的改变率,就将获得一个比光速大很多的值。这并不意味着观测者将以超光速飞行,他们总是在本地(局域)的光锥里运动;巨大的分离速度来源于"时空"本身的扩张。上述例子展示了怎样利用时空的扩张以一个任意大的速度远离某地。同样也可以利用时空的收缩以任意速度抵达某地。这是他建议的超快速空间旅行的模型;产生一个局部的时空扭曲能使得飞船后方形成扩张,在飞船前方形成收缩。以这种方法,飞船将通过"时空"本身被推动远离地球并向遥远星球推进。我们可以反转这一过程来返回地球,从而用较少的时间来完成往返飞行。

Alcubierre 曲速引擎的改变空时以实现超光速宇航方案,虽只是假说,但美国 NASA 给予了一定程度的重视。《时代》周刊于 2012 年 9 月 19 日报道:"美国航空航天局着手研究超光速曲速引擎。"该方案中飞船本身无需运动(就本地参照系而言),但必须要有特殊物质以弯曲时空;该物质称为 exotic matter(奇异物质),具有负能量,而数量的要求非常大。这个方案或许对超光速宇航而言只有象征性意义,缺乏现实性。笔者认为所述方法是什么并不重要,要紧的是我们这星球最大的航天及宇航机构 NASA 对"超光速旅行"的重视。NASA 所鼓励的是科学家们要大胆思考和提出创新设计,不能局限在某一种方法上;而超光速宇航才是根本目标。

另一个概念设计是超空间引擎(super space – time),由德国的 Häuser 教授提出;它需要强大磁场和多维空间,如能成功则可实现 3h 到火星,80day 到 11l. y. 的外星。这概念与 warp drive 有一定联系;2008 年有报道,俄罗斯科学家也展开了积极的研究[17, 22]。在这些概念性讨论中,常常不把 GR 理论看成超光速航行的阻力,而认为是推动力,这是很有趣的。

文献[24]论述了加速度对人的影响,非常有参考价值。人可以在极高速的匀速运动中泰然自若,却忍受不了巨大的加速度。当然,抗辐射问题也增大了探索外太空的难度。

11 结束语

当前,寻找外星智能生命的活动已是方兴未艾。从事活动的动机,首先是强烈的好奇心,人类想知道自己在宇宙中是独一无二的,还是有许多与自己相似的智能生命。另一目的是扩展活动空间、开辟新的住所,这也是人类的本性和本能。当然,本文内容已表明"移民外星"是极为艰难的任务,"向太阳系外移民"更是希望渺茫。必须认识到当前最重要的仍然是保护环境及节制人口。同时要积极地做太空探索;作为第一步,也要开展人类定居月球、火星的实验。总之,我们已经身处一个见证重大事件的时期,也是获得重大发现的前夜。

"寻找外星智能生命"和"寻找类地球的宜居星球"的活动已在世界上展开,中国人当然不能置身事外。更何况中国已是航天大国,袖手旁观也说不过去。中国是安理会中 5 个常任理事国之一,应当也可能发挥作用。不参加进来,我们也不会有话语权。

问题是中国人应当做什么,怎么做?笔者认为不能简单地重复做别人已做过的事,例如年复一年地搜寻和等待,或者是仅以找到另一个宜居星球为目标。应当冷静思考处理"外星人问题"的整个方式,用新思维作为开展工作的基础。特别是应在联合国内发挥作用,对"禁止向外发送信息"和"不得自行作出回答"这两方面推动国际立法,在全世界强制遵守。为"向月球、火星殖民"立法也是当务之急;人类只有通过协商一致才有光明的未来。

至于"超光速宇宙航行",虽然想法合理、应当期待,但尚不具备现实性。这与人类对宇宙的认识还很粗浅有关,发展以物理学为核心的基础科学仍然是当前最重要的任务。

参考文献

[1] 黄志洵. 美的风姿[M]. 重庆:重庆出版社,1999.

[2] 卞毓麟. 地外文明与太空移居//21 世纪 100 个科学难题. 长春:吉林人民出版社,1998:155－166.

[3] 南仁东. 寻找地外理性生命 //21 世纪 100 个科学难题[M]. 长春:吉林人民出版社,1998:165－173.

[4] 赵永恒. 宇宙中的生命//21 世纪 100 个交叉科学难题[M]. 北京:科学出版社,2005:71－79.

[5] 黄志洵. 人类向外星移民的畅想. 自然杂志,1996,18(4):221－226.

[6] 黄志洵. 地外文明探索与超光速研究[J]. 北京石油化工学院学报,2006,14(4):28－38.

[7] Davies P. Are we alone in the universe[N]. New York Times, 2013－11－18.

[8] 关于太空探索的多次报道[N]. 参考消息,2010 至 2015.

[9] 人类主动联系外星人后果引争论[N]. 参考消息,2015－09－15.

[10] 黄志洵. 关于去月球、火星及其测量问题[J]. 宇航计测技术,1995,15(1):54－63.

[11] 宋健. 宋健科学论文选集[M]. 北京:科学出版社,1999.

[12] 美科学家发现可能宜居行星[N]. 参考消息,2010－09－30.

[13] 银河系至少有 10 亿颗"地球"[N]. 参考消息,2015－07－25.

[14] NASA 公布火星液态水"最强"证据[N]. 参考消息,2015－09－30.

[15] 宋健. 航天、宇航和光障[N]. 科技日报,2005－07－05.

[16] 林金. 航天中时间的定义与测量机制和超光速运动. 第 242 次香山科学会议论文集[C],北京前沿科学研究所,2004.

[17] 黄志洵. 超光速宇宙航行的可能性[J]. 前沿科学,2009,3(3).44－53.

[18] Adam T, et al. Measurement of the neutrino velocity with the OPERA detector in the CNGS beam. http://static. arXiv. org/ pdf/1109. 4897. Pdf.

[19] 黄志洵. 试评欧洲 OPERA 中微子超光速实验[J]. 中国传媒大学学报(自然科学版),2012,19(1):1－7.

[20] Ai X B. A suggestion based on the OPERA experimental apparatus[J]. Phys Scripta,2012,85:045005 1－4.

[21] Ehrlich R. Tachyonic neutrinos and the neutrino masses[J]. Astroparticle Phys,2013,41:1－6.

[22] 黄志洵. 现代物理学研究新进展[M]. 北京:国防工业出版社,2011.

[23] 黄志洵. 波科学与超光速物理[M]. 北京:国防工业出版社,2014.

[24] 刘霞. 人类能否以接近光速飞行[N]. 科技日报,2015－09－27.

[25] 胡晓. 解读星际穿越[J]. 天文爱好者,2015(1):36－39.

[26] 黄志洵. 超光速研究的 40 年——回顾与展望[J]. 中国工程科学,2004 年,6(10):6－23.

[27] 黄志洵. 论量子超光速性[J]. 中国传媒大学学报(自然科学版),2012,19(3,4):1－16,1－17.

[28] 黄志洵. 自由空间中天线近区场的类消失态超光速现象[J]. 中国传媒大学学报(自然科学版),2013,20(2):7－18.

[29] 黄志洵. 超光速物理学研究的若干问题[J]. 中国传媒大学学报(自然科学版),2013,20(6):1－19.

[30] 黄志洵. 负能量研究:内容、方法和意义[J]. 前沿科学,2013,4(7):69－83.

[31] 黄志洵. 用于太空技术的微波推进电磁发动机[J]. 中国传媒大学学报(自然科学版),2015,22(4):1－10.

[32] 黄志洵. 电磁源近场测量理论与技术研究进展[J]. 中国传媒大学学报(自然科学版),2015,22(5):1－18.

[33] 黄志洵. 引力理论和引力速度测量[J]. 中国传媒大学学报(自然科学版),2015,22(6):1－18.

[34] Alcubierre M. The warp drive:hyper－fast travel within general relativity[J]. Class Quant Grav, 1994,11(5):73－77.

量子理论及应用

- Casimir效应与量子真空
- 非线性Schrödinger方程及量子非局域性
- 从传统雷达到量子雷达
- 量子噪声理论若干问题

Casimir 效应与量子真空

【摘要】荷兰物理学家 Hendrik Casimir 于 1948 年提出存在一种 Casimir 力——当计算两个互相平行的不带电导体板之间的能量时，电磁真空边界环境造成两板互相吸引。在经典物理中对两板的作用力不会发生，因此这纯粹是一种量子效应。Casimir 效应为"量子真空是一种物理实在"提供了直接的显示和证明。按照量子力学（QM）中的零点能（ZPE）理论，两平行金属板中场的每个模式对每块板都产生一定的压强；这种已由实验证明其存在的力使两板靠近。基本原因在于：虽然零点能不能直接计算和测量，但置入两板前后的能量差值却可由计算和测量而确定，即得到 Casimir 能 E_c。

Casimir 效应使真空能（或真空电磁场）的存在成为可观察的效应。在这里"真空"一词是指物理真空，而非工程技术的真空。可以认为真空中放置双板后改变了真空的结构，故有板外的常态真空（自由真空）、板间的负能真空两种真空，后者的折射率小于 1（$n < 1$）。对于与板垂直的电磁波传播而言，真空中的光速并不相同，变化量（$\Delta c/c$）约为 $1.6 \times 10^{-60} d^{-4}$，故当 $d = 10^{-9}$m 时，$\Delta c = 10^{-24} c$。因此量子电动力学双环效应，会使电磁波的相速和群速大于真空中光速 c。虽然超光速的量很小，但提升了对原理的兴趣。

1948 年至今，70 年后 Casimir 力仍然令人惊奇。Casimir 效应的普遍性使其获得了广泛应用，本文从理论和实验方面的论述提供了对现象的深刻理解。

【关键词】Casimir 力；量子真空；负能真空；零点能；超光速

The Casimir Effect and Quantum Vacuum

HUANG　Zhi – Xun

（Communication University of China，Beijing 100024）

【Abstract】The Casimir force was predicted in 1948 by Dutch physicist Hendrik Casirmir，he realized that when calculating the energy between two parallel uncharged conducting plates，the attrac-

注：本文原载于《前沿科学》，第 11 卷，第 2 期，2017 年 6 月。4 ~ 21 页。

tion each other resulting from the modification of electromagnetic vacuum by the boundaries. But there is no force acting between neutral plates in classical physics, so it is a purely quantum effect. The Casimir effect being a direct manifestation of physical reality, i. e. the quantum vacuum.

According to the theory of zero – point energy(ZPE) in Quantum Mechanics, when we consider two parrallel uncharged conducting plates, each mode of field contributes to a pressure on the plate and other, this experimentally confirmed small forces drawing the plates together. The principle based on that, although the vacuum energy(ZPE) can't be compute and test directly, but the energy difference of put – in and get – out the parallel plates are capable to compute and test, so we can obtain the Casimir energy E_c.

The Casimir effect is one observable of the existence of the vacuum energy, i. e. the existence of vacuum electromagnetic field. The meaning of this word "vacuum" is physical vacuum, not technology vacuum. Then, we say that the change in the vacuum structure enforced by the plates. There are two kinds of vacuum, one is usual vacua or free vacua(outside the plates). Another is the negative energy vacua(inside the plates), and the refraction index less than 1($n < 1$). That cause a change in the light speed for electromagnetic waves propagating perpendicular to the plates: $\Delta c/c \approx 1.6 \times 10^{-60} d^{-4}$, and d is the plate distance. When $d = 10^{-9}$m(1nm), $\Delta c = 10^{-24} c$. Then, a two – loop QED effect cause the phase and group velocities of an electromagnetic wave to slightly exceed c. Though the difference are very small, that raise interesting matters of principle.

Since 1948, the Casimir forces still surprising after 70 years. The Casimir effect is very general and finds applications in various situation of physics. The theoretical and experimental results described here provide a deeper understanding of the phenomenon.

【Key words】casimir force; quantum vacuum; negative energy vacua; zero – point energy(ZPE); fast than light

1 引言

1948 年荷兰物理学家 Hendrik Casimir 发现的一个物理现象被后人称为 Casimir 效应[1-5];长期以来受到广泛重视和研究[6-10]。这是由于它为"量子真空(quantum vacuum)是物理实在"提供了直接显示和证明。演示 Casimir 效应的基本方式是取两块中性(不带电荷)的金属板,互相平行放置,而它们二者会互相吸引。这两块板子形成一种电磁边界环境,但在经典物理中,没有产生相互吸引的电动力学理由,实际上不会发生。因此,Casimir 效应是一种量子现象(quantum effect)。在量子场论(QFT)中,有零点能量,代表一种真空态的无限大能量;Casimir 最先提出了一种方法,针对这无限大真空能造成一种有限的结果,即 Casimir 力;而它又可以溯源到著名的 van der Waals 力。

实际上,Casimir 的理论工作正是由研究 van der Waals 力开始的,是 N. Bohr 建议他思考零点能(ZPE)的影响。有趣的是,直到 1997 年才真正用实验测出了 Casimir 力的大小,在此后的20 年中又引发了研究和应用 Casimir 效应的热潮。从科学创新角度看,给人们带来了重要的启示和教益。

2 现代物理学的真空观

物质总是以各种不同的形式,独立于我们意识之外而存在;即使是截然不同的物质形式,必定都是合理的。真空是一种客观实在,是物质的一种形态。从广义的角度看,真空是宇宙中最广大而普遍的存在;从狭义的工程角度看,真空是由于人类生活在大气层底部(那里压强最高)而产生的某种追求的结果。这种追求的实质是:在一个小容器里用真空泵设备获得局部的、缺少空气的环境,以及用传感手段来测量这种环境。这就是工程真空的实践。

对于物理真空(physical vacuum),英国物理学家 Dirac 于 1928 年提出了下述观点:真空是负能级被一切电子占据的态;或者说,在真空中充满处在负能级上的电子。过去,人们只把真空看成全空的空间区域。Dirac 采用一个新概念,即真空是一个具有最低可能能量的空间区域;只能用两种方法得到非真空态,一是把一个电子填到正能态上,二是在负能态的分布中产生一个空穴。这空穴实际上意味着与电子质量相同的粒子,但应带正电荷。他的理论开始时没有多少人重视,但在 1932 年正电子被发现了。正是 Dirac 使物理真空的理念开始建立起来。

在 1974 年出现了这样的看法:假如存在一个极强的力场,储存在力场中的能量可以在真空中产生粒子。例如,10^6Gs 以上的强磁场作用于真空时,会产生一种具有光子性质但存在静止质量的粒子——重光子。它的寿命很短,将衰变为电子——正电子对。

各种迹象表明真空的本质不是简单的问题。Nobel 奖金获得者李政道博士在 1979 年说:"真空是实在的东西,是具有 Lorentz 不变性的一种介质。它的物理性质,可以通过基本粒子的相互作用表现出来。"

因此,从现代物理学的真空观出发,不应再把真空称为"没有任何物质的空间"。从逻辑上讲,这样的空间并不存在。真空(物理真空)的确切定义是:量子场系统的最低能量状态(基态),而量子场是物质存在的基本形式;物质粒子无非是真空激发态的产物,基态即没有任何实粒子的状态。但真空中有虚粒子(virtual particles)的产生、消失和转化,反映量子场中各模式在基态仍不断地振荡(零点真空振荡)。物理真空的复杂性可由以下研究课题看出:真空凝聚、真空极化、真空对称性破缺、真空相变等。也有人提出,要从两个大方向去深入探讨:一是真空本身的性质;二是真空与粒子相互作用的性质。

回过来看工程真空。在这里,真空的工程学定义是"气体压强小于 1atm(1atm = 101325Pa)的稀薄气体状态"。真空度的高低主要是用压强单位来表示的;压强越低,真空度越高。毫米汞柱由汞柱高度来表示压强的单位,即以长度表示气体压强,其根据源于 Torricelli 在 1644 年的水银气压计实验。这个单位曾被工业界长久地使用过。从实践的角度看,有一根刻度尺就可以测压是非常方便的。但毫米汞柱不是一个确定性很好的单位。汞的品种、纯度、温度等因素均影响它的密度值,从而影响到定义。Torr 是为纪念 Torricelli 而采用的单位,它的大小与毫米汞柱相仿(Torr 比 mmHg 小 7×10^{-6})。在国际单位制 SI 中,压强单位是帕[斯卡](Pascal,符号 Pa),其大小为 $1Pa = 1N/m^2 = 1kg/(m \cdot s^2)$;然而 1atm = 101325Pa,故 1Torr = 1atm/760 = 133.332Pa。尽管如此,在许多科学实验室中人们仍然在使用 Torr 这个单位。1953—1970 年,人类获得真空的能力即已达到$(10^{-8} \sim 10^{-13})$Torr,这称为超高真空(UHV)。20 世纪末,这一能力提高到 $p \leqslant 10^{-14}$Torr,这称为极高真空(EHV)。

物理学家谈论 ZPE 时所说的真空,是物理真空,而非工程真空。Casimir 效应是表示在一定条件下 ZPE 将发生改变从而造成可观察后果。然而,笔者认为工程真空状况(实验环境中的空气压强)对实验有影响,即测量 Casimir 力应在工程真空环境中进行,甚至应保证有 UHV 条件。但从文献上看过去的实验者并没有这样做,这令人难以理解。无论如何,现有实验仍有很大的改进空间。

3 零点能理论基础[11-13]

真空有能量吗? 这个问题并不容易回答。我们知道,工程学定义"真空是气体压强小于 1atm 的稀薄气体状态"。然而,长期以来在哲学和科学上对真空的理解是空无一物的空间(或状态),即把"真空"与"没有物质"等同。20 世纪的科学发展使人们认识到,不存在"完全没有物质"的情况。既然物质与能量相联系,"真空能量为 0"也就不再是合理的了。这就是对"真空具有能量"这一观点的通俗说明。

然而在人们习惯使用的词汇中,能量来自能源,具有可输出、可应用的特性。正是在这种理解下,人们使用"电能"、"风能"、"太阳能"、"核能"等词语。如果提出"真空能"一词与它们并列,从表面上看非常可疑。因此,对"真空能"的看法科学界是不一致的。有一种观点认为,ZPE 根本不能利用,因为它代表最低的量子态,不是一种"取得出来的能量"。另一种观点则提出"向真空要能量"的口号,并认为美国 Los Alamos 实验室于 1997 测出的就是 ZPE,认为至少它是可测量的。

回顾量子力学与统计力学结合阐述的基本理论。单个能量子(光子)的能量为

$$E = \hbar\omega = hf \tag{1}$$

式中 $\hbar = h/2\pi$,h 为 Planck 常数。长久的实验都证明,以光电效应为基础制成的光电接收器,总是只收到以上式定量的能量或其倍数;试图"分裂光子"的仪器都不能成功,即"部分的光子"不存在。结论是清楚的——单色波的光子不可能分裂为频率相同而各自只带有原光子的一部分的两个光子,即能量为 $hf/2$ 的光子不存在。(不可能把一个光子分裂为两个光子并使之带有原能量的 $1/2$)。

但是,QM 告诉我们一些别的情状。作为"测不准原理"的结果,不可能让一个微观粒子静止地处于势能最低点。可以用 Fourier 分析的观点把量子场看成不同频率谐振子的叠加,因此量子场即使处在基态(物理真空)条件下也有能量。即在最低能态(基态)时任一频率谐振子的能量为 $hf/2$,它虽然不能输出但确实是能量。用量子电动力学(QED)做电磁场量子化工作,首先是引入矢量势作为正则坐标,进而导出正则动量,然后把正则坐标和动量变为算符,最终给出单模电磁场的 Hamilton 算符。这样,电磁场转变为光子场,电磁场状态用光子数态(Hamilton 算符的本征态)表示。

使用 Coulomb 规范,矢位 A 满足波方程:

$$\nabla^2 A = \frac{1}{c^2}\frac{\partial A}{\partial t^2}$$

经过正则动量而求出 Hamilton 量,即

$$H = \int \frac{1}{2}(\varepsilon_0 E^2 - \mu_0 H^2)\,\mathrm{d}V$$

积分号内的 H 为磁场强度。现在用正交模函数展开,得

$$A = \sum_{i=1}^{2}\sum_k \sqrt{\frac{\hbar}{2\varepsilon_0\omega_k}}\left[a_{ki}U_{ki}(r)\mathrm{e}^{-\mathrm{j}\omega_k t} + a_{ki}^* U_{ki}^*(r)\mathrm{e}^{\mathrm{j}\omega_k t}\right] \tag{2}$$

式中:i 是两个偏振方向;$\boldsymbol{k}$ 为波矢量,波数 $k_0 = \omega\sqrt{\varepsilon_0\mu_0} = \omega/c$,故有

$$\omega = ck_0 \tag{3}$$

然而波矢 $\boldsymbol{k}$ 的电磁波量子的动量(矢量)为

$$\boldsymbol{p} = \hbar\boldsymbol{k}$$

大小为

$$p = \hbar k_0 = \frac{hf}{c}$$

该量子的能量(标量)为

$$E = \hbar\omega = hf$$

现在可由 $\boldsymbol{\Pi} = \varepsilon_0\boldsymbol{A}$ 求出广义动量,并变成算符,故有

$$\boldsymbol{A} = \sum_{ki}\sqrt{\frac{\hbar}{2\varepsilon_0\omega_k}}\left[\hat{a}_{ki}\boldsymbol{U}_{ki}(r)\,\mathrm{e}^{-\mathrm{j}\omega_k t} + \hat{a}_{ki}^+\boldsymbol{U}_{ki}^*(r)\,\mathrm{e}^{\mathrm{j}\omega_k t}\right] \tag{4}$$

$$\boldsymbol{\Pi} = \sum_{ki}(-\mathrm{j})\sqrt{\frac{\hbar\varepsilon_0\omega_k}{2}}\left[\hat{a}_{ki}\boldsymbol{U}_{ki}(r)\,\mathrm{e}^{-\mathrm{j}\omega_k t} - \hat{a}_{ki}^+\boldsymbol{U}_{ki}^*(r)\,\mathrm{e}^{\mathrm{j}\omega_k t}\right] \tag{5}$$

经过量子化处理后,Hamilton 算符为

$$\hat{H} = \sum_{ki}\hbar\omega_k\left[\hat{a}_{ki}^+\hat{a}_{ki} + \frac{1}{2}\right]$$

式中:$\hat{a}_{ki}^+$ 为光子的产生算符;$\hat{a}_{ki}$ 为光子的消灭算符。

更简便的写法为

$$\hat{H} = \sum_{k}\hbar\omega_k\left[\hat{a}_{ki}^+\hat{a}_{ki} + \frac{1}{2}\right] \tag{6}$$

对易关系为

$$\left\lfloor\hat{a}_k\cdot\hat{a}_{k'}^+\right\rfloor = \delta_{kk'}$$

表征光子场的光子数态为

$$\hat{H}\,|\,n_k\rangle = \hbar\omega_k\left[n_k + \frac{1}{2}\right]\bigg|_{n_k} \tag{7}$$

光子数算符(k 模)为

$$\hat{n} = \hat{a}_k^+\cdot\hat{a}_k$$

以上各式中 $|n_k\rangle$ 代表 n_k 个光子的状态,而其光场平均值为 0。

用谐振子量子化方法可得出与式(7)相同的结论。总体来讲,量子化之后的电磁场是用光子数算符的本征态 $|n_k\rangle$ 来描述的,它代表含有 n_k 个 k 模光子的态。用较简单的下式表示,即对单模电磁场有

$$\hat{H} = \hbar\omega\left[n + \frac{1}{2}\right] \tag{8}$$

式中:n 为光子数目。

由此可知,k 模电磁场的能量不是 $n\hbar\omega$,而多出一项。当空间不存在光子时($n=0$),k 模的能量不为 0,而是 $\hbar\omega/2$,此即 ZPE。它的发现正是电磁场量子化理论本身的成就。现在,真空在量子理论中被视为基态,记为 $|0\rangle$。可求出基态能量为

$$\langle 0\,|\,H\,|\,0\rangle = \frac{1}{2}\sum_{k}\hbar\omega_k \tag{9}$$

实际上是说 ZPE 量为

$$E_0 = \frac{1}{2}hf \tag{10}$$

式(8)中,当 $n = 0$(没有光子的真空),仍有一项最小能量 E_0 存在。故一个量子系统在没有量子时仍有一份最小能量,其值恰为一个量子所携带能量的 1/2,即 ZPE。必须注意到这样的特点:ZPE 与温度无关;ZPE 与 n(量子系统的状况)无关;ZPE 与系统的自发发射作用的一致性(ZPE 引起自发发射)。$hf/2$ 只代表每个存在的模式具有相当于半个量子能量的辐射密度,却不表示可以存在"半个量子"或"半个光子"。

现在再看统计力学与 QM 相结合时的谐振子分析。如果温度降到 $T = 0$K,微观粒子也不可能没有任何运动。否则,其动量、位置可同时精确地确定,从而违反 Heisenberg 测不准关系式。实际上,当 $T = 0$K 时,微观粒子还存在振动。这个现象可由统计力学方法对多个谐振子的平均能量进行计算和阐述,结果得到

$$\bar{E} = \frac{hf}{e^{hf/kT} - 1} + \frac{1}{2}hf \tag{11}$$

上式就是 Planck 黑体辐射公式。它是统计力学与量子理论相结合的成果,也是量子噪声理论、受激辐射理论的基础。$\bar{E}$ 的单位是 J 或 W·s,也可以是 W/Hz。用电子学术语来说,是频谱功率密度,即单位带宽的功率。式(11)右端第一项是一个振荡模在频率 f 下的平均能量,第二项是 ZPE。这是因为取 $T = 0$K 时,第一项为 0,只剩下第二项。

总之,任何温度高于 0K 而处于平衡温度 T 的物质,其振动(振荡)方式导致的平均能量,或者说热起伏、热辐射的功率谱密度,就是由式(11)右方第一项来表示的。第二项与温度 T 无关,即使 $T = 0$K 时,它仍存在,说明在 0K 时仍有一项能量。令

$$p(f) = \frac{hf/kT}{e^{hf/kT} - 1} \tag{12}$$

则有

$$\bar{E} = kT\left[p(f) + \frac{1}{2}\frac{hf}{kT} \right] \tag{13}$$

故 $\bar{E}$ 取决于 hf 与 kT 之比。实际上这个比值体现了量子效应与经典效应之比,比值越大即量子效应越大(不能忽略)。笔者计算了 $p(f)$ 的值与 hf/kT 的关系(表1)。实际上 $hf/kT > 0$,故总是 $p(f) < 1$;问题是比 1 小的程度如何。显然,频率越高、温度越低,$p(f)$ 越小。

表 1 $p(f)$ 与 hf/kT 的关系数据

hf/kT	0	0.1	0.2	0.5	1	2	3	4
$p(f)$	1	0.9506	0.9033	0.7708	0.5820	0.3130	0.1572	0.075

以上是对 ZPE 的基本认识,但还需要更宏观的讨论。

4   关于真空能[14-16]

我们已经知道由电磁场量子化可以证明单模电磁场时 Hamilton 算符 $\hat{H} = \hbar\omega\left[n + \frac{1}{2} \right]$;因而空间没有光子($n = 0$)时模式能量不是 0,而是 $E_0 = hf/2$。这些在当初是由 P. Dirac 证明的,成为 QM 的基本知识。

现在的关键在于如何认识真空的本质；人们可以用高级的设备（分子泵、离子泵等）把某个空间抽气到差不多是空无一物，却没有办法把物理相互作用从该空间排除掉。因此，真空是"没有物质的态"并不错，但由于有物理相互作用，真空有能量涨落，它是由在很短时间内发生的虚激发过程而引起的。如果时间足够长，到平均值为 0 时就无法从外界观察到它的存在；这种能量涨落可理解为虚物质。总之，没有具体物质的真空，根据测不准原理必然有相互作用引起的能量涨落。从这个意义上说，真空是一种物理媒质或复杂系统，这是量子理论的重要成果之一。

必须指出，真空涨落不能因取走其能量而使之停止作用，因为它们本没有能量。有时候，在某处可能有从别处借来的正能量，结果该处出现负能量，而负能区又迅速从正能区吸收能量，因而还原到 0 或维持某些正能。真空涨落正是靠这种持续不断的能量借还过程所激励和驱动的。在电磁场与电磁波领域以及激光技术领域，真空涨落有实验基础，并曾用术语"自发发射"（spontaneous emission）来称呼它们。

假定真空能密度为 ρ_0，如按 ZPE 公式对一切频率做积分，ρ_0 将为无限大。即使对一切频率积分不合理，ρ_0 肯定也非常大（J. Wheeler 估计 ρ_0 可达 10^{35} J/m^3）。假定宇宙中真空有能量，就成为一种引力源，会产生引力场。因此，在大尺度上的宇宙学研究与在小尺度上的量子场论研究联系在一起。多年前，天文学家说发现宇宙加速扩展。现成的一种解释是用 Einstein 的宇宙常数。的确，真空能会产生斥力，但有多大呢？量子场论认为，随机的能量起伏恒定地产生短寿命的虚粒子。然而，真空能太巨大了，施加的斥力比知道的大了 10^{120} 倍。有的粒子具有负能量，因而可省却过量部分，只留下极少的能量残余，恰可解释看到的加速。

但对"真空能"的看法，科学界是不一致的。有一种观点认为，零点能根本不能利用，因为它代表最低的量子态，不是一种"取得出来"的能量。另一种观点则提出"向真空要能量"的口号，并认为美国 Los Alamos 实验室于 1998 年通过对 Casimir 力的测量得出的（10～15）J 能量就是零点能或真空能。然而，报道比较混乱，有人又把该测量结果说成是存在"负能量"（negative energy）的证明。

如所周知，Newton 的万有引力（简称引力）场方程取 Poisson 方程的形式，即引力势的二阶线性偏微分方程：

$$\nabla^2 \Phi = 4\pi G\rho \tag{14}$$

式中：ρ 为物质密度，代表产生引力场的源。

1915 年 Einstein 提出引力场方程[1]

$$R_{\mu\nu} - \frac{1}{2}R^g_{\mu\nu} - \lambda g_{\mu\nu} = -8\pi G T_{\mu\nu} \tag{15}$$

式中：T 为引力源的动量—能量张量；$g_{\mu\nu}$ 为时空度规，$R_{\mu\nu}$、R 为由度规及其微商组成的张量。等式左方第三项被为宇宙学项，λ 被称为宇宙学常数。近年来，λ 又被称为排斥因子。20 世纪的科学发展一直延续到 21 世纪初，许多事情都与 λ 有关。

从纯数学角度看，取 $\lambda = 0$ 方便于方程的求解。故 Einstein 场方程也写为

$$R_{\mu\nu} - \frac{1}{2}g_{\mu\nu}R = -\kappa T_{\mu\nu} \tag{16}$$

式中：g 为度规张量；R 为曲率张量；κ 为与 Newton 引力常数成正比的系数，且有

$$\kappa = \frac{8\pi G}{c^2} \tag{17}$$

1921 年 Einstein 在美国 Princeton 大学讲学时即取式(16)而演讲的。

1917 年,天文学界发现多数旋涡星云都以巨大的速度相对银河系而退走。但恰在这个时期,Einstein 发现只有取 $\lambda = 0$,在物理意义的解释上才能使宇宙学项相当于斥力场,从而可与引力场相平衡,获得他心中的静止宇宙。

实际上,真空能产生的作用是斥力,这与称 λ 为"排斥因子"一致。从数学上可以证明这一点,也只有通过广义相对论(GR)的方程式使我们可以看得更清楚。GR 理论给出均匀各向同性宇宙的动力学方程为

$$\ddot{R} = -\frac{4\pi}{3}G(\rho - 2\rho_{eff}R) \tag{18}$$

式中:ρ 为宇宙平均密度;ρ_{eff} 为考虑了宇宙学常数和真空能密度时的有效宇宙密度,且有

$$\rho_{eff} = \rho_0 + \frac{1}{8\pi}\frac{\lambda}{G} \tag{19}$$

这些数学式为宇宙学基础理论提供了研究的入口。式(18)右括号内第二项前的负号"−",表示 ρ_{eff} 起的作用是与 ρ 相反的,即斥力;而斥力的来源,可从式(19)得知——首先是正宇宙学常数($\lambda > 0$),其次是真空能密度($\rho_0 > 0$)。

以上只是概略而言。真正的宇宙学研究(它将确定 λ、ρ、ρ_0、ρ_{eff})是非常复杂的。在这些问题的讨论中,科学家们有非常多的困惑和待解决的问题。而且,若 GR 不正确,则上述讨论无效。

真空能问题在科学界尚无定论。然而,科学家们已提出了许多建议,做了各种努力。1984 年,R. Forward 建议利用带电荷薄膜导体内聚现象从真空中提取电能。20 世纪前期,Cartan 和 Myshkin 分别独立地提出,自然界存在一种长程相互作用场——挠场(torsion field)。后来这一思想被广泛研究[17];又与 ZPE 相结合,认为挠场的能源就是真空 ZPE。挠场被认为是物体自旋造成的,是真空被自旋横向极化(spin transverse polarization)而引起的扰动。1997 年,A. Akimov 和 G. Shipov[18]在论述挠场的文章中提出,通过对物理真空的涡旋扰动,有可能从真空中取出能量。有趣的是,根据 D. Dubrovsky 的研究,认为挠场的传播速度是超光速的($v \geqslant 10^9 c$)。2000 年有报道说,有人在电解实验中找到了挠场存在的证据。2001 年初,在英国召开了关于"场推进技术"的国际会议,议题之一是"利用 ZPE 推动宇宙飞船的可能性"。这种飞船如实现,可在宇宙中长期自由飞行而无须携带燃料。此设想是基于对真空的理解(物理真空是无比巨大的能量起伏的海洋),认为只要实现动态 Casimir 效应与挠场的相干,就可以在空间任何地方提取能量。研究者们认为,21 世纪可能是 ZPE 成功实现的世纪[19]。

中国科学家的研究表明,引入挠场理论,并对物理真空进行深入研究,将有助于对电化学过程中的异常放热和核现象的理解[20-23]。在电解过程中,电极尖端或微凸起处存在不断出现的微气泡,气泡的产生、长大和坍塌过程就是空腔边界的动态过程,在谐振条件下会产生动态 Casimir 效应而吸收 ZPE。在电解过程中观察到的超常放热主要不是由于核反应放热,而是通过提取 ZPE 而放热。也就是过热的出现,是通过涡旋等离子体产生的挠场与真空 ZPE 相干以及动态 Casimir 效应两种机制而发生的。

5 双平行金属板的 Casimir 力[24, 25]

Casimir 是一位荷兰物理学家,是什么原因导致他有了著名的发现?事情要从 van der

Waals 力说起。J. D. van der Waals(1837—1923)也是荷兰物理学家,1910 年因导出气体和液体的状态方程而获 Nobel 物理奖。他的贡献是多方面的,其中包括极化分子间的吸引力,后人称为 van der Waals 力。然而直到这位科学家去世,QM 尚未出现。20 世纪 30 年代已有了量子力学,F. London 用 QM 推导无电偶极矩的原子间(或分子间)的吸力,解释了非极化原子间(或分子间)产生吸力的原因是零点起伏(zero-point fluctuations),即量子场的零点涨落(zero-point fluctuations of quantum fields)。到 40 年代,荷兰 Philips 研究所(Philips Laboratories)的科学家 H. Casimir(1909—2000)和他的同事做了进一步的研究,其成果收在 1948 年、1949 年发表的 3 篇论文中。最早,Philips 研究所遵循 London 的路线开展研究,例如两个相互作用的原子可看成两个振荡器,间距为 d,这时简并的自然频率 ω_0 分解为 $\omega_{\pm} = \omega_0 \sqrt{1 \pm k}$,这里 k 是振子耦合强度,与 d^{-3} 成正比。如果一份 ZPE($\hbar\omega/2$)分配到各个频率上,则可得互作用能量

$$E \propto \frac{\hbar\omega_0}{d^6} \tag{20}$$

但 Philips 研究所的 T. Overbeek 在实验中发现了一些问题,认为 London 在计算中假定电磁相互作用是瞬时发生欠妥。如考虑光速(电磁作用速度)的有限性,在大距离上 van der Walls 势要修正。Overbeek 找到 Casimir 以及 D. Polder,他们遂投身于这一问题的研究。首先分析一个较简单的体系——单原子处在理想导电壁做成的电磁腔中,计算原子与最靠近的腔壁之间的相互作用,弄清它与距离的关系。经过对腔内场的量子电动力学(QED)处理,他们得到的结论是原子被腔壁所吸引。这个力后来被称为 Casimir-Polder 力[1],相关能量为

$$E_c = -\frac{3}{8\pi} \frac{\hbar c \alpha}{d^4} \tag{21}$$

式中:α 为静电极化率。

Casimir 和 Polder 又去计算两原子之间的吸引能量,如果两原子相同,则有

$$E_c = \frac{23}{4\pi} \frac{\hbar c \alpha^2}{d^7} \tag{22}$$

后来 Casimir 曾讲过这样一段话:"我在一次散步时向 Bohr 提及我的成果;他说这很好,是有新意的工作。我告诉他,我对大距离时作用公式特别简单感到困惑;他指出这或与零点能(ZPE)有关。这就是当时的全部情况,但对我是一条新路。"

Casimir 重新演算,对腔体的每个模式分配一份 ZPE($\hbar\omega/2$),又使用了众所周知的腔模频率的微扰公式:

$$\frac{\delta\omega}{\omega} = -2\pi\alpha \frac{|E_0(x_0, y_0, z_0)|^2}{\int |E_0(x, y, z)|^2 \mathrm{d}V} \tag{23}$$

式中:(x_0, y_0, z_0) 为腔内粒子的位置,而积分在腔全部体积上进行。现在能量由腔中所有模式的总和决定,而吸引能(energy of attraction)可由取两个粒子与壁间隔的能量差而得到。Casimir 的方法,可以说是把量子电动力学问题简化为经典电磁学问题。Casimir 终于得到腔壁之间的力,它由腔的零点场造成。

以上是导致 Casimir 发现的理论背景,但还未描画出具体的成功之路。Casimir 科学思想的关键点在于,当计算两块未充电(无电荷)的导体板之间的能量时,仅计算某些特定的虚光子(virtual photons)。每个模式都对板子贡献一份压强,而外部的无限多模式比内部的无限多模式的压强要大一些,这就造成有一种力量使两板靠近。而对这种力的实验证明就成为真空

电磁场(vacuum electromagnetic field)存在的证据,从而增进了人们对真空的理解。现在我们关注的东西叫做量子真空(quantum vacuum),Casimir 的工作实际上是揭示出 ZPE 可能有可观察效应。

设想两块金属平板平行放置,间距为 d(图1);从电磁场理论出发的分析认为,对每个确定的波数 k,电磁波的驻波分布存在 TE 和 TM 两种横极化模式。从导波理论的角度看,这是一种平行板波导结构,可能存在 TEM 模和一系列 TE_{mn} 和 TM_{mn} 高阶模。下标 m、n 称为模式指数(index of modes),一般可理解为分立(离散)的,但不排除在某种情况下出现连续变化的模式指数,除非取该指数为零。

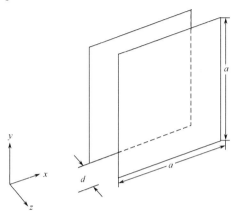

图1 Casimir 力的示意图

在 Casimir 的问题中,情况有所不同:他是要讨论由边界的存在与否引起的 ZPE 变化这种宏观量子现象,因此要把平行板不存在(自由空间)的情况与板子存在(边界存在)的情况进行对比。平行于板面的波矢 $k_{//}$ 在有板和无板情况下不会有区别;但垂直于板面的波矢 $k_\perp$ 在有板时模式指数是分立的(n 为离散的正整数),在无板时是连续的(n 连续变化)。一维的分析较易进行,这时取坐标方法为:x、y 轴贴近板子之一的表面,z 轴与板面垂直(在 $z = d$ 处安放另一金属板)。这时波矢 k 与材料表面垂直,其大小为

$$k = \frac{n\pi}{d} \tag{24}$$

设同一空间分别有两种情况:无板(无腔体)的自由空间,ZPE 能量为 E_{fr}(下标 fr 为 free 的前两个字母);有板(有腔体)的空间,能量为 E_{cav}(下标 cav 为 cavity 的前三个字母)。两种情况的能量差值为

$$\Delta E = E_c = E_{cav} - E_{fr} \tag{25}$$

下标 c 代表 Casimir,即这差值体现一种专有能量 Casimir 能,即 E_c。如果 $E_c \neq 0$,即表示置入腔体(例如两块金属板)之后 ZPE 发生了变化。如 $E_c < 0$,则可知 $E_{cav} < E_{fr}$,就是说置入腔体后 ZPE 变小了。如 E_c(绝对值)与腔壁间距 d 有关,则可判断有作用力的发生,此即 Casimir 力的产生原因。在经典物理理论(如 Maxwell 电磁场理论)中,既没有 ZPE 的概念,也不会有 Casimir 力的产生。所以这个能量和这个力都是量子场论(quantum field theory)的产物,如能用实验证明之,就可以反过来表示有关理论的正确性。

2000 年,R. London[26] 提供了一个简单明快的推导,下面遵循他的思路进行阐述。首先定义真空态 $|\{0\}\rangle$ 是在任何模式均无光子的态,即对一切 k 和 λ 均有 $n_{k\lambda} = 0$,这里 n 是表征光子

场的光子数态。这定义意味着对一切 k 和 λ 湮灭算符(destruction operator)$\hat{a}_{k\lambda}\mid 01\rangle = 0$。但在使电磁场量子化时可证明辐射 Hamilton 量为

$$\hat{H}_r = \sum_k \sum_\lambda \hbar\omega_k \left[\hat{a}_{k\lambda}^+ \hat{a}_{k\lambda} + \frac{1}{2} \right] \tag{26}$$

式中:下标 r 代表 radiation。

引入上述真空定义,能量本征值方程为

$$\frac{1}{2} \sum_k \sum_\lambda \hbar\omega_k \mid 0\rangle = E_0 \mid 0\rangle$$

因而得到真空能

$$E_0 = \frac{1}{2} \sum_k \sum_\lambda \hbar\omega_k = \sum_k \hbar\omega_k \tag{27}$$

在这里已对两种极化(TE 和 TM)求和。

考虑空间有一维系统(平行的双导体板),其存在仅引起分立模式。边界条件要求模式群密度 $k = n\pi/d$,故可写出腔能量(指 ZPE)为

$$E_{cav} = \sum_k \hbar ck = \frac{\pi\hbar c}{d} \sum_{n=1}^\infty n \tag{28}$$

式中:c 为光速。

在同一空间却没有板子时,分立的 n 应用连续变量取代:

$$E_{fr} = \frac{\pi\hbar c}{d} \int_0^\infty n\,\mathrm{d}n \tag{29}$$

故有

$$E_c = \frac{\pi\hbar c}{d} \left[\sum_{n=1}^\infty n - \int_0^\infty n\,\mathrm{d}n \right] \tag{30}$$

引用 Euler – Maclaurin 求和公式后得到

$$E_c = -\frac{\pi\hbar c}{12d} \tag{31}$$

求出两板间吸引力为

$$F_c = \frac{\partial E_c}{\partial d} = -\frac{\pi\hbar c}{12d^2} \tag{32}$$

上述推导计算看起来平淡无奇,但它是(在简单的一维情况下)最先显示在无限的真空能(电磁真空能)中如何出现有限的(少量的)改变,是过去物理学界不知道的。所以有的科学文献说这是一个迷人的成果(a fascinating result)。

然而实际世界是三维的,分析中必须包含波矢不与板垂直的那些模。假设有个矩形立方腔体,板长均为 a,板距为 d,而且 $d \ll a$,这时在 x、y 方向的求和用积分取代,演算式如下:

$$E_c = -\frac{\hbar c a^2}{\pi^2} \left\{ \sum_n \int_0^\infty \mathrm{d}k_x \int_0^\infty \sqrt{k_x^2 + k_x^2 + \frac{n^2\pi^2}{d^2}}\,\mathrm{d}k_y - \right.$$

$$\left. \frac{d}{\pi} \int_0^\infty \mathrm{d}k_x \int_0^\infty \mathrm{d}k_y \int_0^\infty \sqrt{k_x^2 + k_x^2 + \frac{n^2\pi^2}{d^2}}\,\mathrm{d}k_z \right\} \tag{33}$$

这时在 Euler – Maclaurin 求和公式中用三阶导数,最终得到

$$E_c = -\frac{\pi^2\hbar c a^2}{720d^3} \tag{34}$$

因而有

$$F_c = \frac{\partial E_c}{\partial d} = -\frac{\pi^2 \hbar c a^2}{240 d^4} \tag{35}$$

此即 Casimir 力公式。可见,$F_c \propto a^2$(板面积越大,力越大),而且 $F_c \propto d^{-4}$(间距越小,力越大)。前者的原因可理解为板面积越大则内外光子数差别越发显著,后者的原因可理解为 d 越小则板间允许的模数越小(光子越少),造成力变大。……注意 Casimir 力与 Newton 万有引力的不同,后者的规律是 $F_c \propto d^{-2}$,且力的大小与两板质量乘积成正比($F_c \propto m^2$)。但对 Casimir 力而言,F_c 与金属板质量毫无关系。

由于现在是正方形导体板,面积为 a^2,故压强(单位面积的力)为

$$P = \frac{F_c}{a^2} = -\frac{\pi^2 \hbar c}{240 d^4} \tag{36}$$

取 F_c 的量纲为 dyn($1\,\mathrm{dyn} = 10^{-5}\,\mathrm{N}$),$a$ 的量纲为 cm,d 的量纲为 μm 时,上式为

$$P = -\frac{0.013}{d^4} \quad (\mathrm{dyn/cm}^2) \tag{37}$$

取 $d = 1\mu$m,板面积 $a^2 = 1\mathrm{cm}^2$,则求出 $F_c = -1.3 \times 10^{-2}\,\mathrm{dyn} = -1.3 \times 10^{-7}\,\mathrm{N}$,是很小的力,大约相当于一个直径 0.5mm 的水珠所受的重力。这种力很小,但若把 d 大大减小则可能很可观(必须注意到当 $d \to 0$ 时,$|F_c| \to \infty$)。实际上,若 $d = 10\mathrm{nm}$,$P \approx 1\mathrm{atm}$($1\mathrm{atm} = 1.013 \times 10^5\,\mathrm{Pa}$);故在纳米世界中这个力不可忽视,或许比 Newton 引力的重要性大得多。另外,当 $d = 1\mu$m,两板间的 Coulomb 力将大于 Casimir 力(其时两板间电压为 17mV),这个数字比较可使人们对 Casimir 力的大小有个概念。公式推导时假设材料在一切频率上均为理想反射,即板电导率为无限大,对实际材料公式需要修正。

Casimir 公式如今已成为物理学史的内容之一。但在 20 世纪 40 年代末,当 Casimir 告知著名的 W. Pauli"两块导体板间存在吸引"时,后者认为是"一派胡言"。但在 Casimir 坚持下,Pauli 最终接受了这个结果。

在物理学中,Casimir 效应(或说 Casimi 力)乍看起来有点令人匪夷所思——一对置于真空中的金属导体板(互相平行),它们之间竟会有仿佛"互相吸引力"的作用,但又不是万有引力。这个力是微小的,但比万有引力却大得多;其存在可由测量而得到证明,不过两板的间距很小时(微米级乃至纳米级)才有可测效应,当然在技术上非常困难。

量子化的电磁场是一个有无限多个谐振子的量子系统,基态存在零点振动和相应的 ZPE,而所有模式的零点振动是量子电磁场的真空涨落——虽平均值为 0 但均方值不为 0。故量子理论认为真空有能量,总体上的大小为 $\frac{1}{2}\sum_i \hbar\omega_i$。由于自由度数 i(振动模数 i)是无限大,ω 上限也是无限大,这个真空能是发散的而且不能观测。尽管如此,我们却可以计算和测量真空能的变化——置入两块互相平行的金属平板,构成一个开腔(open cavity),使场的边界条件发生改变,因而谐振子频率改变,造成真空态能量改变。虽然置入腔后的 ZPE 仍为发散也不能观测。但它置入前后能量的差值却可以计算和观测。这就是 Casimir 能,记为 E_c;相应的作用在金属平板上的力即 Casimir 力,记为 F_c。现在,E_c 等于板间真空的 ZPE 与两板不存在时的 ZPE 之间的差值:

$$E_c = \left[\sum \frac{1}{2}\hbar\omega_i\right]_{有板} - \left[\sum \frac{1}{2}\hbar\omega_i\right]_{无板} \tag{38}$$

这样表述可得到更清晰的物理概念。

值得注意的是,上述推导给出的 E_c、F_c 的表达式都有一个负号;其物理意义是什么? 有一种看法认为,Casimlr 能是负能,两导体板间的 Casimir 力是互相吸引。"负能量"可理解为"板间的虚空比真空还空",必定产生内向力使板子靠近。正因为如此,1997 年 Lamoreaaux 的测量结果被认为是"测出了负能量";但这个问题存在争论。

6 理论研究进展

Casimir 效应是一种宏观量子现象,是从量子场论出发而演绎出来的,从经典物理的眼光看无法理解。但这并不表示经典的 Maxwell 场论(以及连带的数学方法)失去了意义。当然主要分析方法是依靠 QFT 和 QED。现在给出理论研究的一些情况和进展。

Casimir 的文章,主要的两篇难以找到(Proc. K. Ned. Akad. Wet. , 1948, Vol. 51, 793; J. Chim. Phys. ,1949, Vol. 46, 407)。较易检索的是他和 Polder 合著的文章,题为"延迟对 London – van der Waals 力的影响"[1]。该文首先分析了一个中性原子与一块理想导电平板之间的相互作用,然后分析了两个中性原子之间的相互作用,都是用 QED 处理延迟对相互作用能量的影响。这篇文章没有引用 ZPE 概念。

1956 年,E. Lifshitz 提出了自己的理论(J. Exp. Theor. Phys. , Vol. 2, 73):使用涨落耗散理论(fluctuation – dissipation theorem),推导了关于自由能和色散作用力(dispersion interaction)的普遍公式。他的涨落电磁场(fluctuating electromagnetic field)是对 Casimir 理论的经典式模拟。后来又有多位作者使用了 Lifshitz 的方法。此外,他还支持了一项研究介电材料间吸引力的实验(Sci. Am. , July 1960, 47),促进了科学界的重视。

Lifschitz 只用 van der Waals 力也导出了 Casimir 公式;而后来 R. Jaffe 认为,解释 Casimir 力无需使用真空起伏涨落。van der Waals 力是指两静止中性球状原子间由于瞬时电偶极矩(由于瞬间的正、负电荷中心不重合)而造成的作用力。它在 0K 时本应为 0,但因存在零点振动而不是 0。就 Casimir 效应而言,该物理现象可由 ZPE 或 van der Waals 力造成。1993 年,C. Sukenik 等人用空腔做实验,板间距离可在(0.5 ~ 8)μm 调节,用钠原子束通过置于真空中的空腔。实验表明它与 QED 计算相符,而非 van der Waals 力。

2006 年 M. Bordag[27]用量子场论(QFT)中的路径积分给出 E_c 的 Green 函数表达式,这种处理方法是把板间的 Casimir 能看成无质量标量场所造成的,实际上是把经典场论和 QFT 结合起来了。2010 年邱为钢[28]指出,双平板的边界条件共有(D, D)、(D, N)、(N, D)和(N, N)四类,这里 D 表示 Dirichlet 第一类边界条件,N 表示 Neumann 第二类边界条件。由(D, D)和(N, N)共同作用产生负能($E_c < 0$),是引力作用;由(D, N)和(N, D)共同作用产生正能($E_c > 0$),是斥力作用。这是数学与物理相结合的论述方式;是从对称性出发的。2007 年,曾然等[8]推导计算了负折射材料板间的 Casimir 作用力,讨论了负折射材料色散关系对 Casimir 效应的影响。

2009 年 M. Bordag 等[29]在英国牛津大学出版社推出了 *Advanced in the Casimir Effect* 一书,达 745 页,是研究 Casimir 效应的力作。全书分为三个部分:Ⅰ. 理想边界 Casimir 效应的物理数学基础;Ⅱ. 实体间的 Casimir 力;Ⅲ. Casimir 力测量及其在基础物理学和纳米技术中的应用。书末的参考文献约 700 篇,其中 Casimir 写的论文 5 篇,为读者的方便我们列于本文参考文献表中。这本由 4 人合著的书是迄今在理论研究方面水平最高、成果最多的书,具有里程碑式的意义。

2007 年,在美国耶鲁大学(Yale University)任教授的 S. Lamoreaux 发表了一篇回顾性文章,题为"Casimir 力:60 年后仍令人惊奇"[30]。文章说,最早的关于量子涨落和力之间的联系的惊人概念现已遍及物理学各领域,而实验家和理论家在 Casimir 力问题中同样发现了挑战性。在文章中,谈到了与精细结构常数、电子结构、黑洞理论等方面有关的应用。……2008 年是 Casimir 力这一理论发现 60 周年,其他一些文章着重指出其在理论物理方面的贡献。

7 Casimir 效应造成独特的负能真空及超光速现象

过去已有理论工作深刻地揭示了 Casimir 效应造成了量子真空的本性,并导致发生了超光速现象;这些工作的独特性需要专门进行论述。

1990 年,德国的 K. Scharnhorst[31] 和英国的 G. Barton 各在同一刊物上发表文章,声称发现了 Casimir 效应中的超光速现象(Scharnhorst, Phys. Lett. , B236, 1990, 354; Barton, Phys. Lett. , B237, 1990, 559);这是 1990 年上半年的事。同年 7 月,美国的 S. Ben - Menahem[32] 在同一杂志上发表了题为"双导体板之间的因果性"的论文,对前述两人的工作进行评论。这些文章都是高水平的,例如利用了 QED 概念和 Feynman 图进行分析。由于 Scharnhorst 的工作,笔者得出其思想和成果是:真空中放置双板后改变了真空的结构,故有两种真空,即板外的常态真空(或自由真空)和板间的负能真空。对于与板垂直的电磁波传播而言,真空中的光速并不相同,变化量($\Delta c/c$)约为 $1.6 \times 10^{-60} d^{-4}$,故当 $d = 10^{-9}$m 时,$\Delta c = 10^{-24} c$。因此,由于量子电动力学双环效应,Scharnhorst 断定这会使电磁波的相速和群速大于真空中光速 c。虽然超光速的量很小,却提升了对原理的兴趣。

这个 Casimir 效应既已被实验所证明,我们就得承认上述"两种真空"的说法是正确的。既如此,"板内和板外的光速可能不一样"就是合乎逻辑的了。因此,正是边界条件的改变影响了真空,从而影响了电磁波的传播速度。换言之,光的传播是取决于真空的结构,而"真空有结构"正是量子物理学的基本观点。正是由于 Casimir 效应,我们才得以区分以下两者:① 常态真空(usual vacua)也称为自由真空(free vacua);② 有板时的板间真空(vacuum between the plates)。后者的特征是 vacuum energy density reduced,故笔者认为也可称为负能真空(negative energy vacua),这是发生超光速现象的物理基础。

Scharnhorst 先在垂直于板面方向上计算折射率:

$$n_{\mathrm{p}} = \sqrt{\varepsilon_{11}\mu_{11}} \tag{39}$$

式中:ε_{11}、μ_{11} 分别为介电常数张量分量和磁导率张量分量;n 的下标 p 代表 perpendicular。

最终导出

$$n_{\mathrm{p}} = 1 - \frac{11}{2^6 \times 45^2} \frac{\mathrm{e}^4}{(md)^4} \tag{40}$$

式中:d 为两块理想导电平板的间距;m 为质量。

规定 c_0 为常态真空(自由真空)中的光速,则有

$$c = \left\{ 1 + \frac{11}{2^6 \times 45^2} \frac{\mathrm{e}^4}{(md)^4} \right\} c_0 \tag{41}$$

式中:c 为在板间真空条件下板面垂直方向上的光速,c 与 c_0 不同是由于真空的结构性改变(change in the vacuum structure),这改变是由置入双板造成的。结果是 $c > c_0$;这里 $c_0 =$

299792458m/s，c 大于 c_0 即超光速。进一步的计算给出：

$$\frac{\Delta c}{c} = \frac{c - c_0}{c} = 1.6 \times 10^{-60} d^{-4} \tag{42}$$

取 $d = 1\mu m$，$\Delta c/c = 1.6 \times 10^{-36}$，是非常小的；但即便如此也与 SR 不一致——无论超过光速的量多么微小，均为 SR 理论所不容。可以尝试再次减小 d，对于 1nm 间隙（$d = 1$nm），$\Delta c = 10^{-24}$ c。这个数值也非常小，但在某些情况下有重要性。总之，Scharnhorst 并未计算"光子在两块金属板之间的飞行速度"，而是计算两板间波垂直传播时的波速，发现相速比光速略大（$v_p > c$）。在频率不高条件下讨论，可以忽略色散，群速等于相速，故群速比光速略大（$v_g > c$）。

1993 年 G. Barton 和 K. Scharnhorst[33] 称两块金属平板为"平行双反射镜"（parallel mirrors），重新解释有关问题。论文题目"平行双反射镜之间的量子电动力学：光信号比 c 快，或由真空所放大"（"QED between parallel mirrors：light signals faster than light, or amplified by the vacuum"）；文章的摘要："由于量子化场的散射，在两个平行双反射镜之间垂直穿行的频率为 ω 的光，所经历的真空是折射率为 $n(\omega)$ 的色散媒质。我们早先的低频结果表示 $n(0) < 1$，是结合了 Kramers - Kroning 色散关系和经典的 Sommerfeld - Brillouin 论据，以宣示两者之中任一情况：①$n(\infty) < 1$，因而信号速度 $c/n(\infty) > c$；②n 的虚部为负，反射镜间的真空不足以像一种正常无源媒质那样对光探测作出响应。"因此很明显，两作者关注的是真空的性质；他们认为在 Casimir 效应的物理情况和条件下，真空的折射率不再等于 1，而可能比 1 小。当然这仍是 QFT 的观点，与经典物理学不同。另外，应当注意 Scharnhorst 的"群速超光速"有两个条件，一是专指垂直于板面的波，二是频率不太高（$\omega \ll m_e$）。

为什么在 Casimir 效应赖以发生的两块金属板之间会发生电磁波速比 c 大的现象？从概念上讲，在两个平行板反射镜（距离 d）之间，考虑 0K 时的 Maxwell 电磁场，板子假定在任何频率均为理想导体。板子外边界条件为 $E_{/\!/} = 0$、$B_\perp = 0$。若场是量子化的，其真空结构不同于无边界空间中的情况。特别是，场分量平方、能量密度不同，后者较低，一如 Casimir 效应所证明了的。

众所周知，即使没有反射镜，Dirac 的电子/质子场的零点振动深刻改变真空性质，这是 QED 相对于经典物理的区别。例如，它们向 Maxwell 方程引入非线性，随之发生了光散射。这些非线性结合反射镜感应改变了零点 Maxwell 场，造成反射镜之间的与镜垂直的光速度可能超过 c；两个反射镜之间，相对于无界空间，平面波探测传播是改变了（由探测场的 Fermi 子感应耦合到量子化 Maxwell 场的零点振荡）。当 $\omega \ll m_e$，对 Maxwell 方程的非线性修正可归结为 Euler - Heisenberg 有效 Laplace 量密度：

$$\Delta L = \frac{1}{2^3 \times 3^2 \times 5\pi^2} \frac{e^4}{m^4} \{ (E^2 - B^2) + 7(E \cdot B)^2 \} \tag{43}$$

由此出发的研究表明，对于反射镜间的垂直传播而言，有效折射率变为

$$n = 1 + \Delta n \tag{44}$$

式中

$$\Delta n = \frac{11\pi^2}{2^3 \times 3^4 \times 5^2} \frac{e^4}{(md)^4} \tag{45}$$

而与反射镜平行的传播的折射率仍为 1，与无界空间相同。

现在有

$$\frac{1}{n} = \frac{1}{1 + \Delta n} \approx 1 - \Delta n \tag{46}$$

故相速为

$$v_p = \frac{\omega}{k} = c \frac{1}{n} = c(1 - \Delta n) = c(1 + |\Delta n|) \tag{47}$$

群速为(在无色散时)

$$v_g = \frac{d\omega}{dk} = v_p = c(1 + |\Delta n|) \tag{48}$$

对于实际测量而言,Δn 是太小的,它其实就是

$$|\Delta n| = \frac{\Delta c}{c} \tag{49}$$

考虑到 $n = \sqrt{\varepsilon\mu}$ 故有

$$\Delta n = \frac{1}{2}(\Delta\varepsilon + \Delta\mu) \tag{50}$$

$\Delta\varepsilon$、$\Delta\mu$ 或可理解为介电常数、磁导率随位置的变化。

1998 年 Scharnhorst[34] 就有关论题发表了他最后一篇论文;值得注意的是他提出了"修正的量子电动力学真空"(modified QED vacua)这个词组,其意义和笔者对本节中"两种真空"的论述是一致的。

8　实验研究进展

说到实验,它是使人们接受新理论的唯一手段。由于 Casimir 力是微弱的力,做实验的困难很大。最先对平行板吸引力的理论预期做实验验证的人是 M. Sparnaay(Physica Amsterdam,1958,Vol. 24,751),虽然误差较大(不确定度达 100%),仍被广泛引用。这个实验今天仍令人感兴趣。首先它是测量导体板间的 Casimir 力;其次它使用了弹簧,并巧妙地构造一个电容器——力的变化体现为电容量的变化,而后者是可以测出的。这再次证明,科学研究中的实验设计是非常需要创新的工作。1973 年以后各种实验逐步展开。从 1994 年开始,美国的 S. Lamoreaux 开始做 Casimir 力的实验研究,并努力改进精度,实验范围为 $d = 0.6 \sim 6\mu m$。实际上这是以足够精度验证 Casimir 力的开端,成果发表于 1997 年[35],距离 Casimir 论文问世已有半个世纪。Lamoreaux 是测量一个镀金圆球透镜(gold - coated spherical lens)与一块导体板之间的 Casimir 力,板子与扭力天平相连;Casimir 力使之扭转,在间距 $d \approx 1\mu m$ 时,测量精度 5%~10%,结果相当于 $E_c = (10 \sim 15)$ J。早期的理论总算得到了较好的证明(虽然不是两块导体板,而是一块导体板与一个镀金表面之间)。1998 年,U. Mohideen 和 A. Roy[36] 在 $d = (0.1 \sim 0.9)\mu m$ 的情况下更精确地测量了 Casimir 力,他们用镀铝材料的平板和小球,后者直径(200 ±4)μm。测量中使用了激光技术,实验结果是以 1% 的精度验证了 Casimir 理论。我们知道 Casimir 直到 2000 年(91 岁)才去世,1997 年、1998 年时已是高龄,此时才听到精确测量 Casimir 力成功,肯定会有一种复杂的心情。

Mohideen 实验具有重要意义,他测量的结果是 $F_c = -(160 \sim 2)$ pN,即 F_c 的绝对值是 $(1.6 \times 10^{-10} \sim 2 \times 10^{-12})$ N,是非常小的;这是两个铝表面之间的情况。力量如此之小,测力的困难可想而知;更何况表面趋肤深度(skin depth)和表面光洁度(surface roughness)的影响不可忽略,必须体现在对数据的修正中。图 2 是这个测量实例(转引自 Klimchitskaya 等[10]),d 表示两个铝 Al 表面的间距,纵坐标 F_c 是以 10^{-12} N 为单位;虚线是理想金属表面(无趋肤效应、

理想光滑)的计算,实线是实际金属表面(有趋肤效应、非理想光滑)的计算,小圆圈是测量结果。可见,F_c是非常微小(故难于检测)的力,但它确实是存在的。

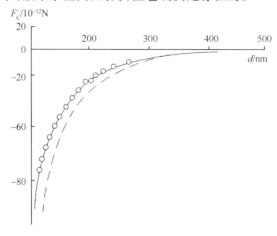

图 2　Casimir 力测量结果示意

　　文献[37]是另一个测量实例;这类文章还有很多,详细介绍有关的研究工作是不可能的。俄国圣彼得堡西北技术大学(North – West Tech. Univ. , St. Petersburg)的 G. Klimchitskaya[10]于2009 年发表了一篇长文"实际材料之间的 Casimir 力:实验和理论",文末的参考文献多达 340篇。可以看出近年来的研究越来越深入、细致。另外,在这个领域中国科学家已有理论工作发表,但好像尚无人进行过实验,这可能是由于做实验的困难太大。

9　结束语

　　Casimir 效应也可看成是 QED 的一个支柱。由前述内容可知,推导 Casimir 力时使用了ZPE 概念,故对 Casimir 力(F_c)的实验证明也就是对 ZPE 理论的实验证明。这个工作后来又引发了对"真空是否真的具有能量"的大讨论,概念上又辐射到对虚光子和负能量的认识。真可谓是"牵一发而动全身"! 对基础科学问题在认识上的提高与深化,一定会引发在应用科学方面的进步,例如在纳米技术中已经提出对 Casimir 效应要考虑。

　　本文的重点在于提高对量子真空本质的认识。过去说"真空不空"已是对经典物理的批评和颠覆,现在说有比常态物理真空"更空"的负能真空显得加倍奇怪。但这些理论均有严格的论证;而 Casimir 效应可以创造折射率小于1($n < 1$)的环境并导致超光速现象的出现,这是"量子超光速性"(quantum superluminality)[38]的表象之一。……这些基础科学进展,一定会开辟新的应用领域。总之,不是 Casimir 结构造成了量子真空,而是这一结构用巧妙方式使量子真空"现身",成为可感知的物理实在;这是真正的科学成就!

　　不过,未弄清楚的事情还很多。例如人们在问,ZPE 是一种物理实在,还是一种辅助分析手段? 它是不是一种可以在实际中提取应用的能量? 人类真的可以从真空获取能源吗? 对此存在很大的分歧和争论。又如,尽管 Lamoreaux 小组的实验结果符合 ZPE 的预期,但 Jaffe 仍认为,Casimir 效应并不提供 ZPE 的量度,因而无法测量真空中的能量。而 S. Catroll 则说,真空起伏涨落是实在的,正是 Casimir 效应使之显示。总之,科学界对 Casimir 效应仍有较大分歧,而且有关讨论还涉及量子引力问题。……未来的研究,道路还很漫长。

最后必须指出,有一个问题回避不了——如何看待一些研究者的说法"用经典物理也能推导(解释)Casimir 效应"?! 笔者不认同这种说法,因为无论如何在经典电动力学中都不会有"平行金属板间的(微弱的)吸引力";否则,大科学家 Wolfgang Pauli(1900—1958)也不会在开始时讲"Casimir 论文是胡说八道"(但后来改变了看法)。一些理论推导不会使我们认为"经典物理有效故不劳量子物理参与",我们坚定地认为量子理论才是理解 Casimir 效应的最有说服力的途径!

参考文献

[1] Casimir H, Polder D. The influence of retardation on the London – van der Waals forees[J]. Phys Rev,1948,73(4):360 – 372.

[2] Casimir H. On the attraction between two perfectly conducting plates[J]. Proc. k. Ned. Akad. Wet. , 1948,B51:793 – 795.

[3] Casimir H. Introductory remarks on quantum electrodynamics[J]. Physica, 1953, 19: 846 – 849.

[4] Casimir H, Ubbink J. The skin effect at high frequencies[J]. Philips Tech. Rev. , 1967, 28: 300 – 315.

[5] Casimir H. Some remarks on the history of the so called Casimir effect[M]. Bordag(ed). The Casimir Effect 50 Years Later [M]. Singapore:World Sci. , 1999.

[6] Ford L. Casimir force between a directric sphere and a wall[J]. Phys Rev A,1998,58(6):4279 – 4286.

[7] Dodonov V. Dynamical Casimir effect in a nondegenerate cavity with losses and detuning[J]. Phys Rev, 1998, A58:4147 – 4150.

[8] 曾然等. 负折射率材料对 Casimir 效应的影响[J]. 物理学报,2007,56(11):6446 – 6450.

[9] 黄志洵. 论零点振动能与 Casimir 力[J]. 中国工程科学,2008,10(5):63 – 69.

[10] Klimchitskaya G. The casimir force between real materials:experiment and theory[J]. Rev Mod Phys 2009, 81:1827 – 1885.

[11] 黄志洵. 量子噪声理论若干问题[J]. 电子测量与仪器学报,1987,1(3):1 – 10.

[12] Puthoff H. Source of vacuum electromagnetic zero point energy[J]. Phys Rev A,1989,40:4857 – 4862.

[13] 葛墨林. ZPE 与卡斯米尔——玻德勒效应. 量子力学新进展(第一辑)[C],2000:232 – 248.

[14] Cole D, Puthoff H. Extracting energy and heat from the vacuum[J]. Phys Rev E, 1993,48:1562 – 1567.

[15] Pinto F. Engine cycle of an optically controlled vacuum energy transducer[J]. Phys Rev B,1993,60:14740 – 14752.

[16] 俞允强. 广义相对论引论:第 2 版[M]. 北京:北京大学出版社,1997.

[17] Hehl F. General relativity with spin and torsion:foundations and prospects[J]. Rev. Mod. Phys,1976,3:393.

[18] Akimov A,Shipov G. Torsion field and experimental manifestations[J]. J. New Eenergy,1997,2(2):67 – 81.

[19] Reed D. Excitation and extraction of vacuum energy via EM torsion field coupling theoretical model[J]. J. New Energy,1998, 3(2/3): 130 – 140.

[20] Jiang X, Lei J. Han L. Dynamic Casimir effect in an electrochemical system[J]. J New Energy,1999,3(4):47 – 49.

[21] Jiang X, Lei J. Han L. Torsion field and tapping the zero point energy in an electrochemical system[J]. J New Energy,1999, 4(2):93 – 95.

[22] 雷锦志,江兴流. 卡西米尔效应与提取 ZPE[J]. 科技导报,1999,4:10 – 12.

[23] 雷锦志,江兴流. 电化学异常现象与挠场理论[J]. 科技导报,2000. 6:3 – 5.

[24] 倪光炯,陈苏卿. 高等量子力学[M]. 上海:复旦大学出版社,2000.

[25] Larrimore L. Vacuum fluctuations and the Casimir force[J]. Physics,2002,115:1 – 4.

[26] London R. The quantum theory of light[M]. New York:Oxford University Press,2000.

[27] Bordag M. The Casimir offect for a sphere and a cylinder in front of plane and corrections to the proximity force theorem[J]. Phys Rev D,2006,73:125018.

[28] 邱为钢. 卡西米尔效应的格林函数计算方法[J]. 大学物理,2010,29(3):33 – 34.

[29] Bordag M,et al. Advanced in the Casimir effect[M]. New York:Oxford Univ. Press,2009.

[30] Lamoreaux S. Casimir forces:still surprising after 60 years[J]. Physics Today,2007(2):40 – 45.

[31] Scharnhorst K. On propagation of light in the vacuum between plates[J]. Phys Lett,B,1990,236(3):354 – 359.

[32] Ben Menaham S. Causality between conducting plates[J]. Phys Lett,B,1990,250:133.

[33] Barton G,Scharnhorst K. QED between parallel mirrors:light signals faster than light,or amplified by the vacuum[J]. J Phys A:

Math Gen,1993,26:2037 – 2046.

[34] Scharnhorst K. The velocities of light in modified QED vacua[J]. Ann. d. Phys. , 1998, 7: 700 – 709.

[35] Lamoreaux S. Demonstration of the Casimir in the 0. 6 to 6μm range[J]. Phys Rev Lett, 1997, 78:5 – 8.

[36] Mohideen U, Roy A. Precision measurement of the Casimir force from 0. 1 to 0. 9μm [J]. Phys Rev Lett, 1998, 81: 4549 – 4552.

[37] Harris B. Precision measurement of the Casimir force using gold surfaces[J]. Phys,Rev,A, 2000,62:052109, 1 – 5.

[38] 黄志洵. 论量子超光速性[J]. 中国传媒大学学报(自然科学版),2012,19(3):1 – 17; 19(4):1 – 17.

超光速物理问题研究

非线性 Schrödinger 方程及量子非局域性

黄志洵

（中国传媒大学信息工程学院，北京 100024）

【摘要】Schrödinger 方程（SE）是量子力学的基本方程，其地位相当于经典力学中的 Newton 方程。含时 SE 是波粒二象性的描写，说"SE 只反映波动性"并不恰当。认为 SE"只适用于低速情况"也是一种误解；SE 不仅在用于原子、分子时极为成功，也被用在微波电子管技术中分析高速电子注，在光纤技术中分析光子的运动状态。SE 是非相对论性方程，它的原始推导是从 Newton 力学观点出发的——取粒子动能 $E_k = mv^2/2$，其中质量 m 与速度 v 无关。尽管如此，用 SE 计算氢原子的双光子跃迁时仍有很高精确度。因此，SE 的科学地位和历史地位至今无人能撼动。

SE 是一个线性微分方程（LSE），服从态叠加原理。在 SE 中加入非线性项，形成了非线性 Schrödinger 方程（NLSE）。在非线性与色散性共同作用下得到孤立波解，克服了 SE 的波包发散问题，开辟了更广大的应用前景。LSE 和 NLSE 均为非相对论性量子波方程，本质上都反映由大量实验所证明其存在的量子非局域性；对此不应作狭隘的理解。

【关键词】波动力学；非线性 Schrödinger 方程；量子非局域性

Non – linear Schrödinger Equation and It's Quantum Non – locality

HUANG Zhi – Xun

（Communication University of China，Beijing 100024）

【Abstract】The Schrödinger Equation（SE）is a fundamental formula in Quantum Mechanics，it's status equal to the Newton Equation in Classical Mechanics. It's really fine to describe the wave – particle duality in scientific research，then if who say with certainty that the SE reflects the views of waves only，this will give people a false impression. The SE was not only applicate to the low speed states，because the application of SE not only to the atoms and molecules are bound to be a success；but also applicate on very high speed electron beam in microwave tubes and the photon beam in opti-

注：本文原载于《前沿科学》，第 10 卷，第 2 期，2016 年 6 月，50～62 页。

cal fibers. The SE is a non – relativity equation, it's derivation based on the view – point of Newton Mechanics, such as the particle's kinetic energy $E_k = mv^2/2$, and the mass(m) is independent upon the speed v. However, when the SE calculate the atom of hydrogen, the precision is very high. According to these situations, we say that the status of SE in science and history can't shakes by any person.

The SE is a linear differential equation, it obey the principle of states reduplication. When the non – linear term join the SE, we may obtain the Non – linear Schrödinger Equation(NLSE). In NLSE, the two aspects are the non – linear character and the dispersion effect, interaction resulting the solution of solitary – waves then overcome the problem of wave – packet scatter phenomena. The applications of NLSE to the several cases are important and well known. The LSE and NLSE are non – relativity quantum wave equations. The quantum non – locality was proved by many experiments, then it is the essence of the LSE and NLSE. We acquire a better understanding about this subject.

【Key words】wave mechanics; non – linear Schrödinger equation; quantum non – locality

1 引言

量子力学(QM)自诞生以来的 90 年中经历了充分的理论和实验检验,已成为现代物理学的三大支柱之一,另外两个支柱是量子电动力学(QED)和量子场论(QFT)。在量子理论中,Schrödinger 方程(SE)是量子波动力学的核心[1-3]。前往奥地利旅行的人都看到,在 Vienna 大学主楼内的 Schrödinger 雕像的基座上刻着一个公式 $i\hbar\dot{\Psi} = H\Psi$(i 即本文的 j $= \sqrt{-1}$, $\dot{\Psi} = \partial\Psi/\partial t$)。它确是智慧和美的化身,值得人们长久地回味。虽然 Schrödinger 在认识上也有过错误,但无损于这位杰出物理学家的光辉。……后来 SE 发展为非线性 Schrödinger 方程(NLSE),不仅在理论上深刻化了,而且扩大了应用范围。由波动力学引发的非线性波方程(均为微分方程)研究日趋复杂化,引起数学家和物理学家的更大兴趣;并与对量子非局域性(quantum nonlocality)问题的思考联系起来。……应当指出 L. de Broglie 做出的重要贡献;1956 年他指出,波方程中的非线性项将使表征粒子的奇异解成为可能。1960 年 de Broglie[4] 推出了称为《非线性波动力学》的专著。

近年来对 NLSE 的研究日益广泛和深入,决非一篇文章所能叙说清楚;故本文权当作一个导论。所幸,国内外已有专家们广泛深刻的研究著作[5-8],可供有兴趣的读者阅读参考。

2 Schrödinger 量子波动力学

1926 年上半年 E. Schrödinger 创造了 QM 的波动力学(QWM);其核心是描述微观粒子体系运动变化规律的 QM 基本运动方程——Schrödinger 方程。M. Planck 认为该方程奠定了量子力学的基础,如同 Newton、Lagrange 和 Hamilton 创立的方程在经典力学(CM)中的作用一样。Einstein 的说法稍有不同,他相信 Schrödinger 关于量子条件的公式表述"取得了决定性进展",但 Heisenberg 和 Born 的路子则"出了毛病"。Einstein 为什么比较喜欢 Schrödinger 的工作而总对 Heisenberg 的工作抱有反感,可能是因为他认为前者的理论并非完全抛弃确定性的,与后者对确定性的决绝态度不同。当然由此也可知道,Newton 的经典力学和 Einstein 的相对论力学,都是确定性的理论,其中的时间是可逆的。

含时的 Schrödinger 方程是他在 1926 年 6 月提出的[1],是思想成熟的标志,其形式为

$$j\hbar \frac{\partial \Psi}{\partial t} = -\frac{\hbar^2}{2m} \nabla^2 \Psi + U\Psi \tag{1}$$

式中:$\Psi = \Psi(\boldsymbol{r},t)$ 为波函数;$\boldsymbol{r}$ 为位置矢量,t 为时间;$\hbar = h/2\pi$ 为归一化 Planck 常数;m 为粒子质量;$U = U(\boldsymbol{r},t)$ 为粒子在力场中的势能。

我们知道算符(operator)是 QM 中对波函数进行某种数学运算的符号,而等式右边 $\left[-\frac{\hbar^2}{2m} \nabla^2\right]$ 是粒子动能算符,故等式右边代表了粒子的能量关系;而等式左边的波函数对时间一次微商(求导数),是波动过程的反映。因此,含时 Schrödinger 方程是波粒二象性的数学描写。取 Hamilton 量为

$$\hat{H} = -\frac{\hbar^2}{2m} \nabla^2 + U \tag{2}$$

得到

$$j\hbar \frac{\partial}{\partial t} \Psi(\boldsymbol{r},t) = \hat{H}\Psi(\boldsymbol{r},t) \tag{1a}$$

这是含时 Schrödinger 方程的简明写法。上式有另一种写法:

$$\frac{\partial \Psi}{\partial t} = -j\hat{H}_{op}\Psi \tag{1b}$$

式中:$\hat{H}_{op} = \hat{H}/\hbar$,是 Hamilton 算符。

因此,Ψ 对时间的变化是 Hamilton 算符作用于波函数 Ψ 所决定的。在用方程处理具体的物理问题时,需要关于算符 $\hat{H}_{op}$ 的谱分析,即其本征函数和本征值的确定。

如粒子所在势场与时间无关,$U = U(\boldsymbol{r})$,则波函数有如下的特解:

$$\Psi(\boldsymbol{r},t) = \Psi(\boldsymbol{r})\mathrm{e}^{-jEt/\hbar}$$

式中的 $\Psi(\boldsymbol{r})$ 满足

$$E\Psi(\boldsymbol{r}) = -\frac{\hbar^2}{2m} \nabla^2\Psi(\boldsymbol{r}) + U(\boldsymbol{r})\Psi(\boldsymbol{r})$$

故有

$$E\Psi(\boldsymbol{r}) = \hat{H}\Psi(\boldsymbol{r}) \tag{3}$$

这是不含时 Schrödinger 方程,它描写的状态是定态(stationary state),E 为能量本征值。因此,不含时的 Schrödinger 方程是能量算符的本征方程。

对 Schrödinger 方程应有全面的了解。首先,应区分自由粒子(不受力场作用)和非自由粒子(受力场作用)的不同情况。前者相当于 $U = 0$,其能量 E(就是动能 E_k)为

$$E = E_k = \frac{1}{2}mv^2 = \frac{p^2}{2m} \tag{4}$$

式中:v、p 为粒子速度和动量。

在后一情况,能量—动量关系变了,应当是

$$E = E_k + U(\boldsymbol{r}) = \frac{p^2}{2m} + U(\boldsymbol{r}) \tag{5}$$

所以两种情况是不同的。至于"含时"和"非含时"的区别,前者是说作用在粒子上的力场随时间 t 变化。但是在许多实际问题中,作用在粒子上的力场不随时间变,故有后一种情况("非含时"方程);这时偏微分方程较易处理,用分离变量法即可变为求解常微分方程的问题。

必须指出 Schrödinger 方程包含了 de Broglie 波的基本思想。如所周知,1905 年 Einstein 是根据光说"波有粒子性",提出光子学说,提出时已有实验现象(光电效应等)支持。1924 年 de Broglie 是根据电子说"粒子有波性",能量 E、动量 p 的粒子入射时必带有一种波动(最早称为相波(phase wave),后来称为物质波),1928 年才由电子绕射实验获得证明。1926 年 Schrödinger 写出的长文"作为本征值问题的量子化"("Quantisation as a problem of proper values"),在德文杂志 *Annalen der Physik* 上分 4 次发表[1],这里称为 Ⅰ、Ⅱ、Ⅲ、Ⅳ。论文 Ⅰ 说,作者首先考虑简单的(非相对论性和未受扰动)氢原子的情况,并证明通常的量子化条件可被另一个假设所取代。即分析时忽略质量的相对论性变化,又引入新的未知函数 Ψ(此即后来的波函数);论文 Ⅱ 开始时论述了力学与光学之间的 Hamilton 相似性,而在后来讨论波动力学时说,de Broglie 的研究是杰出的,对自己有很大启发,关于电子的相波定理有很大普遍性;文中给出了一个方程,即原文的公式(18″):

$$\mathrm{div\ grad\ } \psi + \frac{8\pi^2}{h^2}(E - U)\psi = 0 \tag{6}$$

这个方程漏写粒子质量 m;将它补入并整理后得

$$\nabla^2 \psi + \frac{2m}{h^2}(E - U)\psi = 0 \tag{6a}$$

上式在论文 Ⅳ 的开头再次出现,并被称为波方程;这时作者开始考虑势能函数 U 随时间 t 变的情形。论文 Ⅳ 的最重要结果是原文公式(4″),把它整理后就是含时 Schrödinger 方程:

$$\mp \mathrm{j}\hbar \frac{\partial \Psi}{\partial t} = -\frac{h^2}{2m}\nabla^2 \Psi + U\Psi \tag{1c}$$

它与本文式(1)相同,只是式(1c)的写法在符号(正、负号)上略有区别。

Schrödinger 方程是非相对论的,取 $E_k = \frac{1}{2}mv^2$ 便是 Newton 力学的观点。1924 年 de Broglie 论文对 Schrödinger 有很大启发,他尝试把物质波推广到非自由粒子方面,从而得到了一个简洁的解,能级以某种算符的本征值形式出现。这时 Schrödinger 立即把方法用到氢原子中的电子身上。与 de Broglie 一样,他开始运用电子运动的相对论力学,结果却与实验不符。几个月后他改用非相对论方法处理电子,得出的结果与观测相符。他最终写出论文并在 1926 年上半年陆续发表。Schrödinger 后来说,虽然在寻找波方程时"被迫放弃了相对论",甚至使他感到"不好意思";但那时他不得不如此,因为引入相对论时发生了"大得惊人的困难"。

正由于 Schrödinger 方程是非相对论方程的事实,造成了许多误解。例如有物理学家说,Schrödinger 波动力学正确反映了低速微观现象的规律,为了反映高速微观物理现象就必须建立相对论性量子力学(RQM),即要求把 Schrödinger 方程做相对论性推广,例如 Klein - Gordon 方程和 Dirac 方程就是如此。……这是似是而非的说法。关于 SE 的应用,对于自由粒子(如从某种源发射的自由电子)和非自由电子(如原子中的电子)当然不成问题。那么如电子作高速运动还能不能用 SE?迄今没有理论或实验作出 SE 失效的证明。看看光子,它的运动速度为光速 c,当然是"高速"了;那么 SE 能否用到光子上面?回答是肯定的。由于含时 SE 与 Fresnel 波方程相似,不含时 SE 与 Helmholtz 方程相似,人们很早就用 SE 分析光波导,并取得了丰硕的成果;这个情况有的物理学家并不清楚。实际上,由于 SE 和标量电磁波方程极为相似,只要把介电常数分布函数当作 QM 中的势函数,电磁场分量相当于 QM 中的波函数,在这种对应关系下就可用 QM 中的方法通过求解 SE 而获得对光波导的求解。众所周知,QM 中有Wentzel - Kramers - Brillouin(WKB)方法,是求解一维 SE 的方法;只要势场 $U(r)$(现在可写作$U(x)$ 或 $U(z)$)的变化足够小,那么该方法可用于非均匀光波导分析[2],只需把波函数按 $\hbar$ 的幂级数展开改为电磁场分量按 k_0^{-1} 的幂级数展开即可。

因此,认为 SE 只能在低速条件下使用的说法是错误的。我们并不反对 RQM 波方程(特别是 Dirac 方程),只是反对贬低SE。如照有的物理学家的说法,微观粒子将区分为低速运动粒子用 Schrödinger 方程和高速运动的粒子用 Dirac 方程两大类。这不仅与事实不符,也是教条主义思维的反映(只因为 SE 是非相对论性的便作如是判断)。其实,说 Newton 力学方程在高速运动时便失效不能使用,至今也没有实验上的证明。

有的物理学家心存疑虑,认为用 SE 讨论光子运动存在一个困难——方程中的 m 如何取值? 传统上认为光子是静止质量为零的中性粒子,但如把 $m = 0$ 代入 SE,它将不再有任何意义。笔者认为,说"光子静质量为零"只是理论家的一种观点或推论,并未被实验所确证。例如美国物理学家 R. Lakes[9] 认为"the photon is massive",并开展实验以测量光子静质量。从测不准关系式出发可估算最小可能的光子静质量 $m_0 = 10^{-66}$g,今天的实测值虽越来越小但离此尚远。将来即使测到这个水平,也不能确定光子是否有静质量。……反过来说,光纤技术中应用 SE 已经成功,是否可以推断光子的 $m_0 \neq 0$? 这是值得考虑的。

过去认为光子永不停歇地以光速 c 运动,故不会有静止的光子。近年来的技术发展已改变了这种看法,光子可以变慢,甚至停止,"静止"已不成问题。不过,这不是当前所讨论的问题的关键。光子的基本状况仍然是以光速运动,而运动中的光子具有能量和动量,这都有实验证明(Lebedev 光压实验、Compton 光子碰撞实验等)。由此推论运动光子一定有质量,对此科学界没有分歧。……总之,没有必要担心"SE 用在光子身上是否适当"的问题。

3 基本量子波方程比较

在非相对论量子波方程 SE 取得重大成功的同时,还有另外两个量子波方程也表现突出,即相对论性量子波方程中的 Klein - Gordon 方程和 Dirac 方程。前一类称为 NRQM,后一类称为 RQM,并做比较。先写出三个方程:

Schrödinger:

$$j\hbar \frac{\partial \Psi}{\partial t} = \left(-\frac{\hbar^2}{2m} \nabla^2 + U \right) \Psi \tag{1}$$

Klein - Gordon:

$$-\hbar^2 \frac{\partial^2 \Psi}{\partial t^2} = (-\hbar^2 c^2 \nabla^2 + m_0^2 c^4) \Psi \tag{7}$$

Dirac:

$$j\hbar \frac{\partial \Psi}{\partial t} = (-j\hbar c \alpha \cdot \nabla + \beta m_0 c^2) \Psi \tag{8}$$

因此,在 Schrödinger 方程中,波函数 Ψ 对时间是一阶求导数,对空间是二阶求导数,是不对称的;不满足相对论协变性要求,方程形式具有 Galileo 变换不变性。在 Klein - Gordon 方程中,对时、空间均为二阶求导数,是对称的;满足相对论协变性要求。在 Dirac 方程中,对时空间均为一阶求导数,是对称的;也满足相对论协变性要求。总之,RQE 时空特征是方程形式具有 Lorentz 变换不变性。

在平面波解特性方面,在 NRQM 只有正能解;RQM 的情况颇为不同。我们知道,经典物理理论对负能解采取放弃(取消)的做法是不成问题的。但在量子理论中必须考虑量子跃迁,电子从正能态跃迁到负能态是可能的,不能对负能视而不见。作为 RQM 的 KG 方程和 Dirac 方程都是有正能、负能两套解,严格而论负能解会影响粒子运动(围绕平均值抖动)。故在历史上 KG 方程由于多个原因曾被放弃;Dirac 方程好些,把正粒子方程负能解转换为反粒子的正能态运动。

考虑这两类方程的存在问题及处理方法;作为 NRQM 的 Schrödinger 方程,研究粒子在各种势场作用下的时空运动,内在逻辑是自洽的。它不会像 KG 方程那样常出现粒子流密度不守恒(Klein 佯谬)等现象。但由于推导时从 Newton 方程出发,常被指责为"只适用于低速情况"。

至于 KG 方程,它对负能解的几率解释存在问题;又有其他缺陷。故一度被科学界放弃,认为不宜当作(相对论性粒子)单粒子波方程。后来又被利用,但用途有限。

对 Dirac 方程而言,开始时认为"粒子只有正(如电子),能量有正负";后来通过理论处理,进入新境界——"粒子有正反(如电子、正电子),能量只有正"。就是说认为引起麻烦的负能解,正是描述在同一电磁场中运动的电荷反号粒子的正能解,即负能解描述反粒子的正能态运动。

现在我们比较三个方程各自的用途。Schrödinger 方程用于原子、分子极为成功,又可用于电子和光子,以及其他粒子。SE 在其诞生之后,迅速地在分析氢原子结构中发挥重大作用[1],后在微波电子管技术的发展中证明其可用来处理电子束的运动及其与波的相互作用[6]。此外,缓变折射率光纤的分析也成功地运用了 SE[10-12];等等。故说 SE 可用于电子、光子及更多的物理系统是有充分理由的。那么,既可用于光子,就不能说此方程只能用于低速粒子。总之,Schrödinger 方程作为 NRQM,是自洽的和自在的;是对物理系统演化规律的根本描述。KG 方程也有些用处,如某些介子;还用于某些精度要求不高的场合的计算工作。Dirac 方程只描写电磁作用的自旋 1/2 粒子,如电子;对质子、中子不甚适宜。它根本不能用于光子,因为推导中假设了"粒子位置是可观察量"。总之,作为 RQM 的这两个方程,创立时一心为了满足相对论要求,造成不断出现佯谬及多粒子效应,从而使自己的应用范围受限制,单粒子图像仅适宜于有限情况;故总体上不如 Schrödinger 方程。

2007 年公布了南开大学的一项项研究[13],用理论计算和实验值的对比研究氢原子的双光子跃迁。根据 T. Udem 等的实验测量(见 Phys. Rev. Lett.,1997,79:26-46),2s→1s 时 $f_{exp} = (2466061413187.34 \pm 0.84)$ kHz,用 SE 的计算值 $f_{th} = 2466038467562.22$ kHz,因此误差 $\delta = (f_{th} - f_{exp})/f_{exp} = -9.305 \times 10^{-6}$,理论与实验符合非常好。用 Dirac 方程计算时,$\delta = 5.475 \times 10^{-4}$,符合程度不如 SE 好。只是在考虑了原子核的微小运动时,用电子与原子核间的约化质量代替电子的静止质量之后,这种约化 Dirac 理论才导致 $\delta = 2.891 \times 10^{-6}$,即精度高于 SE。但是这时已缺乏可比性,因为对 SE 也可采用约化质量进行计算。……总之,对于 SE 和 Dirac 方程,没有必要故意抬高某一个而贬低另一个,它们都对大自然做了描述。实际上,当比较运动状态的演化规律时,与经典力学中的 Newton 定律对应的是 QM 中的 SE;这就是 Schrödinger 工作的科学地位和历史地位,至今无人能够撼动。

如果非要在 NRQM 和 RQM 之间做比较,量子力学专家的意见对我们是有参考价值的。2004 年张永德[14]指出:RQM 有内在的逻辑不自洽性,甚至有重大问题。例如 KG 方程和 Dirac

方程都有负无穷能级问题——它会使量子系统不断向下跃迁并发出能量,最终使系统塌缩;这对单粒子 QM 是严重的。其次,在求解有位势的 KG 方程或 Dirac 方程时,在位势变化剧烈处会出现 Klein 佯谬等现象。还有别的问题,这都导致 RQM 不是独立、稳定和自洽的单粒子量子理论。然而,NRQM 的内在逻辑完整而自洽。……此外,张永德还对非线性问题及非局域性问题发表了意见;他指出,不能因为遵守量子态叠加原理而认定量子理论必然是线性的。实际上,这个理论的基本运动方程均为非线性;而且这也反映在量子化条件(对易和反对易)中。除非略去相互作用(自由粒子)的情况,量子理论本身及其关系在本质上具有高度非线性。不过,对这个问题他没有详谈。张永德教授当然知道 NLSE;他的话比较宽泛,可以作为参考。对于后一问题,他认为迄今所有实验都表明量子理论在本质上具有空间非局域性,即实验一直否定局域形式下的实在论观点。由于笔者就这类问题已有论文发表[15],此处不赘述。

4　自由运动粒子的波包演化[16]

未受力场作用的微观粒子称为自由运动粒子,其状态用波函数 $\Psi(\boldsymbol{r},t)$ 描写。表达自由粒子随时间的规律的方程必然是含有时间的微分方程;根据 de Broglie 的理念,可用一平面波表达一个自由粒子(动量 $\boldsymbol{p}$、能量 E)的运动规律:

$$\Psi(\boldsymbol{r},t) = A\exp\left[-\frac{\mathrm{j}}{\hbar}(Et - \boldsymbol{r}\cdot\boldsymbol{p}) \right]$$

两边对 t 求偏导数,得

$$\frac{\partial \Psi}{\partial t} = -\frac{\mathrm{j}}{\hbar}E\Psi$$

即

$$\mathrm{j}\hbar\frac{\partial \Psi}{\partial t} = E\Psi \tag{9}$$

但如对平面波表达式求二次偏导数,即可证明

$$\nabla^2 \Psi = -\frac{p^2}{\hbar^2}\Psi$$

然而自由粒子的能量 E 即动能 E_k,故有

$$E = E_k = \frac{p^2}{2m}$$

故可得

$$-\frac{\hbar^2}{2m}\nabla^2\Psi = U\Psi \tag{10}$$

联立式(9)及式(10),可得

$$\mathrm{j}\hbar\frac{\partial \Psi}{\partial t} = -\frac{\hbar^2}{2m}\nabla^2\Psi \tag{11}$$

这是自由粒子运动方程。其实,根据式(1),取 $U=0$ 即得这个方程——它就是 SE。为简单计,考虑一维情况,则有

$$\mathrm{j}\hbar\frac{\partial \Psi}{\partial t} = -\frac{\hbar^2}{2m}\frac{\mathrm{d}^2\Psi}{\mathrm{d}z^2} \tag{12}$$

式中:z 为自由粒子运动方向。

现在把一维 SE 写为

$$\left[j\hbar \frac{\partial}{\partial t} + \frac{\hbar^2}{2m} \frac{d^2}{dz^2} \right] \Psi(z,t) = 0 \tag{12a}$$

使用 Fourier 变换

$$\Psi(k,t) = \frac{1}{\sqrt{2\pi}} \int_{-\infty}^{\infty} \Psi(z,t) e^{-jkz} dz$$

可得

$$\left[j\hbar \frac{\partial}{\partial t} - \frac{\hbar^2 k^2}{2m} \right] \Psi(k,t) = 0$$

式中

$$\Psi(k,t) = \Psi(k,0) \cdot \exp\left[-j \frac{k^2 \hbar t}{2m} \right]$$

然而

$$\Psi(k,0) = \frac{1}{\sqrt{2\pi}} \int_{-\infty}^{\infty} \Psi(z,0) e^{-jkz} dz = \Phi(k)$$

在这里 $\Psi(k)$ 是初始波函数 $\Psi(z,0)$ 的 Fourier 变换;故得

$$\Psi(k,t) = \Phi(k) \cdot \exp\left[-j \frac{k^2 \hbar t}{2m} \right]$$

因此可以求出

$$\Psi(z,t) = \frac{1}{\sqrt{2\pi}} \int_{-\infty}^{\infty} \Psi(k,t) e^{jkz} dk$$

运算后可得

$$\Psi(z,t) = \frac{1}{\sqrt{2\pi}} \exp\left[j \frac{mz^2}{2\hbar t} \right] \int_{-\infty}^{\infty} \Phi\left(\xi + \frac{mz}{\hbar t} \right) \exp\left[-j \frac{\hbar t}{2m} \xi^2 \right] d\xi \tag{13}$$

式中

$$\xi = k - \frac{mz}{\hbar t}$$

现在可知,在 $t \to \infty$ 时有

$$\Psi(z,t) = \sqrt{\frac{m}{\hbar t}} \Phi\left(\frac{mz}{\hbar t} \right) \exp\left[j \frac{mz^2}{2\hbar t} \right] \exp\left(-j \frac{\pi}{4} \right) \tag{14}$$

故可得

$$|\Psi(z,t)|^2 = \frac{m}{\hbar t} \left| \Phi\left(\frac{mz}{\hbar t} \right) \right|^2 \tag{15}$$

对于 $t \to \infty$ 情况,$|\Psi(z,t)|^2 = 0$;故可知粒子的波函数将不受限制地扩散。这是 SE 物理特性的一个方面。对此,可以在引入非线性项(即使 SE 得到改进)后基本上解决。

5 非线性 Schrödinger 方程及求解

非线性 Schrödinger 方程的英文是 Non – linear Schrödinger Equation,可简写为 NLS 或 NSE。我们采用的写法,线性 Schrödinger 方程是 LSE,非线性 Schrödinger 方程是 NLSE。

线性系统是初始状态的变化导致后续状态成比例改变,具有可预测性(直线性)的系统。

线性系统常用平滑函数表示,具有规则性,整体等于部分之和,服从叠加原理。非线性系统是初始状态变化不导致后续状态成比例变化的系统,表现为非规则,不可预测,整体不等于部分之和,叠加原理失效;而且初始状态的微小变化可能造成系统性质的运动结果的重大改变。在物理世界中,非线性作用有时会造成严重后果,因而必须躲避;但有时也有优势,例如线性行为表现为色散引起的波包扩散,而非线性过程却形成和维持空间规整性结构,例如孤立波(solitary waves)和孤立子(solitons)[17]。

孤子现象说明,非线性作用能造成突出的有序性——孤子在空间上局域、在时间上长寿,表现出奇怪的稳定性。又如,人们知道噪声(noise)是完全随机、不可预测的;但在这类完全随机的现象或系统与那些完全确定性的现象或系统之间,却有一种独特的复杂运动形式或系统,即混沌(chaos)——它貌似无规,其实是缺乏周期性的有序。再如,研究表明远离平衡态的非孤立(开放)系统,通过与外界的物质或能量交换,可能形成新的有序结构,实现从无序向新的有序转化;自组织现象即由于非线性耦合在一起的大量子系统发生有序和混沌的竞争而形成新的时空结构的现象。

自 20 世纪 80 年代开始,现代数理科学中的非线性问题引起了国际科学界的高度重视;这既包括以上的实例(孤子、混沌、Prigogine 耗散结构),也包括 Thorn 突变理论、Radon 变换以及分形(fractal)、小波(wavelet)分析等。实际上,所涉及的应用领域大到天体力学系统,小到微观动力系统(如量子系统、等离子体)。

通常的对 QM 的线性化认识来源于态叠加原理,而它实际上是关于波函数性质的假定之一。而该原理可知,波函数所满足的方程必须对 Ψ 保持线性。进一步说,QM 中每个物理量都有一确定的线性算符与之相应。那么,既然系统状态完全由波函数 Ψ 所决定,Ψ 对时间的微商也将取决于 Ψ 本身的值,而态叠加原理指出它们之间应为线性关系 $\left(\dfrac{\partial\Psi}{\partial t}\propto\Psi\right)$。因此可以写出

$$j h \frac{\partial \Psi}{\partial t}=\hat{H}\Psi \tag{1a}$$

在这里 $\hat{H}$ 仿佛是线性方程中的比例常数,实际上 $\hat{H}$ 是个线性算符,也就是系统的 Hamilton 量。在这种陈述中我们仿佛仅靠线性假定即可写出 SE,在这里只需添上 jh。

推导 NLSE 可以从非线性色散方程出发,采用 Fourier 变换法可推出变态 NLSE[6]。在实系数条件下,如色散较强,可退化为标准型 NLSE。这时可以用简单办法来辨识,即从式(1a)出发,给 Hamilton 量加上非线性项,得到 NLSE;取

$$\hat{H}=-\frac{\hbar^2}{2m}\nabla^2+U \qquad (\text{LSE}) \tag{2a}$$

$$\hat{H}=-\frac{\hbar^2}{2m}\nabla^2+U-\beta\,|\,\Psi\,|^2 \qquad (\text{NLSE}) \tag{16}$$

式中:β 为非线性系数。

故取 $U=0$ 时,NLSE 为

$$j\hbar\frac{\partial\Psi}{\partial t}+\alpha\ \nabla^2\Psi+\beta\,|\,\Psi\,|^2\Psi=0 \tag{17}$$

式中:$\alpha=-\hbar^2/2m$。

为作纯数学的讨论,把 Ψ 改写为代表函数的符号 F,故得一维方程的写法为

$$j\hbar \frac{\partial F}{\partial t} + \alpha \frac{\partial^2 F}{\partial z^2} + \beta |F|^2 F = 0 \tag{18}$$

这是标准型的实系数 NLSE。上式具有复数解：

$$F = F_0(z - v_g t) e^{j\theta} \tag{19}$$

$$\theta = \theta(z - v_0 t) \tag{20}$$

式中：v_g、v_0 分别为包络速度和慢载波速度。

1971 年 V. Zaharov[18] 证明有一种孤立波解：

$$F = F_0 \text{Sech} \left[\sqrt{\frac{\beta}{2\alpha}} F_0(z - v_g t) e^{j\theta} \right] \tag{21}$$

式中

$$\theta = \frac{v_g}{2\alpha}(z - v_0 t) \tag{22}$$

这是双曲正割脉冲，孤立波中最常见的形式。孤立解加强了对 SE 可以通过非线性作用改善粒子性形象的看法，但如据此认为基本的 SE 已无波粒二象性（只有单一的由波动表达的非局域性）[8]，笔者认为此观点还待商榷。

"本初 SE"即本文的式(1)，粒子动能算符 $\left[-\frac{\hbar^2}{2m} \nabla^2 \right]$ 已是对粒子性的描写，因而不能说本初 SE 中完全没有粒子性或局域性，似乎引入非线性项是唯一救星。当然，我们不否认"波包发散"是 LSE 的最大弱点，因此可以说正是 NLSE 改善了微观粒子的量子理论，也就是改善了量子波动力学。但无论如何本初 SE 中的 m 是微观粒子的质量，而任何波动（即使是孤立波）都不能提供质量；因此，过份贬低 LSE 并不恰当。

为了对照，看一下早期水面波理论中的 KdV 方程，因为其孤波解对应 Schrödinger 算符的束缚态。1834 年，J. S. Russell[19] 首先发现了水面上的孤立波现象，它在传播过程中波形保持不变，水体体积、波能量的绝大部分均集中在波峰附近。总之，孤立波是以单峰、匀速前进，在传输过程中保持形状、速度不变的一种行波，以单一实体出现并做局域分布。从数学上看，它是非线性方程的具有下述性质的解：①解的局部存在性质，即在一定范围内系统受扰动，与在整个空间分布的线性解不同；②解的几何形态（波形）保持不变；③两个（或多个）同样的波相遇时，由于非线性作用而互相作用，不是简单的线性叠加，并在后来又分开成为与相遇前相同的两个（或多个）波。1965 年 N. Zabusky[20] 用数值积分法做分析，阐明孤立子的性质，实现了在计算机屏幕上研究微分方程的孤子解。

过去人们曾认为，两个孤立波相遇时相互作用的非线性将使孤立波性质有很大变化；后来发现有的情况却是相遇后仍然按原来各自的形状、速度、幅度继续前进。这就有了准粒子性，即可把相互作用的不受破坏的孤立波称为孤立子。因此，孤立子一定是非线性方程的孤立波解，而任一非线性方程的孤波解并不一定就是孤立子。只有那些在与同类孤波相遇后仍能保持其波形、速度、幅度的孤立波，才能称为孤立子。这一观点是在 1973 年由 A. C. Scott 等所确立的。也有一种说法认为，早在 1834—1835 年 Russell 在水槽实验中即已发现孤波互相穿越时可以不变。

在孤立波分析中，齐次 KdV 方程（也叫浅水波方程）是十分重要的[21, 22]。KdV 方程与 NLSE 的求解有关，这是因为 KdV 方程的孤立波解对应 Schrödinger 算符的束缚态；而非线性方程的求解往往是化为线性方程的本征值求解问题。1895 年，D. J. Korteweg 和 G. de Vries 提出

描写水面孤立波的方程:

$$\frac{\partial^3 F}{\partial z^3} + (1 + F)\frac{\partial F}{\partial z} + \frac{\partial F}{\partial t} = 0 \tag{23}$$

非线性项为 $F(\partial F/\partial z)$; 当 F 很小时得到线性方程

$$\frac{\partial^3 F}{\partial z^3} + \frac{\partial F}{\partial z} + \frac{\partial F}{\partial t} = 0 \tag{24}$$

解为

$$F = \sum_i A_i \mathrm{e}^{\mathrm{j}(kz - \omega_i t)} \tag{25}$$

式中: k 为波数。

可以证明相速 $v_\mathrm{p} = 1 - k^2$, 群速 $v_\mathrm{g} = 1 - 3k^2$; 故波长不同的波, 波数不同, v_p、v_g 均不同。这是色散效应, 是由 $\partial^3 F/\partial z^3$ 项引起的。另一方面, 如忽略该项, 有

$$\frac{\partial F}{\partial z} + F\frac{\partial F}{\partial z} + \frac{\partial F}{\partial t} = 0 \tag{26}$$

解为

$$F = f[z - (1 + F)t] \tag{27}$$

显然波速为 $(1 + F)$; 故高幅区快过低幅区, 传输过程中波形会变化(逐渐变陡直至破裂)。这是由非线性项引起的非线性效应。因此, KdV 方程指出孤立波的形成是色散效应、非线性效应二者互相作用互相补偿的结果。

在一些文献中, KdV 方程写成下述形式:

$$\frac{\partial^3 F}{\partial z^3} + \beta\frac{\partial F}{\partial z} + \frac{\partial F}{\partial t} = 0 \tag{23a}$$

式中: z 是波进行方向, F 代表波面; β 是一个系数。

为求解, 先令 $\xi = (z, t)$, $x = z - vt$, 并取初始条件为

$$\frac{\partial \xi}{\partial z} = F(z) \qquad (t = 0)$$

边界条件为

$$\xi, \frac{\partial \xi}{\partial z}, \frac{\partial^2 \xi}{\partial z^2} \to 0 \qquad (z \to \infty)$$

将 ξ, x 代入并做连续积分; 在上式满足的条件下积分常数为零, 故得

$$3\left(\frac{\mathrm{d}\xi}{\mathrm{d}x}\right) = \xi^2(-\xi\beta + 3v)$$

求出 $\mathrm{d}x$ 并积分, 可得

$$x = \frac{1}{\sqrt{v}}\ln\frac{\sqrt{3v} + \sqrt{3v - \beta\xi}}{\sqrt{3v} - \sqrt{3v - \beta\xi}}$$

由此可求出 ξ; 因此最后可得

$$F(z, t) = \frac{3v}{\beta}\mathrm{sech}^2\left[\frac{\sqrt{v}}{2}(z - vt)\right] \tag{28}$$

也就是

$$F(z, t) = \frac{12v}{\beta}\left[\mathrm{e}^{0.5\sqrt{v}(z - vt)} + \mathrm{e}^{-0.5\sqrt{v}(z - vt)}\right]^{-2} \tag{28a}$$

这是一阶孤波解。二阶孤波解为

$$F(z,t) = \frac{72}{\beta}\left[\frac{3 + 4\cosh 2(z-4t) + \cosh 4(z-16t)}{[3\cosh 2(z-28t) + \cosh 3(z-12t)]^2}\right] \tag{29}$$

如果 t 大，上式可近似为下述两个孤立子的组合：

$$F(z - v_i t) = \frac{3}{\beta}v_i \operatorname{sech} 2\left[\frac{\sqrt{v}}{2}(z - v_i t) + C_i\right] \qquad (i=1,2) \tag{29a}$$

在这里 $v_1 = 4$，$v_2 = 6$，C_i 为常数；这就表示两个孤立波互相穿越后又分别独立地前进。

19 世纪后期，法国数学家 J. H. Poincarè（1854—1912）最先着手研究非线性常微分方程，以满足计算行星运动和稳定性的需要。自 Poincarè 以后的百多年，非线性科学有了巨大的发展。非线性方程的完全可积性，是说该方程描写的是多周期系统（Hamilton 系统）。对于 KdV 方程的求解，当逆散射变换法成功实现后，就建立起 KdV 方程的 Hamilton 理论。关于 NLS 方程的求解，改进后的逆散射方法也获得成功，随之建立起 NLSE 的 Hamilton 理论。

6　讨论

有必要审视 NLSE 与其他理论方程关系，从而了解其地位。在忽略系数（取为 1）时，人们可以写出几种非线性方程的简化形式。例如由式（17），自由粒子的 NLSE 的简化形式为

$$\mathrm{j}\frac{\partial \Psi}{\partial t} + \nabla^2 \Psi + |\Psi|^2 \Psi = 0 \tag{17a}$$

在一维情况下，又采用普遍函数符号 F 时有

$$\mathrm{j}\frac{\partial F}{\partial t} + \frac{\partial^2 F}{\partial z^2} + |F|^2 F = 0 \tag{18a}$$

而 KdV 方程为

$$\frac{\partial F}{\partial t} + \frac{\partial^3 F}{\partial z^3} + (1+F)\frac{\partial F}{\partial z} = 0 \tag{23}$$

另有 sine – Gordon 方程：

$$\frac{\partial^2 F}{\partial t^2} - \frac{\partial^2 F}{\partial z^2} + \sin F = 0 \tag{30}$$

以及 Hirota（广田）方程[23]：

$$\mathrm{j}\frac{\partial \Psi}{\partial t} + \mathrm{j}3\alpha |\Psi|^2\frac{\partial \Psi}{\partial z} + \beta\frac{\partial^2 \Psi}{\partial z^2} + \mathrm{j}\gamma\frac{\partial^3 \Psi}{\partial z^3} + \delta |\Psi|^2 \Psi = 0 \tag{31}$$

系数都取 1 时，可写为

$$\mathrm{j}\frac{\partial F}{\partial t} + \mathrm{j}3|F|^2\frac{\partial F}{\partial z} + \frac{\partial^2 F}{\partial z^2} + \mathrm{j}\frac{\partial^3 F}{\partial z^3} + |F|^2 F = 0 \tag{31a}$$

另一方面，若令 $\alpha = \gamma = 0$，则 Hirota 方程成为

$$\mathrm{j}\frac{\partial F}{\partial t} + \beta\frac{\partial^2 F}{\partial z^2} + \delta |F|^2 F = 0 \tag{31b}$$

取 $\beta = \delta = 1$ 时就是 NLSE。上述方程的共同特点是都有单孤子解。当然，在求解方法和物理意义的分析方面，相互参照比较都是有价值的。

1967 年，Gordner 等为求解 KdV 方程提出了逆散射变换法（C. Gordner, Phys Rev Lett. , 1967, Vol. 19, 1905）。若前述初始条件及边界条件成立，可把 KdV 方程的解作为定态

Schrödinger 方程的势,则 SE 的散射量有确定的规律。这个定态位势方程有两类非平凡解,束缚态和散射态……

1968 年,P. Lax[24]发展了逆散射变换法,将 Schrödinger 算子推广到一般非自伴算子,这种变换巧妙地把非线性问题转化为线性问题。下面是逆散射变换法的运作程序:①给定初值问题 $U_t = U(k)$,$U(z, 0) = U_0(z)$;②寻找算子 H 使 U 成为谱不变位势;③利用原问题写出 H 的散射量演化规律;④由 $U_0(z)$ 求出 $t = 0$ 时的散射量,并写出 t 时刻的散射量;⑤求解 H 的逆散射问题(t 时刻),确定位势 $U(z,t)$。

非线性量子波方程的发展是巨大而复杂的,如 NLSE 现已发展为非稳定非线性 Schrödinger 方程(UNLS)、导数的非线性 Schrödinger 方程(DNLS)、变形的非线性 Schrödinger 方程(MNLS)、反号的非线性 Schrödinger 方程(NLS +)等。此外,需要研究的还有非线性 Klein – Gordon 方程(NKG)、非线性 Dirac 方程(ND)、非线性 Born – Infeld 方程(NBI)、Sine – Gordon 方程等。我们希望今后的讨论有助于物理学的发展,而不是主要满足数学家们的兴趣。

7 结束语

Schrödinger 方程是量子力学中最基本的方程,其地位可与经典力学中的 Newton 方程的地位相比拟;广泛的科学实践已证明其正确性。认为加入非线性项之前的 SE"只反映波动的规律而未体现粒子性",这种看法并不妥当。实际上,SE 中的符号 m 所代表的是微观粒子的质量,而不是任何波动的质量,而动能算符 $\left[-\dfrac{\hbar^2}{2m}\nabla^2\right]$ 是粒子性的体现。SE 揭示了微观世界中物质运动的规律,体现了波粒二象性。因此要正确估计 SE 成为非线性方程(NLSE)之后的变化和效果。NLSE 的成功之处在于引入非线性项后在与色散效应的共同作用下得到了孤波解,不仅防止和克服了波包发散问题,而且使 SE"不仅是一个波方程而且在本质上也是体现微观客体粒子性的方程"的内在逻辑自洽性得到加强。因此,NLSE 开辟了更多的应用前景。

另外,必须认识到在量子理论中"非局域性"一词有更广泛、更深刻的含意。广泛的物理实验已充分证明非局域性是 QM 的本质上的特征,从而与曾广泛流行"局域性实在论"划清了界限(关于此问题可参看笔者的论文"以量子非局域性为基础的超光速通信"[15])。因此,不能仅从 LSE 转化为 NLSE 后有了孤波解而简单地理解"局域"和"非局域"。更何况,虽然孤波解也被称为孤子解,但这个 soliton 并非真正有确定物理实在性的 particle。故我们不太同意文献[25]对"正统量子力学论文作者们"的指责和文献[6]对 NLSE 作用的某些观点,提出商榷性意见以供参考。

参考文献

[1] Schrödinger E. Quantisation as a problem of proper values[J]. Ann d Phys,1926,79(4):1 – 9.

[2] Schrödinger E. Collected papers on wave mechanics[M]. London:Blackie & Son, 1928.

[3] 薛定谔讲演录[M]. 范岱年,胡新和,译. 北京:北京大学出版社,2007.

[4] de Brodie L. Nonlinear wave mechanics[M]. New York:Elsevier Publ,1960.

[5] Burt P. Energy bands in nonlinear Schrödinger equations[J]. Phys Lett A, 1979, 71:19 – 28.

[6] 万遂人. 微波电子学中的孤立子理论[D]. 北京:电子工业部第 12 研究所,1986.

[7] Konotop V. Nonlinear Schrödinger equation with random initial conditions and small correlation radii[J]. Phys Lett A, 1990,

146：50－61.

［8］庞小峰. 非线性量子力学［M］. 北京:电子工业出版社,2009.

［9］Lakes R. Experimental limits on the photon mass and cosmic magnetic vector potential［J］. Phys. Rev. Lett. ,1998,80(9)：1826－1829.

［10］叶培大,吴彝尊. 光波导技术基本理论［M］. 北京:人民邮电出版社,1981.

［11］周树同. 光纤理论与测量［M］. 上海:复旦大学出版社,1988.

［12］黄志洵. 波动力学的发展［J］. 中国传媒大学学报(自然科学版),2008, 15(4):1－16.

［13］胡金牛,申虹. 氢原子和奇异原子的相对论效应. 量子力学朝花夕拾(第二辑)［M］. 北京:科学出版社,2007.

［14］张永德. 量子天龙八部——谈量子理论的诸般性质.//量子力学朝花夕拾(教与学篇)［M］. 北京:科学出版社,2004.

［15］黄志洵. 以量子非局域性为基础的超光速通信［J］. 前沿科学,2016,10(1):57－78.

［16］张永德等. 物理学大题典——量子力学［M］. 北京:科学出版社,2005.

［17］黄志洵. 孤立波理论与光孤子通信［J］. 北京广播学院学报(自然科学版),1997,(3):31－45.

［18］Zaharov V. Shabat A. On the interaction of solitons in a stable medium［J］. Sov. Phys JETP, 1973, 37:823－836.

［19］Russell J S. Report On waves［J］. Proc Roy Soc(Edinburgh),1834,2:319－324.

［20］Zabusky N J,Kruskal M D. Interaction of solitons in a collisionless plasma and the recurrence of initial states［J］. Phys Rev Lett,1965,15:240－243.

［21］Hirota R. Exact solution of the KdV equation for multiple collisions of solitons［J］. Phys Rev Lett,1971,27:1192－1195.

［22］Cooney J. Experiments on KdV solitons in a positive ion－negative ion plasma［J］. Phys Fluid, 1991, B3: 2758－2764.

［23］Hirota R. Direct method of finding exact solutions of nonlinear evolution equation［M］. Berlin:Springer, 1976.

［24］Lax P. Integrals of nonlinear equations of evolution and solitary waves［J］. Pure & Appl Math, 1968, 21: 467－483.

［25］沈惠川. 两类非线性波动方程和局域性问题［J］. 北京广播学院学报(自然科学版),2000(1):11－19.

超光速物理问题研究

从传统雷达到量子雷达

黄志洵[1]   姜荣[2]
（1. 中国传媒大学信息工程学院，北京 100024；
2. 浙江传媒学院，杭州 310018）

【摘要】传统雷达已经历了 80 多年发展，其应用范围很广，技术也日益先进，是现代科学技术的重要学科。然而近年来出现了在量子物理学基础上成长的新概念和新技术——量子雷达，它使用少量（甚至单个）光子进行探测，并采用量子纠缠态作为工作状态，代表了一种从波动雷达过渡到粒子雷达的全新理念，为雷达技术的未来提供了全新的局面。

本文把量子雷达定义为"向目标发射较少光子并做探测的雷达"；经不懈努力，现已做到若使用纠缠态量子雷达也能胜任有损耗和噪声影响的实际环境。因此，"量子雷达可以探测隐身目标"是可以成立的论断。实际上，这也是量子雷达的必须达到的要求。另外，只有在微波（而非仅仅在光频）实现量子雷达的构想，才能与传统雷达一争高下。但由于微波光子的能量和动质量均远小于可见光频段的光子，微波量子雷达的研制有更大的困难，成功的日子似仍遥远。

【关键词】传统雷达；量子雷达；单光子；微波光子；纠缠态

From the Classical Radar to the Quantum Radar

HUANG Zhi – Xun[1] , Jiang Rong[2]
（1. Communication University of China , Beijing 100024 ;
2. Zhejiang University of Media and Communication , Hangzhou 310018 ）

【Abstract】Classical radar is the important subject of modern science and technology , which has been researched lasted for 80 years and widely application range. However , the new concept and technique – quantum radar is raised based on the development of the quantum physics in recent years , its work depend on minor or an unit photon , and uses the quantum entangled state as the working state. The quantum radar is the new concept represents the radar of waves transfers to the radar of the particles that opens a new area for future of the radar technology.

注：本文原载于《前沿科学》，第 11 卷，第 1 期，2017 年，第 4～21 页；收入本书时做了少量修改。

Quantum radar is defined as a radar that emits the photon to a target used as a detector. With the unremitting efforts, a quantum radar of an entangled state can used in the actual environment with the effects of loss and noise. Therefore, it can be said that the quantum radar can detect the invisible target can be established. In fact, it is the necessary requirements of the quantum radar. In addition, the quantum radar can be established only in the microwave rather than mere optical frequency, which is the only way to overstep the traditional radar. However, the energy and mass of microwave photons are much smaller than the photon in the visible light band, the development for the microwave quantum radar has the greater difficulties, the success is still far away.

【Key words】classical radar; quantum radar; single photon; microwave photon; entangled state

1 引言

雷达(Radar)一词来源于 Radio detection and ranging(无线电探测与测距),自从 20 世纪 30 年代开始研究。最早用于防空,是利用发射出去的电磁波在金属目标(飞机)身上造成的回波;用高灵敏度接收机收到脉冲波的回波之后,经信号处理用显示器呈现在接收者面前[1]。1940 年美国海军开始用 Radar(或 RADAR)这个词作为军事文件中的代号[2]。雷达发射的电磁波在大气层中以光速行进,遇到目标时会发生各个方向的散射(scattering),但总有一些能量是向着入射波(来波)的方向,这些能量的接收和分析就成为雷达工作原理的基础。当然,如果入射电磁波功率大,朝着来波方向的后向散射波也会较强。通常的做法是,用专门设计的天线设备形成集中的波束而发射出去,该波束应当可由人为或自动方式控制其方向和仰角等。

传统雷达(Classical Radar, CR)发射强大的电磁波脉冲,频段从甚高频(VHF)到毫米波,应用非常广泛。从目标反射的回波尽管比出射波弱了很多,但仍然属于波动性范畴,实际上不考虑其对应的光子数是多少。近年来量子雷达(Quantum Radar, QR)开始发展,它使用较少的光量子进行工作。因此,从 CR 到 QR 的发展可以看成从应用波动性的技术进展到应用粒子性的技术。QR 的成功将开辟全新的发展前景,对波粒二象性这种基础研究也是很大的推动。所以,本文的题目"从传统雷达到量子雷达"也可以改为"从波动雷达到粒子雷达",含意是相同的。

在早期,雷达的发展是由于军事需要的推动。第二次世界大战中雷达的研制和改进非常快,主要贡献来自美、英两国;德、日的研究则相对落后。第二次世界大战结束后,雷达从军用扩展到民用领域;例子之一是气象雷达,它和气象卫星一起承担了今天的气象学研究和天气预报,与人民生活息息相关。又如,在 20 世纪 50 年代发明的合成孔径雷达(Synthetic Aperture Radar, SAR)[3],以飞机或卫星为平台,成为一种优良的微波遥感对地观测手段,在国土测量、农作物监测、海洋观测、资源勘探、环境及灾害监视等方面发挥了很大作用。……当然,军用雷达技术仍在发展,例如大型相控阵远程预警雷达可以发现数千千米外一个棒球大小的目标。另外,当前各国都在建设弹道导弹防御系统;例如美国 Lockhead - Martin 公司开发的"终端高空区域防御系统"(THAAD,即萨德)的建立和配置成为国际舆论中的热门话题。再有一个例子:中国的首款隐身战斗机歼 20 安装了有源电子扫描雷达(ASEA),相当先进。

进入 21 世纪后,出现了一个崭新的理念 QR;这种企图以少量(甚至只有一个)光子实现雷达功能的设想非常大胆。在 2011 年上半年,美国海军研究办公室(ONR)组织了一次研讨会,讨论 QR 的可能性。2012 年美国出版了 *Quantum Radar* 一书[4],但其中未说已制成了能用的样机。无论如何,QR 已成为当前雷达技术的一个突出的发展方向。量子雷达技术是近年来在量子计量领域新兴的一个重要研究方向,主要利用光量子不同于经典电磁波的物理特性实现对目标的准确探测。相对于基于传统电磁理论的雷达,量子雷达不但具有更高的灵敏度及探测精度,而且具备更强的抗干扰和抗欺骗能力。量子雷达技术为隐形目标的准确探测提供了一种新的有效技术途径。虽然在微波频率上用单光子(或纠缠态双光子)而制成的 QR 样机现时似乎还没有,但各国开展的研究非常积极。

2　传统雷达的早期情况

本文应当以 QR 为重点,但 QR 的发展离不开 CR 的原理和基础。回顾过去,CR 的发展经历了从甚高频、超高频(UHF)到微波(主要指厘米波)乃至毫米波的发展过程。图 1 是雷达地面站的远程警戒雷达天线示意。图 2 是金属飞机对来波的反射方向图。图 2(a)是米波,方向图波瓣数目只有 20 个左右;图 2(b)是厘米波,方向图波瓣数有几百个,飞机回波随方向角有剧烈变化。短促发射的脉冲其回波显示在荧光屏上,成为一个亮点;亮点的大小和目标反射微波的有效面积成正比,这个有效面积称为雷达散射截面(RCS),或称雷达反射截面。

图 1　地面的远程警戒雷达天线示意

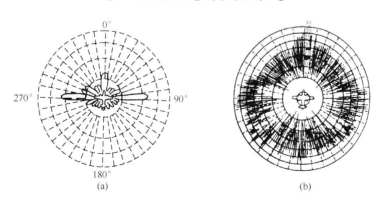

图 2　金属飞机对电磁波入射的反射

(a)波长 $\lambda = 3 \sim 5\text{m}$,(b)$\lambda = 10\text{cm}$。

1941 年 12 月 7 日日本空军突袭珍珠港,当时珍珠港只拥有一套雷达装置。7 时 02 分,两位士兵看到荧光屏上出现一群亮点,这些点子井然有序地向中心(对应瓦胡岛)移动,当时距离约为220km;7时15分,距离只有148km;7时25分,距离缩短到100km;7时39分,由于距离太近,雷达显示器上已看不到飞机了;7时55分,瓦胡岛上的美国飞机全部被炸毁,因为士兵的报告未引起上级的重视。……雷达显示器的任务是把目标的坐标参数——斜距、方位角、高低角(或高度)显示出来[1]。根据所能显示的坐标参数的多少,区分为一维显示器、二维显示器、三维显示器三种。

现在回头看第二次世界大战爆发时的情况,德国人在电波反射的军事应用方面起步并不晚。1939年末,德国的第一种雷达已用于实战,它是米波雷达(波长2.4m)、可移动式。12月3日,22架英国轰炸机空袭,对军舰实施攻击,德国雷达测出飞机编队距当地113km。1940年夏,德国人又装备了一种分米波雷达,波束更集中,可精测来袭目标方位,并引导夜航战斗机。

雷达的研究在当时是绝密的。战后人们知道,英国走过的路也是从米波开始的。1939年英国在东南部沿海岸建立了低空搜索雷达网,由于雷达波长高达12m,在海岸耸立的天线塔尺寸大,从法国用望远镜就能看到。这种雷达误差大,有一次把来袭的整机数目多报了3倍。由于天线目标太大,易受敌方攻击。1940年8月12日,20架德国战斗机攻击雷达站,目标是4个天线塔,有一个站的天线塔及主电缆被炸断。虽然英国人早就研制了波长1.5m的米波雷达,但由于体积太大,无法装到飞机上。1940年,德国空军对英国狂轰滥炸。当务之急是在夜航战斗机上安装雷达,以侦察、拦截德国轰炸机。因此,无论如何要解决飞机拦截雷达的问题。出路只有一个:研制厘米波雷达。这样,天线尺寸才缩小,同时能产生尖锐波束。这个任务(造出厘米波雷达)于1941年完成。

第二次世界大战期间,雷达技术发展最快的是美国。1940年美国政府在麻省理工学院(MIT)成立了辐射研究所(Radiation Laboratory),这是一个不断发展声名显赫的科学机构。到1943年,美国已有30个有关雷达的计划在执行中,已研制出来并投入生产的雷达有100多种,磁控管的生产已是数以万计。武装部队提出了高达百亿美元的雷达订货,这样就逐步形成了新兴的雷达工业。到战争结束时,这一工业的规模约相当于战前美国的汽车工业。……到1945年,辐射研究所已拥有3900名雇员,在国内有工厂和实验站,在国外有分支机构。1946年夏天,各种工作结束,辐射研究所奉命复员,给大学和工业界带去了各种新的技术。但是,一部分科学家和工程师被要求留下,参加编撰《辐射研究所丛书》。在我国,习惯上称为《雷达丛书》,即Radiation Laboratory Series,它在今天仍有参考价值。

3 传统雷达的发展

相控阵雷达(Phased Array Radar,PAR)的特点是采用相控阵天线,即用许多阵元组成阵列而进行工作,但每个阵元都与一个可控移相器相接[5]。由于可改变各阵元间的相对相位,从而改变天线阵的相位分布,因而实现波束的自动化空间扫描。PAR的优点在于电子扫描远比机械扫描灵活快速(前者的变动速度竟可达微秒级),因而在国防科技方面有极大的重要性。例如防空导弹系统、反导系统、歼击机、预警机等先进武器系统,都离不开PAR。英国TRIX-SAR采用三面阵,方位角±60°,阵元数10000个;俄罗斯S-300采用四面阵,方位角±45°,阵元数12852个;如此等等。图3是一种无源相控阵雷达的框图;由于PAR分为无源(passive)、有源(active)两种,后者的组成更为复杂。

美国的"爱国者"(PATRIOT)防空导弹系统是众所周知的,它在20世纪80年代装备部

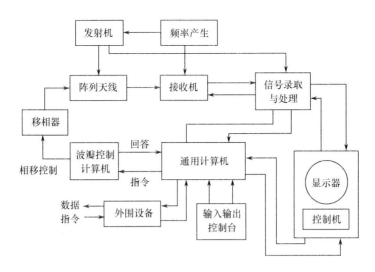

图 3　PAR 组成示例

队,后来多次击落伊拉克的"飞毛腿"导弹,故也可看作是一种反导系统。它的英文原名为
Phased Array Tracking to Intercept of Target,即"相控阵跟踪截获目标系统",取各单词的字头组
成了 PATRIOT,遂称为"爱国者"。它的相控阵雷达是 AN/MPQ – 53,能同时跟踪上百个目标,
用 8 个导弹拦截。53 型升级为 65 型之后,形成了第 4 代防空武器 PAC – 3,其最大射程达
160km,有效射程 40～80km,马赫数为 5～6,是地面机动发射(有多部发射车)。……美国海军
的宙斯盾作战系统(AEGIS combat system)也很有名,采用 AN/SPY – 1 相控阵雷达,反应速度
快(由搜索转为跟踪仅需 0.05s);这是相当先进的海上作战武器系统。

　　另一个著名的雷达系统是 THAAD,即"末段高层导弹防御系统"[5],其阵地由发射车(共
48 发拦截导弹)、相控阵天线车、电子设备车、操作控制车、冷却设备车、电源车、发电机等车辆
和设备组成(图4)。它在设计上是用于拦截高度 40～180km、射程 3500km 以上的远程(乃至
洲际)导弹。它使用相控阵雷达 AN/TPY – 2,频率在 X 波段;探测距离 200～500km——但这
是对 RCS 仅有 0.01m² 的弹头而言。对于发射场上的中远程(乃至洲际)导弹,弹头和弹体合
计 RCS 可达 10m² 以上,则探测距离为 1500～2000km。由于 AN/TPY – 2 频带宽达 2GHz,目标
识别能力很强。一套系统有 6 个发射架,每架 8 发导弹,拦截能力也强。

　　CR 的另一个突出的发展方向是 VHF 雷达,因其与厘米波雷达相比频率低得多,也称为低
频雷达。在当前的形势下,战斗机大小的隐身飞机经过优化,能够避免被较高频——如 C、X、
Ku 波段和部分 S 波段的雷达所探测。具有较大波长的低频雷达不怎么受隐身特征的影响,虽
然后者往往让较高频的雷达系统束手无策。尽管这些飞机有着较低可侦测度的造型和雷达吸
收涂层,但低频雷达的共振效应能够使其侦测到隐身飞机。

　　2016 年 6 月俄罗斯报道:强大的超视距"向日葵"雷达能够探测和追踪第五代隐身飞机或
者其他任何能够躲避侦测的战斗机。称:"向日葵"雷达和类似的雷达系统对于探测隐身战斗
机就像探测第二次世界大战时期的飞机那么容易。……低频雷达的最大问题在于,那些让低
频雷达能够探测隐身战斗机的特征,也使得它无法非常精确地侦测隐身战斗机。早期低频雷
达可以把目标的位置定位在 1 万英尺(约 3048m)内——其精确度不足以实现导弹追踪。因
此,俄罗斯的宣传可能言过其实。美国人认为像"向日葵"这样的低频雷达只能充当预警系
统。它们所能做的就是提醒防空人员某个区域内可能存在隐身飞机。

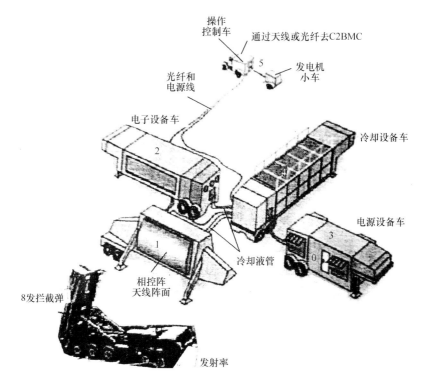

操作控制车

通过天线或光纤去C2BMC

发电机小车

光纤和电源线

电子设备车

冷却设备车

电源设备车

冷却液管

相控阵天线阵面

8发拦截弹

发射率

图 4   THAAD 系统阵地组成示意

现在看中国的进展。在 2016 年珠海航展上,中国电子科技集团第十四研究所展示了多种防空雷达,例如工作在 VHF 波段的大型雷达 JY - 27A,就应能发现像美国 F - 22 和 F - 35 这样的隐身飞机。当然,由于频率相对较低($f<1$GHz),雷达系统体积庞大;这个弱点需设法弥补,例如做成可移动式的。CR 还有一个发展方向是海基 X 波段雷达,它能追踪洲际弹道导弹,美国已在夏威夷部署,说是监防朝鲜。

4   传统雷达与对电磁波隐身[6,7]

对雷达波隐身技术(On Radar - wave Stealth Techniques)与雷达反隐身技术(Radar Anti - Stealth Techniques)是一对矛盾。当然,绝对隐身是不可能的;军用飞机的设计,只是力求把自身被发现的几率降到最低限度。

雷达散射截面用符号 σ 表示,单位是 m^2。当雷达向空中发出波束,并在距离 r 处遇到目标;入射能量将向不同方向散射,包括向来波方向(雷达方向)散射,这部分能量称为背向散射。目标所在处入射波功率为 P_0 时,该处的单位面积上的功率即为 $P_0/4\pi r^2$。设背向散射功率为 P_s(s 代表 scattering),则目标向雷达方向反射回来的立体角内的功率为 $P_s/4\pi$。定义 RCS 为

$$\sigma = 4\pi \frac{P_s/4\pi}{P_0/4\pi r^2}$$

则有

$$\sigma = 4\pi r^2 \frac{P_s}{P_0} \tag{1}$$

若按平面波(远场关系)考虑,$P_s = |E_s|^2/Z_{00}$,$P_0 = |E_0|^2/Z_{00}$(E_s 为散射场强,E_0 为入射场强,

超光速物理问题研究

Z_{00} 为真空中波阻抗);则有

$$\sigma = 4\pi r^2 \left| \frac{E_s}{E_0} \right|^2 \tag{2}$$

应当注意,σ 是衡量目标反射能力的尺度,是目标自身的技术参数。目标的几何尺寸越大,则 σ 越大;但其相互关系很难确定。σ 代表目标的雷达可检测性。σ 越小,被雷达发现的可能性越小。作为实例,我们指出一辆卡车的 RCS 可达 200m^2,而一架 B - 52 轰炸机的迎面 RCS 约 100m^2。B - 52 飞机的体型比卡车大许多倍,其 σ 值却只有后者的 1/2。这是因为卡车有许多反射微波的锐缘和角,甚至会因谐振现象而造成反射波场强大于入射波场强,即反射系数模大于1。

如何确定各种结构的 RCS 值,已成为计算电磁学的一项重要课题。例如,矩量法可将表面感应场的积分方程简化成一组齐次线性方程;对数值矩阵进行逆运算,就可求出感应场的解。积分后,可求出远区散射场。

对飞机而言,机头处的进气道是 RCS 很大的凹形结构;机翼前沿的散射作用也很突出;机尾处的喷气口也有很大的 RCS。B - 52 飞机的四台大发动机都吊装在机翼下,对电磁波有较大的散射截面。B - 1 轰炸机把发动机靠近机身安装,这一改进使 RCS 降到 10m^2。设计人员对 B - 1 轰炸机再次改进(去掉尖锐凸出物,改变进气口形状),使 B1 - B 轰炸机的 RCS 降到 1m^2。这是不小的进步,但这样的飞机还不能称为隐身的,只能称为准隐身飞机。B - 2 型轰炸机又做了改进,但仍难于完全避开探测;故美国于 2016 年报道,空军已在设计"全隐身"的 B - 21 轰炸机。

在 CR 技术中,目标离探测雷达越近,雷达回波的能量越大。因此,产生了"雷达对飞机的可发现距离"的概念。设可发现距离为 R,则有

$$R = k\sigma^{0.25} \tag{3}$$

因此,即使 σ 降低两个数量级,R 也只降低约 70%。这证明对 σ 的抑制必须是高水平的,否则效果不显著。

此外,同一目标的 RCS 并非简单地用一个数据即可表达,正确的做法应当是给出 σ 值的范围。这是因为 σ 与雷达波的照射角度有关,且与来波的极化情况、波长、信号性质等因素有关。就是说,σ 值并非对一架飞机是个恒量,而是随机变量;这种情况增大了复杂性。

当然,现代飞机并非全金属化结构,而是大量使用吸波材料,以期降低 σ 值;这也要在计算中考虑。雷达吸波材料(Radar Absorption Materials,RAM)是一种对入射雷达波呈损耗性质的材料,吸收效果是入射角的函数。假定在法向垂直入射,那么,吸波材料加衬到飞行器表面的情况如图 5(a) 所示,图 5(b) 是本文作者提出的等效电路;有耗传输线线段的衰减常数 α 是对来波的吸收的体现,而其特征阻抗 Z_0 则尽量要与真空波阻抗 Z_{00} 接近,即要求

$$Z_0 \approx Z_{00} = \sqrt{\frac{\mu_0}{\varepsilon_0}} = 376.62(\Omega) \tag{4}$$

如式(4)满足,则可以消除吸波材料与空气界面产生的反射。图 5(b) 是用终端短路的有耗线模拟一个吸波材料层,这是因为该绝缘材料覆盖在金属上。对于这样的等效电路,当线长 $l = \lambda/4$ 时,输入阻抗为无限大;因而,实际上也有"谐振型吸波材料"的说法。然而,一般是按照吸波层厚度 $d < \pi/4$ 来考虑的,即取

$$d = (0.1 \sim 0.25)\lambda \tag{5}$$

可见,采用 RAM 的隐身技术主要对微波适用。对于波长更长的波段(如 VHF/UHF),所需吸

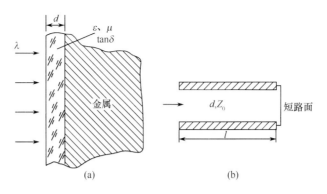

图 5 飞行器表面加衬吸波材料的情形

波层厚度过大,带来的机械重力负荷过大而不能允许。

　　从以上分析也可看出,如何使吸波材料在宽频段内发挥作用是一个复杂问题。必须考虑到材料的 ε、μ 值也是频率的函数,更加增大了问题的复杂性。……此外,还有非镜面反射型电磁波,例如沿飞行器表面绕射的爬行波(creeping waves),同样可用 RAM 来抑制。

　　实际上,隐身飞机的研制要在外形设计上创新。飞机外形设计的传统思想是流线型,这是由空气动力学试验所提出的要求。F-117 战斗机的设计思想却打破了传统,它使各个表面都对来波的入射方向倾斜,即偏离法向;而所有线条前掠或后掠角都互相平行。结果,每个平板单元只在其法向附近的窄范围内产生强反射(镜面后向散射),从而形成了许多偏离入射方向的小主瓣,整个飞机的 RCS 就由它们组成。传播路径的不同使各反射信号具有不同的振幅、相位,并随飞行器的位置改变;结果,雷达跟踪的视在中心并非目标的质心,造成难以探测的事实。

　　在美国空军的武库中,现在主要依靠 F-22 和 F-35 战斗机,它们均为隐身飞机;但为了解隐身设计原理,还要从 F-117 战斗机开始。它的设计是由电子工程师(而非空气动力学家)起主要作用,其基本思想是,把一架飞机分解为几千个平面三角形,把它们对雷达回波的影响叠加,就得到 RCS 值的总和。因此,初始设计是一架全部由平面三角形组成的飞机。若波长远小于飞机尺寸,可按几何光学看成是各个反射波的叠加,并使反射信号互相抵销。在理论上,这与模拟散射体形状的三角形表面片状模型相对应。1976 年开始研制两架 F-117 战斗机样机;1977 年 12 月 1 日试飞;1983 年首架交付美国空军使用。F-117 战斗机在 1986 年定型生产,它具有多面体钻石形状的外形。整个设计由看来是四个三角体构成(图 6);俯视时,像是印第安人所用的箭镞。总之,它向四个方向伸出斜角。

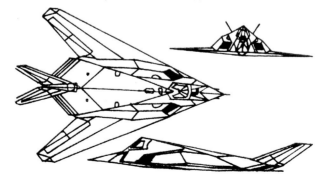

图 6 F-117 型隐身飞机的投影图

F－117 战斗机设计的措施不仅限于外形。例如,座舱盖框架、起落架舱门、弹舱门边缘、机身后部边缘均设计成锯齿形。鉴于飞机是在空中不断移动的,而地面雷达站固定不动;设计上要求把反射集中到几个窄扇面中。这样,雷达收到强散射的机会减少很多。因此,F－117 战斗机的机翼和尾翼的前缘、后缘尽量互相平行。此外,考虑到雷达波垂直入射到表面时反射最大,如倾斜 30° 入射则背向散射只有上述的千分之一(减弱 30dB),故把垂尾设计为倾斜的。至于尾喷口,则设计为长方形的。为了保证隐形功能,F－117 战斗机没有加力燃烧室——这使它要求较长的跑道,长度几乎相当于一架满载的 B727 飞机。

电学上也采取了措施。首先,F－117 战斗机在各种前缘、边界部位、进气道内都有 RAM 涂层。三角形驾驶舱是不透明的,涂有吸波材料的玻璃对减小 RCS 做出了贡献。其次,在截止波导理论与截止衰减器技术中,有一种装置称为金属栅格过滤器,也称为法拉第屏(Faraday screen)或滤波屏,其实质是对波导中不希望有的波提供大衰减。仿此,F－117 战斗机的两侧进气道设有金属栅网,间隙 15mm,能阻拦波长 10cm 上的电磁波。

采取了这么多措施,效果怎样呢? 在早期,把一个长 3m 的木质模型放入电磁兼容实验室,发现其隐身性能远远优于别的机型,与计算十分吻合。然后在野外的雷达实验场进行研究,把模型放在高 3.7m 的柱子上。当雷达天线离开它 460m 时,控制室内荧屏上的亮点消失了。这时恰巧有一只乌鸦落到模型上,于是荧屏上又有了信号。这说明钻石形设计的飞机模型能逃过雷达的探测,而一只小鸟却逃不过。实际生产的 F－117 战斗机,$\sigma = 0.001 \sim 0.01\text{m}^2$,在雷达屏上只相当于一只小鸟的 RCS 值。

5 RCS 分析理论[6-8]

计算雷达探测距离的雷达方程为

$$R = \lfloor PG^2\lambda^2\sigma/(4\pi)^3 P_{min}\rfloor^{1/4} \tag{6}$$

式中:P 为发射功率;λ 为波长;G 为天线增益;σ 为目标散射截面;P_{min} 为接收信号最小电平。

式(6)表明雷达的最大探测距离与 $\sigma^{1/4}$ 成正比,即 σ 越小探测越困难。

根据式(2),RCS 分析的根本点在于计算在给定入射波场强($|E_0|$)时所产生的散射场强($|E_s|$);在电磁理论发展史上,Stratton－Chu 电磁场方程是把矢量 Green 定理与 Maxwell 方程相结合后而出现的,是与 Maxwell 电磁理论同义的电磁场方程,在这里总场是入射场与散射场之和,即

$$E = E_i + E_s \tag{7}$$

$$H = H_i + H_s \tag{8}$$

无源时的 E_s、H_s 可由下式求出,即

$$E_s = \oint_s[j\omega\mu(i_n \times H)\psi + (i_n \times E) \times \nabla\psi + (i_n \cdot E)\ \nabla\psi]ds \tag{9}$$

$$H_s = -\oint_s[j\omega\varepsilon(i_n \times E)\psi - (i_n \times H) \times \nabla\psi - (i_n \cdot H)\ \nabla\psi]ds \tag{10}$$

式中:ψ 为自由空间 Green 函数,与 Huygens 子波源等效,即代表一个标量球面波,且有

$$\psi = \frac{1}{4\pi R}e^{jkR} \tag{11}$$

其梯度是矢量球面波,即

$$\nabla\psi = \frac{1+jkR}{4\pi R^2}e^{jkR}\boldsymbol{R} \tag{12}$$

在近区($kR \ll 1$),$\nabla\psi \propto R^{-2}$;在远区($kR \gg 1$),$\nabla\psi \propto R^{-1}$。

在理想导体条件下,积分方程可简化,这是由于切向电场分量为0,故有

$$\boldsymbol{E}_s = \int_s [j\omega\mu(\boldsymbol{i}_n \times \boldsymbol{H})\psi + (\boldsymbol{i}_n \cdot \boldsymbol{E})\ \nabla\psi]ds \tag{13}$$

$$\boldsymbol{H}_s = \int_s (\boldsymbol{i}_n \times \boldsymbol{H}) \times \nabla\psi ds \tag{14}$$

以上各式中:$\boldsymbol{i}_n$ 均为表面法向单位矢量。

但散射场计算实际上是求电流源函数的远区场,故积分方程采取更方便的表达式:

$$\boldsymbol{E}_s = \int_s [j\omega\mu\boldsymbol{J}\psi + \frac{\rho}{\varepsilon}\ \nabla\psi]ds \tag{15}$$

$$\boldsymbol{H}_s = \int_s \boldsymbol{J} \times \nabla\psi ds \tag{16}$$

这不仅形式上更简洁,物理意义也更清晰,即电流密度 $\boldsymbol{J}$ 和电荷密度 ρ 是引发散射电场的原因,电流密度 $\boldsymbol{J}$ 是引发散射磁场的唯一原因。在远场条件下,使用 ψ、$\nabla\psi$ 表达式,可写作

$$\boldsymbol{E}_s = \frac{j\omega\mu}{4\pi R}e^{jkR}\int_s [\boldsymbol{J} - (\boldsymbol{J} \cdot \boldsymbol{R})\boldsymbol{R}]e^{-jkr}ds \tag{17}$$

$$\boldsymbol{H}_s = \frac{j\omega\varepsilon}{4\pi R}e^{jkR}\int_s \sqrt{\frac{\mu}{\varepsilon}}(\boldsymbol{J} \times \boldsymbol{R})e^{-jkr}ds \tag{18}$$

式中:R 为源到场点距离;r 为待研究表面的坐标。

现有理论似乎认为由此出发可计算出散射场,然后可得到 RCS。……不过,以上所述仅为出发点,针对具体结构的求解任务将十分困难。总之积分方程法的实施方法是,先用矩量法把积分方程转化为矩阵方程,由此解出物体表面的感应电流,进而计算散射场。此法是一种数值解法,较适用于频率不太高的情况。

另一个例子是几何光学法;我们知道波长变短总意味着能量的集中,科学直觉告诉我们必将如此。因此,对于频率很高的情况,光学射线的定律就成为 Maxwell 方程的代表,或者说几何光学反映 $\lambda \to 0$ 的极限状况,能量传播遵循光射线的路径。这时光和电磁波有更好的对应等效关系,极高频率是必要条件。如果追踪一条射线,就可找出场强。因此可以说,几何光学法会引起人们很大的研究兴趣。

法国数学家 P. Fermat(1601—1665)在 1657 年和 1665 年曾证明:"光线总以费时最少的路径行进",这称为 Fermat 原理;Schrödinger 称之为波科学理论的精华。1933 年 Schrödinger 在 Nobel 颁奖典礼上的演说题为"波动力学的基本思想"[6],他指出:当光线穿过大气层射向地面,越近地面(由于空气密度越大)光线传播越慢,故走的不是直线而是曲线。这样的走法虽然路径加长却费时较少。故大自然的本能是使光线以最快(费时最少)的方式到达终点。取空气折射率为 n,则有

$$n = \frac{c}{v} \tag{19}$$

式中:c 为真空中光速;v 为光线在媒质(空气)中的速度。

现在媒质不均匀(高度不同时密度不同),故 $n = n(x,y,z)$,$v = v(x,y,z)$;设光沿曲线轨迹

$[x(r), y(r), z(r)]$ 运动,当它由点 1 到达点 2,需要的时间为

$$dt = \int_{r_1}^{r_2} \frac{ds}{v} = \int_{r_1}^{r_2} \frac{n}{c} ds \qquad (20)$$

式中:ds 为轨迹的线元。

故有

$$dt = \frac{1}{c} \int_{r_1}^{r_2} n(x, y, z) \sqrt{x^2 + y^2 + z^2} dr \qquad (21)$$

为了方便改 dt 为符号 T;Fermat 原理说,光线由 1 到 2 必走使 T 极小的路径,其证明是由变分法。设 T 为泛函,其变分为 δT,则 Fermat 最小光程原理可用下式表示:

$$\delta T = \delta \int_{r_1}^{r_2} n ds = 0 \qquad (22)$$

可以证明 Fermat 原理与光学中的 Snell 定律(关于折射、反射的定律)一致。

用几何光学法计算目标 RCS 的工作相当繁复,这里所说只是表明在高频电磁场和光学条件下的射线轨迹是可以被确定的。……Schrödinger 曾指出,到 20 世纪时 Fermat 原理的局限性已日益显露:它不能精确地研究波动过程,也不能用来研究尺寸非常小的原子系统。

复杂形状物体的 RCS 计算是非常困难的。首先要区别求解性质是高频的还是低频的?对高频问题,常用物理光学法,并辅以物理绕射法和几何绕射法。低频问题一般用数值方法,包括矩量法、有限元法等。Siegel 等人提出的散射中心概念是散射理论中最有用的工具。它提供的物理模型使散射过程形象化,并能说明波瓣结构,从而可以分析和解释关于 RCS 的实验数据;还讨论了表面行波影响等问题。

另外,在 1991 年至 1993 年,黄志洵曾对金属壁圆波导内敷电介质层的结构展开研究,取得一系列理论成果,对金属飞行器降低 RCS 亦有助益。由于叙述起来冗烦,此处从略(可看本书附录 C)。

6 从传统雷达到量子雷达

在基础的物理学中,传统的(经典的)理论发展为现代的(量子的)理论,其必然性来自人类的认识水平从宏观世界深入到微观世界,QM 的出现满足了这一要求。在技术层面,传统的(经典的)雷达发展为现代的(量子的)雷达,其必然性来自 CR 技术的固有弱点以及引进 QR 概念后克服这些弱点的可能。文献[4]的写作时间是 2011 年,我们先看在这之前有哪些重要的进展。

首先是 QR 发展的原因和背景;根本点当然是由于量子物理学的进步促成了量子信息学(QIT)的诞生。2016 年,黄志洵[9] 曾论述"以量子非局域性为基础的超光速通信",深入分析了量子纠缠态(Quantum Entangled States, QES)理论的建立过程及其对人类思维的巨大影响;指出,1935 年的 EPR 论文是从反面推动了 QM 的发展,当时 Einstein 根据自己对自然的理解提出了 EPR 论文,该文的局域性原则对应他的狭义相对论(SR),文章坚持以超光速传送能量和信息的不可能性,否定体系分开为两个(Ⅰ 和 Ⅱ)之后会有一种超距作用的机制。1951 年 D. Bohm 对 EPR 思维实验做了现代物理意义的陈述,称为 Bohm 自旋相关方案或自旋双值粒子系统,实际上启动了量子纠缠态研究,对 EPR 思维是一种推进。在此基础上。1965 年,J. Bell 提出了后来称为 Bell 不等式的隐变量理论;而在 1981—1982 年 A. Aspect 做了多个精确实验,结果与 Bell 不等式不符,却与 QM 一致;Aspect 实验在科学界引起震动。J. Bell 于 1990 年去世,但他建立了不朽的功绩,Bell 不等式成为科学史上最伟大的发现之一。几十年来 Bell

型实验长盛不衰,双粒子奇异纠缠的距离从最早的 15m 多年后增大为 144kin,十分惊人。特别是在 2008 年,D. Salart 等用处于纠缠态的相距 18km 的两个光子完成的实验证明其相互作用的速度比光速大 1 万倍以上,为 $(10^4 \sim 10^7)c$;可以说此实验对有关 EPR 的长期争论做了结论——Einstein 错了!

量子通信主要是指信息的量子化空间无线传输,把这方面的思想加以扩展就出现了量子雷达的概念,因为雷达本来就是向可能存在的目标发送电磁波并接收回波再做分析从而辨识目标的过程。当然提出量子雷达的思想是了不起的创新,而且这体现了基础科学的进步必然会推动应用科学和应用技术的发展。这是一个既重要又新颖的研究方向,直接和国防建设相联系,在中国也开始受到重视[10,11]。

在宏大的理论进步背景下,人们不仅提出建议"要研究制造 QR 样机"的可能性,而且开始思索能否把 QES 概念引入到 QR 中来。2008 年,S. Lloyd[12] 提出了量子照射雷达——用纠缠光子对中的一个光子发射出去做目标探查,另一个光子保存在接收机中;如信号光子被反射,由纠缠相关测量检出目标信息。2009 年,J. Smith[13] 提出量子纠缠雷达理论(theory of quantum entangled radar),又认为工作于 9GHz 的量子雷达能提高目标探测能力。2013 年,E. Lopaeva 等[14] 在实验中最先实现了量子照射雷达,验证了 Lloyd 的理论;等等。把 QES 思想引入到雷达设计中来,这是 CR 技术中从未有过的!不管怎样,量子纠缠雷达(QER)的新概念就此诞生,开辟了雷达发展的新纪元。关于这样做的效果,如提高雷达灵敏度和分辨率,改善成像能力,甚至可以更好地辨识隐身飞机。现在各种说法很多,但笔者尚未看到数理分析(证明必然如此),在这里不做评论。

发展 QR 还要解决另一大问题是选择工作频段。众所周知,光子能量和光子动质量分别为[15]

$$E = hf = \frac{hc}{\lambda} \tag{23}$$

$$m = \frac{hf}{c^2} \tag{24}$$

因此对微波 $(f = 3 \times 10^8 \sim 3 \times 10^{12} Hz, \lambda = 10^3 \sim 10^{-1} mm)$ 而言,$E = (1.2 \times 10^{-6} \sim 1.2 \times 10^{-2})$ eV,$m = (2.2 \times 10^{-39} \sim 2.2 \times 10^{-32})g$;这种情况虽不能说"微波光子"(microwave photons)概念不能成立,但它的能量和动质量实在是太小了!因此在微波要发展能处理光子的技术实在困难。再看可见光 $(f = 4 \times 10^{14} \sim 7.5 \times 10^{14} Hz, \lambda = 7.6 \times 10^{-4} \sim 4 \times 10^{-4} mm)$,计算得到 $E = (1.6 \sim 3)eV$,$m = (2.9 \times 10^{-33} \sim 5.4 \times 10^{-33})g$;虽然单个光子的能量、动质量仍然微小,但比之于微波就大了许多。可以想见,在光波频段更易于掌握和运用处理光子的技术。

但是,CR 一向是以微波为主的,即分米波、厘米波、毫米波。对于可见光频段,虽也有激光雷达(LADER),毕竟不是主流。因为在光频发射的波束受气候(包括云、雾等)影响太大,我们没有听说过可以探测几百千米甚至几千千米的激光雷达。因此,希望能在微波发展 QR 技术,但这真是谈何容易!好在已有了一些初步的工作;2005 年 C. Emary[16] 提出一个方案,可以利用量子点产生纠缠;2009 年 G. Romero 等[17,18] 提出了多个微波单光子探测的理论模型。因此,正是在 2005—2009 年实现了在两个基本问题上的起跑——把 QES 用于 QR 设计和开始探求在微波实现 QR 的方案。可以说,只有实现了这两者的成果,才是真正成功的量子雷达。

我们这样讲并非贬低激光雷达,关于 LADER 可参看文献[19]。据报道,激光雷达能够利用可以穿透地表植被的激光对地面进行扫描,并通过二维或者三维图像详细描述重大考古发现。……因此,QR 也将有两个体系——激光量子雷达(LQR)和微波量子雷达(MQR),这一点也是非常明显的。

7 量子雷达定义和分类

我们认为对 QR 应有一个严格定义——向目标发射较少光子并做探测的雷达称为量子雷达。因此,如果仍然发送和 CR 相同的强大电磁波,只是在接收时用量子技术改善性能,严格说来并不是真正的量子雷达。图 7 是使用纠缠光子的 QR,首先要生成一个纠缠光子对,光子中的一个射向目标,另一个留在雷达系统中作为备份。发射出去的光子经目标反射,被雷达所接收;利用纠缠态所包含的相关性,提高系统探测性能。在这里,反射光子在接收机中与留在机内的光子之间做符合测量,从而提高了系统的特性,据说雷达的分辨率和探测距离都会有较大提高。有一种看法认为,只有使用纠缠光子的技术才能允分保证量子雷达的优越性;对此笔者体会尚浅,有待了解更多的严格的(数理的)证明。据说 S. Lloyd[12]、J. Smith[13] 证明了可以提高分辨率,而关于探测距离提高及量子旁瓣提供了探测隐身目标的新方法,见 2010 年 M. Lanzagorta[20] 的论文。实际上,Smith 的论文还论证了在微波($f=9\text{GHz}$)可以提高 QR 的探测能力。

QR 用双光子工作,但发射上天(飞向目标)的仍是单光子;故仍然保有单光子 QR 的特征,当然也有单光子 QR 的一切困难。对此,应当有足够的估计。

QR 可以分为三个类型:

类型 I——改变传统的电磁波发射,采用单光子发射和检测技术。为了避免产生单光子的困难,可把工作频段设置在可见光频域,而非微波。从原理上讲,这种雷达肯定是量子的,而非传统的。但是,尽管当前单光子实验技术有很大发展[15],要把这种非纠缠的光子作为信号光子射向目标而不丢失,而且目标能把它反射回来让接收机接收到,并从反射的单光子脉冲的情况分析出目标的信息,这一切是太难了!

图 7　使用纠缠光子的量子雷达示意

类型 II——干涉量子雷达(Interferometric Quantum Radar, IQR),这是采用纠缠的 QR,把 QR 看作量子干涉仪,即以 Mach – Zehnder 干涉仪原理为基础。对目标采用高度纠缠的量子态以做测量,据说可大大提高灵敏度,测量相位差可突破量子标准极限而达到 Heisenberg 极限。

类型 III——量子照射雷达(Quantum Illumination Radar, QIR),这是采用纠缠态 QR 的主要类型,它由 S. Lloyd[12] 提出,而在 2013 年由 E. Lopaeva 等[14] 用实验实现。这是在微波运作的方案,只要信号光子被反射,由于另一个纠缠光子保存在接收机中,就可以通过纠缠态的相关测量而检测出目标信息,而且信噪比较高(可以减弱噪声影响)。

在以上三种 QR 中,从研究情况看,似乎类型 III 最重要。2015 年,S. Barzanjeh[21] 的论文也是在这方面的。值得注意的是,M. Lanzagorta[4] 在其著作中详细讨论了量子照明的已有理论成果,指出:只有在信噪比较低时,纠缠光子比单光子脉冲更有优势。此外,量子照明对系统灵敏度的提高是遵循指数规律的。类型 III 是必须使用纠缠态的方案;但目前似未到实用阶段,而且纠缠态测量困难太大,很难做出成果。

必须指出,设计 QR 的一个关键问题是采用单光子发射还是采用多光子发射。另一个关键问题是运用纠缠态还是不运用纠缠态。对于后一个问题,复杂之处在于它又可能有两种情况:只有两个光子的相互纠缠和两个(多光子)电磁波之间的相互纠缠。2016 年黄志洵[9]从 EPR 论文出发对双光子纠缠做了较多分析,但其中并无与"纠缠电磁波"有关的内容——这方面的任何进步大概都应归因于 QR 技术发展对理论研究的推动。

8 量子照明的基本理论和实验实现

前已述及量子照射或量子照明(quantum illumination)的困难。众所周知,损耗和噪声大大降低了使用量子光的优势,在科学界的普遍观点是:纠缠态和量子态的优点在实际环境中几乎不适用,它将仅限于在实验室中的实验和学术讨论,甚至仅仅是学术讨论。2013 年一个意大利科学团队打破了这种观念,E. Lopaeva 等[14]报道了针对参考文献[S. Lloyd, Science 321, 1463(2008);S. Tan et al., Phys. Rev. Lett. 101,253601(2008)]中提出的量子照明的首次实验实现,这次实验采用基于光子数相关的简单可行的实验方案。研究结果的一个主要成就是量子协议(quantum protocol)对噪声和损耗的强鲁棒性(robustness)的证明,这是对一些关于量子技术知识的挑战。

量子态的性质已揭示了实现超越经典极限的可能性,产生了统称为量子技术的新领域。其中,量子计量和成像用于提高利用非经典特性进行的测量的灵敏度和/或分辨率,特别是其中利用非经典的相关性所进行的测量的灵敏度和/或分辨率。然而在大多数现实情况中,损耗和噪声会抵消量子策略的优势。这是提出量子增强方案的第一个实验实现,实验设计在嘈杂的环境中作目标检测,并且保持超越经典方案的强大优势,甚至是在存在大量的噪声和损耗的环境下。这项工作通过双光束中只利用光子数相关性而实现,并且由于方法的易实现性,能够被广泛使用。

目标检测方案的灵感来自"量子照明"(QI)的思想,其中非经典光学状态的二分光的两个光束之间的相关性用于检测隐藏在噪声热背景中的目标,它是光束中一个部分反射光束。对于通过双光束实现的量子照明,类似于通过参数下变换产生的量子照明,在原理上存在相对于任何经典策略提供显著的性能增益的最优接收策略。不幸的是,这个量子最优接收机尚未设计,甚至对于次优量子接收机的理论方案从实验的角度来看是非常具有挑战性的,并且没有实现。

提出的目标是让量子照明理论在现实的场景下进行实验演示。因此在实现过程中考虑现实的先验未知背景,以及基于光子计数检测和二阶相关测量的接收策略。结果证明了量子协议的执行惊人地优于基于在任何背景噪声水平的经典相关光协议。

具体来讲,利用参量下转换(PDC)产生两个在每个时空模式下的平均 PDC 光子数 $\mu = 0.075$ 的相关光,然后入射到高量子效率 CCD 照相机。在 QI 协议中,一个光束被直接检测,而目标对象(一个 50:50 分束器)被设置在另一个光束的路径上,在另一个光束的路径上光束叠加在一个由激光器产生通过 Arecchi 转动的磨砂玻璃的具有热背景的光束上。当对象被移除时,只有背景光到达检测器,CCD 摄像机在不同区域检测两个光路。TWB 被经典相干光替换,这个经典相干光通过分裂一个 PDC 的单臂获得,即一个多光束,并通过调整泵浦强度以确保量子源和经典源具有相同的强度、时间和空间相干性。

测量了由分别截取波束"1"和"2"的相关模式的像素对而检测的光子数 N_1 和 N_2 的相关性。利用实验设置,可以通过在所有 N_{pix} 个像素对上取平均值来评估一个个图像的相关性。虽然空间统计的使用不是严格必要的,但实际上它是有效的,并且允许减少测量时间(少于图

超光速物理问题研究

像所需要的时间）。

为了量化我们的量子照明策略利用的量子资源，引入了一个恰当的非经典参数，即一般化 Cauchy – Schwarz 参数 ε；对于经典状态的光 $\varepsilon \leqslant 1$。考虑先验未知背景，意味着不可能建立光子数的参考阈值（通常是背景的平均值）与来自反射探测光束的可能的附加平均光子数进行比较（目标对象存在的条件下）。因此，光数分布的一阶（平均值）的估算，典型的其他协议，在这里不是关于对象的存在/不存在的信息。这个未知背景假设说明了一个"现实"的情景，背景属性可以随时间和空间随机的改变和漂移。为此提出通过区分协方差的两个对应值来区分目标对象的存在/不存在，通过实验估算为

$$\Delta_{12} = E[N_1 N_2] - E[N_1] E[N_2] \tag{25}$$

式中

$$E[x] = \frac{1}{K} \sum_{k=1}^{K} x^k \tag{26}$$

它表示在实验中对应于 $K = N_{\mathrm{pix}}$ 个相关像素对的 K 个实现集合的平均值。

信噪比可以定义为平均"对比度"与其标准偏差（平均波动）的比率，即

$$f_{\mathrm{SNR}} = \frac{|\langle \Delta_{12}^{\mathrm{in}} - \Delta_{12}^{\mathrm{out}} \rangle|}{\sqrt{\langle \delta^2(\Delta_{12}^{\mathrm{in}}) \rangle + \langle \delta^2(\Delta_{12}^{\mathrm{out}}) \rangle}} \tag{27}$$

式中："in"、"out"分别表示目标对象的存在和不存在。

对于 $K \gg 1$，式（27）的分子处的"对比度"对应于协方差的量子期望值，即 $\langle \Delta_{12}^{\mathrm{in}} \rangle \approx \langle \delta N_1 \delta N_2 \rangle$，其中显然 $\langle \Delta_{12}^{\mathrm{out}} \rangle = 0$。对于具有均方波动的通用突出背景，分母上的"噪声"仅取决于波束 1 和不相关背景的局部统计特性，即 $\langle \delta^2 \Delta_{12} \rangle \approx \langle \delta^2 N_1 \rangle \langle \delta^2 N_b \rangle$。式（25）的估算协方差与我们的实验中使用热背景的强度的关系，如所预期的，协方差的平均值不仅取决于环境噪声的量，还取决于不确定性条件。

虽然对于 QI 和 CI 的信噪比不可避免地随着增加的噪声而减小，但是在存在主背景和相等的本地资源的情况下的量子增强参数 $R = f_{\mathrm{SNR}}^{\mathrm{QI}} / f_{\mathrm{SNR}}^{\mathrm{CI}}$ 变为

$$R = \frac{\langle \delta N_1 \delta N_2 \rangle_{\mathrm{QI}}}{\langle \delta N_1 \delta N_2 \rangle_{\mathrm{CI}}} \tag{28}$$

式中：R 为协方差的比率，与物体的损耗、噪声和反射率无关。

实验中，将 TWB 的性能与具有 $\varepsilon_0^{\mathrm{CI}} = 1$ 的经典相关状态进行比较（故表示最佳可能的经典策略），即使用一个具有与 TWB 的相同局部行为的分裂热光束。在这种情况下，可以明确地计算增强得到 $R \approx (1 + \mu)/\mu$，因此当 $\mu \ll 1$ 时，即当使用低强度探针时，量子策略执行的数量级比经典模拟得更好。

文章中的理论预测与实验数据进行比较，二者完全一致。不论 $<N_b>$ 的值为多少，量子增强几乎恒定（$R > 10$）。因此，测量时间即用于辨别目标的存在/不存在所需的重复的 N_{img} 数，在 QI 中急剧降低（例如，为了实现 $f_{\mathrm{SNR}} = 1$，当使用量子相关时，N_{img} 几乎为原来 1/100）。

强调量子策略相对于经典策略的优势的另一个品质因数是在鉴别目标的存在/不存在的误差率 P_{err}。给出了不同热背景 $<N_b>$ 的光子数的 P_{err}。估计 P_{err} 确定协方差的阈值，使误差几率本身最小，显示了对于 QI 和 CI 策略的理论预测（线）和实验数据（符号）之间的显著的一致性。QI 的 P_{err} 比 CI 的 P_{err} 低几个数量级，并且就背景光子而言，N_b 的值至少是在 QI 情况下的 1/10 时，才能达到相同的误差率。

总之，论文演示了在热辐射背景中检测目标的实验量子增强。系统显示量子相关性 ε

$\gg 1$）的存在而转变到经典方式（$\varepsilon^{QI} \ll 1$）之后，该方案相对于基于经典相关热束的最佳经典对应物保持相同的强优势。此外，结果具有一般性，并且不依赖于在实验中使用背景的具体性质。

因此，到 2013 年关于"损耗和噪声使量子纠缠态无法实用"的观点已被打破。意大利团队的研究显示：与 CI 协议相比可有数量级的改进，独立于使用设备的噪声和损耗。总之，认为基于光子计数的 QI 协议，由于其对噪声和损耗的鲁棒性具有巨大的潜力，大大促进了量子光在实际环境中的使用。

9 量子雷达散射截面（QRCS）

对量子雷达必定也有降低散射截面 RCS 的要求。根本的问题在于，如果 QR 的研发已可应用于实战，而一个目标（如战斗机或轰炸机）的设计对传统雷达（CR）已有很好的隐身性能（σ 值很小），那么对 QR 它是否仍然是隐身的呢？对此问题不能轻率地做出回答，需要考虑在 QR 条件下 RCS 的定义、入射波的性质、散射体的物理特性等多个方面。对此，M. Lanzagorta[4] 做了很好的总结和讨论。他指出，QR 的根本特点在于目标的入射波是一小束光子，即雷达信号是由较少的光子组成的。然而目标是大数量原子结合而成的固体物质，因此目标对来波的散射将是一个量子电动力学（QED）的动态过程。由此出发，在 QR 条件下的 RCS 研究显然会有自己的特色。

传统雷达的散射截面用 σ_c 表示（下标 c 代表 classical），量子雷达的散射截面用 σ_q 表示（下标 q 代表 quantum）。它们的定义方法相同，均为"单位立体角内目标朝接收方向散射的功率密度与该方向的入射功率密度之比"。故 σ_q 的定义式为

$$\sigma_q = \lim_{r \to \infty} 4\pi R^2 \frac{\langle \hat{I}_s(\boldsymbol{r}_s, \boldsymbol{r}_d, t) \rangle}{\langle \hat{I}_i(\boldsymbol{r}_s, t) \rangle} \tag{29}$$

式中：R 为雷达与目标的距离（过去讨论传统雷达时用 r）；下标 s 代表 scattering；$\boldsymbol{r}_s$、$\boldsymbol{r}_d$ 代表发射机、接收机的位置（单站雷达二者在一处，$\boldsymbol{r}_s = \boldsymbol{r}_d$）；$\hat{I}_s$ 为散射功率密度，$\hat{I}_i$ 为入射功率密度。

根据镜面反射的 QED 描述，设入射光子被镜面的 N 个原子所反射，接收机处测得的 $\hat{I}_s$ 为

$$\hat{I}_s(\boldsymbol{r}_s, \boldsymbol{r}_d, t) = \frac{1}{N} \left| \sum_{i=1}^{N} \psi^i(\Delta R_i, t) \right| \tag{30}$$

式中：ψ^i 为光子的波函数；ΔR_i 为从发射机到目标和从目标到接收机的干涉距离，对于单站雷达，总干涉距离为

$$\Delta R_i = 2|\boldsymbol{r}_i - \boldsymbol{r}_d| \tag{31}$$

式中：$\boldsymbol{r}_i$ 为第 i 个原子的位置。

规定 $A_\perp$ 为目标的正交投影面积（orthogonal projection area of the target），而在忽略吸收时认为雷达波与目标相互作用时保持能量守恒，即所有的入射能量均被反射，就可以导出下式：

$$A_\perp(\theta, \varphi)\langle \hat{I}_i(\boldsymbol{r}, t) \rangle \approx \lim_{R_d \to \infty} \int_0^{2\pi} \int_0^{\pi/2} \hat{I}_s(\boldsymbol{r}_s, \boldsymbol{r}_d, t) R_d^2 \sin\theta \mathrm{d}\theta \mathrm{d}\varphi \tag{32}$$

由以上讨论，σ_q 的计算公式为

$$\sigma_q \approx 4\pi A_\perp(\theta, \varphi) \cdot \lim_{r \to \infty} \left\{ \frac{1}{N} \left| \sum_{i=1}^{N} \psi^i(\Delta R_i, t) \right|^2 \right.$$

$$\times \left[\int_0^{2\pi} \int_0^{\pi/2} \frac{1}{N} \left| \sum_{i=1}^N \psi^i (\Delta R'_i, t) \right|^2 \sin\theta \mathrm{d}\theta \mathrm{d}\varphi \right]^{-1} \Bigg\}$$

这样不断推算下去,得到计算 QRCS 的理论公式[22]:

$$\sigma_q = 4\pi A_\perp (\theta, \varphi) \cdot \lim_{r \to \infty} \frac{\left| \sum\limits_{i=1}^N \mathrm{e}^{j\omega \Delta R_i/c} \right|^2}{\int_0^{2\pi} \int_0^{\pi/2} \left| \sum\limits_{i=1}^N \mathrm{e}^{j\omega \Delta R'_i/c} \right|^2 \sin\theta' \mathrm{d}\theta' \mathrm{d}\varphi'} \tag{33}$$

推导出上式时,假定激发态原子寿命为无限大($\tau = \infty$),因而 $\Gamma = \tau^{-1} = 0$。上式成为计算的基础,例如先对一块矩形金属平板的 σ_c 和 σ_q 进行计算;该平板实际上被视为镜面,忽略吸收和衍射。图 8 是一个计算结果的示例,当目标方向正对时($\theta = 0$) σ_q 为最大值。图中显示在散射角大时 σ_c 与 σ_q 不同,这是由于物理光学近似条件下再成立。

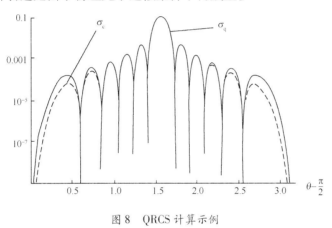

图 8   QRCS 计算示例

本节内容与国内某些仿真研究的论文有些不一致,特此说明。

10   讨论

单光子雷达中,信号光子从目标返回的几率太小,制成可实用的单光子 QR 实在太难。故过去一般认为,开始时可仍用经典方式向目标发射电磁波(高频脉冲),这与传统的雷达一样。但在接收机方面,要设法增强量子接收能力,提高探测性能,争取实现一种"单光子接收雷达"。这样的路子,在光频国外对此已取得成功(2006 年),国内也已在不久前实现。但在微波困难很大,故要开展微波量子雷达(MQR)的研究;这既包含理论工作,也有艰巨的实验工作。有一些国外文献可供参考,如文献[23]。应当承认在光频研制 QR 较易成功,因为有非常成熟的激光技术作为基础。

从文献资料看,国际上对 QR 已研究多年;香港报纸说"美国、日本、意大利早起步,中国未超越"有一定道理。但我们一直认为 QR 只是一种概念,世界上并未出现样机;因此,对有报道"美国 Rochester 大学于 2012 年研发出一种抗干扰 QR",尚未找到根据。另外,"QR 可轻易探测到隐身飞机"的说法,最早也来自 Rochester 大学。笔者查阅 Lanzagorta 的书[4],在 Preface 中他明确说:"Such in the case of quantum radar, which offers the prospect of detecting, identifying, and resolving RF stealth platforms and weapons systems."(量子雷达可观测、识别和分辨射频隐身平台和各种武器系统)。又说:"And perhaps more important, a quantum sidelobe structure offers a new channel for the detection of RF stealth targets."(而且有此可能——量子旁瓣为射频隐身目标的探测提供了一种新渠道)。……可见,QR概念从一开始就以探测隐身目标为其方向。

11 结束语

从20世纪30年代起,传统雷达发展至今已有约80年。它已应用到军事和国民经济乃至人民生活等方面,根本不是可以轻视甚至抛弃的技术。然而科学总在前进,量子物理已从书斋中走出,形成了高新量子技术发展应用的新天地,量子雷达也有了十多年研究的历史。……但是,真正的QR技术应为在微波实现的采用纠缠态的单光子雷达技术,困难之大无法形容,是对人类智慧的极大挑战。对于距离雷达站几百千米的目标,即使是量子散射,单个光子发射后回到雷达的几率非常小。因此,从概念和理论到制成QR样机,还有很长的路要走。今后的情况如何,我们拭目以待。

参考文献

[1] 保铮. 雷达指示设备[M]. 张家口:解放军通信学院出版社,1957.

[2] Eaves J, et al. Principles of modern radar[M]. New York: van Nostrand Reinhold, 1987.

[3] 袁孝康. 星载合成孔径雷达导论[M]. 北京:国防工业出版社,2003.

[4] Lanzagorta M. Quantum radar[M]. New York: Morgan and Claypool, 2012. 中译:量子雷达. 周万幸,等,译. 北京:电子工业出版社,2013.

[5] 郭衍莹. 相控阵雷达测试维修技术[M]. 北京:国防工业出版社,2013.(又见:郭衍莹. 美国在韩国拟部署"萨德"反导系统分析[J]. 地面防空武器,2016, 47(3):10 - 15.)

[6] 阮颖铮,等. 雷达截面与隐身技术[M]. 北京:国防工业出版社,1998.

[7] 黄志洵. 对电磁波隐身技术的早期发展[J]. 北京广播学院学报,1996,(1):32 - 37.

[8] 黄志洵. 波动力学的发展[J]. 中国传媒大学学报(自然科学版),2008,15(4):1 - 16.

[9] 黄志洵. 以量子非局域性为基础的超光速通信[J]. 前沿科学,2016,10(1):57 - 58.

[10] 谭宏,戴志平. 量子雷达的技术体制[J]. 现代防御技术,2013,41(3):149 - 153.

[11] 肖怀铁,等. 量子雷达及其标探测性能综述[J]. 国防科技大学学报,2014,36(6):140 - 145.

[12] Lloyd S. Enhanced sensitivity of photodetection via quantum illumination[J]. Science,2008,321(5895):1463 ~ 1465.

[13] Smith J. Quantum entangled radar theory and a correction method for the effects of the atmosphere on entanglement[J]. Proc. SPIE quant. Inform. &comput. Ⅶ confer. ,2009. DOI: 10, 1117/12. 819918.

[14] Lopaeva E,et al. Experimental realization of quantum illumination[J]. Phys Rev Lett,. 2013. 110(15):3603.

[15] 黄志洵. 论单光子研究[J]. 中国传媒大学学报(自然科学版),2009,16(2):1 - 11.

[16] Emary C,et al. Entangled microwave photons from quantum dots[J]. Phys. Rev. Lett. ,2005,95:127401.

[17] Romero G,et al. Photodetection of propagating microwaves in circuit QED[J]. Phys. Scr. ,2009, T137:014004.

[18] Romero G,et al. Microwave photon detector in circuit QED[J]. Phys. Rev. Lett. ,2009,102:173602.

[19] Sapiro J. quantum pulse compression Laser Radar[J]. Proc. SPIE, 2007,6603: 660306.

[20] Lanzagorta M. Quantum radar cross sections[J]. Proc. SPIE, Quantum Optics Conf. , 2010, DOI: 10. 1117/12. 854935.

[21] Barzanjeh S et al. Quantum illumination at the microwaves wavelengths[J]. arXiv: 1410. 4008v3[quant - ph], 16 Feb 2015.

[22] Liu K. Analysis and simulation of quantum radar cross section[J]. Chin. Phys. Lett. ,2014, 31(3): 034202, 1 - 3.

[23] Jones M, et al. Single microwaves photon detection in the micromaser[J]. arXiv: 0905. 016 6 v1[quant. ph], 1 May 2009.

注:中国航天科工集团二院203所郭衍莹研究员、中国电子科技集团39所副总工程师吴养曹研究员,给作者以帮助,谨致谢意!

量子噪声理论若干问题

黄志洵

（中国传媒大学信息工程学院，北京 100024）

【摘要】1928 年，H. Nyquist 指出随机起伏已是电子工程师必须重视的问题。然而，他的结果从未考虑过量子修正因数——Planck 函数 $p(f)$。从今天的高技术领域中的更短波长、更低温度的发展趋势看，Planck 函数在许多公式中均出现，因它是按量子力学原理推导的。本文从量子物理学的角度阐述了一些有关微波噪声理论问题的来龙去脉和一些重要公式的来由。

自旋系统的噪声来自自发发射，而在推导时还必须考虑零点能量。本文强调了噪声的量子处理的严格性。

【关键词】量子噪声；零点能；Planck 函数；自发发射噪声

Quantum Effects in Noise Theory

HUANG Zhi – Xun

（Communication University of China，Beijing 100024）

【Abstract】In 1928，H. Nyquist showed that random fluctuations were a significant problem to electronic engineers. But，the result does not give the quantum correction factor，i. e. the planck function $p(f)$. Consider the present – day new techniques，especially at small wavelength and low temperature，it may be assumed that the Planck function $p(f)$ should occur in many equations，since the derivation is based on quantum dynamic principles.

The noise in a spin system comes from the spontaneous emission，and we can take the major step in the derivation about the zero – energy. A rigorous quantum treatment of noise is in the scope of this article.

【Key words】quantum noise；zero point energy；Planck function；spontaneous emission noise

注：本文原载于《电子测量与仪器学报》，第 1 卷，第 3 期，1987 年 8 月，1 ~ 10 页。本文的发表距今已有 30 年；之所以收入本书，是应研究量子雷达的科技人员的要求（参看"从传统雷达到量子雷达"一文）。收入本书时作了少量修改。

1 引言

微波问题与量子理论是密不可分的。这是因为客观世界本质上是量子的;而在波频率已高到量子效应开始表现出来的地步。例如物理学中研究热辐射与黑体问题时经常出现的那个封闭体积,可以用一个两端用匹配负载端接的金属波导或用一个谐振腔来代表。正是用这一方法,1961 年 A. Siegman 导出了 M. Planck 于 20 世纪初导出的公式。1965 年 B. Oliver 发表了论述量子噪声的论文;1977 年大越孝敬等[1]根据量子力学中的 Schrödinger 方程论述了光纤中的漏波现象;1985 年黄志洵[2]讨论了波导截止现象的量子类比;1985 年梁昌洪指出,在近年来所发展的电磁场计算的数值方法中,不论有限元法、矩量法,其基本过程都是把研究对象离散化,然后化成矩阵问题解决;这说明以"客观世界是离散的、量子的"这一观点作为研究的出发点,越来越值得注意。

微波噪声理论不仅在电子学中重要,而且联系着物理学、射电天文学的发展和人类对宇宙的认识。A. A. Penzias 和 R. W. Wilson 正是在用喇叭天线测量银晕气体的射电强度时,发现有无法消除的本底噪声,导致 2.7K 微波背景辐射的发现。他们在 1965 年发表了题为"4GHz 波导中的氦冷参考噪声源"的论文;1978 年他们荣获 Nobel 物理奖;这一情况证明研究噪声问题的重要性。

H. Nyquist 于 1928 年提出的热噪声理论仍是经典的,但是其结果未考虑量子修正,就不能适应今天的全球性高技术发展浪潮。本文的内容再次强调了量子观点对微波问题的重要性及有效性。

2 零点能

P. Dirac 曾对量子力学做出相对论波方程和量子电动力学两项发展。他预言了正电子(早已发现)和磁单极子(还在搜寻)基本粒子。无疑,他发展了电子的量子理论,以及把电磁场量子化,是他众多的科学贡献中极出色的部分。用量子力学方法分析简揩振子和用量子电动力学方法分析电磁场的结果是一致的,即振子或电磁场模式的能量只能取如下式的分立系列:

$$\varepsilon = \left(N + \frac{1}{2}\right)hf \tag{1}$$

式中:N 为大于零的整数;h 为 Planck 常数($h = 6.624 \times 10^{-34} \mathrm{J \cdot s}$);$f$ 为振动频率。

实际上,N 代表量子数目,故当 $N = 0$(没有量子存在)时,仍有一最小能量存在:

$$\varepsilon_0 = \frac{1}{2}hf \tag{2}$$

这是 Dirac 理论中极有兴味的一点,它表示一个量子系统在没有量子时仍有一份小能量,其值恰为一个量子所携带能量的 1/2。这称为零点能量。Dirac 首先推出零点振动的振幅为

$$A = \sqrt{\frac{h}{2mf}}$$

式中:m 为粒子质量。

零点振动即写作 $Ae^{i2\pi ft}$，但振动能量公式为

$$\varepsilon_0 = mf^2A^2$$

代入后得到式（2）。可见存在 ε_0 的原因是零点振动振幅不等于 0。这种理论与经典物理学明显地不相符合（经典物理认为 $T=0$K 时系统内能为 0）。但是，即使在绝对 0K 时原子的振动也还有，故零点振动是一种客观的实在。根据对晶体光散射现象的观察（温度降到超低温，光散射强度趋于一定值），可以证明零点振动存在。此外，由测不准关系式也可推出零点能量来。

必须注意到这样的特点：①零点能与温度无关；②零点能与 n（它标志着量子系统的状况）无关；③零点能与系统的自发发射作用的一致性（零点能引起自发发射）；④$\frac{1}{2}hf$ 只代表每个存在的模式具有相当于半个量子能量的辐射密度，却不表明可以存在"半个量子"或"半个光子"的事实。光子不能分裂为频率相同而各带有原来能量一部分的两个光子，即光子具有不可分性[3]。

3　n 个揩振子的平均能量

设有 n 个线性谐振子，在热力学温度 T 下达到热平衡；平均能量可表示为

$$\bar{\varepsilon} = \frac{\sum_{i=1}^{n} n_i \varepsilon_i}{\sum_{i=1}^{n} n_i} \qquad (3)$$

引用 L. Boltzmann 于 1877 年提出的粒子数与能量关系的分布定律：

$$n_i \propto e^{-\varepsilon_i/kT}$$

式中：k 为 Boltzmann 常数，$k = 1.380662 \times 10^{-23}$ J/K）。

粒子数改换为振子数时，就有

$$\bar{\varepsilon} = \frac{\sum_{i=1}^{n} \varepsilon_i e^{-\varepsilon_i/kT}}{\sum_{i=1}^{n} e^{-\varepsilon_i/kT}} \qquad (4)$$

现在先求分母：

$$\sum_{i=1}^{n} e^{-\varepsilon_i/kT} = \sum_{i=1}^{n} e^{-(i+\frac{1}{2})hf/kT} = \sum_{i=1}^{n} e^{-ihf/kT} \cdot e^{-hf/2kT}$$

$$= (e^{-hf/2kT}) \sum_{i=1}^{n} e^{-ihf/kT}$$

然而

$$\sum_{i=1}^{n} e^{-ihf/kT} = e^{-hf/kT} + e^{-2hf/kT} + e^{-3hf/kT} + \cdots$$

$$= e^{-hf/kT}[1 + e^{-hf/kT} + e^{-2hf/kT}) + \cdots]$$

由数学可知

$$(1-x)^{-1} = 1 + x + x^2 + x^3 + \cdots$$

故

$$\sum_{i=1}^{n} e^{-\varepsilon_i/kT} = (e^{-hf/2kT}) \frac{1}{1-e^{-hf/Tk}}$$

另一方面,式(4)的分子为

$$\sum_{i=1}^{n} \varepsilon_i e^{-\varepsilon_i/kT} = \sum_{i=1}^{n} \left(i+\frac{1}{2}\right) hf e^{-ihf/kT} \cdot e^{-hf/2kT}$$

$$= (e^{-hf/2kT}) \left[(hf) \sum_{i=1}^{n} i e^{-ihf/kT} + \left(\frac{1}{2}hf\right) \sum_{i=1}^{n} e^{-ihf/kT} \right]$$

然而

$$\sum_{i=1}^{n} i e^{-ihf/kT} = e^{-hf/kT} + 2e^{-2hf/kT} + 3e^{-2hf/kT} + \cdots$$

$$= e^{-hf/kT} \left[1 + 2e^{-hf/kT} + 3e^{-2hf/kT} + \cdots \right]$$

由数学可知,当 $|x| < 1$ 时,有

$$(1+x)^n = 1 + nx + \frac{n(n-1)}{2!}x^2 + \frac{n(n-1)(n-2)}{3!}x^3 + \cdots$$

故有

$$(1-x)^{-2} = 1 + 2x + 3x^2 + 4x^3 + \cdots$$

故得

$$\sum_{i=1}^{n} i e^{-ihf/kT} = e^{-hf/kT} \frac{1}{(1-e^{-hf/kT})^2}$$

$$\sum_{i=1}^{n} \varepsilon_i e^{-\varepsilon_i/kT} = (e^{-hf/kT}) \left[hf \frac{e^{-hf/kT}}{(1-e^{-hf/kT})^2} + \frac{hf}{2} \sum_{i=1}^{n} e^{-hf/kT} \right]$$

这样,式(4)成为

$$\overline{\varepsilon} = hf \frac{e^{-hf/kT}}{1-e^{-hf/kT}} + \frac{1}{2}hf$$

即

$$\overline{\varepsilon} = \frac{hf}{e^{hf/kT}-1} + \frac{1}{2}hf \tag{5}$$

上式极其重要,它是由统计力学与量子理论相结合的成果,也是噪声理论、受激辐射理论的基础。$\overline{\varepsilon}$ 的单位是 J 或 W·s,也中以为是 W/Hz。用电子学术语来说,是频谱功率密度,即单位带宽的功率。式(5)右端第一项是一个振荡模在频率 f 的平均能量,第二项是零点能量。

4 Planck 函数及其应用

任何温度高于 0K 而处于平衡温度 T 的物质,其振动(振荡)方式导致的平均能量,或者说热起伏、热辐射的功率谱密度,就是由式(5)右方第一项来表示的。第二项与温度 T 无关,即使 $T=0$ 它仍存在,表明在 0K 时仍有一项能量。

对于带宽 $\Delta f = f_2 - f_1$ 以内的情况,热起伏功率为

$$P_n = \int_{f_1}^{f_2} \frac{hf}{\mathrm{e}^{hf/kT}-1}\mathrm{d}f = \int_0^{\Delta f} \frac{hf}{\mathrm{e}^{hf/kT}-1}\mathrm{d}f \tag{6}$$

$$p(f) = \frac{hf/kT}{\mathrm{e}^{hf/kT}-1} \tag{7}$$

则有

$$P_n = kT\int_0^{\Delta f} p(f)\,\mathrm{d}f \tag{8}$$

$p(f)$ 称为 Planck 函数,这是笔者提出的恰当的命名。

把 P_n 看成具有源电阻 R 的电动势 $\overline{u_n^2}$ 产生的最大输出功率:

$$P_n = \frac{\overline{u_n^2}}{4R}$$

则得

$$\overline{u_n^2} = 4kTR\int_0^{\Delta t} p(f)\,\mathrm{d}f \tag{9}$$

如果在 Δf 内 $p(f)$ 可以视为恒定,则由式(8)可得

$$P_n \approx p(f)\cdot kT\Delta f \tag{10}$$

即

$$P_n \approx \frac{hf\Delta f}{\mathrm{e}^{hf/kT}-1} \tag{11}$$

式(9)成为

$$\overline{u_n^2} \approx p(f)\cdot 4kTR\Delta f \tag{12}$$

在严格的理论中,Planck 函数 $p(f)$ 是一定要出现的。而 $p(f)$ 取决于 hf 与 kT 之比。实际上这个比值体现了量子效应与经典效应之比,比值越大即量子效应越大(不能忽略)。我们计算了 $p(f)$ 值与 hf/kT 之间的关系,见表1;给出曲线如图1所示。

表1 $p(f)$ 值与 hf/kT 之间的关系

hf/kT	0	0.1	0.2	0.5	1	2	3	4
$p(f)$	1	0.9506	0.9033	0.7708	0.5820	0.3130	0.1572	0.075

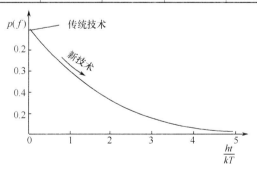

图1 Planok 函数

实际上 $hf/kT > 0$,故总是 $p(f) < 1$;问题是比 1 小的程度如何。显然,频率越高、温度越低,$p(f)$ 越小。由于毫米波技术在发展,超低温技术在应用,因此总的趋势是在微波科学中 hf/kT 向高端移动(图中箭头),这是应当注意的。

表2列出了三种温度、四种频率下计算出的 $p(f)$ 值。

表2 三种温度、四种频率下计算出的 $p(t)$ 值

T/K	f/Hz	λ	hf/kT	$p(f)$
300(室温)	3×10^8	1m	4.8×10^{-5}	1
	3×10^9	10cm	4.8×10^{-4}	1
	3×10^{10}	10mm	4.8×10^{-3}	0.9976
	3×10^{11}	1mm	4.8×10^{-2}	0.9762
77(液氮温度)	3×10^8	1m	1.87×10^{-4}	1
	3×10^9	10cm	1.87×10^{-3}	0.9991
	3×10^{10}	10mm	1.87×10^{-2}	0.9907
	3×10^{11}	1mm	1.87×10^{-1}	0.9094
4.2(液氦温度)	3×10^8	1m	3.43×10^{-3}	0.9983
	3×10^9	10cm	3.43×10^{-2}	0.9830
	3×10^{10}	10mm	3.43×10^{-1}	0.8383
	3×10^{11}	1mm	3.43	0.1148

由式(10)可得

$$\frac{P_n}{\Delta f} \approx p(f) \cdot kT \tag{13}$$

在频率低时,$p(f) = 1$,故得

$$\frac{P_n}{\Delta f} \approx kT \tag{14}$$

这是 Nyquist 公式(1928 年)[9]符合能量均分定律。

下面给出三种情况下的曲线,如图2所示。由图可见:对室温(300K)而言,只有在亚毫米波及更高频率,才需要考虑量子效应;在液氮温度(77K)下,毫米波的高频端就应考虑;在液氦温度(4.2K)下,厘米波就应考虑,而在毫米波时就非常突出了。

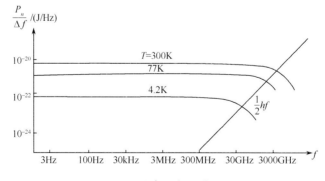

图2 噪声功率频谱图

在图2的右方有一条斜向直线,这是零点能量 $\frac{1}{2}hf$ 的计算值。只有在温度低、频率高的情况下,它才显得突出。在厘米波波段,一般说可以忽略零点能量的影响。

能量检波器(包括人的眼睛、光电池、光子计算器等)的总噪声计算公式[3]为

$$\psi_d = \frac{hf}{e^{hf/kT} - 1} + \frac{1}{2}hf \tag{5a}$$

注意:ψ_d 的量纲是功率频谱密度的量纲。故有

$$\frac{\psi_d}{kT} = p(f) + \frac{1}{2}\frac{hf}{kT} \tag{5b}$$

由此可画出图3,图中的检波器量子噪声实际上处于 $(1 \sim 2.5)kT$ 之间。另外,当 hf/kT 较大时,曲线趋近于虚线($hf/2kT$)。

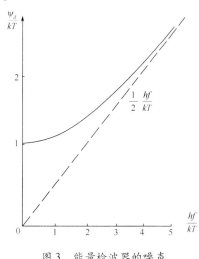

图3 能量检波器的噪声

5 热噪声能量的体密度

对于吸收系数为1的绝对黑体,发射本领 u 只由频率、温度决定。人们希望得到一个与实验曲线符合的方程,这是19世纪末被欧洲物理学家们"围攻"的问题。Rayleigh曾给出[4]:

$$u = \frac{8\pi f^2}{c^3}kT$$

式中:c 为光速。

这是不对的,因为

$$\int_0^\infty u(f)\,df = \frac{8\pi}{c^3}kT\int_0^\infty f^2\,df = \infty$$

即对所有频率求和而得到无限大辐射能,这是不可能的。

Planck 原始论文的式(11)给出:

$$U = \frac{hf}{e^{hf/kT} - 1}$$

式中他的符号 U 即本文中的 $\bar\varepsilon$,量纲是 J。式(12)给出:

$$u = \frac{8\pi hf^3}{c^3}\frac{1}{e^{hf/kT} - 1}$$

这其实就是

$$u = \frac{8\pi f^2}{c^3}\, \bar{\varepsilon} \tag{15}$$

区别只在于,Planck 认为 $\bar{\varepsilon} \neq kT$。现在,$u$ 的量纲是 J/(Hz·m³),即每单位体积、单位带宽的能量。$u \cdot \Delta f$ 是单位体积的能量,即热辐射或热噪声的能量体密度。

然而对这问题可有另一种表述方式。矩形波导传输电磁波(TE_{mn} 或 TM_{mn})的条件为

$$\left(\frac{m\pi}{a}\right)^2 + \left(\frac{n\pi}{b}\right)^2 < \left(\frac{\omega}{c}\right)^2$$

式中:a 为矩形的宽边尺寸;b 为矩形的窄边尺寸。

令 $A = 2fa/c$,$B = 2fb/c$,则上式为

$$\left(\frac{m}{A}\right)^2 + \left(\frac{n}{B}\right)^2 < 1$$

故群速为

$$V_{\mathrm{g}} = c\sqrt{1 - \left(\frac{m}{A}\right)^2 - \left(\frac{n}{B}\right)^2}$$

噪声功率 P_{n} 与 V_{Σ} 之比代表单位长波导中的能量,量纲是 J/m。因此,某一模式的热噪声能量体密度为

$$\frac{P_{\mathrm{n}}/V_{\mathrm{g}}}{\text{单位体积}} = \frac{P_{\mathrm{n}}}{abV_{\mathrm{g}}} = \frac{P_{\mathrm{n}}}{abc\sqrt{1 - \left(\frac{m}{A}\right)^2 - \left(\frac{n}{B}\right)^2}}$$

P_{n} 由式(11)决定。

总噪声能量密度是所有模式的噪声能量密度的和:

$$\rho = 4\sum_m \sum_n \frac{1}{abc\sqrt{1 - \left(\frac{m}{A}\right)^2 - \left(\frac{n}{B}\right)^2}} \cdot \frac{hf \cdot \Delta f}{\mathrm{e}^{hf/kT} - 1}$$

乘 4 是考虑到既有 TE 模又有 TM 模,以及沿波导双向都有功率为 P_{n} 的波。若波导够大,m、n 也可以很大,则双重求和可改为双重积分:

$$\rho = \frac{4}{abc} \cdot \frac{hf \cdot \Delta f}{\mathrm{e}^{hf/kT} - 1} \int_0^A \int_0^{B\sqrt{1 - \left(\frac{m}{A}\right)^2}} \frac{1}{\sqrt{1 - \left(\frac{m}{A}\right)^2 - \left(\frac{n}{B}\right)^2}}\mathrm{d}m\mathrm{d}n \tag{16}$$

结果得到

$$\rho = \frac{8\pi f^2}{c^3} \frac{hf}{\mathrm{e}^{hf/kT} - 1}\Delta f \tag{17}$$

因此,用微波方法对波导内热噪声功率做处理,与 Planck 用物理学方法对黑体内热辐射能量做处理,其结果是一样的。这些内容似可弥补的一篇卓越论文[5]的不足。

6 自发发射噪声

以顺磁晶体的磁谐振自旋系统为基础的量子放大器，其噪声机构早已被详细分析过。研究表明，负电阻与负自旋温度的乘积，给出正的噪声电压，以致 Nyquist 公式仍有效。

信号使用于自旋系统的基本现象，是激发而引起的能级间跃迁。然而 J. Weber 最先指出，存在着一种称为自发发射（spontaneous emission）的物理机构。它不是由外来信号所引起，仿佛是偶然地由高能级"滑跌"到低能级，与外部信号毫不相关，发生的时间也是无规的。这是自发射引起的随机噪声，引起的原因正是零点能量，它只引起向下的跃迁。

量子放大器的噪声可直接由零点能量导出。这是 T. Shimoda 和 C. H. Townes 最先指出的。如果放大器是理想的（全部自旋都在高能级），信号与零点能得到同等的放大。如果不理想（有些自旋在低能级），信号要同时引起向上与向下的跃迁，故放大器对零点能量的放大器的噪声输出为最小值 $(G-1)hg \cdot \Delta f$。把它当作温度为 T_e 的热噪声看待，那么，参考式（11）可写出输出噪声的平衡方程式：

$$G \frac{hf \cdot \Delta f}{e^{hf/kT} \cdot -1} = (G-1)hf \cdot \Delta f$$

由此得出自发发射噪声的噪声温度：

$$T_e = \frac{hf/k}{\ln\left(\frac{2 - G^{-1}}{1 - G^{-1}}\right)} \tag{18}$$

式中：G 是线性放大器的功率增益。

式（18）为 Heffner 公式；显然，当 $G \gg 1$ 时，有

$$T_e \approx \frac{hf}{k\ln2} \tag{19}$$

因此，自发发射噪声的最小值为

$$T_e = 6.92 \times 10^{-11} f \tag{20}$$

式中：当 f 的量纲为 Hz 时，T_e 的量纲为 K。显然，频率越高，这项噪声越大（表3）。

表3 频率与自发发射噪声之间的关系

频率 f	30MHz	300MHz	3GHz	30GHz	300GHz
波长 λ	10m	1m	10cm	1cm	1mm
T_e/K	2.08×10^{-3}	2.08×10^{-2}	0.208	2.08	20.8

H. Friedburg 曾从测不准关系式出发而做推导，所得结果一致。正如半导体器件的发展是立足于固体物理原理一样，微波噪声理论是以量子物理为基础的。

7 结束语

起伏噪声构成了对仪器与测量方面的基本限制，灵敏度、精确度均有一定局限。量子噪声理论关系到全频域中弱电磁信号的探测能力问题。不管是何种能量检测方式，基本的物理要素是频率和热力学温度。在全球性高技术发展中，人们密切注视着毫米波、亚毫米波的开拓和超低温的应用，相信本文的内容是具有一定参考价值的。

参考文献

[1] 大越孝敬. 光アのイバァ基础[M]. 东京:东京大学工学部,1977.

[2] 黄志洵. 波导截止现象的量子类比[J]. 电子科学学刊,1985,(3):232 – 237.

[3] Wichmann E. Quantum Physics[M]. New York:Mc Graw flill,1971.

[4] Segre E. From X – rays to Quarks[M]. New York:McGraw flill,1980.

[5] 田卫东,金尚年. 近代物理学史研究[M]. 上海:复旦大学出版社,1986.

超
光
速
物
理
问
题
研
究

引力理论与引力波

引力理论和引力速度测量

黄志洵

（中国传媒大学信息工程学院，北京 100024）

【摘要】引力是最早被认识的物理相互作用，它由 Newton 经典理论和 Einstein 的广义相对论描述。相对论包括狭义相对论（SR）和广义相对论（GR），其中空间和时间是一体化的，GR 也称为几何动力学。在 Newton 理论中引力速度是无限大的，而在 Einstein 理论中引力速度是光速。GR 认为引力与电磁力不同，是弯曲时空的纯几何效应。GR 还预言存在引力波，但即使经历了近百年的实验和寻找，它仍然只是物理学家头脑中的想象。

本文认为空间、时间是物理学中的独立概念，空时（或时空）在自然界并不存在，没有实在性。空时（或时空）无法测量，故无科学意义。"时间弯曲"更是无意义的不通的表述。

在引力理论中，Newton 平方反比定律（ISL）非常重要，而且极为精确。Newton 理论中引力首先是力，抓住了事物的本质。很久以前许多著名科学家就知道引力传播速度比光速大很多（$v_G \gg c$），他们是 I. Newton、P. Laplace、R. Lämmel、M. Born、A. Eddington、T. Flandern 等；他们普遍认为引力如以有限速度（光速 c）传播，绕日运动的行星由于扭矩作用将不稳定。1805 年 Laplace 根据月球运动分析认为引力速度 $v_G \geqslant 7 \times 10^6 c$。人们考虑了不同的引力理论模型，例如，把引力当作平坦时空中的力作用，从而研究得出引力速度大于 $2 \times 10^{10} c$——Flandern 根据双星轨道计算得出此值。上述多个结果均与引力波无关。

电磁学中也有类似现象，当计算电荷产生的静电场，或天线近区的静态场时，结合实验竟发现 Coulomb 场传播速度可为超光速，$v = (1.01 \sim 10) c$。由于 Coulomb 场也是 ISL，其结果与引力传播相似。

虫洞和曲相推进完全是 GR 的产物，建基于时空一体化和弯曲时空的理念。虽然 SR 断言"不可能有超光速运动"，但 GR 在实际上否定了这一说法，表明相对论内部有不自洽性。但这些研究都断言需要有能量为负的奇异物质，证明加强对负能量研究是重要的。

本文最后把引力传播、静态 Coulomb 场传播、量子纠缠态（QES）传播三者作比较，它们都存在超光速现象。虽然我们无法指出造成这些现象的原因，却能找出现象的规律，并为自然界的奇妙感到惊奇。

【关键词】广义相对论；弯曲时空；引力速度；虫洞；曲相推进；超光速；Coulomb 场速度

注：本文原载于《中国传媒大学学报》（自然科学版），第 22 卷，第 6 期，2015 年 10 月，1 ~ 20 页。本文发表后的次年（2016 年），美国激光干涉引力波天文台（LIGO）宣布测到了引力波。但本书作者对此存疑，详见以后的几篇文章。

Theory and Speed Measurements of Gravity

HUANG Zhi – Xun

(Communication University. of China, Beijing   100024)

【Abstract】 The gravity is the oldest known physical interaction, it is described by the Newton's classical theory and the Einstein's general relativity(GR). The relativity contains special relativity (SR) and GR, in these theories the space and time are unified concepts and the GR is also called geometrodynamics. The speed of gravity in Newton's universal law is infinite, but the gravity propagation speed in Einstein's theory is the speed of light. GR explains these features by suggesting that gravitation(unlike electromagnetic forces) is a pure geometric effect of curved spacetime, not a force of nature that propagates. The GR expect the gravitational waves are physical reality, but according to the many experiments and tests in a century this idea exist only in the minds of physists.

In our opinion, the space and the time are independent concepts in physics, the so – called spacetime is not exist in nature, i. e. that is not a concept of physical reality. Especially, the space time is fundamentally untestable and hence scientifically meaningless. And when one spoke about "curved time", from the semantics of view, it is speak incoherently and faulty wording.

In the theories of gravity, the Newton's inverse square law(ISL) is of great importance to us. It is a precision law of gravity. In Newton's theory the gravity is a force, that is the essence of the gravity's character. Many years ago, several famous scientists was already known that the gravity propagation velocity much larger than the speed of light, i. e. $v_G \gg c$. They are I. Newton, P. Laplace, R. Lämmel, M. Born, A. Eddington, T. Flandern, etc. They remarks that if gravity propagated with finite velocity c, the motion of planets around the Sun would become unstable, due to a torque acting on the planets. Laplace concluded that the speed of gravity is $v_G \geqslant 7 \times 10^6 c$ by analyzing the motion of Moon in 1805. Now, different gravity models need to be considered. For example, if gravity is once again taken to be a propagating force of nature in flat spacetime with the propagation speed indicated by observational evidence and experiments: not less than $2 \times 10^{10} c$. T. Flandern gives this value based on a purely central force of Newtonian theory from the observations of the solar system and binary stars. It is impossible to relate these results with the gravitational waves.

Such behavior can be found in electromagnetism, when one computes the propagation of the static electric fields generated by an electric charge, or by an antenna operated in the near field region. Experiments show that the propagation speed of Coulomb field are $v = (1.01 \sim 10)c$. Because the Coulomb's law is also ISL, these results are consistent with the gravity propagation.

The GR resulted in wormholes theory and the warp – drive theory, they are based integration of space and time, then the spacetime is curved. Although everybody know that the SR says "velocities greater than that of light have no possibility of existence", but the GR have refuted this views actually, there are indications that the contradication is present in the relativity theory. However, these studies conclude that the operation in need of the exotic matters, we must streng then the research works on the negative – energy situation.

Finally, we compare the gravity propagation with the Coulomb(static)field propagation and the quantum entangle state(QES)propagation, these situations always exist the superluminal behavior. Although it was very not clear to explain the cause of the phenomenon, but we can understand the objective law of them, and express profuse admiration on nature.

【Key words】general relativity(GR);curved spacetime;velocity of gravity;wormholes; warp drive; faster – than – light;velocity of Coulomb fields

1 引言

1905 年 Einstein[1]提出狭义相对论(SR),它早已成为物理学中的一个基础理论。近年来笔者对这个理论有所批评[2-4],而其他许多作者也指出它存在矛盾和不自洽[5-18]。1921 年 Einstein 在美国 Princeton 大学演讲相对论,共讲四次;讲稿于 1922 年出版,书名 *The Meaning of Relativity*[19]。很多人(包括笔者)正是通过这书了解 Einstein 关于广义相对论(GR)的基本思想。本文并非专门讨论和评价 GR;然而,要研究引力理论和引力传播速度,必须对相对论有较多的了解。迄今其实只有两个最基本的时空理论和引力理论,第一个是 Newton[20]的理论,第二个是 Einstein[1,19]的理论;其他的似乎都可称为第三种时空理论。例如文献[15,16,21],评论这些著作不是我们的任务。本文的侧重点是深入考察 GR 的弯曲时空观点,评价由此出发的在几个方面的应用。进一步,探讨 GR 的引力观,并讨论引力速度问题;最后讨论理论物理学的现状。

Y. Bekenstein 是以色列著名理论物理学家,黑洞热力学奠基人之一;2013 年他指出:宇宙中的黑色幽灵(暗物质、暗能量)对 Einstein 理论的正确性构成了挑战,以致出现了"该不该抛弃相对论"这样的尖锐的问题。况且在大尺度上 GR 从未被测试检验过,有些科学家认为当今的新情况或许会让 GR 陷入失败。……这位科学家的话既尖锐又大胆,使我们的思考从基本的层面开始。被称为"超越了 Newton"的 Einstein 理论,其中竟没有一个可以计算引力的公式,这使我们抱有疑虑。

2 GR 的基本思想

SR 主要关注的是匀速直线运动,但实际物体的运动常有加速和转弯。SR 的另一弱点是完全没有考虑引力的影响。为弥补这些不足,1915—1916 年 Einstein 提出了 GR。但 SR 中有一些内容为 GR 所继承,这首先是由 Minkowski 建议、被 Einstein 采纳的时空一体化,他们称为时空概念的四维性(four dimensionality),也称为四维矢量(4D vector)。1908 年 Minkowski 曾说:"从今以后空间、时间都将消失,只有二者的结合能保持独立的实体。"这种古怪的观点立即被 Einstein 接受和使用,1922 年 Einstein[19]说,在四维时空连续统(4D space – time continuum)中表述自然定律会更令人满意,相对论在方法上的巨大进步正是建立在这一基础上的,它归功于 Minkowski;然而四维连续统的不可分离性并不表示空间坐标与时间坐标等价。从 SR

来看时空连续统是绝对的;它不仅指"物理上真实",还指物理性质上的独立。

但 GR 的核心内容,首先是等效原理;Einstein 说这个"principle of equivalence"与惯性质量等价于引力质量的定律密切相关,而把相对性原理推广到彼此做非匀速运动的坐标系。GR 正是通过惯性与引力在本质上的统一,"获得了与经典力学相比时的巨大优越性。"对他的这句话人们可能会难以理解;早在 1684 年 Newton 即以实验证明同一物体的引力质量等于它的惯性质量;设物体(质量 m_1)在力 F_1 作用下产生加速度 a,则有

$$F_1 = m_1 a \tag{1}$$

然而该物在地心引力 F_2 作用下产生加速度 g,故有

$$F_2 = m_2 g \tag{2}$$

m_1、m_2 分别为惯性质量、引力质量;那么两个来自不同定义的质量是否一样? 1830—1970 年的长期实验证明

$$m_1 = m_2 \tag{3}$$

这成为 Einstein 建立 GR 的理论基础。不过 Einstein 的话还有更深的意思,胡宁[22]曾解释说,GR 的等效原理的严格表述为"没有引力的坐标系就是惯性系",即认为惯性力与引力等效并服从相同规律。GR 突破了对坐标系的限制,认为物理现象在任意坐标系中服从相同规律——为此只需对引力做一些说明。胡宁甚至认为应把等效原理而非引力场几何化当作 GR 的核心;时空是物质存在的形式,这个几何形式本身并非物质;GR 方程中有时空的曲率张量,它代表了四维空间弯曲,因而引力场是时空几何性质,容易造成对引力场物质性的否定。胡宁认为引力场仍是物质场,几何化观点不应强调。他这样讲可能是因为 GR 的引力几何化招致了许多批评,不一定符合 Einstein 引力理论的本意。回头看等效原理(也称为等价原理),它分为弱等效原理和强等效原理两种。在这里"弱"指的是限于力学现象,弱等效原理只是两种质量在数值上相等的推论。所"强"指的是这样一个假设,即不可能区分引力或惯性力的效果。它是一种新的惯性系概念,通常用密封舱实验而做说明,这种舱即 Galilei 区。Einstein 用密封舱实验说明引力与惯性力等价。假定密封舱内有人,他无法知道舱的运动状况。但他可自行实验,发现舱内物体可自由下落,认为有两种可能:①舱是一个惯性系,内部物体自由下落表示舱下有重力场;②舱下没有重力场,是舱向上作加速飞行,惯性力造成该现象。但他的力学实验区分不了是哪一种,这种引力与惯性力的等效即弱等效原理。现在 GR 说,做任何(力学的、电磁的等等)实验都无法区分,这是强等效原理,表示引力与惯性力没有区别,二者可用同样方法描述。……介绍 GR 的书籍都着重"强等效原理是一个有力的原理,会有许多重要推论"。不过,如今我们看到已有人提出挑战,认为正是 Einstein 的 SR 原理造成了强等效原理不成立[21]。

Einstein 说,数学家 Riemann 早就把 Gauss 曲面理论推广到任意维连续统,预见到对 Euclid 几何做推广的意义。后来发展的张量微积分也成为 GR 表述所用的数学工具。为了推导引力场方程,他以 Newton 理论中的 Poisson 方程为范,引力势 Φ 的二阶线性偏微分方程:

$$\nabla^2 \Phi = 4\pi G \rho \tag{4}$$

这方程建立在有质量物质(ponderable matter)的密度 ρ 会产生引力场的认识上。现在仍是这样,但应以单位体积的能量张量代替物质密度标量。进一步的推导得到引力场方程

$$R_{\mu\nu} - \frac{1}{2} g_{\mu\nu} R = -\kappa T_{\mu\nu} \tag{5}$$

式中:场方程中 $T_{\mu\nu}$ 为物质的动量能量张量,这个两阶张量代表时空中物质能量动量分布; $g_{\mu\nu}$ 为度规张量; κ 为常数,且有

$$\kappa = \frac{8\pi G}{c^2} = 1.86 \times 10^{-27} \qquad (6)$$

其中:G 为 Newton 引力常数。$R_{\mu\nu}$ 是 2 秩对称张量,它与 R 的关系为

$$R = g^{\mu\nu} R_{\mu\nu} \qquad (7)$$

导出的引力场方程是一个非线性二阶偏微分方程组,求解困难。胡宁[22]指出,在满足两个条件(引力场弱、物体运动远小于光速)时,由 Einstein 引力场方程可导出 Newton 场方程。

Einstein 后来对其方程做了推广;在《相对论的意义》一书第 2 版,他给出:

$$R_{ik} - \frac{1}{2} g_{ik} R + \Lambda g_{ik} + \kappa T_{ik} = 0 \qquad (8)$$

式中:Λ 为一个普适常数,称为宇宙学常数(cosmologic constant)。

相关项的引入给理论带来复杂化。后来,这个方程被写成下述形式:

$$R_{\mu\nu} - \frac{1}{2} R^g_{\mu\nu} - \lambda g_{\mu\nu} = -8\pi G T_{\mu\nu} \qquad (9)$$

式中:λ 为宇宙学常数;$T_{\mu\nu}$ 为引力源的动量能量张量;$g_{\mu\nu}$ 为时空度规;$R_{\mu\nu}$ 为度规及其微商组成的张量。

宇宙学常数伴随天文学进展而成为科学家讨论其为 0 或非 0 的问题,后来又伴随着宇宙加速膨胀的研究。在取 $\lambda = 0$ 时可得式(5)。

3　平直时空与弯曲时空

Einstein[19]在 1922 年的演讲中说,宇宙是否在整体上是非 Euclid 空间的,人们已做过许多讨论。在相对论建立后,事物的几何性质不再独立,而依赖于质量分布;即空间嵌入质量后 Euclid 性质受破坏。他的这些话正是引力场方程的物理表现——考虑物质在 Riemann 空间中的运动,把物质能量、空间曲率引入到同一个方程,造成有引力场的地方就是弯曲时空。因此可以说,任何人接受 GR 的一个重要标志是接受弯曲时空。

然而笔者以为,就算我们承认 spacetime 作为一个不可分割的整体概念的合理性,也很难理解"时间弯曲"这一说法的确切含意究竟是什么。"弯曲"本身是一种空间中的几何概念,因此如果说"物质造成了空间的弯曲,巨大质量的物体会造成较大的空间扭曲",尚容易接受。但如果说"时间是弯曲的",就是奇怪的表述;Einstein[19]未做过说明;他似乎也很少在其论文或讲话中做出解释。一般相对论著作也避免谈此话题,故他们所说的"时空弯曲"其实只是空间弯曲。2005 年,费保俊[23]指出 Einstein 不把引力看成一种力,而是把它融入时空背景,即引力几何化。加速运动可以看成是引力作用所致,但也可认为是时空弯曲所造成,而引力几何化是等效原理的必然推论,是引力导致时空流形的弯曲;但是,引力和时空结构究竟谁才是物理实在,他认为还要靠进一步的实验证明。

费保俊讨论了"Einstein 转盘"上的度规,而空间弯曲的实质是非 Euclid 几何空间,因而认为时间"弯曲"的实质是时钟不同步(注意他在时间弯曲的后二字上加了引号)。后者的关键在于,不同空间点的引力势不同,故不同点的静止固有时也不同。这就是说,引力势大的点时

钟较快。例如,地球引力场的引力势为

$$\Phi = - G\,\frac{M}{r} \qquad\qquad (10)$$

在地球上空,引力势较大,故高空的钟比地面走得快。因此,不同空间点的时钟走时率不同,构成了时间"弯曲"。

　　然而,笔者认为他这样讲的说服力不强。他在弯曲两字上加引号,成为"弯曲",已证明这不是真正的弯曲。但这只是中国相对论研究者的做法,关于 GR 的西方文献不曾用"curved"这样的带引号表述方式,说明从 Einstein 到其他相对论学者都认为"spacetime is curved",即真正的弯曲。然而笔者以为,说"the space is curved"勉强可以,说"the time is curved"则不通,是一个伪命题。难道这是说"时间不再线性地、均匀地流逝"? 但查遍讲相对论的文章和书也找不到这种解释,时间变化不可能成为一种非线性过程。虽有一种理论说"时间也是量子化的",即认为时间表面上连续实际上不连续;但这种观点(无论对错)与"时间弯曲"挂不上号。……至于"走时快慢与位置(点)有关",说这就是时间弯曲,是非常勉强的——否则文献[23]的作者也不会在弯曲二字上面加引号了(这种符号只能理解为"所谓的弯曲",而非真正弯曲)。从根本上讲,"时间弯曲"是没有物理意义的表述。从语义学的角度看,这甚至是语言文字表达混乱的一个范例。

4　平直时空与弯曲时空(续)

　　在 GR 理论中,时、空成为一个统一的连续域,共同构成四维 Riemann 几何空间。Riemann 空间是可弯曲空间;Einstein 是假定物理空间有这种性质,才奠定了他的引力理论的基础。所以 GR 的空间弯曲来自数学(微分几何),其自身似不真有物理实在性。当引力存在时,该 Riemann 空间的曲率不为 0,就说"时空弯曲了";如果没有引力,曲率张量为 0,就说"时空是平直的"。

　　以上的 SR 和 GR 表面上言之成理,GR 数学分析深奥,据说又得到了实验支持。因此百多年来成为物理学主流理论,写入教科书中;经典力学(以及其创始人 Newton)被贬低。但质疑之声始终不断,在西方科学界或在中国均如此[2-18];正如 K. Thorne[24]所说,对于 1921 年 Einstein 因提出光子学说正确解释了光电效应而获 Nobel 物理学奖,瑞典科学院的秘书在电话中告知 Einstein 时还特别指出:"相对论不在评奖所考虑的研究工作之内。"在同一书中 Thorne 还说,时间、空间两个都卷曲的想法"很吓人"。……我们知道 Einstein 于 1955 年去世;虽然 Nobel 奖只颁发给在世的科学家,在 1921—1955 年的漫长岁月(跨度 34 年)中,为什么瑞典科学院不因为相对论再次授奖? 这只能用它对理论工作成果持高度慎重态度来解释。我们面对的事实是,关于相对论的争论,今天竟与 100 年前同样激烈[21]。就说实验检验吧,Einstein[19]在 1922 年演讲时说,GR 理论预言光线在经过质量巨大物体附近时会偏折,而 1919 年英国日食考察队对此给予了证实。然而在 2006 年有研究相对论的专家指出[25],GR 的实验证据有限,一些天文实验误差很大。以星光经过太阳表面时发生弯曲的实验为例,在 1919 年曾经造成全世界的轰动效应。事实上,当时的测量误差达到 100%。此实验存在多种误差因素,如太阳大气和地球大气的折射等。至于近年来 GP – B 对 GR 的两项预测进行验证,这两项预测分别称为"短程线效应"和"惯性系拖曳效应"。根据计算,卫星上的陀螺仪的自转轴每年将漂移 6.6″,惯性系拖曳效应每年将转动 0.041″。但在 GP – B 卫星实验中,有多项误差来源都比预测效应要大。例如飞行中的卫星存在一定的抖动,引导星在太空也在缓慢地移动。事实上,所选的引导星在太空中每年移动大约0.035″,与一年中的惯性系拖曳效应几乎一样大。此外,这个值的不确定性大于GP–B想要测试的精确度……GR理论是数学成就还是物理学成就? 德国的Ditreisch早年提出的疑问或许并非全无道理[26]。

对空间、时间的认识如不必要地将其复杂化和神秘化,就会造成误导。已经有专家指出,要重建Galilei、Newton和Lorentz的时空观,因为它们仍然是正确的;只不过需要更加精细以包容新发现的现象……2007年9月有报道,以色列物理学家开发出"能把人带回过去"的时间机器理论模型,方法是"更强烈地使时空弯曲",从而"使时间线闭合"。如不存在物理实际上的"时空",这些说法就毫无意义。

到底什么是时间、什么是空间? 这二者是否还能独立地存在? 这其实不难回答。长期以来在对相对论的宜传中,空间、时间的独立存在似乎失去了意义,这是我们不能同意的。任何实际的过程或现象精都在一定时、空条件下发生;对此,虽可解释成"时、空有联系"或"时、空不能截然分开",却不表示时、空之间真有一种强联系,或者像许多理论家所说,真的存在一种东西叫做"时空"或"空时"(spacetime)。老实说,我们怀疑一个正常人头脑中会出现"spacetime"的形象,因为现实中既有时间又有空间,但那是两个东西,却并非真有一个叫"时空"或"空时"的东西存在。在计量学中,彼此独立的量称为基本量,由基本量的函数所定义的量称为导出量。基本量的单位称为基本单位,导出量的单位称为导出单位。众所周知,长度和时间都是基本量,国际单位制(SI)的基本单位是米(m)和秒(s)。速度是导出量,导出单位是米/秒(m/s)。因此,spacetime在计量学及SI中是不存在的,也不具有可定义、可测量的特性。另外,光速c仅是速度的一种,它不是基本量,也没有理由赋予它特殊的(甚至奇怪的)地位。总之,人为地以不同量纲的物理量来构造一个新的参量(4D时空),从而把时间和空间这两个完全不同的物理学概念混为一谈,是缺乏合理性的做法。正确的科学理论必定要维护空间和时间的独立意义,并且不允许把导出量之一的光速凌驾于空间和时间概念之上。而且,为了掌握空间、时间的物理性质,实际上必须分别地研究它们……F. Fok[27]指出,在时空中,过去、现在和未来同时存在。时空是一种凝固的结构,不会发展变化。我们自身的存在,从出生到死亡,在时空中都是永恒的。在这个结构中,没有时间的流逝,也没有现在的位置。……这种静止、凝固的时空观显然不能令人满意。

因此我们有必要重温Newton建立的经典力学。其实Newton认为空间、时间是无须定义的。为了消除误解,做了如下说明[20]:

"绝对空间的自身特性与一切外在事物无关,处处均匀,永不移动。相对空间是一些可以在绝对空间中运动的结构,或是对绝对空间的量度……绝对空间与相对空间在形状与大小上相同,但在数值上并不总是相同……

"处所是空间的一小部分,为物体占据着,它可以是绝对的或相对的,随空间的性质而定……

"与时间间隔的顺序不可互易一样,空间部分的次序也不可互易……所有事物置于时间中以列出顺序,置于空间中以排出位置。"

这些说明非常易懂和明晰,百年后(1787年)受到大哲学家I. Kant的支持。而且,并不像有些人常说的那样("Newton只承认绝对空间和绝对时间")。另外,Newton论述的是物理空间而非数学空间。数学中,无论Euclid几何空间,或者非Euclid几何空间,只是数学上的概念和方法。Newton所依赖的是Euclid几何学作为立论的基础。在Newton那里,物理实在与数学概念二者分得很清。

在文献[20]中，Newton 对时间做如下说明："绝对的、真实的和数学的时间由其特性决定，自身均匀地流逝，与一切外在事物无关。相对的、表象的和普通的时间是可感知和外在的对运动之延续的量度，它常被用以代替真实的时间。如 1 小时、1 天、1 个月、1 年。"

Newton 对空间、时间的说明，要言不繁，今天来看也十分重要。但长期以来 Newton 的时空观被贬低，似乎不值一提。今天，为数不少的专家学者坚持以下观点，笔者以为是正确的——空间是连续的、无限的、三维的、各向同性的；时间是物质运动的持续和顺序的标志，时间是连续的、永恒的、单向的、均匀流逝无始无终的。空间、时间都不依赖于人们的意识而存在；而且，空间是空间，时间是时间；它们都是描述物质世界的基本量。……没有理由说这些观念错了，似乎也没有需要修改的地方。

电磁理论专家宋文淼教授指出：一句话就可以说明 Minkowski 时空框架的错误——时间与空间没有线性关系。这早已被 Newton 运动理论所证明，实际上也说明"光速不变性"不是一个合理的假定。……另外，广义相对论和量子力学当然是矛盾的。

许多资深科学家不接受 GR 的空时(时空)弯曲的理论[21, 28-30]。当然，接受下来并循此开展研究的人也很多。……假定空时(时空)概念可行，那么人类希望宇宙是哪一种——弯曲时空还是平直时空？2007 年，宋健[30]指出，宇宙中布满了恒星和星系，都能对时空弯曲做贡献；这对航天界和今后的宇航界是一个重大问题。如果空间是很弯曲的，充满了黑洞一类看不见的天体，到处是暗礁和陷阱，会给未来宇航造成困难甚至威胁，按星图制定的飞行计划都可疑。因此人们关心 GR 的结论和推论究竟是否正确。由于 20 世纪 90 年代的航天观测和地面天文观测结果的支持，目前大多数天文学家和宇宙学家都倾向于认为宇宙是平坦的，至少在大尺度上是如此。这是美国航空航天局(NASA)宣布宇宙背景探测卫星 COBE 的探溯成功是 1992 年的重大成就的主要原因。近年所有的观测都支持"宇宙基本上是平坦的"这一结论，这对未来的宇航工作者是大喜讯，增加了人们未来从事宇航事业的信心。

2015 年梅晓春[21]的新著《第二时空理论与平直时空中的引力和宇宙学》出版，该书在书名中引人注目地强调了"平直时空"。在书中作者指出："Einstein 引力理论的初始出发点就是错的，现在必须在平直时空中重建引力理论。"这是书的核心思想。具体地说，例如关于等效原理，首先 Eötvös 实验证明在静止时引力质量与惯性质量等价，并未证明引力运动质量与惯性运动质量等价。其次，关于 Einstein 密封舱实验，若有一物体用刚性绳挂在封闭舱(电梯)天花板上，使电梯做匀加速运动，根据 SR 物体质量递增，最终会拉断绳子。但静止在静态引力场中的物体质量不变，绳子不会拉断。由此可见 GR 中的惯性力与引力等价违反 SR，即 SR 使 GR 不成立；如此等等。梅晓春说，用平直时空可更好地解释引力红移，并消除引力理论与量子力学(QM)之间的巨大鸿沟；而弯曲时空引力理论与 QM 根本无法相容。

梅晓春认为："Einstein 引力理论不能成为物理学的基本理论，它也并非比 Newton 引力理论高明。"这种惊世骇俗的观点过去也有人说过，但梅晓春以扎实的数学分析使人更能信服。他指出，GR 用弯曲时空描写引力场，一开始就错了。引力几何化与别的物理作用不相容，从而把物理学引入歧途。因此必须抛弃弯曲时空，回到平直时空。……他说，对于在地球引力场中发射火箭这种简单的 Newton 力学问题，弯曲时空引力理论竟无能为力，火箭有自主加速度，不是在引力场中自由降落(不是沿短程线运动)，Einstein 理论无法写出引力场方程；幸亏有 Newton 引力理论，才摆脱这令人难堪的局面。

5 弯曲时空中的虫洞

2014 年秋,美国科幻影片《星际穿越》(Interstellar)在包括中国在内的各国热映。故事设想在未来地球人类濒临灭绝,NASA 设法使人们先离开地球飞往土星,然后通过虫洞(wormholes)前往另一个银河系。由于费时极少而距离极大(5×10^6 l. y.),由土星轨道到达仙女座星系中心的旅行是以超光速完成的,该影片在加州理工学院(CIT)物理学家 Kip Thorne(虫洞理论提出者之一)参与下完成,因而更刺激了公众的好奇心。由于有虫洞这样的特殊时空隧道,把一端设在土星轨道,另一端设在仙女星系的中心,而一位男主角可以在片刻之间完成即便是光也要耗时超过 500 万年才能走完往返的星系穿越。这是影片中引人入胜的部分。

很显然,人们必须首先接受时空(空时)概念,并承认 GR 中的弯曲时空,然后才能进行"虫洞"的讨论。因此虫洞完全是 GR 的产物;对于那些已经按时空(空时)作为思考习惯的物理学家而言,如只承认平直时空(空时),虫洞不可能存在。

在 GR 诞生之初的 1916 年,L. Flamm[31] 发现,如适当选择拓扑,Einstein 引力场方程的 Schwarzschild 解描写了空的球形虫洞。这是最早的发现,当时距引力场方程发表才几个月。1935 年 Einstein 和 N. Rosen 提出,虫洞实际上是发生了翘曲的变形空间,它可以把宇宙时空中两个不同的点连接起来。其结果便是一种可直可弯的隧道状结构。虫洞是一条穿越时空的隧道,穿过它便能实现遥远地点之间几乎即时到达的旅行。20 世纪 50 年代有 J. Wheeler 等、80 年代有 K. Thorne 等继续研究,后来虫洞在科幻领域得到了最大的展现,因为它们从理论上提供了一种以超光速穿梭于宇宙各个角落的方法。

西方理论物理学家(以及宇宙学家)对现实的说明越来越玄乎,他们早就能接受不止有一个宇宙(可有两个或更多)的概念。他们想象出一种超空间(super - space),从而可把我们宇宙的弯曲空间和其他宇宙的弯曲空间画成嵌在高维超空间里的二维画面。超空间不过是想象出来的形象化工具,但对说明虫洞有用。Thorne[24] 想象虫洞是穿过超空间的,它可有两个洞口,例如一个在地球而另一个在织女星;两洞口通过超空间的隧道相连,或许长度只有 1km。这样,从地球附近的口进去,可从 26l. y. 远的织女星附近的口出来。有一个著名的示意图——在把我们的宇宙想象为二维曲面而又强烈弯曲,沿曲面(它经过超空间)的距离是 26l. y. ,但连接两洞口的距离是 1km,那个图似乎来自 Wheeler 论文,Wheeler 的年轻助教 Martin Kruskal 从引力场方程求解中发现了球状虫洞的演化过程——开始时没有虫洞,在地球和织女星附近各有一个奇点;然后二者可能在超空间中生长、相遇,再湮灭,而湮灭时生成虫洞。后来它会收缩、消失。虫洞从产生到消失的时间非常短。

Thorne[24] 根据引力场方程作计算导致如下发现:①需要用某种奇异物质提供引力作用把洞壁撑开。②贯穿虫洞的奇异物质应有负能量密度;但这是指从穿过虫洞的光束看来如此,对虫洞参考系而言能量密度仍为正值。前已述及,Wheeler 认为根据他的量子泡沫假设(在任何时候虚粒子都十分怪异地不停出现并消失的理论),虫洞有可能是自生自灭的。不幸的是,Wheeler 的理论认为这些忽隐忽现的虫洞十分微小,仅达到 Planck 长度量级,即长度大约为 10^{-33} cm。换句话说,虫洞小得几乎是不可能测量的。为了使它们变大,必须要有奇异物质;因为奇异物质的负特性或许会把虫洞的周边向外推,使之变得足够大和足够稳定,以容纳人或宇宙飞船通过。问题是奇异物质并不容易得到;它只存在于理论中,我们不知道它什么样子,而且不知道从哪里可以找到它。

前面所说引力是质量造成的时空弯曲，指的是正质量（对应正能量）。如果是负质量（对应负能量）的奇异物质使时空弯曲，就会有如下后果：①虫洞（通往极远地方的隧道）；②曲相推进（warp drive，实现超光速旅行）；③时间机器（time machine，使人回到过去）。这些事情的可能性如何呢？

虫洞如要能穿行，起码要容许信号以光的形式通过。入口处光是会聚的，出口处是发散的。为了在虫洞中间某处使会聚光变成发散光，必须用负能量完成这种转换。而且，由于负能量的引力其实是斥力，就可以防止虫洞坍缩。……故一切均取决于产生负能量的可能性。1978 年美国物理学家 L. Ford 提出了称为"量子不等性"（quantum inequality）的理论，说"容许的负能量的多少反比于其时间和空间尺度"。即越大的负能量存在的持续时间越短，越小的负能量存在的可持续时间越长。此外，负能量越大，对应的正能量就与之越靠近。在 Casimir 效应中，为了获得较大负能量，两板块就要靠得非常近。1996 年 Ford 等证明虫洞半径小于 10^{-30}cm；如要得到宏观尺寸的虫洞，负能量就要集中在非常薄（如 10^{-19}cm）的区域。……总之，尽管量子理论允许负能量存在，但严格限制了负能量的大小和持续时间，使得现阶段的虫洞成为一件没有多少实际意义的构想。

以后 L. Ford 和 T. Roman[32] 解释了与负能量相关的自然规律。有一些机制（如使黑洞与热力学相容）显示，负能量必须要有。但又指明不可能不受限制地产生负能量，因为这会与热力学第二定律发生矛盾。比如，想象有一台奇异物质发生器向外稳定地供给负能量流；然而由于能量守恒定律，它必然有作为副产品的正能量流。如果人们把这二者引向不同方向，对正能量区域而言，成为一种用不尽的能源，从而可以制成永动机；但根据热力学第二定律这是不可能的。量子理论虽允许负能量脉冲出现，但认为必有正能量脉冲紧随其后。……这些情况表示，总是有要抵消负能量作用的东西存在。因此自然界对负能量构成严格的限制，这是多年来在此领域罕有进展的原因。但无论如何都要重视对负能量的研究[33]。

为了更深入的了解，现以 1996 年 L. Ford 和 T. Roman[34] 的论文"平直时空中对负能密度的限制"为例说明。与经典物理不同，在量子场理论中在一个时空点上能量密度可以不受限制地成为负值。这就违背已知的经典能量条件，例如弱能量条件。这情况早已被人们所知，特定例子如 Casimir 效应和光的压缩态（squeezed states），它们都有实际观测的支持。黑洞蒸发的理论预期也包括负能密度。但在另一方面，量子场论的定律若对负能量不加限制，就可能产生违反热力学第二定律的显著宏观效应，如虫洞、曲相推进、时间机器等。有一些工作，如"平均能量条件""量子不等性"等，限制负能的大小和持续时间。

在 1996 年的论文中，Ford 和 Roman 导出了惯性系观察者所看到的负能量界限，这是针对四维 Minkowsdi 时空（平直时空）的自由无质量标量场的。对负能的幅度和持续时间的限制采用与不确定性原理相似的形式；量子不等性写为

$$\hat{\rho} \geqslant -\frac{k}{t_0^4} \tag{11}$$

式中：$\hat{\rho}$ 为能量密度积分；t_0 为时间特性宽度。故要求维持的时间越长，则可得到的负能的数量越少。总之，分析计算表明虫洞尺寸受到严格限制。

虽然本文不可能详论负能量的研究进展，但必须指出这问题还远未弄清楚。2000 年胡宁[22] 也涉足于此；在"引力场的能量动量分布"小节中，复杂的推导竟出现了"引力场总能量为负"的结果；负能量密度不被接受的原因是这将导致"负质量"。而不用负能密度概念就无法解释星体之间的吸引力。引力能量及储藏在引力场中的能量必须为负，胡宁说这是线性引

力场方程存在的无法克服的矛盾;意思似乎是说更严谨的理论方程将克服这一点。

回过头来看1988年 M. Morris 和 K. Thorne[35] 的论文"虫洞、时间机器和弱能量条件";虫洞是空间拓扑结构的一个短的"手柄",它广泛地连接了宇宙的分离区域。在拓扑结构选择正确的情况下,Schwarzschild 度规描述了这样一个虫洞。然而,虫洞的界限阻碍了双向运行,且它的管颈(throat)夹断太快以至于只在一个方向它也不能通过。为了防止夹断(奇点)和界限,穿过管颈必须在非零的压力和能量的情况下,那么面临两个问题:①量子场理论是否允许要求维持一个双向可通过的虫洞的压力—能量张量的类型? ②物理规律是否允许在空间部分最初是简单连接的宇宙中建立虫洞。当有如下认识时,这些问题更加重要了,即如果物理规律允许可穿过的虫洞存在,那么它们可能也允许这样一个虫洞被转换为一个违背因果性的"时间机器"。这篇文章依次讨论了虫洞的创造,它们通过量子场理论的压力—能量张量的维持,以及它们变成的时间机器的转换。

用经典广义相对论处处有效的这样一个微小(mild)时空曲率,虫洞的创造必须伴随着封闭的类时曲线和/或一个未来光锥(future light cone)的不连续的选择,同时违背了弱能量条件。有着这样的虫洞创造的明确时空是已知的,然而不知道的是被在那些时空中的 Einstein 方程规定的压力—能量张量是否被量子场理论所允许。

伴随着极大的时空曲率的虫洞创造将被量子引力规律控制。一个看似合理的情况需要量子泡沫(quantum foam),对于一个在 Planck – Wheeler 长度量级的长度规模下的拓扑结构类型的有限的概率振幅(probability amplitude),$(G\hbar/c^3)^{1/2} = 1.3 \times 10^{-33} \text{cm}$,可以想象一个先进的文明把虫洞拉出量子泡沫并且放大它到经典尺寸。这可能能通过正在发展的对量子隧穿(quantum tunneling)产生的自发虫洞的计算的技术来分析。

另外,对任意可穿过的虫洞,一个双球(two sphere)环绕一个出入口(但它的外部时空几乎是平的),如看到的那样,从另一个出入口穿过虫洞,是一个外部束缚表面(outer trapped surface)。这意味着没有视界(event horizon)的情况下,虫洞的压力—能量张量 $T_{\mu\nu}$ 必须违背平均的弱能量条件(AWEC);即要通过虫洞必须有零测地线(null geodesic),有着切向量 $k^\mu = \mathrm{d}k^\mu/\mathrm{d}\zeta$,沿着它 $\int_0^\infty T_{\mu\nu}k^\mu k^\nu \mathrm{d}\zeta < 0$。因此,如果能说明量子场理论禁止对 AWEC 的违背,则可能排除先进文明维持可穿过的虫洞的可能性。

我们知道,Casimir 真空是电磁场的一个量子状态,违反了非平均弱能量条件。Morris 论文讨论了 Casimir vacuum 对支持一个虫洞的作用。然后用大部分篇幅探讨虫洞转换为时间机器的问题。至今仍难判断这些基于数学和 GR 的讨论的意义。

6 弯曲时空与曲相推进

warp drive 译作曲相推进或曲速引擎,是一个关于超光速宇航的理论预言或设想。基本原理是,一般置于时空曲速泡中的飞船,在相对于附近空间(参照系)保持不动的前提下,却可以获得任意大的速度,飞向遥远的宇宙深空。这是因为已设法使曲速泡前方的时空收缩,缩短了与目的地之间的距离;但同时又使曲速泡后方的时空膨胀,增大了与出发点之间的距离。这是1994年由墨西哥物理学家 M. Alcubierre[36] 提出的,论文题目是"曲相推进:广义相对论中的超高速旅行"。当然,这理论是以时空一体化为基础。该文介绍了在 GR 框架内且不引入虫洞的情况下,怎样通过某种方式改变时空使得太空飞船能够以任意大的速度飞行。通过在飞船后面产生一个局域的时空扩张以及在飞船前面形成一个相反的收缩,处于扰动区域外的观察者可能会观测到飞船是以超光速飞行。产生的扭曲(失真)现象让人联想到科幻小说里的"曲速引擎";但是,当它发生在虫洞内时,为了产生所描述的时空扭曲(失真),需要一种奇异物质(exotic matter)。

Alcubierre 说,SR 认为没有物体可以按照超光速运动。这个理论在 GR 中"依旧正确",但是描述应更准确——在 GR 中,没有物体能在本地以超光速飞行(In GR, nothing can travel locally faster than the speed of light)。

因为人类日常生活是基于 Euclid 空间的,我们很自然会认为如果没有物质能在本地以超光速飞行,然后使两地分隔适当的空间距离 D,正如始终待在出发位置的观察者测量的那样,在两地间做往返航行的时间不可能小于 $2D/c$。当然,从我们对 SR 的研究中知道如进行往返飞行的人是以接近光速飞行,他测量的时间要小一些。但在 GR 的框架内、在不引入奇异拓扑结构(虫洞)的情况下,人们实际上可以用比保持静止的观察者测量的要短一点的时间来完成这种往返航行,这一点或许会让许多人吃惊。但是,如果在早期宇宙的膨胀阶段且考虑到两个共同运动的观察者的相对分离速度,就容易理解这一想法。如把相对速度定义为本征时间里固有空间距离的改变率,就将获得一个比光速大很多的值。这并不意味着观测者将以超光速飞行,他们总是在本地(局域)的光锥里运动;巨大的分离速度来源于"时空"本身的扩张。上述例子展示了怎样利用时空的扩张以一个任意大的速度远离某地。同样也可以利用时空的收缩以任意速度抵达某地。这是本文呈现的超快速空间旅行的模型:产生一个局部的时空扭曲能使得飞船后方形成扩张,在飞船前方形成收缩。以这种方法,飞船将通过"时空"本身被推动远离地球并向遥远星球推进。我们可以反转这一过程来返回地球,从而用较少的时间来完成往返飞行。

Alcubierre 解释说,这种超光速常使人困惑,但也是一个关于当处理动态时空问题时,基于 SR 的直观感受是怎样被欺骗的一个非常好的例子。

Alcubierre 使用一个简单度规(simple metric),利用 GR(3 + 1)形式语言来实现它。在该形式下,时空能由恒定时间坐标 t 的类空超曲面的叶埋(foliation)来描述。时空的几何结构可根据下述定义来给出:超曲面的三维度规 γ_{ij},能给出由 Euler 观察者(他们的四维速度垂直于超曲面)测量的相邻超曲面之间本征时间间隔的流逝函数 α,与不同超曲面上空间坐标系相关的位移矢量 $\boldsymbol{\beta}_i$。使用这些定义,时空度规可用下式表示:

$$ds^2 = -d\tau^2 = g_{\mu\nu}dx^\mu dx^\nu \tag{12}$$

注意到只要度规 γ_{ij} 对于所有 t 的值都是正定的(这是为了使它成为空间度规),时空就能确保是完全双曲线性的。因此任何能用(3 + 1)形式语言描述的时空都没有封闭的因果关系曲线。

假设太空飞船沿 Descartes 坐标系的 x 轴运动。我们想找到一个度规,该度规可以"推动"飞船沿着由时间的随机函数 $x_s(t)$ 描述的轨道飞行。有这种性质的度规由数学式给出。进一步分析的结果可绘图表示,可清楚地看到体积元素飞船后面扩张,在飞船前面压缩。此外还可证明,这不仅仅是飞船在一个类时曲线里运动,而且它的本征时间等于坐标时间。因为坐标时间也等于远方平坦区域内观察者的本征时间,故可得出结论:当飞船在飞行时,并没有经历时间的膨胀。这也直接证明了飞船在测地线上飞行。这意味着,即使协调加速度是一个任意的时间函数,沿飞船飞行路径的本征加速度也将是 0。

为了能观察人们怎样利用该度规用相对很小的时间去完成与遥远星球之间的往返旅行,可以考虑以下情形:恒星 A 和恒星 B 在平直时空中相距距离为 D。在时刻 t_0,一艘飞船用它的火箭引擎推动，以速度 v 从 A 出发。然后飞船在与 A 相距 d 处停止飞船。假设 $R \ll d \ll D$，此时以飞船位置为中心，上文所描述类型的时空的扰动首先出现。该扰动是飞船在以从 0 迅速增加到恒定值 a 的协同加速度推动下远离 A 造成的。因为飞船刚开始是静止的（$v = 0$），扰动将从平坦时空平稳发展而来。当飞船飞至 A、B 中间时，扰动按以下方式做出改变，即协同加速度从 a 迅速变为 $-a$。如果飞行第二阶段协同加速度按这种与飞行第一阶段相反的方式设置，飞船在与 B 相距 d 的位置上保持静止；在这个位置上，飞船的扰动将消失（因为 $v = 0$）。通过又一次在平坦时空以速度 v^3 飞行，这趟旅程便结束了。

此外可看到，当太空飞船在平坦时空飞行时，时间的扩张仅来源于飞行的开始和结束阶段。由于往返旅程仅仅是两地距离的 2 倍，无论从飞船的角度还是星球的角度，我们能以任意小的本征时间回到星球 A。飞船将能够飞得比光速更快。但是，它将始终保持类时轨迹；也就是说，在它的局域光锥中，光本身也会因时空的扭曲而被推动。一个基于局域时空扭曲的推进机理类似于科幻小说里的"曲速引擎"。

以上分析建基于：超曲面的三维几何结构总是平坦的；关于时空曲率的信息将确定的时间流逝表明垂直于超曲面的类时曲线是测地线；后者包含在外部曲率张量规 K_{ij} 中，该张量描述了三维超曲面是怎样嵌入到四维时空中的。……问题在于前文描述的度规有一个重要的缺点：它违背了三大能量条件（弱能量条件、主能量条件和强能量条件）。弱能量条件和主能量条件对于所有观察者而言，需要能量密度为正。如果有人能从度规计算 Einstein 张量且利用 Euler 观察者的四维速度，那么就能展示出这些观察者将看到下述能量密度：

$$T^{\mu\nu} n_\mu n_\nu = \alpha^2 T^{00} = \frac{1}{8\pi} T^{00} = -\frac{1}{8\pi} \frac{v_s^2 \rho^2}{4 r_c^2} \left(\frac{\mathrm{d}f}{\mathrm{d}r_s} \right)^2 \tag{13}$$

该表达式恒为负值这一事实表明它违背了弱能量条件和主能量条件，用相似的方法也能证明它也违背了强能量条件。

我们看到，当它发生在虫洞里，需要奇异物质来完成超光速飞行。但是，即使我们相信奇异物质是被禁止的，众所周知量子场论允许在一些特殊环境里负能量区域的存在（如在 Casimir 效应中）。对奇异物质的需要并没有消除如上文描述的超快星际旅行那样使用时空扭曲的可能性。……以上是 Alcubierre 理论的要点。

总之，计算表明必须要有负能量，它必须环绕在星际飞船周围。这实现起来困难非常大；首先是要求巨量的奇异物质。例如后来有人证明，一个以 $v = 10c$ 运动的曲速泡，其壁厚 10^{-30} cm；而星际飞船尺寸假设为 200m，那么所需的负能量相当于可观察宇宙质量的百亿倍！还有人提出了其他改进方案，但就可实现性而言没有多少进步。……对虫洞和曲相推进，有人说是"有远见的观念"，有人认为是"靠摆弄公式产生的空谈"。我们觉得或许可以说是思想的火花。……在国际上，至今仍有物理学家认为曲速引擎可行；最新的消息是 2015 年 8 月 19 日英国媒体的报道，天体物理学家称：在未来 100 年内 warp drive 可能成为现实，电影《星际迷航》式的太空旅行有可能实现。这是澳大利亚 Sydney 大学教授 J. Lewis 对美国广播公司（ABC）说的，他认为这一未来主义概念是相对论的一部分，相对论描述了我们可以怎样扭曲时间和空间。这样就可以在宇宙中旅行，速度想多快就多快。这在理论上是可能的，但我们能否造出一台曲速引擎？我们掌握的线索表明，宇宙中存在需要的材料，但能否集齐全部材料并造出一台曲速引擎现在还是未知数。

这位天体物理学家声称，没有《星际迷航》式的太空旅行，人类不大可能在宇宙中开拓殖民地。他说:"我们面临的重大问题是,尽管光速很快,但涉及的距离太远了。所以,就算以光速旅行,要到最近的恒星也需要 4 年,到最近的大星系要 200 万年。这种距离让你无法在宇宙中开拓殖民地……所以,你需要以某种方式战胜速度极限。相对论提供了答案。"

这位物理学家的观点(未来的宇航必然需要超光速飞行),其实早就由中国科学工作者(包括宋健院士、林金院士和笔者)提出了。而且我们早已注意到相对论中的不自洽性——SR 说不可能有超光速运动",GR 却实际上说它是可能的(否则也不会出现虫洞理论和 warp drive 理论)。这种内在矛盾导致出现这样的令人匪夷所思的说法——未来的超光速宇航的理论基础仍是相对论。

7 弯曲时空与引力波

有电磁场存在是否意味着有电磁波?回答是不一定。只有交变电磁场才能产生电磁波辐射,静态电磁场不产生电磁波(如有静电场却没有静电波)。同样道理,不能说有引力场就必定有引力波,事实上经几十年努力科学界也未找到引力波。然而运动电荷形成电流从而产生磁场,电荷如在电场中加速运动,会产生和辐射电磁波。那么作为引力场源的物质如做加速运动,会不会产生和辐射引力波呢?如 Einstein 的引力场理论正确,回答是肯定的。他的引力理论如有问题,那就不一定了。因此引力波的存在性并无绝对的肯定和否定,而迄今为止的一切努力都未能找到引力波的踪迹[37]。尽管如此,主流物理学界仍坚持认为引力波存在,只是暂时未找到而已。因而人们继续花费大量的资金建造更先进的设备和系统,从事寻找引力波的探索。这样做的动力固然主要是一种科学上的追求,但也包含了对 Einstein 的绝对信仰——既然他说了有引力波,那就一定有。甚至有物理学家说:"如果 Einstein 会错,那他就不是 Einstein 了。"

1919 年 Einstein 在 GR 引力场方程的弱场近似解中,得到平面波引力波辐射的结果。1918 年 Einstein[38] 发表论文详论引力波问题,他首先用推迟势(retarded potential)解近似的引力场方程,然后论述了平面引力波和力学体系的引力波辐射。1937 年 Einstein 和 Rosen[39] 发表论文,提出柱面引力波解,认为是引力场方程的第一个严格的辐射解。然而科学界不认同这篇论文,论文距离波源远区的引力波应为球面波;但据 1927 年的 Birkhoff 定理,真空球对称度规(引力场)一定是静态的,即真空中不可能存在严格的波对称引力波。故形成了悖论,使 Einstein 理论停留在平面引力波的层次。然而即使在电磁作用的领域,真正的平面电磁波其实并不存在[29]。现在要证明平面引力波存在,更是不可能的事。

Einstein 引力波理论的核心思想是,物质决定时空曲率,而变化的时空曲率造成引力辐射,它叠加在静态时空之上形成动态时空曲率变化;而引力辐射功率是取决于运动物质的质量四极矩对时间的三次微商。……从根本上讲,GR 不认为引力是力,从而把引力物理作用和电磁物理作用区别开来;但是又不断地模仿电磁作用理论(电动力学)中的概念,如平面波、柱面波、球面波、推迟势、场方程、波方程等;甚至连"作用速度"都要从电磁理论中"借用"——电磁作用传递速度是光速 c,那么引力传递速度及引力波波速也是光速 c!虽然引力传播和光传播各走各的,分别保持着自己的独立性。……像 Einstein 引力波这样的理论让人难以接受;而国际物理界竟然把这套理论奉为金科玉律。

最早的企图接收引力波的天线是圆柱状金属棒,质量较大(例如长 1.5m 的棒质量 1.5t)。1969 年 J. Weber[40] 声称已接收到来自银河系中心的引力波信号,物理界却认为收到的东西与引力波无关。1974 年 R. Hulse 和 J. Taylor 用直径 300m 的大型射电望远镜发现了脉冲双星 PSR(1913 + 16),因而获得了 1993 年度 Nobel 物理学奖,也有人说是"获得引力波存在的间接证据"。自 1993 年至今又过去了 22 年,现在看这件事,恐怕要承认发现脉冲双星才是获奖的根本原因;而"存在引力波"至今仍是一种猜测或假说,缺乏真正可信的证据,不是授奖的主要理由。如果要颁奖,从 1915 年(GR 问世)到 1955 年(Einstein 去世)的漫长 40 年中必然会因为 GR 而颁发,怎么会不对这个理论体系颁奖却发给该体系的一个研究分支(引力波)的科学家? 再看不久前的事,西方科学界仍有人热衷于寻找"间接说明引力波存在的证据"。2014 年 3 月,美国一些物理学家召开新闻发布会,说 Harvard 大学 BICEP 小组已用实验证明引力波存在,大爆炸后的暴涨理论和多宇宙论也得到证实,可能获 Nobel 奖[41]。暴涨理论的提出者、麻省理工学院(MIT)的 Alan Guth 参加了记者会,"可能获 Nobel 奖"的话就是他说的。当时笔者看了新闻报道就觉得可疑;6 月 16 日宋健院士给我转来一份 Nature 杂志的复印页,上面刊载了美国 Princeton 大学 P. Steinhardt 教授的短文[42],说:"大爆炸错误突出地释放多宇宙泡沫。暴涨模式根本无法验证,因而没有科学意义。"(Big bang blunder bursts the multiverse bubble: The inflationary paradigm is fundamentally untestable, and hence scientifically meaningless.)。Steinhardt 又说,BICEP2 南极望远镜团队的观测结果由 Princeton 大学和 Princeton 高等研究院做了分析,结论是没有来自引力波的任何贡献,是暴涨理论的失败。……果然,当年 9 月 22 日有报道说,欧洲航天局认为 BICEP 小组观测到的扭曲图像可简单地用尘埃解释,因为研究显示他们当时观察的天空宇宙尘埃比之前估计的要多。

2015 年梅晓春[21]指出,Einstein 弯曲时空理论只在球对称引力场方程求解时有效,缺乏普遍意义。建立几何化引力理论不仅不可能,而且把物理作用(引力作用)几何化是把物理学引上了歧途。探测不到引力波也与此有关。他的建议是回归到时空的动力学描述……笔者的观点是,看来复杂的 GR 理论并不能真正告诉我们什么是引力;对此,也可从 GR 的量子化一直失败而看出来。虽然在极力模仿电磁场理论中的光子(photons)而提出了引力子(gravitons)概念,但科学界早在 2006 年就已得出结论说:"发现引力子是不可能完成的任务。"

8 GR 的实验检验

2007 年 4 月 17 日《参考消息》报刊登一篇译文,题为"广义相对论首获证实"。"首获"这两个字用得好;因为此前的 GR 实验证明,按照 1922 年 Einstein 的说法,主要是:①光线经过质量巨大物体时会发生偏折;②引力红移(太阳表面产生的光谱与地球上产生光谱相比前者向红端偏移约 2×10^{-6});③对水星近日点的运动的解释。1922 年 Einstein 的年龄是 43 岁,距 1955 年去世尚有漫长的 33 年。如果 GR 已通过三方面得到证实,瑞典科学院 Nobel 奖委员会绝不可能不再次给 Einstein 授奖。……近年来对上述三方面都有质疑文章,本文不赘述,只讨论在 2007 年在西方是怎样使 GR"首获证实"的。

美国 Stanford 大学的三名科学家 1959 年最早萌发了有关"引力探测器 B"(GP - B)的想法,NASA 于 1964 年正式开始对这一计划进行资助。GP - B 最终于 2004 年升空,美国国家科学研究委员会曾认为,如果这项实验成功,它将成为验证物理理论的一个经典实验。如果实验结果不能为 Einstein 理论提供佐证,那这次实验也将是革命性的,因为那意味着现代物理的基石——广义相对论将被改写。

为了解 GP - B 原理,需回顾基本的理论前提。在电动力学中,波方程和 Lorentz 条件为

$$\Box A_\mu = 0 \tag{14}$$

$$\frac{\partial}{\partial x^\mu} A_\nu = 0 \tag{15}$$

式中：$\Box = \nabla^2 - \dfrac{1}{c^2}\dfrac{\partial}{\partial t^2}$；电磁势 A_μ 有四个分量（一个电分量和三个磁分量）。另一方面，在取宇宙学常数 $\lambda = 0$ 时的引力场方程为式（5），在弱引力场及真空情况下时空度规可写作

$$g_{\mu\nu} = \eta_{\mu\nu} + h_{\mu\nu} \tag{16}$$

式中：$\eta_{\mu\nu}$ 为 Minkowski 时空的参数；$h_{\mu\nu}$ 为小量修正。

代入本文式（5），忽略高阶项，只保留线性项，获得关于 $h_{\mu\nu}$ 的线性方程

$$\Box h_{\mu\nu} = 0 \tag{17}$$

上式为波方程，波速即光速 c，故 $h_{\mu\nu}$ 代表引力波，与电磁波相对应。量 $h_{\mu\nu}$ 的分量比四个多，但仔细分析起来，不等于零的分量只有两个：一个与 Newton 引力势对应，也与电磁场的电分量相对应；另一个在 Newton 引力理论中无对应者，但可与电磁场中的磁分量对比，就把它叫做"引力的磁分量"。这只是一种数学推导中的对比和隐喻，绝不表示"引力是静磁力"或"引力包含有静磁力"，并且其正确性尚需依靠对 GR 的整体实验证明。简而言之，"类磁引力"概念来自下述动机：按照电磁理论方式建立引力场的类 Maxwell 方程组；该动机来源于 Newton 引力与 Coulomb 静电力的相似性。

总之，GR 引力理论表示"运动的质量会引起引力的'磁分量'"。那么，旋转物体之间也就会有"磁矩"。这是 GR 与 Newton 引力理论是又一区别，后者认为两物体间的引力只取决于两者的质量，而与它们是否旋转无关。由此可以检验理论了——在宇宙空间放一陀螺，GR 理论表示旋转陀螺与旋转地球之间会发生相互作用的，即陀螺产生进动。如陀螺距地面 600km，则最大进动为 0.044（"）/年。……前已指出，引导星的缓慢移动约 0.035（"）/年，即此 1 项误差源即与拖曳效应的效果几乎一样大！如发射一个装置到空间，其中有四个由直径约 4cm 的石英球制成的陀螺，并置于超低温（如 1.6K）中，使方向精度达到 0.001（"）/年，这样就可能检验 GR 理论。2004 年发射升空的 GP - B，其陀螺仪很精确，一旦陀螺仪指向某个方向，开始旋转，它应该永远按照这条准线转下去。然而，如果 Einstein 的理论是对的，那么由近处的地球通过两种效应共同造成的空间扭曲就应该慢慢地使陀螺仪脱离准线，但这种效应非常小。表 1 列出了 GP - B 的实验预期，平直时空的数据是章钧豪教授计算得到的。

表 1　GP - B 的实验预期

实验内容	物理实质	引力场源（地球）的运动	陀螺在场源产生两种附加引力场中的进动率/（毫弧秒/年）	
			弯曲时空（GR）	平直时空
短程线效应（轨道运动效应）	地球对时空的扭曲	绕卫星运动	6614.9	4409.6
惯性系拖曳效应（地球转动效应）	地球旋转对空间的扭曲	自转运动	40.9	0（当陀螺轴在轨道平面上）

2007 年的报道说，实验表明短程线效应得到证实；惯性系拖曳效应如何？报道没有说。GP - B 计划已用去了 4 亿英镑，Stanford 大学的科学家当然要有所交代。但是对这个"证实结果"后来一直比较低调，直到 2015 年 3 月 UC - Berkeley 的科学家宣布说，通过 Hubble 望远镜观测结果（实际上是引力透镜效应）证实了 GR。……这类的"已证实"报道一再出现本身就表明西方科学界对 GR 信心不足，宣布"证实"的理由都较勉强。这是什么原因？

GR 实际上认为"引力不是力";这种坚决与 Newton"对着干"的理论,到头来却不能确切地说明引力究竟是什么。人类早就知道万有引力维持了太阳系的各天体的稳定运动,怎么能说它不是力?……笔者在此重申文献[26]的观点:"不要总是跟着西方人亦步亦趋,也不要过分迷信和崇拜权威。要认识到西方科学界也会出错,名人和大师也会犯错误。中国科学家要增强自信心,勇于创新,敢于对现存知识的某些方面提出质疑。不再用别人的昨天装扮自己的明天。"

9 引力传播速度研究概述

1865 年 J. C. Maxwell 发表论文"论电磁场的动力学理论",文中有三个伟大成就:①在历史上首次提出和使用"电磁场"(electro – magnetic field)一词;②以 20 个标量方程的形式写出电磁场方程组;③以磁感应强度 $\boldsymbol{B}$ 为依据导出了波方程,在其基础上预言电磁波的存在,判断"光是一种通过场传播的电磁扰动",即电磁波。1888 年 H. Hertz 由实验发现了电磁波,距 Maxwell 的预言仅 23 年。自那以后的一百多年来,得益于两位大师的开拓研究,人类生活发生了极大变化。……与此相对照,A. Einstein 于 1915 年提出引力场方程,1916—1918 年预言了引力波;已过去了百年,对引力场方程的应用至今还是有限的和有争论的;至于引力波则始终未发现,其"应用"为零。

现在我们可以对比两种情况。历史上先是:"提出电磁场方程组→理论预言电磁波→实验发现电磁波→进行电磁场量子化得出光子→实验发现光子(电磁场转变为光子场)。"有了如此成功的先例,人们不禁要用如下程序来研究引力:"提出引力场方程→理论预言引力波→实验发现引力波→进行引力场量子化从而得出引力子。"前两步工作都由 Einstein 做了,但引力波、引力子就是发现不了!这未免令人生疑。"引力场量子化"的努力尚无成功希望。……中山大学胡恩科教授是多年从事引力波检测实验的专家,1998 年他在一篇总结性文章中说[43]:"也许最新的探测器仍未能发现引力波的芳踪,那么这将是对现有引力理论(特别是广义相对论)的极大挑战。"这位专家只是委婉地对 GR 表示了怀疑,即使如此也需要很大的勇气。

GR 是和 Newton 理论根本不同的理论。如 Newton 的超距作用成立,那么 SR 中的"光速极限原理"失效,而 GR 也会发生问题。尽管人们指出 Newton 理论存在某些困难,但直到现在仍有科学家相信 Newton 引力理论而批评相对论。耿天明[44]于 2004 年提出,要充分认识到自然界的复杂性,它存在各种类型的作用,在形式上有力、势、相关或纠缠,在途径上有通过媒介的和直接超距的,在传递速度上有光速的和超光速的。总之,光速媒递作用仅是其中之一,还会存在超光速媒递作用甚至超距作用。其实,在国际上早就有人提出了上述看法。1935 年 Einstein 等发表 EPR 论文[45],提出局域实在论的物理—哲学观点:EPR 论文论证说,量子力学违反局域性假设和实在性判断原则,因而不完备。其后,1964—1965 年 J. Bell 发表了著名的 Bell 不等式[46],使得用实验检验 QM 的正确性成为可能。1982 年 A. Aspect 小组报告了检验结果[47],引起了轰动。这时 J. Bell 说他不再同意 Einstein 的世界观,又说 EPR 思维中就有"比光快的东西"。著名的科学哲学家 K. Popper 于 1984 年提出:"应当考虑存在超距作用的可能性。"20 年后物理学家耿天明重复 Popper 的意见并不是偶然的[48]。

在某些文献中,把引力速度(speed of gravity)与引力波速度(speed of gravitational waves)混为一谈。这是不对的,因前者指引力作用的传播速度,后者是引力波(如果存在)的固有波速。

对于持"没有引力波"观点的学者(包括笔者),后一问题根本不存在;但前者仍是需要计算和测量的问题。换言之,在 1916—1918 年 Einstein 提出引力波理论之前,没有人考虑"引力波波速"问题,却早就有人思考和讨论"引力作用传播速度"问题。……有的文献使用两个不同的词——"Newton 引力"("Newtonian gravity")和"Einstein 引力"("Einsteinian gravity"),笔者认为这样讲法欠妥;只有一个引力,那是不同的人(Newton 和 Einstein)所面对的大自然同一客体,只是研究方法和结果不同。我同意下述说法——不同的理论假设导致不同的推论(different theoretical assumption lead to different deductions),因此从 Newton 引力理论出发还是从 Einstein 引力理论出发,对引力速度的看法截然不同。例如有相对论学者说[49],Einstein 引力场方程包含有单独的参数 v_G,它既描述引力波速度也描述"引力速度"。注意他在这里加了引号,是一种不屑的口气,却不敢否认"speed of gravity"的存在。……总之我们认为要把引力速度 v_G 和引力波速度 v_g 区别开来,这才是正确的叙事方式。

从 17 世纪到 20 世纪,三位前辈科学大师都认为引力传播速度远大于光速($v_G \gg c$),他们是 Newton(1642—1727)、P. Laplace(1749—1827)、A. Eddington(1882—1944)。这是因为如引力以有限速度 c 传播,将有扭矩作用于行星,则绕太阳运行的行星将变得不稳定(If gravity propagated with finite velocity c, the motion of the planets around the sun would become unstable, due to a torque acting on the planets)[50]。认识到这点是重要的,引力速度如为光速 c 就太"慢"了,因而是不可能的。先看 Newton,对他 1687 年发表的万有引力理论而言,光速是一个太小的数值。Newton 的著作没有正面讨论引力传播的速度,但他认为引力作用是即时发生的,即引力速度 $v_G = \infty$,后人称为超距作用。他知道太阳的光线到达地球要好几分钟;但太阳引力作用于地球,这个过程绝不会花费几分钟的时间。对 Newton 而言,支配天体运行的引力,和太阳等光源发出的光,两者属于不同的体系,没有必然的联系。因而,Newton 绝不会认为"引力传播速度就是光的传播速度"。

法国数学家、天文学家 P. Laplace[51] 于 1805 年通过分析月球运动得出 $v_G \geq 7 \times 10^6 c$;1810 年根据潮汐造成太阳系行星轨道不稳定的长期影响断定 $v_G \geq 10^8 c$;后来 Laplace 又说引力传播速度可能是光是的几百倍。因此可以说 Laplace 是超光速研究真正的先行者。……到 20 世纪,在 GR 理论问世前,有两位德国物理学家 R. Lämmel(在 1911 年)[52] 和 M. Born(在 1913 年)[37] 当面告诉 Einstein:"引力速度比光速快",即 $v_G > c$。

1916—1918 年,Einstein 在 GR 理论的基础上预言引力辐射和引力波存在[38],认为引力波是横波,以光速传播,即 $v_g = c$。但我们从未看到过他直接的对引力速度的论述。

英国剑桥大学教授、天文台台长 A. Eddington[53] 曾是相对论的热情支持者,但在 1920 年他指出:如果太阳从现在位置 S 吸引木星,而木星从它的现处位置 J 吸引太阳,两引力处在同一直线上并且平衡;但如太阳从它先前的位置 S' 吸引木星,而木星从它先前的位置 J' 吸引太阳,两力的歧异产生力偶,趋向于增加系统的角动量,并且是累积的,将迅速引起运动周期的变化,不符合引力作用速度是光速的观点。总之,如天体间的引力以有限速度传播,运行轨道是不稳定的。进一步,Eddington 根据对水星近日点进动的讨论断定引力速度 $v_G \gg c$;根据日食全盛时比日、月成直线时超前断定 $v_G > 20c$。

20 世纪末 T. Flandern 发表了关于引力速度的研究文章[54],引起广泛关注。在回顾了 Eddington 的工作之后他指出,对太阳(S)—地球(E)体系而言,如果太阳产生的引力是以光速向外传播,那么当引力走过日地间距而到达地球时,后者已前移了与 8.3min 相应的距离。这样一来,太阳对地球的吸引同地球对太阳的吸引就不在同一条直线上了。这些错行力(mis-

aligned forces）的效应是使得绕太阳运行的星体轨道半径增大,在 1200 年内地球对太阳的距离将加倍。但在实际上,地球轨道是稳定的;故可判断"引力传播速度远大于光速"。他的工作得到两个结果:使用地球轨道数据作计算时得 $v_G \geqslant 10^9 c$;使用脉冲星 PSR(1534 + 12) 的数据作计算时得到 $v_G \geqslant 2 \times 10^{10} c$。

2003 年 1 月 9 日,我国《科学时报》根据美国《纽约时报》的报道发布了一条消息:"科学家第一次测量出引力速度。这是两位科学家 1 月 8 日在美国西雅图召开的美国天文学会会议上公布的,这次实验再次证实了 Einstein 的理论正确。美国物理学家 S. Kopeikin 说:'Newton 认为引力是瞬时速度,Einstein 则推测引力是以光速运动的,但直到现在为止,还没有人测量过引力的速度。'当木星经过它前面一个遥远的天体时,通过观测射电波轻微的'弯曲',Kopeikin 和 Fomalont 确信引力传播的速度与光速相等。他们说这个发现的误差在 20% 以内。这一测量是 2002 年 9 月 8 日使用美国的长基线阵列射电望远镜和一台德国的射电望远镜共同进行的。"[55]

但这一成果未得到科学界认可;例如著名物理学家 C. Will[56] 在 2003 年 1 月 9 日即撰文反驳,他指出,类星体的射电信号经过木星附近区域时,射电波速度会有些变化,可是射电信号对引力速度是不灵敏的。所以,S. Kopeikin 等的观测结果不代表测量出引力速度。总之,在两周之内名刊 Nature 和 Science 都报告说,科学家们认为实验的解释有致命缺陷。纽约大学石溪分校的 P. van Nieuwenhuizen 一生致力于引力研究,他说"这完全没有意义"。圣路易华盛顿大学的 C. Will 持类似看法。另一位物理学家 K. Nordtvedt 说:"实验很精彩,但与引力速度无关。"还有人认为 Kopeikin 等观测的是引力场中的射电波速度,而不是引力的速度。

因此我们的结论是,迄今为止人类尚未真正测出过引力传播速度。笔者以为,由于我们面临的世界和宇宙是实在的由物质构成的,对其特性(如引力)的认识就不能停留在理论物理学家大部头著作中的一堆公式上。因此对引力速度的测量非常重要,可能是"Nobel 级的研究课题"。

10 引力传播速度的测量

近年来,中国科学工作者认识到测量引力速度的重要性并进行了研究。例如 2011 年朱寅[57] 在 Chin. Phys. Lett. 发表的英文论文题为"引力速度的测量",其摘要说:"根据引力场和电磁场中的 Lièrnard – Wiechert 势,显示出引力场(波)的传播速度可由比较测得的引力速度和测得的 Coulomb 力速度而测试出来。"该文不仅摘要简短,论文总长度也有限;在这当中没有提到过引力速度可以超光速。

2007—2011 年,R. Smirnov – Rueda 等发表三篇论文,声称他们测量到电磁相互作用速度(指 Coulomb 力场传播速度)远大于光速,论文发表在 Appl Phys A 和 Europhy Lett 上。加之在同一时期国际上发现量子纠缠态传播是超光速的;而且已经正式承认,量子纠缠是一种 true monlocal;承认量子通信是可以超光速[58],已不再坚持认为"量子通信不能传送信息,故不是真正超光速"了。这些情况对朱寅会有影响,导致在 2013 年他通过太阳对同步卫星轨道的挠动,观察到引力速度远大于光速。2014 年朱寅[59] 在预印本网站上发表了系统、全面的英文文章,题目仍为"引力速度的测量",其摘要说:

"引力速度是重要的宇宙常数,但尚未由直接的实验观测而获得,其解释也相互矛盾。本文给出:引力场相互作用和传播可由比较引力速度测量和 Coulomb 力测量而得到。提出了测

超光速物理问题研究

量引力和 Coulomb 力速度的方法。依据卫星运动观测到引力速度大于真空中速度 c，由这个观测和近来的实验研究了电场和引力场结构，给出了引力波波长的间接测试。"这个摘要与 2011 年不同之处在于提出了"引力速度是超光速的"。

从这两篇文献我们看不出朱寅进行了实验，他也没有提供任何引力超光速的数据。他提供了一条包含有数字的说明，是一个令人感兴趣的例子，证明引力传播是以比 c 快很多的速度传播。朱寅 2013 年通过太阳对同步地球卫星轨道的扰动计算证明了引力速度远大于光速；在 2014 年提出了在实验室中用原子干涉仪测量引力速度的方法；过去科学界已用该仪器测量了引力常数 G。他设想了如何把原子干涉仪与天文观察相结合。他说："我们如果在实验室测量到引力速度，将是一个历史性的结果，会写进教科书中。"但他也认为当今的物理界对超光速的接受是存在问题的，因为这与相对论矛盾。

2007 年黄志洵[37]就曾著文详述对引力传播速度为何是超光速的，并在应用上有一些设想。最近了解到朱寅的研究工作后，高兴地认为"这再次证明中国人是很聪明的"，并建议他尝试申请自然科学基金以便进行实验。另外，朱文中有一个错误；真空中光速 $c = 1/\sqrt{\varepsilon_0\mu_0}$，但两文中均写作 $c = \sqrt{\varepsilon_0\mu_0}$，是错了（估计是笔误）。但他指出引力相互作用与 ε_0、μ_0 无关是正确的。

在与朱寅多次交流中，笔者了解到他目前的几点看法：①引力速度是一个物理学的基础问题，而引力超光速则更是涉及现代物理学的基础。因此测量这一速度具有重大的意义。②引力速度测量在原理上非常简单。我国已经有了测量引力速度的科技水平和设备，搞原子钟和原子干涉仪的人都可以测。更广泛来说，搞原子物理的人都可以测。③测量结果应该是引力速度超光速，这无疑是基础物理学的一个根本性的大问题。与 Coulomb 力速度对比，可能带来对引力场和电磁场的新理解。如果 Coulomb 力速度真的是如同 Smirnov – Rueda 等人所测得的那样，则意味着物理学将有一个新发展。④但是，要物理界接受这些新东西，估计还有困难；例如量子通讯超光速在国外已经得到较大的认可，其对物理学基础理论的可能影响在国内还没有物理学家开始讨论。不过，只要工作做得扎实，经得起检验，就一定会取得影响物理学发展的成果。

朱寅认为，引力超光速很容易理解。现在的卫星运行是按照 Newton 理论设计的，在 Newton 理论中引力速度是瞬时的。现在对同步地球卫星轨道半径的观察结果是在 8cm 的水平上与 Newton 理论一致，$10^{-9} m/s^2$（加速度，习惯称为引力）的引力可以观察到。他的计算结果表明，若太阳引力以光速传播，则其半径与实际观察相差 8m 以上，而且会有 $10^{-7} m/s^2$ 的引力差别。这两个差别是非常大的。

朱寅提出的测量原理和方法如下：利用原子干涉仪（原子钟），原子与一个 500kg 的金属球之间的 Newton 引力 $F = GMm/R^2$ 可以观察到。利用这一技术，已经有 10 多个实验测量了引力常数 G。因此，观察一个 500kg 的金属球的运动对原子的运动的时间关系，就可以测量引力速度。具体地讲，假设金属球在时刻 t_0 运动，这一运动会导致原子在时刻 t_1 运动，若金属球与原子的距离为 L，则引力速度为

$$v_G = \frac{L}{t_1 - t_0} \tag{18}$$

这个方法的关键是时间测量精度。现在已有的原子干涉仪测量到的时间相对于引力的变化是 $10^{-6} s$。但要在实验室测量到引力速度，最好在 $10^{-10} s$ 的水平，最起码要在 $10^{-9} s$。好在已有一个测量更高精度时间的方法，就是将原子干涉仪中的原子因外部引力影响的 phase shift

用一个外部参考仪器记录起来,并转换为时间。用这个方法,可以测量到 10^{-11} s 的时间,甚至可以测量到 10^{-15} s。这个方法是理论的。这里的关键问题是怎样按这一理论制造出真实的仪器。如能测量到 10^{-15} s,极限 3×10^4 km 时,将有 $v_G = 10^6 c$。

总之,我们希望国家科学主管部门重视武汉学者朱寅的意见并给予支持。

11 讨论

“物理学陷入困境;接下来该怎么办?”这是英国科学刊物 *New Scientist* 于 2013 年组织一批著名物理学家笔谈讨论的中心议题。当前人们热衷的课题是暗物质、暗能量;前者是估计存在于宇宙中却未被天文观测发现的物质,后者表示一种斥力(或说反引力作用)造成“宇宙加速膨胀”。但这些认知至今很模糊,以至物理学家们承认“我们不了解暗能量,也不了解暗物质”;似乎什么都不了解。暴涨场、引力波、多宇宙论,这三位一体的东西也走入死胡同,理论上矛盾重重、实验上发现不了;这当然都牵涉到相对论,因为正是 GR 预言了引力波等。虽然脉冲双星 PSR(1913 + 16) 轨道周期的减少似可用“有引力波辐射”来解释;近年来又用别的“证据”解释[41];但引力波的存在就是得不到实验证明,更不要说“寻找引力子”了。至于 GR 说“引力以光速 c 传播”更是荒唐,人们早就知道引力传播绝不会那么“慢”。

过去人们认为在宇宙中的物理作用只有电磁相互作用、引力相互作用、弱相互作用和强相互作用四种。量子纠缠态呈现的相互作用如列入,一共也就这五种。在这当中最“古老”的是引力相互作用,而对它的认识却似乎最困难——通常认为迄今为止最重要的理论是 Einstein 的 GR 理论,它不把引力当作“力”却造成许多顾虑。更大的问题在于 GR 显然与量子理论不合拍,因而 C. Kiefer[60] 的书把 GR 称为几何动力学;这不是一个尊重 GR 的说法,因为即使 Einstein 也不愿别人把这个理论说成几何的而非物理的。然而此书是一本名著,2013 年已是第 3 版。……Kiefer 还说物理学的发展已表明有比 GR 更基本的理论(a more fundamental theory than GR),只是这还很不清晰。

有的物理学家至今不承认相对论与量子力学有矛盾;现在我要说,它们之间岂止有矛盾,实际上是格格不入! QM 与 SR 之间的问题笔者已详细陈述过[61];QM 与 GR 之间,从根本上讲不能兼容。例如时间、空间而言,GR 主张四维的可弯曲时空;而量子场论则认为空间是由大小约为 10^{-35} m 的点单元所组成,而时间似乎并非一种真实而可观察的事物。此外,对于宇宙、黑洞等课题,QM 与 GR 也常常不一致。M. Brooks 指出:“当物理学家们被要求在量子理论和 GR 作选择时,大多数物理学家会把宝押在量子理论这边;这是因为量子理论能使我们看清整个世界。”

对物理界的上述情况,以色列著名物理学家 Y. Bekenstein 总结说:虽然大多数太阳系的和整个天文学的现象仍用 Newton 引力理论计算,GR 却已嵌入了当代社会。然而在大尺度上(这时引力较弱)GR 从未被测试过,而且有些科学家认为暗物质、暗能量会使 GR 失败。因而在 20 世纪 80 年代就出现了“修正的 Newton 动力学”(MOND),它已取得了进展但也存在一些问题。事实上没有一个理论是尽善尽美的,对世界的认识尚无清晰的答案;他认为今后还是要依靠量子理论……

以上引述的国际著名科学家对物理学现状的分析,在很大程度上符合本文的观点。笔者在这里只提出两方面的补充:首先要重新认识和宣传 Newton 力学的意义。正如 L. Mlodinow 在其新著 *The upright thinkers* 一书中所说,Newton 的力学原理和万有引力不是出自苹果诱发的顿悟,而源自多年的顽强努力。Newton 的成功太伟大,以至于他的发现和选用的语言(如动量、加速度、惯性等)现在已经织入我们文化和词汇的经纬。在此书中还评论了 Galilei,却未提 Einstein。……笔者认为,Newton 力学一直是、未来还将是整个工程技术的基石;航天专家也离不开这门学问。Newton 力学有需要改进之处,但不应被人为地肆意贬低。……其次,要重视瑞士科学家 N. Gisin 带领的团队的前所未有的研究工作[62,63],以实验证明了量子纠缠态的传播既不是即时的超距作用($v_q \neq \infty$),也不是按照光速 c 传播,而是具有一个超光速的现象 $v_q = (10^4 \sim 10^7)c$。这就让人想起引力传播速度和 Coulomb 场传播速度[64]的同样特点。那么为什么在引力作用、电磁作用、量子作用的不同领域会有类似的情况出现? 要洞悉自然界的构造的根本原因是非常困难的,但这种奇妙的现象必然会引起科学家们的兴趣——是不是有一种"比 GR 更为基本的理论"存在? 是值得研究的。

12　结束语

本文在归纳和总结已有学术成果的基础上,通过提炼、推理和创新性思维,对权威性引力理论及相关发展提出看法,是一名中国科学家对西方科学思想的折射与思考。2014 年末笔者在文章中断言"西方科学界开始出现乱象"[26],看来不无道理;甚至应该把其中的"开始"换成"早就",也许更合适些。当然我们并不是反对西方科学家和他们曾经作出的伟大贡献;正因为如此,笔者才在一首旧体诗中写道:"牛顿仍称百世师。"不过,在当前情况下,中国科学界应当在一旁等待吗? 是不是有西方人才能提出对宇宙、世界、物质的正确解释,我们却只能跟在后头、拾人牙慧、用别人的昨天装扮自己的明天?

即以引力问题而论,这是最早被人类认识的物理相互作用,过去一直由 Newton 理论描述。GR 出现后,曾被认为是很有吸引力的,甚至被当作宇宙学的基础;然而现在怀疑的声音已越来越大。……从 1687 年 Newton 的著作出版[20],到如今已过去了 328 年;如果对引力总是弄不清楚,这难道不是科学界的羞辱? ……

参考文献

[1] Einstein A. Zur elektrodynamik bewegter Korper[J]. Ann. d Phys. 1905,17(7):891 – 895. (中译:论动体的电动力学[A]. 范岱年、赵中立、许良英,译. 爱因斯坦文集[C]. 北京:商务印书馆,1983:83 – 115.)

[2] 黄志洵. 论狭义相对论的理论发展和实验检验[J]. 中国工程科学,2003,5(5):7 – 18.

[3] 黄志洵. 狭义相对论研究中的若干问题[J]. 北京广播学院学报(自然科学版),2003,10(3):1 – 12.

[4] 黄志洵. 对狭义相对论的研究和讨论[J]. 中国传媒大学学报(自然科学版),2009,16(1):117.

[5] Dingle H. The case against Special Relativity[J]. Nature,1967,216:119 – 122.

[6] Dingle H. Science at the crossroads[M]. London:M. Bryan & O'Keefe,1972.

[7] Essen L. The error in the special theory of relativity[J]. Nature,1969,217:19.

[8] Essen L. The special theory of relativity,a aritical analysis[M]. Oxford:Oxford Univ. Press,1971.

[9] Kostelecky A. The search for relativity violations[J]. Scientific American. 2004(9):74 – 83. (中译:找相对论的茬[J]. 武晓岚,译. 科学,2004(11):67 – 75.)

[10] 马青平. 相对论逻辑自洽性探疑[M]. 上海:上海科技文献出版社,2004. (又见:马青平. 狭义相对论逻辑不自洽问题和新伽利略时空观[J]. 北京石油化工学院学报,2006,14(4):4 – 16.)

[11] 郭汉英. 爱因斯坦与相对论体系[J]. 现代物理知识,2005:22 – 32.

[12] 郝建宇. 对狭义相对论质速关系式的否定[A]. 时空理论新探[C]. 北京:地质出版社,2005.

[13] 郝建宇. 狭义相对论自我否定剖析[N]. 北京科技报,2006 – 09 – 20.

[14] 刘显钢. 狭义相对论中的可变换假设与极限速度[J]. 北京师范大学学报(自然科学版),2006,42(2):139-143.

[15] 曹盛林. 芬斯勒时空中的相对论及宇宙论[M]. 北京:北京师范大学出版社,2001.

[16] 谭暑生. 从狭义相对论到标准时空论[M]. 长沙:湖南科技技术出版社,2007.

[17] 季灏. 关于电子 Lorentz 力和能量测量的实验[J]. 中国工程科学,2006,8(10):60-65.

[18] 季灏. 量热学法测量电子能量实验[J]. 中国科技成果,2009(1):34-35.

[19] Einstein A. 相对论的意义[M]. 上海:上海科技教育出版社,2001.

[20] Newton I. Philosophiae naturalis principia mathematica[M]. London:Roy. Soc.,1687.(中译:自然哲学之数学原理[M]. 王克迪,译. 西安:陕西人民出版社,2001.)

[21] 梅晓春. 第三时空理论与平直时空中的引力和宇宙学[M]. 北京:知识产权出版社,2015.

[22] 胡宁. 广义相对论和引力场理论[M]. 北京:科学出版社,2000.

[23] 费保俊. 相对论与非欧几何[M]. 北京:科学出版社,2005.

[24] Thorne K. Black holes and time warps[M]. New York:Norton & Comp,1994.

[25] 张操. 关于狭义相对论的修正及新引力理论的方案[M]. 北京石油化工学院学报,2006,14(4):39-45.

[26] 黄志洵. 建设具有中国特色的自然科学[J]. 中国传媒大学学报(自然科学版),2014,21(6):1-12;(又见:黄志洵. 建设具有中国特色的基础科学[J]. 前沿科学,2015,9(1):51-65.)

[27] Fok F. The real time[J]. New Scientist,2013(14 oct):15-16.

[28] Zhang J H. Is space curved?[A]. 相对论与物理创新国际会议论文集[C]. 西安:陕西科学技术出版社,2003.

[29] 宋文森. 实物与暗物的物理逻辑[M]. 北京:科学出版社,2006.

[30] 宋健. 航天纵横——航天对基础科学的拉动[M]. 北京:高等教育出版社,2007.

[31] Flamm L. Beitrage zur Einsteinschen gravitations theorie[J]. Phys. Zeit,1916,17:448.

[32] Ford L,Roman T. Negative energy,wormholes and warp drive[EB/OL]. http://www.cqvip.com.

[33] 黄志洵. 负能量研究:内容、方法和意义[J]. 前沿科学,2013,7(1):69-83.

[34] Ford L,Roman T. Restrictions on negative energy density in flat space time[J]. TUTP-96-2,1996,(2 oct):1-17.

[35] Morris M,Thorne K. Yurtsever U. Wormholes,time machines and the weak energy condition[J]. Phys. Rev Lett,1988,61(13):1446-1449.

[36] Alcubierre M. The warp drive:hyper-fast travel within general relativity[J]. Class Quant Grav,1994,11(5):73-77.

[37] 黄志洵. 引力传播速度研究及有关科学问题[J]. 中国传媒大学学报(自然科学版),2007,14(3):1-12

[38] Einstein A. 论引力波[A]. 爱因斯坦文集[C]. 范岱年,等译. 北京:商务印书馆,1983,367-383.

[39] Einstein A. Rosen N. On gravitational waves[J]. Franklin Inst.,1937,223:43.

[40] Weber J. Evidence for discovery of gravitational radiation[J]. Phys. Rev Lett,1969,22:1320-1324.

[41] 黄志洵. 关于"引力波实验"的一点看法[J]. 前沿科学,2014,8(2):42-43.

[42] Steinhardt P. Big bang blunder bursts the multiverse bubble[J]. Nature,2014,510:9.

[43] 胡恩科. 引力波探测[A]. 21世纪100个科学难题[C]. 长春:吉林人民出版社,1998:22-28.

[44] 耿天明. 对超距作用的再思考[A]. 第242次香山科学会议论文集[C]. 北京前沿科学研究所,2004.

[45] Einstein A,Podolsky B,Rosen N. Can quantum mechanical description of physical reality be considered complete?[J]. Phys. Rev,1935,47:777-780.

[46] Bell J. On the Einstein-Podolsky-Rosen parodox[J]. Physics,1964,1:195-200.(又见:Bell J. On the problem of hidden variables in quantum mechanics[J]. Rev,Mod. Phys,1965,38:447-452.)

[47] Aspect A,Grangier P,Roger G. Experiment realization of Einstein-Podolsky-Rosen Bohm gedanken experiment,a new violation of Bell's inequalities[J]. Phys. Rev. Lett,1982,49:91-96.

[48] 耿天明. 上帝在掷骰子吗?——EPR佯谬[A]. 申先甲. 科学悖论集[C]. 长沙:湖南科技出版社,1998:147-165.

[49] Carlip S. Aberration and the speed of gravity[J]. arXiv:gr-qc/9909087 v2,31 Dec 1999.

[50] Sangro R,et al. Measuring propagation speed of Coulomb fields[J]. arXiv:1211. 2913,v2[gr-qc],10 Nov 2014.

[51] Laplace P. Mechanique celeste[M]. volumes published from 1799-1825;Einstein translation:Chelsea Publ,New York,1966.

[52] Lämmel R. Minutes of the meeting of 16 Jan. 1911[A].(戈革,译. 爱因斯坦全集:第3卷. 长沙:湖南科学技术出版社,2002.)

[53] Eddington A. Space,time and gravitation[M]. Cambridge:Cambridge Univ. Press,1920.

超光速物理问题研究

［54］ Flandern T. The speed of gravity：what the experiments say［J］. Met Research Bulletin,1997,6(4)：1 − 10.（又见：The speed of gravity：what the experiments say［J］,Phys Lett,1998,A250：1 − 11.）

［55］ Fomalont E B,Kopeikin S. The measurement of the light deflection from Jupiter：Experimental Results［J］. Astrophys Jour, 2003,598：704 − 711.

［56］ Will C M. Propagation of speed of gravity and telativistic time delay,Astrophys. Jour, 2003,590：683 − 690.

［57］ Zhu Y. Measurement of the speed of gravity［J］. Chin Phys Lett,2011,28(7)：070401 1 − 4.

［58］ Bancel J D. Quantum nonlocality base on finite − speed causal influences leads to superluminal signalling［J］. Phys Rev A, 2013,88：022123 1 − 4.

［59］ Zhu Y. Measurement of the speed of gravity［J］. arXiv：1108. 3761,2014.

［60］ Kiefer C. Quantum gravity. 3rd edi［M］. Oxford：Oxford Univ Press, 2012.

［61］ 黄志洵.影响物理学发展的 8 个问题［J］.前沿科学,2013,7(3)：59 − 85.

［62］ Gisin N, et al. Optical test of quantum non − locality：from EPR − Bell tests towards experiments with moving observers［J］. Ann Phys, 2000,9：831 − 841.

［63］ Salart D, et al. Testing the speed of "spoky" action at a distance［J］. Nature, 2008,454：861 − 864.

［64］ 黄志洵.电磁源近场测量理论与技术研究进展［J］.中国传媒大学学报(自然科学版),2015,22(5)：1 − 18.

试评 LIGO 引力波实验

黄志洵[1]　姜荣[2]

（1. 中国传媒大学信息工程学院，北京 100024；2. 浙江传媒学院，杭州 310018）

【摘要】物理学的一些基本问题体现在对空间、时间、引力的看法上，由 Newton 建立的经典力学（CM）做了清楚的阐述。1905 年 Einstein 提出的狭义相对论（SR）中根本没有对引力的思考，而在 1908 年 Minkowski 说"从今以后空间、时间都将消失，只有这二者的结合保持为独立的实体"——他指的是 spacetime 概念，译作"时空"或"空时"。这概念立即体现在 1916 年问世的广义相对论（GR）中，并发展为引力波理论——质量使时空弯曲，当物体加速时它沿着弯曲时空以光速发出涟漪，即引力波。然而查遍计量学书籍文献也找不到一个独立的称为"时空"（或"空时"）的物理量。spacetime 概念要表达什么，是模糊不清的；时空一体化是整个理论体系的基础，而这个"地基"令人怀疑。

2015 年 9 月 14 日，美国激光干涉引力波天文台（LIGO）的两个检测器同时接收到一个瞬态信号；据此 LIGO 团队宣布说："我们已从两个黑洞的合并观测到引力波，因为检测到的波形与广义相对论的预测一致。"这不像是真正令人完全相信、十分放心的科学发现方式，因为无法确认它真的是由"引力波"造成的。虽然信噪比较高，但是它也可能来自其他原因。所用数值相对论方法并不很好，因它有许多误差源和非线性影响。至少可以说，目前的"发现"离 1887 年 Hertz 发现电磁波的实验还有很大差距，有待查明是事实还只是一种迹象。

"引力速度"与"引力波速度"是不同的概念。很久以前许多著名科学家就知道引力传播速度比光速大很多（$v_G \gg c$），他们普遍认为引力如以有限速度（光速 c）传播，绕日运动的行星由于扭矩作用将不稳定。再者，说"引力波以光速传播"，似乎它也是电磁波谱上的一员，这是荒唐的。引力理论和电磁理论一直互相独立地、平行地发展；可以借鉴电磁学的成就和方法论，但凭什么把电磁波的速度（光速 c）也拉过来安到引力波（假如存在）的"头"上？可以判定，GR 所谓引力波和引力子一样，其存在性可疑，至少还需再做讨论。

最后指出，引力场作用是唯一的不能充分与量子理论吻合一致的相互作用，而它是人类最先知道的物理作用。GR 描述了这种作用，但它是非量子的，因而也是一种经典理论。GR 也可以称为几何动力学；然而 GR 建立在时空一体化和必定有弯曲时空的基础上，令人疑虑。更何况，根据已发现的某些新的物理现象，由此认为需要寻找比 GR 更基本的理论。近年来国际上展开研究了"修正的 Newton 力学"，我们认为是重要的动向。

【关键词】引力波；广义相对论；数值相对论方法；引力速度；引力波速度；修正的 Newton 力学

注：本文原载于《中国传媒大学学报》（自然科学版），第 23 卷，第 3 期，2016 年 6 月，1～11 页。

Comment on the Gravitational Wave Experiment of LIGO

HUANG Zhi – Xun[1], Jiang Rong[2]

(1. Communication University of China, Beijing 100024;

2. Zhejiang University of Media and Communication, Hangzhou 310018

【Abstract】 In fundamental physics, it is a well established fact that the classical mechanics(CM) founded by Newton has clearly formulated the definitions of such fundamental concepts as space, time, and gravity. The SR proposed by Einstein in 1905 does not include the consideration of gravity, and Minkowski said in 1908 that "from now on, both the concepts of space and time will disappear and what only remains is the combination of the two as a single entity"——here he referred to the concept of spacetime. This concept of spacetime immediately made its presence into the GR published in 1916, which was then developed into a theory of gravitational waves—i. e. , matter causes curvature in spacetime, and when an object is accelerated, it radiates out ripples in the form of curved spacetime which is in turn called gravitational wave and which travels at the speed of light, Yet nowhere in any specialized books or literature on metrology can't be found an independent physical quantity called spacetime(or timespace). It is not clear at all what the concept of spacetime to express. The unification of space and time is the theoretical foundation of GR, yet this foundation is very questionable.

On Sep. 14, 2015 at 09:50:45 UTC the two detectors of LIGO in the USA simultaneously observed a transient signal, then the LIGO scientific collaboration says "we observed gravitational waves from the merger of two stellar – mass black holes because the detected waveform matches the predications of general relativity(GR)". But in our opinion, it seems not to be a reliable and trustworthy way of making a scientific discovery, since you cannot be absolutely certain that it is indeed caused by gravitational waves. Although the signal – to – noise ratio was relatively high, yet it may also be caused by other factors. The method of Numerical Relativity is not very good, since it has many error sources and the non – linear effects. At least it can be asserted that, the current discovery regarding gravitational wave, is still some distance away from the assurance brought about by what Hertz discovered by his electromagnetic ware experiments in 1887, and it certainly needs further work to determine whether what the LIGOs have found is a scientific truth or just a disturbance or distraction.

The "speed of gravity" and "speed of gravitational wave" are different concepts. Many years ago, several famous scientists were already known that the gravity propagation velocity much larger than the speed of light, i. e. $v_G \gg c$. They remarks that if gravity propagated with finite velocity c, the motion of planets around the Sun would become unstable, due to a torque acting on the planets. Moreover, there is the question of the propagation speed of the so – called gravitational waves, and traveling at light speed c seems to suggest that they belong to the electromagnetic spectrum family, yet nothing is more absurd than this! Gravitational theory has been developed independent of, and parallel to, electromagnetic theory, and the former can certainly borrow ideas and methods from the latter, but how can it be that the so – called gravitational wave is simply assigned the speed c of electromagnetic waves(or light)? It can be inferred that the existence of gravitational waves, just as that of gravitons, is very dubious, and at least it needs to be further studied.

Finally, the only interaction that has not been fully accommodated within quantum theory is the gravitational field, the oldest known interaction in history. Einstein's General Relativity(GR) described this interaction, but it's non – quantum or classical theory. The GR is also called geometrodynamics. Moreover, GR builded on the base of identity of space and time, and the base of curved spacetime, it doubts. Moreover, according to some new physical phenomena have been found, it is considered that a more fundamental theory than GR is needed to find. Recently, the Modified Newtonian Dynamics(MOND) are important in scientific research.

【Key words】 gravitational waves; general relativity; method of numerical relativity; speed of gravity; speed of gravitational waves; modified newton dynamics

1 引言

1687 年 I. Newton[1]的名著《自然哲学之数学原理》出版,该书不仅建立了经典力学(CM),而且提出了最早的引力概念和理论。1915 年 11 月, A. Einstein 一连向普鲁士科学院提交了四篇论文,由此建立了广义相对论(GR),它是历史上第二个具有很大重要性的引力理论。在 GR 的基础上,Einstein[2]于 1916 年、1918 年预言了引力波(gravitational waves),并于 1937 年做了进一步论述[3]。从 20 世纪后半期开始,引力波探测成为世界各国科学家们积极从事的活动[4]。1969 年 J. Weber[5]首次宣布探测到引力波,但随即被科学界所否定。1974 年, R. Hulse 和 J. Taylor 用大型射电望远镜发现了脉冲双星 PSR(1913 + 16),历时 4 年观测发现其周期减少了 750 万分之一,认为是由于引力波辐射造成的;此发现被认为是引力波存在的间接证据,被授予 1993 年 Nobel 物理奖[6];但这离真正发现引力波还差得很远。真到几年前一些欧美科学家还在抱怨说,发现引力波和找到引力子(gravitons)"是不可能完成的任务"。

2014 年 3 月,美国一些物理学家召开新闻发布会,说 Harvard 大学 BICEP 小组已用实验证明引力波存在,大爆炸后的暴涨理论和多宇宙论也得到证实,可能获 Nobel 奖[7]。暴涨理论的提出者、麻省理工学院(MIT)的 Alan Guth 参加了记者会,"可能获 Nobel 奖"的话就是他说的。6 月 16 日宋健院士给黄志洵转来一份 Nature 杂志的复印页,上面刊载了美国 Princeton 大学 P. Steinhardt 教授的短文[8],说:"大爆炸错误突出地释放多宇宙泡沫。暴涨模式根本无法验证,因而没有科学意义。"(Big bang blunder bursts the multiverse bubble:The inflationary paradigm is fundamentally untestable,and hence scientifically meaningless.)。Steinhardt 又说,BICEP2 南极望远镜团队的观测结果由 Princeton 大学和 Princeton 高等研究院做了分析,结论是没有来自引力波的任何贡献,是暴涨理论的失败。……果然,当年 9 月 22 日有报道说,欧洲航天局(ESA)认为 BICEP 小组观测到的扭曲图像可用尘埃解释;随后 BICEP 团队承认了错误。

2016 年 2 月 11 日,美国科学基金会(NSF)和 LIGO 团队联合召开记者会,宣布"已探测到引力波"，这一消息立即被媒体传送到四面八方。回忆在 1887 年 H. Heratz 以实验证明 Maxwell 预言的电磁波存在，而自那时以来的 130 年中该发现给人类生活带来了极大的影响。因此，如果真有引力波，而且被发现了，那当然是一件大事。中国的理论物理学家李淼认为，这个发现"仅是人类探测引力波的开端"，因为这只是多种可能波源之一，而且处在银河系外。对他的话我们的理解为，引力波是否普遍存在(如电磁波那样)还是一个待研究的问题。

2 LIGO 原始论文的主要内容

LIGO 是 Laser Interference Gravitational – waves Observatory(激光干涉引力波天文台)的简称，是美国加州理工学院(California Institute of Technology)的科学合作机构(scienfic collaboration)。由它出面(很多人署名)的论文"Observation of gravitational waves from a binary black hole merger"，发表在 *Phys. Rev. Lett.* 杂志 2016 年 2 月 12 日出版的那一期上[9]，而在美京华盛顿(Washington)的记者会是在杂志出版前一天召开的。论文主体内容有 10 页，作者名单有 3 页，参与的科学单位列表有 3 页；可见此文之特殊隆重。这实际上是摆出了 Nobel 级论文(Nobel award's thesis)的架势。记者会之后的媒体宣传可谓铺天盖地。……既如此，人们会有兴趣听取各种各样的意见及评论。

先来看 LIGO 论文[9]的主要内容。文章题目是"从双黑洞合并中观测到引力波"。摘要中说："在 2015 年 9 月 14 日世界时 9:50:45，引力波天文台的两个激光干涉探测器同时观察到一个瞬态的引力波信号。信号频率从 35 ~ 250Hz，引力波的应变峰值为 1.0×10^{-21}。它与广义相对论预期的旋进、双黑洞合并，以及单黑洞所产生的振荡的波形一致。信号通过匹配滤波器观测，这个滤波器信噪比为 24。……源的光度距离为 410^{+160}_{-180}Mpc，红移 $z = 0.09^{+0.03}_{-0.04}$。在源中两个初始黑洞的质量为 36 个太阳质量和 29 个太阳质量，合并后的黑洞质量为 62 个太阳质量，其中 3 个太阳质量的能量以引力波的形式辐射出去。所有的不确定性限定在 90% 的可信区间。这些观测结果表明双恒星质量黑洞系统的存在。这是首次直接观测到引力波和双黑洞合并。"

文献[9]在"结论"中则说："美国 LIGO 探测器已经从两个黑洞的合并中观测到了引力波。这一观测的波形符合广义相对论对一对黑洞的旋进和合并以及所形成单一黑洞的预测。这些观察结果表明了双恒星质量黑洞系统的存在。这是首次直接观察到引力波与双黑洞融合。"

可见，根本点是 2015 年 9 月 14 日晚上接收到的那个瞬态信号(observed a transient signal)，是两个探测器"同时接收到"的。在这里我们指出，说这是引力波信号(a gravitational – wave signal)欠妥；实际上只能说"接收到了信号"，产生信号的原因待查。另外，两个探测器也不是同时(simultaneously)接收到，而是有 7.1ms 时差。总之，综合"引言"及"结论"所述，LIGO 是说他们的成果是：①首次探测到引力波；②首次观测到两个黑洞的碰撞与合并；③GR 的预言被证实，表示 GR 完成了"最后一块拼图"。

在正文中，作者首先回顾：1916 年 Einstein 在提出 GR 场方程后，预言了引力波的存在。他发现线性化的弱场方程有波解，是以光速传播的横波，而这一横波由质量四极矩的时间变量所产生(A. Einstein, Preuss. Akad Wiss. , 1916, Vol. 1, 688; 1918, Vol. 1, 154)。然而，直到 1957 年 Chapel Hill 会议前，关于引力波的存在一直都有着巨大的争议(P. Saulson, GR gravit. , 2011, Vol. 43, 3289)。2005—2006 年出现了数值相对论(numerical relativity)方法，使发现两黑洞融合模型和引力波波形的准确预测成为可能。而通过电磁观察并未能识别出许多可能存在的黑洞,黑洞的融合在早期也没有被观察到。1975 年发现双脉冲星系统 PSR B1913 + 16 (R. Hulse & J. Taylor,Astrophys. J,1975,Vol. 195,L 51),观测到的能量损失表明引力波存在。自 20 世纪 70 年代起至今,激光干涉探测技术得到发展和改进,而 LIGO 实际上是最灵敏的。

　　UTC 时间 2015 年 9 月 14 日 9:50:45,LIGO Hanford WA,和 Livingston LA 观测站检测到一样的信号 GW150914,如图 1 所示。GW150914 首先到达 L1,$6.9^{+0.5}_{-0.4}$ms 后到达 H1;为了可视化的对比,H1 的数据也被显示,在时间上位移通过大小和正负来表示。第二行是在(35～350)Hz 频段每一个探测器的引力波应变值,实线表示系统的相对波形。第三行是从滤波器的时间序列减去滤除的数值相对波形后的残差。……图 2 是升级后的 LIGO 探测器。

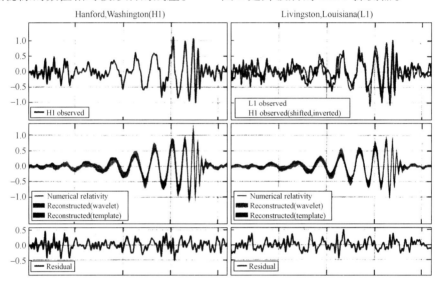

图 1　LIGO 于 2015 年 9 月 14 日接收到的信号

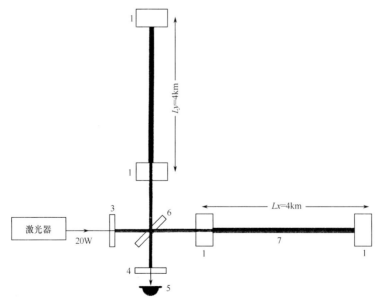

图 2　升级后的 LIGO 探测器

1—测试质量;2—激光源;3—功率处理;4—信号处理;5—光检测器;6—100kW 环行功率。

现在读者可以细看这两个图。在图 1 中,第一行是原始接收,第二行中包含了与数值相对论比较。各图横坐标均为 0.25 ~ 0.45s。在图 2 中,左上小图为 2 个探测器在美国地图上的位置,右上小图为探测器噪声;图 2 的原理与著名的 Michelson 干涉仪有相似之处。

LIGO 论文继续说,从 2015 年 9 月 12 日至 10 月 20 日对两个 LIGO 探测器的观测做 16 天分析。这是一个来自升级版 LIGO 到 2016 年 1 月 12 日为止的首次观测期间数据的子集。GW150914 通过两个不同类型的搜索充满自信地被探测。一个从致密天体的聚合恢复信号,通过 GR 所预言的波形采用新型的匹配滤波器。另一个通过关于波形的最小假设搜索范围广泛的瞬态信号目标。搜索中使用独立算法,使用不同的、不相关的探测器噪声作为响应。通过两种搜索方法双黑洞合并的强信号预计被探测到了。

3 几点质疑

目前公布的 LIGO"引力波发现实验",它并非依靠切实的天文观测和物理学探测技术所得结果;而是根据收到的一个信号,按照数值计算与 Einstein 理论做比对,从而推理说在 13 亿年前某个星系发生了双黑洞的碰撞与合并,产生的引力波信号被当今的地球人接收到了。这是不可靠的推论,因不能保证不是其他原因所引起该信号,违反基本的因果判断原则:有多种原因都可能造成同一结果,那么为什么只挑选其中的一个原因? 科学家在搜集事实、读取数据时容易把尚未判明的事件当作自己追寻的东西。至少可以肯定,目前的"发现"与当年 1887 年 Hertz 的电磁波实验还有很大差距,有待查明它是事实还是一种迹象。

数值相对论(NR)方法是用数值计算和拟合来模拟 Einstein 引力场方程所表现的物理过程。这个方法始于 20 世纪 60 年代,在 21 世纪初再次趋于活跃。梅晓春[10]曾描述说:"程序崩溃的梦魇一直困扰着数值相对论。两个黑洞放在那里,别说要它们并合,就是让它们走两步,程序都会崩溃。后来研究者才发现,原来 Einstein 场方程存在大量非物理的形式解,这些解往往会导致指数增长,最终程序崩溃。于是程序在每次碰到这些非物理解时,就先杀掉它们,然后再顺着物理解走。虽然程序最后还是会崩溃,不过黑洞终于可以走上 10 个 Schwarzschild 半径了,但离走完一圈依然显得遥遥无期。在 GR 中时间和空间是一个整体,特别是在强引力场下,时空更显得紊乱。怎么去寻找信号的时空演化? 数值相对论的专家使用 3 + 1 的方法,把时空分割成 3 维空间切片和 1 维时间。数值相对论的目的是算引力波波形,但规范选择存在 4 个自由度,如何知道这确实是物理的变化引起? 是一个难题。"

当用 NR 计算黑洞时,由于它的方程更多,变量更多,变量的耦合也更多,除了存在大量非物理解会导致程序崩溃外,还要面对物理量随时间的演化。时间和空间纠缠在一块,想要研究物理量随空间分布,坐标系会不断被黑洞吞噬。……基于以上种种,梅晓春认为:"数值相对论存在太多的随意性。为了让计算机避开奇点能够运行,程序设计者不得不添加大量限制条件,对演算过程作太多的人为干预。为了计算海量的波形库,全球几十个研究机构不知有多少台计算机日夜不停地运转。方程的非线性可能产生蝴蝶效应,一个小小的初始边界条件的改变会被不断地放大,从而导致巨大的误差。"现在既然 LIGO 实验用 NR 计算双黑洞合并过程,就有可能得到引力波能量相互矛盾的结果。对于非线性过程,由于蝴蝶效应无法避免,NR 的有效性值得怀疑。总之,LIGO 通过计算机的大量计算,建立一个具有海量信息的波形库。LIGO 干涉仪获得应变数据后,会与这个波形库中的各种波形进行对比,找到和干涉数据最匹配的波形。所谓的"13 亿 l. y. 远处两个黑洞的合并"只是计算机的模拟结果,可能不是真实的物理事件。

总的来说,我们认为 LIGO 仅从收到的一个信号,得出了过多的结论(而且都是重大的结论)。实际上来自宇宙的信号可能有多种原因,为确定其来源,天文学家有时需要较长时间(如数年);这种例子在科学史上很多,必须要考虑到。

4 基础理论层面的思考

物理学的一些基本问题体现在对空间、时间、引力的看法上,由 Newton 建立的经典力学做了清楚的阐述[1]。其实 Newton 认为空间、时间是无须定义的。为了消除误解,做了如下说明:"绝对空间的自身特性与一切外在事物无关,处处均匀,永不移动。相对空间是一些可以在绝对空间中运动的结构,或是对绝对空间的量度……绝对空间与相对空间在形状与大小上相同,但在数值上并不总是相同……。处所是空间的一小部分,为物体占据着,它可以是绝对的或相对的,随空间的性质而定……。与时间间隔的顺序不可互易一样,空间部分的次序也不可互易……。所有事物置于时间中以列出顺序,置于空间中以排出位置。"

这些说明非常易懂和明晰,百年后(1787 年)受到大哲学家 I. Kant 的支持。而且,并不像有些人常说的那样("Newton 只承认绝对空间和绝对时间")。另外,Newton 论述的是物理空间而非数学空间。数学中,无论 Euclid 几何空间,或者非 Euclid 几何空间,这些只是数学上的概念和方法。

此外,Newton 对时间做如下说明:"绝对的、真实的和数学的时间由其特性决定,自身均匀地流逝,与一切外在事物无关。相对的、表象的和普通的时间是可感知和外在的对运动之延续的量度,它常被用以代替真实的时间;如 1 小时、1 天、1 个月、1 年。"

Newton 对空间、时间的说明,要言不繁,今天来看也十分重要。但长期以来 Newton 的时空观被贬低,似乎不值一提。今天,为数不少的专家学者坚持以下观点,笔者以为是正确的——"空间是连续的、无限的、三维的、各向同性的;时间是物质运动的持续和顺序的标志,时间是连续的、永恒的、单向的、均匀流逝无始无终的。空间、时间都不依赖于人们的意识而存在;而且,空间是空间,时间是时间;它们都是描述物质世界的基本量。"

不仅如此,众所周知 Newton 在引力理论方面有伟大的贡献。Newton 最早认识到维系行星运动的力和地面上使物体改变运动速度的力在本质上相同,从而构筑了一个完整的力学体系。他提出的万有引力定律(Newtonian inverse square law)成为基本的引力计算公式,300 年来没有哪个理论在精度上可以与之相比[11];是人类认识史上的飞跃。

相对论力学的诞生颠覆了对空间、时间、引力的看法。它由狭义相对论和广义相对论组成,两者都提倡和依靠由 Minkowski 建议、被 Einstein 采纳的时空一体化,他们称之为时空概念的四维性(four dimensionality),也叫四维矢量(4D vector)。1908 年 Minkowski 曾说:"从今以后空间、时间都将消失,只有二者的结合能保持独立的实体。"这种古怪的观点立即被 Einstein 接受和使用,1922 年 Einstein[12] 说,在四维时空连续统(4D spacetime continuum)中表述自然定律会更令人满意,相对论在方法上的巨大进步正是建立在这一基础上。……在 GR 理论中,时、空成为一个统一的连续域,共同构成四维 Riemann 几何空间。Riemann 空间是可弯曲空间;Einstein 是假定物理空间有这种性质,才奠定了他的引力理论的基础。所以 GR 的空间弯曲来自数学(微分几何),其自身似不具有物理实在性。当引力存在时,该 Riemann 空间的曲率不为 0,就说"时空弯曲了";如果没有引力,曲率张量为 0,就说"时空是平直的"。基于这些原因，C. Kiefer[13] 在其著作 *Quantum Gravity* 中把 GR 称为"几何动力学"（geometrodynamics）。因此，可以认为 GR 的引力观是几何化的引力理论。令人困惑的是，在 GR 中找不到一个可以计算引力的公式；不知在需要引力数据时怎么办?!

Einstein 要人们注意引力场方程的物理表现——考虑物质在 Riemann 空间中的运动，把物质能量、空间曲率引入到同一个方程，造成有引力场的地方就是弯曲时空。因此可以说，任何人接受 GR 理论的一个重要标志是接受弯曲时空（curved spacetime）。Einstein 的引力波概念可归结为：质量使时空弯曲，当物体加速时它沿着弯曲时空以光速发出涟漪，即引力波；物体质量越大，引力波越大。

由此可见，一切都建筑在时空一体化的基础上——GR 理论、引力、引力波，甚至还有虫洞（wormholes），这些都依靠可弯曲时空而存在。但我们曾经指出[14]，查遍计量学书籍文献，你也找不到一个独立的称为"时空"（或"空时"）的物理量。时间的量纲是 s（秒），空间的量纲是 m³（m 是米），故"时空"（或"空时"）的量纲是 sm³（或 m³s），这既不独立又无自身固有的物理意义。计量学建筑在"可测量性"的基础上，而 sm³（或 m³s）不满足这一要求。因而，"时空"（或"空时"）要表达什么，是模糊不清的，故在科学上无意义（scientifically meaningless）。计量学文献不做陈述是很自然的。我们认为 spacetime 只是一种分析中采用的概念，而非物理实在。既如此，引力波的存在性就是可疑的了!

把时间、空间混为一谈，这本身已颇为离奇；然后，GR 找不到一个计算引力的公式；但许多人却还一再说 GR 引力理论比 Newton 引力理论"高明"——这是难于让人接受的。为了说明这并非个别人的困惑，看看 Bekenstein 在不久前表达的观点。Jacob Bekenstein 是以色列希伯来大学（Hebrew University）教授，著名的理论物理学家。他的突出贡献一是证明黑洞有熵，二是建立了熵与能量的关系（称为 Bekenstein limit）。2013 年在英国科学杂志 *New Scientist* 网站的采访提问下，Bekenstein 总结说[15]：虽然大多数太阳系的和整个天文学的现象仍用 Newton 引力理论计算，GR 却已嵌入了当代社会。然而在大尺度上（这时引力较弱）GR 从未被测试过，而且有些科学家认为暗物质、暗能量会使 GR 失败。因而在 20 世纪 80 年代就出现了"修正的 Newton 动力学"（Modified Newton Dynamics，MOND），它已取得了进展。事实上没有一个理论是尽善尽美的，对世界的认识尚无清晰的答案；他认为今后还是要依靠量子理论。

这个例子可以说明，GR 的正确性如何仍可讨论，需要接受进一步的检验。这种思维方式，与把 GR 当作"绝对真理"的人们是不同的。而且，这位重量级物理学家把注意力转向 MOND，这一事实也值得深思。

5 关于"引力速度"和"引力波速度"

通常人们会把引力速度（speed of gravity）与引力波速度（speed of gravitational waves）混为一谈。这是不对的，因前者指引力作用的传播速度，后者是引力波（如果存在）的固有波速。对于持"没有引力波"观点的学者（包括笔者），后一问题根本不存在；但前者仍是需要计算和测量的问题。换言之，在 1916—1918 年 Einstein 提出引力波理论之前，没有人考虑"引力波波速"问题，却早就有人思考和讨论"引力作用传播速度"问题。

我们建议在符号上加以区分，即用 v_G 表示引力作用速度，v_g 表示引力波（假如存在）的传播速度。有意思的是，Newton 认为 v_G 为无限大（超距作用），而 Einstein 实际上认为 $v_G = c$ 和 $v_g = c$。为什么会如此? 1905 年 Einstein[16] 建立了 SR，这个理论规定光速 c 是不可能超过的上限。既如此,只有把 v_G、v_g 都定为 c 了;这却使他陷入了一种理论困境,因为常识告诉我们引力作用即使不是即时的($v_G=\infty$),也不会是光速——这个速度太慢了,不可能是引力作用的速度!例如 1998 年 T. Flandern[17] 指出,对太阳(S)—地球(E)体系而言,如果太阳产生的引力是以光速向外传播,那么当引力走过日地间距而到达地球时,后者已前移了与 8.3min 相应的距离。这样一来,太阳对地球的吸引同地球对太阳的吸引就不在同一条直线上了。这些错行力(misaligned forces)的效应是使得绕太阳运行的星体轨道半径增大,在 1200 年内地球对太阳的距离将加倍。但在实际上,地球轨道是稳定的;故可判断"引力传播速度远大于光速。另外,2013 年 R. Sangro[18] 指出,如引力以有限速度 c 传播,将有扭矩作用于行星,则绕太阳运行的行星将变得不稳定(If gravity propagated with finite velocity c, the motion of the planets around the sun would become unstable, due to a torque acting on the planets)。

因此很明显,引力速度如为光速 c 就太"慢"了,因而是不可能的。对 Newton 在 1687 年发表的万有引力理论而言,光速是一个太小的数值。Newton 的著作没有正面讨论引力传播速度,但他认为引力作用是即时发生的,即引力速度移 $v_G=\infty$,后人称为超距作用。他知道太阳的光线到达地球要好几分钟;但太阳引力作用于地球,这个过程绝不会花费几分钟的时间。对 Newton 而言,支配天体运行的引力,和太阳等光源发出的光,两者属于不同的体系,没有必然的联系。因而,Newton 绝不会认为"引力传播速度就是光的传播速度"。

我们在表 1 中给出自 Newton 以来的若干引力速度数据;其中唯一的测量值是 2003 年报道的——当木星经过它前面一个遥远的天体时,通过观测射电波轻微的弯曲,Fomalont 和 Kopeikin 确信引力传播的速度与光速相等,他们说这个发现的误差在 20% 以内[22]。这一测量是 2002 年 9 月 8 日使用美国的长基线阵列射电望远镜和一台德国的射电望远镜共同进行的。但这一成果未得到科学界认可;例如著名物理学家 C. Will[24] 在 2003 年 1 月 9 日撰文反驳,他指出,类星体的射电信号经过木星附近区域时,射电波速度会有些变化,可是射电信号对引力速度是不灵敏的;所以,S. Kopeikin 等的观测结果不代表测量出引力速度。……在两周之内名刊 *Nature* 和 *Science* 都报告说,科学家们认为实验的解释有致命缺陷。K. Nordtvedt 说:"实验很精彩,但与引力速度无关。"还有人认为 Kopeikin 等观测的是引力场中的射电波速度,而不是引力的速度。

表 1　引力速度数据

研究者	时间(年)	引力速度与光速之比(v_G/c)
I. Newton[1]	1687	∞(根据超距作用)
P. Laplace[19]	1805 1810	$\geq 7\times10^6$(根据对月球运动的分析计算) $\geq 10^8$(根据潮汐对太阳系行星轨道计算的影响)
R. Lämmel[20]	1911	>1(根据对引力作用的认识)
M. Born[20]	1913	>1(同上)
A. Einstein[2,3,12]	1916 1918 1937	1(根据相对论理论)
A. Eddington[21]	1920	>(根据日蚀全盛时比日、月成直线时超前的计算)
T. Flandern[17]	1998	$\geq 10^9$(根据日地系统的计算) $\geq 2\times10^{10}$(根据对脉冲星的计算)

（续）

研究者	时间(年)	引力速度与光速之比(v_G/c)
E. Fomalont 和 S. Kopeikin[22]	2003	1（根据射电天文学测量）
Y. Zhu(朱寅)[23]	2014	$\gg 1$（根据太阳对同步地球卫星轨道扰动的计算）

现在考虑"引力波速度"(v_g)；Einstein 从维护相对论出发，必然要求 $v_G = v_g = c$；他说"引力波以光速传播"，似乎它也是电磁波谱上的一员，这也是我们不能同意的。引力理论和电磁理论一直互相独立地、平行地发展；可以借鉴电磁学的成就和方法论，但凭什么把电磁波的速度（光速 c）也拉过来安到引力波（假如存在）的头上？在基本粒子家族中，通常分为强子、轻子、传播子三大类；而传播子中又包含传递弱核力的中间 Bose 子、传递核强力的胶子、传播电磁力的光子（photon）。按 GR 理论的说法，传递引力（其实 GR 中并无这种力）的是引力子（graviton）。然而，经过长期寻找也不见引力子的踪影。……这仅是事情的一个方面；如 GR 所谓"引力波"（假定存在）的传播速度是光速，那么引力子将以光速飞行，几乎等同于光子——这种论述牵强附会，是可笑的。其实，众多研究者早已指出"引力传播速度远大于光速"（但不是无限大），这样讲法所指也不是 GR 所谓"引力波"。可以判定，引力波和引力子一样，其存在性可疑，至少还需再作讨论。

因此我们的结论是，迄今为止人类尚未真正测出过引力传播速度。至于引力波，即使存在也需要拿出其波速的测量数据来。这些都是艰难的任务，要有新的开始。

6 讨论

人们普遍认为 GR 是现代宇宙学的动力学基础，因为许多事情要通过求解 Einstein 引力场方程来解决。但很多人似乎不清楚，在这个著名理论的周围有许多隐含的矛盾。1980 年中国科学院的三位专家陆启铿、邹振隆、郭汉英[25]指出，GR 对局部引力现象的描述是将 SR 局域化的结果，但现代宇宙学在对称性和运动群上否定了作为 GR 前提的 SR。这是因为有大量观测资料支持的，现代宇宙学认为，观测宇宙作为一个演化整体其度规应为 Robertson – Walker 度规，只有描述空间均匀性和各向同性的 6 个参数的运动群。……从另一方面看，大尺度时空根本不遵循 Minkowski 几何，而代之以 RW 几何；因而把 Minkowski 时空局域化的做法就成问题。这实际上威胁到包含 SR 和 GR 的整个相对论体系。1971 年 N. Rosen 甚至认为现代宇宙学要求回到绝对空间观念，因而提出了另一种引力理论来表达他的理念（见：Phys Rev, 1971, Vol. D3, 2317）。

因此，关于时间、空间、引力和整个宇宙的具有完全逻辑一致性的理论，还在摸索、探究的过程中。引力效应是宇宙动力学的根本，人们不断追求新的引力理论是可以理解的。众所周知，从 SR 过渡到 GR 的过程，对引力现象的描述是建立在 Minkowski 时空局域化的几何，同时给出引力场方程。GR 告诉人们说，spacetime 一旦偏离平直就出现了引力，惯性运动就失去意义。但也可以认为只有 spacetime 偏离常曲率才出现引力，而为了描述引力现象需要建立以 de Sitter 群为规范群的引力理论；如此等等。

几年前另一位中国科学家胡素辉[26]给笔者寄来一份手稿，题为"对空间和时间的再认识"。文中说，Minkowski 的四维空间否定了经典力学中的"时间与坐标系位置和运动状态无关"的绝对性,但它只是一个虚拟的四维空间,与现实相抵触。特别是,用一个虚量 $\sqrt{-1} \cdot ct$ 取代可测的物理量 t,是"用数学取代物理"的典型做法。另外,GR 将万有引力归结为时空的弯曲,说"引力等于弯曲时空"。这是把物理现象几何化,使物理学等同于几何学。胡素辉教授说,他早就认为 GR 的前提依据不足、论证不正确,故结论可疑。正如 SR 中"动钟变慢"和"动体缩短",只是研究方法产生的后果,而非实在的物理变化。人类经验也使人们对"引力 = 弯曲时空"的结论存疑。事实上,GR 中的引力场 = 加速度的等效原理中,就已隐藏了"物理学 = 几何学"的观念……

此外,笔者认为还要考虑 GR 与 QM 的关系。QM 作为现代物理学的支柱,从 Dirac 方程开始,扩充成量子场论的各种形式,可以成功地解释其他三种作用在微观尺度的基本力,包括电磁力、原子核的强力与弱力的量子行为;其中仅剩下引力的量子性尚未能用量子力学来描述。GR 与 QM 呈现出突出的矛盾,是物质的量子化描述和时空的几何化描述之间不具有相容性,包括理论发展,及细微的逻辑上的拉锯战。作为一个例子,物理学家早就熟悉了进行量子化计算的方法,它成功地处理过从氢原子到亚原子粒子等各种物质。但对 GR 作量子化计算失败了——情况非常可笑,到处都是无限大;而数学上做补救的技巧也都失效了。也就是说,相对论和量子力学无法协调。对 GR 而言,引力本身是时空体系的一部分,与其他作用力不同,因而在构筑引力的量子理论时甚至不能随意使用时间、空间的概念。问题在于 GR 已不把引力看成真实的相互作用,而当作四维时空弯曲的表现。这种对引力的本质的认识已是数学的,而不再是物理的。虽然主流物理学界至今仍把 GR 尊崇为最正确、最好的引力理论,这个非常复杂的理论却不能简明地告诉我们什么是引力。

引力与量子体系无法协调的原因在于 GR 和量子理论用完全不同的方式来理解和解释自然——GR 用时空曲面,量子理论用能级、跃迁和波函数。曾经有人主张仿照电磁学中的方法:光子交换呈现为电磁力,故引力子交换呈现为引力。这观点其实仍视引力为一种基本的物理作用力,并不为相对论学者所接受。20 世纪 60 年代末,曾模仿波动力学的 Schrödinger 方程而提出了 Wheeler – de Witt 方程;这个偏微方程曾被视为量子引力方程,并在 1986—1988 年开始求出它的解。但是,方程和初步求解的物理意义一直模糊不清。Wheeler – de Witt 方程可简写为 WDW,在 1969 年提出,由美国物理学家 J. Wheeler 和 B. de Witt 二人的名字命名。它的推导既有 GR、又有 Klein – Gordon 方程的影响,其中的 ψ 称为宇宙波函数。自 1986 年以来求解取得了进展,但没人知道解的含义。可以肯定,解不具有唯一性;必须先挑选初始(或边界)条件,据此再挑选特解,得到一个宇宙波函数。这方面的工作只是证明了只有在几千个 Planck 长度以上才是经典时空…… 有人认为,完整的解不再是近似解而是全解:可以用来研究从早期宇宙到当今实验室中的现象。中国学者也在研究[见:自然杂志,1997,19(1):57; 1998,20(3),181]。从下述方程出发:

$$\left(\hbar^2 G_{ijkl} \frac{\delta}{\delta g_{ij}} \frac{\delta}{\delta g_{kl}} + G^{3/2} R \right) \psi(g) = 0$$

式中:R 为标量曲率;g_{ij} 为度规张量;G_{ijkl}、G 分别为

$$G_{ijkl} = \frac{1}{2\sqrt{G}} (g_{ik}g_{jl} + g_{il}g_{jk} - g_{ij}g_{kl})$$

$$G = \det{}^{(3)} g$$

分析认为,方程的非局域性直接体现在"无形性"和"相关性"上,并对量子宇宙论带来问题。使用 Born – Infeld 非线性标量场,证明对 wheeler – de witt 方程做处理后能得到非奇性的解。

不过,总的来说把 GR 与量子理论结合的工作远未成功,一些科学家在不得不"选边站"时,是站到了量子理论这一边。超弦(super – string)曾经带来希望,后经长期研究,现已不再提起。……引力子的存在性一直让科学家头痛不已。在 *New Scientist* 杂志(2006 – 04 – 28 出版)上 M. Joan 著文说:"捕获引力子是不可能完成的任务。"

2007 年,宋健[27]在为谭暑生著作所写的"序言"中说:"现代科学经历尚短,已积累的知识还远不完备,已有的理论常似急就章,多带有相对性、局限性和时代特征。大自然有如不尽长河,湍流肇逝,一代人不可能瞥蹴而达绝对真理的彼岸。……不能说前人研究过的问题,无论曾经取得过多么辉煌的成就,下一代人就不许更动。每代人都有继承和发展科学的责任和权利。历史已经证明,后人总会做得更好,超过前人。"……他的这些话至今仍给我们很大的启迪。现在中国科学家还在提出新的时空理论[27,28],为这些话提供了佐证。

7 结束语

本文对最近公布的"LIGO 引力波实验"做了简单的评述,提出了不同的看法。我们认为在缺乏真正的天文观测和物理学实验的情况下,仅凭收到的一个信号及数值相对论方法做计算拟合,即宣布获得了一系列重大发现,是欠妥的。本文也对相对论作为一个逻辑系统所呈现的弱点做了批评,这些意见仅供学术界参考。

2016 年 3 月 1 日英国广播公司(BBC)网站报道了欧洲航天局(ESA)正在建设激光干涉仪太空天线(Laser Interference Space Antenna, LISA)的消息。一位项目科学家说:"多少年来人们告诉我们(有时是嘲笑地),引力波根本不存在,或者根本找不到。现在找到了,以后要加大步伐"。……这就提出了一个问题,某个大型研究项目的成功,是项目组说了算,还是要经过世界的科学共同体作检查、评议、复核后,这个"找到了"才能算数?

作为有良知的中国科学工作者,我们一贯反对某些科学家诱导政府领导人拨巨款上"大项目",尤其反对跟在西方人后头亦步亦趋;主张"建设具有中国特色的基础科学"[29]。而且,我们旁征博引地说明,创新成果的有无和多少并不与资金投入成正比,这种例子比比皆是。对于寻找暗能量、暗物质、引力波,过去和现在我们都不支持。不久前中国发射了"暗物质探测卫星",项目首席科学家却说"没有人能保证一定能找到暗物质":对于上亿美元的项目,说法如此随便,岂不令人反感。2015 年国内有著名物理学家致函笔者说:"欧美科学家为了搞到科研经费以利生存和研究,总在忽悠好大喜功的政治家及缺少科学素养的大众,而不顾地球上还有那么多贫困地区及人口。"又说:"寻找暗物质,这也是守株待兔(X)的科研项目;连 X 是什么都是猜测的,怎么找?"……不仅如此,在中国据说某些以十亿、百亿美元计的项目已在进行(做准备工作)。发展基础科学需要政府投入资金,这并不错;但对纳税人的钱该怎么花法?在中国和欧美国家,都是身为科学家的人们要慎重对待的。对中国人来讲,要走自己的路,不能总是"用别人的昨天装扮自己的明天;谨以此信念与广大科学工作者共勉。

致谢:杨新铁教授和曹广军教授曾给予支持和帮助,谨致谢意!

参考文献

[1] Newton I. Philosophiae naturalis principia mathematica[M]. London:Roy Soc,1687. (中译:自然哲学之数学原理[M]. 王克迪,译. 西安:陕西人民出版社,2001.)

[2] Einstein A. 论引力波[A]. 爱因斯坦文集[C]. 范岱年等译. 北京:商务印书馆,1983:367 – 383.

[3] Einstein A. Rosen N. On gravitational waves[J]. Franklin Inst,1937,223:43.

[4] 胡恩科.引力波探测[A].21 世纪 100 个科学难题[C].长春:吉林人民出版社,1998:22 – 28.

[5] Weber J. Evidence for discovery of gravitational radiation[J]. Phys Rev Lett,1969,22:1320 – 1324.

[6] 谭树杰. 百年诺贝尔奖(物理卷)[M].上海:上海科学技术出版社,2001.

[7] 黄志洵.关于"引力波实验"的一点看法[J].前沿科学,2014,8(2):42,43.

[8] Steinhardt P. Big bang blunder bursts the multiverse bubble[J].Nature,2014,510:9.

[9] Abbott B P,et al. Observation of gravitational wave from a binary black hole merger[J]. Phys Rev Lett, 2016, 116: 06112 1 – 16.

[10] 梅晓春,俞平. LIGO 真的探测到引力波了吗?[J].前沿科学, 2016, 10(1):79 – 89.

[11] 罗俊. 牛顿反平方定律及其实验检验[A].10000 个科学难题(物理学卷)[M],北京:科学出版社,2009;20 – 29.

[12] Einstein A. 相对论的意义[M].上海:上海科技教育出版社,2001.

[13] Kiefer C. Quantum gravity. 3rd ed[M]. Oxford:Oxford Univ Press 2012.

[14] 黄志洵.引力理论和引力速度测量[J]. 中国传媒大学学报(自然科学版),2015,22(6):1 – 20.(又见:黄志洵:我为什么认为不存在所谓"引力波"(M/OL). http://mail. 163. com/js6/read/ viewmail. jsp? mid = 183: 1tbitw8TcFaDpzuBRQAAsW&ty…2016/2/19.)

[15] 刘霞. 物理学陷入困境,该怎么办[N].科技日报.2013 – 06 – 10.

[16] Einstein A. Zur elektro – dynamik bewegter Körper[J]. Ann d Phys,1905,17:891 – 921.(English translation:On the electro-dynamics of moving bodies[A]:reprinted in:Einstein,s miraculous year[C]. Princeton:Princeton Univ. Press,1998:中译:论动体的电动力学[A].范岱年,赵中立,许良英,译.爱因斯坦文集[M].北京:商务印书馆,1983,83 – 115.)

[17] Flandern T. The speed of gravity:what the experiments say[J]. Met Research Bulletin,1997,6(4):1 – 10.(又见:The speed of gravity:what the experiments say[J]. Phys Lett,1998,A250:1 – 11.)

[18] Sangro R,et al. Measuring propagation speed of coulomb fields[J]. arXiv:1211. 2013,v2[gr – qc].

[19] Laplace P. Mechanique celeste[M]. volumes published from 1799 – 1825.(English translation:Chelsea Publ,New York,1966.)

[20] Lämmel R[C]. Minutes of the meeting of 16 Jan 1911[A].爱因斯坦全集:第3卷[C].戈革,译.长沙:湖南科学技术出版社,2002.

[21] Eddington A. Space,time and gravitation[M]. Cambridge:Cambridge Univ Press,1920.

[22] Folnalont E, Kopeikin S. The measurernent of the light deflection from Jupiter:Experimental Results[J]. Astrophys. Jour, 2003,598:704 – 708.

[23] Zhu Y. Measurement of the speed of gravity,arXiv:1108.3761,2014.(又见:Zhu Y. Measurernent of the speed of gravity[J]. Chin Phys Lett,2011,28(7):070401 1 – 4.)

[24] Will C M. Propagation of speed of gravity and relativistic time delay[J]. Astrophys Jour,2003,590:683 – 690.

[25] 陆启铿、邹振隆、郭汉英. 常曲率时空的相对论原理及其宇宙学意义[J]. 自然杂志增刊,1980(1):97 – 113.

[26] 胡素辉. 对空间和时间的再认识[J].格物,2014,(6):1 – 8.

[27] 宋健. 序言[A].谭暑生. 从狭义相对论到标准时空论[C].长沙:湖南科学技术出版社,2007.

[28] 梅晓春.第三时空理论与平直时空中的引力和宇宙学[M].北京:知识产权出版社,2015.

[29] 黄志洵.建设具有中国特色的自然科学[J].中国传媒大学学报(自然科学版),2014,21(6):1 – 12(又见:黄志洵.建设具有中国特色的基础科学[J]. 前沿科学,2015,9(1):51 – 65.)

再评 LIGO 引力波实验

黄志洵

（中国传媒大学信息工程学院，北京 100024）

【摘要】LIGO 的实验装置与 Michelson 干涉仪相似。不久前 Ulianov 通过仔细的分析后指出，在 GW150914 和 GW151226 事件中 LIGO 所检测到的或许只是噪声。现在著名物理学期刊 *Jour. Mod. Phys.* (《现代物理学报》) 发表了中国科学家的论文"LIGO 真的探测到引力波了吗？"该文证明由于电磁相互作用的存在 LIGO 并发现不了引力波。那么检测到的是什么？ 可能是位于两地的激光干涉仪之间位置的某种干扰信号。由于上述情况，不应对 LIGO 团队授予 Nobel 物理学奖。LIGO 实验再次引发了对广义相对论 (GR) 的讨论，这引起了更多科学家的关注。

【关键词】广义相对论 (GR)；引力波；数值相对论方法 (NR)；噪声信号

Second Comment on the Gravitational Wave Experiment of LIGO

HUANG Zhi‒Xun

（Communication University of China，Beijing 100024）

【Abstract】The equipment of LIGO experiment is like the Michelson interferometer. By the analysis of Ulianov in recent time，the LIGO system has probably detected only noise in the GW150914 and GW151226 events. In present time，the famous magazine 《Jour. Mod. Phys.》 publish the article by Chinese scientist，it named "Did LIGO really detect gravitational waves？" This paper proves that due to the existence of electromagnetic interaction，the experiments of LIGO can't detect gravitational waves. But what detected？ It may be the signal of disturbances coming from the middle region between two laser interferometers. According to this situation，the Nobel award of physics can't confer to the LIGO team. LIGO experiment also makes discussion on the basic theory of General Relativity (GR)，it has come to our notice for more scientists.

注：本文原载于《中国传媒大学学报》（自然科学版），第 23 卷，第 5 期，2016 年 10 月，9 ~ 13 页，收入本书时做了少量的修改补充。

【Key words】 general relativity (GR) ; gravitational waves ; numerical relativity method (NR) ; noise signal

1 引言

LIGO 是 Laser Interference Gravitational – waves Observatory（激光干涉引力波天文台）的简称，由它出面（很多人署名）的论文"Observation of gravitational waves from a binary black hole merger"，发表在 *Phys. Rev. Lett.* 杂志 2016 年 2 月 12 日出版的那一期上[1]。文章的摘要"在 2015 年 9 月 14 日世界时 9：50：45，引力波天文台的两个激光干涉探测器同时观察到一个瞬态的引力波信号。信号频率从 35 ~ 250Hz，引力波的应变峰值为 1.0×10^{-21}。它与广义相对论预期的旋进、双黑洞合并，以及单黑洞所产生的振荡的波形一致。信号通过匹配滤波器观测，这个滤波器信噪比为 24。在源中两个初始黑洞的质量为 36 个太阳质量和 29 个太阳质量，合并后黑洞质量为 62 个太阳质量，其中 3 个太阳质量的能量以引力波的形式辐射出去。所有的不确定性限定在 90% 的可信区间。这些观测结果表明双恒星质量黑洞系统的存在。这是首次直接观测到引力波和双黑洞合并。"……在华盛顿（Washington）的记者会是在杂志出版前一天召开的；之后的媒体宣传可谓铺天盖地，实际上是摆出了 Nobel 级论文（Nobel award's thesis）的架势。为了拿 2016 年的 Nobel 物理学奖，科学团队通过媒体文章定下调子——"LIGO 发现了远方黑洞合并产生的波穿过地球时的微弱扰动（引力波），这是几十年来的一项伟大的科学突破"[2]。

2016 年 6 月 16 日英国广播公司（BBC）网站报道[3]，科学家探测到更多引力波。所举事实是 2015 年 12 月 25 日 22 时 38 分的事件（信号）被 LIGO 的两个探测器收到。这次报道明白地说："今年 10 月获得 Nobel 奖的可能性非常大。"尽管这和过去一样都只是 LIGO 单方面的宣布，没有任何其他科学机构的旁证（或 LIGO 本身的其他实验的旁证），仍然信心十足，并依靠媒体的放大功能造势。

但是，不同意见一直存在[4-6]；特别是，近来多个国际物理学刊物刊登批评 LIGO 实验文章，不仅证明关于"LIGO 是否真的发现了引力波"仍在争论中，也显示西方科学界并非只知沉迷于一面倒的媒体宣传。本文着重介绍欧美物理学期刊所发表的不同意见。

2 《现代物理学报》刊登中国科学家的批评论文

Journal of Modern Physics（JMP）在西方是一本重要的科学刊物，我们称之为《现代物理学报》。它在 2016 年 7 月发表的文章[7]，作者是 Mei Xiaochun（梅晓春）和 Yu Ping（俞平），题目为"Did LIGO really detect gravitational waves?"（"LIGO 真的探测到引力波了吗？"），副题为"The existence of electromagnetic interaction made the experiments of LIGO invalid"（"电磁相互作用的存在导致 LIGO 探测引力波的实验无效"）。文章题目与他们二人所发表的中文文章[5]，是完全相同的，但在国外发表时内容上做了改进，更严谨也更精炼了。

我们来看看他们在国际性物理学期刊上讲述了怎样的观点。论文着重于证明，由于电磁相互作用的存在，LIGO 实验不能检测出引力波。这其实正是早先的 Weber 实验失败的原因。就广义相对论而言，引力波对距离影响的公式只适用于真空中受引力作用的粒子。LIGO 实验是在地球表面上进行的,而激光干涉仪固定在地表上,处于电磁力的平衡态。电磁力比引力大 10^{40} 倍。故引力波是太弱了,无法克服电磁平衡力而使两个干涉仪的距离发生变化(无法改变钢管的长度);这也是 Weber 实验失败的原因。……即使不考虑这个因素,LIGO 实验也有严重问题:①没有真正发现造成引力波的爆发源,"双黑洞合并"只是计算机拟合结果,而非真实物理现象的发现。②说"Einstein 引力理论已被证实",其实是 LIGO 的一种循环论证,在逻辑上不能成立。③关于引力波能流密度的计算存在尖锐的矛盾。④所用数值相对论(NR)方法,由于奇点的存在而造成巨大误差;Einstein 引力方程的非线性使误差放大。⑤干涉仪之间 10^{-18}m 的长度变化已被测出的说法超过了现时的技术能力,这种精度已到微观范畴,不确定性原理决定了其不可能性;并不是距离变化造成了信号。⑥LIGO 实验并未检测出引力波,出现的信号可能是由于两个激光干涉仪之间出现的干扰。

以上是文献[7]的中心思想;全文内容分为 8 部分:"发现"的引力波的波源在哪里? LIGO 实验证实了 Einstein 引力理论吗? 引力波能流密度引起的矛盾;电磁相互作用的影响不能忽略;数值相对论方法可靠吗? 比原子核半径小很多的长度能否测量? LIGO 是否真的收到了引力波的信号? 文章的结论当然是否定的。

综上所述,西方物理学刊物 JMP 决定刊登这种与主流意见完全相悖的学术论文,是很不平常的。当然,我们也注意到文献[7]并不认为"引力波根本不可能存在",而只是说"目前的 LIGO 实验还没有把引力波测出来";这与笔者的观点是不完全相同的。然而在黄志洵发表的一系列文章中(见文献[4,6,8-10]),笔者所表述的意见是"不存在引力波这个东西";而且,直到写作本文时还看不出必须改变("纠正")自己观点的重要理由。因此,分歧是存在的。

然而,只有更多地读一些梅晓春的著作,才能了解他的物理思想。2015 年梅晓春[11]推出 66 万字的《第三时空理论与平直时空中的引力和宇宙学》一书,集中反映了他多年来的理论物理学研究成果。在"自序"中他说:"当我进入(学习)广义相对论(GR)时,以为会看到晴空万里;结果却发现到处是丑陋黑洞,到处是时空的错位和无限大的扭曲。为什么那么多物理学家对奇异性黑洞感兴趣? 难道他们不知道除了宇宙本身之外,现实世界没有无穷大? 一个奇点无处不在的理论,本身一定有问题。"他又说:"我发现 Einstein 引力理论最初的出发点就是错的。……对于在地球引力场中发射火箭这种最简单的 Newton 力学问题,弯曲时空引力理论竟然无能为力。凡此种种,Einstein 引力理论能比 Newton 引力理论高明吗? 本书证明,用修正的 Newton 引力公式,可以解释 GR 的 4 个实验;因而没有必要采用几何化的方法来描写引力。况且,弯曲时空引力理论与量子力学(QM)根本无法相容。"梅晓春还指出,暗能量和暗物质假设都是由引力几何化造成的,是子虚乌有的东西。

2016 年 6 月中旬,梅晓春完成了新作"用修正的牛顿引力理论计算广义相对论的四个经典实验"。该文证明弯曲时空引力理论是没有必要的。文中分析了 GR 的光在太阳引力场偏折的近似解,指出这个解实际上不是 Einstein 引力场方程的解。而 GR 对雷达波时间延迟实验的计算则是错误的,误差达到 14.9%,因此雷达波时间延迟实验并没有证实 GR。此外按照现有理解,如果光子受引力的作用,因此光子向中心引力场下落时被加速,其速度就会超过真空光速。此文假设光子在引力场中下落时做减速运动,其引力质量是运动质量的 2 倍;由此证明光在太阳引力场中沿双曲线运动,同样可以解释光线的偏折和引力透镜现象,以及雷达波的时间延迟和光谱的红移。最后讨论平直时空中 Newton 引力理论的改造和未来发展方向问题。梅晓春指出,对雷达波时间延迟,GR 的计算结果很不一致,有很多版本。仔细计算了发现都是错的。按正确的计算,误差达到 14.9%。可笑的是,他们的实验居然与错误的计算非常一致,据说误差小于 0.002% 。这件事足见 GR 的伪科学性质,不论错得怎样离谱,它总能证明自己是对的。

总之,梅晓春的物理思想是:经过认真细致的研究,认识引力完全用不着 GR。笔者认为,既然他的观点都是对 GR 的否定;如果不认同 GR,引力波也不会存在。因此,我们与梅晓春最终还是一致的。

3 《环球物理学报》刊登巴西科学家的批评论文

Global Journal of Physics(GJP)也是西方的科学刊物,我们称之为《环球物理学报》。它在2016 年 5 月刊登一篇文章[12],作者是巴西科学家 P. Ulianov,题目为“光场也受引力波影响,强烈表明 LIGO 没有探测到引力波”。文章说,按照 GR,引力波通过时会使物体收缩、长度改变。以此为基础,LIGO 采用 Michelson 干涉仪原理,认为依靠激光束干涉以观测臂长变化即可记录到引力波。但这里有一个问题:引力波通过时也会影响光场。当一个引力波击中 LIGO 的干涉仪,不仅缩短干涉仪的臂,还扭曲自身的时空结构,也缩短光束,使 Michelson 干涉仪输出端观察不到相位差,也就记录不到引力波。文章的分析认为 LIGO 接收到的是随机噪声信号,而非“双黑洞碰撞造成的引力波”。

在论文中,Ulianov 先对 GW150914 事件做了分析,对 LIGO 在 Hanford 和 Livingston 的检测器的工作情况做了详细讨论。关于滤波器,它把周期信号转换为白噪声(white noise),故仅有非周期信号通过滤波器,这就要连带考虑引力波信号的性质。分析表示引力波信号波形无法用该滤波过程而检测出来。整个讨论建基于 LIGO 所依靠的方法——数值相对论;大量的图形和数据分析,得不出“双黑洞碰撞产生引力波”的结果,即 LIGO 并未探测到一个真正引力波。Ulianov 论文对低频率(如 32Hz)噪声的谱和影响做了大量分析工作;还考虑了可能的市电(频率 60Hz)的可能影响,例如构成 60Hz 噪声源(60Hz noise source)。

LIGO 实际上是在做与 Albert Michelson 实验相同的事,只是目的改为测量由引力波造成的臂长变化。可以说,LIGO 设计者是以一个因失败而著名的实验为基础,接收到的是像引力波的噪声信号。关键之点在于,内部的光场也受引力波影响。

有意思的是,Michelson 是唯一的由于做了一个完全失败实验而获 Nobel 奖的物理学家。至于目前公布的 LIGO 实验,则可认为它什么东西也没有观测到(detected nothing)!

另外,巴西科学家 P. Y. Ulianov 等又在 *Jour. Mod. Phys* 上发表文章,题为“Was LIGO's gravitational wave detection a false alarm?”认为 LIGO 两次收到的信号可能是美国的 60Hz 电源系统的分谐波造成的。

4 西方科学家的诚信问题

不久前笔者发表了“再论建设具有中国特色的基础科学”一文[13];文中说:“欧美科学家为了搞到科研经费以利生存和研究,总在忽悠好大喜功的政治家及缺少科学素养的大众,而不顾地球上还有那么多贫困地区及人口。”又说:“即使前进方向不明,也并未妨碍某些科学家不遗余力地鼓动本国政府投入巨资上大项目。然而基础科学的成果常常是模糊的,花钱太多、交代不了怎么办? 他们的应对方法,一是不断宣传‘××设备正常运转’或‘××卫星正常完成测试任务’,以便让政府和公众安心。另一方面,每过几年他们公布一些‘成果’——一般人看不出问题,但细心的科学家会发觉其所谓成果不明确、不对劲。这些人还有另一高招:游说 Nobel 委员会,给个奖,再大的经费投入也能在后来应付过去。我觉得过去的欧洲强子对撞机、美国 GP-B 项目,以及西方一些有关暗物质、暗能量的项目,乃至引力波项目,都有这种不诚实的气味。这与科学精神背道而驰!"……现在来看,这些说法都是对的;甚或已体现在今年的"LIGO 发现引力波"的宣传上。

2016 年 6 月 16 日,LIGO 再次宣布(宣传) GW151226 事件,即在 2015 年 12 月 26 日也曾"观测到黑洞合并造成的引力波"。中国的《参考消息》报在科技版报道时所用标题为"科学家再次探测到引力波",这样讲是完全错误的——这是去年 12 月的事(接收到一个信号),根本不是什么"再次探测"。耐人寻味的是,为什么今年 2 月 LIGO 不曾提起? 恐怕与世界上出现了质疑和反对有关。他们不愿意"今年拿下 Nobel 奖"的目标受到破坏,所以 6 月再作一次宣布,以加大对公众的影响。我们知道,Nobel 物理学奖绝大多数很有威信,但有时不那么合适,例如几年前为"暗能量"课题授奖。在今年,即使把奖金授给 LIGO,也不一定能平息质疑的声音。

是否还有别的事"散发出不诚实的气味"? 有的,最突出的是 LIGO 向全世界宣告这一"重大发现"时,没有讲清楚所用为数值相对论是计算机模拟方法,而非天文观测及物理实验的结果。他们用收到的仅仅一个信号去与数据库中 NR 的海量计算波形比对,似乎只要对上一个就完成了"重大发现"。他们根本不说自己的工作还有待旁证,需要更多的事实证明以及别的科学机构的检查;而立即大吹大擂地宣布说,已取得了可以拿 Nobel 奖的成果。这些做法完全不符合科学精神,也与科学家的良知相悖!

回顾历史,西方科学界曾经创造出了不起的业绩。过去的物理学史,主要由欧美科学家的名字串接而成,这是事实。但如今为何会这样? 我们认为这与对相对论的夸大宣传有关,Einstein 本人如还在世也未必喜欢这种喋喋不休的(甚至是没有边际的)宣传。在他的晚年,曾经这样开他的"生日庆祝会"——与会的科学家发言对他的理论提出质疑,Einstein 本人一一作答。1955 年 Einstein 去世后,开始时西方科学名刊仍然刊登著名科学家(如 H. Dingle[14,15],L. Essen[16,17])批评相对论的论文,出版社推出书籍,情况较为正常。但到后来,对相对论不容讨论的风气控制了一切,只在个别情况下在西方科学刊物上才出现批评文章[18]。正因为如此,我们才在本文前面说,JMP 最近的做法(刊登中国科学家对 LIGO 实验的质疑文章)是很不平常的。

5 讨论

引力波是 GR 理论的一个推论,即变化的时空曲率造成引力辐射。因此 GR 必须是正确、无懈可击的理论,否则"寻找引力波"便无从谈起;这也是"GR 引力波"这一特定词语的含义。至于 GR,如今的地位似乎不可撼动,早已成为理论物理、天文学、宇宙学的基础理论之一,无数人对其顶礼膜拜。但也有人不赞成,几年前一位在上海工作和生活的老科学家胡素辉给笔者寄来一份手稿,题为"对空间和时间的再认识"(后来刊登在《格物》杂志上)[19],文中说,Minkowski 的四维空间否定了经典力学中的"时间与坐标系位置和运动状态无关"的绝对性,但它只是一个虚拟的四维空间,与现实相抵触。特别是,用一个虚量 $\sqrt{-1}\cdot ct$ 取代可测的物理量 t,是"用数学取代物理"的典型作法。另外,GR 将万有引力归结为时空的弯曲,说"引力等于弯曲时空",这是把物理现象几何化,使物理学等于几何学。胡素辉教授说,他早就认为

GR 的前提依据不足、论证不正确,故结论可疑。正如 SR 中"动钟变慢"和"动体缩短",只是研究方法产生的后果,而非实在的物理变化。人类经验也使人们对"引力 = 弯曲时空"的结论存疑。事实上,GR 中的引力场 = 加速度的等效原理中,就已隐藏了"物理学 = 几何学"的观念。

笔者同意胡素辉的观点;并且我们曾经指出,GR 这个非常复杂的理论并不能简明地告诉我们什么是引力。但是,我们在文献[10]中已详述对 GR 的看法,此处不详述。

2016 年 6 月 14 日,笔者收到胡素辉先生来函,进一步谈了对 GR 的看法。他指出,GR 认为空间可弯曲,程度取决于物质产生的引力场强,而物体在引力场中的运动又取决于空间的曲率。那么空间是什么? Einstein 对此的看法前后不一致——在 GR 中他说"一无所有的(没有场的)空间不存在",但他的空房推理(思维)实验是在一无所有的空间进行的。另外,他的"有限而无界宇宙"经几十年研究仍存在奇点问题,也解释不了宇宙之外为何物;实际上缺乏正确的宇宙观。

笔者无意在这篇短文中讨论广义相对论这种庞大的话题,只是说要讨论 GR 引力波就仍须检查 Einstein 引力理论是否存在问题;LIGO 如有信心就不要怕反对者把意见讲出来。

6 结束语

本文再次叙述了对"LIGO 发现了引力波"的不同意见,以两篇刊登在西方物理学期刊上的论文作为代表而作说明,对其他发表在预印本网站(arXiv. phys.)的论文则未涉及。科学问题需要讨论,成果要经历时间的考验,仓促做结论是不妥的。

2016 年 6 月,德国 Max – Planck 研究院的 W. Engelhardt 教授致函 Nobel 物理奖委员会主席 O. Inganäs 教授,指出 LIGO 所说的 10^{-18}m 位移是科学共同体无法接受的,它相当于质子半径的千分之一。对接收到的两次信号,他认为不能证明是引力波造成的。这位科学家说,过去 Nobel 委员会不给 J. Weber 颁奖十分英明,现在也应如此,需要做更多工作。……这些意见与我们是一致的。

参考文献

[1] Abbott B P, et al. Observation of gravitational wave from a binary black hole merger[J]. Phys Rev Lett,2016,116;06112 1 – 16.

[2] 英国广播公司(BBC)网站. 引力波太空探测通过重大考验[N]. 参考消息报,2016 – 06 – 08.

[3] 英国广播公司(BBC)网站. 科学家再次探测到引力波 [N]. 参考消息报,2016 – 06 – 17.

[4] 黄志洵. 我为什么认为不存在所谓"引力波"[N](英文稿:Why am I not buying the story of gravitational wave discovery). 科学网,2016.

[5] 梅晓春,俞平. LIGO 真的探测到引力波了吗? [J]. 前沿科学,2016,10(1);79 – 89.

[6] 黄志洵,姜荣. 试评 LIGO 引力波实验[J]. 中国传媒大学学报(自然科学版),2016,23(3);1 – 11.

[7] Mei X,Yu P. Did LIGO really detect gravitational waves? [J]. Jour. Mod. Phys. ,2016(7);1098 – 1104.

[8] 黄志洵. 引力传播速度研究及有关科学问题[J]. 中国传媒大学学报(自然科学版),2007,14(3);1 – 11.

[9] 黄志洵. 关于"引力波实验"的一点看法[J]. 前沿科学,2014,8(2);42,43.

[10] 黄志洵. 引力理论和引力速度测量[J]. 中国传媒大学学报(自然科学版),2015,22 (6);1 – 20.

[11] 梅晓春. 第三时空理论与平直时空中的引力和宇宙学[M]. 北京:知识产权出版社,2015.

[12] Ulianov P Y. Light fields are also affected by gravitational waves, presenting strong evidence that LIGO did not detect gravitational waves in the GW150914 event[J]. Global Jour. Phys. ,2016,4(2);404 – 420.

［13］黄志洵. 再论建设具有中国特色的基础科学［J］. 中国传媒大学学报（自然科学版），2016，23（4）：1 – 14.

［14］Dingle H. The case against Special Relativity［J］. Nature，1967，216：119 – 122.

［15］Dingle H. Science at the crossroads［M］. London：M. Bryan & O'Keefe. 1972.

［16］Essen L. The error in the special theory of relativity［J］. Nature，1969，217：19.

［17］Essen L. The special theory of relativity. a aritical analysis［M］. Oxford：Oxford Univ. Press 1971.

［18］Kostelecky A. The search for relativity violations［J］. Scientific American. 2004（9）：74 – 83.（中译：找相对论的茬［J］. 武晓岚，译. 科学，2004（11）：67 – 75.

［19］胡素辉. 对空间和时间的再认识［J］. 格物，2014（6）：1 – 8.

LIGO Experiments Cannot Detect Gravitational Waves by Using Laser Michels on Interferometers

—Light's Wavelength and Speed Change Simultaneously When Gravitational Waves Exist Which Make the Detections of Gravitational Waves Impossible for LIGO Experiments

Xiaochun Mei[1], Zhixun Huang[2], Policarpo Yōshin Ulianov[3], Ping Yu[4]

[1] Institute of Innovative Physics in Fuzhou, Fuzhou, China

[2] Communication University of China, Beijing, China

[3] Equalix Tecnologia LTDA, Florianópolis, Brazil

[4] Cognitech Calculating Technology Institute, Los Angeles, CA, USA

Email: ycwlyjs@ yeah. net, huangzhixun75@ 163. com, policarpoyu@ gmail. com, yupingpingyu@ yahoo. com

【Abstract】It is proved strictly based on general relativity that two important factors are neglected in LIGO experiments by using Michelson interferometers so that fatal mistakes were caused. One is that the gravitational wave changes the wavelength of light. Another is that light's speed is not a constant when gravitational waves exist. According to general relativity, gravitational wave affects spatial distance, so it also affects the wavelength of light synchronously. By considering this fact, the phase differences of lasers were invariable when gravitational waves passed through Michelson interferometers. In addition, when gravitational waves exist, the spatial part of metric changes but the time part of metric is unchanged. In this way, light's speed is not a constant. When the calculation method of time difference is used in LIGO experiments, the phase shift of interference fringes is still zero. So the design principle of LIGO experiment is wrong. It was impossible for LIGO to detect gravitational wave by using Michelson interferometers. Because light's speed is not a constant, the signals of LIGO experiments become mismatching. It means that these signals are noises actually, caused by occasional reasons, no gravitational waves are detected really. In fact, in the history of physics, Michelson and Morley tried to find the absolute motion of the earth by using Michelson interferometers but failed at last. The basic principle of LIGO experiment is the same as that of Michelson –

注:本文原载于 *Jour. Mod. Phys.* ,2016,No. 7,1749 ~ 1761;Sep. 28/2016;作者中文名:梅晓春(中国)、黄志洵(中国)、乌里安诺夫(巴西)、俞平(美国)。本文的中文版题为"LIGO 实验采用迈克逊干涉仪不可能探测到引力波——引力波存在时光的波长和速度同时改变导致 LIGO 实验的致命错误",见《中国传媒大学学报》(自然科学版),第 23 卷,第 5 期,2016 年 10 月,1 ~ 8 页.

Morley experiment in which the phases of lights were invariable. Only zero result can be obtained, so LIGO experiments are destined failed to find gravitational waves.

【Key words】 gravitational wave, LIGO experiment, general relativity, special relativity, michelson interferometer, michelson – morley experiment

1   Introduction

February 11, 2016, LIGO (Laser Interference Gravitational – Waves Observatory) announced to detect gravitational waves events GW150914[1]. Four months later, they announced to detect another two gravitational events WG151226 and LVT151012[2]. In LIGO experiments, Michelson laser interferometers were used. Based on general relativity, we proved strictly that by using Michelson interferometers, LIGO cannot detect gravitational waves. The basic principle of LIOGO experiment is wrong. The so – called detections of gravitational waves and the observations of binary black hole mergers are impossible.

The design principle of LIGO experiments is as follows. According to general relativity, gravitational waves stretch and compress space to change the lengths of interferometer's arms. When two lights travelling along two arms which are displaced vertically meet together, the shapes of interference fringes will change. Based on this phase shifts, gravitational waves can be observed.

There are two methods to calculate the phase shift of interference fringes in classical optics. One is to calculate the phase difference of two lights and another is to calculate the time difference of two lights when they arrive at the screen. In LIGO experiments, two of them were used. But the calculations are based on a precondition, i. e. , light's speed is a constant.

As well – known, light's phase is related to its wavelength. The stretch and squeeze of space also cause the change of light's wavelength and affect phases. However, LOGO experiment neglected the effect of gravitational wave on the wavelength of light. If the effects of gravitational wave on light's wavelength and interferometer arm's lengths are considered simultaneously, light's phases are unchanged in Michelson interferometers. So it is impossible for LIGO experiments to detect gravitational waves.

On the other hand, light's speed was considered as a constant in LIGO experiments. It is proved strictly based on general relativity that when gravitational waves exist, light's speed is not a constant again. If light's speed is less than its speed in vacuum when it travels along one arm of interferometer, its speed will be great than its speed in vacuum when it travels along another arm, i. e. , so – called superluminal motion occurs. In this way, no time differences exist when two lights meet together in Michelson interferometer. Therefore, according to the second method of calculation, LIGO experiments did not detect gravitational waves too.

The other principle problems existing in LIGO experiments are briefly discussed in this paper. The conclusion is that LIGO experiments do not detect gravitational waves and no binary black hole mergers are observed. The signals occurred in LIGO experiments could only be noises caused by some occasional reasons.

2 Light's Phase Difference Is Invariable in LIGO Experiments

According to general relativity, under the condition of weak field, the metric tensor is

$$g_{\mu\nu}(x) = \eta_{\mu\nu} + h_{\eta\nu}(x) \tag{1}$$

Here $\eta_{\mu\nu}$ is the metric of flat space–time and $h_{\mu\nu}(x)$ is a small quantity. Substitute (1) in the Einstein's equation of gravitational field, it can be proved that the modal of gravitational radiation is quadrupole moment. In a small region, we may assume $h_{\eta\nu}(x) = h_{\eta\nu}(t)$. When gravitational wave propagates along the x – axis, the intensity of gravitational field is $h_{11}(t)$. While it propagates along the y – axis, the intensity is $h_{22}(t)$. It can be proved to have relation $h_{11}(t) = -h_{22}(t)$[3].

On the other hand, according to general relativity, we have $ds^2 = 0$ for light's motion. Suppose that gravitational wave propagates along the z – axis, when lights propagate along the x – axis and the y – axis individually, we have[4]

$$ds^2 = c^2 dt^2 - [1 + h_{11}(t)] dx^2 = 0 \tag{2}$$

$$ds^2 = c^2 dt^2 - [1 + h_{22}(t)] dy^2 = 0 \tag{3}$$

It is obvious that time is flat but space is curved according (2) and (3). The propagation forms of light are changed when gravitational waves exist. Due to $|h_{11}| \ll 1$, $|h_{22}| \ll 1$ and $h_{11}(t) = -h_{22}(t)$, we have

$$dx = \frac{c}{\sqrt{1 + h_{11}}} = dt = c\left(1 - \frac{1}{2} h_{11}(t)\right) dt \tag{4}$$

$$dy = \frac{c}{\sqrt{1 + h_{22}}} = dt = c\left(1 - \frac{1}{2} h_{11}(t)\right) dt \tag{5}$$

LIGO experiments used Michelson interferometers to detect gravitational waves. The principle of Michelson interferometer is shown in Figure 1. Light is emitted from the source S and split into two beams by beam splitter O. Light 1 passes through O, arrives at reflector M_1 and is reflected by M_1 and O, then arrived at E. Light 2 is reflected by O, arrives at M_2 and is reflected, then arrived at E too. Two lights overlay and form interference fringes which can be observed by observer at E.

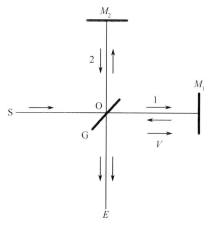

Figure 1   The principle of Michelson interferometers.

In order to reveal the problems of LIGO experiments clearly, we discuss the simplest situation. Suppose that the length of interferometer's arm is L_0 and let $h_{11}(t) = h = $ constant. The time interval is $t_2 - t_1 = 2\tau$ when the light moves a round – trip along the arm. The integral of (4) and (5) are

$$x = 2L_0(1 - h/2), y = 2L_0(1 + h/2) \tag{6}$$

Here $L_0 = c\tau$. So the optical path difference is $\Delta L = y - x = 2L_0 h$ for lights move along two interferometer's arms. Suppose that the electric fields of lasers are

$$E_x = E_0 \cos(\omega t - kx), E_y = E_0 \cos(\omega t - ky) \tag{7}$$

Here, $k = 2\pi/\lambda$, $\omega = 2\pi\nu$ and $\nu\lambda = c$. According to classical optics, by adding two amplitudes together directly and taking square, we obtain light's intensity which is unrelated to time

$$E^2 = (E_x + E_y)^2 = 2E_0^2(1 + \cos\Delta\delta) \tag{8}$$

The difference of phases is

$$\Delta\delta = k(y - x) = \frac{2\pi}{\lambda}(y - x) \tag{9}$$

If there is no gravitational wave, we have $y = x = 2L_0$ and get $\Delta\delta = 0$. If there is a gravitational wave which passes through the interferometers, according to the current theory, the difference of phases is

$$\Delta\delta = \frac{2\pi}{\lambda}(y - x) = \frac{4\pi L_0 h}{\lambda} \neq 0 \tag{10}$$

Therefore, gravitational waves would cause the phase changes of interference fringes. By observing the change, gravitational waves would be detected.

However, the calculation above has serious defects. At first, according to general relativity strictly, the formulas (1) and (2) are only suitable for two particles in vacuum without the existence of electromagnetic interaction. In LIGO experiments, two mirrors are hanged in interferometers using fiber material. Interferometers are fixed on the steal tubers which are fixed on the surface of the earth. Whole system is controlled by electromagnetic interaction. As we known, the intensity of electromagnetic interaction is 10^{40} times greater than gravitational interaction. Therefore, gravitational waves cannot overcome electromagnetic forces to change the length of interferometer's aims or make two mirrors vibration by overcoming the stain forces acted on fiber material. This is just the reason why J. Weber's gravitational wave experiments failed. This is the critical defect of LIGO experiments. We have discussed this problem in Document[5], so we do not discuss it any more here.

Second, the major point in this paper is to emphasize that the effect of gravitational wave on the wavelength of light has not been considered in LIGO experiments. In fact, if gravitational wave causes the change of spatial distance, it also causes the change of light's wavelength. Both are synchronous. According to (6), when gravitational waves exist, the wavelengths of lights should become

$$\lambda_x = \lambda(1 - h/2), \lambda_y = \lambda(1 + h/2) \tag{11}$$

when two lights meet together, the difference of phases should be

$$\Delta\delta = 2\pi\left(\frac{y}{\lambda_y} - \frac{x}{\lambda_x}\right) = 2\pi\left(\frac{2L_0}{\lambda} - \frac{2L_0}{\lambda}\right) = 0 \tag{12}$$

Therefore, interference fringes are unchanged. That is to say, it is impossible to detect gravitational waves by using Michelson interferometers. If $h_{11}(t) \neq$ constant, we write it as

$$h_{11}(t) = h\sin(\Omega t + \theta_0) \tag{13}$$

Here, Ω is the frequency of gravitational wave. Substitute (13) in (5) and (6), the integrals become

$$x = 2c\tau - \frac{ch}{2}\int_0^{2\tau}\sin(\Omega t + \theta_0)\,\mathrm{d}t = L_0 - \frac{ch}{2\Omega}[\cos(2\Omega\tau + \theta_0) - \cos\theta_0] = L_0(1 - A/2) \tag{14}$$

$$y = 2c\tau + \frac{ch}{2}\int_0^{2\tau}\sin(\Omega t + \theta_0)\,\mathrm{d}t = L_0 + \frac{2ch}{2\Omega}[\cos(2\Omega\tau + \theta_0) - \cos\theta_0] = L_0(1 + A/2) \tag{15}$$

Here

$$A = \frac{ch}{\Omega L_0}[\cos(2\Omega\tau + \theta_0) - \cos\theta_0] \tag{16}$$

The result is the same with (6) by substituting A for h.

In LIGO experiments, by assuming that gravitational wave's speed is light's speed in vacuum, the frequency of gravitational wave is $v = 30 \sim 300\,\mathrm{Hz}$ and the wavelength is $\lambda = c/v = 3 \times 10^6\,\mathrm{m}$. The length of interferometer's arm is $L_0 = 4 \times 10^3\,\mathrm{m}$, so we have $\lambda \gg L_0$. In the extent of interferometer size, the wavelength of gravitational wave can be considered as a fixed value. The formula (11) is still suitable by substituting A for h. So, even though (13) was used to describe gravitational waves, LIGO experiments could not detect gravitational waves too.

3   Light's Speed Is Not a Constant When Gravitational Waves Exist

Based on (4) and (5), we can obtain an important conclusion, $i.e.$, light's speed is not a constant again when gravitational waves exist

$$V_x = \frac{\mathrm{d}x}{\mathrm{d}t} = \frac{c}{\sqrt{1 + h_{11}}} \approx c\left(1 - \frac{1}{2}h_{11}\right) \neq c$$

$$V_y = \frac{\mathrm{d}y}{\mathrm{d}t} = \frac{c}{\sqrt{1 + h_{22}}} = c\left(1 - \frac{1}{2}h_{11}\right) \neq c \tag{17}$$

This result also causes a great effect on LIGO experiments. The current theory always considers light's speed to be a constant in gravitational fields. According to Reference[4], (17) means that the spatial refractive index becomes $1 + h_{kk}/2$ from 1 due to the existence of gravitational waves. In this medium space, light's speed is changed. More interesting is that if $h_{11} > 0$, we have $V_x < c$ and $V_y > c$. That is to say, V_y exceeds light's speed in vacuum. How do we explain this result? No one consider this problem at present.

Reference[4] also indicates that "For Gaussian beam, the interval of space – time is not equal to zero. In the laser detectors of gravitational waves, Gaussian beams are used. Do these lights exist in curved space – time?"[4]. According to strict calculation, when gravitational waves exist, the propagation speed of Gaussian beam is

$$V_c = c\left|1 - \frac{2}{(k\omega_0)^2 + (2z/\omega_0)^2}\right| < c \tag{18}$$

Here, ω_0^2 is the spot size of Gaussian beam, k is the absolute value of wave's vector and z is the co-ordinate of light beam. These results will cause great influence on the waveform match in LIGO experiment. The original matching signals would become mismatching when comparing them with the templates of waveforms. The conclusion to detect gravitational waves should be reconsidered.

In fact, LIGO team also admits that gravitational wave changes light's wavelength. In the LIGO's FAQ page (https://www.ligo.caltech.edu/page/faq) we can see the following question:

"If a gravitational wave stretches the distance between the LIGO mirrors, doesn't it also stretch the wavelength of the laser light?"

The answer of LIGO team is:

"A gravitational wave does stretch and squeeze the wavelength of the light in the arms. But the interference pattern doesn't come about because of the difference between the length of the arm and the wavelength of the light. Instead it's caused by the different arrival time of the light wave's "crests and troughs" from one arm with the arrival time of the light that traveled in the other arm. To get how this works, it is also important to know that gravitational waves do NOT change the speed of light.

The answer is very confusing, showing that they aware of the problem but try to escape from it. Then they say

"But the interference pattern doesn't come about because of the difference between the length of the arm and the wavelength of the light."

The sentence makes no sense. In the above explanation, we see that

"Instead it's caused by the different arrival time of the light wave's 'crests and troughs' from one arm with the arrival time of the light that traveled in the other arm. To get how this works, it is also important to know that gravitational waves do NOT change the speed of light."

In this sentence, LIGO emphases that gravitational waves do not change light's speed. This is the foundation of LIGO experiments. Because this conclusion does not hold, LIGO's explanation is untenable.

It is a confused problem for many physicists whether or not light's speed is a constant in gravitational field. To measurement speed, we first need to have unit ruler and unit clock. According to general relativity, gravitational field cause space – time curved. In the gravitational field, we have too definitions for ruler and clock, *i. e.*, coordinate ruler and coordinate clock, as well as standard ruler and standard clock (or proper ruler and clock). Coordinate ruler and coordinate clock are fixed at a certain point of gravitational field. They vary with the strength of gravitational field. Standard ruler and standard clock are fixed on the local reference frame which falls free in gravitational field. In local reference frame, gravitational force is canceled, so standard ruler and standard clock are unchanged.

It has been proved that if the metric tensor g_{0i} which is related to time is not equal to zero, *i. e.*, $g_{0i} \neq 0$, no matter what ruler and clock are used, light's speed is not a constant. If $g_{0i} = 0$, by using coordinate ruler and coordinate clock, light's speed is not a constant. Using standard ruler and standard clock, light's speed becomes a constant. But in this case, the observer is also located at the reference frame which falls free in gravitational field[3].

In LIGO experiments, observers located at a gravitational field caused by gravitational wave, rather than falling free in gravitational field, so what they used were coordinate ruler and coordinate clock. Therefore, light's speed in LIGO experiments are not a constant. In fact, according to (2), the time part of metric is flat and the spatial part is curved, so the speed $V_x = dx/dt$ is not a constant certainly.

According to this definition, by using coordinate ruler and coordinate clock, light's speeds in gravitational fields are generally less its speed in vacuum. For example, light's speed is $V_r = dr/dt = c(1 - \alpha/r) < c$ in the gravitational field of spherical symmetry according to Schwarzschild metric and $V_r = c\sqrt{1 - kr^2}/R < 1$ at present moment with $R = 1$ in the gravitational field of cosmology according to the $R - W$ metric. But in the early period time of cosmos with $R < 1$, light's speed is great than its speed in vacuum. So it is not strange that light's speed may be greater than its speed in vacuum at a certain direction if gravitational waves exist.

4 Phases Shifts Cannot Be Obtained by the Calculation Method of Time Difference in LIGO Experiments

In classical optics, the difference of time is also used to calculate the change of interference fringes. However, it has a precondition, i. e., light's speed is a constant. LIGO experiments used time differences to calculate the changes of interference images[6]. Due to the fact that light's speed is not a constant when gravitational waves exist, we prove that it is impossible to use time difference to calculate the change of interference fringes. Thought the lengths of interferometer's arms change, the speed of light also changes synchronously, so that the time that light travels along the arms is unchanged too.

Because light's frequency is $\omega = 2\pi\nu = 2\pi c/\lambda$, when gravitational wave exists, if light's speed is unchanged but the wavelength changes, the frequency ω will change. In this case, (7) should be written as

$$E_x = E_0 \cos(\omega_x t - k_x x), E_y = E_0 \cos(\omega_y t - k_y y) \tag{19}$$

when two lights are superposed, we cannot get (8). The result is related to time and becomes very complex. If light's speed is not a constant, according to (6) and (11), we have

$$\omega_x = 2\pi\nu_x = \frac{2\pi V_x}{\lambda_x} = \frac{2\pi c}{\lambda} = \omega, \omega_y = 2\pi\nu_y = \frac{2\pi V_y}{\lambda_y} = \frac{2\pi c}{\lambda} = \omega \tag{20}$$

In this case, light's frequency is invariable and the formula (8) is still tenable. So, when gravitational waves exist, we should think that light moves in medium. Light's frequency is unchanged but its speed and wavelength change. Only in this way, we can reach consistency in physics and logic. In fact, (20) is well-found in classical physics. As mentioned in[7], in a static medium, wave's speed changes but frequency does not change, so wavelength also changes.

We know from (7) that light's phase is determined by both factors ωt and kx. Here $kx = 2\pi x/\lambda$ is an invariable quantity according to discussion above. Because of $\omega = 2\pi\nu = 2\pi/T$ and T is the period of light which changes with t synchronously. We always have $\omega' = 2\pi\nu' = 2\pi t'/T' = 2\pi t/T = \omega$. Because gravitational waves do not affect time t, the phase ωt of light is also unchanged in LIGO experiments.

5 The Problems Existing in the Third Method to Calculate Phase Shifts of Light

There is a more complex method to calculate the phase shift of light for LIGO experiments by considering interaction between gravitational field and electromagnetic field, or by solving the Maxwell's equations in a curved space caused by gravitational wave[8]. This method also has many problems. We discuss them briefly below.

In this calculation, two arms of interferometers are located at the x – axis and the y – axis. If there is no gravitational wave, the vibration direction of electric field is along the y – axis for the light propagating along the x – axis (electromagnetic wave is transverse wave), we have

$$E_y^{(0)} = E_0 \left[e^{i(kx-\omega t)} - e^{-i(kx-\omega t-2ka)} \right] = -F_{02}^{(0)} \tag{21}$$

Here, a is the coordinate of reflect mirror, $F_{(ik)}^{(0)}$ is electromagnetic tensor. The form of magnetic field is the same, so we do not write it out here. When the light propagates along the y – axis, the vibration of electric field is along the direction of x – axis with

$$E_x^{(0)} = E_0 \left[e^{i(kx-\omega t)} + e^{-i(ky-\omega t-2ka)} \right] = -F_{01}^{(0)} \tag{22}$$

Meanwhile, gravitational wave propagates along the z – axis with

$$h_{11} = -h_{22} = -A\cos(k_g z - \omega_g t) \tag{23}$$

when gravitational wave exists, electromagnetic tensors become

$$F_{\mu\nu} = F_{\mu\nu}^{(0)} + F_{\mu\nu}^{(1)} \tag{24}$$

Here, $F_{\mu\nu}^{(1)}$ is a small quantity of electromagnetic field induced by gravitational field. Substitute (24) in the equation of electromagnetic field in curved space – time, the equation $F_{\mu\nu}^{(1)}$ satisfied is[9]:

$$F_{\mu\nu,\rho}^{(1)} \eta^{\rho\nu} = h_\mu^{\nu,\rho} F_{\nu\rho,\rho}^{(0)} + h^{\nu\rho} F_{\mu\nu,\rho}^{(0)} + O(h^2) \tag{25}$$

$$F_{\mu\nu,\rho}^{(1)} = F_{\nu\rho,\mu}^{(1)} + F_{\rho\mu,\nu}^{(1)} = 0 \tag{26}$$

By solving (25) and (26), the concrete form of $F_{\mu\nu}^{(1)}$ can be obtained and the phase shifts caused by gravitational waves can be determined. The phase shifts along two arms are[8]

$$\delta\varphi_x = \frac{A}{2}\frac{\omega}{\omega_g}\sin\omega_g\tau, \delta\varphi_y = -\frac{A}{2}\frac{\omega}{\omega_g}\sin\omega_g\tau \tag{27}$$

The total phase shift between two arms is $\delta\varphi = \delta\varphi_x - \delta\varphi_y$. However, by careful analysis, we find following problems in this calculation.

1) This method is also based on the precondition that light's speed is unchanged. As proved above, this is impossible.

2) Because the phases of lights are not affected by gravitational waves, the forms of (21) and (22) are invariable when gravitational waves exist. We have $F_{\mu\nu}^{(1)} = 0$ in (24), no phase shifts of lights can be obtained by this calculating method.

3) According to (21) and (22), the vibration directions of two lights propagating along the x – axis and the y – axis are vertical, so they cannot interfere to each other. How did gravitational waves make the shifts of interference fringes? This is another basic problem for this calculation method.

In addition, the phase differences $\delta\varphi_x$ and $\delta\varphi_x$ caused by gravitational waves cannot be obtained independently and simultaneously by solving Equations (25) and (26). The author of the paper admitted that "we solve these equations in a special orientation which does not correspond to an actual interferometer arm"[9]. So the paper introduced "a fictitious system which is composed of an electromagnetic wave propagating along the z axis, ⋯is perturbed by a gravitational wave moves along the y − axis." It means that the calculation did not consider the light propagating along another arm of interferometers.

After simplified calculation, a coordinate transformation was used to transform the result to original problem. For the light propagating along the x − axis, the coordinate transformations are, $t' = t$, $x' = y$, $y' = z$, and $z' = -y$ (The coordinate reference frame rotates 90 degrees around the x − axis, then rotates 90 degrees around the z − axis again along the clockwise directions.) For the light propagating along the y − axis, the coordinate transformations are $t' = t$, $x' = x$, $y' = z$ and $z' = -y$ (The coordinate reference frame rotates 90 degrees around the x − axis along the anticlockwise direction.). In this way, two problems are caused.

1) When a light propagates along one arm, the interaction between gravitational wave and electromagnetic field is different from that when two lights propagate along two arms, or the formulas (25) and (26) are different in two situations. So this simplified method cannot represent real experiment processes.

2) After coordinate transformation, the electric field of light originally propagating along the x − axis becomes[8]

$$E'^{(0)}_x = E_0 \left[e^{i(kz' - \omega t')} - e^{-i(kz' + \omega t' - 2ka)} \right] \tag{28}$$

The electric field of light originally propagating along the z − axis becomes

$$E'^{(0)}_x = E_0 e^{2ika} \left[e^{i(kz' - \omega t')} - e^{-i(kz' + \omega t' - 2ka')} \right] \tag{29}$$

The gravitational waves become

$$h_{11} = -h_{33} = -A\cos(k_g y' - \omega_g t') \tag{30}$$

It is obvious that though the vibration directions of two lights become the same so that the interference fringes can be created, two lights move along the same directions. The process is inconsistent with real experiments of Michelson interferometers. That is to say, it is hard for this calculating method to reach consistence.

In fact, the result of this calculation contracts with the calculation in this paper. The method of this paper is standard one with clear image and definite significance in physics. If the results are different from it by using other methods, we should consider whether or not other methods are correct.

It is obvious that there are so many foundational problems in theory of LIGO experiments. It is meaningless to declare the detection of gravitational waves. Even thought the experiments are moved to space in future, it is still impossible to detect gravitational wave if Michelson interferometers are used.

6   Comparison between LIGO Experiment and Michelson − Morley Experiment

The principle of detecting gravitational wave by using Michelson interferometers was first proposed by M. E. Gertenshtein and V. I. Pustoit in early 1960s[8] and G. E. Moss, etc. in

1970s[9]. However, before Einstein put forward special relativity, A. A. Michelson and E. W. Money spent decades to conduct experiments by using Michelson interferometer, trying to find the absolute movement of the earth but failed at last. This result led to the birth of Einstein's special relativity. The explanation of special relativity for this zero result is based on the length contraction of interferometer. When one arm which moved in speed V contracted, another arm which was at rest was unchanged. The speed of light was considered invariable in the process so that no any shift of interference fringes was observed.

It is obvious the principle of LIGO experiment is the same as that in Michelson experiments. Because Michelson's experiments could not find the changes of interference fringes, it is destined for LIGO experiments impossible to find gravitational waves[10].

We discuss this problem in detail. Suppose that the interferometer's arm is located along the $y-$axis and the arm along the x axis moves in speed V. For an observer who is at rest with the $y-$axis, the length contraction and time delay of the arm along the $x-$axis are

$$x' = x\sqrt{1 - V^2/c^2}, \quad t' = t/\sqrt{1 - V^2/c^2} \tag{31}$$

Suppose that the period is T' and the frequency is ν' for a light moving along the $x-$axis, we have, $\nu'T' = 1, \omega' = 2\pi\nu' = 2\pi/T'$, as well as $T' = T/\sqrt{1 - V^2/c^2}$ (period is also time). So we have

$$\omega't' = \frac{2\pi t'}{T'} = \frac{2\pi t}{T} = \omega t, k'x' = \frac{2\pi x'}{\lambda'} = \frac{2\pi x}{\lambda} = kx \tag{32}$$

It means that in the rotation processes of Michelson interferometers, the phase $\omega t - kx$ of light is unchanged. In this way, the absolute movement of the earth cannot be observed. The key is that light's speed is unchanged, frequency and wavelength change simultaneously in the processes. But in LIGO experiment, as shown in (2), (3) and (17), due to the fact that the time part of metric is flat but space is curved, light's speed and wavelength had to change when gravitational waves exist. This is just the difference between LIGO experiments and Michelson experiments. But the phases of lights are invariable in both experiments. We can only obtain zero results, so LIGO experiments are destined failed to find gravitational waves.

Let's make further calculation. The speed that the earth moves around the sun is $V = 3 \times 10^4$ m/s. The length of Michelson interferometer's arm is $L = 10$m. According to special relativity, the Lorentz contraction of one arm in Michelson experiments is

$$\Delta L = L(1 - \sqrt{1 - V^2/c^2}) = L \times V^2/(2c^2) = 5 \times 10^{-8}(\text{m}) \tag{33}$$

In LIGO experiment, the length change of arm is about 10^{-18}m, about one 20 billionth times smaller than that in Michelson experiment. Suppose that the shift of interference fringes can be observed in Michelson experiments. According to classical mechanics, the number of fringe shifts is about 0.2. Suppose that IGO experiments can detect the shift of interference fringes caused by gravitational waves, the number of fringe shifts is only one 100 billionth of Michelson experiment. How could LIGO experiments separate such small shifts from strong background noises of environment (including temperature influence) and identified that they were really the effect of gravitational waves?

In fact, LIGO's interferometers are fixed on two huge steel tubes with length 4000 m. The steel tubes are fixed on the surface of the earth under wind and rain. It is impossible to put so huge interferometers in a constant temperature rooms. The tubes are displaced vertically and 4000m is not an ignorable length. The differences of temperatures exist and change with time frequently. Suppose that at a certain moment, the temperature of one tube changes 0.001 degree in one second. This is a conservative estimation. We calculate its influence on LIGO's experiment.

The expansion coefficient of common steel tube is 1.2×10^{-5} m/degree. When temperature changes 0.001 degree, the change of tube length is $1.2 \times 10^{-5} \times 0.001 \times 4000 \approx 5 \times 10^{-5}$ m in one second. The action time of gravitational wave is 1 second. In this time, the length change of tube caused by gravitational wave is 10^{-18} m. The length change of tube caused by gravitational wave only is 2×10^{-12} times less than that caused by the change of temperature.

What is this concept? It means that LIGO used a ruler of 10 Km to measure the radius of an atom. The length changes caused by temperature completely cover up the length changes caused by gravitational waves. No any reaction can be found when a signal of gravitational wave hit the interferometers of LIGO. LIGO's instrument cannot separate the effect of gravitational waves from temperature's effect. The SNR (signal to noise ratio) of 13 and 24 declaimed by LIGO is only an imaginary value in theory, having nothing to do with practical measurements.

7 Conclusions

In this paper, based on general relativity, we strictly prove that the LIGO experiments neglect two factors. One is the effects of gravitational waves on the wavelengths of light. Another is that light's speed is not a constant when gravitational waves exist. If these factors are considered, no phase shifts or interference fringe's changes can be observed in LIGO experiments by using Michelson interferometers.

In fact, in the laser detectors of gravitational waves, Gaussian beams are commonly used. The propagation speed of Gaussian beam is not a constant too. So the match of signals becomes a big problem without considering these factors in LIGO experiments.

In addition, in Reference[5], X. Mei and P. Yu pointed out that no source of gravitational wave burst was found in LIGO experiments. The so – called detections of gravitational waves were only a kind of computer simulation and image matching. LIGO experiments had not verified general relativity. The argument of LIGO team to verify the Einstein's prediction of gravitational wave was a vicious circle and invalid in logic. The method of numerical relativity to calculate the binary black hole mergers was incredible because too many approximations were involved.

In Reference[11], P. Ulianov indicated that the signals appeared in LIGO experiments may be caused by the changes of frequency in the US power grid. The analysis shows that one of noise sources in LIGO's detectors (32.5Hz noise source) is connected to the 60 Hz power grid and at GW150914 event. This noise source presents an unusual level change. Besides that, the 32.5Hz noise waveform is very similar to the gravitational waveform, found in GW150914 event. As LIGO system only monitored the power grid voltage levels without monitoring the 60Hz frequency changes, this kind of changes over US power grid (that can affect both LIGO's detectors in a same time windows) was not perceived by the LIGO team.

Based on the arguments above, we can conclude that it is impossible for LIGO to detect gravitational waves. What they found may be some noises by some occasional reasons. So called finding of gravitational waves is actually a game of computer simulations and image matching, though it is a very huge and accurate game.

References

[1] Abbott, B. P., *et al.* (2016) *Physical Review Letters*, 116, 06112 1 – 16.

[2] Abbott, B. P., *et al.* (2016) *Physical Review Letters*, 116, 241103 1 – 14.

[3] Liu, L. and Zhao, Z. (2004) General Relativity (Second Version). High Education Publishing Company, 140.

[4] Fang, H. L. (2014) Optical Resonant Cavity and Detection of Gravitational Waves. Science Publishing Company, 239, 246, 331.

[5] Mei, X. and Yu, P. (2017) *Journal of Modern Physics*, 7, 1098 – 1104. http://dx.doi.org/10.4236/jmp.2016.710098

[6] Callen, H. B. and Green, R. F. (1952) *Physical Review Letters*, 86, 702. http://dx.doi.org/10.1103/PhysRev.86.702.

[7] Ohanian, H. C. and Ruffini, R. (1994) Gravitation and Space – Time. W. W. Norton & Company, Inc., 155.

[8] Cooperstock, C. F. and Faraoni, V. (1993) *Classical and Quantum Gravity*, 10, 1989.

[9] Baroni, L., Fortini, P. L. and Gualdi, C. (1985) *Annals of Physics* (New York), 162, 49.

[10] Moss, G. E., Miller, L. R. and Forward, R. L. (1971) *Applied Optics*, 10, 2495 – 2498. http://dx.doi.org/10.1364/AO.10.002495.

[11] Ulianov, P. (2016) *Global Journal of Physics*, 4, 404 – 420.

我为什么不认同所谓"发现了引力波"

黄志洵

（中国传媒大学）

从 20 世纪初到现在,科学知识和经验随时间呈指数式增长;在有些领域中,研究工作却停顿不前。寻找引力波(gravitation waves)和引力子(gravitons)的研究就是如此,几年前一些欧美科学家还在抱怨说"这是不可能完成的任务"。然而在 2016 年 2 月 11 日,美国科学基金会(NSF)宣布"已探测到引力波",这一消息立刻被媒体传送到四面八方。在 1887 年 H. Hertz 以实验证明 Maxwell 预言的电磁波存在,而自那时以来的 130 年中,这一发现给人类生活带来了极大的影响。因此,如果真有引力波,而且被发现了,那当然是一件大事。中国的理论物理学家李淼认为,这个发现仅是人类探测引力波的开端,因为这只是多种可能波源之一,而且处在在银河系外。对他的话我的理解为,引力波是否普遍存在(一如电磁波那样)还是一个待研究的问题。

1915 年 11 月,A. Einstein 一连向普鲁士科学院提交了 4 篇论文,由此建立了广义相对论(GR),它与他在 1905 年提出的狭义相对论(SR)有很大不同。GR 认为时空(spacetime)是一体化的,而物质分布决定其曲率。正像在电磁学中作为场源的电荷加速运动会辐射电磁波那样,物质的加速运动也将辐射"引力波",这种波是变化的时空曲率的传播。1918 年 1 月 Einstein 发表论文《论引力波》,认为引力波是横波,以光速传播。

最近几年,我曾在一些文章中说"没有 GR 所谓引力波这个东西"。为什么会如此? 我一贯反对某些科学家诱导政府领导人拨巨款上"大项目",尤其反对跟在西方人后头亦步亦趋;主张"建设具有中国特色的基础科学"。而且,我旁证博引地说明,创新成果的有无和多少并不与资金投入成正比,这种例子比比皆是。对于寻找暗能量、暗物质、引力波,过去和现在我都不支持。不久前中国发射了"暗物质探测卫星",项目首席科学家却说"没有人能保证一定能找到暗物质";对于上亿美元的项目,说法如此随便,令人反感。……不仅如此,据说某些以百亿美元计的计划已在进行(做准备工作)。发展基础科学需要政府投入资金,这并不错;但对纳税人的钱该怎么花法? 在中国和欧美国家,都是身为科学家的人们要慎重对待的。对中国人来讲,要走自己的路,不能总是"用别人的昨天装扮自己的明天"。

具体到"引力波"项目,我认为尤其不能甘当西方科学家的小学生。先从基础理论上做分析;物理学的一些基本问题体现在对空间、时间、引力的看法上,由 Newton 建立的经典力学(CM)做了清楚的阐述。1905 年 Einstein 提出的狭义相对论当中根本没有对引力的思考,而在 1908 年 Minkowski 说"从今以后空间、时间都将消失,只有这二者的结合保持为独立的实体"

注:这篇短文写于 2016 年 2 月 15 日,用中文写作。后经杨新铁教授修改后,由曹广军教授译为英文。中、英文稿均登在《科学网》(*Sci. Net.*)上。

他指的是 spacetime 概念,译作"时空"或"空时"。这概念立即体现在 1916 年问世的广义相对论中,并发展为引力波理论——质量使时空弯曲,当物体加速时它沿着弯曲时空(curved space time)以光速发出涟漪,即引力波;物体质量越大引力波越大。

然而查遍计量学书籍文献,你也找不到一个独立的称为"时空"(或"空时")的物理量。时间的量纲是 s(秒),空间的量纲是 m^3(m 是米),故"时空"(或"空时")的量纲是 sm^3(或 m^3s),这既不独立又无自身固有的物理意义。计量学建筑在"可测量性"的基础上,而 sm^3(或 m^3s)不满足这一要求。因而,"时空"(或"空时")要表达什么,是模糊不清的,故在科学上无意义(scientifically meaningless)。计量学文献不做陈述是很自然的,Minkowski 的上述说法站不住脚!时空一体化是整个理论体系的基础,而这个"地基"令人怀疑。

其次,相对论力学的某些陈述让我无法接受。首先,GR 不认为引力是力,只运用几何学的语言表示,不弯曲(平直)的时空条件下没有引力,只有弯曲时空才有引力存在。但在相对论力学中引力到底是什么?并未做正面回答;在相对论力学中也找不到一个引力计算公式,这让人怎么能接受?!……我认为 spacetime 只是一种分析中采用的概念,而非物理实在。既如此,我当然不会认同所谓"引力波"。

再次,说"引力波以光速传播",似乎它也是电磁波谱上的一员——再没有比这更荒唐的了!引力理论和电磁理论一直互相独立地、平行地发展;可以借鉴电磁学的成就和方法论,但凭什么把电磁波的速度(光速 c)也拉过来安到引力波(假如存在)的头上?!在基本粒子家族中,通常分为强子、轻子、传播子三大类;而传播子中又包含传递弱核力的中间 Bose 子、传递核强力的胶子、传播电磁力的光子(photon)。按 GR 理论的说法,传递引力(其实 GR 中并无这种力)的是引力子(graviton)。然而,经过长期寻找也不见引力子的踪影。……这仅是事情的一个方面;如"引力波"(假定存在)的传播速度是光速,那么引力子将以光速飞行,几乎等同于光子——这种论述牵强附会,是可笑的。其实,众多研究者早已指出"引力传播速度远大于光速"(但不是无限大),这样讲法所指也不是 GR 所谓的"引力波"。可以判定,GR 所谓的引力波和引力子一样,其存在性可疑,至少还需再做讨论;不能依靠媒体宣传强迫所有人接受。

最后,我们注意到美国激光干涉引力波天文台(LIGO)"发现引力波"的方式是"接收到了一个信号"——两台探测仪(相距 3000km)都接收到,但时差 7.1ms。这不像是真正令人完全相信、十分放心的科学发现方式,因为你无法确认它真的是由"引力波"造成的。这个信号接收时间是 2015 年 9 月 14 日 23 时 50 分,信噪比高;但是它也可能来自别的原因,比如,两台检测仪中间的微小地震等。大家都知道,科学家在搜集事实、读取数据时容易把尚未判明的事件当作自己追寻的东西。至少可以肯定,目前的"发现"离当年(1887 年)Hertz 的电磁波实验还有很大差距,有待查明它是事实还是一种迹象。

(本文作者为中国传媒大学教授、博士生导师)

Why am I not buying the story of "gravitational wave discovery"?

HUANG Zhi – Xun

(Communication University of China)

From the beginning of the 20th century up until now, the scientific knowledge and experience of humankind have been increasing exponentially, yet in some areas research work is making essentially no progress. The searches of gravitational waves and gravitons are apparently such examples, and just a few years ago some European and American physicist shad even complained that "this would constitute an almost impossible task". However, on February 11, 2016 the National Science Foundation (NSF) of the United States announced the "detection" of gravitational waves, and the news quickly spread to the whole world. It is recalled that in the year of 1887 H. Hertz discovered, by means of experiments, electromagnetic waves which had been predicted by Maxwell, and for the next 130 years since then, this discovery has tremendously impacted human life. Hence it is reasoned that, should gravitational waves exist, its discovery would be a major scientific event. Onthe other hand, the Chinese physicist Li Miao (李淼) believes the recentannounced discovery is only the beginning of human endeavor to search and study gravitational waves, since multiple wave sources could exist and the source incurrent focus is only one of them and that this source lies so far away that it is even beyond the Milky Way Galaxy. I interpret what he says as, whether the existence of gravitational waves as a general physical law like that of electromagnetic waves is still a question to be searched and answered.

On the November of 1915, A. Einstein presented a series of four papers to the Prussian Academy, and thus he established a new theory called general relativity (GR), which was fundamentally different from his theory of special relativity (SR) proposed in 1905. In GR space and time are unified into one and the same entity calledspacetime, and matter distribution determines the curvature of spacetime. Hence it is believed that, just as an accelerated electric charge source would generate an electromagnetic wave, the acceleration of matter would create the so – called gravitational wave, and such a wave is actually the propagation of the so – called changing spacetime curvature. On the January of 1918, Einstein published his paper titled "Über Gravitationswellen" (On Gravitational Waves), where it was proposed that gravitational waves are transverse waves and that they propagate with the speed of light.

In recent years I have reiterated that there is no such things as gravitational waves. Why is it so? I have consistently objected to the behavior of some Chinese scientists in misleading the government into appropriate huge sum of money onto these "gigantic projects", and especially against the manner they blindly follow their western counterpart, and I strongly favor the establishment of the fundamental and foundational science subjects with Chinese characteristics. What's more, I have cited many and widespread evidences to demonstrate that, the number of creative scientific results is not necessarily proportional to the amount of money that is put into them, and such counterexamples are widely seen. It is for this reason that I do not support the search of dark matter, dark energy, and gravitational waves. Some time ago China sent a satellite into orbit to detect dark matter, yet a leading scientist responsible for the project claimed that no one can guarantee the existence of such dark matter. Regarding to scientific programs in terms of billions of dollars, such a saying is not only arbitrary but also repugnant. ⋯⋯ And to make things worse, projects even in tens of billions are in preparation or progress. The development of fundamental sciences does indeed need the government put into money into them, and there is nothing wrong about this; yet as to the question of how to properly or wisely spend these money, scientists in both China and abroad should exercise judgement and discretion. As for Chinese scientists, it isespecially important that we walk our own way in making our country scientifically thriving, and it is apparently not appropriate to decorate our future with what others had created in their past.

Focusing on the particular project of gravitational waves detection, I don't think it is the right thing for us Chinese physicists to do by simply acting as the pupils of Western scientists. Let us begin with a simple analysis of this subject based on fundamental physics, and it is a well – established fact that the classical mechanics (CM) founded by Newtonhas clearly formulated the definitions of such fundamental concepts as space, time, and gravity. The SR proposed by Einstein in 1905 does not include the consideration of gravity, and Minkowski said in 1908 that "from now on, both the concepts of space and time will disappear, and what only remains is the combination of the two as a single entity"—here he was refering to the concept of spacetime. This concept of spacetime immediately made its presence into the GR published in 1916, which was then developed into a theory of gravitationalwaves—i. e. , matter causes curvature in spacetime, and when an object is accelerated, it radiates out ripples in the form of curved spacetime which is in turn called gravitational wave and which travels at the speed of light, and it is further believed that the larger the mass of the object, the greater the amplitude of its gravitational wave.

Yet nowhere in any specialized books or literature on metrology can we find an independent physical quantity called spacetime (or timespace). In physics, the dimension for time is s (second), and the dimension for space is m^3 where mrepresents meter, so the dimension for spacetime is expected to be sm^3 or m^3s, yet this expression represents neither an independent physical concept nor does it have an inherent and unambiguous physical meaning or content. Metrology is built on the measurablility of a physical quantity or concept, yet sm^3 or m^3s clearly does not satisfy this condition, hence what the concept of spacetime tries to convey is not clear at all, and therefore scientifically meaningless. Therefore it is just naturalthat literature on metrology does not deal with this concept of spacetime, and Minkowski's above saying is unjustifiable. The unification of space and time is the theoretical foundation of GR, yet this foundation is very questionable.

Next, certain statements in relativistic mechanics are not acceptable to me at all. Firstly, GR does not regard gravity as a force and only uses geometric terms to describe it; further, there is no gravity under (flat) spacetime without curvature, andonly when spacetime is curved does gravity exist. Yet, as for the question of what the essence of gravity is in relativistic mechanics, GR never answers it in an affirmative way; nor can a formula be found in relativistic mechanics so as to calculate the magnitude of gravity, and how can this situation be acceptable?! I believe spacetime is only a concept adopted for the purpose of making physical analysis, and in no way it represents the physical reality. Given these facts, I certainly do not accept the existence of the so – called gravitational waves.

Then, there is the question of the propagation speed of the so – called gravitational waves, and travelling at light speed c seems to suggest that they belong to the electromagnetic spectrum family, yet nothing is more absurd than this! Gravitational theory has been developed independent of, and parallel to, electromagnetic theory, and the former can certainly borrow ideas and methods from the latter, but how can it be that the so – called gravitationalwave is simply assigned the speed c of electromagnetic waves (or light)? Within the particle family of the Standard Model, elementary particles are classified into three basic types: hadron, lepton, and propagator, and within the category of propagator, there are bosons which act as carrier for weak nuclear force, gluons as carrier of strong nuclear force, and photons as carrier of electromagnetic force. According to GR, the carrier for gravity force (actually there is no such force as gravity in GR) is graviton, yet search of graviton in a period of many years has failed to findits trace at all. But this isonly one of many difficulties faced by this theory, for other examples: If gravitational wave does exist and does travel at the speed of light, then gravitons would also travelat the speed of light, i. e., same as photons, which conclusion is far – fetched and ridiculous. In fact, many researchers have pointed out that the propagation speed of gravity is far exceeding the speed of light (but not infinity), and what is being referred to here by the term of gravity is apparently not gravitational waves either. It can be inferred that the existence of gravitational waves, just as that of gravitons, is very dubious, and at least it needs to be further studied; butwhat obviously is not needed is propaganda and brainwash.

Lastly, we have noticed that the way for the LIGOs in the United States to find the so – called gravitational waves is to "receivea signal"—two detectors with a separation of around 3000 km both received the same signal, or waveform, but with a time difference of 7. 1 ms, which seems not to be a reliable and trustworthy way of making a scientific discovery, since you cannot be absolutely certain that it is indeed caused by gravitational waves. The time for the receipt of this signal is 23 :50 on September 14, 2014, andalthough the signal – to – noise ratio was relatively high, yet there is still a possibility that it was caused by other factors, for example, slight terrestrial quake or vibrating motions between the two detectors. It iswell known that, when collecting scientific evidence or reading data, scientists sometimes tend to regard, whether intentionally or unintentionally, what is unknown as what they are searching for. At least it can be asserted that, the current discovery regarding gravitational wave, is still some distance away from the assurance brought about by what Hertz discovered by his electromagnetic experiments in 1887, and it certainly needs further work to determine whether what the LIGOs have found is a scientific truth or just a disturbance or distraction.

(The author of this note is a professor and Ph. D supervisor at the Communication University of China in Beijing)

附②

Open Letter to the Nobel Committee for Physics 2016

To Professor Olle Inganäs (chaiman), ois@ifm.liu.se, info@kva.se

Dear Professor Inganäs

on Feb. 11, 2016 the LIGO – team published the paper PRL 116, 061102 (2016): *Observation of Gravitational Waves from a Binary Black Hole Merger*. The experimental proof for the existence of a gravitational wave was announced: Mirrors of 40 kg had been displaced by 10^{-18} m during fractions of a second as measured with a Michelson – interferometer with 4km arm length resulting in a strain of 10^{-21}. Scaling up these data by a factor of 10^{13} a relative accuracy must have been achieved by a hair's breadth (10 microns) in relation to the distance to the next fixed star (4 light – years). This is by a factor of 1 Million better than the relative Mössbauer accuracy of 10^{-15} obtained so far. Indeed, Rudolf Mössbauer was awarded the Nobel Prize for physics in 1961 for this achievement.

In order to substantiate this extraordinary claim, it is absolutely necessary to demonstrate experimentally LIGO's ability to measure a displacement of 10^{-18} m that is one thousandth of a proton radius. The reader is assured that the calibration of the system can be achieved by moving the mirrors by such a tiny distance with radiation pressure: *"The detector output is calibrated in strain by measuring its response to test mass motion induced by photon pressure from a modulated calibration laser beam* [63]." Ref. [63] is an unpublished e – print describing the calibration method by radiation pressure. Formula (10) gives the calculable connection between displacement and the radiation power of an auxiliary laser shining on the mirror. Unfortunately no data are given as to the laser power, wave form, number of oscillations in order to compare with the documented effect that was exerted on the mirrors by the wave GW 150914, as displayed in the "discovery paper".

An enquiry with the Albert Einstein Institut revealed that such data do not exist. Prof. Karsten Danzmann declared that the calibration procedure is much more complicated than could be expected from the announcement in the discovery paper (http://www.kritik – relativitaetstheorie.de/Anhaenge/Anfrage%20LIGO – Experiment.pdf, document 13). In order to understand it, one would need to study lengthy technical documents such as arXiv: 1007.3973v 1 [gr – qc] 22 Jul 2010 which, however, does not present either a calibration curve "mirror displacement versus laser power". In view of this statement one must conclude that an experimental proof for the claimed accuracy of the system does not exist, certainly none which is intelligible and could be accepted by the scientific public. It would be easy to move the mirrors by radiation pressure similarly as the gravitational wave did on 15 – 09 – 14, but no data have been published since then that would document this calibration measurement.

In view of Prof. Danzmann's statement one must suspect that LIGO was not calibrated as announced in the discovery paper with the consequence that the claim having detected a gravitational wave is not substantiated experimentally. It is quite possible that GW150914 was a test signal injected into the system before the science run started. The second "discovery" GW151226 shows a very weak signal that is hardly discernable in the noise as admitted by the authors themselves.

In the early seventies there was a claim by Joe Weber having detected gravitational waves. Repetitions of his measurements by several groups came up with null results. Weber was not awarded a Nobel Prize, a wise decision by the Committee. In the present instance it is not easily possible to repeat independent experiments with interferometers of 4 km arm length. One should insist, however, that the LIGO – group carries out the calibration as described in their discovery paper and publishes the results. Such data were included in the previous Technical Document LIGO – T030266 – 00 – D 9/22/03

(https://dcc. ligo. org/public/0027/T030266/000/T030266 – 00. pdf) where much higher laser power was applied to achieve measurable displacements. Hence, it is surprising to notice that direct calibration data were not included in Ref. [63] on this far more auspicious occasion. As more events like GW 150914 are expected, one should wait and see whether they materialize.

With my best regards,

Wolfgang Engelhardt(Max – Planck Inst. für Plasmaphys.)

基础科学研究评论

"大爆炸宇宙学"批评

黄志洵

(中国传媒大学信息工程学院,北京 100024)

【摘要】大爆炸宇宙创生理论是以天文学家 Hubble 的观测为基础的,他声称已发现那些遥远的天体正远离我们而去。此即 Hubble 氏的宇宙扩张理论。但该理论的证据并不充分,是主观想象。宇宙爆炸理论的另一重要证据是微波背景辐射的测量数据,但它并不表示微波背景辐射温度数据一定是一次爆炸后的结果,把它看成一次原初大爆炸的余烬是勉强的。按照宇宙的定义,人们无法谈论"宇宙寿命",只可能谈论诸如"地球的寿命"、"太阳系的寿命"和"星系的寿命"。因此我们反对不靠谱的大爆炸宇宙学,因该理论体系漏洞百出,在科学上和在哲学上均不能成立。

虽然宇宙中看来充满难于解释的力,暗物质和暗能量仍然只是两个假设。另一个假说是存在引力波,但也只是估计,实际情况可能不同。在 Newton 理论中引力速度是无限大,但在 Einstein 理论中引力传播速度和引力波波速都是光速 c。广义相对论(GR)认为引力与电磁力不同,是弯曲时空的纯几何效应。但现在应思索某些不同的引力模型,假如把引力重新当作平直时空中的自然界的力的传播,从而又研究得出引力速度大于 $2 \times 10^{10} c$(c 是真空中光速)。虽然超光速的引力传播违反 Einstein 的狭义相对论(SR),却符合 Lorentz 的相对性理论(LR)。

在美国,一个宇宙学家团队在 2014 年 3 月的一次新闻发布会上宣布,他们探测到了宇宙大爆炸之后最初瞬间所产生的引力波,从而导致宇宙的起源再次成为重大新闻。根据 BICEP2 南极望远镜团队的信息,其结果被誉为大爆炸暴涨理论及其后续理论(多元宇宙)的证明。该成果问鼎 Nobel 奖也在预测之中。BICEP2 团队在其宇宙微波背景辐射极化图像中,确定了一个扭曲(B 模式)图案,结论是检测到原始的引力波。但在后来数月中,由来自 Princeton 大学和在 Princeton 高等研究所的科学家们进行了认真地重新分析,其结论是 BICEP2 的 B 模式模型给出的大部分或全部最显著效应没有来自引力波的任何贡献。这种突然逆转应该让科学界认真考虑未来的宇宙学实验和理论。BICEP2 事件也揭示了一个关于暴涨理论的真相;很清楚,暴涨范式是根本无法检验的,并因此在科学上是毫无意义的。

【关键词】大爆炸宇宙学;Hubble 红移;微波背景辐射;暗能量;引力波;暴涨理论

注:本文原载于《中国传媒大学学报》(自然科学版),第 22 卷,第 1 期,2015 年 2 月,4~19 页。

Criticize the Big – bang Cosmology

HUANG Zhi – Xun

(Communication University of China, Beijing 100024)

【Abstract】 The big – bang cosmogony was based on the Hubble's astro – observation, he discovered that the remote celestial bodies are leaving far from us. It is the Hubble's theory of expanding cosmography. But this theory lacks sufficient proof, then it should be a product of subjective idealism. Another important argument of the theory of exploded cosmogony is that measurement data on microwave background radiation, but the data can't indicate that the temperature of microwave background radiation should be the result of once exploding. It is never the spread ember at once exploding of an original celestial body. According to the definity of cosmos, people can't say "the age of cosmos", because we only can say "the age of earth", "the age of solar system" and "the age of star system"; etc. Then, we are against these absurd views of big – bang cosmology categorically, because such theoretical system is full of flaws that both science and philosophy all can't hold.

Although it seems that the universe is riddled with in explicable forces, the theory of dark matter and dark energy just are two hypothesises. Another hypothesis is the exist of gravitational waves, it is just an estimate, but the actual situation might be different. The velocity of gravity in Newton's universal law is infinite, but the gravity propagation speed and the velocity of gravitational waves in Einstein's theory are the light speed c. The General relativity(GR) explains these features by suggesting that gravitation (unlike electromagnetic forces) is a pure geometric effect of curved space – time, not a force of nature that propagates. Moreover, now different gravity models need to be considered. For example, if gravity is once again taken to be a propagating force of nature in flat space – time with the propagation speed indicated by observational evidence and experiments : not less than 2 $\times 10^{10} c$ (c is the speed of light in vacuum). Although faster – than – light force propagation speeds do violate Einstein's Special relativity(SR), they are in accord with Lorentzian relativity(LR).

When a US team of cosmologists announced at a press conference in March 2014 that they had detected gravitational waves generated in the first instants after the big – bang, the origins of the universe were once again major news. According to the team at the BICEP2 South Pole telescope, the results were hailed as proof the big bang inflationary theory and its progeny, the multiverse. Nobel prizes were predicted. The BICEP2 team identified a twisty (B – mode) pattern in its maps of polarization of the cosmic microwave background, concluding that this was a detection of primordial gravitational waves. But in later months, a careful reanalysis by scientists at Princeton University and the Institute for Advanced Study also in Princeton, has concluded that the BICEP2 B – mode pattern could be the result mostly or entirely of foreground effects without any contribution from gravitational waves. The sudden reversal should make the scientific community contemplate the implications for

the future of cosmology experimentation and theory. The BICEP2 incident has also revealed a truth a-
bout inflationary theory. It is clear that the inflationary paradigm is fundamentally untestable, and
hence scientifically meaningless.

【Key words】big-bang cosmology; Hubble's red shifts; microwave background radiation; dark en-
ergy; gravitational waves; inflationary theory

1 引言

大爆炸理论[1]认为,发生大爆炸以前并没有宇宙,也没有时间和空间,只有一个体积为无
限小、密度和能量为无限大的"奇点",处于虚无均一的状态,直到发生了诞生万物的大爆炸,
宇宙才开始膨胀至今。也就是说,起初只是一个点,在发生 big bang 以后才有宇宙这回事。尽
管这看起来像是一个令人匪夷所思的神话故事,长期以来却抓住了大家的心。这个讲述宇宙
起源及演化的传奇故事不仅让普通听众深信不疑,也得到了科学界的认可。故事说,在 137 亿
年前,一次神秘的爆炸之后,宇宙出现了。关于这次爆炸,我们只知道它的强度和温度超乎人
类的想象,而且某种神奇的能量促使宇宙发生急速膨胀。在非常短的时间中这团炙热均匀的
流体开始变得致密,渐渐形成了原子、恒星、星系……

这个剧本最开始只是一位比利时天文学家 A. Lemaitre 在 20 世纪 20 年代末提出的设想。
而 1948 年由美籍苏联物理学家 George Gamow(1904—1968)提出热大爆炸的宇宙创生学说,
并预言存在背景辐射(约 5K)。但起因是 1929 年美国天文学家 Edwin Hubble(1889—1953)的
观测发现,星系之间的距离在拉大而星系之间相互远离的现象正是大爆炸理论关于宇宙膨胀
的标志。另一项证据是在 1965 年发现的宇宙微波背景辐射(CMB),被认为这是大爆炸后经
历了宇宙膨胀而冷却之后的余烬,似乎是"用大爆炸自身的辐射来证明大爆炸的发生"。……
还有其他所谓证据,关键性的却只有这两个。然而大爆炸理论尚无法解释实际观测中发现的
同质的、各向同性的宇宙背景辐射,即无法解释宇宙中相距遥远宇宙的各部分何以会有着相同
的温度并发出同量的微波辐射。为了弥补这个缺口又提出了"暴涨"理论,认为极早期宇宙只
有标量场才能有一种极为快速的指数式暴涨,在 10^{-30}s 的极短时刻宇宙增大了 10^{26} 倍,这期间
的物质即以标量场为其形态,称为暴涨场。

一直以来,笔者认为大爆炸宇宙学牵强附会、漏洞百出,违反基本逻辑[2]。首先我们要问
宇宙(cosmos、universe)是什么? 一种定义是"空间及其中的天体和物质的总称",另一种定义
是"物质世界的一切"。如承认这定义,就不存在"从一个点炸出一个宇宙"的可能性,也没有
"宇宙膨胀论"、"多宇宙(平行宇宙)论"的地位……但实际情形与此相反,旧思谬识依然大行
其道,并向包括儿童和青少年在内的广大人群强力灌输。笔者认为长久以来的认识(宇宙在
空间方面是无边无界、在时间方面是无始无终)并不错,是"大爆炸宇宙学"错了。实际上,所
谓的宇宙创生大爆炸或许从未发生过。

2 无限宇宙和有限宇宙

1823 年德国天文学家 H. Olbers 做了一个计算,认为在无限大宇宙的假定下地球接收到的
无数恒星发来的光也是无限大,因而天空将十分明亮;但这与实际不符。这样就产生了"有限
宇宙"的假设。不过,今天我们知道 Olbers 佯谬是可以解释的。例如季灏指出[3],宇宙空间中

众多物质(小天体、气体、宇宙微粒、尘埃、氢原子等)对光的吸收和散射,使到达地球的恒星光大为减少。计算表明大量恒星照到地球上的光通量比太阳的照射小至少9个数量级,故Olbers的说法并不能否定宇宙具有无限尺度的可能性。天文学告诉我们,宇宙中大多数物质不发光,这是非常重要的一点。

1922年,Einstein[4]说:"我们可以列出以下论点,来反对空间无限(space-infinite)宇宙的观念,支持空间有界(space-bounded)宇宙或者闭合宇宙的思想:①从相对论的观点来看,假设一个闭合宇宙比假设宇宙的准Euclid结构在无穷远处的相应边界条件,要简单得多。②Mach所表达的惯性取决于物体之间的相互作用的思想,在一级近似下包含在相对论的方程之中。从这些方程可以推知,惯性至少部分地决定于物质之间的相互作用。由此,Mach的思想很有可能得胜,因为假定惯性部分取决于相互作用,部分又取决于空间的独立性质,是不会令人满意的。但是Mach的这一思想只对应于空间上有界的有限宇宙,而不对应于准Euclid的无限宇宙。从认识论的观点来看,假定空间的力学性质完全取决于物质更能使人满意,这只是闭合宇宙中的情形。③只有当宇宙中物质的平均密度为0时,无限宇宙才是可能的。尽管这种假定在逻辑上可行,但是与宇宙中的物质存在有限平均密度的假定相比则不大可能。"

以上理由,最重要的是③;但Einstein承认无限宇宙"在逻辑上可行",他假定宇宙中物质平均密度为大于0的有限值。

2001年,俞允强[1]指出,按照广义相对论宇宙空间可能是无限的,也可能是有限的。现在对无限或有限的问题尚无明确答案,或许今后天文学家会给出回答。

人们都知道宇宙非常大,但不清楚它究竟有多大。1999年初美国天文学会宣布,Hubble太空望远镜的观测表明宇宙有1250亿个以上的星系,其中包括银河系。而银河系包括有2000亿~4000亿个恒星,太阳仅是其中之一。那么宇宙是否无限大?这是一个无法用实验加以证实(或证伪)的问题。但从逻辑上讲,人们会这样提出问题:"如果宇宙有边界,那么界外是什么?"就笔者个人而言,仍然持"无限宇宙"的观点;而这也是许多科学家的观点。

3　对科学史实的回顾

大爆炸宇宙学(big-bang cosmology)是现代宇宙学中的主流学说,它是20世纪40年代末提出的,认为最初的宇宙状态是高密度、高温(约10^{10}K)的;那时没有任何元素,只有粒子态物质(质子、中子、电子、光子、中微子),它们处于热平衡状态。发生于大约137亿年前的大爆炸开始了宇宙演化进程。发生后3min,温度约10^9K,中子可与质子结合为氘。这时,开始形成各种化学元素。随着时间的推移,宇宙迅速膨胀,温度迅速下降。到10^6K时,形成化学元素的过程也结束了。数万年后,温度降为几千摄氏度,宇宙间充满气态物质,从气云又发展了星体,出现了恒星等。大爆炸学说的信奉者认为该理论解释了氦(He)在地球上很少而在天体上却很多的现象,因为在宇宙早期曾有大量产生氦的时期。

然而该理论的起源是由于Hubble的工作,他在Wilson山天文台(Mt. Wilson Observatory)的发现是,如果光谱红移是由于星系退走,后退星系的视速度(apparent velocities)与距离d成正比:

$$V = Hd \tag{1}$$

式中:H为Hubble常数。

Hubble 的这个工作是由于 1930 年完成的观测,如图 1 所示,横坐标是星系距离(1 秒差距 = 3.26l. y.),纵坐标是星系退行速度,图中的点子是从不到 20 个星系的观测得到的数据。图 2 是对 Hubble 定律的近代观测,左下方的小方块代表图 1 的范围;图 2 的横坐标用视星等代替距离,纵坐标(RF·c)表示红移与光速的乘积,代表速度。1930 年,Einstein 正巧来到 Wilson 山天文台,Hubble 向他介绍了由观测产生的"膨胀宇宙"观点……那么,倒推回去会怎样? 1948 年 4 月 1 日出版的 Physical Review 杂志刊登了 G. Gamow 和他的学生 R. Alpher 合写的文章,提出了大爆炸宇宙论的核心内容。但"big bang"一词是英国天文学家 F. Hoyle 提出的。以后的研究者有 J. Peebles 等人。自大爆炸发生降温过程延续到今天,Peebles 认为这种宇宙背景辐射温度还有 10K,而 Alpher 等人认为只有 5K。

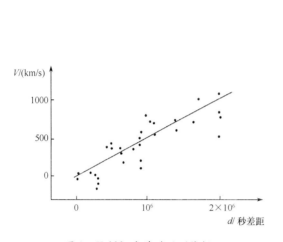

图 1　Hubble 定律的观测依据

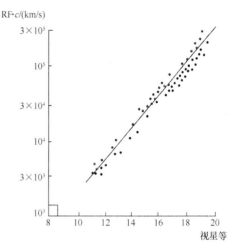

图 2　Hubble 定律的近代观测

1964 年春,美国 Bell 实验室(BTL)的 A. A. Penzias 和 R. W. Wilson 在测量银晕气体的射电强度时,发现有无法消除的本底噪声。就是说,系统的总噪声温度(6.7K)比已知各噪声源之和总是高出 2.5 ~ 4.5K(平均值 3.5K)。他们测量了好几个月,结果总是一样。这项噪声的强度与周日、季节无关,即与地球的自转、公转没有关系。他们怀疑是天线本身的问题,遂于 1965 年初对天线拆卸检查,清除了里面的鸽子窝等。几经努力后仍然存在该项噪声,他们遂于同年 7 月发表了这项观测没有明显天体的宇宙区域的结果,论文题目是"在 4080MHz 的额外天线温度的测量"。这个频率对应的波长是 7.348cm,是重要的厘米波段,也称为 C 波段。那么为什么在波长较长(例如米波)时没有这种现象? 这是因为在米波段银河系辐射强,因而掩盖了背景辐射的存在。这项测量的消息传到美国 Princeton 大学以后,Peebles 认为这就是人们正想测量的宇宙背景辐射温度。在同期杂志上,他们发表了题为"宇宙黑体辐射"的论文,解释了两位工程师的测量结果。后来经过微波界、天体物理界的专家们共同讨论,来自宇宙的微波背景辐射被确定为 2.7K,其性质是各向同性的。1983 年,美国开展了对 2.7K 背景辐射的各向异性的测量研究,实验证明各向异性很小。Penzias 和 Wilson 由于其工作获得了 1978 年 Nobel 物理奖,是在其发现 3.5 K 剩余天线温度(噪声温度)14 年后,这十多年里发现此现象在许多波长上存在。1989 年 COBE 卫星用大量数据证明辐射曲线与黑体辐射曲线吻合,主流物理学界便断定这是来自宇宙早期的遗迹。

美国航空航天局(NASA)的 Hubble 太空望远镜(HST)在高度 600km 的绕地球轨道上运行,这给美国天文学家提供了强有力的工具去观测宇宙。对 Ia 型超新星的距离与退行速度的测量,距离仍按辐射光谱红移推算,可得图3;图中小圆圈是数据,直线代表等速膨胀时的斜率。由于多数点子在直线上方,这被认为是"星系加速退行"(或说"宇宙加速膨胀")的直接证据……但这里仍然使用了 Hubble 定律。

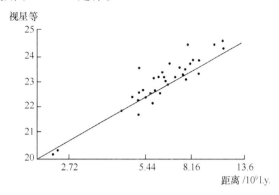

图 3　NASA 提出的"宇宙加速膨胀"证据

现在看大爆炸宇宙学与 GR 理论的关系。1915 年,A. Einstein 提出引力场方程[5]:

$$R_{\mu\nu} - \frac{1}{2}R_{\mu\nu}^g - \lambda g_{\mu\nu} = -8\pi GT_{\mu\nu} \tag{2}$$

式中:T 为引力源的动量—能量张量;$g_{\mu\nu}$ 为时空度规;$R_{\mu\nu}$、R 为由度规及其微商组成的张量。

等式左方第三项称为宇宙学项。λ 称为宇宙学常数。近年来,λ 又称为排斥因子。由于取 $\lambda = 0$ 方便于方程的求解,故 Einstein 场方程也写为

$$R_{\mu\nu} - \frac{1}{2}g_{\mu\nu}R = -kT_{\mu\nu} \tag{3}$$

式中:g 为度规张量;R 为曲率张量;k 为与 Newton 引力常数成正比的系数,且有

$$k = \frac{8\pi G}{c^2} \tag{4}$$

1921 年 Einstein 在美国 Princeton 大学讲学时即取式(3)而演讲的[4]。

1917 年,天文学界认为多数旋涡星云都以巨大的速度相对银河系而退走。但恰在这个时期,Einstein 发现只有取 $\lambda > 0$,在物理意义的解释上才能使宇宙学项相当于斥力场,以便与引力场平衡获得静止宇宙。1923 年 A. S. Eddington 指出,为了解释星系光谱红移所表示的动态膨胀宇宙,应取 $\lambda = 0$;Einstein 同意了这个意见。而近年来天文学界一直报告说"宇宙加速膨胀",故又回到了 $\lambda > 0$。这些情况表示主流意见是把 GR 理论与大爆炸宇宙学绑在一起的。我们认为应当了解 Einstein 本人的态度。1945 年 Einstein 在 *The Meaning of Relativity* 一书第二版的附录("关于宇宙学问题")中说[4]:"假如 Hubble 膨胀在广义相对论创立之时已被发现,那么宇宙学项决不会被引入。"又说:"有些人试图不用 Doppler 效应来解释谱线的 Hubble 红移,但在已知物理事实中没有证据支持这种想法……我们只能把 Hubble 的发现当作恒星系的膨胀……应当认真对待膨胀宇宙(expanding universe)这一思想。"对于 GR 理论,Einstein 认为:"不能指望场方程适用于场和物质密度都非常高的情况;场方程在这样区域内可能失效。"可是,"'宇宙之初'确实构成了一个起点,在这一些点上恒星与恒星系还未作为独立事物而出现。"考虑到 Einstein 的这些说法,加之 1970 年 R. Penrose 和 S. Hawking 曾证明,只要广义相对论正确,必定有过大爆炸奇点;可以认为 GR 理论与大爆炸学说是一种相辅相成的关系。

4 《宇宙最初三分钟》质疑

2001 年俞允强[1]写道:"在 3K 背景辐射发现以来的 30 余年中,热大爆炸宇宙理论已取得了无可争议的成功,这是事实。但成功的事实不要掩盖其弱点,……尚不能回答的问题远比已有答案的问题多。"在同一书中,把宇宙定义为"物质世界的一切",说"它是人类所面对的最巨大的客体"。……笔者虽然一直对大爆炸宇宙学持怀疑态度,但对俞先生的上述说法是同意的,只是"无可争议的成功"这句话除外。我们认为大爆炸理论是西方科学界的一个学派,它有许多值得玩味的思想;但说它已是事实和真理则为时过早。

自然界为人类提出了许多难解的谜,宇宙起源问题是其中最大谜团之一。一些西方科学家认为已找到了答案,笔者则认为尚不能令人信服。试以 Steven Weinberg 为例,这位 1979 年 Nobel 物理学奖获得者于 1977 年出版了 *The First Three Minutes* 一书[6],1993 年再版。从该书的分章和内容来看,科学家们不仅洞悉了大爆炸以后 3min 的全部情况,甚至对"最初百分之一秒"的情形也很清楚。这是令人匪夷所思的事;如果今天我们还承认"物理学是建立在大量实验事实基础上的科学",那么仅凭 Hubble 红移和 2.7K 微波背景辐射,就得出那么多惊天动地的认识和结论,岂非太过简单化了?!

Weinberg[6]承认:"我们实际上并没有观测到迅速远离地球而去的星系;我们能肯定的是光谱中的线向红端偏移,即向较长波长的偏移。"因此,笔者认为无论"宇宙膨胀说",或"宇宙源于一个点的爆炸"说,都仅仅是联想和推论,而非确定的实验事实。实际上人类无法去做那种实验,因为根本不可能做直接的宇宙起源实验。既如此,一种理论或假说凭什么任何人都该接受? ……当然,Weinberg 提出了"确认星系正在分离的独立方法",说"有大量证据表明星系为 100 亿 ~ 150 亿岁,与红移解释基本一致"。但这与近年来的天文学观测并不符合——如往前推 137 亿年,那时已有星系,而且其已存在了数十亿年;因此他的辩护显得软弱无力。近年来,在遥远的类星体和星系中已经探测到许多金属,如果距离与年龄有关,那么这意味着许多最古老、最遥远的星系富含金属,而这违背了大爆炸理论的预言,这意味着宇宙中有一些完全成形的遥远星系,年龄比大爆炸还要古老。

大爆炸宇宙论认为时间有一个起点;尽人皆知,这样讲十分牵强难以服人。Weinberg 知道这个问题回避不了,他说:"尽管我们不知道是否的确曾有过一个开端,但这至少在逻辑上是可能的,而且在那一时刻之前,时间本身是没有意义的。我们都已习惯了 0K 概念。将任何东西冷却到 – 273.16℃ 以下都是不可能的,这不是因为太难或是因为没有人想到制造一种非常合适的冰箱,而是因为低于 0K 的温度是没有意义的——绝对不可能有低于无热的热量。同样,我们或许也应去习惯绝对零时间这一思想——在过去的这一时刻之前,在原则上讲是不可能追溯任何因果链的。这个问题仍有待商榷,也可能将永远值得商榷。"

这段话的意思是说,时间起始点($t = 0$)可以存在;而且,不应该问"$t = 0$ 这个起点之前是什么?"这种情况正如温度的起始点($T = 0$)存在,而不应询问"$T = 0$ 这个起始点温度以下是什么?"因为不存在 $T < 0$ 的负温度。……然而我们不得不指出,Weinberg 这样讲完全错了!

热力学系统的热力学温度为[7]

$$T = \left(\frac{\partial S}{\partial U} \right)^{-1} \tag{5}$$

式中:U 为内能;S 为熵。

若$\partial S/\partial U<0$,则$T<0$,是负温状态。热力学第三定律决定了一个热力学系统总有$T>0$,$T=0$都不可能;因此超低温技术尽管可以不断降温,但即使获得10^{-6}K,也得不到0K。

但在理论上后来有了新变化;对双能级核自旋的量子统计计算证明,在$T>0$区域,当T增大时U、S都随之单调增加。在T为无限大($T=\infty$),S达到极大。此后系统进入负温态,此时U增大而S减小。因此负温比正温"更热"! 当然,要实现负温度需满足某些条件,但负温度状态是存在的。例如自20世纪50年代以来,量子放大器(MASER)技术迅速发展;在固体量子放大器的三能级原理中,使用的顺磁物质在直流磁场作用下会发生能级的分裂,现在考虑最低的三个能级。在热平衡时,各能级上的粒子数目分布遵守Boltzman的规律,即能量较小(能级图中偏低)的粒子数多,而能量较大(能级图中偏高)的粒子数少。这相当于一种"正温度分布",如图4所示;因此,在给定的磁场强度下,可以在三个谐振频率(f_{12}、f_{23}、f_{13})上观察到顺磁谐振吸收的现象。

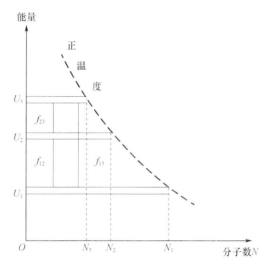

图4　在热平衡状态下,顺磁晶体中不同能级粒子数的正常分布(正温度)

假定从外界注入泵频为f_{13}的高频(微波)能量,则N_1减少,N_3增多。能量增大到一定程度,会造成$N_1=N_3$的局面,这称为"饱和"。现在,N_2有两种可能:或小于$N_1(N_3)$,或大于$N_1(N_3)$。假定$N_2<N_1(N_3)$,即如图5所绘情形,能级3上的分子有跃迁到能级2的趋势,有辐射出频率为f_{23}的单色波的可能性。

如果N_3与N_2的差别不大,辐射输出一定小,适于用作放大器。用频率为f_{23}的微弱信号激励顺磁晶体,它会发出与f_{23}相同的能量子,从而加强了信号。这就是量子放大器的原理。

图5显示了负温度状态的作用。或许有人会说这是虚拟概念,$T<0$仍是无意义的(用此类比大爆炸宇宙论中的$t<0$无意义)。然而2013年末有报道说[8],*Nature*杂志评出该年十大科学成就之一为:实现了使量子气体的温度达到绝对零度以下($T<0$),从而为负温度材料的出现铺平了道路。……无论如何,说"时间有起点"必导致悖论,是不可取的。

1967年Weinberg提出统一电磁作用和弱作用的量子场论,把二者用一个严格成立的对称原理联系起来;这导致他获得了1979年Nobel物理学奖(和A. Salam、S. Glashow一起)。这位受人尊敬的科学家对宇宙学的论述却不能说是成功的;他的书《宇宙最初三分钟》,作者似乎不仅洞悉宇宙的创生,还清楚创生后3min内的细节。这真令人无法相信。人们在大自然面前

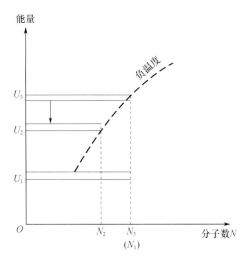

图 5   注入 f_{13} 的泵能量后,顺磁晶体中不同能级粒子数的反常分布(负温度)

还没有学会谦虚。……他的书名也不确切,其实应为《假如使宇宙创生的大爆炸真的发生过,最初 3 分钟内可能出现的情形》;这个书名虽太长但却准确。总之,科学家(即使获得过 Nobel 奖)不可把自己当作无所不知的上帝;实际上自然界本身才是上帝。

5   "大爆炸宇宙学"不能成立的更多理由

"大爆炸"是一个优美动听、构思巧妙的故事。凭借三个观测证据的支撑,"大爆炸"理论很早就已成为关于宇宙起源的权威学说。然而,该学说现在已经出现了一些裂痕;而且,这些裂痕还越来越大。追本溯源,大爆炸假说主要来自"随时间增加宇宙不断膨胀"的判断,而这个判断来自以下推理——光谱红移表示星体(或星系)发出的光波频率在不断降低,从 Doppler 效应来看这是由于"星系在离我们而去"。但在实际上并没有人真正观测到"星系远离我们而去",因而问题在于是否有其他原因造成光谱红移。为解释 Hubble 红移,历史上有过"光子衰老假说",认为光在传播过程中频率会变化;这一假说没有得到认同。近年来又出现了一种新形式的光子衰老假说[9],认为在传播过程中光子会被引力"红化",而"途中引力红移与距离成正比"。这就表明"膨胀"并非造成 Hubble 红移的唯一可能原因。还有一种看法认为[10],由于发光天体的形状各式各样,发出的电磁波不是平面波,频率不变波长却不是常数,而是随传播距离加大而缓慢地变长,从而造成谱线红移。虽然这些看法尚有待证实,但也说明造成红移不能仅用"星系退走"而解释。

2002 年,俞本立[10] 指出,要判断遥远天体是否退行,要具备下列几个方面的证据:①该天体的横向速度远小于视向速度;②测得该天体的亮度减弱了;③该天体辐射在地球上引起的温度附加值降低了;④要测量各个方向天体间的横向距离是否增大了。可是在 Hubble 的理论中,上列四条理由,一条也没有例举出来。如果基于某种理由推断天体正在远离我们而去,那么为什么不可以设想为该天体电磁波谱中的红光成分和红外线成分增多了,这就意味着它在地球上引起的温度附加值升高了,这样岂不是表明它正在向地球靠近,从而得出宇宙正在收缩了么?!……总之,仅靠红移这一点做判断是十分不够的。

笔者认为,判断"大爆炸宇宙论"是否正确未必需要丰富的天文学知识,仅靠逻辑思维即可发现问题——说"宇宙起源于大爆炸",而且发生于一个点;那么爆炸尚未发生时该点位于何处? 如说它"在空间的某处",这空间岂不就是宇宙吗? "由大爆炸创生宇宙"就说不通。另外,大爆炸发生之前是什么状况? 虽然许多主流的科学著作不许人们提这个问题,问题却依然存在。还有,说"宇宙不断在膨胀",隐含着宇宙有边界(只是边界不断向外扩展),那么边界以外又是什么,那里不也是宇宙吗? 如定义宇宙是物质世界的"一切",就不可能是一个在"不断膨胀着"的宇宙,对 Hubble 红移不妨另找解释。此外,对"宇宙年龄"的估算也是不合逻辑的、多余的。人们可以讨论某个天体的年龄,却无法讨论"宇宙的年龄",这是由宇宙的定义所决定的。至于微波背景辐射,这一实验现象尚不能成为"发生过大爆炸"的铁证,因为使用别的理论假说也可能解释该现象。

总之,"由一个点炸出一个宇宙"的理论令人难以接受,就连 S. Hawking 也承认它使人"反感"。虽然近年来媒体反复报道:"科学家证实宇宙仍在持续膨胀"……这里仍旧存在含糊不清之处。过去的有关文献常说"宇宙正在加速膨胀"[11]"星系在远离"。现在却有另一种说法:"星系本身并不移动,而是星系之间的空间加速膨胀。"……这些矛盾的说法说明主流的宇宙学不是一种成熟的理论。能量、物质可以凭空创造和产生,这种理论一望而知不可相信。而且,这种说法几乎与"上帝创世说"没有区别。

对大爆炸学说及其不容讨论的主流学术地位的不满由积累而爆发——2004 年 5 月 22 日英国 New Scientist 杂志发表了 34 位科学家签名的"致科学界的公开信",对大爆炸学说提出质疑,认为该理论越来越多地以一些假设和未经证实的观察作为自己的论据。这里摘录一些内容:

"如今,大爆炸理论越来越多地以一些假设,一些从未被实证观察的东西作为自己的论据:暴涨、暗物质和暗能量等就是其中最令人震惊的一些例子。没有这些东西,我们就会发现,在实际的天文学观测和大爆炸理论的预言之间存在着直接的矛盾。这种不断求助于新的假设来填补理论与现实之间鸿沟的做法,在物理学的任何其他领域中都是不可能被接受的。这至少反映出这一来历不明的理论在有效性方面是存在着严重问题的。

"然而,没有这些牵强的因素,大爆炸理论就无法生存。离开了那种与我们多年来辛苦努力在地球上观察到所有物质都格格不入的暗物质,大爆炸理论的预言与宇宙中实际的物质密度就完全是矛盾的。暴涨所需的密度是核聚变所需的 20 倍,这也许可以作为大爆炸理论中较轻元素来源的一个理论解释吧。而离开了暗能量,根据大爆炸理论计算出来的宇宙年龄就只有 80 亿年,这甚至比我们所在的这个星系中许多恒星的年龄还要小几十亿岁。

"更重要的是,大爆炸理论从来没有任何量化的预言得到过实际观测的验证。该理论捍卫者们所宣称的成功,统统归功于它擅长在事后迎合实际观测的结果,它不断地在增补可调整的参数,就像 Ptolémée 的地心说总是需要借助本轮和均轮来自圆其说一样。其实,大爆炸论并不是理解宇宙历史的唯一方式。'等离子宇宙论'和'稳恒态宇宙模型论'都是对这样一个持续演化着的宇宙的假设,它们认为宇宙既无始也无终。这些模型,以及其他一些观点,也都能解释宇宙的基本现象,如较轻元素在宇宙中所占的比重、宇宙背景辐射以及遥远星系谱线红移量随着距离增加等问题,它们的一些预言还甚至得到过实际观测的验证,而这是大爆炸理论从未做到过的。大爆炸论的支持者们强辩说这些理论不能解释观测到的所有天文现象。但这并没有什么奇怪的,因为它们的发展严重缺乏经费的支持。实际上,直到今天,这样一些疑问和替代理论都还不能被拿出来进行自由的辩论和检验。绝大多数的研讨会都在随波逐流,并不允许研究者们进行完全公开的观点交流。Richard Feynman 说过,'科学就是怀疑的文化'。而在今天的宇宙学领域,怀疑和异见得不到容忍,年轻学者们即使对大爆炸这一标准模型有任何否定的想法也不敢表达。怀疑大爆炸论的学者如果把自己的疑问说出来就会失去经费资助。连实际的观测结果也要被筛选,要依据其能否支持大爆炸理论的标准来筛选。这样一来,所有不符合标准的数据,比如谱线红移、锂元素和氦元素在宇宙中所占的比例、星系的分布等,都被忽视甚至歪曲。这反映出了一种日益膨胀的教条主义,完全不合乎自由的科学研究精神。如今在宇宙学研究领域,几乎所有的经费和实验资源都被分配给以大爆炸理论为课题的项目。科研经费来源有限,而所有主管经费分配的评审委员会都被大爆炸论的支持者们把持着。结果就造成了大爆炸理论掌握该领域的全面主导地位,这一局面与该理论在科学上的有效性毫无关系。只资助从属于大爆炸论的课题,这种做法抹杀了科学方法的一个基本原则:就是必须持续不断地用实际观察来对理论加以检验的原则……"。

这封公开信简短有力,批评了那种不断求助于新的假设(包括暴涨、暗物质、暗能量等)来填补理论与现实之间的鸿沟的做法,在物理学的任何领域都是不可接受的。"公开信"被贴到网上(www.cosmologystatement.org)之后又得到了数以万计的科学家的网上签名。更重要的是,随后(2005—2006)的几件观测事实进一步动摇了人们对大爆炸宇宙学的信念:①HST 拍摄到一些宇宙深空的星体,按照大爆炸的理论而言它们是在宇宙诞生后 5 亿年(即距今 132 亿年前)形成的;但是,星体数目远少于理论的估计。②还是用 HST,对造父变星的观测显示所谓大爆炸至多发生在 120 亿年前,而银河系最古老的星球的年龄可达 160 亿年。③发现了巨大的星系 HUDF – JD2,距地球约 130 亿光年;如此巨大的星系在大爆炸后仅 7 亿年就得以形成是难以解释的。进一步的计算机计算表明,该星系形成于距今 138 亿~136 亿年之间。另外,2007 年 9 月 8 日 *New Scientist* 报道[10],意大利物理学家 C. Germani 认为,基于弦论的另一种理论(slingshot based on a string theory)显示出永远存在的宇宙,没有"宇宙创生时刻",时间没有起点。大爆炸理论成为科学家的信仰十分不妥。

2005 年 4 月,美国 Alabama 大学的 R. Lieu 和 J. Mittaz 在 *Astrophysical Journal* 上发表了一篇文章。他们认为,有关宇宙辐射的所有数据都需要重新加以分析和诠释:"有一部分宇宙辐射很可能与大爆炸毫无关系,而是由局部物理现象造成的。"比如行星际尘埃、恒星际尘埃和星系际气体等,都有可能产生此类辐射。这与欧洲核子研究中心(CERN)的警示如出一辙……糟糕的是,通过 WMAP 观测获得的参数(比如宇宙的年龄、密度、曲率和宇宙膨胀的速度等)已成为大爆炸理论的依据。如果这些参数都是错的,那么大爆炸这座理论大厦很可能会像沙砾堆积的城堡一样崩塌。因为所有这些参数都是环环相扣的,如果否定其中之一,就会造成牵一发而动全身的效应。

2010 年印度科学家指出:"据认为大爆炸已经发生了 137.5 亿年。但是有证据表明那个时候肯定已经存在了数十亿年的完全成形的遥远星系。由于我们论文发表之际正是 CERN 科学家采用大型强子对撞机进行再现宇宙起源状况实验的时候。CERN 的科学家实际上正在设法拼凑一种符合大爆炸模型状况的理论。"这是一位东方科学家对西方科学界的尖锐批评。这位印度科学家认为,断定大爆炸从没发生过的日子也许到了;未来的宇宙学家回顾历史,将会惊诧于为什么每个人都曾对一种如此自相矛盾的证据所否定的虚构事件笃信不疑。

6　重新思考"暗物质"和"暗能量"

麻烦的是,如果相信大爆炸理论是成立的,那就不得不相信关于暗物质和暗能量的假设。

其实"dark matter"和"dark energy"两词的命名,就透露了宇宙学家们无所适从的心境[12]。

暗物质大概是现代物理学中最大的谜团。主流物理界认为,在过去几十年里,来自不同研究机构的观测数据表明,宇宙的绝大部分是由我们看不到的物质组成的,暗物质的名字由此而来。但迄今没有人能够找到暗物质。这件事要溯源到20世纪30年代,美国加州理工学院(CIT)从事天体物理研究的瑞士籍科学家F. Zwicky研究了星系团内星系的运动。星系团中的星系因被自身引力束缚,运动速度与引力必须达成平衡才不致出轨。而Zwicky发现,星系团内星系远远不足以产生如此大的引力,一定还存在人类看不见的其他物质,并首次提出暗物质存在的可能性。

因此,这个idea是认为,有东西潜伏在星系的心脏部位,产生的额外引力阻碍最远处的星体飞离星系,并大体上使星系团正常运转。没人知道这个东西是什么,但它就是在那里,因为根据Newton引力,所有可见的恒星、行星和其他天体都没有足够的质量来解释观测到的天体现象——某些星系团中的星系一直移动得非常快,以致星系团不能控制住该星系,故认为可能在星系团有看不见的物质在起作用。……然而,这仍然是一种估计或假说。

但主流物理界后来则把以下说法当成事实告诉全世界的公众:"现代宇宙学认为,整个宇宙中物质占27%左右,暗能量占73%左右。而在这27%的物质中,暗物质(DM)占90%,quark物质占10%。然而在2007—2013年,虽然不断有报道"发现了暗物质",但都不靠谱。因此,至今暗物质仍然是一种未证实存在的东西。

但信奉大爆炸宇宙的科学家推断星系中存在着大量无形的物质。如果没有这种物质,引力就无法将有形的物质聚集,构筑了宇宙的众多星系就无法形成,至少在大爆炸剧本设定的时间内无法形成。简单地说:没有暗物质,就没有星系。如今,绝大多数天文学家认为这种"暗物质"确实存在。然而它存在的唯一表现只有引力干扰,此外,任何天文望远镜的宏观观测和任何粒子加速器的微观研究都不能揭示其真实的性质并证明其存在。

一方面是尚未找出暗物质,另一方面又说"暗物质"的影响极其巨大——它能够将一个星系的质量增加到其可见部分质量的近百倍。因此,现在有科学家认为,有关暗物质的问题可能是一种"伪问题",人们应该摆脱它的束缚,去对大爆炸理论的一些支柱(如引力规律),加以重新审视。1981年物理学家M. Milgrom提出,星系和星系团得以保持完整不是由于看不见的暗物质,而是由于在宇宙深空引力背离了Newton法则,它没有随距离的增加而减弱。他找著名的J. Bekenstein讨论,引起了后者的兴趣,随后两人一道研究修正的Newton力学(Modified Theory of Newton Dynamics, MOND)。这个理论与相对论明显不同,它使引力在星系们的外围显著变大。虽然暗物质体现在科学家们30年来的艰苦工作中,但MOND却摒弃了暗物质;它说Newton引力理论在星系那里(或说在宇宙大系统中)可能失效,而且GR是不完备的理论。不过,只有当引力低于一定强度时才需要修正Newton的定律,即只有在大尺度时才改变传统上的引力行为……有趣的是,在Milgrom和Bekenstein于1984年发表的MOND论文中,他们虽然加了第二个引力场来产生保持星系旋转稳定的拉力,但这个额外场中的振动速度比光速还快。这两位科学家觉得这是对因果律的破坏,因而差一点放弃了MOND研究(笔者必须指出,对于这个超光速与因果律的关系问题,上述理解是错误的)。2004年Bekenstein发表了一篇重要的MOND论文,但仍然废弃了暗物质[2]。

在观测方面,全世界已投入很多金钱和精力。由于大质量弱相互作用粒子(WIMP)是暗物质的一个强有力的候选者,而且欧洲和美国有许多天文台正在寻找这些东西。有人发现了一些有希望的线索,但其他人则一无所获。……中国科学界也投入很大的人力和物力,据说已在四川某地建设"全世界最大的暗物质地下探测实验室"——怪不得西方评论说"中国人总是要搞世界第一"(可惜暗物质的思想并非我们中国人提出的,而在西方有关暗物质的理念非常混乱)。

暗能量(DE)的概念更加奇怪,它来自"宇宙正在快速膨胀"的判断[12]。以下是"标准理论"的简介:宇宙学中有几个重要概念——宇宙总质量、宇宙临界质量、宇宙平均密度、宇宙临界密度;后两者的符号为 ρ、ρ_c。若 $\rho < \rho_c$,则万有引力场的制动(减速)作用弱,宇宙会无限膨胀下去,星系不断退走,得到一个开放式宇宙;若 $\rho > \rho_c$,则万有引力场很强,星系迟早会被拉回,宇宙转为收缩相,是封闭式宇宙。后一种情况,会不会到一定时候又改为膨胀?或者收缩到奇点再大爆炸?或者是大坍缩使宇宙结束?这就关系到暗物质和暗能量。

宇宙中如只有引力作用,宇宙最后的命运是大坍缩,从 Einstein 到 Hawking 都相信过这种未来。科学家认为有神秘的反引力(antigravity force)存在。1997 年美国 Berkeley 加州大学的 A. Riess 和 S. Perlmutter 对大量 Ia 型超新星观测结果做计算后大惊,因为情况显示膨胀和扩张是很快的。这种快速膨胀排除了未来发生大坍缩的可能。这时人们想起了 Alan Guth 在 1978 年发表的一篇文章,该文预期大爆炸后宇宙中出现一种强大力量,导致宇宙加速膨胀。事情似乎是:大约 70 亿年前引力失去控制,暗能量夺去了控制权,而在长时间里人们对暗能量的了解几乎为零。人们认为反引力是宇宙中的另一种强大的力量。

主流的观点认为对超新星的观测已表明,在过去的 7 亿年中宇宙加速膨胀是由暗能量所引起。因此 Science 杂志谈到"暗能量问题已经走到了聚光灯前。"一些理论家认为,DE 就是潜伏在真空中的能量,他们认为即使空虚空间也充满粒子,产生压力(压强),Science 杂志在 1997 年有文章讨论这个问题。这一派学者的观点是,真空能引起时空结构加速扩张。另一些人猜想,可以用气体理论来模拟解释宇宙加速扩张现象——当人们使气体由小体积扩充(膨胀)到大体积,容器壁所受压强减小。现在宇宙自己就是容器,在任意的给定时刻,其体积决定压强,驱动宇宙进一步扩张。

2001 年 6 月 30 日,NASA 发射"微波各向异性探测器"(MAP),以检测太空中微波的块度(slumpiness),从而得到全天空的图景。MAP 的目的是调查宇宙平均密度 ρ:若 $\rho \leq \rho_c$,则宇宙会不断地扩张;若 $\rho > \rho_c$,则扩张会停下来,回到百亿年前状况。总之,MAP 可使人们了解暗能量的数量与构成,并协助评价大爆炸后宇宙最初的不稳定性。2002 年 MAP 一直在工作,发现所谓热点模式,据说确认了暗能量存在和宇宙加速膨胀。有关情况由 NASA 于 2003 年 2 月公布,数据资料来自 HST 对许多超新星的观测。

DE 对时空结构扩张的作用既已"确认",人们对宇宙如何终结就有一个估计了。几十亿年后,宇宙可能在恐怖中灭亡。……如此等等,真像一个神话故事,而且给人以不能反对的印象。中国科学界习惯于跟在西方人后面亦步亦趋,当然是一哄而起紧紧跟上,列出多个国家课题并编制所需经费的预算。

但是,即使在西方也有不同的声音。人们说,应当分清宇宙加速膨胀是因为某种奇异的暗能量,还是因为万有引力定律需要修改。2010 年 6 月英国媒体报道,一些英国科学家的研究成果表明,暗物质、暗能量也许并不存在。这是对 NASA 于 2001 年的微波背景辐射测量值重新分析得出的结论,不能说 DM 和 DE 是宇宙的主宰。……笔者认为对"宇宙加速膨胀"的说法应重新考虑,其实"宇宙加速膨胀"本身就是一个文理不通的说法。

7 "引力波"存在性问题与大爆炸暴涨理论的衰落

关于引力(gravity),目前有多个理论,但最主要的有 Newton 的经典引力理论[13]和 Einstein

超光速物理问题研究

广义相对论(GR)引力理论两个[4,5]。Newton 理论是最早的(也是最简单的)引力理论,其引力矢量满足

$$\nabla \times \boldsymbol{g} = 0 \tag{6}$$

$$\nabla \cdot \boldsymbol{g} = -4\pi G\rho \tag{7}$$

式中:ρ 为物质密度。

故可得

$$\boldsymbol{g} = -\nabla \Phi \tag{8}$$

$$\nabla^2 \Phi = 4\pi G\rho \tag{9}$$

式中:Φ 为引力势。

不在 Newton 理论中引力是一种超距作用(over distance action),是违反狭义相对论的。此外,Newton 引力场理论不支持引力波的存在,这是因为 Newton 万有引力定律与电磁学中的 Coulomb 定律形式上相似,均为无旋场,不存在表示能量辐射的引力波(gravitational waves)。正如有静电场而无"静电波"一样,在 Newton 理论中有引力场而无"引力波"是很正常的。

从式(8)出发,利用 Gauss 定理,可以证明引力场强在一定条件下趋于无限大。这与实际不符,故在 1905 年以前 Zeeliger 把 Newton 理论公式修改为

$$\nabla^2 \Phi - k_0^2 \Phi = 4\pi G\rho \tag{10}$$

等式左方第二项称为宇宙因子。在 Einstein 于 1915 年提出 GR 后,有一个参数是宇宙常数(universal constant);Einstein 引力场方程是张量方程,具有多个独立变量,其中包含下述标量方程:

$$\nabla^2 \Phi - \lambda \Phi = 4\pi G\rho \tag{11}$$

式中:λ 为宇宙常数,相当于 Zeeliger 方程中的 k_0^2。

当 ρ 为常数($\rho = \rho_0$)时,式(11)的一个解为

$$\Phi = -\frac{4\pi G\rho_0}{\lambda} = 常数 \tag{12}$$

故有

$$\boldsymbol{g} = -\nabla \Phi = 0 \tag{13}$$

也就是说,在无穷远处势 Φ 趋于一个固定极限值,场变为零。即不会发生引力场中任意点的场强为无限大的情形。

Einstein 于 1907 年开始研究引力场。1913 年与数学家 M. Grossmann 合作,在引入绝对微分学(张量分析)基础上提出引力的度规场理论。1915 年他发表了引力场方程,宣告 GR 完成。GR 认为时间、空间并非绝对和独立地存在,而是联系在一起,并由物质分布和运动决定其性质,即物质分布决定时空的曲率。该理论又推论说,既然物质是产生引力的源,引力场是无须介质的广延场;那么,正像电磁学中作为场源的电荷加速运动时会辐射电磁波一样,物质的加速运动也将辐射引力波。而引力辐射可理解为变化着的时空曲率的传播。Einstein 于 1918 年 1 月发表论文"论引力波"[14],内容包括:用推迟势解引力场近似方程;引力场的能量分量;平面引力波;由力学体系发射的引力波;引力波对力学体系的作用等。文章认为引力波是横波,以光速传播。

坦率地说,笔者对上述的从 GR 出发断言引力波存在的理论是不相信的。首先,引力相互作用与电磁相互作用是自然界中四种作用中的两种,是互相独立的客观存在。如果模拟电磁理论中的情况——独立的电磁波存在、对应的粒子即光子(photon)存在;断言独立的引力波存

在、对应的粒子即引力子(graviton)存在,是缺乏说服力的;因为并没有这种可以比拟的基础和必然性。既然 GR 把引力几何化了——不把引力看成真实的力作用,而当作四维时空弯曲的表现。这种对引力的本质的认识是数学的,而不是物理的。虽然主流物理学界至今仍把 GR 尊崇为最正确、最好的引力理论,这个复杂的理论却不能简明地告诉我们引力是什么力。一方面离开了由 Galilei – Newton 所定义的作用力概念,另一方面照搬电磁场与电磁波的方法论,这是不自洽的。其次,无论引力传播速度,或引力波(假如存在)的波速,都绝不可能是光速。这不仅因为不能把引力相互作用与电磁相互作用等同看待,而且也因为仅仅考查太阳系中太阳与地球的关系就会明白日地间的作用力的传递绝不会像阳光照到地球过程那么"慢"。正因为如此,在 1911 年德国教授 R. Lämmel 曾当面告诉比他年轻的 Einstein(后者当时 32 岁)[15]:"有的东西比光更快,万有引力。"两年后(1913 年),著名物理学家 Max Born 也对 Einstein 观点(引力作用以光速传播)表达了反对意见。……实际上前辈科学大师对此早有论述,例如法国数学家、天文学家 P. Laplace[16]于 1810 年根据潮汐造成太阳系行星轨道不稳定的长期影响,断定引力速度是光速的 10^8 倍($v = 10^8 c$)。英国天文学家 A. Eddington[17]在 1920 年根据对水星近日点进动的讨论断定引力速度 $v \gg c$;根据日食全盛时比日、月成直线时超前断定 $v \geq 20c$。

20 世纪末 T. Flandern[18,19]发表了关于引力速度的研究文章,引起广泛关注。在回顾了 Eddington 的工作之后他指出,对太阳(S)—地球(E)体系而言,如果太阳产生的引力是以光速向外传播,那么当引力走过日地间距而到达地球时,后者已前移了与 8.3min 相应的距离。这样一来,太阳对地球的吸引同地球对太阳的吸引就不在同一条直线上了。这些错行力(misaligned forces)的效应是使得绕太阳运行的星体轨道半径增大,在 1200 年内地球对太阳的距离将加倍。但在实际上,地球轨道是稳定的;故可判断"引力传播速度远大于光速"。这样的论述简洁而有力。作为完全独立的研究,Flandern 对引力速度得到两个结果:使用地球轨道数据作计算时得 $v \approx 10^9 c$;使用脉冲星 PSR(1534 + 12)的数据作计算时得 $v \geq 2 \times 10^{10} c$。

根据上述情况,可以断言认为"引力传播速度和引力波(假如存在)以光速传播"的观点是错误的[20];Einstein 之所以坚持这样讲,只是因为 SR 中有"光速不可超越"的论断而已。但这种坚持并不高明,因为这样做会危及人们对 GR 理论的信心。……诸如此类的原因使我们觉得,引力波恐怕不存在——这与国际科学界花费巨大人力和物力寻找引力波及引力子却一无所获的现实相符。由于找到引力波就可以进一步证明 GR 正确,相对论者们急于找到引力波或引力子,结果是越急越找不到,至今成为主流物理学界的心病。

笔者认为 Newton 引力理论不容轻视,更不可抛弃,该理论中引力是瞬间(即时)相互作用;也不存在引力波这种能脱离引力场源在真空中传播的波动。Newton 理论体系也不要求对真空中光速 c 赋予各种特殊性(c 不变性、c 不可超越、c 代表引力传播速度),只是一个普通的物理参数。为什么 c 那么特殊?为什么在大百科全书中不加证明地说"引力波与电磁波一样以光速 c 传播?"[7]这些想当然的说法不是科学的态度。多年前笔者曾与做过"引力波测量研究"的国内专家讨论;笔者提出,电磁波发现后,理论与实验均证实,它有一个很宽的频谱,而其中每个频率均为简谐波;即普遍性波方程可简化为 Helmholtz 方程(以 $e^{i\omega t}$ 表示)。引力波既然尚未发现,又怎么知道它也有一个频谱分布(如电磁波谱)?!那么何谈"1000Hz 的引力波"之类?另外,引力波的传播速度也是令人感兴趣的问题。笔者据此与中山大学研究引力波的专家胡恩科教授联系,他回答说:

"据广义相对论,引力波来源于物质体系的质量四极矩的变化,亦即体系质量分布的变化。它与电磁辐射类似,既可有单色(准单色)辐射,如来源于双星运动;也可有广谱辐射,来源于脉冲源(如超新星爆发)。强辐射来源于大质量高密度的天体运动,一般频率较低;故引力波能谱中低频部分较强。超新星爆发时间在1ms左右,其中心频率在13kHz间。所有谈到的频率均尚无实验证明,均为理论预言。

另外,据广义相对论,引力波传播速度为光速。也有一些其他引力理论,预期引力波传播速度不是光速;这都有待实验证明。……上述两个问题,现代的实验装置一旦检测到引力波,即可作出结论。"

这位专家还表示,引力波存在与否关系到GR理论的正确性,是非常重要的问题:"也许最新的探测器仍未能发现引力波的芳踪,那么这将是对现有引力理论(特别是广义相对论)的极大挑战。"[21]……

笔者认为最重要的是引力波与大爆炸宇宙论的关系。事实上,有关大爆炸模型有效性的一个"关键试验"是探测来自宇宙最初时期的引力波的残余。正如GR理论中所预言的,引力波背景的存在被认为来自大爆炸狂暴的起始时刻。微波背景辐射据推测起源于大爆炸之后38万年,而引力波背景被认为直接来自大爆炸后一瞬间发生的事件。就这样,引力波与大爆炸宇宙论挂上了钩。

在主流物理学界的观念中,开天辟地的大爆炸被认为造成了大量的引力波,在时空结构中激起涟漪。这些引力波应该仍然充斥于宇宙。不过按照推测,它们的强度十分微弱,无法用常规的天文仪器探测到。尽管如此,它们应该携带着大爆炸刚刚发生之后的宇宙信息。因此,如果引力波无法探测到,这就是对大爆炸理论的质疑。

2014年3月,美国一些物理学家召开新闻发布会,说Harvard大学BICEP小组探测到了宇宙大爆炸之后最初瞬间所产生的引力波,从而导致宇宙的起源再次成为重大新闻。所公布的发现轰动了全世界科学界、媒体和广大公众(见 Nature,2014,Vol. 507,281~283)。他们还宣布,大爆炸后的暴涨理论和多宇宙论也得到证实,可能获Nobel奖。暴涨理论的提出者、麻省理工学院(MIT)的 Alan Guth 参加了记者会,可能获Nobel奖的话就是他说的。BICEP2团队在其宇宙微波背景辐射极化图像中,确定了一个扭曲(B模式)图案,结论是检测到原始的引力波。

笔者当时看了新闻报道就觉得可疑。6月16日,原国家科委主任、82岁高龄的宋健院士给我转来一份 Nature 杂志的复印页,上面刊载了美国 Princeton 大学 P. Steinhardt[22]教授的短文,说:"大爆炸错误突出地释放多宇宙泡沫。暴涨模式根本无法验证,因而没有科学意义。"(Big bang blunder bursts the multiverse bubble; The inflationary paradigm is fundamentally untestable, and hence scientifically meaningless.)。宋健则写道:"转中国传媒大学黄志洵教授一阅;看来不能轻传有些理论家的神话故事。或许你已读过,劳神祈谅。"

Steinhardt 文章说,现已经揭示了其分析中的严重缺陷,这导致确定检测变为没有检测。对引力波的搜索必须重新开始。这里的问题在于,其他影响,包括在我们自己的银河系中,从宇宙尘产生的光散射和绕银河系磁场运动的电子产生的同步辐射,也可以产生这些扭曲。BICEP2仪器只有一个频率检测辐射,因此不能区分来自其他来源的极其广泛的贡献。要做到这一点,BICEP2团队测量了Wilkinson微波各向异性探测器和Planck卫星收集的银河宇宙尘,其中每个操作都在其他频率范围内进行的。当BICEP2团队作分析时,Planck宇宙尘图像尚未公布,所以团队从几个月前提供的初步图像中提取资料。现在,由来自Princeton大学和Princeton高等研究所的科学家们进行了认真的重新分析,其结论是BICEP2的B模式模型给出的大部分或全部最显著效应没有来自引力波的任何贡献。由BICEP2团队考虑的其他宇宙尘模型不会改变这一负面结论,这一点也由普林斯顿团队表明了(R. Flauger, J. C. Hill 和 D. N. Spergel,预印本:http://arxlv. org/abs/1405. 7351;2014)。

这种突然逆转应该让科学界认真考虑未来的宇宙学实验和理论,对引力波的搜索不会受阻。至少八个实验,实验者包括 BICEP3、Keck Array 和 Planck 团队,已经瞄准了相同的目标。在此时刻,这些团队可以确信,世界将对其予以密切关注。同样,获得承认将要求测量在一定频率范围内进行,以便从显著效应中获得确认,同时要求测试排除其他来源造成的混乱。这一次,公告应在提交给期刊并且由专家审批后发布。如果必须举行一次新闻发布会,希望科学界和媒体将要求其伴随着一套完整的文件,包括系统分析的详情和足够的资料,以便能够进行客观的核查。

BICEP2 事件也揭示了关于暴涨理论的真相。普通的观点认为这是一个具有高度预测性的理论。如果确实如此,引力波的检测是暴涨的证明,人们会认为没有检测到意味着该理论的失败。然而一些欢庆 BICEP2 公告的暴涨支持者已经强调,无论是否探测到引力波,该理论是同样有效的。这怎么可能呢?

由拥护者给出的这一答案是令人震惊的:暴涨范式是如此灵活,以至于它不受实验和观测检验的影响。第一,暴涨是由一个假想的标量场驱动的,具有可调整性以产生任何有效的结果;第二,暴涨具有始终如一的性质,不会与恒星和星系一起结束,但几乎不可避免地导致了具有无限多泡沫的多元宇宙,其中宇宙和自然界的性质随着不同泡沫而变化。我们观察到的部分宇宙对应的只是这样的一种泡沫。在多元宇宙中扫描所有可能的泡沫,一切可以自然发生的事情确实发生了无数次。没有任何实验可以排除一种理论,它允许所有可能的结果。因此,暴涨范式是无法反驳的。

看起来可能令人困惑的是出现了数以百计关于用这样那样暴涨模型进行预测的理论文章。这些文章通常不被承认,是由于它们忽略了多元宇宙,并且即使有这个不合理的选择,还存在一系列其他模型产生多种多样的宇宙学结果。考虑到这一点,很明显的是暴涨范式是根本无法检验的,并因此在科学上是毫无意义的。

宇宙学是一种在特殊时期产生的特殊科学。其进展包括对引力波的搜索,将会继续进行下去,审视未来若干年会有什么发现是令人兴奋的。借助于这些未来成果,理论家们面临的挑战是确定一个真正描述宇宙的起源、演化和未来的,具有解释和预测功能的科学范式……

阅读来自 Princeton 的专家的文章对中国科学家有很大启发,不仅知道了分析的结论是没有来自引力波的任何贡献,是暴涨理论的失败。进一步思考显示暴涨范式根本无法检验,因而在科学上毫无意义。因而我们可以学习那种严谨的科学态度和方法。

笔者认为,由于多宇宙是暴涨的后续理论,我们仅凭常识就不会相信的"存在多个宇宙"的说法,现在也被 Princeton 专家否定(对多宇宙论我曾形容为"一些理论物理学家失去现实感的证明"[23])。总之,在各方批评下 BICEP2 团队 6 月底承认了错误。……9 月 22 日有报道说,欧洲航天局认为 BICEP 小组观测到的扭曲图像可以简单地用尘埃解释,因为研究显示他们当时观察的天空宇宙尘埃比之前估计的要多。BICEP 小组没有利用欧洲 Planck 卫星收集的尘埃数据。Planck 卫星观测天空的频率远比其他卫星高。……总之事态的发展显示,天平正倒向反对"大爆炸宇宙论"的一方。

8 讨论

一门学科或一个理论是否能成立,首先要看它在逻辑上能否自洽(通俗的讲法是起码要能自圆其说),其次要看它是否有了实验证明(或能通过实践检验)。大爆炸宇宙学在这两个方面都存在问题,因此我们很难接受有的理论物理学家的夸大粉饰(例如文献[24]称相关阶段为"宇宙学的新黄金时代")。现在讨论观测和实验方面的问题。首先关于宇宙起源于在一点(后来又说是多点)发生的爆炸,以及"在 10^{-30} s 内宇宙体积膨胀了 10^{26} 倍"(暴涨理论);这些奇怪的说法是不可能取得实证的,因而正如 Steinhardt 所说,is scientifically meaningless。其次,光谱红移根本不是"宇宙在膨胀"的直接证据。再次,各国长久地投入巨资寻找引力波和引力子,却怎么也找不到。……很奇怪,这些事实并不能使一些人清醒。当然,他们把最大的论据放在所谓"宇宙微波背景辐射"上,特别对 COBE 卫星和 WMAP 卫星津津乐道;然而它们究竟证明了什么?

COBE 是"宇宙背景探测者"的简称,其成果主要有两点:①CMB 的温度为 2.735K,是黑体辐射;②温度的方向起伏不足十万分之一(小于 10^{-5})。我们不否认 1984 年发射的 COBE 给人们带来了新的知识,但如说它给大爆炸宇宙论造成了"铁证"则很牵强。因果性(causality)常识告诉我们,不同的原因可能造成同一结果;不能说各向同性的 2.7K 就一定是大爆炸的余烬。实际上,CMB 对于宇宙学研究的意义固然不能否认,但说它如同考古学中的化石[24]则是夸大之词;二者的意义是不同的。

WMAP 是 Wilkinson Microwave Anisotropy Probe(威尔金森微波各向异性探测器)的简写,Wilkinson 是科学家的姓氏。这是美国能源部和海军联合投资的项目,于 2001 年发射到太阳与地球之间的 Lagrange 点上,任务是测量天空中任意两个方向的 CMB 差值。2003—2008 年分别公布了结果。CMB 的均匀性好被当作实验上证明了暴涨说[24];既如此,为什么 Alan Guth 到 2014 年还在期待他认为应该获得的 Nobel 物理学奖,而不是几年前就颁发给他这个奖?如前所述,我们现在知道 2007 年欧洲人发射的 Planck 卫星对遥远太空的探测资料恰恰否定了 2014 年 3 月宣布的 BICEP2"引力波发现"。人们知道引力波(假如存在)在传播过程中几乎不参加任何相互作用,因而被认为是"携带了比 CMB 更早期的独一无二的宇宙信息"[25]。然而,如果根本没有引力波,这个宇宙学研究就无法进行了吗?如今的现实是有多个宇宙学理论;例如英国物理学家 Fred Hoyle 一向对大爆炸宇宙论采取不承认态度并提出自己的理论;既如此,为何不能使宇宙学研究多元化,而要强迫所有人都认可大爆炸是唯一合理合法的理论?这显然违反了科学的精神。其实早在 1963 年,E. Lifshitz 和 I. Khalatnikor 就试图从理论上避开有过大爆炸,因而避免"时间有起点";但这类努力根本不受重视。

宇宙学并非笔者的专业或专长;但人类是宇宙中的生物,我们都是她的孩子,关心宇宙起源学说是很自然的。科学界的一些情况令人难以容忍,与其说在于某个学说本身,其实更由于那种专断的风气和做法。只要稍做文献检索,就知道并非人人信奉 big - bang cosmogony;只是大家都忙于自己的生活,没有时间(或不屑于)去和人理论罢了。

9 结束语

在结束本文时我们指出,包括宇宙学在内的各门学科都是仍在探讨以求发展的状态。任何理论都不能说是"最终的理论",即人类的每个阶段的认识都仅仅是相对真理,绝对真理只能在对无数相对真理的探求中去寻找,而这是一个永远也不会完结的过程。因此人们不应期待一种简单化的答案;从根本上说,终极真理还在极远处。……科学家不仅要热爱大自然,还要敬畏大自然,保持绝对的谦卑之心。哲学家 K. Godal 有一句名言:"大自然是不能完全被认识的,即使仅在理论上也不可能。"他的话是否正确姑且不论,但有一点是肯定的,那就是我们今天对自然的认识还停留在非常初步的阶段。

至于我们国内,笔者依然认为,中国科学界不能完全照搬和紧跟西方,而应当有自己的思考、自己的思想。不要"以别人的昨天装扮自己的明天",更不要把似是而非的神话故事灌输给青年人;这是笔者写作本文时衷心的期望。

参考文献

[1] 俞允强. 热大爆炸宇宙学[M]. 北京:北京大学出版社,2001.

[2] 黄志洵. 空间和时间的科学意义[J]. 中国传媒大学学报(自然科学版),2008,15(1):1-11.

[3] 季灏. 挑战[M]. 香港:华夏文化出版公司,2005.

[4] Einstein A. The meaning of Relativity[M]. Princeton:Princeton University Press,1922. (中译:相对论的意义[M]. 郝建纲,刘道军,译. 上海:上海科技教育出版社,2001.)

[5] 刘辽,赵峥. 广义相对论:第2版[M]. 北京:高等教育出版社,2004.

[6] Weinberg S. The first three minutes[M]. New York:Basic Books, 1977,1993. 中译:宇宙最初三分钟[M]. 张承泉,等译. 北京:中国对外翻译出版公司,2000.)

[7] 丁辉,等. 中国大百科全书·物理学:第2版[M]. 北京:中国大百科全书出版社,2009.

[8] 姜荣. 电磁波传播中的负物理参数研究[D]. 北京:中国传媒大学,2014.

[9] 陈绍光. 谁引爆了宇宙[M]. 成都:四川科学技术出版社,2004.

[10] 余本立. 宇宙到底是有限还是无限的[M]. 香港:天马出版公司,2002.

[11] Conselice C J. 宇宙黑手暗能量[J]. 环球科学, 2007(3):16-25.

[12] Clark S. Heart of darkness[J]. New Scientist,2007(Feb. 17):28-33.

[13] Newton I. Philosophiae naturalis principia mathematica[M]. London:Roy. Soc., 1687.(中译:牛顿. 自然哲学之数学原理[M]. 王克迪,译. 西安:陕西人民出版社,2001.)

[14] Einstein A. 论引力波[M]. 爱因斯坦文集[C]. 范岱年,赵中立,许良英,译. 北京:商务印书馆,1983:367-383.

[15] Lämmel R. Ⅱ-Ⅳ. Minutes of the meeting of 16 Jan. 1911[M]. 爱因斯坦全集:第3卷[C]. 戈革,译. 长沙:湖南科学技术出版社,2002.

[16] Laplace P. Mechanique celeste[M]. volumes published from 1799-1825;English translation:New York:Chelsea Publ,1966.

[17] Eddington A E. Space,time and gravitation[M]. Cambridge:Cambridge Univ. Press,1920.

[18] Flandem T. The speed of gravity:what the experiments say[J]. Met Res Bull,1997,6(4):1-10.

[19] Flandem T. The speed of gravity:what the experiments say[J] Phys Lett,1998,A250:1-11.

[20] 黄志洵. 引力传播速度及有关科学问题[J]. 中国传媒大学学报(自然科学版),2007,14(3):1-12.

[21] 胡恩科. 引力波探测[M]. 21世纪100个科学难题. 长春:吉林人民出版社,1998.

[22] Steinhardt P. Big bang blunder bursts the multiverse bubble[J]. Nature, 2014,510:9.

[23] 黄志洵. 关于"引力波实验"的一点看法[J]. 前沿科学,2014,8(2):42-43.(又见:科技日报,2014-07-30.)

[24] 李淼. 宇宙学的黄金时代[A]. 10000个科学难题[C]. 北京:科学出版社,2009.

[25] 朱宗宏. 宇宙学起源的引力波研究[A]. 10000个科学难题[C]. 北京:科学出版社,2009.

预测未来的科学

黄志洵

（中国传媒大学信息工程学院，北京 100024）

【摘要】"未来无法预测"的说法肯定是错误的。在科学基础上预测未来是常见的事，并不奇怪。典型例子如天气预报，而对地震的研究导致了地震学科的建立。客观世界遵循自然规律，但又是无规、随机、非线性和有突变的，因而预测未来既可能又很难成功。不能用因果性要求批评量子物理实验；可以用因果性对待经典物理实验，但不应死守"因先于果"的时序限制。因果律的精髓应是"在任何情况下果都不能影响因"。

在 Maxwell – d'Alembert 方程求解过程中，完整的数学分析结果是有一个滞后解和一个超前解。过去的习惯做法是抛弃超前解而只留下滞后解，虽然从逻辑上的因果性出发而这样做并不合理，能被人们接受的理由只是"滞后解才与实验情况相符合"。现在已出现了众多的负波速实验，证明了超前波存在，并且在实验中"果超前于因"。这些实验体现了"进入未来"的意蕴，或许可以看成是"时间机器"设想的某种体现。

一般认为经过时空隧道可做时间旅行；也可利用量子力学现象，例如纠缠态和后选择。量子隐形传态传送的是量子态而非实体物质，从逻辑上讲量子后选择传态与时间旅行是一致的。因此旅行者实际上未动，而传送的是描写旅行者的全部信息。很明显，在量子理论中时间旅行是可能的。量子力学是未来学发展的动力。……然而未知事物大量存在，要承认未来充满了不确定性；对未来学的研究面临巨大困难，道路是漫长的。

【关键词】未来学；超前波；时间旅行；量子时间机器；天气预报；地震预报

Science of Future Forecasting

HUANG Zhi – Xun

（Communication University of China，Beijing 100024）

【Abstract】The argument that "the future can't know beforehand" is wrong. The future forecasting on the basis of science is a common phenomenon，and there's nothing strange about it. The typical

注：本文原载于《中国传媒大学学报》（自然科学版），第 21 卷，第 4 期，2014 年 8 月，1～13 页；收入本书时做了修改补充。

example is the weather forecasts, and the study of earthquake make the Seismology. The objective world obey the rules of nature, but it is at random、stochastic、non – linear and mutaty situation, so the future forecastting though progress possible, but it is very difficult. Then, we can't criticize the physical quantum experiments by the employment of causality; we may make still causal demands on the classical physics experiments, but we can't defend to the last of the limit "the cause must be earlier than the effect". We know that the quintessence of causality is that "the effect can't influence on the cause in any case."

In process of finding an answer on the Maxwell – d'Alembert equation, complete results are the retarded solution plus advanced solution. In the past, we have become accustomed to the retarded solution, and the advanced solution was abandoned by the people.

It was not a rationalization method based on the logic causality, and the accept reason by the masses was the retarded solution in agreement on that experiments. Now, we know that the several negative wave – speed experiments have proved exist of advanced waves, and the effect is earlier than the cause. Then we say these experiments embodies the spirit of inner the future, and also reflects the idea of "time machine."

Time travel is possible in theory though a tunnel in space – time; or using the phenomenon in quantum mechanics, such as the entanglement state and post – selection. The quantum teleportation transports the quantum states and not the material objects, the logic of post – selected teleportation is the same as for time travel. Then, the traveler has not physically moved, instead the people is the quantum information that completely describes the traveler. Obviously, the time travel is viable in quantum theory. Quantum mechanics is the motive force of the development of Futurology.

In addition, the unknown things are vast amount, so the uncertainty fill of futurity. Researches of Futurlogy experience countless hardships and setbacks. The travelling road of study is very long.
【Key words】futurology; advanced waves; time travel; quantum time machine; weather forecasts; earthquake forecasts

1 引言

每个人都关心自己的未来(事业前途、身体状况、投资风险、婚恋前景等),与此同时人们也关心国家的乃至世界的未来。然而通常认为预测未来是不可能的,"算命先生"所说的话只是一派胡言,是为了金钱而实施诈骗。……但我们的认识不能停留在这个虽然正确但初级的层次,因为人类社会实际上已经离不开对未来的预测——典型的例子是气象台的"天气预报"。根据气象预测资料,应用天气学、大气动力学、大气热力学、气象统计学的原理和方法,对某区域或某地点在未来一段时间的天气状况做定性或定量的预测,这就是天气预报。世界上第一个发布天气预报的国家是荷兰,时在 1860 年[1]。百年后(1960 年 4 月 1 日)美国的气象卫星首次发射成功;在同一时期 Doppler 雷达用于气象探测。加上电子计算机的使用,这一切大大改善了天气预报的质量。现时的天气预报是大体正确而又不完全正确,尽管如此它已是人们生活中不可缺少的信息资料。……又如,政府机构需要预测未来的人口数量、水资源消耗等情况;联合国想知道未来发生"小行星撞地球"的几率有多大;如此等等。2014 年 7 月有报道说,卫星可提前 11 个月预报严重洪灾。

总之,在"在科学的基础上预测未来"是可以实现的,虽然尚不能精确报告未来发生的事件。英国牛津大学(Oxford University)设有人类未来研究所,是我们能够理解的事情。与过去的常见文章不同,我们的讨论将避开"依靠相对论讨论时间旅行"的模式,也不对时间的本质做哲学探讨。本文将从电磁理论中的 d'Alembert 解开始,逐步深入下去进行探索。

2 超前波:从幕后走到台前

在 18 世纪数学家曾致力于弦振动问题的研究,这与音乐的发展有关,例如人们感兴趣于小提琴弦的振动。法国数学家 J. d'Alembert 于 1746 年的论文"张紧的弦振动时形成的曲线的研究",实际上是讨论后来称为一维波方程的二阶偏微分方程:

$$\frac{\partial^2 f}{\partial z^2} = \frac{1}{v^2}\frac{\partial^2 f}{\partial t^2} \tag{1}$$

式中:z 为弦长方向;t 为时间;$f=f(z,t)$ 为振动变量。方程等式左边是函数的空间关系,右边是函数的时间关系,整个方程反映弦上波动的时空关系。常数 v 与弦的材料、质量有关。由于弦固定在端点 $z=0$ 及 $z=l$ 之间(l 为弦长),故解需满足边界条件 $f(0,t)=0$ 及 $f(l,t)=0$。此外,还有解应当满足的初始条件。d'Alembert 巧妙地解这个方程,结果是该偏微分方程的每个解都是$(vt+z)$及$(vt-z)$的函数之和。在满足边界条件及初始条件时,他把解写作

$$f(z,t) = \frac{1}{2}F(vt+z) - \frac{1}{2}F(vt-z) \tag{2}$$

数学家 L. Euler 在 1748—1755 年也研究了弦振动问题,他的结果表述略有不同:

$$f(z,t) = \frac{1}{2}F(z+vt) + \frac{1}{2}F(z-vt) \tag{3}$$

式中:f 是与横坐标 z 对应的纵坐标。Euler 给出下述特解:

$$f(z,t) = \sum_m A_m \sin\frac{m\pi z}{l}\cos\frac{m\pi vt}{l} \tag{4}$$

此外,还论述了模式和模式叠加的概念。

有趣的是,d'Alembert、Euler 和 Bernoulli 三位数学家就弦振动的数学理论进行过长达 10 年的辩论,后来 Lagrange 也加入了讨论[2]。后人总结性地把式(3)称为一维波方程的 d'Alembert 解。1760 年 Euler 提出了三维波方程:

$$\nabla^2 f = \frac{1}{v^2}\frac{\partial^2 f}{\partial t^2} \tag{5}$$

式中:$\nabla^2 = \nabla\cdot\nabla = \frac{\partial}{\partial x^2}+\frac{\partial^2}{\partial x^2}+\frac{\partial^2}{\partial z^2}$;$f=f(x,y,z,t)$ 是振动变量。

105 年后(即 1865 年),J. Maxwell 提出了电磁波的波方程:

$$\nabla^2\psi = \frac{1}{v^2}\frac{\partial^2\psi}{\partial t^2} \tag{6}$$

式中:ψ 为波函数(用后来的名称),实际上是电场强度或磁场强度。以上发展证明了自然规律的一致性。很自然,人们会把 d'Alembert 解沿用到电磁理论领域。

在时变电磁场理论中的势函数(potential functions)是有用的物理量,其定义可由矢量分析

提出。对任意矢量 A 有 $\nabla \cdot \nabla \times A = 0$，故可在 Maxwell 方程框架内提出电磁矢量势（vector potential）的定义为

$$B = \nabla \times A \tag{7}$$

将其代入 $\nabla \times E = -\dfrac{\partial B}{\partial t}$，得 $\nabla \times \left(E + \dfrac{\partial A}{\partial t} \right) = 0$；但在矢量代数中对任意标量 Φ 有 $\nabla \times \nabla \Phi = 0$，

故可假定电磁标量势（scalar potential）Φ 满足 $E + \dfrac{\partial A}{\partial t} = -\nabla \Phi$，即

$$E = -\nabla \Phi - \frac{\partial A}{\partial t} \tag{8}$$

可见由势函数（A、Φ）可求出电场和磁场（E 和 B），使用不同的参量系统都可达到了解电磁场的目的。但是，上述两式不能由给定的 E、B（或 E、H）完全确定 A 和 Φ，故 H. Lorentz 引入一个条件规定了 A 和 Φ 的关系：

$$\nabla \cdot A + \frac{1}{v^2} \frac{\partial \Phi}{\partial t} = 0 \tag{9}$$

因此在 Lorentz 规范（Lorentz guide）中 $\nabla \cdot A \neq 0$。根据这些式子，可以证明有下述二阶偏微分方程成立：

$$\nabla^2 A - \frac{1}{v^2} \frac{\partial^2 A}{\partial t^2} = -\mu_0 J \tag{10}$$

$$\nabla^2 \Phi - \frac{1}{v^2} \frac{\partial^2 \Phi}{\partial t^2} = -\frac{\rho}{\varepsilon_0} \tag{11}$$

式中：v 为波速，$v = (\varepsilon\mu)^{-1/2}$，在真空时，$v = c = (\varepsilon_0\mu_0)^{-1/2}$。这就是满足 Lorentz 规范的 d'Alembert 方程，式中 J，ρ 代表场源。显然，如场不随时间变化，就得到 Poisson 方程。

在线性条件下，任何分布场源的解是各点源单独作用时解的叠加。因此可以考虑时变点电荷源 $q(t)$ 在距源点 r 处产生的动态的标量势 $\Phi(t)$。由于在位置矢量 r 的顶端（坐标 x,y,z）处无电荷源，故得一个齐次 d'Alembert 方程

$$\nabla^2 \Phi - \frac{1}{v^2} \frac{\partial^2 \Phi}{\partial t^2} = 0 \tag{12}$$

在球坐标条件下可写作

$$\frac{\partial^2 (r\Phi)}{\partial r^2} = \frac{1}{v^2} \frac{\partial^2 (r\Phi)}{\partial t^2} \tag{13}$$

这个一维波方程其实是前述的弦振动方程，通解为

$$r\Phi = F_1 \left(t - \frac{r}{v} \right) + F_2 \left(t + \frac{r}{v} \right) \tag{14}$$

参考极端情况（静电场）就可写出

$$\Phi(r,t) = \frac{1}{4\pi\varepsilon r} \left[q\left(t - \frac{r}{v} \right) + q\left(t + \frac{r}{v} \right) \right] \tag{15}$$

据此可以讨论 d'Alembert 方程的两个解的不同的物理意义：第一项表示空间点 (x,y,z) 的情况取决于此刻（时间 t）之前，即 $\left(t - \dfrac{r}{v} \right)$ 时刻的场源，而差值 (r/v) 是扰动以速度 v 到达该点的时间；故此项是滞后势（retarded potential），也可看作是朝 r 的正向传播的波动。第二项表示空间点 (x,y,z) 的情况取决于此刻（时间 t）之后，即 $\left(t + \dfrac{r}{v} \right)$ 时刻的场源，故该点呈现领先于源的

现象,称为超前势(advanced potential)。对于无限大空间而言第二项没有确定的意义;但如果是有限空间,则它可看作是朝 r 的反方向(负向)传播的波[3]。

多年来科学界的做法都是抛弃超前解,因为人们认为它表示"在源起作用之前就能观察到结果",违反了因果律(causality,笔者将其译作因果性)。而且通常认为"波由外界向源汇聚"没有道理。但是,在 1941 年出版的名著 *Electromagnetic Theory* 中,J. Stratton[4] 却对此有所保留。他指出,在这个问题上应用逻辑上的因果原理是"站不住脚的";如果抛弃超前解,也只是因为滞后解才与实验结果相符合。……由此可以看出,如果 Stratton 了解到近年来已有众多的负波速实验成功[5-16],在实验室中观察到超前波已不是一件困难的事,那么在今天他也会认为超前解存在是合理的,不应当被抛弃。

1992 年 J. Gleick[17] 指出,物理学家通常会停留在滞后解上面,因为超前波在时间上是倒着运行,在发射出来之前就被接收到,令人难以理解。但超前波与任何波并无不同,只是它会向源头会聚集中。Gleick 回顾说,1940 年作为研究生的 R. Feynman 就电子自作用和互作用问题与他的导师 J. Wheeler 讨论,后者建议他考虑超前波。结果是他们二人提出了"吸收者理论"(theory of absorber),笔者认为吸收者一词其实就是我们都熟悉的负载作用(loading action)。……1945 年 J. Wheeler 和 R. Feynman[18] 在其论文"作为辐射机制的与吸收者的相互作用"中,坚持认为必须考虑 Maxwell 方程的两个解——滞后解和超前解;并称后者为"the advanced Lienard – Wiechert solutions of Maxwell equations",正是它造成了"物理作用的超前效应"(advanced effects of action)。不过笔者觉得他们当时还是非常小心慎重地提出有关概念的,这可由他们建议的下述关系式中看出:

$$\text{滞后场} = \left[\frac{1}{2}\text{滞后场} + \frac{1}{2}\text{超前场} \right] + \left[\frac{1}{2}\text{滞后场} - \frac{1}{2}\text{超前场} \right] \tag{16}$$

并说等式右方的前项是与粒子电磁质量(按 Lorentz 的说法)相对应的,后项造成辐射作用的力。……从今天即 2014 年的观点来看,此论文迈出的步子不大,避免说超前场可以单独存在(甚至在某种情况下起突出的作用),而是像一个仆人躲在主人(滞后场)的身边。但无论如何,这是一个呼吁("不要抛弃超前解"),且与 Stratton 的想法相呼应;因此今天我们说"怀念 Wheeler 和 Feynman"仍是有充足理由的!

2000 年英国名刊 *Nature* 发表了王力军小组完成的"光脉冲以负群速(NGV)通过铯气小室(cell)"的超光速实验,即 WKD 实验[6],它引发了争论。笔者曾两次邀请王力军从国外回北京在学术会议上报告他的工作,又曾多次发表我对 WKD 实验的看法[19-22],此处不赘述。这里只叙述 2002 年刘辽[23] 发表的观点。他首先讲对 WKD 实验的理解——在铯(Cs)原子气室的反常色散区群折射率(群速指数)为

$$n_g = n + f\frac{\mathrm{d}n}{\mathrm{d}f} = -310 \tag{17}$$

式中: $n = n(f)$ 为相折射率。

故光脉冲群速为负速度:

$$v_g = \frac{c}{n_g} = -\frac{c}{310} \tag{18}$$

式中: c 为真空中光速。

故光脉冲经过 cell 的时间为

$$\Delta t = \frac{L}{v_g} = \frac{6}{-c/310} = -62(\mathrm{ns}) \tag{19}$$

式中：L 为小室长度（$L = 6\text{cm}$）。

由于 $\Delta t = t_{\text{out}} - t_{\text{in}}$，故上式表示 $t_{\text{out}} < t_{\text{in}}$，即 cell 的出射脉冲在时间上超前于入射脉冲，超前量约 62ns。总之，光脉冲传播速度超过 c，且出射脉冲在时间上超前。

其次刘辽分析 WKD 实验的含义；光源发出的迟滞光脉冲可写成函数关系 $F\left(t - \dfrac{z}{v_{\text{g}}}\right)$，$z$ 表示距离。它进入 cell 后 $v_{\text{g}} < 0$，如写作 $v_{\text{g}} = -|v_{\text{g}}|$，则关系式变为 $F\left(t + \dfrac{z}{|v_{\text{g}}|}\right)$，成为超前的光脉冲；它随距离增加而逆时传播，从而挑战了因果律，因为在实验中果超前于因。长期以来人们只从时序看待因果律，但却可以在某些实验中发生问题；因此刘辽大胆地提出了因果律的新表述：果不可能通过任何方式影响因。

基于上述认识，刘辽提出下述观点——已知电磁场方程满足时间反演不变性，故通解应为滞后解与超前解叠加，例如 $\dfrac{1}{2}F_{\text{r}}$ 与 $\dfrac{1}{2}F_{\text{a}}$ 之和（下标 r 代表 retarded，a 代表 advanced）；由于某种对称性破缺造成只有滞后解起作用。1945 年 Wheeler 和 Feynman 建立了"辐射的吸引子理论"（吸引子即 absorber，前译吸收者），假定在源周围的吸引子介质要建立一个超前场，合成效果为 $\left(\dfrac{1}{2}F_{\text{r}} - \dfrac{1}{2}F_{\text{a}}\right)$，它与源所产生的 $\left(\dfrac{1}{2}F_{\text{r}} + \dfrac{1}{2}F_{\text{a}}\right)$ 合成后即得到观测中得到的滞后场。……刘辽未对 Wheeler – Feynman 理论的不足之处提出批评，却肯定地说，像 WKD 实验这样的情况是"直接显示了超前场存在"。

笔者认为资深相对论学者刘辽教授的论文有重要意义，它敏锐地提出负群速实验就是超前波存在的证明，与此同时又对 Causality 做出了新的定义和诠释；这两点是该文的主要贡献。不足之处也有两条：首先，文章说 WKD 实验结果 v_{g} 虽为负，但如取绝对值，是亚光速（$|v_{\text{g}}| = c/310 < c$）；这样讲完全违反了 Brillouin 的经典波速理论[24]，该理论证明 v_{g} 不断增加到无限大之后转为负值，因而负速度是"比无限大正速度还要大"的速度。正如《大百科全书·物理学》[25]一书所指出的，负温度是比无限高正温度"还要热"的温度。实际上 WKD 实验结果是 $-c/310$，这是一个整体，不能"取绝对值"，因为那不是它的结论。……其次，文章说"实际上往往只有推迟解在起作用"也是错误的，笔者在 2013 年发表的论文"自由空间中天线近区场的类消失态超光速现象"已指出[26]，天线近区场内发现的超光速群速（$v_{\text{g}} > c$）乃至负群速（$v_{\text{g}} < 0$）表明超前解是可以"经常在起作用"的。

尽管如此，我们仍然认为刘辽文章是一篇出色的论文。结合在他之前与文后的科学界各种进展，我们可以说"超前波从幕后走到了台前"，甚至已经走到了聚光灯下。

3 "前往未来"的可实现性

刘辽文章不仅承认 WKD 实验"对通常理解的因果律的时序的绝对性提出了挑战"，而且认为该实验是"人们首次在实验室中实现了某种类型的时间机器"。这个观点不仅有趣，而且应看成该文的另一项贡献。众所周知，1895 年 H. G. Wells 最早提出了时间机器的设想（以科幻小说的形式），自那以后百余年来成为经久不衰的话题。由于时间机器，人类可以自由地从现在回到过去或前往未来。

2000 年刘辽在接见记者时说，中国古代思想家惠施早在约公元前 300 年就提出了时间旅行的概念——"今日适越而昔来。"意思是说今天出发去"越"地，昨天就到达了。如何能实现

"到达早于出发"？只有逆时间而行。他还说，要想制造虫洞(wormholes)来实现时空旅行，要有大量的负能量。宇宙中虽有负能物质，但非常少；而用宏观方法是无法制造负能量的，只能用微观的(量子力学)方法获得，但数量极其微小。想循此制造时间机器极为困难。

近年来，有理论物理学家提出时间旅行的各种设想方案。然而笔者注意到一个有趣的现象：经常有人认为"前往未来"要比"回到过去"容易。这样说是有道理的，笔者认为有三方面的原因：

首先，"回到过去"总是面临重大的逻辑难题——例如"祖父悖论"，假如时间旅行者(time traveler)回到过去杀死了未婚的祖父，那么他自己便不会出生；既然他并不存在，那么他也不可能回到过去提前杀死祖父；如是继续……。虽然不断有理论物理学家做出努力想绕开这个困难，但至今仍然缺少真正有力量的论述出现。

其次，人类在"现在"的现实存在是另一个对预测未来有利的因素。人的存在意味着已有海量的知识积累，它们是对客观规律的认识和总结；假如物理过程大体上循着线性化方向发展，据此就可以从现状推测将来。更何况人们已掌握了许多先进的科技仪器和方法，可以帮助人们认识未来将会发生的情况——天气预报技术的改进就是一个很好的例子。

另外，我们必须着重指出，目前在各国实验室中大量进行的负波速(主要是 NGV)实验，本质上是超前波实验，已包含了"进入未来"的意蕴。即使只有若干纳秒的量级，但由于在时间上超前，当然也就是微小地进入未来。正因为如此，刘辽才说 NGV 实验(以 WKD 实验为例)是"人们首次在验室中实现了某种类型的时间机器"；这是一位物理学家的正确判断。……虽然也有人提出 NGV 实验中是否携带信息的问题，但这已是更深层次的问题——我们如既能从未来(提前)获得信息，又能从现在向未来发送信息，这是一种理想境界。

以上给出了"前往未来"比"回到过去"容易实现的一些理由。现在我们提出另一个论据，即所谓"暂停生命"的方法——如果用最先进的科技手段(如超低温方法)使人的生命"暂停"(未死亡)，那么从理论上讲或许能使人"访问"百年甚至数百年以后的世界。这虽然极其困难，却是一种从概念上可以成立的"前往未来"的方法，突破了目前人的寿命限制。

总之，"前往未来"与"回到过去"是不同的，前者更具有可实现性；这是本文的基本观点。……然而，"前往未来"也是有悖论的——某人预知在未来会发生不好的事情，遂提前采取措施避免其发生；这样，该事情最终没有发生。但在"什么都未发生"的过程中，该人又怎能知道"那件事情有可能发生"呢？别人无法判断，究竟是由于该人采取了预防措施而使其本来会发生而没有发生，还是根本就没有发生该事的可能性，那些措施全是无的放矢？如何避免悖论是一个待研究的问题。……最后我们必须说，本节是把两个层次的事情(预知未来和前往未来)混合讨论了；但这两者是很不相同的！

4   确定性、因果性、非线性和突变性

把现有规律线性地延伸到将来从而"预测未来"，可能是有问题的，因此需要进行更深入的讨论。有一个科学名词叫确定性，英文为 definity 或 certainty。这是一种信念，认为大自然在本质上可以预测：一切事件都由一个在先的原因所决定，并遵循一定规律。问题仅在于找到那个规律及掌握初始状态，则由现在可以精确地推出未来[27]。1814 年 P. Laplace 说："世界的未来可以由其过去决定；只要掌握世界在任一给定时刻的状态(用数学表示)，就能预测未来。"这是确定论因果性的典型观点。19 世纪末 J. H. Poincarè 发现，一些微分方程(如 Hamilton 方

程类型)的可解性及解值敏感地依赖于其初始条件——后者的微小变化可以导致解值巨变或无解。这一发现使"可预测性"不成为规律,在哲学观上与 Laplace 相对立。因此 Poincarè 走向了非确定论,该理论认为系统的状态中任意小的不确定因素可能会逐步变大致使未来不可预测。Poincarè 有一个贡献是对三体问题进行研究,从而在天体轨道的分析中发现了新的概念——混沌(chaos)。与以前的科学家一样,他解方程组、求定量解没有成功,但在定性研究方面开辟了新天地。他提出假想的 n 维空间——相空间概念,在相空间中每个点都代表系统的一个状态。分析结论是:渐近解有无数周期不同的序列,也有无数非周期序列——后者即混沌,它对初始条件或状态是敏感依赖的。他喜欢说的一句话:"预测是不可能的。"这也损害了因果性原则。

到了 20 世纪,持确定论因果性观点的典型人物首推 Einstein。1920 年 1 月 20 日 Emstein 致信 M. Born 说:"关于因果性问题使我很伤脑筋;光的量子吸收和发射是否有朝一日可在完全因果性的意义下去理解,还是要留下统计性尾巴……要放弃完全的因果性,我将非常难受。"[28] 1924 年 4 月 29 日,Einstein 在致 M. Born 的信中写道:"在有比迄今更有力的反对严格因果性证据之前,我不会放弃……我不能容忍下述想法:受光照射的一个电子会由其自由意志来选择跳开时间和方向……不错,我要给量子以明确形式的尝试一再失败了,但我不想长久放弃希望。"1924 年在致 M. Born 的信中 Einstein 又说:"量子力学理论有很大贡献,但并不使我们更接近上帝的奥秘。无论如何,我相信他不是在掷骰子。"……他的话传播很广,但并不正确;"上帝"(自然界)不仅掷骰子,而且常常掷在人们意想不到的地方。……据说 N. Bohr 在 1927 年曾对 Einstein 说:"你不能告诉上帝该怎么做。"

1927 年 3 月,W. K. Heisenberg 提出了量子力学(QM)中著名的测不准关系式。它告诉人们,微观粒子的运行总有无法消除的不确定性,即在微观世界中事件的发生常常是没有原因的。实际上,正是量子理论对确定论提出了最大的挑战。从 1927 年 10 月开始,Einstein 表明了对测不准关系式的否定态度,并设计一些"思维实验"以证明该关系式的原理可以被超越。这个过程至少持续了 10 年,其中包括著名的 EPR 论文。总之,测不准关系式直接导致了不可预测性,量子世界挣脱了因果链的严密束缚。英国物理学家 P. Davies 说:"根据量子理论,没有因的情况下也可能有果。"中国著名量子力学家张永德[28]说:"量子理论反对 Einstein 的客观实在论,因为它对事物的看法是简单、机械论的,背离态叠加原理和波粒二象性。此外,为 QM 所不容的是 Lorentz 变换不变性的理论基础——相对论性局域因果性。故也可认为量子理论与因果性相容,但与相对论性局域因果性不相容。"

著名化学家 I. Prigogine 于 1969 年在其 *Exploring complexity* 一书中,认为自然界本质上是随机、不可逆、不断演化和非线性的,这才是真实的世界。这与 Einstein 的自然观、世界观不同。Prigogine 用可能性取代了确定性。

众所周知,英国著名物理学家 S. Hawking 是反对时间旅行的可能性的,其根据是这种旅行违反因果律;为此他还提出了时序保护假设(chronology protection conjecture)。Hawking 认为,在接近闭合类时区边界或 Cauchy 视界时,强真空涨落的极化能将毁掉这种特殊的时空结构,从而使闭合类时线(时间机器)不能存在。故他是承认广义相对论(GR)导致的时间可弯曲的观点,虽然笔者觉得"时间也有形状"很荒唐。……他还问道:"如果时间旅行可以实现,为何我们身边从未发现有来自未来的时间旅行者?"当然 Hawking 此问只适用于批评"回到过去"的可能性,却不适合于讨论"前往未来"这样的命题。

2010 年笔者指出[29],一些文献把超光速运动发生时必然存在的时序相对性说成时间倒流,造成认识上的极大混乱。把因果性和狭义相对论(SR)两者同时神圣化的做法屏蔽了、阻塞了合理的讨论;然而因果性和对称性一样只是一种信念而非物理定律。在 QM 中微观粒子行为通常不可预测;如把粒子到达某处当作一个事件,它就可说是无原因的。无论 Einstein 或者后人都把因果性绝对化了。早在 1933 年 Nobel 物理奖委员会主席曾在致辞中说:"在微观世界中必须放弃因果关系的要求,物理定律所表示的是事件出现的几率。"……

在本节的最后我们简述关于事物发展中的非线性和突变性问题。笔者认为非线性不是障碍,因为它常可经由解析法而体现在方程式的非线性项中,从而仍然是有规律可循。典型例子如非线性 Schrödinger 方程和非线性 Klein – Gordon 方程。……更值得重视是突变性(mutaty);这最早始于法国生物理学家 G. Cuvier(1769—1832)提出的灾变说(catastrophe);笔者认为它不是反对 Darwin 进化论,而是对后者的补充。1972 年法国生物学家 R. Thom[30] 在其专著《稳定结构与形态发生学》中系统地论述了突变理论,其数学基础是拓扑学和非线性微分方程论中的不稳定奇点理论。Thon 认为突变模型可解释自然界和人类社会中的许多现象。一个系统保持稳定的数学含意是系统的势函数达到最小,而突变是从原有状态跳到另一个极小值。突变的原因消失后,突变结果会保持,只有更强大的动因才会引起变化。……我们认为 Thom 的理论对于人类预测未来的研究很有参考价值。

1859 年 Charles Darwin 在其名著 *Origin of Species by means of Natural Selection*(中译名为《物种起源》)认为物种的进化经过长期演变,是一种自然选择的演化过程。这是一种渐变论的观点,不仅可用于生物学界和描述人类的发生发展,甚至后来被推广于社会学研究中。与此对照,突变论强调变化过程的间断或突然转换,包括突然来到的质变,其并未经过缓慢的"量变的积累导致质变"的过程。……其实我们可以从数学中的连续缓变函数(及相联系的微分方程)来理解渐变理论,从阶跃函数、δ 函数(及相联系的奇点)来理解突变理论。两者都是现实的、可能的自然状态;但当考虑突变论的因素时,必然会影响到我们对未来的预测。

那么该怎样看待量子理论与突变理论的关系? 笔者认为情况较为复杂:一方面微观粒子的行为不像经典粒子那样有规可循,不定性即包含突变的可能;另一方面 Schrödinger 方程是一种渐变论的微分方程,如能确立初始波函数,仍然可以确定地掌握波函数在时空中的演化(它遵守幺正性要求或几率守恒要求)。如果黑洞真的存在,QM 中的几率守恒或量子态幺正性演化不再成立,这就有了大问题。不久前 Hawking 说经长期研究他得出了"黑洞根本不存在"的结论,如果这样倒是解决了令人困惑的问题。

5 有给定的未来吗

2003 年 I. Prigogine[31] 出版了专著 *Is Future given?*,书名的意思是"未来给定了吗?"或"已将未来提供出来了吗?"2005 年的中译本译作《未来是定数吗?》,也是可以的。这本书值得细读,Prigogine 提出了许多有价值的思想;但笔者觉得他的基本观点是"未来不可预测",这就值得商榷了! 本文一开始就举出天气预报的例子——尽管大气系统极其复杂而且变化迅速,很难设想人们可以预测明天、后天乃至一周后的天气状态;然而公众一直都习以为常地享受气象台的预测报告,据以安排自己的工作和生活。这里并不是说天气预报的准确性已经非常令人满意,但其为大体正确是不容否认的。既然如此,怎么能说"未来无法预测"?

1961 年,美国气象学家 Edward Lorenz 在研究混沌理论(theory of chaos)时提出,在天气变化这种混乱无规的体系中,即使微小的事件(例如一只蝴蝶扇动双翅),都有可能经过复杂的非线性放大过程而产生剧烈的效应,例如造成一场飓风。这被后人称为"蝴蝶效应"(butterfly effect)。根据这个理论,超过两周的天气预测不可能准确,因为小干扰也会导致大变化,造成预测失败。然而,由于计算机能力及数据收集能力的提高,今天或许已能克服 Lorenz 提出的问题,实现提前数周预报天气。不过,目前尚无任何权威机构能预报 10 天以后的天气。

2014 年中国《大气科学进展》有一篇论文却说,由于利用当地和区域数据进行分析,在研究了过去几十年全世界的上百次强降雨之后,使用他们设计的气候模型,对于历史上每个例子,都能提前 10 ~ 30 天发现强降雨的预兆。……这似乎对 Lorenz 理论提出了挑战。

2015 年 1 月有报道说,英国、美国、澳大利亚科学家的一项合作研究认为,由 DNA 化学变化可预测人的寿命。他们追踪研究近 5000 位老人长达 14 年,由探究 DNA 的化学变化以确定用来与实际年龄比较的个人生物年龄,这种对 DNA 甲基化的研究可以改善寿命预测方法。总之,迈出了新的步伐。

Prigoginè 的观点虽然不对,但我们必须耐心揣摩他的观点。Prigoginè 认为,不可逆性改变了人们的自然观,未来不是可以给定的(future is no longer given)。世界由几率定律支配,并且由存在到演化(from being to becoming)。在他的认识中,过去的经典模型都是"可积系统"的描写,导致了确定论和时间可逆性。在前一方面,确定性导致可以预见过去和未来,排除了新事物出现的可能。在后一方面,经典物理、量子物理均无特定时间方向,过去和未来的作用相同。至于可积系统与非可积系统,最早是由 H. Poincarè 所定义的,但对 Prigoginè 有强烈影响——实际上他认为自然界总体讲是不可积的,因而导致新涨落和优先时间方向的出现。他明确说:"我们周围的宇宙基本上是由不可积系统形成的。"他对经典力学、相对论力学、量子力学都不满意,认为这些理论未对过去和未来做出区分,时间只不过是一个没有方向的参量,即过去和未来是等价的。他并不想摧毁这些科学上的"惊人成就",而是要做一些修正,引入一些新的知识元素。他希望提出新的动力学规律,并作为不可逆过程的理论基础。他引入了时间对称性破缺,并认为自己的理论是量子理论的扩展。

Prigoginè 认为动力学系统一般是不可积的,而科学研究的重点应放在不可积的大庞加莱系统(large Poincarè Systems, LPS)上面。例如对象含有大量粒子的热力学系统就是 LPS。……正是这种 LPS,引出了经典力学和量子力学都不曾考虑过的新效应;有关理论也可用到物理学中场和粒子的关系,而不可积的场是有相互作用的、有无限多自由度的系统。不仅如此,他还建议把有关理论推广到人文(社会科学)的领域。

Prigoginè 是化学家出身的科学家,他把动力学、热力学、几率理论等联系起来作综合研究,思维宽阔深入。但笔者认为他对量子理论的看法仍停在表面,基本论点也有可商榷之处。"预测未来"并不表示人们已预知未来,正是因为"不知道"所以才要预测;这也就是"未来学"的真正含义。虽然中国至今尚无这个学科,但总有一天它将会建立。

Prigoginè 把量子物理与经典物理同等看待是完全错误的。在 2011 年发表的文章中[32],笔者给出了 5 条量子理论所带来的独特性:

(1)在量子世界中测量将改变观察对象,而不做观察测量又无法获得认识,因而人们对"客观实在"的理解将变得模糊而不确定。如果客观实在本身在一定程度上取决于人对观察测量所做的选择,传统上认为客观世界与人无关的观念就将失效。

(2)QM 认为不存在因果间的直接关系,经典物理学中奉为金科玉律的确定性因果律,对量子世界不再正确,因为事件与时间并不一定保持连续性、和谐性的关系,而可能突然、间断地变化。故事件常常不可预测,几率思维取代了因果思维。

（3）QM认为微观粒子可以从"无"中借来能量并超过更高的能量屏障（势垒），其理论基础是W. Heisenberg的不确定性原理（测不准关系式），而这个现象被赋予"量子隧道效应"的名称。

（4）QM还认为"真空不空"；正如J. Wheeler所说，真空它有剧烈的物理过程发生。量子场论的真空观不但与经典物理学不同，其观点已为反物质的发现而证明是有道理的。使用不确定性原理，可以证明在极短的时间内可以违反"能量守恒"，例如10^{-13}s时间内一个电子和一个正电子可以从"无"中突然出现，然后又相互结合而湮灭。此外，在真空中会不断产生、又不断消失虚光子对。

（5）QM认为超光速是可能的，甚至无限大速度（物质间的超距作用）都有可能，这就是非局域性（non-locality，也译为非定域性）现象。信仰Einstein局域性实在论的物理学家也承认，由于Aspect实验否定了Bell不等式，又由于近年对quark幽禁问题的研究结果表明基本粒子之间存在远距离相关，不仅西方科学家一般倾向于非局域QM，这些物理学家也不得不"容忍"非局域QM的存在，因为它有实验支持。

从以上5个方面看，量子物理学不但不呆板，而且显示出新颖性和勃勃生机。在这里我们还应指出，第（5）条与纠缠态（entangled state）有关，为量子信息学的建立和发展提供了理论基础。这些都是Prigogine不清楚或未予重视的。

6 关于量子时间机器

量子理论应用于对未来的预测是很自然的。2010年11月20日出版的 *New Scientist* 杂志（总期号No.2787）有一篇文章，作者J. Mullins[33]主要是报道美国麻省理工学院（MIT）S. Lloyd小组的研究工作。文章说，对于实在的时间旅行而言，通常认为有一个限制——例如倒霉的时间旅行者需行进到黑洞的边上，才能实现他的目标；这在实际上从未以实验测试过。然而加拿大物理学家S. Lloyd和A. Steinberg认为应用量子力学可以有新办法。……但在了解他的办法之前，笔者认为应先了解"量子后选择现象"（quantum post-selection effect）。美国著名物理学家John Wheeler在1979年提出一个思想实验，当时称为延迟选择实验（delayed choice experiment）。它突显了量子理论与经典物理在实在问题上的深刻分歧，集中展现出量子力学对传统实在性观念的挑战。1984年，美国Maryland大学的C. Alley等对这个思想做了实验室中的实际展示。Wheeler的设计如下：一个极弱的光源置于有一对平行狭缝的屏幕（S_1）之前，该屏之后较远处放有屏幕（S_2）。正如传统的Young实验一样，S_2上面会产生干涉条纹，反映光波不同相位的影响。但是，如果进一步降低光源的辐射，以致一次只有一个光子通过S_1，仍有干涉图案出现。如光子只通过一个狭缝，就难以解释。

现在于S_1背后安装两个光子检测器（photon detectors），并且是每缝一个，以观察每个光子通过哪个狭缝。然而，每当实验者确定了光子的通道，干涉图形就不出现。这时实验者可以选择，或看光子朝向何处并破坏其波状行为，或选择不看并允许光子体现其波性；这就是归结为选择粒子或波动。光子可能两者都是，但不是在同一时间，某种程度上取决于实验者的选择。现在，又于S_2背后安装两个观测镜（telescopes），也是每缝一个，以推断任一指定光子从哪个窄缝中显现出来。但是，这样做就破坏了干涉图形。因此，实验者的观测影响过去的自然界（光子是否呈现波性或粒子性）。这种怪现象称为"量子的后选择"（quantum post-selection），表示观测者的选择能影响光子前期的行为。

Wheeler 的"延迟选择"思想可改造为以下实验:减弱光源辐射使其只发出一个个光子,并且是在前一个光子打在 S_2 上之后再发出后一个光子。S_2 先呈现随机性图形,但在光子增多后逐渐显出干涉条纹。对此,如认为将发出的光子与已达 S_2 的光子发生干涉,即表示尚未发生的事件与已完成的事件互相作用,违反了因果律。故可认为每个光子都和自己干涉,而这只在光子同时通过双缝才能办到。一个光子同时走两条路,在经典物理中是不可能的,说明光子具有奇异的性质。

可以看出,为了研究使用量子原理的时间旅行,应先了解"量子后选择"现象的本质。2010 年 Lloyd 采取的方法是,使用下述量子效应——量子粒子(如光子、电子)并不由时间箭头所限定。例如量子粒子的未来可以影响过去,在 J. Wheeler 实验中,一个未被观察的光子同时经过双缝。之所以知道一个光子可同时通过双缝,是因为终端屏上有干涉图案出现;如光子只通过单缝,是不会有的。

但如用两个检测器观察各个狭缝,企图确定光子的通过何者,干涉图形就不出现。这表示实验者可做出选择——或是粒子(无波性)或是(不观察)从而呈现波性。总之实验者观测可决定早先的情况(光子呈现粒子或波),故观测者后来的选择可影响光子前期行为(the photon can be affected by a measurement that take place after the experimanet is ostensibly finished)。必须指出,欧洲人近年来已用实验证明后选择确实在若干纳秒程度上影响光子特性,故有一种说法是"后选择可改变宇宙的历史"(the post selection process could even change the entire history of the universe);不过笔者觉得这样讲有些夸张。回到 Lloyd – Steinberg 建议的方法;他们认为,日常经验告诉我们开始的状态决定着未来。但是量子粒子无法区分时间的前向和反向。这也意味着确定未来状态可以决定发生在它之前的事情。……在他们之前,C. Bennett 和 B. Schumacher 曾经提出,可以利用量子纠缠(quantum entanglement)来建立时间机器。利用两个粒子(如光子)使它们变得非常密切相关,它们共享存在。纠缠粒子是特殊的,因为对其中一个的测量会影响到其他粒子,无论它们相距有多远。现在想象传送一个第三粒子从 A 到 B;诀窍在于创造一对纠缠粒子,并将其中一个放在 A,另一个放在 B,然后在两个地方进行一系列的测量。如果能做到这一点,就可以确保第二个粒子最终的状态和"太空旅行者"是一样的。

准确地说,旅行者身体并没有移动,只是量子的信息完全描述了旅行者,从而完成这次旅行,这允许第二个粒子 B 具有旅行者的身份。令人好奇是这种传送发生在一瞬间。在这个过程中,量子信息从 A 点到 B 点。因此,很自然地让人想到只通过在 A 点的测量来完成这次旅行。但是由于隐形传输是瞬间发生的,这仅仅当作一个考虑测量点 B 引发行程的依据,即使它后来发生了。图 1 表示处于"现在"的女孩 Alice 要求处在"未来"的男孩 Bob 通过量子隐形传态送给她一个消息,图中 Alice 和 Bob 具有纠缠光子对(都叫 A);以后:①Alice 传送一个消息(通过测量纠缠光子而译码为光子 X);②Bob 测量自身的光子时得到消息;③后选择作用表示,它是在未来的 Bob 测量,造成 Alice 的光子具有该性质;④根据后选择作用,这是等效为 Bob 逆时间发送消息。……这是作用中的后选择,有这样一个特征,即如同量子计算,量子物理学利用所有的时间来做事。正是利用因果间的模糊关系,Steinberg 和 Lloyd 开发了时间旅行模拟器。Steinberg 说:"本质上,时间旅行刚好就是隐形传输。"

把它称作时间旅行是不是有些夸张? 也许是,相同的方式是量子的隐形传输传递的是量子的状态而不是物质材料本身。然而,Lloyd 和 Steinberg 争辩道"后选择隐形传输的逻辑与时光旅行一致,所以我们的实验就是一个时光旅行模拟器。然而,它不能把人带回恐龙时代,它还有很多特别的事情要做。"Lloyd 和 Steinberg 团队首先做的事情是,通过将光子送回来杀死

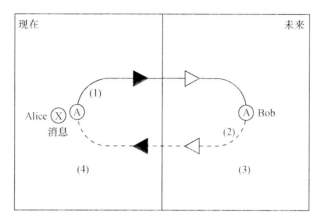

图 1　显示量子后选择作用的示意图

它本身模拟祖父悖论。团队使用隐形传输来做这个,是一个重要的转折。传统的量子隐形传输保证给你一个打算传输的副本状态。Lloyd 和 Steinberg 想知道这是否会为光子用量子枪杀死自己而工作。

从实际的角度看,他们的仿真要求两项额外功能:一是要有一把能够发射子弹的量子枪;二是要有一种方法使传送过程自发停止。这个团队同时还决定,不采取量子传送中常见的追踪两个光子的方式,而是追踪单个光子的两项属性。具体地说,光子的偏振方式代表光子"现有"的状态,而它的运动方向代表它"过去"的状态。在此基础上,他们会给这个光子配上一把量子枪,既可以发射子弹,也可以自发终止量子传送过程。这个设备又称为波片,能够改变光子的偏振方式。这是因为光子的偏振方式和运动方向都是被追踪的,光子也被配发了量子枪,以影响它"过去"的状态。

现在,如何确保在必要时传送过程能够自动停止呢? 其实这比前一项工作还简单,因为量子传送过程本身,就有内建的终止机制。除非采用特别的方式进行测量,否则,在整个传送过程中,量子真正处在工作状态的时间只占到 25% 的比例。所以,在这个小组的实验中,实际有四个可能的结果,取决于传送过程和量子枪所处的状态。

而在这个实验完成之后,会发生一些有趣的事情:在每一个单独的时间节点,如果时间旅行启动,量子枪就无法开启。而一旦时间旅行无法启动,量子枪就会工作。从祖父悖论的角度来看,只要你的枪有一定几率无法发射,并且所谓的暗杀也宣告失败的话,时间旅行就可能启动。Lloyd 说:"你可以举枪瞄准,但是无法扣动扳机。"

Lloyd 和 Steinberg 的实验激起了人们对时间旅行的兴趣,尤其它不依赖于广义相对论的时空扭曲、闭合类时曲线那一套,也不依靠黑洞、虫洞、多世界(多元宇宙)这些东西。新的思维建立在量子后选择的基础上,并认为时间旅行在理论上可行。……虽然上述内容主要考虑的是"回到过去"而非"前往未来",仍然是本文应当介绍的内容,因为可以促进思考——过去和未来毕竟不是无关的。

7　关于地震预报[34]

在科学研究的基础上预测未来,这不但不是奇谈怪论,而是实际上人们正在做的工作。除了天气预报的例子,另一个重要领域是地震预报。这是十分困难的,尤其是对几个要素(发生地震的时间、地点和震级)的准确指示,成功的先例尚不多。但在全世界有许多科学工作者献身于此,如能做到就可以避免生命财产的巨大损失。

全世界每年要发生 100～200 次强地震,约 18 次 7 级以上的大地震,1～2 次 8 级以上的特大地震。1999 年 9 月发生大地震 3 次(土耳其、希腊及中国台湾省),造成严重的人员伤亡及财产损失。2014 年第一季度的大地震次数是 1979 年以来平均次数的 2 倍多。中国是地震多发国家,研究地震发生的规律和预报的方法,以尽力减少灾害损失,是科学工作者责无旁贷的任务。

地震观测系统是多学科性质的,这是因为地球本身是一个复杂的巨型系统,而人们对于地震发生的规律又知之甚少。这中间包括地电、地磁、电磁波方面的观测,地震电磁学就是在这样的背景下产生的。我们先看 1995 年 1 月 17 日发生在日本关西神户地区(兵库县南部)的大地震。在震前,研究机构曾发现地壳的南北方向运动,也发现电磁波异常。……日本京都大学早在 1994 年曾预报了北海道以东海中的 8 级大地震,是由于记录到当时发生的超长波(频率 f <15kHz 的波);这次虽也记录到超长波异常,在陆地难以确定具体地点,所以未能对地震的发生做出预报。

大地震发生之前,广大地区会发生相当强的电磁波。这就会导致家用电器异常,1995 年 1 月 15 日兵库县就发现了电视机、电冰箱异常。此外,也可能在地震发生前 72h 内使人感到恶心、烦躁、头晕、头痛等,也是由电磁场变化所造成。

早在 1993 年,日本电气通信大学的研究人员就把能够测量地下电磁波的装置安在筑波市的某处,它包括埋在地下的天线、磁传感器、相位测定器等。首先,该装置须确定电磁波传来的方向;其次是确定电磁波的频率,主要是 LF 频段(30～300kHz),同时注意 VLF 频段(1kHz 左右)。

阪神大地震是第二次世界大战后在日本发生的最大地震。在那以后,日本政府投入巨资开展地震综合研究。其中,理化研究所负责测量和分析伴随地震发生而导致的电磁现象——包括地面、空中和电离层;宇宙开发团负责测量地震发生前的电磁波混乱情况,有时测量工作是从宇宙空间进行的。观测的频段不能限于低频,高频乃至超高频都需要观测。

众所周知,电磁现象与光学现象互有联系。典型的例子是闪电,它既是巨大的电流,又因使空气电离成为导体而发出闪光。……在研究地震时,必须了解在地表以下弥漫着巨大的物理应力;尤其在地震前,岩石、板块受到巨大压力,而其中又不乏晶体结构,故会产生强大的局部电场,足以产生光球和光柱,也会影响到天空中云的色彩。这就为人们预测地震提供了线索。“地震云”是指这样的自然景观:红色或粉红色,大片地浮在天空,从震源方向起呈放射状。日本人多有地震云的目击者,他们认为在发生大地震前均可看到这种光彩或云。这其实是强大的电磁场造成的发光现象。

对地震前发生的电磁波的观测必须是立体的,即包括海底、地下、地表和空中。“空中”的范围是从距地面几千米直到数百千米的高度。显然,全面开展这样的监视、观测,需要巨大的投资,技术上也有很大困难。

1994 年 12 月,在美国加州 Packfield 地方安装的地磁仪记录了一个罕见的电磁信号,一周后该地发生了 5 级地震。震后的一个月里,该信号仍不断出现。法国科学家分析,该信号可能是地壳深层的水源的移动造成的;该移动来自岩石和板块的压力,导致地电流和磁场改变。地磁仪观测目前仍在进行。

与地磁测量相联系的是对地球磁场展开大规模的研究。对此,美国 San Cruse 加州大学的科学家已用巨型电子计算机建立了一个数学物理模型。他们在 1999 年 5 月声称,完成了描述地磁活动的方程的数值解法,已接近于揭开地球磁场的奥秘。

在空中,国际科学界对于使用人造地球卫星监测和预报地震发生抱有很大的期望。早在1990年,在伊朗发生一次大地震前,一颗俄罗斯卫星就曾收到过一种独特的干扰信号,是在短波波段。这使俄罗斯科学家相信,有必要研制地震预测卫星,以监视整个大气层(包括电离层)。理论和实践都表明,大地震无一例外地引起电离层的局部变化;因而俄罗斯研制了地震预测卫星 Prevestnik,把它射入高度 450km 的环地球轨道。由俄罗斯航天局资助、计划花费700 万美元的卫星,可在地震发生的 2h 至 2 天前发出警报。它将布置在多发地震的俄罗斯远东地区的上空。

以上叙述显得比较悲观,现在根据近年的情况作一小结。地震发生时,不同振动会以不同速度到达地面,初波(P 波)的速度是次波(S 波)的 2 倍。初波很弱,人类无法感知,但可用仪器测出。次波来时地动山摇,破坏力巨大。因此重要的是监测初波。美国加州的警报系统正是据此在 2014 年预报了一次地震——虽然只提前了 5~10s,却很重要。有的动物能感知初波,预警时间可达 120s。……另外,强震来临前震中地区会有超低频脉冲产生,NASA 有奖征集探测技术,以分辨出来自地震源的信号。

8 结束语

企图用"手相学"和"占星术"预测人的命运(预测未来)有悠久的历史;前者观察手掌心纹路的走向,后者根据人的出生时间寻找与天上星座的对应关系。这些做法缺乏科学性,不是本文要讨论的内容。……可以看得很清楚,说"未来无法预测"肯定不对;人类社会已为天气预报、地震预报设立了专业性很强的机构,取得了可观的成就。在另一方面,说"未来的一切已掌握在我们手中"却与事实不符,无法令人信服。

无论如何,人类迄今已积累起来的庞大知识体系可以帮助我们预测未来和探索未来。对于"Prigogine 之问",笔者认为可以从几方面做出回答:①客观世界既有规律可循,又常常是无规、随机、非线性、突变性的,因而预测未来既是可能的又是极其困难的,需要针对具体问题做具体的分析才能判定。②对于量子物理学实验(如 WKD 实验是一个量子光学实验),用因果性要求去批评完全没有道理;对于经典物理实验(例如用非量子原理和技术进行的负波速实验),可以提出因果性要求,但应以对 causality 的"刘辽解释"为基础,而不是死守时序上的"因先于果"。③从总体上讲未知事物大量存在,未来充满了不确定性,对此人类应当有足够的思想准备。④正是量子理论的独特性质(如纠缠态、量子后选择等)为设计时间旅行的新方法奠定了基础,深化了对"回到过去"和"前往未来"的讨论,成为未来学研究中的新希望。⑤人类必须做好现在的事情,才会有美好的未来。

在西方,早就有所谓"未来学家"。但在我国,尚未听说过有人专门从事"未来学"的研究。2017 年 3 月 21 日《中国青年报》刊登对一位以色列科学家的访问,他认为人工智能的发展在未来会引起大变化。人工智能系统可能在 2050 年左右进入人体,开始了人类与机器的融合。大数据分析将比人脑的能力强大无数倍,"新人类"的生活方式与过去完全不同。……这些意见可供参考。

参考文献

[1] 苗春生. 现代天气预报教程[M]. 北京:气象出版社,2013.

［2］Kline M. Mathematical thought from ancient to modern times［M］. London：Oxford Univ Press，1972.

［3］毕德显. 电磁场理论［M］. 北京：电子工业出版社，1985.

［4］Stratton J A. Electromagnetic Theory［M］. New York：Mc Graw－Hill，1941.

［5］Chu S，Wong S. Linear pulse propagation in an absorbing medium［J］. Phys Rev Lett，1982，48（11）：738－741.

［6］Wang L J，Kuzmich A，Dogariu A. Gain－assisted superluminal light propagation［J］. Nature，2000，406：277－279.

［7］Wynne K，Jaroszynski D A. Superluminal terahertz pulses［J］. Optics Letters，1999，24（1）：25－27.

［8］Wynne K. Tunneling of single cycle terahertz pulses through waveguides［J］. Opt Communication，2000，176：429－435.

［9］Munday J N，Robertson W M. Negative group Velocity pulse tunneling through a coaxial photinic crystal［J］. Appl Phys Lett，2002，81（11）：2127－2129.

［10］陈徐宗，肖峰，李路明，等. 光脉冲在电磁感应介质中的超慢群速与负群速传播实验研究［J］. 北京广播学院学报（自然科学版）增刊，2004，11：19－26.

［11］Gehring G M，et al. Observation of backward pulse propagation through a medium with a negative group velocity［J］. Science，2006，312（12 May）：895－897.

［12］Budko N V. Observation of locally negative velocity of the electromagnetic field in free space［J］. Phys Rev Lett，2009，102：020401，1－4.

［13］Zhang L（张亮），et al. Superluminal propagation at negative group velocity in optical fibers based on Brillouin lasing oscillation［J］. Phys Rev Lett，201 1，107（9）：093903，1－5.

［14］Glasser R T. Stimulated generation of superluminal light pulses via four－wave mixing［J］. arXiv：1204.0810vl［quant. ph］，2012：1－5.

［15］Carot A. Giant negative group time delay by microwave adaptors［J］. Euro Phys Lett，2012. 98（June）：64002，1－4.

［16］Jiang R（姜荣），Huang Z X（黄志洵），Miao J Y（缪京元），Liu X M（刘欣萌）. Negative group velocity pulse propagation through a left－handad transmission line［J］. Optics Communication，Submissions waiting for approval，BE－4408.

［17］Gleick J. Gennius：the life and Science of Richard Feynman［M］. New York：Newton Publishing Co，1992.

［18］Wheeler J A，Feynman R R. Interaction with the absorber as the mechanism of radiation［J］. Rev Mod Phys，1945，17（2/3）：157－181.

［19］黄志洵. 超光速研究新进展［M］. 北京：国防工业出版社，2002.

［20］黄志洵. 负波速研究进展［J］. 前沿科学，2012. 6（1）：46－66.

［21］黄志洵. 电磁波负性运动与媒质负电磁参数［J］. 中国传媒大学学报（自然科学版），2013，20（4）：39－53.

［22］黄志洵. 超光速物理学研究的若干问题［J］. 中国传媒大学学报（自然科学版），2013，20（6）：1－19.

［23］刘辽. 试论王力军实验的意义［J］. 现代物理知识，2002，14（1）：27－29.

［24］Brillouin L. Wave propagation and group velocity［M］. New York：Academic Press，1960.

［25］周光召，等. 中国大百科全书——物理学［M］. 北京：中国大百科全书出版社，2009.

［26］黄志洵. 自由空间中天线近区场的类消失态超光速现象［J］. 中国传媒大学学报（自然科学版）. 2013，20（2）：7－18.

［27］黄志洵. 影响物理学发展的8个问题［J］. 前沿科学，2013，7（3）：59－85.

［28］张永德. 量子理论与定域因果律相容吗？ 柯善哲等编. 量子力学朝花夕拾［M］. 北京：科学出版社，2007.

［29］黄志洵. 超光速实验的一个新方案［J］. 前沿科学：2010，4（3）：41－62.

［30］Thom R. Stabilitè structurelle et morphogènès［M］. Paris ：Langmuir Publ.，1972.

［31］Prigogine I. Is future given？［M］. Singapore：World Scientific Publ，2003. （中译：未来是定数吗？ 曾国屏，译. 上海：世纪出版集团，2005.

［32］黄志洵. 波科学的数理逻辑［M］. 北京：中国计量出版社，2011.

［33］Mullins J. The quantum time machine［J］. New Scientist，2010（20）：34－37.

［34］黄志洵. 电磁学对地震活动性和预测的研究［N］. 中国电子报，1999－11－11.

建设具有中国特色的基础科学

黄志洵

（中国传媒大学信息工程学院，北京 100024）

【摘要】本文提出的供讨论的观点是：国内基础科学发展相对落后（缺乏全新的重大的科学思想，没有一流的世界级的研究成果）；是时候了，中国应该在经济发展的基础上进行有中国特色的科学研究。这意味着过去的做法必须改变，不要总是跟着西方人亦步亦趋，也不要过分迷信和崇拜权威。不能西方科学界搞什么我们就搞什么。要认识到西方科学界也会出错，名人和大师也会犯错误。中国科学家要增强自信心，勇于创新，敢于对现存知识的某些方面提出质疑。不再用别人的昨天装扮自己的明天。

【关键词】基础科学；创新；有中国特色的基础科学

Build the Fundamental Science with Chinese Characteristics

HUANG Zhi – Xun

（Communication University of China，Beijing 100024）

【Abstract】In this paper，we advance a new viewpoint for discussion. In our country，people fallen behind in work of the fundamental science research—be short of whole new and very important scientific thoughts，be deficient of top – notch achievements on scientific study. But the time is ripe for

《前沿科学》编者按："建设具有中国特色的基础科学"一文的基本思想，是黄志洵先生在其新书《波科学与超光速物理》的出版座谈暨学术讨论会上首先提出的。此思想得到了本刊编委程津培院士的肯定。考虑到促进我国基础科学发展的急迫性，黄志洵先生参考了习近平主席 2014 年 6 月份在两院院士大会上的讲话，在其座谈会发言的基础上花大力气修改，使之成为言之有据、立论深刻、切中时弊的文章，首先在《中国传媒大学学报（自然科学报）》（2014，No.6）上刊出。此文发表后引起了热烈的反响，高福安教授、刘剑波教授、谢希仁教授等专家学者都对此文的内容给出了高度评价。辽宁学者钱大鹏认为黄志洵教授"多年如一日，为中国科学的振兴，不仅身体力行，而且大声疾呼，心亦灼灼、言亦铮铮、令人感动和钦佩"。而黄志洵先生对此文的重视用他自己的话说是"超过自己过去任何一篇专题论文，因为我知道我写出了好东西，对国家有用"。本刊特进行转载，以飨读者。

注：本文原载于《前沿科学》，第 9 卷，第 1 期，2015 年 3 月，51～65 页；收入本书时做了修改和补充。

action of scientific research with Chinese characteristics on foundation of economy developments. This situation means a important change in scientific research works, must not blindly follow suit west scientists, and must not blind faith the academic authorities. We can't always followed closely behind scientists of West. We must have a correct understanding on the mistakes of West scientists, the celebrities and great masters can also make mistakes. Chinese scientists must have self-confidence, blazing new trails, dare to query the knowledge at present in some extent. We must not use the yesterday of someone else to decked out tomorrow of oneself.

【Key words】fundamental science; blaze new trails; fundamental science with Chinese characteristics

1　引言

2014年9月21日,中国传媒大学成功主办"《波科学与超光速物理》新书出版座谈暨学术讨论会"[1]。全国人大常委会教科文卫委员会副主任、国家科技部原副部长、中国科学院院士程津培,中国计量科学院首席科学家、中国工程院院士张钟华,中国科学院半导体所研究员、中国科学院院士夏建白,以及来自各高等学校科研院所的专家学者约30人参加了会议。中国传媒大学苏志武校长、高福安副校长、廖祥忠副校长以及理工学部刘剑波学部长等领导出席了会议。

这次会议中,三位院士及校领导讲了话;笔者做中心发言;随后各位专家学者进行讨论,发表了许多真知灼见。笔者的发言题为"建立和建设有中国特色的自然科学"。由于忧心于祖国基础科学发展的相对落后,我在发言时激动之情溢于言表。本文在发言稿的基础上做了很大的充实提高,是长期思考和体验的结果,希望引起科学界的关注和讨论。

2　从《波科学与超光速物理》一书看基础科学研究

《波科学与超光速物理》是2014年7月出版的[2],约67万字,用铜版纸印刷,精装。这本书属基础科学研究范畴,书中包含了丰富的科学工作成果,核心内容有三部分:①对波科学基础理论的深化和对物理学当前情况的分析讨论,这里的"波"主要指电磁波;②提出新学科"超光速物理"并做深入阐述;③研究负性物理现象和负的物理参数。……此书的学术贡献主要有几方面:首先是对金属电磁理论、消失场本质的经典解释和虚光子解释、经典波动和量子波动的特性等问题做较深刻的论述。其次是突出了超光速物理的学科概念,科学地反映了超光速研究在多个国家展开的现实和几十年来研究的历史,并努力把分析置于量子理论的基础上。再次,提出物理学参数的正或负也是自然界对称性机制的一种,应当重视对它的成立和破缺的研究;论述了电磁波负性运动的概念,证明负群速的本质是超前波。最后,提出了"三负"(负波速、负折射、负GH位移)研究的思想,指导博士生进行实验取得了一系列新成果。笔者不过高估计书的成就,但有句话敢说:这本书有较深刻的思想,有独特的个人风格。

9月17日,宋健院士通过秘书转告我:"21日因已有安排,不能出席传媒大学的会议了。但已读过这本书,不胜鼓舞。"对他的话可从几方面理解——既是对有人在困难条件下坚持基础科学研究的欣慰;又是对超光速的可实现性的信心不断增强;也是对波的负性运动和负物理参数研究的认同。笔者认为对于这样一位智慧超凡的老科学家、中国科技界领导者之一来说,成为这本书的知音是不奇怪的。

书中有一些文章突出地彰显基础科学研究的意义,诠释了为什么创新是科学研究的生命。"负能量研究:内容、方法和意义"即为一例,文中指出 1928 年 P. Dirac 提出量子波方程的过程给我们以深刻和启示——首先,负能量概念是有意义的,不是什么奇谈怪论。其次,不能死守经典物理中关于功和能的理念,否则就不会有负能概念的地位。再次,负物理参数一旦登场便不同凡响,带来了对真空的全新理解又预言了反物质。……自由粒子 Dirac 方程的平面波解一旦写出,即看出除了正能连续谱 $E_+ = \sqrt{c^2p^2 + m^2c^4}$,还有一个对称的负能连续谱 $E_- = -\sqrt{c^2p^2 + m^2c^4}$,二者之间有一个宽度 $2mc^2$ 的间隙。对负能的解释:在真空中负能态被电子填满,即存在一个由无限多个负能电子组成的"海";当一个外来光子(能量 $hf > 2mc^2$)从海中击出一个电子到正能态,留下的空洞便表现为一个电荷相反的反粒子,即正电子(positron);1932年正电子在实验中被发现了。

另一个例子是在书中多处论述的超前波(advanced waves)。1945 年 J. Wheeler 和 R. Feynman 提出了吸收者理论(theory of absorbers),指出负载(吸收者)的电荷可以超前波形式对源起反作用,即有一个向内移动、在时间上倒转的波,"在发射之前就回到了源头。"这看来很古怪,他们却敏感地意识到不应忽略波方程的超前解。由于时代的限制(他们提出吸收体理论时并没有负群速实验的出现),在论述时他们很谨慎,是用半个迟滞波将超前波抵消,不突出超前波;然而现在已是 21 世纪,有许多负群速实验出现,我们就充分认识到超前波真的存在。因此从表示超前波的 $F\left(t + \dfrac{r}{v}\right)$ 这一项来看,若速度为负,括号内的时间项就是一个负时间,所以 d'Alembert 方程中的超前解不仅说明了负速度存在的可能,而且从本质上解释了负速度。可以明确地说:负群速实验直接显示超前场存在。总之,超前波是 Maxwell 方程的一个解,时间上的超前,也是存在负速度的物理表现。波方程有两套解不是什么"严重的问题",而是大自然的特性之一。2013 年笔者提出"电磁波负性运动"的概念,认为尽管负波速现象中虽可能有空间的反向运动,但更本质的却是时间上的反向运动。

上述两个例子都说明,创新思维的特点是敢于打破常规提出表面上看来奇怪的新概念。《波科学与超光速物理》书中有多个创新点,例如在对表面等离子体波理论研究的基础上,在光频用玻璃单三棱镜进行实验测量纳米级金属薄膜的负介电常数。又如,深入讨论了在界面获得负 Goos-Hänchen 位移的可能性,并在微波(厘米波)进行实验测量了三棱镜斜面覆盖纳米金属薄膜时的负 Goos-Hänchen 位移,证明了在 TE 极化的条件下获得负 Goos-Hänchen 位移是可能的。另外在短波波段对同轴晶体结构进行了大量的计算分析,建议了一种新型的同轴晶体结构,它可以实现负群速传播。此外还设计了一种微带左手传输线,在微波(厘米波)进行了实验,观测到超前波的输出波形,得到了负群速的定量数据。

3 为什么近代自然科学产生和主要发展于西方[3,4]

众所周知,中国古代文化曾经辉煌,与古希腊文明交相辉映。数学方面,《周髀算经》成书时间约在公元前 300 年(或更早),被认为是世界最古老的数学著作。书中出现了著名的商高定理,在西方称为 Pythagoras 定理。其次是张苍(? —前 142)辑注的书《九章算术》,共有 9 章 246 个问题,包括面积、体积、三角形、圆与弧、百分比、比例、平方根、立方根、负数、级数、联立代数方程等方面的讨论。后来是刘歆(前 50—前 20),他提出圆周率为 3.1547;张衡(78—

139）则提出两个值 3.1622 和 92/29（3.17241）；再后是公元 226 年出生的刘徽，以圆内接正192 边形的计算得到圆周率为 157/50（3.14）；祖冲之（429—500）则指出，圆周率之值为 3.1415926＜π＜3.1415927；此外，祖冲之的约率和密率，提出了用有理数向实数的最佳逼近问题。……直到 14 世纪前，中国数学家都表现出色。

再看中国古代的物理学。墨子（前 478—前 392）的书《墨经》认为物质构造有最小单元，是原始状态的原子论。此外，该书认为物质不灭；时间、空间不可分割相互依存；力是物体产生加速度的原因；另外还提出了几何光学的一些原理。墨子让我们想起古希腊的 Archmedes。……可是后来呢？虽然沈括（1031—1095）的《梦溪笔谈》涉及声学、光学、磁学等；宋应星于1637 年刊行了著作《天工开物》，被誉为中国的工艺百科全书。但是，中国人从未提出过用数学形态表述的系统的物理理论，实际上并未参与创立近代自然科学。

近代科学是从什么时候诞生的？对此必须提出一个衡量与判断的标准。笔者以为主要检验标准有两个：一看是否实现了科学分析的数学化，即以简洁的数学形式表达逻辑思维分析成果；二看是否实现了用受控实验检验假设和理论，即开始搞一种以探索未知为目的的专门实验设计。回顾历史，1643 年波兰天文学家 Nicolaus Copernicus 用拉丁文写作的著作 *De Orbium Coelestium Revolutionibus*（中译本名为《天体运行论》）出版。1609—1619 年德国天文学家 Johannes Kepler 发表行星运动三定律。1592—1610 年意大利物理学家 Galileo Galilei 做了一系列力学实验并制成历史上第一架天文望远镜，用它发现了许多天文现象。1687 年英国物理学家 Issac Newton 的著作 *Philosophiae Naturalis Principia Mathematica*（中译本名为《自然哲学之数学原理》）出版。因此近代科学是诞生于欧洲，时间在 1543—1687 年。中国人被远远抛在了后面。

欧洲人能建立近代自然科学体系的根本原因，是由于继承了古希腊文明之珠——数学家Euclid（前 330—前 275）的数学与哲学的逻辑演绎思想，即 13 卷的著作 *Elements*（中译名应为《原本》，徐光启译为《几何原本》）[5]。它先提出一些定义、公设和公理，据此推出许多定理。自有印刷术以来此书有过上千个版本，是千古不朽之作。西方人奉行严格的逻辑推理和无懈可击的证明，而这正是近代自然科学的根本精神。后来的文艺复兴运动（意大利）和工业革命运动（英国）则为科学发展注入了强大动力。……中国的情况不同；虽然作为儒家学派创始人的孔丘（前 551 年—前 479 年）一生有丰富的言论和著述，是中华民族文化史的优秀代表，但他主要着力于治国、个人修养、教育等方面的论述。《周髀算经》则是世俗计算之作，思想性、演绎性均不如《原本》。总之，中国人似乎一开始就不重视逻辑演绎与推理，与西方人正好相反。漫长的封建社会和科举制度则使中国社会处于窒息状态——为了科考，学生必须背熟《论语》（11705 字）、《孟子》（34685 字）、《书经》（25700 字）、《诗经》（39234 字）、《礼记》（99010 字）、《左传》（196845 字），总计 407179 字。此外还要看更多的注释及其他材料。这种体制能造就什么人才呢？直到 19 世纪末，中国才有接近西方教育体系（小学、中学、大学）的组织和机构；国家不落后才是咄咄怪事。而在西方，英国剑桥大学（Cambridge University）竟是1209 年创办的！

面对西方科学文化的蓬勃发展，明、清以来中国当政者却狂妄自大，以天朝大国自居，闭关锁国、拒绝开放，视西方先进科学为异端邪说，使家一再失去历史机遇。进入 20 世纪后，1900—1950 年中国引进西方科技，派出的公费留学生有数千人。李政道、杨振宁于 1946 年离开西南联大启程赴美留学，11 年后获 Nobel 物理奖，证明中国人的聪明才智并不差，可以在自然科学方面取得成功。但从整体上讲这几十年中国人主要是向西方学习，没有重大的创新成果。

　　显然,我们的起点很低。任何开始学科学的人都会发现,各种物理量的单位没有中国人的名字。我统计了 15 个具有专门名称的 SI 导出单位,其中英国人名字 4 个(牛顿、焦耳、瓦特、法拉第),法国人名字 4 个(帕斯卡、库仑、流明、贝克勒尔),德国人名字 4 个(赫兹、欧姆、西门子、韦伯),美国人名字 2 个(亨利、特斯拉),意大利人 1 个(伏特)。中国人、俄国人、日本人都是零。这一方面反映近代自然科学最早发生发展于西欧,也说明欧洲人创新精神很强。当然,后来美国发展很快,Nobel 奖获得者最多——甚至一所大学里就有好几位。

　　中华人民共和国成立后,初期完全学苏联;科技发展方式虽适应了国家工业化和国防现代化的要求,基础科学发展则较差,创新精神也严重不足;这种情况延续至今。虽然我们不能说像“两弹一星”这样的任务只是技术活,其中当然也有中国科学家的理论建树。但我们一直没有开创性的科学思想和真正的科学大师恐怕也是事实。

　　2014 年 6 月 9 日习近平同志在“两院院士大会”上做了报告[6],其中说中国科技原创力低,核心技术受制于人,跟在别人后面亦步亦趋,用别人的昨天装扮自己的明天。而且“说了很多老是没有根本改变”。他提出“要高度重视基础理论上的突破”,“要有世界级大师,造就一批世界水平的科学家。”这些话很深刻,却是最难做到的,因此是长期目标。

　　虽然中国当前在科学论文总数方面有很大增长,但我们存在的问题不容忽视。首先,基本上没有重大的科学思想,而是以西方科学家的工作为指针,论文质量总体水平不高。其次,一直以来西方科学家指出的方向就是我们的方向,他们搞什么我们就搞什么,经费申请也必须论证这种所谓“国际动向”。再次,本国的研究论文须用英文写出投向国外才算上档次,用本国语文写作而又在国内发表的文章被认为不是优秀的成果;因此本国科学家的优秀成果要在西方科学刊物上才能找到。最后,只有留过学的专家才会真正受到重视;而我们自己最好的大学培养的人才大量前往国外并多数留在那里,因而有人戏称中国的名牌大学不过是“留美(或留欧)预备学校”。……人们对这些都已习以为常;而且,新中国成立以来我们在长达 65 年的时间中获得 Nobel 自然科学奖的人数为零,人们对此也习以为常。中国足球在世界排名第 97 位,中国科学的排名据说是第 26 位。

　　很明显,中国目前的科研路线需要改变。我觉得,中国人的问题在于过分迷信和崇拜权威,相信大师们的东西绝对正确。中国科学工作者一般不认为自己能提出新的科学思想,也不认为写进科学史的东西可以怀疑可以反对。在这里我要明确地讲:如果一个科学工作者毕生都没有对现存知识的任何方面提出过质疑,他肯定不会有真正的创新,也不会是有成就的科学家! ……回顾我自己的一生,波导理论中有多个我提出的新方程(有的在国外称为“黄方程”)[7];研究“超光速问题”[8],提出“超光速物理”[2],这与权威 Einstein 所说正好相反;提出电磁波可以有负性运动[9],这说法在书上也找不到。《波科学与超光速物理》出版后我又写了两篇文章:“预测未来的科学”[10]和“真空中光速 c 及现行米定义质疑”[11]。这些情况说明我在创新方面做了努力,但我并不认为自己的创新能力很强;而有许多人恐怕还不如我。

　　基础科学以发现和总结自然现象规律为目标,实用科学技术只有在基础科学的基础上才能发展。但在当前愿意做基础研究的人越来越少;应用技术搞好了可以申报专利甚至开公司,做基础研究却没有实际利益。动力既然不足,重大的原创性科学思想产生不出来是必然的。在当今的世界上,中国人对重大科学问题缺乏话语权。这种落后状态有点像中国足球,直到现在也没有人知道中国足球队哪年才能出现在世界杯的赛场。

4 中国应为世界贡献出创造性的学理与证明

现代科学的发展离开实验是不可想象的。任何科学理论总归要由实践来检验,决定其是否正确,错误的理论一钱不值;而精确、可靠的实验数据却常常表现出长久的稳定性,为后人所称道。事实上,科学家们最关心的事情就是实验室设备的更新,而发达国家也往往在科研经费、仪器研制上面大力进行投资。然而,如果我们由此得出"理论研究无用"的结论,对理论思维和数学分析采取蔑视的态度,那就大错特错了。大自然不会自动地、轻易地撩起面纱,把她那美好的容颜和细节显示给人们。要掌握事物的本质,就要思考、推演、论证、分析,不能只在实验室摆弄仪器。我国历史上"左"的流毒之一,就是把科学理论研究和数学分析指斥为"纸上谈兵",以小生产的狭隘性来看待理论与实践的关系。在这种气氛下,喜欢思维、愿意从原理上找新路子的人反而被认为是"脱离实际"。在这种错误思想的影响下,一些人多年来习以为常地从事"模仿性发展",甚至是一窝蜂地搞"低水平重复",却忽视了思维、分析和独创。自然科学史实表明,单纯依靠观察和实验的科学水平,只能是低等的水平。实际上,这正是我国(一个有古代灿烂文明的国家)近几百年来严重落后于西方的原因之一。例如,中国的天文观测源远流长,许多观测记录(关于彗星、日食、太阳黑子)都是世界最早。对于哈雷彗星,我国史籍有从春秋到清末的完整记录。但是,这种单纯依靠观测和记录的"科研"根本深入不下去。在同一时期的欧洲却是另一番情景:建立了日心说;提出了行星运动三大定律;提出了万有引力定律;等等。我国的国土面积与欧洲相当,我们却没有能与 Copernicus、Kepler、Newton 相当的人物。这是由于我国的天文学一直未能产生由单纯的仪器制作和观测记录向建立在深刻的数学分析基础上的研究方法的转变,在科学水平上面的差距也就越来越大!在明、清两代,西方传教士带来了一些图书、仪器,中国人对外部开始有所了解。但在天文学方面,我国再也未能跻身于世界前列。

有一件事很能说明问题。在 18 世纪初的欧洲,日心说已成为公认的理论。能表演地球等行星绕日运转的仪器后来传到中国,竟被锁入深宫。18 世纪末,我国才出版了关于日心说的介绍文字,但已是该理论提出 250 年之后了。

在 16 世纪之前,中国的科技发明(水车、织机、火药、罗盘、纸、丝绸、瓷、印刷术、冶金术……)潮水般涌向西方;大大落后于西方只是近 300 年来的事。因此,一方面必须认识到中华民族在历史上对人类的文化发展有过伟大的贡献,从而批驳自卑的"西方优越论"。同时,也要批判过去的那种自认为是"中央之国"、拒绝了解外部发展的夜郎自大思想。中华民族是智慧的民族。我们的祖先发明了纸、印刷术、指南针、火药,确实值得自豪。可是到了近代,我们严重地落后了。封建制度的长期桎梏,又继之以半封建、半殖民地制度的摧残;时局多变,日本侵略、战乱流离、政治动荡……,这诸多因素使旧中国的科学极其落后。

自中华人民共和国建立以来,我们的科学技术水平确有很大的提高,其中也有若干堪称伟大的成就。然而真正的爱国者也一定会看到差距,承认我们的不足。最突出的问题:缺乏真正全新的、创造性思想与学理。在中国,科技人员接受任务之后,在"查文献"的阶段常常在心理上做出了向外国人的已有方法进行模仿的决定,这导致了对自己可能具有的创新能力的自我否定。在这种情况下,即使在成果鉴定会上宣称自己"达到了国际先进水平",也是没有多大意义的。一个系统或装置,如果方法、核心部件、辅助部件的设计思想都是外国人的,研制人却一再声称自己达到了国际先进水平,岂不是自欺欺人?!

因此,最重要就是打破陈规,提出新的 idea,在科学论证与计算的基础上取得突破。创造力的特点就在于此,它不一定与人的年龄、知识、经验成正比。换句话说,只要发现旧的框框不能解释新的事实,就要考虑这里是否有新的原理要破土而出。这种作风和方法,不是任何有才智、学问、经验的人都具有的。有的人虽拥有高级职称,但回顾自己的足印,可能发现自己毕生都是在使用别人的思想,属于本人发明的新思想、新原理、新理论竟然没有。也就是说,有不少人确实善于学习、善于移植,能在旧框框内做许多工作,解决困难的或深奥的问题。但是,如果向他要全新的 idea,他却没有,终生都不能有所创新。

科学的核心是一个"新"字,即新的原理、公式、概念、方法和数据。人类活动只有符合以上各点之一,才能称为科学研究。从本质上讲,科学是对未知的探索,是一种没完没了的怀疑。由于自然界永远不会有最终的谜底,因此这种探索是不会停止的。

5 要科学的数学化,不要"数学上帝"

前面我们讲了中国古代数学的情况。然而很奇怪,这样的思维发展并未导致极限概念的明确化、系统化,更未导致微分学的发明。近几百年,在古代曾有辉煌数学发展的中国又落后了。我们的数学满足于简单的用途,缺乏抽象的理论探讨及严密的证明体系。在欧洲,除了公元前的希腊学派以外,真正的数学发展是在文艺复兴时期开始的。先是意大利学派研究三次、四次代数方程;而后是法国学派发展了代数、解析几何、数论、概率论。这时,中国的数学水准已大大落后。17 世纪,Newton、Leibniz 创立微积分学;18 世纪,欧洲人发展了椭圆积分、无穷级数、常微分方程、偏微分方程、微分几何、变分法。19 世纪,欧洲的复变函数、微分方程、置换群、矩阵、射影几何、微分几何、非欧几何、代数几何、积分方程、泛函分析、张量分析、拓扑等理论大为发展[12],而被封建制度窒息的中国人简直不知其为何物了! 这种局面到 20 世纪才改观,因为我们有了一批研究近代数学的杰出数学家(熊庆来、江泽涵、赵访熊、庄圻泰、许宝騄、华罗庚、陈省身……)。

在近代科学的各个领域,离开了数学表达往往就无从下手。由于信息的可浓缩性,我们可以把包含大量规律性的内容压缩在一条占地极小的方程式中。事实上,那些线性的数理方程现在已经是很不够用了,需要使用各种非线性的方程才能描绘出自然的真实情况。

欧洲人的成功其实是理性认识的胜利。例如,在欧洲,变分法奠基于 1696—1736 年,即从提出最速降线问题到建立 Euler 方程的时期。由求弧长、最速降线等简单数学物理问题引出泛函分析概念,通过 Euler 的工作又与求解常微分方程相联系。这类思想在中国却没有产生。在欧洲,19 世纪时变分原理成为理论力学的重要原理,20 世纪以来又成为广义相对论、量子场论的基本工具之一。近年来变分学又与最优控制、有限元法等相结合,促进了科学的发展。Green 函数的提出是西方实现科学的数学化的又一个例子;Green 是在 1828 年提出这种函数的,作为处理位势方程的一个产物。而早在 1813 年,Poisson 即已用位势方程表述像重力吸引和电学问题的情况。类似事例都表明欧洲较早地摆脱了那种蒙昧的状态。现在,即使研究光导纤维也需要有 Green 函数、δ 函数的知识。

1610 年,Galilei 说:"那本永远在我们眼前展开的伟大书本——宇宙,是用数学语言写出的。"这句话可用当时及以后的许多科学事实来支持,但他以下的话可能会引起争议。在回答他是否做过某项关于运动的力学实验时,Galilei 说:"没做过;我不需要做,因为它不能不是这样。"当然,我们都知道 Galilei 并不反对实验——正是他做过许多早期的力学实验。许多物理定律的确立是直接由实验解决的。Galilei 一直是实验家,在观测、制作方面有许多贡献。另一方面同样真实的是,有许多科学规律是经由数学思维的途径而发现和确立的。因此,当代科学技术发展的特征之一就是科学技术的数学化过程。

在 20 世纪初,有一些学者接受不了相对论。德国的 Ditrisch 就是一个例子,他在 1923 年著有《Einstein 的相对论及其批评》一书,其中有这样两个观点:①Einstein 的学说,当作数学上的大成功,可;当作物理学上的大成功,不可。……自然科学为汇集事实,求共同现象,定为公理。公理是否有效,应视事实多少而决。"②关于 1919 年日食的实测结果,"承认结论不等于承认理由。此实验固然重要,不能说 Einstein 学说已证实。"

Ditrisch 认为:"物理学家喜欢用数学解释物理现象。数学者,自理论物理学家视之,等于上帝矣……。然则数学之能为力,不过限于自然之可量部分,而非全体也。"今天我们阅读这些 90 年前的书仍觉亲切,因为以数学代替物理不仅是中外理论物理学界普遍存在的现象,而且是当前物理学陷入迷茫的重要原因之一。

自然科学理论是描述客观世界的规律的,在大多数情况下,它要用数学来表达。科学史实证明,借助数学方法常常使人们得以预见事态的进程。即使是进行实验,也只是证明某个理论或某项公式的正确。正是在这个意义上,Hertz 说:"运用数学逻辑能得到好像亲手操作才能得到的结果。"甚至有人认为,买设备,建实验室要花钱,依靠数学工作者们的劳动要便宜多了。

但是任何自然科学理论都没有可以不接受实验检验的特权。例如,狭义相对论(SR)中的"光速不变性公设"至今也没有在实验上得到证明(迄今的实验只证明了回路光速不变而非单向光速不变[13])。早在 20 世纪 50 年代,就有人怀疑光速与频率有关。1971 年 Bay 提出,光速随时间的变化约为 2×10^{-9}/年;1972 年他又根据双星、脉冲星做了"光速有无色散"的实验研究;等等。真空中的光速 c 一直是国际单位制(SI)中米定义的基础,然而这样做的前提 c 的绝对不变性。最近笔者有文章对米定义的现状提出了质疑[11]。Einstein 关于光速不可超过的原理也只是以某些数学公式为基础,缺乏实证;而超光速倒是有众多实验的[2, 8]。

广义相对论(GR)主要是数学成就还是物理学成就,一直是一个引起争论的问题;Ditrisch 的意见不无道理。Einstein 于 1907—1917 年提出 GR 以后的百年,几乎每一种高精度设备都曾被用来检验该理论。……"物理学是实验科学"的说法是正确的,过分崇拜数学并不可取。天文学家王绶琯先生曾指出:"数学本着它自身的自洽条件,是可以论证一个(宇宙)模型中任何参量的有限性和无限性的。但是,它并不能证明模型本身的正确。事实上,一个宇宙模型是否正确,只有天文观测才是唯一的判断者。"数学是极其重要的,但它并不是全能的"上帝"。

我们这样说并非贬低数学在科学研究中的意义,西方自 17 世纪以后,科学理论、科学实验、工业技术三方面相互促进,从而出现了科学技术循环加速、迅速增长的局面。实验常常是理论的先导,又是鉴别、检验理论的方法和标准,无论过去或现在都是十分重要的。然而,科学理论又自行相对独立发展,以其自身内在的逻辑证明的力量发现问题和解决问题。例如微波技术中的金属壁波导,数学论证是 1893—1897 年提出来的,是在数学上提出全部思想,其实并没有对微波传输的迫切需要。1936 年,圆形截面波导传输微波的实验首先成功,从数学预言提出到工程实践完成中间相距 39 年[7]。这是依靠数学分析取得成功的例子。因此我们反对的不是数学,而是反对把理论物理学研究变成数学游戏。人们对此已忍耐了很久,现在必须大声把话说出来!

数学、物理学两者都重要,但在诠释自然、服务人类方面,物理学更胜一筹。Nobel 奖项中没有数学,内有深意在焉。我们尊敬数学家,但反对用数学取代物理学,因为这会带来越来越大的混乱。事实上,现在已经难于区别纯数学与理论物理学了。超弦(super‐string)理论即为一例;比方超弦研究者 A.Connes 其实是数学家,是非对易几何创始人……。中外理论物理家都喜欢在自己的天地里自得其乐,或许没有想到有许多人注视自己,对于大自然"越解释越糊涂"的状况忧心忡忡。有理论物理学家会说:"请不要评论自己不懂的东西。"这话不错,但人们也会要求:"请不要塞给大家莫明其妙、违反常识与逻辑、根本无法由实验检验的东西!"……超弦、超引力、M 理论、D 膜、膜宇宙、超对称、11 维时空[14];甚至还有所谓"万有理论"(theory of everything)。这些东西对认识大自然是帮忙还是"添乱"? 理论家们不能只是自己"玩"得痛快而不顾别人的感受。这样搞下去世界再也无法认识;多数人既然"不懂"也就无法抗议了。……试问,怎么可能存在"theory of everything"?! 难道只要理论家找到一条公式,就可以"修身、齐家、治国、平天下"? 真是既狂妄又无知。科学家要懂得热爱大自然敬畏大自然;因此还是不要那么傲慢吧! 宋健院士希望大家不再轻信、轻传"某些理论家的神话故事",说得太好了。另外,有的理论家写文章洋洋万言,但没有一句话提到理论该如何用实验来检验;那么人们凭什么相信你所说的是正确的?"物理学是实验的科学",在今天有强调的必要。

2013 年 6 月 10 日~12 日,《科技日报》刊登了一篇长文"物理学陷入困境,该怎么办?"[15],是编译自 New Scientist 网站文稿,而后者来自对多位知名物理学家的采访。以色列物理学家 J.Bekenstein 在年轻时(1972 年)以发表黑洞与热力学的关系理论开始其科学生涯,他发现黑洞有一个不为零的熵。后者他长期研究黑洞的量子物理,又致力于"修正的 Newton 力学"(MOND)。正是这位资深物理学家在不久前对 GR 表示了怀疑,这当中有科学界研究暗物质、暗能量的背景。众所周知,GR 理论是几何化的,在本质上与量子力学(QM)和粒子物理学有矛盾和冲突。Bekenstein 不肯像许多理论家那样抛弃 Newton 力学,说明他有物理直觉,不走以数学取代物理之路。

6 试论"SCI 崇拜"和好论文多数流向西方

SCI 是 Science Citation Index(科学引文索引)的简称[16],既是文献检索工具又是科研评价的一种依据。它最早是美国人搞的一个数据库。SCI 刊物在世界有数千种;中国有约 4000 种学术刊物,被 SCI 收录的约 100 种。中国每年出产科学论文约 18 万篇,多数并不是 SCI 论文;质量水平与西方国家有明显差距,引用次数据说在世界上排第 13 位。公正而论,SCI 起了激励作用;但在国内似已形成了"SCI 崇拜"。目前流行一种说法:中国一流的科研机构和大学为发达国家的 SCI 刊物打工;地方高校和科研单位为国内的一级学报打工。科学家有好的成果首先考虑向国外高影响因子 SCI 刊物投稿,如被拒后,再试低因子的 SCI 刊物;实在没有办法才转回国内学报发表。这样,国内学报来稿质量无从保证,几乎成了研究生们"练笔"的场所。至今中国科学家仍为发表 SCI 论文而打拼。

一直以来在国内科学界的做法是,当学术带头人的博士生和团队在预定课题的进行中做出较好的实验时,作为导师的他一定会建议和鼓励他们用英文写出论文,然后投稿到西方的 SCI 刊物上去发表。这一做法几乎没有例外(笔者也在其中),因而好科学论文一般不在国内学术刊物发表似乎成了定例。还要指出,这些投向国外的科学论文中,最后的 References 里面基本上没有中国刊物上发表的文章,即作者不引用中国同行的有关工作,除非它用英文写作并发表在国外刊物上。……无疑的,任何有尊严的国家都不喜欢这种状态,但我们大家似已习以为常,不这样做仿佛才是不正常的和可笑的。实际上,西方科学家一般不读中国刊物,虽然这些刊物的每篇论文都附有英文 Abstract。所谓我们在国际科学界"缺乏话语权",上述情况也是一种表现。

不过我们不能简单地把向国外投稿看成坏事,因为被投刊物常常有较高声望(prestige),表示其高学术水平已被公认。因而如能在这种刊物上发表论文,就能使各国同行认可中国科学家的贡献和实力,从这个角度看又是加强了中国在国际科学界的话语权。试以英国科学期刊 *Nature* 为例,它创办于 1869 年,至今已有 145 年历史。杂志社位于伦敦北部,发行量超过 60000 份。已有约 200 位 Nobel 奖获得者在其上发表了近 2000 项成果,被称为"Nobel 奖的摇篮"。编辑部每年收到的上万篇来稿已是高水平的,但仅录用 5% ~ 10%,实际上它每年仅发表 3000 篇左右。另一个著名刊物是美国的 *Science*,它是大发明家 T. Edison 创办的,每年发表论文约 2800 篇。……中国大陆科学家在这二者之上发表的文章很少。

Nature、*Science* 和 *Cell* 这些名刊,文章多为处理和解决一些重大的科学问题。……当然中国作者也可能把论文投向地位不如前述名刊的杂志,例如 1893 年创刊的 *Physical Review*、1952 年创刊的 *Physical Review Letters* 等。仅物理学方面西方就有许多优秀的期刊。

因此,向国外投稿是禁止不了的。这个问题暂时无法解决,除非中国大陆出现可与之相比的非常出色的刊物。中国的科学技术总体上落后于西方,由此可见一斑。2008 年有报道说,日本科学家有用日文写作论文在本国发表而获 Nobel 奖的例子,这应对我们有所启发。2014年 Nobel 物理学奖授予三位日本科学家[17],是由于 LED 灯的发明(评委会说这种灯"将照亮21 世纪")。为什么近几十年来东方的日本科学家频获 Nobel 物理学奖,有理论成果也有实用性成果,而中国本土科学家却不行? 值得我们思考。

最近国内报纸(《文汇报》和《报刊文摘》[18])披露了中科院院士汪品先的观点;汪品先说:"现在我们最好的研究成果用英文发表,学生学习科学最好用英语教学。展望未来,汉语是不是只能在一般文化和日常生活中保留,而应该逐步退出科学舞台?"汪品先用的疑问句,而正确的回答应当是相反的——虽然"中文会成为科学上的全球通用语文"的说法,在当前极不现实,但谁又敢说今后就绝无可能? 中世纪时西方科学家用拉丁文写作,现在都用英文写作,这也是当初想不到的。问题仅在于一种语文背后所代表的科学水平和工业技术实力如何;我们相信情况会逐步发生变化。

2017 年 2 月 28 日上海《文汇报》刊登江晓原教授的文章说,神化 *Nature* 等杂志导致国内优秀学术资源流失,科学论文都送到"高影响因子"的外国刊物发表,实际上是"中国科学家用中国纳税人的钱为外国打工"。话说得很尖锐,却值得深思。他呼吁不能再跪拜影响因子了! 在中国,有某副教授因在 *Nature* 上发表论文,地位上升为省科协副主席,经济上获国家资助;但后来国内外均无法重复其实验,引起了质疑……。这件事说明在高影响因子刊物上发表论文也可能会失误,甚至成为笑柄。

7 为什么中国本土科学家迄今未获得物理学的 Nobel 奖

一年一度的 Nobel 奖举世瞩目,其科学奖更是被认为代表了科学技术发展的最高水平。然而尽管 Nobel 奖的颁发已逾百年,物理学奖获奖者中也不乏华人的身影,但中国本土科学家却一直榜上无名。大多数人承认中国自然科学研究领域缺少原始创新,整体实力与世界先进水平还有相当大的距离。虽然科学研究的目的是为了发现自然规律,创造现实尚不存在的新事物,不是为了获奖。然而世界顶级水准物理学奖的获得仍是一个国家鼓励原始创新、在科学发现中处于领先地位的标志。而且世界顶级水准物理奖没有中国得主反映出来的不仅是科技实力的差距，更是教育水准、研究方法、经费投入、科研环境、管理体制等深层次问题的集中体现。年复一年，中国人只是 Nobel 物理学奖的旁观者，可望而不可及。这与我们有许多人在体育上夺得奥运会金牌形成强烈反差；也与中华人民共和国日益提高的国际威望不相称。因而这是一个必须思考和讨论的问题。

笔者统计了 1901—1999 年 Nobel 物理奖授予情况，获奖者国家分布如下：美国人(含华裔美籍人)73 名，英国人 19 名，德国人 19 名，法国人 11 名，荷兰人 8 名，苏联人 7 名，瑞典人 4 名；另外，丹麦、日本各 3 名，瑞士、奥地利、意大利、加拿大各 2 名，印度、挪威、巴基斯坦、爱尔兰各 1 名。可见，获奖者大多数为欧美科学家。进入 21 世纪后，情况也差不多，是美国遥遥领先。

有人说，我们的科研经费太少、仪器设备条件太差。如果按 13 亿人口算，我们的人均科研经费确实少得可怜。我们的基础科学研究经费仅占 R&D 经费的 5% 左右，而其他国家是 10%~20%，这个问题确实要解决。但另一方面，一些科学机构和一些科学家消耗了大量的经费，也购买了许多先进的仪器设备，至今也没做出象样的工作和原创性成果。看历史上的一个先例：1973 年的 Nobel 物理奖获得者之一 I. Giaever 是挪威人，获奖原因是他发现一种超导隧道效应。在授奖典礼上 Giaever 说："在科学发现方面，新手更有利，因为他无知，不知道不应做某个实验的复杂理由。"他还描述了他做实验时的情况——液氦杜瓦瓶是借来的，测伏安特性用的是普通电表，电子示波器则是新学的技术，等等。这是"没有高级设备也可以做出突破性工作"的例证。需要特别提及的是，Giaever 在大学并不是门门优秀的学生，相反，有的功课还没有及格……。当然，国家增加科研经费的投入是应该的。这里只是说，如果缺乏创造性的思想和大无畏的精神，经费再多、设备再好也是跟着外国人跑，与竞争 Nobel 奖没有关系。

新思想、新观念的提出，开始时会使人们觉得怪异、反常。然而，杰出的观念可能照亮一个新区域，发现一个新方向。其实，创造能力的标志正是在科学基础上的标新立异，敢于打破旧的框架。前已述及 Dirac 在 1928 年提出的方程包括有负能解，据此他认为足够能量的光子可把负能电子激发到正能态，留下的空穴相当于负能电子海中的正能粒子，其电荷与原来相反。以后很快有人发现了正电子，Dirac 也于 1933 年获 Nobel 物理学奖。笔者认为，如果一味惧怕"怪异、反常"的评价，就是现在也未必有人敢提出"正电子"的理论来！

科学史实表明，核能不是由计划部门提出实用性的"寻找新能源"的项目之后发现的。科学家要了解宇宙、认识原子，才使核能逐渐被发现。因此，最难的是打破陈规，提出新的 idea，在科学论证、计算、实验的基础上取得突破。创造力的特点就在于此。许多人毕生都在使用别人的思想、揣摩别人的足迹，如此而已。从深层次考虑，中国传统文化欠缺大胆创新的精神；而科学传统的缺乏、急功近利的愿望则对创新起阻碍作用。我们的教育体系至今仍未摆脱应试教育和灌输式教育的框框。这些都造成我们总在别人后头"跟进"。面对 Nobel 物理学奖，可望而不可即。

几年前我在中国科学院高能物理所参加过一个座谈会。在会上我说："我不懂高能物理；但我要冒昧问一句：你们花了国家那么多钱，是不是该给中国挣回一个 Nobel 奖回来啊？"他们说，不是不想(做梦都想)，而是做不到。我说："这说明你们不自信。为什么非得跟着西方跑——他们说找 Higgs 粒子，你们也就认为最重要的是找 Higgs 粒子；他们的粒子加速器越做越大，你们也就认为必须把中国的加速器极力做大。"这些话是多年前说的，现在听说已有计划在 2028 年建成周长 52km 的正负电子对撞机，2035 年造出超级质子对撞机，整个计划花费将超过200亿美元。这个持续20年的计划,要花掉那么多纳税人钱,却仍然是跟在人家后头,因此已出现反对的声音,例如著名物理学家杨振宁先生即持反对态度,2016年他在网上发表文章"中国今天不宜建造超大型对撞机。"上海学者季灏给宋健院士写信说:"拜读了《前沿科学》上黄志洵教授的文章,其中说'是时候了,中国应该在经济发展的基础上进行有特色的科学研究,搞出自己的东西。如今的国家投入不算少,一流的、世界级的研究成果却没有。这种情况不能再继续下去了'。写得好,写得好极了! 写出了一个真正爱国老科学家的心里话。习近平主席在两院院士大会报告中用了102次'创新'二字。足见对创新的重视和期望。但是中国科学家的情况为什么像黄教授说的那样? 正如报告中所讲:'说了很多年,老是没有根本改变'。原因在于'总是用别人的昨天装扮自己的明天,永远跟在别人后面亦步亦趋'。"季灏先生还提出了不用高投资也可以建设加速器的技术建议,我已转给有关方面。

其实在这类事情上过去已有过教训。大约在2000年,国内多家科学单位联合组成团队,研究(寻找)"一种可能是大爆炸后早期遗留至今的弱作用重粒子——超对称粒子"。理由是"这是目前国际上天体物理、粒子物理及宇宙学界高度重视的最热门的课题"。如能证实这种粒子存在,其效果是:①将极大地支持超对称粒子理论;②将极大地支持暴涨理论"。……十几年过去了,我们没有听到有关的胜利消息。回过头来看这个项目,初始创意是西方人的,如取得成功也仅仅是证实西方人的理论。这似乎就有用别人的昨天装扮自己的明天的味道,其实一开始就不看好。但是,类似的做法在中国科学界比比皆是。如不成功,自然浪费了经费和科学家们的精力。如成功了,Nobel奖也不会给你,而会发给你支持的那两个西方人的理论。

8 西方科学界开始出现乱象

尽管存在众多问题,中国科学工作者却不能气馁,而应增强科技自信和民族自信。因为即使在18至20世纪国际科学界由欧美国家领跑,也不表示在21世纪情况不会发生变化。2014年上半年,西方科学界出现了乱象,更使我相信"踩着欧美科学家的脚印走"不应也无法持续。大家都知道英国理论物理学家Stephen Hawking,身残志不残做出许多成绩,被称为"轮椅上的巨人"。他先研究黑洞物理学,1974年提出"霍金辐射"(Hawking radiation),后来研究量子宇宙学。但2014年1月22日霍金在文章中说,根本不存在黑洞边界(event horizon);视界线与量子理论矛盾,因此没有什么黑洞。他又说,黑洞理论是他一生中的大错(biggest blunder)。就这样他不仅否定了自己,还引起西方物理界的震动。他们竟然吵了起来,例如美国UC - Berkeley的R. Bousso说:"Hawking的认错令人憎恨。"

几十年来,科学家们一直认为,当一颗质量很大的星体在其自身引力作用下坍缩于空间中的奇点时,就会形成黑洞。在奇点周围会形成一层不可见的边界,称作"视界"。任何越过视界的物体都会被吞噬。黑洞的奇点具有的引力太过强大,以致任何物体都无法逃脱。实际上黑洞物理学一直是许多科学家的最爱。但早就发现有关理论存在矛盾——一方面是Einstein的引力理论,该理论预言了黑洞的形成;另一方面是量子论中的一条基本定律,即宇宙中任何信息都不可能永远消失。试图统一这两种理论的努力只会得出悖论,再次显示相对论与量子力学不能相容。2014年9月25日有报道说,美国学者用数学证明了黑洞不可能存在。已登在预印本网站上的论文说,虽然一如Hawking早指出的:星体在自身重力作用下坍缩时会产生辐射,但表示由于这种辐射的影响,星体也会损失质量。在星体收缩的过程中,其密度已不足以形成黑洞。在形成黑洞以前,即将灭亡的星体就会发生最后一次膨胀,并随后爆炸。因此,黑洞以及黑洞的"视界"永远不会形成。黑洞这种东西是没有的;故 Hawking 的声明很快得到了有力支持。

另一个例子是关于引力波,这是国际科学界感到困惑的老问题。其实本来不称其为问题——正像有静电场而没有"静电波"一样,有引力场而没有"引力波"很正常。但一些国家的科学家耗费巨大财力找引力波,一辈子找不到也不回头。原因何在? 只因为是 Einstein 说了有引力波。与此相联系的,Einstein 错误地认定引力传播速度是光速,这根本不对。Newton 说引力传播速度是无限大,今天我们认为它虽非无限大但也非常大,是超光速。……关于这些问题我在书[2]中有 1 篇文章[19],这里不赘述。

2014 年 3 月,美国一些物理学家召开新闻发布会,说 Harvard 大学 BICEP 小组已用实验证明引力波存在,大爆炸后的暴涨理论和多宇宙论也得到证实,可能获 Nobel 奖。暴涨理论的提出者、麻省理工学院(MIT)的 Alan Guth 参加了记者会,可能获 Nobel 奖的话就是他说的。当时我看了新闻报道就觉得可疑;6 月 16 日,原国家科委主任、82 岁高龄的宋健院士给我转来一份 Nature 杂志的复印页,上面刊载了美国 Princeton 大学 P. Steinhardt 教授的短文[20],说:"大爆炸错误突出地释放多宇宙泡沫。暴涨模式根本无法验证,因而没有科学意义。"(Big bang blunder bursts the multiverse bubble; The inflationary paradigm is fundamentally untestable, and hence scientifically meaningless.)。宋健则写了两句话:"转中国传媒大学黄志洵教授一阅;看来不能轻传有些理论家的神话故事。或许你已读过,劳神祈谅。"

Steinhardt 文章说,BICEP2 南极望远镜团队的观测结果由 Princeton 大学和 Princeton 高等研究院做了分析,结论是没有来自引力波的任何贡献,是暴涨理论的失败。进一步思考显示暴涨范式根本无法检验,因而在科学上毫无意义。……笔者认为,由于多宇宙是暴涨的后续理论,我们仅凭常识就不会相信的"存在多个宇宙"的说法,现在也被 Princeton 专家否定(对此我曾形容为"一些理论物理学家失去现实感的证明")。总之,在各方批评下 BICEP2 团队 6 月底承认了错误。……9 月 22 日有报道说,欧洲航天局认为 BICEP 小组观测到的扭曲图像可以简单地用尘埃解释,因为研究显示他们当时观察的天空宇宙尘埃比之前估计的要多。BICEP 小组没有利用欧洲 Planck 卫星收集的尘埃数据。Planck 卫星观测天空的频率远比其他卫星高。

这类事提醒我们,西方科学界也会出错,"名人""大师"也会犯错误。理论物理学界,无论西方的或中国的,一直招致来自各方的批评。这不是偶然的,冰冻三尺非一日之寒。多宇宙论、光障、引力波、宇宙膨胀说……这些东西违反逻辑。一些中国科学家也觉得不对劲,却不敢站出来反对。某些西方科学家甚至热衷于讨论"宇宙末日",试问这种"研究"有何意义?! 中国人喜欢盲目跟风,这种局面必须改变! 因此在文献[21]中笔者提出:"改变中国在基础科学方面的落后,和改变中国在足球方面的惊人落后一样,是大家的期待。否则我们连话语权都没有,情何以堪? 如今的国家经费投入已不算少,一流的、世界级的科学成果却没有,这种情况不能再继续下去了。"笔者坚持要有好的科学思想作为创新的出发点。要克服不自信的心态,敢于标新立异。我甚至要说,只要当科学家就必须标新立异! 没有这种精神,Dirac 就不可能在 1928 年提出负能概念和对真空的新解释,也就发现不了正电子、反物质。中国始终没有像 Newton、Dirac 这样的大师级人物——如不改变观念恐怕永远都不会有。

9 结束语

常言道:"科学没有国界,但科学家有祖国。"本文是一名中国老科学家的肺腑之言。往者已矣,一个贫穷破败的中国早已成为过去,今天她雄踞于世界的东方。本文并非否定西方科学家曾经的伟大贡献;要承认中国的科学技术总体上落后于他们。但中国人对自己要有信心,我们的航天技术、高铁技术的先进性也证明了这样的论断。中国人的智商并不比西方人低;国家对基础科学的经费投入日益增多;中国科学家有什么理由可以这样不争气? 是时候了,中国应在经济发展的基础上进行有中国特色的科学研究,建立和建设有中国特色的自然科学! 在科学思想方面我们缺少原创,这是最大的问题。然而新思想也不可能凭空出现,它要以丰富的科学想象力、活跃的自由讨论作为基础。搞科学的人思想要灵活,感情要奔放,这种品质与保守主义是格格不入的。领导者应当鼓励科学工作者大胆提出"自己的想法",并支持其实现。……中国科学家将来会不断有人获得 Nobel 奖;本文一再提起这件事其实只是把它当作激励和鞭策。

最后我以几句话作为结束——只有一个宇宙,不要听信某些所谓理论家的胡言乱语;这是唯一的世界,只要大家出力它会更美好;只有一个祖国,它已经很不错但基础科学仍然跟足球一样落在了后头。努力把它搞上去是我们大家的责任!

参考文献

[1] 中国传媒大学成功举办《波科学与超光速物理》新书出版座谈暨学术讨论会. 中国传媒大学学报(自然科学版),2014, 21(5):77 – 78.

[2] 黄志洵. 波科学与超光速物理[M]. 北京:国防工业出版社,2014.

[3] 黄志洵. 古今中外名作选摘[M]. 北京:文化艺术出版社,1991.

[4] 黄志洵. 科学的魅力[M]. 重庆:重庆出版社,1999.

[5] 欧几里得. 几何原本(中译本)[M]. 燕晓东,译. 北京:人民日报出版社,2005.

[6] 习近平. 在中国科学院第 17 次院士大会、中国工程院第 12 次院士大会上的讲话[N]. 中国科学报,2014 – 06 – 10.

[7] 黄志洵. 波导理论的奠基性工作. 见:现代物理学研究新进展[M]. 北京:国防工业出版社,2011.

[8] 黄志洵. 超光速研究——相对论、量子力学、量子学与信息理论的交汇点[M]. 北京:科学出版社,1999. (又见:黄志洵. 超光速研究的理论与实验[M]. 北京:科学出版社,2005;又见:黄志洵. 超光速研究及电子学探索[M]. 北京:国防工业出版社,2008.)

[9] 黄志洵. 电磁波负性运动与媒质介电磁参数研究[J]. 中国传媒大学学报(自然科学版),2013,20 (4):1 – 15.

[10] 黄志洵. 预测未来的科学[J]. 中国传媒大学学报(自然科学版),2014,21(4):1 – 13.

[11] 黄志洵. 真空中光速 c 及现行米定义质疑[J]. 前沿科学,2014,8(4):9 – 23.

[12] Kline M. Mathematical thought from ancient to modern times[M]. New York:Oxford Univ. Press, 1972.

[13] 张元仲. 狭义相对论实验基础[M]. 北京:科学出版社,1994.

[14] 李淼. 超弦史话[M]. 北京:北京大学出版社,2005.

[15] 黄志洵. 影响物理学发展的 8 个问题[J]. 前沿科学,2013,7(3):59 – 85.

[16] 金坤林. 如何撰写与发表 SCI 期刊论文[M]. 北京:科学出版社,2008.

[17] 陈言. 日本频获诺贝尔物理学奖的奥秘[J]. 中国新闻周刊,2014,38. (转引自:报刊文摘,2014 – 10 – 24.)

[18] 院士的科学三问[J]. 报刊文摘,2014 – 10 – 22.

[19] 黄志洵. 引力传播速度及有关科学问题[J]. 中国传媒大学学报(自然科学版),2007,14(3):1 – 12.

[20] Steinhardt P. Big bang blunder bursts the multiverse bubble[J]. Nature, 2014,510:9.

[21] 黄志洵. 关于"引力波实验"的一点看法[J]. 前沿科学,2014,8(2):42 – 43. (又见:科技日报,2014 – 07 – 30.)

再论建设具有中国特色的基础科学

黄志洵

（中国传媒大学信息工程学院，北京 100024）

【摘要】在基础性自然科学发展中，国内缺乏杰出的新科学思想，因而缺少世界级科学大师。究其原因：首先，中国科学家习惯于紧跟西方，相信他们的理论和实验工作都是最先进的，并产生自卑心理；其次，认为如果某个科学理论已被大众认同，想必不会有问题。

在科学研究中欧美国家确有优秀传统，有众多杰出的科学家及了不起的科学思想。但在近年来，为认识自然界本性的研究面临很大困难，西方科学家呈现出焦虑感，也出现了胡乱猜测甚至不诚实的现象。因而他们让我们觉得困扰，并感到其理论常与实际相悖。有时候他们用数学取代物理。为了获得研究经费，一些欧美科学家诱导本国政府出巨资上大项目。在这些情况下，中国科学家不能再紧跟西方，应当敢于提出新思想，勇于对原有知识的某些方面提出质疑。最重要的是走自己的路，不再用别人的昨天装扮自己的明天。我们必须敢于标新立异，不再受权威的约束。物理学研究需要数学的帮助，但数学形式主义并不可取，因为有时候一个方程式过不去不等于无法成就整个工程。中国科学家具有自信，可以完成建设具有中国特色的基础科学的任务。

【关键词】具有中国特色的基础科学；创新；数学形式主义

Recurrence of Build the Fundamental Science with Chinese Characteristics

HUANG Zhi – Xun

（Communication University of China，Beijing 100024）

【Abstract】In the developments of natural fundamental science，our country is lacking in prominent and new scientific thinkings，then we are lacking for the great master as the famous scientist in the world. We find the reasons on this situation that first，Chinese scientist has become accustomed to follow the western counterparts and believe their theoretical and experimental works are most ad-

注：本文原载于《中国传媒大学学报》（自然科学版），第 23 卷，第 4 期，2016 年 8 月，1~14 页。

vanced level, so the Chinese scientist that feel be self – abased. Second, if a scientific theory has been commended by the people, perhaps it has much faith in this subject.

The West Europe and America was carry on a fine tradition in research of science, many famous scientist was told on everybody's lips, and the scientific thoughts were spead far and wide. But in recent years, because the difficulty of research works on essence of nature was very large, scientist of West was anxious about his work, perhaps they keep guessing in study, and sometimes they was not honest in such situation. Then, they let us to feel very perturbed. And the theory was divorced from the practice, moreover, sometimes they substitute mathematics for physics. In order to obtained the cost for research work, some scientists of Europe and America misleading the government into appropriate huge sum of money onto these gigantic projects. By this condition, Chinese scientists can't follow the Western scientists everywhere, they must dare to publish new idea and dare to query the validity of the statement by common knowledge.

As for Chinese scientists, it is especially important that we walk our own way in making our country scientifically thriving, and it is apparently not appropriate to decorate our future with what others had created in their past. We must creat new and original idea just in order to different, so we can't follow the authoritative persons in everywhere. The physical science research want the help of mathematics, but the mathematic – formalism are not welcome, because the success of engineering don't depends on someone equation only. Chinese scientists are confident that they can fufil the task of the establishment to the foundational science with Chinese character.

【Key words】fundamental science with Chinese characteristics; blaze new trails; mathematic formalism

1 引言

作为一名中国科学工作者,近年来我一方面感受到国家在各方面的巨大进步,同时又为基础自然科学的相对落后状态(缺少全新的重大科学思想,没有世界级的一流的研究成果和大师;一直以来都是跟在西方人后面亦步亦趋,"用别人的昨天装扮自己的明天")深感痛苦和困扰。中国人也是很聪明的,国家的科研经费投入已不算少,为什么情况不能改变? 我心中似乎郁积了许多话想说。

2014 年 9 月 21 日,中国传媒大学成功举办我的新作《波科学与超光速物理》的出版座谈暨学术讨论会[1]。在校领导致欢迎词后,三位院士(程津培、张钟华、夏建白)作简短而深刻的发言。此后,由我讲了较长时间(约 23min),题为"建设具有中国特色的自然科学"。当时讲得比较动情,几乎流出了眼泪。讲完后,会场的鼓掌声是热烈的,而程津培先生当即表示我讲得好,向我要了讲稿的复印件。在这个会后,我把稿子做了认真修改和补充,形成了思路连贯的论文,并发表在我校学报上[2]。考虑到"矫枉须过正",文章口气略显尖锐,但总体上是温和的、说理的。由于文章言之有据、立论深刻、切中时弊,刊出后,反响较热烈;随后《前沿科学》杂志作了转载,更名为"建设具有中国特色的基础科学"[2]。……现在时间已过去了 2 年;笔者仍觉得有话要说,写成本文。在这里我们首先突出地重复以下观点——中国科学界紧跟西方后面亦步亦趋的做法不可持续。但本文的大量内容是新增的,扩大了论述范围和深入的程度;强调了独立思考、思想创新的重要性,指出培育本土学派、贡献新原理和新思想是我们的必由之路。

2 专家学者对"建设具有中国特色的基础科学"文章的反映

先看中国传媒大学领导层的反应,他们听了我的讲话,又是文章最早的读者;例如主管全校科研的副校长高福安教授说:"我高度评价这篇文章,对黄教授的执着精神和拳拳之心表示由衷的敬意!我钦佩他在基础科学领域的建树和独到的见识。对黄先生为学校做出的贡献和赢得的学术声誉表示衷心感谢。"理工学部部长刘剑波教授说:"读了这篇文章深受启发,获益良多;为黄教授开阔的学术视野和深刻的思想内涵所折服。从他的身上我们体会到了什么是一个中国科学家的气质、勇气、担当和精神。"然后是一些老专家的看法;通信工程专家、解放军理工大学谢希仁教授分两次做了评论。第一次说:"这篇文章考虑的许多问题都是现实存在的。黄教授看到了问题,坦率地提出了看法,这种精神很值得鼓励和赞扬。中国的学术创新不行,根本原因是从小只培养'听话',不鼓励独立思考。大学不能独立自主办学,哪来的创新?重大科学问题往往要经过很长时间才能弄清楚谁是正确的。不管怎样,黄教授全心全意搞科学的精神很值得敬佩和学习。"第二次说:"你最大的特点是敢于想别人(包括某些大人物、大学者)不敢或不愿想的事情。我就总觉得,既然那么长的时间里,大家都公认是这样,想必没有什么问题吧?但是你总是更多地想'是真的吗?'……这点非常好。创新就要有这种精神。我正是缺少这种想法,因此一生没有什么创新。只是把别人的东西好好地消化了,然后再教给学生。虽然学生一般还满意,但自己并无创新。你在很多领域都有创新,这在我教过的学生中是非常罕见的,也是很值得我学习的。"(注:谢希仁教授是我读大学时的老师,他这样说是过于自谦了。)

然后看原深圳市技术监督局总工程师、全国政协委员李世雄先生的说法:"拜读了'建设具有中国特色的基础科学',我首先感到能有这样一位年过古稀仍致力于为振兴中国基础科学而奋斗的挚友而感到自豪。写这文章,除了你多年来对超光速物理和量子物理等多学科的研究外,还阅读大量的古今科学史资料,丰富多彩,阅后收益良多;如今你仍能保有如此的记忆力和洞察力令人钦佩。

"关于为什么中国本土迄今未能出现世界级大师,甚至连 Nobel 物理奖也没有?这个问题近些年来议论不少。我认为敢提出来已是一个进步。我很同意你的一些观点,不是中国科学家没有智慧,而是没有给他们发挥才智的环境、思维空间和平台。这些年来我国的经济发展,物质生活得到极大改善;但是'文化大革命'的余毒仍未肃清,正确的价值观和道德观被严重扭曲。甚至某些知名的高等学府也变成充满铜臭味的金钱竞争场所,学术上出现不少你虞我诈的腐败现象。吾老矣,盼有生之年能看到一个彼此尊重、和谐清廉、真诚互信,各行各业都有强烈社会责任感的美好社会。到那个时候,中国科学界将会大放光芒,世界级的科学大师将会呈现。"

有的专家言辞激烈一些;例如上海学者季灏说:"黄教授的文章写得好!号称有四大发明的聪明的中国人,大陆本土科学家许多年没拿过一个 Nobel 物理学奖,教科书上基本没有中国人命名的公式、定理、方程和实验。科研经费也不少;但大多给了那些崇洋媚外的科学家,他们跟在洋人后面爬行,中国怎能走在人家前面?!一些学阀封杀了重大创新之路,是有实例的。"有的专家则措辞温和,例如福建学者梅晓春:"文章写得非常好,感人至深。文中所说都是事实,至情至理,入木三分。最后一段更是催人泪下。这才是真正的爱国者、科学家。"辽宁学者钱大鹏发来邮件说:"读后十分震撼;您多年如一日,为中国科学的振兴,不仅身体力行,而且大声疾呼,心亦灼灼,言亦铮铮,令人感动和钦佩。文中所说许多问题,我们感同身受。"西北工业大学航空学院杨新铁教授在西安组织一些学者座谈,认为"此文在纵观世界和中国自然科学发展历史的基础上,对中国自然科学当前现状和弊端做了深刻的概括和总结,对今后如何改革我国的科研体制提出了有益的建议;一些观点十分精辟。"

我提出"建设具有中国特色的基础科学",并非倡导盲目"反西方"的狭隘民族主义,而是希望中国人对得起我们古代的先辈,建立起脚踏实地、反对胡乱假设的新科学。……必须指出,在科学界绝非只有我有此想法。例如,2003年12月大师级人物(拓扑学专家)吴文俊院士在《光明日报》著文说,要"在不远的将来使东方的数学超过西方的数学";要"不断出题目给西方做"。又如,2017年6月《前沿科学》杂志发表美国田纳西州立大学天文物理系终身教授王令隽的文章"致中国物理学界建议书",其中说要"增强民族自信,发展自己的物理理论体系,形成中华学派,自主决定中国的科学发展战略,实现科学强国。"……这些说法与我的主张在本质上是完全一致的!

综上所述,证明中国科学工作者的心是相通的。这激励我写出了本文,且努力做更深入的探索。

3 今天的西方基础科学界或已乱象丛生

细说起来,我们中国人与西方(western side)的关系是复杂的。在古代,中国人不了解西方,或许在各方面比他们还要先进。但在后来西方经历了由古希腊理性逻辑思维演化为欧洲文艺复兴和工业革命的过程,在此基础上诞生了近代自然科学。美国则在19—20世纪发展为世界上最富强之国。中国人严重地落后了,近代史记录下的是西方列强的侵略。因此在1949年革命胜利后倒向有相同意识形态的苏联,对西方采取蔑视态度。我记得,在美国人于1969年实现登月后,当时很年轻的我抬头望月激动不已;但中国领导人有一句话令我吃惊——"月亮上死土一堆,去那里干什么?!"……20世纪80年代中国打开国门,去往欧美国家的中国人十分惊讶——为了人家的先进和自己的落后。于是西方的一切都好,甚至出现了"全盘西化"的口号。人们爱上了一切外国东西:衣服、房屋、发式、电器,此外还有他们的学校,他们的哲学思潮和他们的自然科学。中国人过了那么多年清教徒式生活,经历了那么多年的闭关自守和与世隔绝,人们崇拜西方似乎很自然,不应该加以谴责。在不知不觉间,人们习惯了向西方人弯腰。

但在搞改革开放已30多年的今天,情况有很大的变化,中国的经济总量是世界第二,城市面貌焕然一新。有的领域(如高速铁路、超级计算机)已是世界领先,作为中国本土科学家的屠呦呦登上了Nobel科学奖的领奖台。……在这个宏大背景下,笔者才提出"建设具有中国特色的基础科学"这一说法,请大家思考。

自然科学是寻找客观世界的本相、本质、本源的学问;原子结构不仅在地球上与地域无关,在宇宙中也具有同一性。也就是说,一个氢原子,它的内部构成和理论说明,不仅在地球表面的五大洲没有不同,在太阳系内外也是一样的。因此,按理不应有诸如"西方物理学"或"中国物理学"之类的说法,我们大家有一个同宗同源的物理学(Physics)。……但考虑到近代自然科学是诞生于欧洲,直到现在欧美科学界仍是世界范围内基础科学的领跑者,而中国科学家又如此习惯于跟在西方人后面亦步亦趋;笔者认为必须指出不可再这样做的一个原因,那就是曾经产生许多卓越科学思想和定理定律的西方科学界,似已在基础科学的若干门类(物理学、天文学、宇宙学等)中出现了乱象丛生的状况,在认识客观规律的困难越来越大时呈现了焦虑感、胡乱猜测甚至不够诚实等现象;他们一会儿这么说,一会儿又那么说……。那么,对于作为文明古国(也是大国)的中国来说,她的科学工作者难道不该抛弃旧有习惯做法,走一条独立思考之路吗?下面例举的事实,并非笔者出于想象的胡乱拼凑,而是发生在最近几十年(甚至几年)的现象。

(1) 对基本的物质构成丧失信心,沉迷于寻找所谓"暗物质"和"暗能量"。

正确认识物质是科学家的第一要务,在这方面西方科学界曾经做得非常好——分子、原子、中子、质子、电子、正电子……,这个人类认识史一路走来,可谓光辉夺目。很可惜,近年来他们似乎陷入迷茫,提出的认识物质的新理论似是而非,令全世界的科学工作者不知所措。一个时期以来,西方天文学家的研究,特别是哈勃太空望远镜(Hubble space telescope,HST)的观测,表明长久以来人们对明亮宇宙(包含许多发光天体的宇宙)的注意,已让位给原来非常生疏的方面,即暗物质(DM)和暗能量(DE)。然而,这二者都是看不见的,与那些发光天体截然不同;这是西方科学界的主流看法。

暗面科学的英文是"dark side science"[3-5];其要素包括暗星体(dark star,指黑洞)、暗时期(dark age,指星系形成前的漫长时期)、暗物质(dark matter)、暗能量(dark energy)。该刊说,暗能量约占宇宙的70%,暗物质约占26%,二者合起来,表示宇宙的96%由看不见的物质和能量组成。……这是非常令人费解的事情!

按过去的老习惯,中国科学界跟了上去,申请立项、要求拨款等。但是,这种"紧跟"其实是盲目的。在笔者的好友中,至少有三位物理学家反对这些提法和做法。西方理论物理学家说,暗物质是宇宙中主要组成部分,每秒都有无数暗物质从地球旁经过。但它不可见,不带电荷,与显物质不发生作用。2008年美国科学家说,已观察到以过热氧氢气体形式分布在星系之间的暗物质,似为网状物——这个结果来自 Hubble 太空望远镜和 NASA 的卫星观测。然而在2010年6月英国一些科学家指出,以标准模型为基础的计算(它导致认为已知部分只占宇宙物质的4%)可能有致命缺陷,所谓"占宇宙构成96%的暗物质和暗能量"可能并不存在;这都肇因于计算宇宙方法的错误。

在2011年,美国大部分物理学家(但绝不是全部)仍认同暗物质存在,并认为暗物质可能由弱相互作用重粒子(WIMP)组成。"重"并不意味着这些粒子很大,却表明它们有质量。"弱相互作用"的意思是,尽管有质量,这些微粒同物质的相互作用微乎其微。弱相互作用重粒子在电磁上保持中性,这就是无法看到它们的原因。当然,至今所有针对暗物质存在的论点都是通过推论得来的。没有人曾直接观察到这种物质。实际上很多科学家都对弱相互作用重粒子理论表示怀疑,在某些情况下对暗物质观点本身也持怀疑态度。2013年4月3日西方科学界在日内瓦公布一些结果:安置在国际空间站的 AMS(α 磁谱仪)发现了约 4×10^5 个正电子,能量"似乎符合"对暗物质湮灭的估计。不过,还不能算是发现了暗物质。2014年11月有文章刊登在 PRL 上,说"暗物质正在消失",因为变成了暗能量。其实,直到2015年也还缺乏暗物质存在的证据。γ 射线在宇宙中某处出现,也会被西方科学家猜半天——是否可能作为暗物质存在的证明? 很难说。现在,科学研究成了猜谜;中国人为什么非要"紧跟"?

2015年12月17日,中国科学院研制的暗物质粒子探测卫星"悟空"搭载长征2号运载火箭升空,其上有4种科学仪器,预定计划是在轨工作3年。对于这种事情,笔者为什么不感到

"欢欣鼓舞"？首先，耗资上亿美元，却不知道要找的东西是什么。据媒体报道，在卫星发射以后项目首席科学家曾说："没有人能保证一定能找到暗物质。"这是很奇怪的说法，给人印象是要为失败预留空间，也表达一种茫然，甚至可能另有隐情。果然，有一位物理学家告诉我，他曾给高级领导人写信（附有论文），说明为什么暗物质根本不存在，用不着假定宇宙中 3/4 物质是暗物质。据说领导人多次派人去中国科学院谈，理论物理方面有关负责人却说："国际上都在做，我们也就跟着做。"……笔者认为这倒是实话，反映我们的科学家是如此习惯于相信和模仿西方，而没有自己的见解。怪不得在 3 个月后项目负责人宣布"探测到 4.6 亿个高能粒子"，对暗物质只字未提；我们真为国库（纳税人）的钱叹息。正如宋文淼教授所说，花 1 亿美元发射 1 颗卫星去寻找什么"暗物质"，实在是一种时代的悲哀。至于"暗能量"，2017 年 3 月有报道说，新的理论研究表明它可能根本不存在。科学研究成了猜谜，中国科学家为何要跟着跑？！

（2）荒唐的"西方宇宙学"。

科学是全球性的，但在西方有的学科畸形发展。作为人，应该对自己所生活于其中的世界和宇宙，有一种基本的看法。长期以来，全世界公众（其中包括成长中的青少年）却一直被荒唐的、根本无法证实的概念所控制。众所周知，西方宇宙学的主流理论是"宇宙产生于一次大爆炸（big bang）"。这个理论说，发生大爆炸以前并没有宇宙，也没有时间和空间，只有一个体积为无限小、密度和能量为无限大的"奇点"，处于虚无均一的状态。137 亿年前，一次神秘的爆炸之后，宇宙出现了。关于这次爆炸，只知道它的强度和温度超乎人类的想象，而某种神奇的能量促使宇宙发生急速膨胀，在非常短的时间中这团炙热均匀的流体开始变得致密，渐渐形成了原子、恒星、星系……

我认为这样的理论是荒唐的，与"上帝创世说"没有多大区别[6]；然而人们对此却深信不疑。我还认为任何思维正常的人都无法接受"时间有一个起点"；因为假如有，那么在这个时间点之前是什么？一向自视甚高的理论物理学家根本无法回答。大爆炸理论的重要证据是微波背景辐射的测量数据，但它并不表示这些数据一定是一次爆炸后的结果，把它看成一次原初大爆炸的余烬是勉强的。另外，有的西方科学家宣扬多宇宙论，这是真正的一派胡言。

说"西方科学界陷入迷茫"，并非笔者一个人的看法。在西方，对大爆炸学说及其不容讨论的主流学术地位的不满由积累而爆发——2004 年 5 月 22 日英国 *New Scientist* 杂志发表了34 位科学家签名的"致科学界的公开信"，对大爆炸学说提出质疑，认为该理论越来越多地以一些假设和未经证实的观察作为自己的论据，暴涨、暗物质和暗能量等就是其中最令人震惊的一些例子。没有这些东西，我们就会发现，在实际的天文学观测和大爆炸理论的预言之间存在着直接的矛盾。这种不断求助于新的假设来填补理论与现实之间鸿沟的做法，在物理学的任何其他领域中都是不可能接受的。更重要的是，大爆炸理论从来没有任何量化的预言得到过实际观测的验证。……2007 年 10 月，Hubble 太空望远镜发回的宇宙深空的照片也使大爆炸理论遭质疑；但这些反面材料并不能改善反对大爆炸宇宙学的西方科学工作者的处境。

从关于"宇宙寿命"和"宇宙膨胀"的讨论也看出他们在概念上的混乱。笔者在这里再次指出，所谓"宇宙的寿命"，从语法上讲是一个病句，从语义学上讲是一个伪命题。宇宙是指一切的一切，空间上没有边际，时间上没有始终。我们可以讨论宇宙中某个部分（如银河系、太阳系、地球）的寿命，却不能讨论宇宙的寿命，因为这样做毫无意义。……至于宇宙膨胀的说法，它与大爆炸理论一样溯源于 E. Hubble 在 1930 年完成的观测——如果光谱红移是由于星系退走，后退的表观速度（apparent velocity）与星系距离成正比。实验现象仅为光谱线红移，却引出这么大的结论[7]。再看一些新闻报道——"研究称宇宙走向消亡"（2015 年 8 月），"科学家说可能存在平行宇宙"（2015 年 11 月）；西方宇宙学家的糊涂荒诞令人吃惊，他们的"研究"完全抛开了基本概念和事实。

（3）连黑洞是否确实存在都不完全确定的"黑洞物理学"。

在西方，黑洞（black holes）是长期以来备受推崇的一门学科[8]。著名理论物理学家 Stephan Hawking 的成名作就是关于黑洞辐射的论文，因此他也是黑洞物理学家。西方科学家一直认为，当一颗质量很大的星体在其自身引力作用下坍缩于空间中的奇点时，就会形成黑洞。在奇点周围会形成一层不可见的边界，称作"视界"。任何越过视界的物体都会被吞噬。黑洞的奇点具有的引力太过强大，以致任何物体都无法逃脱。但早就发现有关理论存在矛盾，终于导致 2014 年 1 月的 S. Hawking"认错"。这位物理学家在文章中说，根本不存在黑洞边界（event horizon）：视界线与量子理论矛盾，因此没有什么黑洞。他又说，黑洞理论是他一生中的大错（biggest blunder）。就这样他不仅否定了自己，还引起西方物理界的震动。他们竟然吵了起来，例如美国 UC - Berkeley 的 R. Bousso 说："Hawking 的认错令人憎恨。"2014 年 9 月有报道说，一位美国学者用数学证明了黑洞不可能存在。……2016 年 1 月 Hawking 又说黑洞存在，当初怀疑黑洞是否存在的是 Einstein——这种反复无常不是"乱象"又是什么?!

著名美国物理学家 F. Dyson 曾指出，尽管黑洞是根据 Einstein 的 GR 理论的解而提出来的，但 Einstein 本人从未承认过它，一直对黑洞思想表示怀疑，认为这是自己理论的"污点"而非合理结果，这个情况值得参考。

（4）寻找"引力波"陷入盲目性。

还有就是那不断被提起和宣传的引力波（gravitational waves）。在美国，一个宇宙学家团队在 2014 年 3 月的一次新闻发布会上宣布，他们探测到了宇宙大爆炸之后最初瞬间所产生的引力波，从而导致宇宙的起源再次成为重大新闻。根据 BICEP2 南极望远镜团队的信息，其结果被誉为大爆炸暴涨理论及其后续理论（多元宇宙）的证明。该成果问鼎 Nobel 奖也在预测之中。BICEP2 团队在其宇宙微波背景辐射极化图像中，确定了一个扭曲（B 模式）图案，结论是检测到原始的引力波。但在后来数月中，由来自 Princeton 大学和 Princeton 高等研究所的科学家们进行了认真的重新分析，其结论是 BICEP2 的 B 模式模型给出的大部分或全部显著效应没有来自引力波的任何贡献[9,10]。事件也揭示了一个关于暴涨理论的真相；很清楚，暴涨范式是根本无法检验的，因此在科学上毫无意义。

从 20 世纪初到现在，有些领域研究工作停顿不前；寻找引力波和引力子（gravitons）的研究就是如此，几年前一些欧美科学家还在抱怨说"这是不可能完成的任务"。然而在 2016 年 2 月 11 日，美国科学基金会（NSF）宣布"已探测到引力波"[11]；这一消息立刻被媒体传送到四面八方。我们注意到美国激光干涉引力波天文台（LIGO）"发现引力波"的方式是"接收到了一个信号"——两台探测仪（相距 3000km）都接收到，但时差 7.1ms。这不像是真正令人完全相信、十分放心的科学发现方式，因为无法确认它真的是由"引力波"造成的。这个信号接收时间是 2015 年 9 月 14 日 23 时 50 分，但是它也可能来自其他原因。目前的"发现"距离当年（1887 年）Hertz 的发现电磁波的实验还有很大差距，有待查明它是事实还是一种迹象。[12,13]

关键之点在于，LIGO 是采用数值相对论（Numerical Relativity，NR）方法，即数学建模。现在是把接收到的一个信号（only one signal）与庞大数据库中的大量波形资料做比对，根本未做客观而实在的天文学观测和物理学实验。这样的结果怎能令人信服? 数据是偶然性的，不可能重复,却要人们相信"在 13 亿年前两个黑洞碰撞、合并、产生了引力波";还是先找找旁证再说吧!

那么,根本问题出在哪里? 黑洞、虫洞、奇点、引力波……这些东西均来自广义相对论,即 GR 的时空弯曲理论。然而,2013 年出版的书 *interstellar*(即《星际穿越》中,作者 K. Thorne 承认"空间与时间的混合与直觉相悖";又说"人类对时空弯曲不甚了解,也几乎没有相关实验和观测数据"。这就足够说明问题了——一贯支持相对论并以其作为指导思想的美国 CIT 教授 Kip Thorne(最早提出 LIGO 项目建议的人),也认为时空一体化和时空弯曲都存在问题。其次,"引力波"的整个思路太像是对电磁学发展(其最重要的事件是发现电磁波)的模仿,可惜它总得不到证明;"寻找引力子"则更像是一个天方夜谭式的故事。

(5)沉迷于寻找"超对称粒子"但毫无结果。

西方在粒子物理学方面贡献巨大,但也有玩耍空洞理论以及做混乱实验的情况。例如 1974 年 J. Wess 和 B. Zumino 提出超对称理论,预言 Fermion 均有配对的 Boson,而 Boson 均有配对的 Fermion。对此在国际上做了宣传,中国科学界在 2000 年前后做了积极反应,联合起来要寻找"超对称粒子"。如今已过去 15 年,该粒子却毫无踪影。欧洲核子研究中心(CERN)的强子对撞机(LHC),自 2010 年以来的实验也毫无结果。沈致远[14]指出,即使发现不了配对粒子,他们仍会辩解——超对称理论永不会证伪,这算什么科学?

以上几个例子是有代表性的,说明西方科学界确有丢失过去优良传统的倾向;而中国科学界的习惯性"崇洋"思想却得不到纠正。面对这些我们要大声疾呼:是时候了,中国应该在经济发展的基础上进行有中国特色的科学研究。这意味着过去的做法必须改变,不要过分迷信和崇拜权威。中国科学家要增强自信心,勇于创新,敢于对现存知识的某些方面提出质疑。不再用别人的昨天装扮自己的明天。……有人说,"中国未能造就自己的思想家";既如此,那我们就要在这个方向上迈开步伐。

4　要科学的数学化,不要"数学形式主义"

一部数学史是人类进步的最生动标志,再没有比数学发展更好地证明人们理性思考和智慧能达到如此出色的程度。数学家 Euler 的全集多达 70 卷,十分令人吃惊;其他大师也不逊色——Cauchy 的 26 卷,Gauss 的 12 卷[15]。人类文明进步到今天,从表面上看全拜应用科学和工程技术所赐,但没有数学就不会有这二者的发展。任何贬低数学作用的言论肯定都是错误的。

但数学不能代替其他科学学科,如物理学、化学、天文学、宇宙学、生物学等。这些分门别类的学科有自己的内涵和规律,数学家可以帮助它们而非取代它们。Nobel 先生当初在遗嘱中对其资金的授奖范围的规定没有数学,所考虑的恐怕是数学尚非直接作用于人类生活的巨大因素。必须指出,一些物理学家过分沉迷于数学游戏,实际上有"以数学代替物理"的倾向。甚至有人相信所谓"万有理论"(theory of every thing),似乎依靠一条复杂的方程式就可以解释宇宙中的一切;这是在无比生动、无比丰富的大自然面前缺乏谦虚的典型例证。

2013 年上半年,英国刊物 *New Scientist* 网站对国际上多位著名物理学家做了采访,导致后来发表了一篇长文"物理学陷入困境,该怎么办?"[16]其中提到以色列物理学家 Y. Bekenstein 的话,他说:"不知道对暗物质、暗能量的困惑会不会让广义相对论(GR)失败?"他认为今后的希望寄托在量子理论和修正的 Newton 力学(MOND)的身上。其他著名科学家也发表了各自的看法。那么物理学为何会"陷入困境？"笔者认为这与许多西方科学家落入"数学形式主义"的陷阱有关。数学公式和方程式是重要的，但它们并不能完全代表真正的客观实际。正因为如此，大师才告诫我们"理论是灰色的，而生活之树常青"。现在我们可以举例说明；一个非常典型的事例就是狭义相对论（SR）中无处不在的因子 $\sqrt{1-\dfrac{v^2}{c^2}}$（$v$ 为动体速度，c 为真空中光速），取 $\beta=v/c$ 时则该因子为 $\sqrt{1-\beta^2}$ [17,18]。Einstein 有一个著名的概念是时间延缓（也称为时间膨胀），计算公式是 $d\tau=dt\cdot\sqrt{1-\beta^2}$，式中 $d\tau$ 为以速度 v 运行的钟的时间（固有时），dt 为在同一坐标系中相应的静止钟的时间（坐标时）；显然 $d\tau<dt$，即运动钟比静止钟慢。这是 SR 中最为引人注意的方面，英文称 time dilation（时间膨胀）。如不断加大 v，在同一 dt 之下，$d\tau$ 越来越小；当 $v=c$（运动钟达到光速），$d\tau=0$，它的时间竟然停止了。

这是推测还是事实？1911 年，法国物理学家 P. Langevin 问道："设想有一对双胞胎兄弟，哥哥乘飞船以近光速飞行，弟弟在地面上。现在，由于二人作差距很大（光速 c）的相对运动，双方都觉得自己比对方年轻。那么，当哥哥的飞船回到地面，兄弟俩人到底谁更年轻？"这个"双生子佯谬"是对 SR 时间观念的打击，Einstein 从未就此提出过令人满意的回答（1918 年他给出过一种答复，但正如 A. Kelly 所讲，那简直是言不及义的胡说）。拥护相对论的人们，一般则回避这个话题。……两个人之间存在相对运动时，甲看乙的时钟比自己慢，乙看甲的时钟也比自己慢。二人的判断相反，但都符合 SR 的理论原则。这就失去了客观的是非判别，是相对主义和唯心主义，而非科学。

再看另一个例子。Newton 力学认为物体质量 m 是恒定的，反映所含物质的多少，与物体运动速度 v 无关。但相对论力学不这样看——SR 说必须遵守质速公式

$$m=\frac{m_0}{\sqrt{1-\dfrac{v^2}{c^2}}}=\frac{m_0}{\sqrt{1-\beta^2}}$$

m 不仅随 v 改变，而且在 $v\to c$ 时 m 趋于无限大。因此，物体做超光速（$v>c$）的运动是不可能的，超光速宇宙飞船也只能是不切实际的幻想。但是笔者曾多次指出 [18]，这个公式只对带电粒子（电子、质子）有实验上的证明，从来没有一个实验证实其对中性粒子（中子、原子、分子）或一般物体也正确。因此，尽管一直有人说"全世界众多加速器都是在亚光速下运行"，却不能成为令人信服的反对超光速的理由。当代加速器都是用带电粒子（电子、质子）而运行的；而且都是用电磁方法加速。但电磁波本征速度就是 c，这样的加速器中粒子速度不能超 c 是很自然的；故全世界的加速器都是亚光速的。实际上，目前没有任何实验证明中性粒子和物质的速度上限也是 c。未来的飞船（可看成中性物体）是否绝对不可能超 c？我看不一定。……20世纪 40 年代航空界突破"声障"实现飞机以超声速飞行，成功的关键就在于没有被这个数学因子 $\left(\sqrt{1-\dfrac{v^2}{c^2}}=\sqrt{1-\beta^2}\right)$ 吓住。尽管在空气动力学中也有类似的公式 $\rho=\dfrac{\rho_0}{\sqrt{1-\beta^2}}$（$\rho$ 为气体密度），但研究发现在 $\beta=1$（v 等于声速）时，$\rho=6\rho_0$，并不是无限大！因此，科学技术工作一定要从实际出发，不要被"数学形式主义"捆住手脚。

2003 年 11 月 7 日，在北京国际科技展中心召开了"超光速与宇航科学前沿问题座谈会"。参加者包括各方面的人士（理论物理学家、天文与天体物理学家、量子力学家、电子学家、航天学家）。会议由宋健院士主持，他首先致辞说："关于科学研究，精神是解放思想、鼓励

原创性。可以一开始就有点标新立异,不要太受权威的思想约束。关于超光速,国内外不断有报道出来,昨天《参考消息》还译发了 New Scientist 杂志的文章——《超越光速》。从黄志洵的书《超光速研究新进展》来看,似乎有很多'可以超光速'的证据。有的人说发现了反粒子,也许实际上却是超光速粒子? 另外,超光速问题也关系到未来的宇宙探索。物质究竟为何不能超光速呢? 据说是因为 $v > c$ 时,一个式子的根号会成为虚数;但我们搞工程的人,有时不大承认那种'数学公式上的困难'是绝对不可克服的困难。总之,超光速研究涉及的面非常广,要解放思想来研究,要组织合理的实验。"(注:着重点为笔者所加)。

宋健是控制论专家、航天专家,曾担任国家科委主任、中国工程院院长多年。他的话是对"数学形式主义"的有力批评,今天回忆仍觉亲切;无论对物理学家或工程技术人员,他的话都是金玉良言。

用数学代替物理,这种倾向已引起专家们警惕。一位在上海工作和生活的老科学家胡素辉[19]给笔者寄来一份手稿,题为"对空间和时间的再认识"。文中说,Minkowski 的四维空间否定了经典力学中的"时间与坐标系位置和运动状态无关"的绝对性,但它只是一个虚拟的四维空间,与现实相抵触。特别是,用一个虚量 $\sqrt{-1} \cdot ct$ 取代可测的物理量 t,是"用数学取代物理"的典型做法。另外,GR 把万有引力归结为时空的弯曲,说"引力等于弯曲时空"。这是把物理现象几何化,使物理学等同于几何学。胡素辉教授说,他早就认为 GR 的前提依据不足、论证不正确,故结论可疑。正如 SR 中所谓"动钟变慢"和"动体缩短",只是研究方法产生的后果,而非实在的物理变化。人类经验也使人们对"引力 = 弯曲时空"的结论存疑。事实上,GR 中的引力场 = 加速度的等效原理中,就已隐藏了"物理学 = 几何学"的观念。……笔者同意胡素辉先生的观点;并且我们曾经指出,GR 这个非常复杂的理论并不能简明地告诉我们什么是引力。

有一篇美国人写的文章说:"Math is our guide,but not our master;" 又说:"Mysteries always remain,and knowing wholly is an imposibility"。确实如此,数学能提供帮助,但不能提供完善的真知,物理学家应牢记这点。

5 走创新之路是中国科学工作者不再对西方盲从的关键

持续 60 年的自然科学研究实践不仅让我有了成就感,而且觉得自己对世界、对中国、对社会的认知都达到了一个新的高度。这种认识上的升华也体现为对西方科学界和中国科学界的再认识。在我看来,西方科学(特别是理论物理学、宇宙学等领域)日益变成象牙塔里的数学游戏,越来越与现实脱离。有些概念日益荒谬,达到了违反常识、不可理喻的程度。这样的东西没有现实指导意义。中国科学家应当考虑在基础科学理论方面形成本土学派的问题——这就是我提出"建设具有中国特色的基础科学"的核心思想。其实,我对西方文化一直很入迷,特别是他们的古典音乐、数学和物理学。我认为他们取得了伟大成就,对全人类有了不起的贡献。……但是,我在 2014 年指出"西方科学界开始出现乱象"。现在我的认识比两年前又进了一步——不是"开始出现乱象",而是"早就乱象丛生"。总之,我总觉得他们那里有些"不对劲"! ……

近年来我提出:"在科学研究上不要总是跟着西方人亦步亦趋,不能西方搞什么我们就搞什么;要认识到西方科学界也会出错,名人和大师也会犯错误。"我这些话来自自己在科研活动中的切身感受。现在举一个例子:在光学中,最早认为光线入射到界面时在该点即发生折射和反射，但 1947 年两位德国科学家（F. Goos 和 H. Hänchen）在实验中发现并非如此[20]。反射点距入射点有段距离，并不在几何光学预期的位置；这称为 Goos–Hänchen 位移现象。产生 GHS 的原因在于入射波不是理想的单一平面波，而是多个平面波组成的波束。在界面上，反射波相对于入射波会发生相移；而在不同极化条件下相移的计算公式不同，故在 TE、TM 两种不同极化条件下造成的 GHS 也就不同。

有一段时间我指导博士生研究"负 GHS 现象"。过去所有文献都说，依靠平滑金属表面可获得负位移，但入射波必须是 TM 极化。自 2012 年起，博士生姜荣对纳米级金属膜的 GHS 做实验研究，对象是厚 30nm、60nm 的铝膜，用真空镀膜技术蒸镀在厚 18μm 的聚乙烯片上，而该片贴在三棱镜底部，构成 Kretschmann 式结构。实验结果发现在采取 TE 极化时也能得到负位移——实际上在 TE 极化时 GHS 可正可负。当然她的实验和我的另一个博士生曲敏早期（2010 年）的实验一样是在微波进行的[21,22]。那时就发现了在 Otto 结构下采用 TE 极化时会出现负位移；而在采用 TM 极化时的数据，虽然少数为负，多数却是正的。

我的两位博士生在实验中都得出了与西方传统理论不同的结果，这让我感到意外。作为她们的导师应当有一个态度，做出合理解释。在确定实验无误的前提下，我给姜荣以鼓励，指出"创新已来到我们面前"。我解释说，观测负 GHS 与激发表面等离子波（SPW）不同，不一定要求有与膜表面垂直的电场分量；其次，实验是在微波进行的，规律与光频会有区别；再者，纳米膜与大块金属也不一样。……这时已是 2013 年夏季，我鼓励她向国外投稿。结果是论文受到西方的重视——秋天投稿，2014 年 2 月即在名刊 *Optics Communication* 上刊出[23]。当然她是第一作者，我仅为第二作者。这篇论文其实在理论上和实验技术上并无创新，但打破了西方科学界的传统认识——这是所谓"方法依旧、数据全新"的典型例子，对我和学生都产生了深刻的影响。

因此，中国研究人员不能一切以西方文献为准，而应深入思考课题的内在逻辑性，并且首先要尊重事实。在过去，中国的科学技术比较落后，因而在大学和众多的研究院所中，基本的做法都是向欧美国家学习、看齐，这并不奇怪。但现在不同了，科学界不妨冷静反思一贯以来的做法，敢于提出新思想，倡导一些与西方不同的东西。2016 年 3 月末在报纸上有一则新闻，标题是"清华接待冒牌洋富豪引发争议"。文中有一句话引起我的注意："这场丑事凸显了中国大学盲目崇洋媚外的问题。"话语虽然尖锐，却按响了警铃，值得我们考虑。不久前，有一位物理学家对我的一篇新作论文发表评论。他首先表扬我"深入钻研、精神可嘉"，然后罗列了多位西方科学家对这个论题的意见；然而他没有提供自己的分析和观点，似乎洋人们的见解就是他的观点；他也未提及别其他中国科学家就该论题有何高见。这真让人匪夷所思，难道中国人的"崇洋"已到达了不愿意思考（因为已有了洋人们的思考）或认为不必思考的程度？

我认为有两个趋势是我们必须警惕的：一是以民主、自由为核心价值观的西方世界也有文化专制主义，例如那里的中青年科学家如反对大爆炸宇宙论就会受压制（见 *New Scientist* 2004 年报道）；二是即使前进方向不明，也并未妨碍某些科学家不遗余力地鼓动本国政府投入巨资上大项目。然而基础科学的成果常常是模糊的，花钱太多、交代不了怎么办？他们的应对方法：一是不断宣传"××设备正常运转"或"××卫星正常完成测试任务"，以便让政府和公众安心；二是每过几年他们公布一些"成果"——一般人看不出问题，但细心的科学家会发觉其所谓成果不明确、不对劲。这些人还有另一高招：游说 Nobel 委员会，给个奖（Nobel 物理学奖绝大多数很有威信，但有时不那么合适，例如几年前为"暗能量"课题授奖），再大的经费投入也能在后来应付过去。我觉得过去的欧洲强子对撞机、美国 GP–B 项目，以及西方一些有关暗物质、暗能量的项目,乃至 LIGO 引力波项目,都有这种不诚实的气味。这与科学精神背道而驰! 可叹的是,这种风气似已传入中国。但是,即使你"有×个科学卫星",思想却是从西方抄来的;你有不同的"探测计划",走的全是西方人的路子——这样搞法有何意义? 浪费人民的血汗钱就是了。

作为有良知的中国科学工作者,我一贯反对某些科学家诱导政府领导人拨巨款上"大项目"。创新成果的有无和多少并不与资金投入成正比。对于寻找暗能量、暗物质、引力波,过去和现在我都不支持。2015 年国内一位著名物理学家致函笔者说:"欧美科学家为了搞到科研经费以利生存和研究,总在忽悠好大喜功的政治家及缺少科学素养的大众,而不顾地球上还有那么多贫困地区及人口。"又说:"寻找暗物质,这也是守株待兔(X)的科研项目;连 X 是什么都是猜测的,怎么找?"……不仅如此,我听说在中国某些以十亿、百亿美元计的项目已在准备之中。发展基础科学需要政府投入资金,这并不错;但对纳税人的钱该怎么花法? 身为科学家的人必须慎重对待。对中国人来讲,要走自己的路。

无疑的,广大科学工作者期盼有一个较为合理透明的政府科研拨款的分配制度。而且应当严防、严惩在科研经费的申请、拨付、使用流程中的腐败现象,争取在科学界的活动中清理出一片净土。几年前就有高层人士揭露科学界的问题(专人跑"部"钱进及分包现象等),如何解决迄无下文。窃以为这非国家之福!

2014 年 10 月,科技部党组一份情况通报披露,审计署审计发现,5 所大学的 7 名教授弄虚作假、套取国家科技重大专项资金 2500 多万元。审计发现,课题负责人通过签订合同将部分课题内容转包给关联公司,再通过关联公司套取科研经费,是最常见的一种情况。参与审计的科研项目多了,审计人员坦承,知识分子们套取科研经费的手段大多算不上"高明",基本就是假合同、假票据,但就是这些算不上"高明"的手段,却轻易套出了数额巨大的科研经费。

总之,在中国科研项目和资金的管理机制需要进一步改革,要开前门堵后门,通过好的制度引导和鼓励科技创新,有效激发科研人员的积极性和创造性,同时完善相关的监督制度,专项审计只是其中的一个部分。据了解内情的官员说,在各省市一直以来科研经费资源的分配是:分散,碎片化。为什么呢? 便于寻租,分散的科研资金可以照顾到方方面面的关系。这个钱不是一个人掌握的,是一个"集团"掌握的。科技部门的处长和领导们都可以介绍关系来拿项目,权力最大的是某些厅级领导。处长把项目给了谁,厅长是知道的,因此厅长的关系处长也要照顾。……如此等等,科研经费成了分钱,与科学发展何干?!

更严重的是,一些人竟用造假以谋求学术声誉,以获取物质利益。2017 年 4 月,一些国际刊物在发现中国学者的造假行为后,一次撤销多达 107 篇论文;我们必须坚决反对这种行为!

6 必须大力培育中国杰出的科学大师

中国需要从本土科学家中培育有科学思想的大师,这句话定义了我们所最缺乏的东西和最紧迫的需要。不妨查询一下科学史,看西方人过去如何造就科学的辉煌。例如在光学中,公元 3 世纪的希腊学者 Heron 证明,当一条光线被反射时入射角等于反射角,并且光线只走最短路径。6 世纪时的学者 Olympiodorus 则说:"自然不做任何多余的事,也不做不必需的工作。"法国数学家 P. Fermat(1601—1665)曾论证说:"光线总是以费时最少的路径行进。"今天我们把这个最小光程原理(Fermat 原理)写作 $\delta T = \delta \int n dl = 0$,其中 δT 是泛函 T 的变分。1744 年,法国数学家 P. Maupertuis 提出了最小作用量原理中"作用量"的定义;而在后来,英国数学家 W. Hamilton 引进作用积分,认为使作用稳定的运动才是真实的运动。

就这样,一连串思想的"珍珠"揭示了大自然的奥秘——力学中 Hamilton 原理对质点运动的描述与光学中的 Fermat 原理相似。正因为如此,20 世纪的物理大师 Schrödinger 才说应把质点运动的力学过程建立在波动力学的基础上[25];当然他也指出了 Fermat 原理的极限性。

上述例子说明,科学研究需要有创新的思想和精密的分析,一步一个脚印,才能撩起大自然的面纱,看清她那美丽的容颜。……那么,为什么中国人当中(特别是大陆本土科学家中)却缺少杰出的思想和真正的大师? 很显然,如果没有新科学思想的不断生成,"建设具有中国特色的基础科学"这句话等同于痴人说梦!

那么,究竟怎样培育新思想? 我认为必须鼓励人们对现存知识的某些部分提出质疑,允许他们探索、分析、研究和实验。改变盲目崇拜西方权威、不敢越雷池一步的习惯。为什么我们不尝试一下呢! 科学精神要求不断求索,是一种批判精神,对理论的检验性实验,即使未成功也应鼓励。许多人读了小学、中学和大学,却对何为科学精神茫然不知,这种社会氛围确实产生不出大师。

我们可以看几个数字。在 1900—2001 年 Nobel 科技、经济奖获得者全世界共 534 人中,美国有 230 人,占 43%,而中国人获奖人数极少。另外,有人统计了 1999—2001 年世界 3 所一流大学与中国 6 所包括北京大学、清华大学在内的一流大学在 Nature、Science 刊物上发表的论文数。结果是,6 所中国一流大学总和只有 20 篇,还不及哈佛大学的零头(399 篇)。这里并不是说这两个名刊上发表的论文都一定完全正确,只是想说明缺乏创新思想的中国大陆本土科学家很难写出能被名刊录用的论文。今天的中国能成功发射卫星,把载人宇宙飞船送入太空,下潜到数千米的深海。不过这一切并不是开创性的,不过是在延续别人的理论,重复别人的做法而已。许多成绩不是来自于自己的独立思想,而是溯源于对西方的模仿。因此有人认为,中国的教育机制要负很大责任——从小到大的教育,妨碍创造性地思维;这种做法毁了两代人。因此从这两代人中要产生有创意的科学家难度极大。另外,中国是一个"官本位"社会;连院士待遇也要套一个"副部级"。虽然多数科学家不计较这些,但对年轻人的影响是存在的。

2015 年有报道说,中国人的造假论文在国际上被撤,"伪造同行评议丑闻让中国成为关注焦点"。对此事的议论是这反映中国学术界存在问题。多次出现报道说,"中国学术体系出现系统性欺诈,大批研究论文遭撤回";"中国有一个代产论文的网络";……还点名了几个著名高校。也就是说,丢人已丢到了国外;科学追求被玷污。……总之,我们都要正视科学界的现实。

7 新科学思想从哪里来

既然在中国大陆本土科学家中尚未产生出世界级科学大师,我们必须寻找原因和解决的办法。前已指出,最大问题是我们的人提不出全新而杰出(令人惊叹)的科学思想,因此下一个问题便是"杰出的科学思想从哪里来?"笔者并非世界级科学大师,但参与讨论总是可以的;因此在这里谈谈自己体会较深的几件事。

众所周知,科学研究包含两大部分内容——提出问题和解决问题;二者有同等重要性,但有时候似乎前者显得更为紧要,即你的研究成果的大小首先要看你提出的问题是否既符合客观规律的要求,又是科学界急于解决的问题。当然有时候也要看你是否独具慧眼,看出某个方向可以切入,一旦解决会有很大的意义。这种意想之中(或之外)的科学发现会带来巨大的惊喜,甚至终生难忘。

有一个极好的例子是,20 世纪 60 年代苏联物理学家 V. G. Veselago[26] 提出"负介电常数和负磁导率可以存在"。这位供职于苏联科学院 Lebedev 物理研究所的科学家,1964 年他在俄文刊物《物理科学成果》上刊出论文,译成英文的题目是"The electrodynamics of substances with simultaneously negative values of permittivity and permeability",在美国出版于 1968 年。Vesselago 的科学思想:对于电磁波在物质中的传播而言,介电常数 ε 和磁导率 μ 是基本的特性参数;它们是物质色散方程中出现的表征物质电磁性能的仅有的两个量。对于各向同性媒质,色散方程具有简单形式 $k^2 = \left(\frac{\omega}{c}\right)^2 n^2$,式中 n 满足 $n^2 = \varepsilon_r \mu_r$;很明显,若 ε_r、μ_r 同时为负,这些关系式和方程就不会有任何变化。ε、μ 同时为负,并不与现有的自然定律相冲突;但它可能造成某些影响。在通常的物质($\varepsilon > 0, \mu > 0$),$\boldsymbol{E}$、$\boldsymbol{H}$、$\boldsymbol{k}$ 形成右手系(right - handed set);在 $\varepsilon < 0, \mu < 0$ 情况,$\boldsymbol{E}$、$\boldsymbol{H}$、$\boldsymbol{k}$ 形成左手系(left - handed set)。

Veselago 的科学思想开始并未获得人们重视,几十年后的事态发展却使他的大名进入了科学史。转折点是在 2000 年,美国的研究团队(以 D. Smith[27] 为首)宣布制成左手材料(LHM)的复合媒质,并在以后发展为对超材料(meta - materials)研究的全世界热门的方向,人们这才回味 Vesselago 创新思想的深刻性和重要意义;称他为科学大师应当是没有问题的。不过,在这个例子中,"解决问题"(制成体现其思想的体系)阶段,是英、美科学家完成的,时在"提出问题"的多年以后。

另一个例子是笔者在 2003—2009 年提出的一个想法[28],即物理学的一系列基本常数(它们都已可以测量得非常精确)的值,为什么就是这么大,而不是其他值? 对 Planck 常数($h = 6.62606876 \times 10^{-34} \mathrm{J \cdot s}$)、基本电荷($e = 1.602176462 \times 10^{-19} \mathrm{C}$)、真空中光速($c = 299792458 \mathrm{m/s}$)等都可以提出这个问题。我关心的不是现时达到的测量精度如何,而是这些数值从根本上说是如何确定的;显然迄今没有人知道这一点! 对神学家而言事情很简单——"一切都是上帝的安排。"科学家不信神,但也会有一种神秘感,冥冥之中似乎有什么我们不知晓的力量安排了宇宙中的一切? 这些基本物理常数很多,除上述几个还有重力加速度 g、Boltzmann 常数 k、Avogadro 常数 N_A 等,对它们尽可以不断改进测量技术和方法[29];但就是回答不了某些带有根本性的问题。……我提出这个 Subject 并无错误,也很引人深思;但自己觉得就是研究不了,不知如何下手。因此科学研究工作仅靠"正确提出问题"也是远远不够的。

还有一个有趣的例子是与航天技术有关的;懂微波技术的人都知道谐振腔(resonant cavity),它是相当于高频电路中的 LC 谐振回路的东西。确实,谁都知道这东西,但无人想过它可以在天上飞。2015 年笔者曾写文章介绍这个创新思想[30]——微波推进的电磁发动机(EmDrive)技术现已获广泛认同。在推进力的反方向产生的加速、反作用力遵守 Newton 力学,可能产生推力。基本器件是一个圆锥状的封闭谐振腔,用 TE_{011} 模式。由于腔内的非均匀场分布,电磁合力 $F_\Sigma \neq 0$,提供了腔体自主加速运动的推力。微波推进电磁发动机的发明人是英国工程师 Roger Shawyer,它不携带燃料,推进器使用的微波能由太阳能转换而来,故适于做太空飞行。2006 年 6 月有报道说,Shawyer 用 700W 功率产生了 88mN 力;2007 年 5 月用 300W 功率产生了 96.1mN 力。这说明早期即达到了 125 ~ 320mN/kW 水平。力虽然小,不断加速的过程有望获得非常高的速度。电磁发动机可对卫星做精确控制和定位,可能用在深空对小行星或月球探测。空天飞机可完成多种任务,例如做载人的长距离亚轨道飞行;未来可能用于星际探测。近年来这一方案已获得两个航天大国(中国、美国)的高度重视。虽然我们尚不能称Shawyer为"大师",但他想人之不敢想的大胆尝试精神,给我们以深刻的启示。

据笔者所知,有的中国科学家已坚定地走上了不受权威约束、敢于质疑西方科学家的路,例如不久前福建学者梅晓春写出了质疑 Riemann 几何的论文,正努力争取发表。笔者支持这种精神。

上述各例虽然并不能完全回答"新科学思想从哪里来",但从不同角度提供了思考的线索。笔者本人在漫长的一生中是有多方面科学创新的[31],但从未认为自己的创新能力很强,在这里愿与读者共勉。

8 做科学研究需要有一种精神

最近《参考消息》报上看一篇原载于台湾某报上的好文章[32],其中说:"知识分子的高风亮节,必须是对金钱的追求有独特的智慧与把持。百年来,许多大师们或许在生活上一贫如洗,但留给历史的却是万古流芳。"文章然后举出多位先哲(蔡元培、胡适、梅贻琦等)的例子;在当前确有令人警醒的作用。

笔者的看法是,做科学家就不能再惦记钱;如心中放不下钱(它代表对更优裕生活的追求),可以去从商。当然下海经商也有不小的风险,但它毕竟提供了致富的可能。如果做科学家,又从事基础科学(而非应用科学研究),致富是根本不可能的! 一个人能否做到"心如止水"、"宁静致远",自己必须有提早的判断。

多年前国际科学界的一件事令我十分震撼。数学中有一个难题叫 Poincarè 猜想,它是1904 年由伟大的法国数学家 M. Poincarè 提出的。许多大数学家都研究过这个问题,他们有的还给出了证明,但不久都发现有错。这个问题就是要确定我们所生活的空间的形状;对数学家来说,就是拓扑形状。用拓扑学术语来说,一个网球、高尔夫球或者足球都是同样的东西。而甜面圈就不同了,因为中间有一个洞。所以,如果问我们所居住的空间是什么形状,困难就在于我们生活在空间的内部。

你能区分球面和甜面圈,也就是数学家所称的环面吗? 从外部来看,我们很容易看到它们是不同的,但是对于生活在曲面上的二维生物来说,它们怎样来区分球面和环面呢? Poincarè 猜想的挑战就在于我们要从空间内部来决定空间的形状。对这个问题的解决,长期以来进展缓慢。到了 2003 年,俄国数学家 G. Perelman 在网上公布了三篇文章,声称给出了证明[33]。2006 年,这位数学家拒绝领奖(数学中的最高奖 Fields 奖)。2016 年,美国决定授予他高达百万美元的"千年数学奖",再次被他拒绝。他对记者们说:"我不需要钱,我什么都不缺!"

这就是当代的贫穷数学家拒领百万奖金的故事。他出生于 1966 年,到现在也只不过 50岁。对他而言,研究数学、证明最难的问题,并获得承认,这本身就是奖赏,就已经足够了! 我们看到,在科学家中真有视金钱如粪土的人。Perelman 不但是"无欲则刚",而且流露出的是对人生的淡定和自信,是真正的科学家精神。

9 结束语

人们常说,建设中国特色社会主义是一项前无古人的事业,没有现成的理论和经验可用,必须在学习借鉴的同时依据国情自主创新。建设具有中国特色的基础科学,使国家、民族在自然科学方面真正强大起来,同样不是一件简单的事情;但确实应该开始着手了。

如今,科学界仍有为数不少的人热衷于一切跟随洋人的脚印;言必称希腊、文必引西方,对自己的开始出现的优秀成果视而不见,甚至不屑一顾;这是我们不赞成的。实事求是地讲,我国现代基础自然科学研究起步较晚,需要吸收借鉴西方发达国家的有益成果。在这种情况下,有的科学工作者产生了自卑心理,认为凡是西方的理论都是正确的、先进的;实际上是奉西方理论为圭臬,甚至不问合不合理。这就丧失了应有的自信,失去了研究自然科学的本来意义。

建设具有中国特色的基础科学,不是说连西方文献都不看了,这是极大的误解。通过阅读名刊了解他们的工作,仍然不可或缺。但正如谢希仁教授所说,我们必须更多地想想(他们所宣扬所提倡的)"是真的吗"? 不能认为"既然大家都公认如此",那就一定正确。相信充满智慧的中国科学工作者会脱颖而出,后来居上。人们终将摆脱欲望和名利的诱惑,坚守科学家内在的沉静与尊严,做出无愧于国家和民族的业绩。

参考文献

[1] 中国传媒大学成功举办"《波科学与超光速物理》新书出版座谈暨学术讨论会"[J]. 中国传媒大学学报(自然科学版),2014,21(5):68 – 69.

[2] 黄志洵. 建设具有中国特色的自然科学[J]. 中国传媒大学学报(自然科学版),2014,21(6):1 – 12.(又见:黄志洵. 建设具有中国特色的基础科学[J]. 前沿科学,2015,9(1):51 – 65.)

[3] Rowan L,Coontz R. Welcome to the dark side——delighted to see you[J]. Science,2003,300:1893.

[4] Irion R. The warped side of dark matter[J]. Science,2003,300:1894 – 1896.

[5] Seife C. Dark energy tiptoes toward the spotlight[J]. Science,2003,300:1896 – 1897.

[6] 黄志洵. 大爆炸宇宙学批评[J]. 中国传媒大学学报(自然科学版),2015,22(1):1 – 19.

[7] 黄志洵. 空间和时间的科学意义[J]. 中国传媒大学学报(自然科学版),2008,15(1):1 – 11.

[8] 李宗伟,肖兴华. 天体物理学[M]. 北京:高等教育出版社,2000.

[9] Steinhardt P. Big bang blunder bursts the multi verse bubble[J]. Nature,2014,510:9.

[10] 黄志洵. 关于"引力波实验"的一点看法[J]. 前沿科学,2014,8(2):42 – 43.(又见:科技日报,2014 – 07 – 30.)

[11] Abbott B, et al. Obsrvation of gravitational wave from a binary black hole merger[J]. Phys. Rev. Lett, 2016, 116: 061121 – 16.

[12] 梅晓春,俞平. LIGO 真的探测到引力波了吗?[J]. 前沿科学, 2016,10(1): 79 – 89.

[13] 黄志洵,姜荣. 试评 LIGO 引力波实验[J]. 中国传媒大学学报(自然科学版),2016,23(3):1 – 11.

[14] 沈致远. 量子论沿革及前瞻[J]. 前沿科学, 2016,10(1): 11 – 17.

[15] Kline M. Mathematical thought from ancient to modem times[M]. New York:Oxford Univ Press,1972.

[16] 刘霞. 物理学陷入困境,该怎么办?[N]. 科技日报,2013 – 06 – 10.

[17] 马青平. 相对论逻辑自洽性探疑[M]. 上海:上海科技文献出版社,2004.

[18] 黄志洵. 论有质粒子作超光速运动的可能性[J]. 中国传媒大学学报(自然科学版),2015,22(3):1 – 16.

[19] 胡素辉. 对空间和时间的再认识[J]. 格物,2014(6):1 – 8.

[20] Goos F,Hänchen H. Ein neuer fundamentaler versuch zur total reflexion[J]. Ann d Phys, 1947,6(1):333 – 346.

[21] 曲敏,黄志洵,等. 发散波束在媒质界面上的 Goos – Hänchen 位移与焦移[J]. 宇航学报,2010,31(1):287 – 291.

[22] Qu M, Huang Z X. Frutrated total internal reflection:resonant and negative Goos – Hänchen shifts in microwave regime[J]. Opt. Commun, 2011,284:2604 – 2607.

[23] Jiang R, Huang Z X, Lu G Z. Negative Goos – Hänchen shifts with nano – metal – films of prism surface [J]. Opt. Commun, 2014,313:123 – 127.

[24] 黄志洵,姜荣. 负 Goos – Hänchen 位移的理论与实验研究[J]. 中国传媒大学学报(自然科学版),2014,21(1):1 – 15.

[25] 黄志洵. 波动力学的发展[J]. 中国传媒大学学报(自然科学版),2008,15(4):1 – 16.

[26] Veselago V G. The electrodynamics of substances with simultaneously negative values of permittivity and permeability[J]. Sov

Phys Usp,1968,10(4):509 – 514.（俄文原文见:物理科学进展,1964,92(7):517 – 526.）

[27] Smith D R, et al. Composite medium with simultaneously negative permeability and permittivity[J]. Phys Rev Lett,2000,84 (18):4184 – 4187.

[28] 黄志洵.究竟是谁在变——由精细结构常数变化引起的问题与挑战[J].科技导报,2013,(6):15 – 17.（又见:黄志洵. 基本物理常数会不会变化[A].1000 个科学难题(物理学卷)[C]. 北京:科学出版社,2009.）

[29] 沈乃澂.基本物理常数 1998 年国际推荐值[M].北京:中国计量出版社,2004.

[30] 黄志洵.用于太空技术微波推进的电磁发动机[J].中国传媒大学学报(自然科学版),2015,22(4):1 – 10.

[31] 黄志洵.科学研究是责任,也是好奇和快乐[J].中国传媒大学学报(自然科学版),2016,(2):1 – 10.

[32] 郑贞铭. 问世间"钱为何物"[N].中国时报,2016 – 05 – 01.

[33] 佩捷,等. 从庞加莱到佩雷尔曼[M].哈尔滨:哈尔滨工业大学出版社,2013.

附 录

著名加速器专家裴元吉教授的短文
"超光速实验方案探讨"

[说明] 2011 年 11 月《科技日报》编辑部及《前沿科学》杂志编辑部联合召开了"超光速科学问题学术研讨会",有包括两位院士在内的约 20 位专家学者参会。在这次会议上,著名加速器专家裴元吉教授提交了一篇短文,题为"超光速实验方案探讨。"虽然后来实验未能进行,但提供了一种寻找以超光速飞行的奇异粒子(meta – particles)的方法,在今天仍有参考价值。在取得裴元吉教授同意后,我们将该文收入本书的"附录",以供参考。

黄志洵
2017 年 4 月

超光速实验方案探讨

裴元吉
(中国科技大学国家同步辐射实验室,合肥 230029)

一、问题的提出

到目前为止,带电粒子动力学都是建立在光速为极限的条件下,即以狭义相对论动力学为基础的。尽管目前所建造的加速器尚未发现与这一基础理论有矛盾之处,但是所有测试粒子运动参数的方法的理论基础也是以相对论为基础的,因此即便有矛盾也很难发现。为发现是否存在矛盾,我提出一种试验方法也许可发现一些疑点,若果真发现,则可以就其原因深入开展研究。

二、试验方案

图 A – 1 是试验方案所用的装置布局示意。图中电子枪是能产生能量为数兆电子伏、束团长度为皮秒(10^{-12}s)级的电子枪(如光阴极微波电子枪、外置阴极独立调谐微波电子枪等);加速管 1、加速管 2 是常规加速结构(其相速度分别为接近 1 和等于 1),它们将电子束加速到电子束的相对能量 $\gamma = 100$,即电子束的速度达到 $0.99995c$(c 为光速);加速管 3 是采取特殊设计的加速管,使其波的相速度大于光速;磁分析铁1、磁分析铁2和其后面的荧光靶是用于束流能量测量的装置,其能量分辨好于0.1%;束流垃圾箱是用于吸收电子束的装置,以免对环境造成影响;K_1是为常规加速管提供微波功率的器件,其脉冲功率约为50MW,K_2是为超光速相速加速管提供微波功率的器件,其输出功率为25MW;IAΦ是用于调节进入加速管3微波功率的相位和功率的元件。

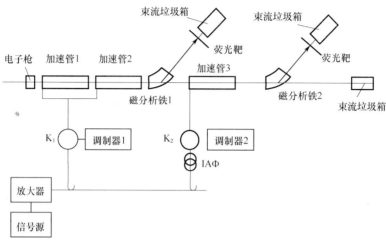

图 A - 1　试验装置示意

K—速调管；IAΦ—衰减器、移相器。

三、电子束在加速管 3 中的能量模拟

依据行波直线加速器中建立的微波电磁场以及带电粒子在该电磁场中的相对论动力学理论,我们可以得到设计电子直线加速器的有关公式,这些已为目前加速器设计和建造所证实,下面我们依据这一理论计算电子束在相速度大于光速的加速管 3 中的能量变化。计算公式可归纳如下[1,2]:

$$
\begin{cases}
\Delta\gamma = \dfrac{eE(z)}{m_0 c^2}\cos\varphi \cdot \Delta z \\[2mm]
\Delta\varphi = \dfrac{2\pi}{\lambda}\left(\dfrac{1}{\beta_\varphi} - \dfrac{1}{\beta}\right) \cdot \Delta z \\[2mm]
E(z) = \sqrt{2\alpha(z)Z_s(z)p(z)} \\[2mm]
\Delta p = [-2\alpha(z)p(z) - I_b E(z)] \cdot \Delta z \\[2mm]
\beta = \sqrt{1 - \left(\dfrac{\varepsilon_0}{W + \varepsilon_0}\right)^2} = \dfrac{1}{\gamma}\sqrt{\gamma^2 - 1}, \quad \varepsilon_0 = m_0 c^2
\end{cases}
\tag{1}
$$

式中:$\Delta\gamma$ 为电子束在加速管中 Δz 距离内获得的相对能量增益;$E(z)$ 为加速管中 z 处的纵向电场;φ 为电子束在 z 处的电场的相位;$\Delta\varphi$ 为电子在 z 处经 Δz 距离后的相位变化;β_φ、β 分别为 z 处波的相对速度和电子相对速度;$\alpha(z)$、$Z_s(z)$、$p(z)$ 分别为加速管中 z 处的衰减常数、分路阻抗和微波功率;I_b 为宏脉冲束流强度。

　　根据式(1),在设定进入加速管 3 中电子束能量下,对不同相速度(大于光速)的束流能量进行模拟计算,其结果如图 A - 2 所示。

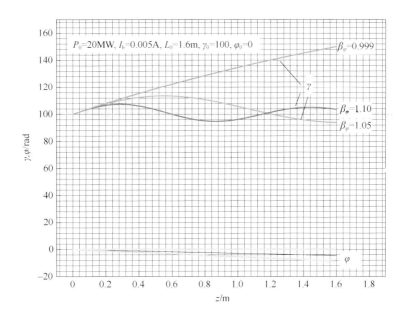

图 A - 2　当初始电子的相对能量为 100、进入加速管的相位为 0°、
输入功率为 20MW、加速管长度为 1.6m,以及电子在相对相速度
分别为 0.999、1.05、1.1 时的能量和相位随纵向运动而变化的曲线

　　模拟得到的电子在不同初始相位时的能量增益及相位随加速管 z 坐标的变化曲线如图 A - 3 所示。

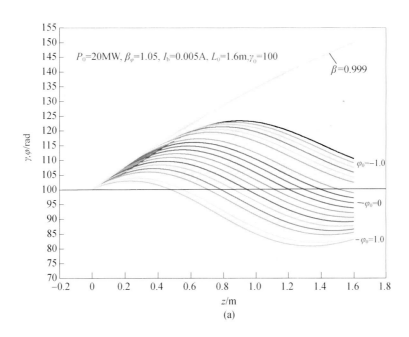

(a)

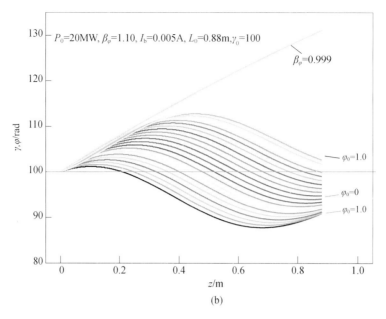

图 A-3　不同波相速度时,不同初始相位的电子在加速管中的能量增益曲线
(a)波相速度为 1.05c；(b)波相速度为 1.10c。

四、试验方法

首先,根据前面装置示意图建立实验装置并调试正常运行。

从图 A-2、图 A-3 可以看出,依据相对论动力学理论推出的电子直线加速器设计式(1)模拟计算的结果,表明当波的相速度大于光速时,已具有初始动能为 50.6MeV($\gamma = 100$)(利用磁分析铁 1 系统)的电子,在加速管中的能量增益远小于 $\beta_\varphi = 0.999$ 的加速管中获得的能量。由此可以在加速管出口利用磁分析铁 2 系统测量电子能量,如果与模拟计算结果不一致,并且远超过测量误差范围,这就给我们提出了进一步研究的课题,可深究其原因,考虑是否能用电子的速度超过光速来解释这样试验结果?

参考文献

[1] 裴元吉. 电子直线加速器设计基础[M]. 北京:科学出版社,2013.
[2] Chodorow M, et al. Stanford High – energy Linear Electron Accelerator (MARK III)[J]. The Review of Scientific Instruments, 1955,26(2):134 – 204.

中国传媒大学成功举办
"《波科学与超光速物理》新书出版座谈暨学术讨论会"

　　2014 年 9 月 21 日,中国传媒大学成功举办"《波科学与超光速物理》新书出版座谈暨学术讨论会"。全国人大常委会教科文卫委员会副主任、国家科技部原副部长、中国科学院院士程津培,中国计量科学院首席科学家、中国工程院院士张钟华,中国科学院半导体所研究员、中国科学院院士夏建白,以及来自各高等学校科研院所的专家学者约 30 人参加了会议。中国传媒大学苏志武校长、高福安副校长、廖祥忠副校长以及理工学部部长刘剑波等领导出席了会议。

　　高福安副校长在代表学校致辞中说,黄志洵先生是我校资深教授、博士生导师,是国内著名的电子学家、微波与光波学家。他治学严谨,在学术界有较大影响。中国科学院院士林为干先生曾评价说,他"热爱祖国,为人正直,献身科学,严谨治学"。他一直是我校师生的一个榜样,学校为拥有学识丰富的教授而自豪,一直支持他的科学研究工作。最近他的新著《波科学与超光速物理》出版,其内容丰富、思想深刻,开始就受到好评;不仅大陆的专家学者,还有德国科隆大学、台湾清华大学的专家也给予了积极评价。我们召开这样一个座谈会,不仅是表彰黄先生的科学精神,也是为了进一步深化研讨,吸收专家学者们的宝贵意见。

　　我国科技界领导人之一的程津培院士首先祝贺中国传媒大学 60 周年校庆。他说,贵校可能是一所以人文学科为主的大学;它虽然不是在理工方面特别有名的学校,但能支持、帮助黄志洵教授这样有特色的研究基础科学的专家,不断推出有原创性、探索性的科学著作,是不简单的事情。这说明传媒大学能包容、爱护科学创新,并提供一个相对宽松、自由的研究环境。我既感动也要表示感谢! 黄先生是楷模式人物,他的科学实践是一个范例,今后我们要把他的精神发扬光大。现在基础研究方面中国与世界差距很大。最近习近平主席高频度地讲基础研究和创新。必须鼓励对自然现象的探索,改变那种完全实用主义的态度。传媒大学要宣传对科学的推崇和尊重,让人们感受到科学的魅力。国家要提高对基础研究的经费投入。要用好科学家,不要约束,要鼓励他们大胆假设,甚至要容忍他们研究被看成"异端邪说"的东西。……必须改善我们的学术生态。总的说中国人在赶上来,未来大有希望。

　　张钟华院士说,自己和黄志洵教授曾是计量院的同事,一方面向他祝贺,同时也认为传媒大学支持他做基础研究是高明的,或许计量院都做不到。中国今后该如何发展科技? 要好好考虑。我们要建设创新型国家,就不能单纯强调科学为经济建设服务。中国至今缺乏先进的核心技术,很多是依靠廉价劳动力的粗放型产业。要扭转就要选好科学发展的道路。

　　夏建白院士说,科学研究要有好奇心,要在坚实的基础上作执着的追求。基础研究决定国民经济的发展,但中国的创新能力在国际上排名并不靠前(似为第 26 位)。具体到这本书,这是黄教授的心血结晶,是有学术价值的作品。我特别欣赏他的三句话:"得青年才俊而教育之,其乐无穷;为洞悉自然而求索之,其乐无穷;弃旧思谬识而更新之,其乐无穷。"不过我希望他再多读细读有关量子光学的名著。

　　国防工业出版社总编辑邢海鹰对黄教授新著的出版表示祝贺,认为这是一本开创性学术著作,要争取出英文版本。他认为基础科学研究是有战略意义的,但在我国情况不容乐观。出版社认识到黄先生所代表的老科学家的独立思考精神,在与他合作过程中受益良多。他是我们的榜样。

然后由黄志洵作题为"建立和建设有中国特色的自然科学"的中心发言。他说:《波科学与超光速物理》是7月初出版的,约67万字,用铜版纸印刷,精装。这本书属基础科学研究范畴,书中包含了丰富的科学工作成果,核心内容有三部分:①对波科学基础理论的深化和对物理学当前情况的分析讨论,这里的"波"主要指电磁波;②提出新学科"超光速物理"并做深入阐述;③研究负性物理现象和负的物理参数。……此书的学术贡献主要有几方面:首先是对金属电磁理论、消失场本质的经典解释和虚光子解释、经典波动和量子波动的特性等问题做较深刻的论述;其次是突出了超光速物理的学科概念,科学地反映了超光速研究在多个国家展开的现实和几十年来研究的历史,并努力把分析置于量子理论的基础上;再次,提出物理学参数的正或负也是自然界对称性机制的一种,应当重视对它的成立和破缺的研究,书中论述了电磁波负性运动的概念,证明负群速的本质是超前波;最后,提出了"三负"(负波速、负折射、负 GH位移)研究的思想,指导博士生进行实验研究取得了一系列新成果。黄志洵说:"我不过高估计此书的成就,但有句话敢讲:它有较深刻的思想,有独特的个人风格。几天前(9月17日)宋健院士通过秘书转告我,21日因已有安排,不能出席传媒大学的会议了。但他已读过这本书,不胜鼓舞。"

黄志洵重点讨论了国内基础科学较为落后(缺乏全新的重大的科学思想,没有一流的世界级的研究成果)的原因,提出"中国应该在经济发展的基础上进行有中国特色的科学研究"和"建立和建设有中国特色的自然科学"的观点。由于忧心于祖国基础科学发展的相对落后,老教授激动之情溢于言表。

中国计量科学院沈乃澂研究员既是物理学家又是计量学家;他在发言中说,《波科学与超光速物理》一书比较深刻,其中的许多观点值得深思。我们应当支持它并做适当宣传。当前理论物理学的困境如何突破,是一个需要考虑的问题。过去的理论物理常常是靠猜测:例如 Einstein 的"光速不变原理",所讲的是单程光速,但并无实验证明(迄今只有双程光速不变得到证明)。又如,Einstein 说光速不可超越,这也没有实验证明。黄志洵多年来对超光速问题进行研究,而他是有实验工作的。长期以来挑战 Einstein 在科学界被视为禁区;但我们也看到,虽然大量书籍文献宣传相对论,而企图推翻这一理论的却大有人在,这是为什么?量子力学就没有这个情况。再如,相对论说当速度趋近于光速 c 时,物体长度会变得很短趋于0、质量会不断增大趋于无限大,这些都缺少实验证明,是不成立的。然而,量子纠缠态传播速度远大于 c,1987年超新星爆发时中微子比光子早到地球,这些都表明了超光速的可能性。再举一个例子,当前米定义是以 c 为基础,但前提是 c 不变,这都有待于提出精确的实验证据。……不过,黄教授年事已高,我们寄希望于更多较年轻的科学工作者开展研究。

然后,北京师范大学天文系教授曹盛林、西北工业大学航空学院教授杨新铁、航天科工集团二院203所研究员郭衍莹、首都师范大学物理系教授沈京玲等专家谈了各自的看法。他们认为基础科学研究非常重要,而今天讨论的书是黄志洵的多年心血,有了新的发展。中国传媒大学能为他提供一种宽松、宽容的研究环境,是值得赞扬的。

《中国传媒大学学报》编者按：黄志洵教授是中国传媒大学理工学部的资深教授、博士生导师，是国内著名电子学家、微波与光波学家。他从青年时期即立志为祖国攀登科学高峰，此后果真谱写了自己丰富的科学人生。如今他虽已高龄，却仍在做研究工作，以及思考如何推动国家基础科学的发展。2014 年末他在本刊发表"建设具有中国特色的自然科学"一文；该文后来在科学工作者中产生了较大反响，并被其他学术期刊转载。黄教授的持续研究曾受到中国科技界领导人的重视，例如 2009 年全国人大常委会教科文卫委员会副主任、原科技部副部长程津培院士曾致函黄志洵说："您的这套系列著作（注：指超光速研究专著，当时已出版 4 种）足以反映出您是一位真正的探索科学真理的旗手；您求索重大科学问题的坚韧和献身精神令我十分感动和敬佩。多年来，您追求真理的勇气、洞察力和不懈精神，正是我国科技界所不足特别是基础研究界要大力提倡的。感谢您对我国基础研究做出的重要贡献。"2014 年 7 月，黄志洵新作《波科学与超光速物理》一书出版，我校于 9 月 21 召开座谈会，有多位院士出席。在会上程院士说："中国传媒大学不是在理工方面最有名的学校，却能支持、帮助黄教授这样的有研究特色的专家，使其不断推出有原创性、探索性的科学著作，是不简单的事情。黄先生是楷模式人物，他的科学实践是一个范例，今后我们要把他的精神发扬光大。"原国家科委主任、中国工程院院长宋健院士则送来一句话——"大作已拜读，不胜鼓舞"，以此表达这位老科学家的欣喜之情。

今年是黄志洵教授从事科研活动 60 周年；5 月 28 日恰逢他 80 岁生日。本刊特发表他的回忆文章"科学研究是责任，也是好奇和快乐"，以飨读者；我们祝他健康长寿，继续做有益的工作。

科学研究是责任，也是好奇和快乐

黄志洵

（中国传媒大学信息工程学院，北京 100024）

（一）

时间过得很快，转眼间我已 80 岁了。这年也是我从事科学研究的 60 周年——1956 年时身为大学本科三年级学生的我研究了"电子管特性曲线族的波形显示"和"电磁单位制的发展与改进"两个课题，这是实现我的志向（终生研究自然科学）的开始。60 年来我经历了从学习到创造、从实践到理论的过程，并与后来从事的研究生教育紧密联系在一起。回顾一生，突出之点是我对自然科学和艺术人文（文学、音乐）的热爱。我一直认为做科学研究是一种对国家的责任，也是充满好奇的精神活动，更是一种快乐。在漫长过程中我完成了多种电子仪器的设计，做过多个科学实验，也发表了许多论文和专著；可以说，我对世界的思考、认识和理解，深深地烙在了这些作品之中。我的著作打动了不少人；这是由于我对科学问题的执着，以及在通常

注：本文原载于《中国传媒大学学报》（自然科学版），第 23 卷，第 2 期，2016 年 4 月，1 ~ 9 页，收入本书时作了补充。

是枯燥的科学作品中注入了自己强烈的情感。……多年来,国家给了我许多荣誉和奖励——例如专著《截止波导理论导论》(1982 年初版,1991 年再版)获全国优秀科技著作奖;1987 年任北京广播学院微波工程系副主任;1989 年因《高频电磁场场强标准》课题获国家科学技术进步奖;1992 年任教授;1994 年成为"国务院颁证做出突出贡献的专家";2004 年成为"电磁场与微波技术"专业的博士生导师,并担任中国电子学会微波分会委员;2013 年获科技部批准设立的"华夏高科技产业创新奖"的特别创新奖(Special Innovation Award by the China High - tech Industry Originality Awards),获奖项目为"超光速的理论与实验研究"。教育部、科技部也给了我鼓励和适当的经费支持。……常言道:"科学无国界,但科学家有祖国。"一个科学工作者的价值与他的国家是紧密联系在一起的。

我的一些根本观点可由我写下的一些话语中体现出来。在 2011 年出版的专著《现代物理学研究新进展》中有三句话:"得青年才俊而教育之,其乐无穷! 为洞悉自然而求索之,其乐无穷! 弃旧思谬识而更新之,其乐无穷!"("To summon the worthy youth and have them educated, what a joy! To explore the unknown nature and have the truth pursued, what a joy! To discard the ingrained fallacies and have our minds renewed, what a joy!")在 2014 年文章中我又提出:"是时候了,中国应该在经济发展的基础上进行有中国特色的科学研究。这意味着过去的做法必须改变,不要总是跟着西方人亦步亦趋,亦不要过分迷信和崇拜权威。不能西方科学界搞什么我们就搞什么。要认识到西方科学界也会出错,名人和大师也会犯错误。中国科学家要增强自信心,勇于创新,敢于对现存知识的某些方面提出质疑。不再用别人的昨天装扮自己的明天。"(The time is ripe action of scientific research with Chinese characteristics based on the foundation of economy developments. This situation means a important change in scientific research works, must not blindly follow suit west scientists, and must not blind faith the academic authorities. We can't always followed closely behind scientists of the West. We must have a correct understanding on the mistakes of West scientists, the celebrities and great masters can also make mistakes. Chinese scientists must have self - confidence, blazing new trails, dare to query the knowledge at present in some extent. We must not use the yesterday of someone else to decked out tomorrow of oneself.")这些思想和观点后来获得了许多科学工作者的支持和赞赏。……不久前我写了这样一首诗:

<丙申年春日抒情>(八十述怀)

此生此际不清心,
科学人文在胸襟;
痴迷偏好微波久,
光速禁囚虑远行。
笔耕时恐惊晓梦,
友情温暖谢群英;
回首旧时风雨路,
碧色芳草又清明。

这可以代表我此刻的心情。

(二)

作为一名教师和科学工作者,现在谈谈搞科研的心得。众所周知,对科学家而言最重要的是创新——发现新的现象;提出新理论和新公式;做新的计算;完成新的实验。……近年来国家的进步非常大,科学技术飞速发展,高铁、航天等都是领先。现在中国本土科学家获得 Nobel 奖已实现了零的突破,那么这是否意味着今后会源源不断地有中国人获奖,特别是核心的 Nobel 物理学奖? 我觉得还很难说。这是因为我们的原创性科学思想非常少,"Nobel 级"的独创性思想更少。一直以来我有一种推动学术进步的责任感,认为中国现在特别需要加强基础性自然科学的研究,需要有自己的原创性思想和理论。我在"建设具有中国特色的自然(基础)科学"一文中所说的"中国基础科学发展相对落后,缺乏全新的重大的科学思想,没有一流的世界级的研究成果,缺乏真正的科学大师";这是否符合事实? ……为了弄清这个问题,我们就来看看物理方面"一流的世界级科学成果"指的是什么。随便举几个 20 世纪初期的获奖成果的例子——理论方面如量子论和光子学说、原子模型、物质波、量子力学、负能态和正电子理论的提出,实验方面如发现 X 射线和天然放射性、发现电子和正电子、让电子与光子碰撞等;这些成果即使现在在我们也未必做得出来,当然也没有相应的大师。因此我一直认为,中国人的关键问题在于缺乏全新的科学思想,尚不能过于乐观。2015 年 7 月有报道说,中国科学院物理研究所的研究人员在未使用大型设备(对撞机)情况下首次检测到被称为"幽灵粒子"的 Weyl 费米子;我认为是走在正确的道路上。

那么自己做的怎样? 我认为自己不具备冲击 Nobel 奖的能力与水平,但在一生中为创新做了许多努力。我生长于一个科学世家;父亲是化学家,兄弟都是理工专家。我读大学的 20 世纪 50 年代是中国开始工业化的时期,主要学苏联。1958 年我被分配到电子工业部第 10 研究所当技术员,先跟苏联专家干,目的是把他们工厂(高尔基无线电仪器厂)的一种电子仪器移植到中国来;后来中苏分裂,苏联撤走专家;第 10 研究所就自己完成研制,自行组织批量生产。我们搞的仪器是超高频信号发生器,其中的一个部件(截止衰减器)引起我很大兴趣。经不断钻研提升到理论层面上做较长期的研究,多年后我写出了 50 万字的《截止波导理论导论》一书。它至今仍是国内外独一无二的著作;由于其独特性和有若干理论创新,获得了全国优秀科技著作奖。这是一个在实践中培养兴趣并尝试从多角度研究同一现象从而取得成功的例子。1964 年我由成都调回北京,先在工厂从事真空测量仪表和电子医疗设备的研制、生产。在工作中我力图加进一些新思想,例如传统的超短波治疗机从未有过脉冲发射;我搞了新设计并请医生们试用,后来产品出口为国家赚取了外汇。在那个年代知识分子的工资很低,但大家都凭着一种精神工作,今天的年轻人难以想象。我研制成功 12 种电子仪器设备,大部分投入生产,自己也得到很大锻炼。

但我的兴趣总是在于理性认识的深入和提高。关于导波理论,多年来我针对圆柱状导波结构提出了好几个新的特征方程;给出了精确求解 CMS 方程的算法;又用表面阻抗微扰法推导出了计算一级衰减标准衰减常数的高精度算式,从而解决了当时急待解决的建立衰减标准的基础理论问题(当时我已在中国计量科学院任助理研究员)。此外,在 20 世纪 80 年代前期解决了一级衰减标准中波导内壁氧化膜影响的计算。就这样,从实践中提出问题并在理论层面给予回答,这坚定了我的自信心。

1993 年我和研究生合作推导出了非理想导电金属壁圆波导内壁涂敷介质层时的全新特征方程,为降低喷气式飞机进气口的雷达散射截面(RCS)提供了可能,并有多方面的用途。论文在美国发表后,印度、德国等国的科学家来信索要单行本,又把文中的结果称为"黄方程"(HUANG's equation);但我反对这种提法,因为它是我们共同做出的贡献。在导波理论方面我另有许多论文,但在 1996 年以后我还是改变了研究方向。

回顾 1979—1985 年我在中国计量科学院工作的经历,在那里我一方面为衰减计量标准研制做理论分析,另一方面参加了场强计量标准研制。我提出的方案被采纳,研制成功后获国家级科技进步奖。后来我参加"光频测量"课题组,负责微波器件和真空低温系统设计。虽然后来由于课题过于庞大经费不足而下马,但我已完成了负责的工作:全金属化超低温杜瓦的研制,抽真空后可达 1.3K,具有先进性。后来我的兴趣由光频测量扩展到光速测量,开始考虑为什么相对论说光速不能超过。对于 Einstein,我一直是尊敬的,但我不认为他"句句是真理"。应当怎么看待他说的"光速是宇宙中的最高速度"? 我经过长期思考认为是错误的,况且 Newton 力学、量子力学都不为速度设置上限。万有引力的传播速度就比光速快,这是显而易见的。

1985 年我调入北京广播学院(今中国传媒大学),因为中国计量科学院在当时实验经费不足,而大学有更大的学术空间。我给研究生讲过几门课程,先任硕导后任博导,对学生的要求严格。科研方面,做电磁兼容学研究和超光速研究,二者都取得一些成果。

超光速研究是在多个国家都有人进行的一种"挑战不可能"的探索,在理论和实验两方面都既有广度又有深度。我从 20 世纪 90 年代中期开始这一领域的工作,现在仍在坚持。一直以来,我的研究方法侧重于从消失态和反常色散这两种物理状态入手。后来扩展到不附条件的自由空间。早在 1985 年我就提出可把截止波导当作量子理论中的势垒而用在实验中,给出了等效电路模型;1992—1997 年德国科隆大学正是用此方法做成功群速超光速实验的。2003 年我和逯贵祯教授联合指导研究生,利用同轴线结构模拟光子晶体进行测量,发现和测出了超光速群速,论文被中国工程院称为国内首例超光速实验。2013 年我们指导博士生设计了左手传输线芯片,测出了负群速(NGV);这是超光速的另一形式。这两个实验都利用了反常色散原理。

2013 年我提出了"电磁波负性运动"概念,指出物理参数的正或负都是客观世界对称性的固有本质。实际上,早在 1991 年我在研究截止波导理论时即已发现了消失态中的负群速和负相速(NPV),多年后指出这就是 Maxwell 方程超前解的物理表现,过去人们简单地把它抛弃是不对的。进一步,近年来我开展了对天线近区场中超光速现象的研究,指出这是发生在自由空间的类消失态现象(evanescent – state like)。另外,我还提出了应当开展"三负"(负折射、负波速、负 GH 位移)研究的建议,认为只有把负折射、负波速、负 GH 位移相联系地做统一研究才能真正揭示波动和光学现象的本质。2014 年 7 月出版的《波科学与超光速物理》一书,收入和总结了这些工作成果。

我的研究逐渐引起了科技界领导人的注意,例如 2003 年原国家科委主任宋健院士指定我和中国科学院数学研究所毕大川研究员协助他组织了题为"宇航科学前沿与光障问题"的香山科学会议;会议代表共 50 人,其中 9 位院士。宋健做了主旨报告"航天、宇航和光障",我则被指定作中心议题报告"超光速研究 40 年:回顾与展望"。正是在这个会议上,宋健提出"飞出太阳系是人类的伟大理想;而且如果要进入银河系,必须加大航行速度——接近光速,如可能的话应超过光速。"这是中国科学家在世界上最早提出"超光速宇航"的设想。2014 年 9 月,在看过《波科学与超光速物理》一书后宋健写道:"大作已拜读,不胜鼓舞。"说明这位老科学家、航天专家至今不改初衷。我认为,不久前美国航空航天局(NASA)开会讨论曲相推进(warp drive),说明这个著名航天机构也开始考虑超光速宇航可能性问题。……另外,由于多年来我不怕冷落孤立,坚持研究重大科学问题,国家科技部原副部长程津培院士给予鼓励和表扬。由于他与另 5 位专家的推荐,经评比后我获得 2013 年度"华夏高科技奖"的特别创新奖。当然我的工作还有许多缺陷与不足,但国家进步的大背景使我找到了重新出发的力量。

(三)

　　从青年时代起我就是一个航天迷;苏联于 1957 年发射人类历史上第一颗人造地球卫星,1961 年派航天员首次进入太空;1969 年美国航天员登上月球;1970 年中国也发射了人造地球卫星;这些早期事件都令我激动不已。……一直有人说,世界上还有许多穷人,为什么不把钱用到他们身上,而用于探索太空? 我的回答是,地球上的许多问题(如贫困、污染、疾病、战争……)需要努力解决;但太空探索既已开展起来就不应停止,因为这关系到人类的未来。记得1969 年美国 Apollo 飞船登月时我还很年轻,也是"穷人";但我仰望夜空兴奋不已,深为人类智慧与顽强,以及数十万人为登月而合作的精神,感到高兴和敬佩。实际上,即使把全世界的航天活动停止,也不是说就能解决那些社会问题,例如就没有穷人了。有人说"地球正变得像火星",现在各方面的努力不正是为了阻止这一趋势吗?!

　　我对中国的航天人一直充满敬佩,因为正是他们的几十年的艰苦努力造成了今天中国已是航天大国的事实。当然,我也佩服当今世界上最大的航天机构——NASA,如今它已对太阳系内的主要天体都做了探索,投入经费和取得成果均为全球第一;他们的努力使每个地球人感到自豪。……不过,让我没有想到的是:在过去我仅由兴趣和好奇心驱使而进行的超光速研究,突然有了全新的意义——例如需要回答"在将来是否可能建造超光速宇宙飞船"这样的问题。这乍听起来很空洞、很遥远,仿佛是科幻电影或小说;但对工程控制论专家和航天理论专家的宋健院士,或是对卫星导航与惯性导航专家林金院士来讲,他们与我讨论问题时态度十分严肃,并非做空洞的幻想,更不是开玩笑。当然,我还认识了其他航天界老科学家(如防空导弹专家和相控阵雷达专家郭衍莹研究员)和一些中青年科学家(如陈粤研究员),从他们那里我受益良多。我意识到,科学界有越来越多的人认识到超光速研究的意义在于,虽然在地球上光速 c 显得"很快",但宇宙极为辽阔,c 值(约 3×10^5 km/s)其实是一个"很慢"的速度。无论未来人类做超光速宇航的可能性如何,向这个方向做思考和预研是正确的。很显然,航天及宇航事业的发展正给基础科学进步带来新的动力和刺激。

　　2015 年 7 月 14 日,NASA 的无人探测器经历 9.5 年飞行(途径 48 亿 cm)掠过位于太阳系边缘的冥王星,发回大量照片。这标志着住在地球上的人类已探遍太阳系;更有意思的是 12天后宣布在其上有液氮(LN_2)河流。7 月 24 日 NASA 说已发现"地球 2.0",即 1 颗与地球非常相似的行星 Kepler 452b,直径约为地球 1.6 倍,轨道周期 385 天,与母恒星距离与日地间距相同;这就大大增加了存在与我们相似的智慧生命的可能性。7 月 28 日有报道说,中国正在贵州山区建设直径达 500m(世界最大)的射电望远镜,2016 年完工后将成为探寻外星人的主力军。……这些消息不仅让科学工作者激动,每个在地球上生活的人都会产生无穷的想象。虽然有天文学家说"Kepler 452b 不宜移居",我认为这只是现在的说法;请不要为 100 年、200年后的人类划定条条框框吧! 1400l. y. 算什么,如实现了超光速且 $v = 100c$,14 年也就到了。……试问,100 年、200 年前的人能想象我们今天的生活方式和知识水平么? 现在国际航天事业发展很快,我的判断是我们正处在发生重大事件(如人类登上火星、收到外星人信号)的前夜。

　　在美国一直有拍摄宇宙探索影片的传统,近两年是更加热烈了——好莱坞推出了《地心引力》《星际穿越》和《火星救援》等影片,让人们看得如醉如痴。一些美国理论物理学家也亲自出马,担任制片人或顾问,通过电影阐发自己的科学思想。这是好事,但也有误导公众的可能。例如,许多电影早已不再回避超光速,赋予人物极快的运动方式。但他们是在"不能得罪相对论"的预设前提下设想超光速运动可能性的,带有浓重的调和论(或折中主义)色彩,与我的理念不符。至于向公众宣传"有多个宇宙"之类的神话,更是我不能接受的。

在相对论框架内搞超光速,西方科学家已有多人做过,如 Feinberg 的快子(tachyons)、Thorne 的虫洞(wormholes)、Alcubierre 的曲相推进(warp drive)等;我对这些东西有很大保留。我仍然相信,当务之急是探讨中性微观物质粒子(中子、原子、分子等)以超光速运动的可能性究竟如何。现在人类的超光速实验,在波动形式(电磁波、光脉冲、电脉冲、光子等)方面已取得很大成功;然而至今缺乏一个有力的实验,证明中性物质粒子可以作超光速飞行。这样的实验我做不了,恐怕在全世界尚无人知道该如何去做。虽然现在许多人仍认为物质作超光速运动不可能,但我在 2015 年的一篇论文("论有质粒子作超光速运动的可能性")中在仔细讨论了事情的各个方面后得出结论,再次证明有质粒子(甚至物体)以大于 c 的速度运动是可能的。实际上究竟如何,时间会证明一切。

时常有人说,全世界的加速器中电子或质子均以近于 c 的亚光速飞行,从未有过超光速的情况。我认为这不能成为令人信服的证据;现在是用电磁场作加速手段作用于带电粒子,而电磁场(波)的本征速度是 c,当然粒子速度不会大于 c。这正如人带球跑动,球的移动速度不可能快于人的速度,人速却不是球速的极限。由于科学界迄今对中性粒子的加速缺乏方法,现有加速器均使用带电粒子,因而无法查明有质量粒子的速度能否比 c 更高。一旦有新的实验方法,超光速宇航可能性问题就可得出结论。……目前,加速器专家已开始对超光速研究发生兴趣,令人鼓舞!

2015 年岁末我还发表一篇较长文章"论寻找外星智能生命";无论是谁,如果从"地球是宇宙中的一个行星、但非唯一"的角度来看问题,对事物就会有全新的体会。我在文章中指出,当前最突出的问题有两个:①如何在与外星人打交道时确保地球人类的安全;②如何寻找和确定真正的"宜居星球"并在将来大量向外星移民。文章还提出"未来的宇航需要新概念"这一命题。

(四)

作为教师和科学家,我努力把教学和研究做得尽可能完美的交叉和融合,并在其中突出了"必须对波科学(wave sciences)展开全面深入探索"的思想。我为硕士生开过"导波理论"和"微波新技术"两门课程,为博士生则主要讲授"波动力学"("Wave Mechanics,WM");这里主要谈谈后者。由于学生对波动已有一般知识,我一开始直接告诉他们:尽管对波动的研究开始得很早,但至今仍常令人陷入迷茫。例如关于电磁波的属性;关于微观粒子的波粒二象性;关于波函数的本质;关于光的本性;关于物质波的相速;等等;至今仍是众说纷纭。在教学中,我认为教师必须善于唤起学生对研究科学问题的兴趣,并让他们知道学科存在的问题、前沿在哪里。进一步,我向学生指出,WM 的发展源远流长,最早发端于最小作用原理,该原理可以说是"众理之母"。对 WM 贡献最大者是 E. Schrödinger,其次是 de Broglie;前者提出的 Schrödinger 方程(SE)不仅用于处理微观粒子的运动,而且用来分析一些宏观科学技术问题。Schrödinger 本人没有来得及研究非线性 Schrödinger 方程(NLS);而 de Broglie 却曾致力于非线性波动力学(NLWM)的研究,并将其与孤立波联系起来。当前大量研究工作涉及数学上的非线性微分方程,对其物理学意义反而有忽视的倾向。对电磁波的研究仍是波科学的重要方面,其基本理论尚待澄清之处甚多。WM 的发展表明,经典电磁波方程应与量子力学波方程联系起来研究,孤立地讨论经典的场与波的时代早已结束。

　　这样我便向研究生们提示了在两个方面学习提高的重要性:一是数学;二是量子理论。实际上很难在经典波动与量子波动之间画出一条明确的界限,例如光波可以看成经典波动,从太阳到各种灯具都是基于自发辐射而发光,光的方向性、单色性很差。1960 年发明的激光是通过受激辐射过程产生的相干光,方向性、单色性好,接近于电磁理论中的理想平面波。但激光并非自然界具有的现象,我们有充分理由视之为一种量子波动。但自然光由光子流组成,而只有在量子理论的基础上才能获得对光子本质的认识,把光完全当作经典波动似乎也不恰当。尽管如此,一般认为由 Maxwell 理论描写的电磁波是经典波动。

　　因此,在高校的本科生教育中如教师尚难避免做经典知识的灌输,在研究生教育中绝不应当再这样做。要让学生觉得"跃跃欲试",企图把自己放进整个科学研究发展过程之中,并时刻准备好领会国际上的最新发展。实际上,我这样讲课不仅使学生注意力集中,而且使他们随着我的描述而沉入思考,并意识到自己基础知识的不足。毫不迟延地我又向他们指出,SE 是非相对论性方程,它一出现即解决了原子物理学的许多问题。de Broglie 和 Schrödinger 的工作使对波的认识和研究进入了量子波动的层面,它有别于以往的经典波动。但这二者并非截然分开,如把电磁波理论中的标量 Helmholtz 方程拿来,再引入 de Broglie 波概念,就可迅速推导出 SE 的简化形式;而 Helmholtz 方程是描写经典波动(声波、电磁波)的。说 Helmholtz 方程与 SE 相似也是可以的。实际上,经典 Maxwell 电磁理论与量子力学之间存在紧密联系。光学理论中的标量波方程与 SE 是对应的——电磁场分布与波函数、折射率分布与势场、导模传播常数与能级、模阶数与量子数之间存在一一对应的关系。因此,SE 既可以处理原子,又可用来分析缓变折射率光纤。有的书说 SE"只能用于低速情况"显然不对。……总之,在研究生教育中必须大力提倡建立在扎实基础之上的创新思维,因为正是这些年轻人是国家未来的希望。

　　无论课堂讲授,或是指导学生做研究,我都要给年轻人以最丰富的精神食粮。找对学生说,中国(理工科)高等教育的最后防线是博士培养,一定要刻苦努力夯实基础,做创新的研究。我努力激发学生的热情,唤起他们的投入精神,在授课或讨论研究实验计划时对学科发展给出清晰和确定的判断。我反复指出,大自然不仅奇妙,有时甚至令人觉得不可思议。例如,在微波和光频所发现的负折射、负波速、负 GH 位移现象,充分证明迄今人类对波的认识还很肤浅。在 Maxwell 方程组中,介电常数 ε 和磁导率 μ 甚至可能是负值。……这些引导对学生激励很大,我有两个博士生后来深入研究负 GH 位移的特性,在国外发表了论文。有一位博士生不仅在实验中测出了负介电常数,而且测出了 NWV。

　　如何培养出合格的(乃至优秀的)理学博士(或工学博士)是一个太大的话题,这里不再多说,只谈两点:一是引导学生以纯净心态献身科学,不为世俗所左右;二是以用严谨态度要求学生,即使论文中出现标点符号错误都不放过。我培养的硕士和博士学生许多后来担负重要职务,工作表现和经济收入都较突出。

　　上述做法与我在社会上强调"发展基础科学"是一致的。自 2006 年起我担任"现代基础科学发展论坛"召集人,和其他专家学者共同努力,以"有特色、高水平"作为活动目标。2006 年会议我的开幕词题为"基础科学研究决定国家和人类的未来";2008 年会议我的开幕词为"加速发展,让我国科学尽快跻身世界前列";2010 年的开幕词是"夯实基础,努力创新";这些话代表了我的心声。

（五）

那些在科学史上有大贡献的科学家寿命是否长？对此我产生了很大的兴趣。现在随机选取不同时代、不同国家、不同专业的大师们做一些调查，共选 61 人，包括数学家、物理学家、天文学家、化学家和生物学家；调查情况如下述。

第一类是 80 岁以上：赵忠尧 96 岁、de Broglie 95 岁、王淦昌 91 岁、Planck 89 岁、Born 88 岁、Pavlov 87 岁、Newton 85 岁、Millikan 85 岁、吴健雄 85 岁、Edison 84 岁、Thomson 84 岁、Watt 83 岁、Freud 83 岁、Kelvin 83 岁、Sommerfeld 83 岁、Debye 82 岁、Dirac 82 岁、Volta 82 岁，共 18 人。

第二类是 70～80 岁（含 70 岁）：Michelson 79 岁、Bose 79 岁、Gauss 78 岁、Galilei 78 岁、Mach 78 岁、Bohr 77 岁、Nernst 77 岁、Rayleigh 77 岁、Einstein 76 岁、Euler 76 岁、Faraday 76 岁、Archimedes 75 岁、Lorentz 75 岁、Heisenberg 75 岁、Schrödinger 74 岁、Darwin 73 岁、Mendelejev 73 岁、Joule 71 岁、Coulomb 70 岁、Copernicus 70 岁、Feynman 70 岁、Compton 70 岁，共 22 人。

第三类是 60～69 岁：Ohm 67 岁、Curie 67 岁、Rutherford 66 岁、Fermat 64 岁、Marconi 63 岁、Oppenheimer 63 岁、Kirchhof 63 岁、Bessel 62 岁、Boltzman 62 岁、Eddington 62 岁、Ampere 61 岁、Hamilton 60 岁，共 12 人。

第四类是 60 岁以下：Poison 59 岁、Kepler 59 岁、Young 56 岁、Descartes 54 岁、Fermi 53 岁、Maxwell 48 岁、Riemann 40 岁、Pascal 39 岁、Hertz 37 岁，共 9 人。

以上情况，第一类占 29.5%，第二类占 36%，第三类占 19.7%，第四类占 14.8%。也就是说，寿命 70 岁以上的为 65.5%（约 2/3），寿命 60 岁以上的为 85.2%。统计结果雄辩地证明：科学思维的脑力劳动有益于健康和长寿，"无所用心"的生活有害无益。

生命对每个人都只有一次；如何度过一生，是生而为人者必须考虑的问题。目前中国的社会思潮令人忧虑，在各方面都给人以"金钱第一"的印象。我不认为应当以清贫为荣，只是觉得空气中过分弥漫着"物质享受至上"的气息……。应当向年轻人宣讲人生的价值和科学的魅力，鼓励他们继承老一代科学家的科学精神和科学思想，大步向前。

※　　　※　　　※

以上是一位 80 岁老专家的回忆、总结、思考和期待。我们都曾经历内心的奔放激情与保守的现实之间的矛盾造成的苦恼；加上自身创新能力不足的弱点，因而限制了自己所能攀上的高度。但努力总会带来收获；来自科技界领导和师友们的关怀鼓励令人感动，与青年学生和年轻科技人员的互动交流令人难忘。近年来我陆续收到来自意大利、以色列、德国等处的研究单位或大学的邀请，请我访问或参加学术会议。德国科隆大学 G. Nimtz 教授多次建议我出版英文专著，国防工业出版社原总编辑也劝我搞《波科学与超光速物理》一书的英文版。由于年龄太大，这些事恐难一一去做了。现在我只希望中青年科学家做出突破性的工作，为国争光。对祖国和人类的未来，我们充满期待。

主要著作（论文）

[1] 黄志洵. H$_{11}$ 模截止式衰减器的误差分析[J]. 电子学报，1963，1（4）：128－141.

[2] 黄志洵. 100 千赫频率稳定度自动记录仪[J]. 无线电技术，1966（4）：18－22.

[3] 黄志洵. 超小型电子管直流弱电流负反馈放大器的分析与测量[J]. 无线电计量，1974（2）：51－63.

[4] 黄志洵.圆截止波导衰减常数的精确公式[J].无线电计量,1975(2):13 – 20.

[5] 黄志洵.VR – 2 型真空继电器[J].真空技术报导,1975(4):56 – 60.

[6] 黄志洵.调频信号频偏测量的理论研究[J].无线电计量,1976(1):36 – 44.

[7] 黄志洵.818 – C 型定温电阻真空计[J].电子管技术,1979(2,3):48 – 57,40 – 49.

[8] 黄志洵.微波针灸仪的设计与针刺时微波功率从生物体内反射的测量[J].应用科学学报,1983,2(1):185 – 187.

[9] 黄志洵,马晓庆,郭允晟.美国 Narda 8801 横电磁波输室性能的测量[J].电子工业标准化通讯,1983(5):21 – 26.

[10] 陈浩树,黄志洵.计量学专用全金属化 4.2K 至 1.3K 液氦杜瓦装置[J].计量学报,1983,4(2):156 – 159.

[11] 朱敏,黄志洵.金属壁内生成氧化层对高精密圆截止波导传播常数的影响[J].凯山计量,1984(1):1 – 12.

[12] 黄志洵.广义散射矩阵及功率波理论的若干问题[J].凯山计量,1985(2):1 – 15.

[13] 黄志洵.波导截止现象的量子类比[J].电子科学学刊,1985(3):232 – 237.

[14] Huang Z X,Pan J. Exact calculations to the propagation constants of circular waveguide below cutoff[J]. Acta Metrologica Sinica,1987,8(4):267 – 270.

[15] Huang Z X,Zeng C. The general characteristic equation of circular waveguides and it's solution[J]. 中国科学技术大学学报 1991,21(1):70 – 77.

[16] Huang Z X,Li T S, Yang Q S. A new TEM transmission cell using exponential curved taper transition[J]. Acta Metrologica Sinica,1992,13(2):127 – 132.

[17] Huang Z X,Zeng C. Attenuation properties of normal modes in coated circular waveguides with imperfectly conducting walls[J]. Microwave and Opt. Tech. Lett. ,1993,6(6):342 – 349.

[18] 黄志洵,冀建军.吉赫横电磁室的实验研究[J].北京广播学院学报(自然科学版),1994(3):48 – 56.

[19] 黄志洵,贺涛.横电磁传输室和吉赫横电磁室特性阻抗的准静态分析与计算[J].计量学报,1994,15(3):167 – 174.

[20] 黄志洵.用细金属丝测量湍流和气体压强[J].北京广播学院学报(自然科学版),1998,5(3):1 – 13.

[21] 黄志洵.用于电子测量仪器设计的 Wien 电桥理论[J].宇航计测技术,1998,18(3):39 – 49.

[22] Huang Z X. Lu G Z. Guan J. Superluminal and negative group velocity in electro – magnetic wave propagation[J]. Eng Sci,2003,1(2):35 – 39.

[23] Huang Z X. Forty years research of faster – than – light——review and prospects[J]. Eng Sci, 2005,3 (1):16 – 22.

[24] 黄志洵,孙金海.消失模波导滤波器的设计理论与实验[J].中国传媒大学学报(自然科学版),2006:1 – 8.

[25] 黄志洵,徐诚.用介质片加载时矩形波导内的场分布[J].中国传媒大学学报(自然科学版),2007,14(2):1 – 9.

[26] 黄志洵.用石英晶体测量真空度的实验研究[A].超光速研究及电子学探索[C].北京:国防工业出版社,2008:303 – 337.

[27] 黄志洵.论消失态[J].中国传媒大学学报(自然科学版),2008,15(3):1 – 19.

[28] 黄志洵.波动力学的发展[J].中国传媒大学学报(自然科学版),2008,15(4):1 – 16.

[29] 黄志洵.对狭义相对论的研究和讨论[J].中国传媒大学学报(自然科学版),2009,16(1):1 – 7.

[30] 黄志洵.消失态与 Goos – Hänchen 位移研究[J].中国传媒大学学报(自然科学版),2009,16(3):1 – 14.

[31] 黄志洵.超光速宇宙航行的可能性[J].前沿科学,2009, 3(3):44 – 53.

[32] 黄志洵.超光速实验的一个新方案[J].前沿科学,2010, 4(3):41 – 62.

[33] 黄志洵,曲敏.微波衰减测量技术的进展[J].中国传媒大学学报(自然科学版),2010,17(1):1 – 11.

[34] 黄志洵,石正金.虚光子初探[A].现代基础科学发展论坛 2010 年学术会议论文集[C].北京,2010.

[35] 黄志洵.质量概念的意义[J].中国传媒大学学报(自然科学版),2010,17(2):1 – 18.

[36] 曲敏,黄志洵,等.发散波束在媒质界面上的 Goos – Hänchen 位移与焦移[J].宇航学报,2010,31(1):287 – 291.

[37] Qu M, Huang Z X. Frustrated total internal reflection：resonant and negative Goos – Hänchen shifts in microwave regime[J]. Opt. Commun. , 2011,284：2604 – 2607.

[38] 黄志洵.金属电磁学理论的若干问题[J].中国传媒大学学报(自然科学版),2011, 18(4):1,2.

[39] 黄志洵.消失场的能量关系及 WKBJ 分析法[J].中国传媒大学学报(自然科学版),2011, 18(3):1 – 17.

[40] 黄志洵.小型超短波治疗机的设计.见:现代物理学新进展[C].北京:国防工业出版社,2011:444 – 448.

[41] 黄志洵.论 Casimir 效应中的超光速现象[J].中国传媒大学学报(自然科学版),2012,19(2):1 – 8.

[42] 黄志洵.论量子超光速性[J].中国传媒大学学报(自然科学版),2012,19(3):1 – 16;19(4):1 – 17.

[43] Jiang R，Huang Z X,Shen N C, Liu X M. Used surface plasma wave measure the thickness and the negative permittivity of

namo – metal film［A］. Inter Conf on Energy Res, & Power Eng［C］. Zhengzhou, 2013.

［44］姜荣,黄志洵.用具有介电常数的模拟光子晶体同轴系统获得负群速［J］.中国传媒大学学报(自然科学版),2013,20(5):21 – 23.

［45］黄志洵.负能量研究:内容、方法和意义［J］.前沿科学,2013,7(4):69 – 83.

［46］黄志洵.影响物理学发展的8个问题［J］.前沿科学,2013,7(3):59 – 85.

［47］黄志洵.无源媒质中电磁波的异常传播［J］.中国传媒大学学报(自然科学版),2013,20(1):4 – 20.

［48］黄志洵.自由空间中近区场的类消失态超光速现象［J］.中国传媒大学学报(自然科学版),2013,20(2):40 – 51.

［49］黄志洵.电磁波负性运动与媒质负电磁参数研究［J］.中国传媒大学学报(自然科学版),2013,20(4):1 – 15.

［50］黄志洵.超光速物理学研究的若干问题［J］.中国传媒大学学报(自然科学版),2013,20(6):1 – 19.

［51］Jiang R, Huang Z X. Lu G Z. Negative Goos – Hänchen shifts with nano – metal – films on prism surface［J］. Opt Commun, 2014,313: 123 – 127.

［52］黄志洵,姜荣.负 Goos – Hänchen 位移的理论与实验研究［J］.中国传媒大学学报(自然科学版),2014,21(1):1 – 15.

［53］黄志洵.从负折射超材料到光学隐身衣［J］.中国传媒大学学报(自然科学版)。2014,21(2):8 – 17.

［54］黄志洵.试论 Tesla 标量波［J］.中国传媒大学学报(自然科学版),2014,21(3):1 – 11.

［55］黄志洵.预测未来的科学［J］.中国传媒大学学报(自然科学版),2014,21(4):1 – 13.

［56］黄志洵.波粒二象性理论与波速问题探讨［J］.中国传媒大学学报(自然科学版),2014,21(5):9 – 24.

［57］黄志洵.真空中光速 c 及现行米定义质疑［J］.前沿科学,2014,8(4):9 – 24.

［58］黄志洵.建设具有中国特色的自然科学［J］.中国传媒大学学报(自然科学版),2014,21 (6):1 – 12.(又见:黄志洵.建设具有中国特色的基础科学［J］.前沿科学,2015,9(1):51 – 65).

［59］Jiang R, Huang Z X. Miao J Y, Liu X M. Negative group velocity pulse propagation through a left – handed transmission line ［J/OL］. http://arXiv.org/abs/1502.04176, 2015.

［60］黄志洵.论 1987 年超新星爆发后续现象的不同解释［J］.前沿科学,2015, 9(2):39 – 52.

［61］黄志洵.大爆炸宇宙学批评［J］.中国传媒大学学报(自然科学版),2015,22(1):4 – 19.

［62］黄志洵.使自由空间中光速变慢的研究进展［J］.中国传媒大学学报(自然科学版),2015,22(2):1 – 13.

［63］黄志洵.论有质粒子作超光速运动的可能性［J］.中国传媒大学学报(自然科学版),2015,22(3):1 – 16.

［64］黄志洵.用于太空技术的微波推进电磁发动机［J］.中国传媒大学学报(自然科学版),2015,22(4):1 – 10.

［65］黄志洵.电磁源近场测量理论与技术研究进展［J］.中国传媒大学学报(自然科学版),2015,22(5):1 – 18.

［66］黄志洵.引力理论和引力速度测量［J］.中国传媒大学学报(自然科学版),2015,22(6):1 – 20.

［67］黄志洵.论寻找外星智能生命［J］.前沿科学,2015,9(4):30 – 39.

［68］黄志洵.以量子非局域性为基础的超光速通信［J］.前沿科学,2016,10(1):57 – 78.

［69］黄志洵,姜荣.试评 LIGO 引力波实验［J］.中国传媒大学学报(自然科学版),2016,23(3):1 – 11.

［70］黄志洵.非线性 Schrödinger 方程及量子非局域性［J］.前沿科学,2016,10(2):63 – 70.

［71］黄志洵.再论建设有中国特色的基础科学［J］.中国传媒大学学报(自然科学版),2016,23(4):1 – 14.

［72］黄志洵.光子是什么［J］.前沿科学,2016,10(3):75 – 96.

［73］黄志洵.再评 LIGO 引力波实验［J］.中国传媒大学学报(自然科学版),2016,23(5):9 – 13.

［74］黄志洵,姜荣.波科学理论的改进［J］.中国传媒大学学报(自然科学版),2016,23(6):1 – 22.

［75］黄志洵.试论林金院士有关光速的科学工作［J］.2016,10(4):4 – 18.

［76］姜荣,黄志洵.表面等离子波研究［J］.前沿科学,2016,10(4):54 – 68.

［77］黄志洵,姜荣.对"速度"的研究和讨论［J］.中国传媒大学学报(自然科学版),2017,24(1):7 – 21.

［78］黄志洵,姜荣.从传统雷达到量子雷达［J］.前沿科学,2017,11(1):4 – 21.

［79］黄志洵.Casimir 效应与量子真空［J］.前沿科学,2017,11(2):

主要著作(书)

［1］黄志洵.截止波导理论导论［M］.北京:中国计量出版社,初版1982,再版1991.

［2］黄志洵,王晓金.微波传输线理论与实用技术［M］.北京:科学出版社,1996.

［3］黄志洵.美的风姿［M］.重庆:重庆出版社,1999.

［4］黄志洵.超光速研究——相对论、量子力学、电子学与信息理论的交汇点［M］.北京:科学出版社,1999.

［5］黄志洵.超光速研究新进展［M］.北京:国防工业出版社,2002.

［6］黄志洵.超光速研究的理论与实验［M］.北京:科学出版社,2005.

［7］黄志洵.超光速研究及电子学探索［M］.北京:国防工业出版社,2008.

［8］黄志洵.波科学的数理逻辑［M］.北京:中国计量出版社,2011.

［9］黄志洵.现代物理学研究新进展［M］.北京:国防工业出版社,2011.

［10］黄志洵.波科学与超光速物理［M］.北京:国防工业出版社,2014.

［11］黄志洵.超光速物理问题研究［M］.北京:国防工业出版社,2017.

航天二院郭衍莹总师在"黄志洵教授 80岁寿辰"活动中的祝辞

我代表航天二院一些老同志祝贺黄老师80岁大寿。这些老同志有陈敬熊院士,王历总师,陈方真老师,张瑞书记,还有吕彤羽、郭晓斌、徐德忠、邓明韧、张东源、都世民、李路研究员等。这几位老同志有的是黄老师的同学,或教师,或黄老师在计量院工作时来二院协作的同志。大家委托我祝贺黄老师生日快乐,健康长寿,万事如意!

黄老师从事科研半个多世纪,为国家作出卓越的成绩。大家尤其佩服黄老师80高龄,还孜孜不倦在探索前沿科学,著书立说。80岁高龄,还关心国家大事,满腔热情探讨科研领域的弊病,探讨如何把中国的基础科学搞上去。另外特别要说的,是黄老师在科研中一贯坚持创新思想;我们归纳起来他有三个敢于,即敢于自主创新、敢于质疑权威、敢于逆向思维。虽然我们都是80岁上下的人了,但黄老师是我们的榜样。

我们希望黄老师保重身体,健康长寿,为国家做出更多贡献。

不久前黄教授发表了一篇文章《再论建设具有中国特色的基础科学》,这是他第二次著文论述对国内基础科学研究急需改进的观点。他的这篇文章,在二院我们这些老同志中掀起议论热潮。他们而且还自发地三三两两聚在一起议论座谈,有的还写出书面意见。足见黄老师这篇文章很有魅力,也说明这一问题在科技界的吸引力。读过此文的,有二院很多老同志,其中包括院士,型号总师等多人。大家看后都异口同声地说,文章写得好!切中当今科研工作的弊病。同时也佩服黄先生宝刀不老,不仅在第一线搞科研,而且在关心国家如何发展科研的大事。应该向他学习!我和几位老同事还凑在一起漫谈了半天。不过我们中多数人不熟悉天体物理和近代物理,说不出很多像样的论点。倒是大家能结合航天技术、防空反导技术(应该也属于前沿科学),谈了些我们的体会。

总的说来大多数赞成《再论建设具有中国特色的基础科学》基本思想:要创新,要独立自主,要有志气争取出世界一流的科学家。当然对一些具体问题看法上,也是百家争鸣的。其中部分老同志认为,"建立中国特色基础科学"的提法可以商榷;容易使人误解,因为学术是没有国界的。另外把中国基础科学落后和弊病都归结为科技人员"人云亦云",也容易使人误解。因为我们在基础科技领域,毕竟比美国落后一大块。无论是他们走过的道路,以及当今的成就,都有很多东西值得我们借鉴。

我们中很多人对俄罗斯搞防空反导武器情况比较了解。俄罗斯走的是独立自主的创新道路,提倡"低成本,高性能"。尽管目前经济上拮据,微电子等技术又远不如美国,但制造的武器设备是世界一流的,足可以与美国抗衡。俄罗斯军事科技研究,长期来提倡"独立自主"、"创新"、"不重复美国人付出超高费用的经验"、"不搞伪领先,伪先进",这些指导思想对我国的科研很有借鉴意义。俄罗斯由于总结了苏联"搞军备竞赛而把经济搞垮"的经验教训,特别强调"低成本"。我们认为,搞有中国特色的基础科学,也应把"较少的经费,高水平的成果"作为方向。

俄罗斯目前还比较穷,2014 年的 GDP 不到美国的 1/8,不到中国的 1/5;但其反导技术和反导实力可以和美国人平起平坐,因为俄罗斯研发武器尤其是反导方面有非常明确的指导思想。我们这些老同志都是搞工程技术的,都是务实派。对"我们国家的前沿科学到底怎么搞"有兴趣。大家认为,俄罗斯搞反导技术和武器装备的经验我们可以借鉴。俄罗斯是坚持"高水平,低成本";并且不在乎系统中某些单项技术或个别单项设备的设计不够先进,甚至落后笨拙,但要扬长避短(如俄罗斯的微电子技术落后,但微波电真空和空气动力学是世界一流的),不遗余力地使反导系统总体作战能力和水平处于世界一流水平。并且不搞"伪领先或伪先进技术",而是全力地把先进实用、可靠稳妥的关键技术变成实用的世界领先的武器装备。

最后再次祝贺黄老师 80 岁大寿,衷心祝黄老师健康长寿!

2016 年 5 月 28 日

汉字笔画索引

内 容 简 介

本书是关于超光速物理及波科学的研究论文合集,共 26 篇论文。全书分为 5 个部分:第 1 部分("波科学理论、光子和光速")6 篇文章,第 2 部分("超光速物理研究")8 篇文章,这两部分是是全书的核心内容。在这 14 篇论文中,讨论了波科学的发展历程和途径;通过对光子和光速的研究探索光的本性;阐述粒子和信息作超光速传送的可能性;从宇宙的视角来看待超光速研究的意义。第 3 部分("量子理论及应用")4 篇文章,第 4 部分("引力理论与引力波")4 篇文章,这些著作申明了作者对一些基础物理理论问题的观点。第 5 部分("基础科学研究评论")有 4 篇文章,其中突出地论述了作者关于建设具有中国特色的基础科学的理念。

本书客观、科学地分析各种物理现象,有不少新的见解和观点。全书写作严谨,内容丰富,一切材料均有出处和根据。本书可供科学工作者及大专院校师生阅读,对物理学家、电子学家、航天专家尤有参考价值。

This book is a collection of works of Prof. Zhi – Xun Huang on research of Superluminal Light Physics and other subjects. Consisting of 26 papers, the book is divided into five parts. Part one, "Theory of wave sciences, photons and light speed", contains 6 papers; Part two, "Superluminal Light Physics research", contains 8 papers. These two parts are the kernel of the book, in that of 14 papers, we discuss the developments and improvements of the wave sciences; we give the essence of light based upon studies on the photons and the light speed; explanate the possibility of the particles and informations moving by faster – than – light; and we describe the cosmic meaning of the superluminal research. Part three "Quantum theory and applications" contains 4 papers, Part four "Theory of gravity and the gravitational waves" contains 4 papers, in these articles the brilliant expositions of author's view – points permeated in the basic physical theory. Finally, the five part "Review of the fundamental scientific research" contains 4 papers, this is a glaring explanation on the concept of "build the fundamental sciences with Chinese characteristics".

In this book we look physical phenomanons objectively, and it is a book with several original ideas. And we write the articles with a rigorous scientific approach. This book has substantial content, and we find out the sources of all the quotations. This book is valuable for scientists, engineers, teachers, and postgraduate students; especially for physicists, electronists, and specialists of space – flight.